가스산업기사 실기

이 도서는 크게 "PART 1. 필답형"과 "PART 2. 작업형(동영상)", "PART 3. 최신 기출문제"로 구분되어 있으며, 또한 PART 1. 필답형과 PART 2. 작업형(동영상)은 각각 핵심요약과 예상문제, 기출문제로 구성되어 있습니다. 핵심요약 부분은 필답형과 작업형(동영상) 문제에 대비하여 간단히 구성한 것이니 모두 암기하려고 하지 마시고, 기출문제와 출제예상문제를 통해 실전 감각을 기르는 데 집중하세요.

"필답형" 부분에서는 **출제예상문제 및 기출문제를 반복적으로 충분히 풀다보면 핵심 내용이 자연적으로 습득되어** 실전에 어떠한 문제가 출제되어도 당황하지 않고 푸실 수 있습니다.

Chapter 01 — Industrial Engineer Gas

필 답 형 핵 심 요 약

01 보일-샤를의 법칙

일정량의 기체가 차지하는 부피는 절대압력에 반비례, 절대온도에 비례한다.

$$\frac{P_1 V_1}{T_1} = \frac{P_2 V_2}{T_2}$$

여기서, P_1, V_1, T_1 : 처음 상태의 절대압력, 부피, 절대온도
P_2, V_2, T_2 : 변한 후 상태의 절대압력, 부피, 절대온도

chapter 01 — Engineer Gas

작업형(동영상) 핵심요약 및 출제예상문제

"작업형(동영상)" 부분에서는 문제와 함께 컬러사진을 수록하여 **최대한 실전시험처럼 구성**하였으며, 기출문제를 반복적으로 풀다보면 내용이 완벽하게 이해될 수 있도록 상세한 해설도 수록하였습니다.

도서의 뒷부분에는 "최신 기출문제"를 수록하여 **출제경향을 파악**할 수 있도록 하였고, 부록으로 변경법규와 신규법규를 다루어 모든 부분에 완벽을 기할 수 있도록 하였습니다. 아울러 **권말부록으로 핵심요점을 정리**하여 실전시험에 더욱 큰 도움이 되도록 하였습니다.

저자쌤의 합격플래너 활용 Tip.

01. Choice

시험대비를 위해 여유 있는 시간을 확보해 제대로 공부하여 시험합격은 물론 고득점을 노리는 수험생들은 Plan 1(24일 꼼꼼코스)을, 폭넓고 깊은 학습은 불가능해도 압축적으로 공부해 한 번에 시험합격을 원하시는 수험생들은 Plan 2(12일 집중코스)를 권합니다. 단, 저자쌤은 학습플랜 중 충분한 학습기간을 가지고 제대로 시험대비를 할 수 있는 Plan 1을 추천합니다!!!

02. Plus

Plan 1과 Plan 2 중 나에게 맞는 학습플랜이 없을 시, Plan 3에 나에게 꼭~ 맞는 나만의 학습계획을 스스로 세워보세요!

03. Unique

Plan 3(유일무이 나만의 합격 플랜)에는 계획에 따라 3회독까지 학습체크를 할 수 있는 공란과, 처음 1회독 시 학습한 날짜를 기입할 수 있는 공간을 따로 두었습니다!

단기완성 합격 플랜

PART	항목	세부	24일 꼼꼼코스	12일 집중코스
PART 1. 필답형 총정리	1. 필답형 핵심요약		☐ DAY 1 ☐ DAY 2	☐ DAY 1
	2. 필답형 출제예상문제		☐ DAY 3 ☐ DAY 4	☐ DAY 2
	3. 수소 및 수소 안전관리 관련 출제예상문제		☐ DAY 5	
	3. 필답형 과년도 출제문제	2010년 필답형 출제문제	☐ DAY 6	☐ DAY 3
		2011년 필답형 출제문제		
		2012년 필답형 출제문제	☐ DAY 7	
		2013년 필답형 출제문제		
		2014년 필답형 출제문제	☐ DAY 8	
		2015년 필답형 출제문제		
		2016년 필답형 출제문제	☐ DAY 9	☐ DAY 4
		2017년 필답형 출제문제		
		2018년 필답형 출제문제	☐ DAY 10	
		2019년 필답형 출제문제		
PART 2. 작업형(동영상) 총정리	1. 작업형(동영상) 핵심요약 및 출제예상문제		☐ DAY 11 ☐ DAY 12	☐ DAY 5 ☐ DAY 6
	2. 작업형(동영상) 과년도 출제문제	2010년 작업형(동영상) 출제문제	☐ DAY 13	☐ DAY 7
		2011년 작업형(동영상) 출제문제		
		2012년 작업형(동영상) 출제문제	☐ DAY 14	
		2013년 작업형(동영상) 출제문제		
		2014년 작업형(동영상) 출제문제	☐ DAY 15	
		2015년 작업형(동영상) 출제문제		
		2016년 작업형(동영상) 출제문제	☐ DAY 16	☐ DAY 8
		2017년 작업형(동영상) 출제문제		
		2018년 작업형(동영상) 출제문제	☐ DAY 17	
		2019년 작업형(동영상) 출제문제		
PART 3. 최신 기출문제	2020년 필답형+작업형(동영상) 출제문제		☐ DAY 18	☐ DAY 9
	2021년 필답형+작업형(동영상) 출제문제		☐ DAY 19	
	2022년 필답형+작업형(동영상) 출제문제		☐ DAY 20	
	2023년 필답형+작업형(동영상) 출제문제		☐ DAY 21	☐ DAY 10
	2024년 필답형+작업형(동영상) 출제문제		☐ DAY 22	
	2025년 필답형+작업형(동영상) 출제문제		☐ DAY 23	☐ DAY 11
부록	변경법규 및 신규법규, 핵심요점 정리집		☐ DAY 24	☐ DAY 12

유일무이 나만의 합격 플랜

나만의 합격코스

구분	항목	날짜	1회독	2회독	3회독	MEMO
PART 1. **필답형** **총정리**	1. 필답형 핵심요약	월 　 일	☐	☐	☐	
	2. 필답형 출제예상문제	월 　 일	☐	☐	☐	
	3. 수소 및 수소 안전관리 관련 출제예상문제	월 　 일	☐	☐	☐	
	3. 필답형 과년도 출제문제 — 2010년 필답형 출제문제	월 　 일	☐	☐	☐	
	2011년 필답형 출제문제	월 　 일	☐	☐	☐	
	2012년 필답형 출제문제	월 　 일	☐	☐	☐	
	2013년 필답형 출제문제	월 　 일	☐	☐	☐	
	2014년 필답형 출제문제	월 　 일	☐	☐	☐	
	2015년 필답형 출제문제	월 　 일	☐	☐	☐	
	2016년 필답형 출제문제	월 　 일	☐	☐	☐	
	2017년 필답형 출제문제	월 　 일	☐	☐	☐	
	2018년 필답형 출제문제	월 　 일	☐	☐	☐	
	2019년 필답형 출제문제	월 　 일	☐	☐	☐	
PART 2. **작업형(동영상)** **총정리**	1. 작업형(동영상) 핵심요약 및 출제예상문제	월 　 일	☐	☐	☐	
	2. 작업형(동영상) 과년도 출제문제 — 2010년 작업형(동영상) 출제문제	월 　 일	☐	☐	☐	
	2011년 작업형(동영상) 출제문제	월 　 일	☐	☐	☐	
	2012년 작업형(동영상) 출제문제	월 　 일	☐	☐	☐	
	2013년 작업형(동영상) 출제문제	월 　 일	☐	☐	☐	
	2014년 작업형(동영상) 출제문제	월 　 일	☐	☐	☐	
	2015년 작업형(동영상) 출제문제	월 　 일	☐	☐	☐	
	2016년 작업형(동영상) 출제문제	월 　 일	☐	☐	☐	
	2017년 작업형(동영상) 출제문제	월 　 일	☐	☐	☐	
	2018년 작업형(동영상) 출제문제	월 　 일	☐	☐	☐	
	2019년 작업형(동영상) 출제문제	월 　 일	☐	☐	☐	
PART 3. **최신** **기출문제**	2020년 필답형+작업형(동영상) 출제문제	월 　 일	☐	☐	☐	
	2021년 필답형+작업형(동영상) 출제문제	월 　 일	☐	☐	☐	
	2022년 필답형+작업형(동영상) 출제문제	월 　 일	☐	☐	☐	
	2023년 필답형+작업형(동영상) 출제문제	월 　 일	☐	☐	☐	
	2024년 필답형+작업형(동영상) 출제문제	월 　 일	☐	☐	☐	
	2025년 필답형+작업형(동영상) 출제문제	월 　 일	☐	☐	☐	
부록	변경법규 및 신규법규, 핵심요점 정리집	월 　 일	☐	☐	☐	

더플러스 가스산업기사

실기

양용석 지음

가스산업기사 자격증을 취득하려고 하는 수험생 공학도 여러분 반갑습니다.

이 교재는 새롭게 개편된 한국산업인력공단의 가스산업기사 출제기준에 맞추어 새로 발행된 최신판 교재입니다. 1차 필기시험에 합격하신 수험생 여러분들의 2차 실기시험 합격을 위해 수년 간 집필하여 현재의 수험서를 발행하게 되었습니다.

오랜 현장 실무경험과 고압가스 분야에서의 끊임없는 연구를 바탕으로 2차 실기시험에 필요한 내용을 모두 수록하여 시험대비에 만전을 기했습니다.

이 교재는 가스산업기사 국가기술자격 2차 실기시험에 대비하여 수험생들이 짧은 기간에 꼭 합격할 수 있도록 집필하였으며, 특히 필답형 및 작업형(동영상) 문제와 관련된 실무와 코드, 안전관리 분야에 부합되는 핵심문제를 수록하였고, 한국산업인력공단의 출제기준을 최대한 반영하도록 노력하였습니다.

이 책의 특징은 다음과 같습니다.

1. 필답형 및 작업형(동영상) 중요 이론과 암기사항을 일목요연하게 정리하였습니다.
2. 시험에 자주 출제되는 필답형 및 작업형(동영상) 출제예상문제를 선별하여 실었습니다.
3. 2010~2025년까지 16년간의 기출문제를 컬러사진과 함께 정확한 해설을 수록하여 실전시험에 완벽하게 대비가 가능하도록 하였습니다.
4. 혼자 공부하기 어렵거나 빠른 합격을 원하는 수험생들을 위해 전 과목 이론과 문제의 저자직강 동영상 강의가 개설되어 있습니다.

끝으로 이 책이 발간되도록 도움을 주신 도서출판 성안당 회장님과 편집부 관계자에게 깊은 감사를 드리며, 독자 여러분이 시험에 꼭 합격하시길 진심으로 기원합니다.

이 책을 보면서 궁금한 점이 있으시면 **저자 직통(010-5835-0508), 저자 이메일(3305542a@daum.net)**이나 **성안당 홈페이지(www.cyber.co.kr)**에 언제든 질문을 주시면 성실하게 답변드리겠습니다. 또한, 이 책 출간 이후의 정오사항에 대해서는 성안당 홈페이지에 올려 놓겠습니다.

양용석 씀

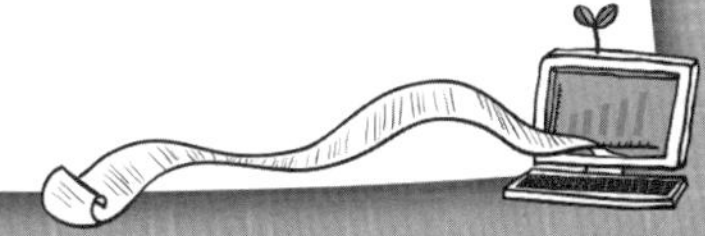

✦ **자격명** : 가스산업기사(과정평가형 자격 취득 가능 종목)
✦ **영문명** : Industrial Engineer Gas
✦ **관련부처** : 산업통상자원부
✦ **시행기관** : 한국산업인력공단

1 기본 정보

(1) 개요

고압가스가 지닌 화학적, 물리적 특성으로 인한 각종 사고로부터 국민의 생명과 재산을 보호하고 고압가스의 제조과정에서부터 소비과정에 이르기까지 안전에 대한 규제대책, 각종 가스용기, 기계, 기구 등에 대한 제품검사, 가스취급에 따른 제반 시설의 검사 등 고압가스에 관한 안전관리를 실시하기 위한 전문인력을 양성하기 위하여 제정되었다.

(2) 수행직무

고압가스 및 용기제조의 공정관리, 가스의 사용방법 및 취급요령 등을 위해 예방을 위한 지도 및 감독 업무와 저장, 판매, 공급 등의 과정에서 안전관리를 위한 지도 및 감독 업무를 수행한다.

(3) 진로 및 전망

① 고압가스 제조업체 · 저장업체 · 판매업체에 기타 도시가스 사업소, 용기제조업소, 냉동기계 제조업체 등 전국의 고압가스 관련업체로 진출할 수 있다.

② 최근 국민생활 수준의 향상과 산업의 발달로 연료용 및 산업용 가스의 수급 규모가 대형화되고 있으며, 가스시설의 복잡 · 다양화됨에 따라 가스 사고 건수가 급증하고 사고 규모도 대형화되는 추세이다. 한국가스안전공사의 자료에 의하면 가스사고로 인한 인명 피해가 해마다 증가하고 있고, 정부의 도시가스 확대 방안으로 인천, 평택 인수기지에 이어 통영기지 건설을 추진하는 등 가스 사용량 증가가 예상되어 가스 관련 자격증의 인력 수요는 증가할 것이다.

(4) 연도별 검정현황

연도	필 기			실 기		
	응시	합격	합격률(%)	응시	합격	합격률(%)
2024	5,490명	1,740명	31.7%	2,941명	625명	21.3%
2023	6,542명	2,315명	35.4%	2,992명	953명	31.9%
2022	7,082명	1,508명	21.3%	2,582명	548명	21.2%
2021	7,280명	1,875명	25.8%	3,253명	981명	30.2%
2020	6,334명	2,758명	43.5%	4,740명	1,302명	27.5%
2019	7,127명	2,755명	38.7%	4,303명	1,271명	29.5%
2018	5,443명	1,948명	35.8%	2,680명	1,352명	50.4%

② 시험 정보

(1) 시험 수수료

- 실기 : 24,100원

(2) 출제 경향

- 필답형

① 가스제조에 대한 전문적인 지식 및 기능을 가지고 각종 가스를 제조, 설치 및 정비작업을 할 수 있는지 평가한다.

② 가스설비, 운전, 저장 및 공급에 대한 취급과 가스장치의 고장 진단 및 유지관리를 할 수 있는지 평가한다.

③ 가스기기 및 설비에 대한 검사업무 및 가스안전관리에 관한 업무를 수행할 수 있는지 평가한다.

- 작업형

가스제조 및 가스 설비, 운전, 저장 및 공급에 대한 취급과 가스장치의 고장 진단 및 유지관리와 가스기기 및 설비에 대한 검사업무 및 가스안전관리에 관한 업무를 수행할 수 있는지의 능력을 평가한다.

(3) 취득방법

① 시행처 : 한국산업인력공단

② 관련학과 : 대학과 전문대학의 화학공학, 가스냉동학, 가스산업학 관련학과

③ 시험과목
- 실기 : 가스 실무

④ 검정방법
- 실기 : 복합형[필답형(1시간30분)＋작업형(1시간 정도)]

⑤ 합격기준
- 실기 : 100점을 만점으로 하여 60점 이상
- 배점 : 필답형 60점, 작업형(동영상) 40점

(4) 시험 일정

회별	원서접수	필기시험	합격발표	원서접수	실기시험	합격발표
제1회	1.12.~1.15	1.30.~3.3.	3.11.	3.23.~3.26.	4.8.~5.6.	1차 : 6.5. 2차 : 6.12.
제2회	4.20.~4.23.	5.9.~5.29.	6.10.	6.22.~6.25.	7.18.~8.5.	1차 : 9.4. 2차 : 9.11.
제3회	7.20.~7.23.	8.7.~9.1.	9.9.	9.21.~9.23. 9.28.	10.24.~11.13.	1차 : 12.11. 2차 : 12.18.

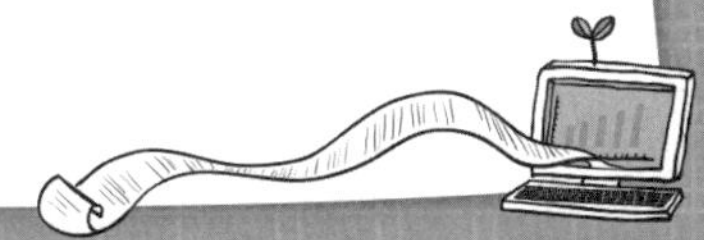

❸ 시험 접수에서 자격증 수령까지 안내

☑ 원서접수 안내 및 유의사항입니다.

- 원서접수 확인 및 수험표 출력기간은 접수당일부터 시험시행일까지 출력 가능(이외 기간은 조회불가)합니다. 또한 출력장애 등을 대비하여 사전에 출력 보관하시기 바랍니다.
- 원서접수는 온라인(인터넷, 모바일앱)에서만 가능합니다.
- 스마트폰, 태블릿 PC 사용자는 모바일앱 프로그램을 설치한 후 접수 및 취소/환불 서비스를 이용하시기 바랍니다.

STEP 01	STEP 02	STEP 03	STEP 04	STEP 05
실기시험 원서접수	실기시험 응시	실기시험 합격자 확인	자격증 교부 신청	자격증 수령

- Q-net(www.q-net.or.kr) 사이트에서 원서 접수
- 응시자격서류 제출 후 심사에 합격 처리된 사람에 한하여 원서 접수 가능
  (응시자격서류 미제출 시 필기시험 합격예정 무효)

- 수험표, 신분증, 필기구, 공학용 계산기, 종목별 수험자 준비물 지참
  (공학용 계산기는 허용된 종류에 한하여 사용 가능하며, 수험자 지참 준비물은 실기시험 접수기간에 확인 가능)

- 문자 메시지, SNS 메신저를 통해 합격 통보
  (합격자만 통보)
- Q-net(www.q-net.or.kr) 사이트 및 ARS (1666-0100)를 통해서 확인 가능

- 상장형 자격증, 수첩형 자격증 형식 신청 가능
- Q-net(www.q-net.or.kr) 사이트를 통해 신청

- 상장형 자격증은 합격자 발표 당일부터 인터넷으로 발급 가능
  (직접 출력하여 사용)
- 수첩형 자격증은 인터넷 신청 후 우편수령만 가능
  (수수료 : 3,100원/ 배송비 : 3,010원)

※ 자세한 사항은 Q-net 홈페이지(www.q-net.or.kr)를 참고하시기 바랍니다.

직무 분야	안전관리	중직무 분야	안전관리	자격 종목	가스산업기사	적용 기간	2024.1.1.~2027.12.31.

• 수행 준거 : 1. 가스제조에 대한 기초적인 지식 및 기능을 가지고 각종 가스장치를 운용할 수 있다.
　　　　　　2. 가스설비, 운전, 저장 및 공급에 대한 취급과 가스장치의 유지관리를 할 수 있다.
　　　　　　3. 가스기기 및 설비에 대한 검사업무 및 가스안전관리 업무를 수행할 수 있다.

실기 검정 방법	복합형(필답형+작업형)	시험 시간	2시간 30분 정도 (필답형 : 1시간 30분, 작업형 : 1시간 정도)

실기 과목명	주요 항목	세부 항목	세세 항목
가스 실무	1. 가스설비 실무	(1) 가스설비 설치하기	① 고압가스설비를 설계·설치 관리할 수 있다. ② 액화석유가스설비를 설계·설치 관리할 수 있다. ③ 도시가스설비를 설계·설치관리할 수 있다. ④ 수소설비를 설계·설치 관리할 수 있다.
		(2) 가스설비 유지관리하기	① 고압가스설비를 안전하게 유지관리할 수 있다. ② 액화석유가스설비를 안전하게 유지관리할 수 있다. ③ 도시가스설비를 안전하게 유지관리할 수 있다. ④ 수소설비를 안전하게 유지관리할 수 있다.
	2. 안전관리 실무	(1) 가스안전 관리하기	① 용기, 가스용품, 저장탱크 등 가스 설비 및 기기의 취급운반에 대한 안전대책을 수립할 수 있다. ② 가스폭발 방지를 위한 대책을 수립하고, 사고 발생시 신속히 대응할 수 있다. ③ 가스시설의 평가, 진단 및 검사를 할 수 있다.
		(2) 가스안전검사 수행하기	① 가스관련 안전인증대상 기계·기구와 자율안전 확인대상 기계·기구 등을 구분할 수 있다. ② 가스관련 의무안전인증대상 기계·기구와 자율안전확인대상 기계·기구 등에 따른 위험성의 세부적인 종류, 규격, 형식의 위험성을 적용할 수 있다. ③ 가스관련 안전인증대상 기계·기구와 자율안전 대상 기계·기구 등에 따른 기계·기구에 대하여 측정장비를 이용하여 정기적인 시험을 실시할 수 있도록 관리계획을 작성할 수 있다. ④ 가스관련 안전인증대상 기계·기구와 자율안전대상 기계·기구 등에 따른 기계·기구 설치방법 및 종류에 의한 장·단점을 조사할 수 있다. ⑤ 공정진행에 의한 가스관련 안전인증대상 기계·기구와 자율안전확인대상 기계·기구 등에 따른 기계·기구의 설치, 해체, 변경 계획을 작성할 수 있다.

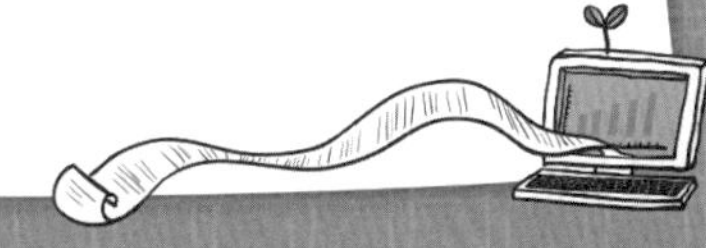

PART 1 . 필답형 총정리

Chapter 01 필답형 핵심요약

Chapter 02 필답형 출제예상문제

Chapter 03 수소 경제 육성 및 수소 안전관리에 관한 법령 출제예상문제

PART 2 . 작업형(동영상) 총정리

Chapter 01 작업형(동영상) 핵심요약 및 출제예상문제

Chapter 02 작업형(동영상) 과년도 출제문제

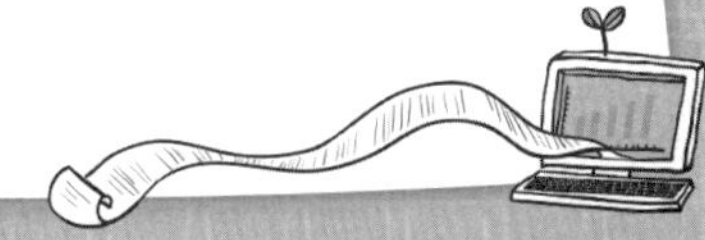

PART 3. 최신 기출문제

부록. 변경법규 및 신규법규

권말부록. 핵심요점 정리집

필답형 총정리

Part 1은 한국산업인력공단 출제기준 가스설비 실무부분 (가스설비 설치 및 유지관리)에 해당하는 필답형 핵심요약, 예상문제, 기출문제 부분입니다.

Chapter 01   핵심요약
Chapter 02   출제예상문제
Chapter 03   과년도 출제문제

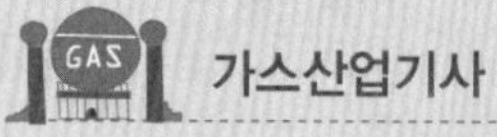

가스산업기사 실기

PART 01 **필답형 총정리**

이 편의 학습 Point

1. 실기시험에 빈번하게 출제되는 공식 및 단위 정리하기
2. 이론에 따른 관련 문제 숙지하기
3. 적중률 높은 예상문제 풀어보기
4. 다년간의 출제문제로 실전시험 대비하기

필답형 핵심요약

01 보일-샤를의 법칙

일정량의 기체가 차지하는 부피는 절대압력에 반비례, 절대온도에 비례한다.

$$\frac{P_1 V_1}{T_1} = \frac{P_2 V_2}{T_2}$$

여기서, P_1, V_1, T_1 : 처음 상태의 절대압력, 부피, 절대온도
P_2, V_2, T_2 : 변한 후 상태의 절대압력, 부피, 절대온도

예제 1 20℃, 100kPa(g) 50m³를 가지는 가스가 온도 50℃, 500kPa(g)로 변할 때 부피는 몇 m³가 되는가? (단, 1atm=101.325kPa이다.)

해답 $\dfrac{P_1 V_1}{T_1} = \dfrac{P_2 V_2}{T_2}$ 에서

$$\therefore V_2 = \frac{P_1 V_1 T_2}{T_1 P_2} = \frac{(100 + 101.325) \times 50 \times (273 + 50)}{(273 + 20) \times (500 + 101.325)} = 18.454 = 18.45 \text{m}^3$$

보일-샤를의 공식에는 절대압력, 절대온도로 대입하므로 게이지압력은 절대압력으로 환산하여 대입한다. ℃는 K로 환산하여 대입함.
1. 절대압력=대기압력+게이지압력
2. K=℃+273
3. 표준대기압 1atm=1.0332kg/cm² =14.7PSI=760mmHg
     =101.325kPa=0.101325MPa=101325Pa(N/m²)

예제 2 대기압이 750mmHg 하에 게이지압력이 3.25kg/cm^{2}일 때 절대압력은 몇 lb/in^2 (PSI)인가?

해답 절대압력 = 대기압력 + 게이지압력 = 750mmHg + 3.25kg/cm^2

$$= \frac{750}{760} \times 14.7 + \frac{3.25}{1.0332} \times 14.7 = 60.746 = 60.75\,\text{PSI(a)}$$

압력단위 환산 시
1. 기본으로 표준대기압
   각 단위를 암기하고, 같은 단위의 대기압은 나누고, 환산하고자 하는 대기압력은 곱한다.
   예 mmHg를 kPa로 환산 시 mmHg의 대기압 760으로 나누고, kPa 대기압력 101.325는 곱한다.
2. 압력값을 계산 뒤
   절대압력에는 (a), 게이지압력에는 (g), 진공압력에는 (v)를 붙여서 표시하여야 정답으로 처리된다.

02 돌턴의 분압법칙

(1) 정의

혼합기체가 나타내는 전체의 압력은 각 성분기체가 같은 온도, 압력에서 나타내는 각각의 분압의 합과 같다.

(2) $P = \dfrac{P_1 V_1 + P_2 V_2}{V}$

여기서, P : 전압, P_1, P_2 : 각각의 분압

V : 전 부피, V_1, V_2 : 각각의 부피

(3) 분압 = 전압 × $\dfrac{\text{성분 몰수}}{\text{전 몰수}}$ = 전압 × $\dfrac{\text{성분 부피}}{\text{전 부피}}$

예제 1 5L 용기에는 10atm, 10L 용기에는 9atm의 기체가 있다. 이 기체를 연결 시 전압은 몇 atm인가?

해답 $P = \dfrac{(10 \times 5) + (9 \times 10)}{5 + 10} = 9.33\text{atm}$

예제 2 전압이 10atm인 용기에 (P_{O})산소와 (P_{N})질소가 (1 : 4)로 혼합되어 있다. 각각의 분압을 계산하여라.

해답 ① $P_{\mathrm{O}} = 10 \times \dfrac{1}{4 + 1} = 2\text{atm}$

② $P_{\mathrm{N}} = 10 \times \dfrac{4}{4 + 1} = 8\text{atm}$

〈예제 1〉에서 용기를 연결하지 않고, 20L 용기에 담을 때의 전압은
$P = \dfrac{(10 \times 5) + (9 \times 10)}{20} = 7\text{atm}$이 된다.

예제 3 C_3H_8이 22g, C_4H_{10}이 58g 혼합되어 있는 기체의 전 압력이 10MPa일 때 C_3H_8과 C_4H_{10}의 분압을 구하여라.

해답 ① $P_{\mathrm{C_3H_8}} = 10 \times \dfrac{\left(\dfrac{22}{44}\right)}{\left(\dfrac{22}{44}\right) + \left(\dfrac{58}{58}\right)} = 3.33\text{MPa}$

② $P_{\mathrm{C_4H_{10}}} = 10 \times \dfrac{\left(\dfrac{58}{58}\right)}{\left(\dfrac{22}{44}\right) + \left(\dfrac{58}{58}\right)} = 6.67\text{MPa}$

다른 풀이 $10 - 3.33 = 6.67$

[열역학의 법칙]

구분	정의	관련식
제0법칙 (열평형의 법칙)	온도가 서로 다른 물체를 접촉 시 높은 온도의 물체는 온도가 내려가고, 낮은 온도의 물체는 온도가 올라가 두 물체 사이에 온도차가 없게 되며 이것을 열평형되었다고 한다.	$t = \dfrac{G_1 C_1 t_1 + G_2 C_2 t_2}{G_1 C_1 + G_2 C_2}$ t : 열평형 온도 $G_1,\ G_2$: 물질의 무게(kg) $C_1,\ C_2$: 물질의 비열(kcal/kg·℃) $t_1,\ t_2$: 각각의 온도(℃)
제1법칙 (에너지보존의 법칙)	일(kg·m)과 열(kcal)은 상호변환이 가능하며, 그때의 일량과 열량과의 관계는 일정하다.	$Q = AW$ $W = JQ$ Q : 열량(kcal) W : 일량(kg·m) A : 일의 열당량$\left(\dfrac{1}{427}\,\text{kcal/kg·m}\right)$ J : 열의 일당량(427kg·m/kcal)
제2법칙 (에너지흐름의 법칙)	일은 열로 변환이 가능하고 열은 일로 변환이 불가능하며, 열은 스스로 고온에서 저온으로 이동하고 100% 효율을 가진 열기관은 존재하지 않는다.	—
제3법칙	어떠한 방법으로도 절대온도를 0에 이르게 할 수 없다.	—

예제 1 50℃의 물 50L, 60℃의 물 100L를 혼합 시의 혼합온도를 계산하면?

해답
$$t = \frac{G_1 C_1 t_1 + G_2 C_2 t_2 + G_3 C_3 t_3}{G_1 C_1 + G_2 C_2 + G_3 C_3}$$
$$= \frac{(50 \times 1 \times 50) + (100 \times 1 \times 60)}{(1 \times 50) + (1 \times 100)} = 56.666 ≒ 56.67℃$$

참고 물은 비중이 1이므로 1L＝1kg임.

예제 2 500kg·m의 일량을 열량(kcal)로 환산하여라.

해답 $500\text{kg·m} \times \dfrac{1}{427}\,\text{kcal/kg·m} = 1.17\text{kcal}$

[이상기체와 실제기체]

구분 \ 항목	특징	관련공식	기호 설명
이상기체 (완전가스)	① 보일-샤를의 법칙을 만족 ② 아보가드로의 법칙에 따른다. ③ 내부에너지는 체적에 무관하며, 온도만의 함수이다. ④ 압축하여도 액화하지 않는다.	① $PV = Z\dfrac{W}{M}RT$ ② $PV = GRT$	① P : 압력(atm) V : 부피(L) Z : 압축계수 W : 질량(g) M : 분자량(g) R : 0.082atm·L/mol·K T : 온도(K) ※ $R = 0.082$atm·L/mol·K $= 1.987$cal/mol·K $= 8.314$J/mol·K ② P : 압력(kg/m^2) V : 부피(m^3) G : 질량(kg) $R : \dfrac{848}{M}$ kgf·m/kg·K T : 온도(K) ※ $R = 848$kgf·m/kmol·K $= \dfrac{8314}{M}$ J/kg·K $= \dfrac{8.314}{M}$ kJ/kg·K 이때의 P는 Pa(N/m^2)과 kPa(kN/m^2)이 된다.
실제기체 (반 데르 발스의 방정식)	① 저온, 고압에서 분자간의 인력이 존재 ② 압축 시 액화 가능	$\left(P + \dfrac{n^2 a}{V^2}\right)(V - nb)$ $= nRT$	P : 압력(atm)　　V : 부피(L) n : 몰수$\left(\dfrac{W}{M}\right)$　　$\dfrac{a}{V^2}$: 기체, 분자 간의 인력 b : 기체분자 자신이 차지하는 부피(L/mol)
보충설명	① 이상기체가 실제기체처럼 행동하는 온도, 압력의 조건(저온·고압) ② 실제기체가 이상기체처럼 행동하는 온도, 압력의 조건(고온·저압)		

예제 1 다음 [조건]으로 산소의 질량(kg)을 계산하여라.

[조건]
- V : 40L
- T : 27℃
- P : 150kg/cm^2(g)
- Z : 0.4

해답 $PV = Z \cdot \dfrac{W}{M}RT$ 이므로

$$\therefore W = \frac{PVM}{ZRT} = \frac{\dfrac{(150 + 1.033)}{1.033} \times 0.04 \times 32}{0.4 \times 0.082 \times (273 + 27)} = 19.018 = 19.02\text{kg}$$

$PV = Z \cdot \dfrac{W}{M}RT$ 에서

1. V : L이면 W : g, V : m^{3}이면 W : kg이 된다.
2. P는 절대압력 atm이므로
   150kg/cm^2(g)는 절대압력 (150+1.033)으로 계산 후 atm으로 환산하여야 한다.

예제 2　산소가 10^4kPa에서 100kg 충전되어 있다. 20℃에서 부피(m^3)는 얼마인가?
(단, $R = \dfrac{8.314}{M}$ kJ/kg·K이다.)

해답　$PV = GRT$ 이므로

$$\therefore V = \frac{GRT}{P} = \frac{100\text{kg} \times \dfrac{8.314}{32}\text{kJ/kg}\cdot\text{K} \times (273+20)\text{K}}{10^4\text{kN/m}^2} = 0.76\text{m}^3$$

[단위 확인]　$\dfrac{[\text{kg}] \times [\text{kN}\cdot\text{m/kg}\cdot\text{K}]\cdot\text{K}}{[\text{kN/m}^2]} = \text{m}^3$

　　　　　　$\text{kJ} = \text{kN}\cdot\text{m}$

예제 3　O_2 32g을 내용적 5L 용기에 충전 시 30℃ 압력(atm)을 계산하여라. (단, 반 데르
발스식을 사용 $a = 4.17\text{L}^2\cdot\text{atm/mol}^2$, $b = 3.72 \times 10^{-2}\text{L/mol}$)

해답　$\left(P + \dfrac{n^2 a}{V^2}\right)(V - nb) = nRT$

$$\therefore P = \frac{nRT}{V - nb} - \frac{n^2 a}{V^2} = \frac{(1) \times 0.082 \times (273+30)}{5 - \left(\dfrac{32}{32}\right) \times 3.72 \times 10^{-2}} - \frac{(1)^2 \times 4.17}{5^2}$$

$$= 4.839 = 4.84\text{atm}$$

[저장능력 산정식]

가스별 ＼ 시설별	용기	용기 이외의 설비 (가스홀더, 저장탱크 및 배관 등)
압축가스	$Q = (10P + 1)V$ Q : 저장능력(m^3) P : 35℃의 F_P(MPa) V : 내용적(m^3)	$M = P_1 V$ 또는 $M = 10P_2 V$ M : 저장능력(m^3) V : 내용적(m^3) P_1 : 충전된 압력(kg/cm^2)(a) P_2 : (MPa)(a)
액화가스	$W = \dfrac{V}{C}$ W : 저장능력(kg) V : 용기 내용적(L) C : 충전상수 ※ NH_3 : 1.86, C_3H_8 : 2.35, C_4H_{10} : 2.05, 　　CO_2 : 1.47, Cl_2 : 0.8	$W = 0.9dV$ W : 저장능력(kg) d : 액비중(kg/L) V : 내용적(L) ※ LPG 소형저장탱크 : $W = 0.85dV$임.

예제 1 O_2 가스 50L 용기에 법정압력으로 (F_P만큼) 충전 시 다음 물음에 답하시오.

(1) 저장능력(m^3)은 얼마인가?

(2) 이 값을 표준상태의 질량(kg) 값으로 환산하여라.

해답 (1) $Q = (10P+1)\,V = (10 \times 15 + 1) \times 0.05 = 7.55\mathrm{m}^3$

(2) $\dfrac{7.55\mathrm{m}^3}{22.4\mathrm{m}^3} \times 32\mathrm{kg} = 10.785 = 10.79\mathrm{kg}$

예제 2 V : 40L 산소용기에 100kg/cm^2(a) 충전 후 2kg 사용 시 용기의 압력은 얼마인가?

해답 $M_1 = P_1 V = 100 \times 40 = 4000\mathrm{L}$

$\therefore\ 4000\mathrm{L} - \dfrac{2000}{32} \times 22.4\mathrm{L} = 2600\mathrm{L}$

$\therefore\ M_2 = P_2 V$에서

$P_2 = \dfrac{M_2}{V} = \dfrac{2600}{40} = 65\mathrm{kg/cm}^2$

$\therefore\ 65 - 1.0332 = 63.966 = 63.97\mathrm{kg/cm}^2\mathrm{(g)}$

1. 용기 내 압력은 게이지압력으로 계산하여야 한다.
2. $M = PV$에서
   P의 단위는 (kg/cm^2)이나 문제의 조건에서 표준상태에서 계산하는 단서 조건이 있을 때는 atm으로 환산하여야 한다.
   예를 들어 100kg/cm^2(g) 40L이면 STP(표준상태)에서 계산 시
   $\dfrac{100 + 1.033}{1.033} \times 40 = 3912.216\mathrm{L}$가 된다.

예제 3 C_3H_8 47L 용기에 충전되는 법정 질량(kg), 충전(%), 안전공간(%)을 계산하여라. (단, 액비중은 0.5이다.)

해답 ① 질량 : $W = \dfrac{V}{C} = \dfrac{47}{2.35} = 20\mathrm{kg}$

② 충전 $= \dfrac{20\mathrm{kg} \div 0.5\mathrm{kg/L}}{47} = 85.106 = 85.11\%$

③ 안전공간 $= 100 - 85.11 = 14.89\%$

예제 4 내용적 50000L 액화산소 용기에 대해 다음 물음에 답하시오.

(1) 충전가능한 질량(kg)은? (단, 액비중은 1.14이다.)

(2) 이때 1종 보호시설과의 안전거리는?

해답 (1) $W = 0.9dV = 0.9 \times 1.14 \times 50000 = 51300\mathrm{kg}$

(2) 20m

[산소의 안전거리]

저장능력	1종	2종
1만 이하	12m	8m
1만 초과 2만 이하	14m	9m
2만 초과 3만 이하	16m	11m
3만 초과 4만 이하	18m	13m
4만 초과	20m	14m

[초저온용기의 단열성능 시험 시 침투열량]

공식	기호	내용적에 따른 단열성능 시험의 합격기준		시험용 가스	시험방법
		내용적	침입열량 (J/hr·℃·L)	• 액화질소 • 액화산소 • 액화아르곤	용기에 시험용 저온액화가스를 충전해서 모든 밸브는 닫고 가스방출 밸브만 열어 대기 중으로 가스를 방출하면서 기화방출되는 양을 측정
$Q = \dfrac{W \cdot q}{H \cdot \Delta t \cdot V}$	Q : 침투열량(J/hr·℃·L) W : 기화가스량(kg) q : 기화잠열(J/kg) H : 측정시간(hr) Δt : 온도차(℃) V : 내용적(L)	1000L 이상	8.37 이하	시험 시 충전량	
		1000L 미만	2.09 이하	저온액화가스 용적이 용기 내용적의 1/3 이상 1/2 이하일 것	

예제 1 액화산소 탱크에 산소가 200kg 충전되어 있다. 내용적이 100L, 10시간 방치 시 100kg이 남았다. 단열성능 시험의 합격여부를 계산으로 판별하시오. (단, 외기온도는 20℃이며, 액체산소의 비점은 −183℃, 증발잠열은 20000J/kg이다.)

해답
$$Q = \frac{W \cdot q}{H \cdot \Delta t \cdot V} = \frac{(200-100)\text{kg} \times 20000\text{J/kg}}{10\text{hr} \times (20+183)℃ \times 100\text{L}} = 9.852\text{J/hr·℃·L}$$
내용적 1000L 미만의 용기로서 2.09J/hr·℃·L 이하가 합격이므로 불합격이다.

【 배관의 유량식 】

구분	공식	기호	
저압배관	$Q = k\sqrt{\dfrac{D^5 H}{SL}}$	Q : 가스유량(m^3/h) k : 폴의 정수(0.707) D : 관경(cm)	H : 압력손실(mmH_2O) S : 가스비중 L : 관길이(m)
	$Q = k\sqrt{\dfrac{1000 D^5 H}{SLg}}$	g : 중력가속도(9.81)(m/s^2)	H : 압력손실(kPa)
중·고압배관	$Q = k\sqrt{\dfrac{D^5(P_1^{\,2} - P_2^{\,2})}{SL}}$	Q : 가스유량(m^3/h) k : 콕의 정수(52.31) D : 관경(cm) L : 관길이(m)	P_1 : 초압($\text{kg/cm}^2(\text{a})$) P_2 : 종압($\text{kg/cm}^2(\text{a})$) S : 가스비중
	$Q = k\sqrt{\dfrac{10000 D^5(P_1^{\,2} - P_2^{\,2})}{SLg^2}}$	g : 중력가속도(9.81)(m/s^2)	P_1 : 초압(MPa(a)) P_2 : 종압(MPa(a))

예제 1 다음 [조건]으로 저압배관의 압력손실(mmH_2O)을 계산하시오.

[조건]
- 가스유량 : 2.03kg/h
- 관길이 : 20m
- 밀도 : 2.04kg/m^3
- 관내경 : 1.61cm
- 비중 : 1.58

해답 $Q = k\sqrt{\dfrac{D^5 H}{SL}}$ 이므로

$$\therefore\ H = \frac{Q^2 \cdot S \cdot L}{k^2 \cdot D^5} = \frac{\left(\dfrac{2.03}{2.04}\right)^2 \text{m}^3/\text{h} \times 1.58 \times 20}{0.707^2 \times (1.61)^5} = 5.786 = 5.79\,\text{mmH}_2\text{O}$$

단위의 개념이 (mmH_2O)는 (kPa)로 (kg/cm^2)은 (MPa)로 변경하여 사용하므로 저압배관 유량식에서 H(압력손실) 단위가 (kPa)로 주어지면 $Q = k\sqrt{\dfrac{1000 D^5 H}{SLg}}$ 로 계산하고, 중·고압 배관 유량식에서 P_1, P_2의 단위가 (MPa)로 주어지면 $Q = k\sqrt{\dfrac{10000 D^5(P_1^{\,2} - P_2^{\,2})}{SLg^2}}$ 로 풀어야 한다.

예제 2 다음 [조건]으로 중·고압배관의 유량(m^3/h)을 계산하시오.

[조건]
- 관경 : 200mm
- 비중 : 1.58
- 관길이 : 10m
- 초압 : 10kg/cm^2(g)
- 종압 : 5kg/cm^2(g)
- 1atm＝1kg/cm^2로 간주

해답
$$Q = k\sqrt{\dfrac{D^5(P_1{}^2 - P_2{}^2)}{SL}}$$

$$= 52.31 \times \sqrt{\dfrac{(20)^5 \times \{(10+1)^2 - (5+1)^2\}}{1.58 \times 10}} = 217040.42\,m^3/h$$

예제 3 LP가스 저압배관 유량 산출식에서 다음 [조건]에 대하여 변화하는 압력손실값을 계산하시오.

[조건]
- 가스유량 : 1/2
- 가스비중 : 2배
- 관의 길이 : 2배
- 관경 : 1/2배

해답 $H = \dfrac{Q^2 \cdot S \cdot L}{k^2 \times D^5}$ 에서

① $H : \left(\dfrac{1}{2}\right)^2 = \dfrac{1}{4}$ 배

② $H : 2S = 2$ 배

③ $H : 2L = 2$ 배

④ $H : \dfrac{1}{\left(\dfrac{1}{2}\right)^5} = 32$ 배

예제 4 LP가스 배관이 조건 ①에서 조건 ②로 변화 시 변화된 압력손실(mmH₂O)을 계산하시오. (단, 소수점 첫째자리에서 반올림하여 구한다.)

[조건]
① 관경 : 1B, 관길이 : 30m, 비중 : 1.5, C_3H_8 : 5m^3/h, H : 14mmH₂O
② C_4H_{10} : 6m^3/h, 비중 : 2.0

해답 변화 전의 경우를 1, 변화 후의 경우를 2라고 하면

$$Q = k\sqrt{\dfrac{D^5 H}{SL}} \text{ 에서 } (D_1 = D_2,\ L_1 = L_2,\ k_1 = k_2)\text{이므로}$$

$$D_1 = D_2 = \dfrac{Q_1{}^2 \cdot S_1 \cdot L_1}{K_1{}^2 \cdot H_1} = \dfrac{Q_2{}^2 \cdot S_2 \cdot L_2}{K_2{}^2 \cdot H_2}$$

$$\therefore\ H_2 = \dfrac{H_1 \cdot Q_2{}^2 \cdot S_2}{Q_1{}^2 \cdot S_1} = \dfrac{14 \times 6^2 \times 2.0}{5^2 \times 1.5} = 26.88 = 27\,mmH_2O$$

[배관의 압력손실]

구분	공식	특징
마찰저항(직선배관)에 의한 압력손실	$$H = \dfrac{Q^2 \cdot S \cdot L}{K^2 \cdot D^5}$$ H : 압력손실 Q : 유량 S : 비중 L : 관길이 K : 유량계수 D : 관경	① 유량(유속)의 2승에 비례한다. ② 관의 길이에 비례한다. ③ 관내경의 5승에 반비례한다. ④ 유체의 점도에 관계한다. ⑤ 가스비중에 비례한다.

입상(수직상향)배관에 의한 압력손실	$$h = 1.293(S-1)H$$
	 h : 압력손실(mmH$_2$O)
	 1.293 : 공기의 밀도(kg/m^3)
	 S : 가스비중
	 H : 입상높이(m)
		(1) 가스의 흐름방향이 위로 향하거나 아래로 향하거나 관계없이 모두 입상관으로 간주함
		 (2) 가스방향 및 비중에 따른 압력손실값의 구분
		   ① 공기보다 무거운 가스
		     • 상향 시 : 손실 발생(압력손실값 +)
		     • 하향 시 : 손실의 역수값 발생(압력손실값 −)
		   ② 공기보다 가벼운 가스
		     • 상향 시 : 손실의 역수값 발생(압력손실값 −)
		     • 하향 시 : 손실 발생(압력손실값 +)

• 안전밸브에 의한 압력손실
• 가스미터, 콕 등에 의한 압력손실

예제 1   비중 1.58인 C$_3$H$_8$의 입상 30m 지점에서의 압력손실(mmH$_2$O)은?

해답 $h = 1.293(1.58 - 1) \times 30 = 22.498 = 22.50 \text{mmH}_2\text{O}$

예제 2   배관의 최초압력 160mmH$_2$O, 비중 0.55인 CH$_4$이 입상 30m 지점에서의 압력값 (mmH$_2$O)은 얼마인가?

해답   손실$(h) = 1.293(S-1)H = 1.293(0.55 - 1) \times 30 = -17.4555 \text{mmH}_2\text{O}$
     $\therefore\ 160 + 17.455 \fallingdotseq 177.46 \text{mmH}_2\text{O}$

최초압력 160mmH$_2$O에서 입상손실 $h = 1.293(S-1)$ 계산값이
1. + 값이면 160 − 손실값 = 최종압력이 된다.
2. − 값이면 160 + 손실값 = 최종압력이 된다.

【 배관관련 암기사항 】

구분	내용
가스배관 시설 유의사항	① 배관 내 압력손실 ② 가스소비량 결정 ③ 배관경로의 결정 ④ 감압방식의 결정 및 조정기 산정
저압배관 설계 4요소	① 배관 내 압력손실 ② 가스유량 ③ 배관길이 ④ 관지름
가스배관 경로 4요소	① 최단거리로 할 것 ② 직선배관으로 시공할 것 ③ 노출하여 시공할 것 ④ 가능한 옥외에 시공할 것
배관에 생기는 응력의 원인	① 열팽창에 의한 응력 ② 냉간가공에 의한 응력 ③ 용접에 의한 응력 ④ 관내를 흐르는 유체의 중량에 의한 응력
배관에서 발생하는 진동의 원인	① 펌프 압축기에 의한 진동 ② 안전밸브 분출에 의한 진동 ③ 관의 굴곡에 의한 힘의 영향 ④ 바람, 지진에 의한 영향 ⑤ 관내를 흐르는 유체의 압력변화에 의한 영향
배관 내면에서 수리하는 방법	① 관내 시일액을 가압충전 배출하여 이음부의 미소 간격을 폐쇄시키는 방법 ② 관내 플라스틱 파이프를 삽입하는 방법 ③ 관벽에 접합제를 바르고, 필름을 내장하는 방법 ④ 관내 시일제를 도포하여 고화시키는 방법
배관재료의 구비조건	① 관내 가스유통이 원활할 것 ② 절단가공이 용이할 것 ③ 토양 지하수 등에 내식성이 있을 것 ④ 관의 접합이 용이하고 누설이 방지될 것 ⑤ 내부가스압 및 외부의 충격하중에 견딜 것

【 노즐에서 가스분출유량(m^3/h) 계산식 】

구분	공식 설명
$Q = 0.009 D^2 \sqrt{\dfrac{h}{d}}$	Q : 노즐에서 가스분출량(m^3/h) D : 노즐직경(mm)
$Q = 0.011 K D^2 \sqrt{\dfrac{h}{d}}$	h : 분출압력(mmH_2O) d : 가스비중 K : 유량계수

예제 1 다음 [조건]으로 노즐에서의 가스분출량(L)을 계산하여라.

[조건]
- 노즐직경 : 0.3mm
- 유출시간 : 3시간
- 분출압력 : 280mmAq
- 비중 : 1.7

해답 $Q = 0.009 \times (0.3)^2 \sqrt{\dfrac{280}{1.7}} = 0.01039 \text{m}^3/\text{h}$

$\therefore\ 0.01039 \times 10^3 \times 3 = 31.186 = 31.19 \text{L}$

예제 2 다음 [조건]으로 노즐에서의 가스분출량(m^3/h)을 계산하시오.

[조건]
- 노즐직경 : $D = 2\text{cm}$
- 분출압력 : $h = 250\text{mmAq}$
- 유량계수 : $K = 0.8$
- 가스비중(d) : 0.55

해답 $Q = 0.011 KD^2 \sqrt{\dfrac{h}{d}} = 0.011 \times 0.8 \times (20)^2 \sqrt{\dfrac{250}{0.55}} = 75.05 \text{m}^3/\text{h}$

예제 3 다음 [조건]으로 버너의 노즐직경(mm)을 계산하시오.

[조건]
- 가스의 총 발열량 : 30000kcal/hr
- 가스비중 : 1.5
- 유량계수(K) : 0.8
- 진발열량 : 20000kcal/Nm^3
- 분출압력 : 100mmAq

해답 가스분출량 $Q = \dfrac{30000\text{kcal/hr}}{20000\text{kcal/Nm}^3} = 1.5 \text{Nm}^3/\text{hr}$

$Q = 0.011 \times K \times D^2 \sqrt{\dfrac{h}{d}}$ 에서

$D^2 = \dfrac{Q}{0.011 \times K \times \sqrt{\dfrac{h}{d}}} = \dfrac{1.5}{0.011 \times 0.8 \times \sqrt{\dfrac{100}{1.5}}} = 20.876$

$\therefore\ D = \sqrt{20.876} = 4.569 = 4.57 \text{mm}$

[기체의 확산속도에 관한 법칙(그레이엄)]

구분	내용
정의	기체의 확산속도는 일정온도, 일정압력 하에서 그 기체의 밀도, 분자량의 제곱근에 반비례, 시간에 반비례한다.
$\dfrac{u_A}{u_B} = \sqrt{\dfrac{d_B}{d_A}} = \sqrt{\dfrac{M_B}{M_A}} = \dfrac{t_B}{t_A}$	u_A, u_B : A 및 B 기체의 확산속도 d_A, d_B : A 및 B 기체의 밀도 M_A, M_B : A 및 B 기체의 분자량 t_A, t_B : A 및 B 기체의 확산시간

예제 1 어떤 기체의 확산속도가 SO_2의 2배일 때 이 기체가 탄화수소라면 이 기체의 분자식은?

해답
$$\frac{U_x}{U_{SO_2}} = \sqrt{\frac{64}{M_x}} = \frac{2}{1}$$

$$\frac{64}{M_x} = \frac{4}{1}$$

$$\therefore \ M_x = \frac{64}{4} = 16 \,\text{이므로}\ CH_4(\text{메탄})$$

예제 2 어떤 기체를 60mL 확산 시 10초가 소요되며, 같은 조건의 수소 480mL 확산 시 20초가 소요된다면 이 기체는 무엇인가?

해답
$$U_x = \frac{60\,\mathrm{mL}}{10\,\mathrm{sec}} = 6$$

$$U_H = \frac{480\,\mathrm{mL}}{20\,\mathrm{sec}} = 24$$

$$\frac{U_x}{U_H} = \frac{6}{24} = \sqrt{\frac{2}{M_x}}$$

$$\left(\frac{1}{4}\right)^2 = \frac{2}{M_x}$$

$$\therefore \ M_x = \frac{16 \times 2}{1} = 32 \,\text{이므로 산소}$$

[안전밸브 분출면적(cm²) 계산식]

구분	공식	기호 설명
압축기용 안전밸브의 분출면적	$$a = \dfrac{w}{2300P\sqrt{\dfrac{M}{T}}}$$	a : 분출면적(cm²) w : 시간당 분출가스량(kg/h) P : 분출압력(MPa) M : 분자량 T : 분출 직전의 절대온도(K)
냉동장치의 압축기 발생기에 부착된 안전밸브로서 양정이 구경의 1/5 이상인 안전밸브의 분출면적	$$A = \dfrac{0.1W}{CKP\sqrt{\dfrac{M}{T}}}$$ ※ K : 분출계수 측정법에 따라 공칭분출계수를 구한 경우는 그 값의 0.9배, 그 외는 안전밸브 표에 따라 구한 값	A : 분출면적(cm²) W : 분출 냉매가스량(kg/h) C : 단열지수 P : 분출압력(MPa) M : 분자량 T : 절대온도(K)

[용기 내장형 가스난방기 안전밸브 분출유량(m³/min)]

공식	기호 설명
$Q = 0.0278P \cdot W$	Q : 분출유량(m³/min) P : 작동절대압력(MPa(a)) W : 용기 내용적(L)

예제 1 공기액화분리장치에서 산소를 시간당 6000kg 분출할 때 27℃에서의 안전밸브 작동압력이 8MPa이다. 이 때의 안전밸브 분출면적(cm²)을 계산하여라. (단, 1atm = 0.1MPa로 한다.)

해답 $$a = \frac{w}{2300P\sqrt{\dfrac{M}{T}}} = \frac{6000}{2300 \times (8+0.1)\sqrt{\dfrac{32}{300}}} = 0.986 = 0.99\,\text{cm}^2$$

예제 2 다음 [조건]으로 NH_3 냉매가스 압축기의 안전밸브 분출면적(cm²)을 계산하시오.

[조건]
- 압축기에 부착된 안전밸브로서 그 양정이 구경의 1/5 이상
- 분출압력(P) : 2.5MPa
- 분출가스량 : 50kg/hr
- 단열지수 : 1.36
- 분출계수 측정법에 의한 계수 : 3
- 1atm = 0.1MPa로 계산
- 분출 직전의 온도 : 20℃

해답 $$A = \frac{0.1W}{CKP\sqrt{\dfrac{M}{T}}} = \frac{0.1 \times 50}{1.36 \times (3 \times 0.9) \times (2.5+0.1)\sqrt{\dfrac{17}{(273+20)}}} = 2.17\,\text{cm}^2$$

 **예제 3** 안전밸브 작동압력이 10MPa인 가스난방기에 부착된 용기의 내용적이 $0.3m^3$일 때 시간당 안전밸브 분출유량(m^3/h)를 계산하여라. (단, 1atm＝0.1MPa이다.)

해답 $Q = 0.0278PW = 0.0278 \times (10 + 0.1) \times 300 = 84.234 m^3/min$
　　　　$\therefore \ 84.234 \times 60 = 5054.04 m^3/hr$

TiP
안전밸브 작동압력은 게이지압력(g)이므로 계산공식 대입 시 절대압력으로 계산하여야 한다.

(4) LPG 용기 안전밸브 분출량 계산식(내용적 40L 이상 125L 이하 용기에 한함)

$$Q = 0.01154\,V(10P \times 14.223 + 14.70)$$

여기서, Q : 소요분출량(m^3/h)
　　　　V : 용기 내용적(L)
　　　　P : 취출량 결정압력(MPa)＝$T_P \times 0.8 \times 1.2$＝분출개시압력×1.2

 **예제 1** 내용적 120L인 C_3H_8 용기의 T_P＝3.0MPa일 때 안전밸브 분출량(m^3/h)을 계산하시오.

해답 $Q = 0.01154\,V(10P \times 14.223 + 14.70)$
　　　　$= 0.01154 \times 120 \times (10 \times 2.88 \times 14.223 + 14.70) = 587.60 m^3/hr$

TiP
$P = 3 \times 0.8 \times 1.2 = 2.88MPa$

(5) 압력용기 안전밸브의 직경(mm)

$$d = C\sqrt{\left(\frac{D}{1000}\right) \times \left(\frac{L}{1000}\right)}$$

여기서, d : 안전밸브의 직경(mm)
　　　　C : 가스의 정수$\left(C = 35\sqrt{\dfrac{1}{P}}\right)$
　　　　D : 압력용기의 외경(mm)
　　　　L : 압력용기의 길이(mm)

예제 1 고압수소용기에 파열판식 안전밸브를 부착 시 용기의 외경 0.5m, 길이 1.5m일 때 이때의 안전밸브 직경(mm)은? (단, 정수 $C=0.96$이다.)

해답 $d = C\sqrt{\left(\dfrac{D}{1000}\right) \times \left(\dfrac{L}{1000}\right)} = 0.96\sqrt{\left(\dfrac{500}{1000}\right) \times \left(\dfrac{1500}{1000}\right)} = 0.83\text{mm}$

【 유량계 】

구분	종류
직접식	습식 가스미터, 건식 가스미터
간접식	오리피스, 벤투리, 피토관, 로터미터
차압식	오리피스, 플로노즐, 벤투리

【 유량계산식 】

구분	관련식	기호 설명
체적유량	$Q = A \cdot V$	Q : 체적유량(m^3/sec) A : 단면적$\left(= \dfrac{\pi}{4}d^2,\ d : 관경(\text{m})\right)$
중량유량	$G = \gamma \cdot A \cdot V$	G : 중량유량(kgf/sec) γ : 비중량(kgf/m^3) V : 유속(m/s)
차압식 유량	$Q = C \cdot \dfrac{\pi}{4}d_2{}^2\sqrt{\dfrac{2gH}{1-m^4}\left(\dfrac{S_m}{S}-1\right)}$	Q : 유량(m^3/sec) C : 유량계수 d_2 : 교축부 작은 단면적 $m : \dfrac{d_2}{d_1}$ (지름비) g : 중력가속도 S : 주관의 비중 S_m : 마노미터 비중 H : 압력차$(m) = \dfrac{\Delta P}{\gamma}$

예제 1 관경 40cm의 관에 10m/s의 유속이 흐를 때 유량(m^3/h)을 계산하여라.

해답 $Q = \dfrac{\pi}{4} \times (0.4\text{m})^2 \times 10\text{m/s} \times 3600\text{s/h} = 4523.89\text{m}^3/\text{h}$

예제 2 위의 문제에서 흐르는 유체가 물일 때 중량유량(kgf/s)은?

해답 $G = \gamma A V = 1000\text{kgf/m}^3 \times \dfrac{\pi}{4} \times (0.4\text{m})^2 \times 10\text{m/s} = 1256.637 = 1256.64\text{kgf/s}$

예제 3 내경 0.3m 원관 중 오리피스 직경 0.15m에 물이 흐를 때 수은마노미터 차압이 376mm이면 유량(m³/h)은? (단, $\pi = 3.14$, 유량계수 $C = 0.624$이다.)

해답
$$Q = C \cdot \frac{\pi}{4} d_2^{\,2} \sqrt{\frac{2gH}{1-m^4}\left(\frac{S_m}{S}-1\right)} \times 3600$$

$$= 0.624 \times \frac{3.14}{4} \times (0.15\mathrm{m})^2 \sqrt{\frac{2 \times 9.8 \times 0.376}{1-\left(\dfrac{0.15}{0.3}\right)^4}\left(\frac{13.6}{1}-1\right)} \times 3600$$

$$= 394.876 = 394.87 \mathrm{m^3/h}$$

[가스미터 분류]

구분	종류		
실측식	건식형	막식(다이어프램식)	독립내기식, 클로버식
		회전자식	루트형, 오벌형, 로터리피스톤형
추량식	델타형, 터빈형, 선근차형, 벤투리형, 오리피스형, 와류형		

[가스미터의 고장과 원인]

구분	내용
기차불량	기차가 변하여 계량법에 규정한 사용공차를 넘어서는 경우의 고장 ① 계량실의 부피변화 및 막에서의 누설 ② 밸브와 밸브시트 사이 누설 ③ 패킹부의 누설
감도불량	가스미터에 감도유량을 흘렸을 때 지침의 시도에 변화가 나타나지 않는 고장 ① 계량막과 밸브와 밸브시트 사이 패킹 누설
부동	가스는 가스미터를 통과하나 눈금이 움직이지 않는 고장 ① 계량막의 파손 ② 밸브의 탈락, 밸브와 밸브시트 사이 누설 ③ 계량부분 누설 발생 시 지시장치의 기어 불량
불통	가스가 가스미터를 통과하지 않는 고장 ① 크랭크축이 녹이 슬거나 밸브와 밸브시트가 타르, 수분 등에 의하여 점착되거나 고착동결하여 움직일 수 없게 된 경우 날개조절기의 납땜이 떨어지는 등 회전장치 부분에 고장 시 일어남.
누설	날개축이나 평축이 각 격벽을 관통하는 시일 부분의 기밀이 파손된 경우
이물질에 의한 불량	크랭크축에 이물질이 들어가거나 밸브와 밸브시트 사이에 유분 등의 점성 물질이 부착한 경우

[용접용기의 동판 및 경판의 두께 계산식(KGS AC 211)]

구분		관련식	기호
용접용기의 동판		$t = \dfrac{PD}{2S\eta - 1.2P} + C$	t : 두께(mm) P : 최고충전압력(MPa) 　(단, C_2H_2는 $F_P \times 1.62$배) D : 내경(mm)
용접용기의 경판	접시형 경판	$t = \dfrac{PDW}{2S\eta - 0.2P} + C$ ※ $W = \dfrac{3 + \sqrt{n}}{4}$ ※ n : 경판 중앙만곡부의 내경과 경판 　　둘레 단곡부의 내경의 비	・스테인리스강 : 인장강도$\times \dfrac{1}{3.5}$ ・그 밖의 것 : 인장강도$\times \dfrac{1}{4}$ S : 허용응력 η : 용접효율 C : 부식여유치
	반타원형 경판	$t = \dfrac{PDV}{2S\eta - 0.2P} + C$	$V = \dfrac{2 + m^2}{6}$ m : 반타원형 내면의 장축부와 단축부의 　　길이의 비

※ 용접용기 동판의 최대두께와 최소두께의 차이는 평균두께의 10% 이하(무이음용기의 경우는 20% 이하)

[최고충전압력의 1.7배의 압력에서 항복을 일으키지 아니하는 이음매 없는 용기의 동체 두께 계산식]

구분	관련식	기호
외경기준 계산식	$t = \dfrac{D}{2}\left(1 - \sqrt{\dfrac{S - 1.3P}{S + 0.4P}}\right)$	t : 동체 두께(mm) D : 외경(mm) d : 내경(mm)
내경기준 계산식	$t = \dfrac{d}{2}\left(\sqrt{\dfrac{S + 0.4P}{S - 1.3P}} - 1\right)$	S : T_P에서의 동체 재료 허용응력 P : 내압시험압력(MPa)

※ 이음매 없는 용기 동체의 최대두께와 최소두께의 차이는 평균두께의 20% 이하로 한다.

예제 1 $F_P = 10\text{MPa}$, $D = 7\text{mm}$, 인장강도 60N/mm^2, 용접효율 70%, 부식여유 1mm일 때 용접용기의 동판 두께(mm)를 계산하여라. (단, 용기의 재료는 스테인리스강으로 한다.)

해답 $t = \dfrac{PD}{2S\eta - 1.2P} + C = \dfrac{10 \times 7}{2 \times \left(60 \times \dfrac{1}{3.5}\right) \times 0.7 - 1.2 \times 10} + 1 = 6.83\text{mm}$

TiP

용기가 C_2H_2일 경우는 $F_P \times 1.62$배$= 16.2\text{MPa}$로 용기의 재료가 스테인리스 이외의 강일 때는 인장강도 $60 \times \dfrac{1}{4} = 15\text{N/mm}^2$으로 계산

예제 2 다음 [조건]으로 C_2H_2 용기의 접시형 경판의 두께를 계산하시오.

[조건]
- 접시형 장축부와 단축부의 길이의 비$(m)=1.8$
- 경판 중앙만곡부의 내경과 경판 둘레단곡부의 내경의 비$(n)=9$
- $D=0.5\text{cm}$
- $\eta=70\%$
- 부식여유 1mm
- 인장강도 4N/mm^2
- $F_P=1.5\text{MPa}$

해답 $t=\dfrac{PDW}{2S\eta-0.2P}+C$ 에서

$$W=\frac{3+\sqrt{n}}{4}=\frac{3+\sqrt{9}}{4}=1.5$$

$$\therefore\ t=\frac{(1.5\times1.62)\times5\times1.5}{2\times4\times\dfrac{1}{4}\times0.7-0.2\times(1.5\times1.62)}+1=20.93\text{mm}$$

예제 3 다음 [조건]으로 이음매 없는 용기 동체의 두께(mm)를 계산하시오.

[조건]
- $T_P=3$
- S(허용응력) : 60N/mm^2
- D(바깥지름) : 30mm
- d(안지름) : 20mm

해답 ① 외경인 경우

$$t=\frac{D}{2}\left(1-\sqrt{\frac{S-1.3P}{S+0.4P}}\right)=\frac{30}{2}\left(1-\sqrt{\frac{60-1.3\times3}{60+0.4\times3}}\right)=0.638=0.64\text{mm}$$

② 내경인 경우

$$t=\frac{d}{2}\left(\sqrt{\frac{S+0.4P}{S-1.3P}}-1\right)=\frac{20}{2}\left(\sqrt{\frac{60+0.4\times3}{60-1.3\times3}}-1\right)=0.44\text{mm}$$

$\therefore$ 외경과 내경의 계산값 중 큰 값으로 하므로 0.64mm

[기타 용기 두께 계산식]

구분	공식	기호	
프로판용기	$t=\dfrac{PD}{0.5fn-P}+C$	t : 용기 두께(mm) D : 용기직경(mm) C : 부식여유치(mm)	P : 최고충전압력(MPa) f : 인장강도(N/mm^2) n : 용접효율
산소용기	$t=\dfrac{PD}{2SE}$	t : 용기 두께(mm) D : 용기직경(mm) E : 안전율	P : 최고충전압력(MPa) S : 인장강도(N/mm^2)

예제 1 산소용기의 $F_P = 15\text{MPa}$, 외경 226mm, 인장강도 670N/mm^2일 때 안전율 0.361인 산소용기의 두께는?

해답 $t = \dfrac{PD}{2SE} = \dfrac{15 \times 226}{2 \times 670 \times 0.361} = 7.0078 = 7.01\,\text{mm}$

【 구형 가스홀더 두께 】

공식	기호		
$t = \dfrac{PD}{4fn - 0.4P} + C$	t : 구형 홀더 두께(mm) D : 홀더 내경(mm) f : 허용응력(N/mm^2) = 인장강도 $\times \dfrac{1}{4}$	n : 용접효율 C : 부식여유치(mm) P : 압력(MPa)	
$t = \dfrac{PD}{400fn - 0.4P} + C$	t : 구형 홀더 두께(mm) D : 홀더 내경(mm) f : 허용응력(kg/mm^2)	n : 용접효율 C : 부식여유치(mm) P : 압력(kg/cm^2)	

예제 1 다음 [조건]으로 구형 가스홀더에 대한 물음에 답하여라.

[조건]
- 사용 상한압력 : $7\text{kg/cm}^2(\text{g})$
- 사용 하한압력 : $2\text{kg/cm}^2(\text{g})$
- 가스홀더 활동량(상한압력~하한압력) : 60000m^3
- 허용인장응력 : 20kg/mm^2
- 용접효율 : 95%
- 부식여유 : 2mm

(1) 이 가스홀더의 내경(m)을 구하여라.
(2) 이 가스홀더의 두께(mm)를 계산하여라.
(3) 구형 가스홀더의 부속설비 3가지를 기술하여라.

해답 (1) $M = (P_1 - P_2)V$

$V = \dfrac{M}{P_1 - P_2} = \dfrac{\pi D^3}{6}$

$D^3 = \dfrac{6M}{(P_1 - P_2) \times \pi} = \dfrac{6 \times 60000}{(7-2) \times \pi} = 22918.311$

$$\therefore\ D = \sqrt[3]{22918.311} = 28.404 = 28.40 \text{m}$$

(2) $t = \dfrac{PD}{400fn - 0.4P} + C = \dfrac{7 \times 28.40 \times 10^3}{400 \times 20 \times 0.95 - 0.4 \times 7} + 2 = 28.167 = 28.17 \text{mm}$

(3) 안전밸브, 압력계, 드레인밸브

1. 구형 가스홀더의 두께 계산 시 최고압력을 기준으로 계산하여야 한다.
2. P_1 : 0.7MPa, P_2 : 0.2MPa, 허용응력 $f = 200\text{N/mm}^2$이라 가정 시

- $M = 10PV$에서

$$V = \dfrac{M}{10 \times (P_1 - P_2)} = \dfrac{\pi}{6} D^3$$

$$D^3 = \dfrac{6M}{10 \times (P_1 - P_2) \times \pi} = \dfrac{6 \times 60000}{10 \times (0.7 - 0.2) \times \pi} = 22918.311$$

$$\therefore\ D = \sqrt[3]{22918.31} = 28.40 \text{m}$$

- $t = \dfrac{PD}{4fn - 0.4P} + C = \dfrac{0.7 \times 28.40 \times 10^3}{4 \times 200 \times 0.95 - 0.4 \times 0.7} + 2 = 28.167 = 28.17 \text{mm}$

[항구증가율]

공식		합격기준
항구증가율(%) = $\dfrac{\text{항구증가량}}{\text{전 증가량}} \times 100$	신규검사	항구증가율 10% 이하 합격
	재검사	질량검사 시 95% 이상인 경우 (항구증가율 10% 이하 합격)
		질량검사 90% 이상 95% 이하인 경우 (항구증가율 6% 이하 합격)

예제 1 내용적 40L 용기에 30kg/cm² 의 수압을 가하였더니 40.05L였다. 압력 제거 시 40.002L이면 이 용기의 내압시험 합격여부를 판정하시오.

해답 항구증가율(%) = $\dfrac{\text{항구증가량}}{\text{전 증가량}} \times 100 = \dfrac{40.002 - 40}{40.05 - 40} \times 100 = 4\%$

$\therefore$ 항구증가율이 10% 이하이므로 합격이다.

[부취제]

구분		내용
정의		누설 시 조기발견을 위하여 첨가하는 향료
착지농도		$\dfrac{1}{1000}$ (0.1%)
구비조건		① 경제적일 것 ② 독성이 없을 것 ③ 물에 녹지 않을 것 ④ 화학적으로 안정할 것 ⑤ 가스관의 가스미터에 흡착되지 않을 것 ⑥ 보통 존재 냄새와 구별될 것
부취제 냄새 측정방법		① 오드로메타법 ② 주사기법 ③ 냄새주머니법 ④ 무취실법
주입 방식	액체주입식	펌프주입방식, 적하주입방식, 미터연결 바이패스방식
	증발식	바이패스증발식, 위크증발식

특성 \ 종류	TBM (터시어리부틸메르카부탄)	THT (테트라하이드로티오펜)	DMS (디메틸설파이드)
냄새 종류	양파 썩는 냄새	석탄가스 냄새	마늘 냄새
강도	강함	보통	약간 약함
안정성	불안정 (내산화성 우수)	매우 안정 (산화중합이 일어나지 않음)	안정 (내산화성 우수)
혼합사용 여부	혼합 사용	단독 사용	혼합 사용
토양의 투과성	우수	보통	매우 우수

예제 1 부취제를 엎질렀을 때 처리하는 방법 3가지는?

해답 ① 활성탄에 의한 흡착법   ② 화학적 산화처리   ③ 연소법

03 레이놀드 수(Re)

$$Re = \frac{\rho \, d \, V}{\mu} = \frac{Vd}{\nu}$$

여기서, Re : 레이놀드 수
ρ : 밀도(g/cm^3)
V : 유속(cm/s)
μ : 점성계수(g/cm·s)
ν : 동점성계수(cm^2/s)

예제 1 내경 20cm, 밀도 0.1g/cm³인 원관에 점성계수 0.01g/cm·s인 유체가 흐를 때 유속은 0.5m/s였다. 이 유체흐름은 층류인가, 난류인가를 판별하시오.

해답
$$Re = \frac{\rho d V}{\mu} = \frac{0.1 \times 20 \times 50}{0.01} = 10000$$
$\therefore$ Re가 2100보다 크므로 난류이다.

르 샤틀리에의 혼합가스 폭발범위 계산식

$$\frac{100}{L} = \frac{V_1}{L_1} + \frac{V_2}{L_2} + \frac{V_3}{L_3} + \cdots\cdots$$

예제 1 CH_4 10%, C_4H_{10} 30%, C_2H_6 60%인 혼합가스의 공기 중 폭발범위를 계산하여라.

해답 ① 하한 : $\dfrac{100}{L} = \dfrac{10}{5} + \dfrac{30}{1.8} + \dfrac{60}{3}$

$L = 100 \div \left(\dfrac{10}{5} + \dfrac{30}{1.8} + \dfrac{60}{3} \right) = 2.59\%$

② 상한 : $\dfrac{100}{L} = \dfrac{10}{15} + \dfrac{30}{8.4} + \dfrac{60}{12.5}$

$L = 100 \div \left(\dfrac{10}{15} + \dfrac{30}{8.4} + \dfrac{60}{12.5} \right) = 11.06\%$

$\therefore$ 2.59~11.06%

예제 2 C_3H_8 30%, C_4H_{10} 40%, 공기 30%가 혼합된 혼합가스의 폭발하한값을 계산하여라.

해답 $\dfrac{70}{L} = \dfrac{30}{2.1} + \dfrac{40}{1.8}$

$\therefore$ $L = 70 \div \left(\dfrac{30}{2.1} + \dfrac{40}{1.8} \right) = 1.917 = 1.92\%$

TiP

혼합가스의 경보 농도 계산 시 폭발하한값의 1/4 이하에서 경보하므로 $\dfrac{100}{L}$ (하한)으로 계산 후 $L \times \dfrac{1}{4}$ 값이 경보 농도의 값이 된다.

[배관의 신축이음]

종류	특징	
슬리브이음		관의 빈 공간을 이용, 신축을 흡수
스위블이음		두 개 이상의 엘보를 이용, 엘보의 공간에서 신축을 흡수
벨로즈(펙레스)이음		주름관을 이용, 신축을 흡수
루프(신축곡관)	Ω	신축이음 중 가장 큰 신축을 흡수
상온 스프링	배관의 자유팽창량을 미리 계산하여 관의 길이를 짧게 절단함으로써 신축을 흡수하는 방법이며, 절단길이는 자유팽창량의 1/2이다.	
신축량 계산	$$\lambda = l \cdot \alpha \cdot \Delta t$$ 여기서, λ : 신축량, l : 관길이, α : 선팽창계수, Δt : 온도차	

예제 1 대기 중 6m 배관을 상온 스프링으로 연결 시 절단길이(mm)를 계산하여라. (단, $\alpha = 1.2 \times 10^{-5}/℃$, 온도차는 50℃이다.)

> **해답** $\lambda = l \cdot \alpha \cdot \Delta t = 6 \times 10^3 \text{mm} \times 1.2 \times 10^{-5}/℃ \times 50℃ = 3.6\text{mm}$
>
> 상온 스프링의 경우 자유팽창량의 1/2을 절단하므로
>
> $\therefore 3.6 \times \dfrac{1}{2} = 1.8\text{mm}$

예제 2 교량 연장길이 100m일 때 강관을 부설 시 온도변화 폭을 60℃로 하면 신축량 30mm를 흡수하는 신축관은 몇 개가 필요한가? (단, 강의 선팽창계수 $\alpha = 1.2 \times 10^{-5}/℃$이다.)

> **해답** $\lambda = l \cdot \alpha \cdot \Delta t = 100 \times 10^3 \text{mm} \times 1.2 \times 10^{-5}/℃ \times 60℃ = 72\text{mm}$
>
> $\therefore 72 \div 30 = 2.4 = 3\text{개}$

[배관이음의 종류]

종류		정의	도시기호
영구이음	용접	배관의 양단을 용접하여 결합	—✕—
	납땜	배관의 양단을 납땜하여 결합	—〇—
일시(분해)이음	소켓	배관의 양단을 소켓으로 결합	—〈—
	플랜지	배관의 양단에 플랜지를 만들고, 사이에 개스킷을 삽입하여 볼트, 너트로 결합	—‖—
	유니온	배관의 양단을 유니온으로 결합	—⧫—

(1) 개방형 연소기구의 배기통 유효단면적

$$A = \frac{20KQ}{1400\sqrt{H}}$$

여기서, A : 유효단면적(m^2)
　　　　K : 이론 폐가스량(m^3/kg)
　　　　Q : 시간당 유량(kg/hr)
　　　　H : 높이(m)

(2) 영률에 의한 응력값

$$\sigma = \frac{E \times \lambda}{L}$$

여기서, σ : 응력(kg/cm^2)
　　　　E : 영률(kg/cm^2)
　　　　λ : 늘어난 길이(cm)
　　　　L : 처음 길이(cm)

예제 1 400A 강관을 써서 길이 30m로 양끝을 견고히 고정한 강관을 $-10℃$에서 설치하였으나 온도가 $50℃$로 상승하였을 때 판제에 생기는 응력을 구하시오. (단, 판의 선팽창계수 $\alpha = 1.2 \times 10^{-5}/℃$, $E = 2.1 \times 10^5$kg/cm^2, $\lambda = l\alpha\Delta t$, $\lambda =$ 신축량, $\alpha =$ 선팽창계수, $\Delta t =$ 온도차)

해답 $\lambda = 30 \times 100cm \times 1.2 \times 10^{-5}/℃ \times (50 + 10) = 2.16cm$

$$\therefore \ \sigma = \frac{E \times \lambda}{L} = \frac{2.1 \times 10^5 \times 2.16}{3000} = 151.2kg/cm^2$$

예제 2 배기후드에 의한 급배기 설비에서 시간당 0.9kg/hr의 LPG를 개방형 연소기구로 연소 시 배기후드의 유효단면적은 몇 cm^2인가? (단, 급기구의 중심에서 외기에 개방된 중심의 높이는 3m, 이론 폐가스량은 12m^3/kg이다.)

해답 $A = \dfrac{20KQ}{1400\sqrt{H}} = \dfrac{20 \times 12 \times 0.9}{1400\sqrt{3}} = 0.089m^2 \fallingdotseq 0.09m^2 = 900cm^2$

(3) 웨버지수

$$WI = \frac{H}{\sqrt{d}}$$

여기서, WI : 웨버지수
　　　　H : 발열량(kcal/Nm^3)
　　　　d : 비중

(4) 노즐구경 변경률

$$\frac{D_2}{D_1} = \sqrt{\frac{WI_1\sqrt{P_1}}{WI_2\sqrt{P_2}}}$$

여기서, D_1 : 처음상태의 노즐직경(mm)
D_2 : 변경상태의 노즐직경(mm)
WI_1 : 처음상태의 웨버지수
WI_2 : 변경상태의 웨버지수
P_1 : 처음상태의 압력(kPa or mmH_2O)
P_2 : 변경상태의 압력(kPa or mmH_2O)

예제 1 발열량 5000kcal/Nm^{3}인 어느 도시가스의 비중이 0.55일 때 웨버지수를 계산하시오.

해답 $WI = \dfrac{H}{\sqrt{d}} = \dfrac{5000}{\sqrt{0.55}} = 6741.998 = 6742.00$

예제 2 다음 [조건]으로 노즐구경을 구하시오.

[조건]
- H_1 : 24320kcal/Nm^3
- P_1 : 280mmH_2O
- H_2 : 5000kcal/Nm^3
- P_2 : 100mmH_2O

- D_1 : 0.5mm
- d_1 : 1.55
- d_2 : 0.65

해답 $\dfrac{D_2}{D_1} = \sqrt{\dfrac{WI_1\sqrt{P_1}}{WI_2\sqrt{P_2}}}$

$$\therefore D_2 = D_1 \times \sqrt{\frac{WI_1\sqrt{P_1}}{WI_2\sqrt{P_2}}} = 0.5 \times \sqrt{\frac{\dfrac{24320}{\sqrt{1.55}}\sqrt{280}}{\dfrac{5000}{\sqrt{0.65}}\sqrt{100}}} = 1.147 = 1.15\text{mm}$$

TiP $\dfrac{D_2}{D_1}$ (노즐구경 변경률)은 계산 시 단위가 없는 무차원수이다.

(5) 도시가스 월사용예정량(m³) 계산식

$$Q = \frac{(A \times 240) + (B \times 90)}{11000}$$

여기서, Q : 월사용예정량(m³)

A : 산업용으로 사용하는 연소기 명판에 기재된 가스소비량 합계(kcal/h)

B : 산업용이 아닌 연소기 명판에 기재된 가스소비량 합계(kcal/h)

예제 1 다음 [조건]으로 도시가스 월사용예정량(m³)을 계산하여라.

[조건] • 산업용으로 사용되는 연소가스량 합계 : 10000kg/hr

• 비산업용으로 사용되는 연소가스량 합계 : 5000kg/hr

해답 $Q = \dfrac{(A \times 240) + (B \times 90)}{11000} = \dfrac{(10000 \times 240) + (5000 \times 90)}{11000} = 259.09\text{m}^3$

【 피크 시(최대소비수량) 사용량에 대한 용기수량 결정 및 관련식 】

구분		공식	기호
피크 시 사용량	집단 공급처	$Q = q \times N \times \eta$	Q : 피크 시 사용량(kg/h) q : 1일 1호당 평균 가스소비량(kg/d) N : 소비 호수　　η : 소비율
	업무용(식당, 다방)	$Q = q \times \eta$	q : 연소기의 시간당 사용량(kg/h) η : 연소기 대수
용기설치 본수(최소용기수)		$\dfrac{\text{최대소비수량(kg/h)}}{\text{용기 1개당 가스발생량}}$ ※ 자동교체 조정기 및 2계열 설치 시는 용기수×2	–
2일분 용기수		$\dfrac{\text{1일 1호당 평균 가스소비량×2일×소비호수}}{\text{용기의 질량}}$	–
표준용기수		필요 최저용기수＋2일분 용기수	–
2열 합계용기수		표준용기수×2	–
용기교환주기		$\dfrac{\text{사용가스량(kg)}}{\text{1일 사용량(kg/d)}}$ ※ 사용가스량(%) ＝ 용기질량×용기수×사용(%)	–

예제 1 [조건]이 다음과 같을 때 다음 그래프를 이용하여 각 항목을 기술하시오.

[조건]
- 세대수 : 60세대
- 1세대당 1일의 평균 가스소비량(겨울) : 1.35kg/day
- 50kg 1개 용기의 가스발생능력은 1.07kg/hr, 이때의 외기온도는 0℃가 기준이다.

(1) 피크 시의 평균 가스소비량은?
(2) 필요한 최소용기 개수는?
(3) 2일분의 소비량에 해당되는 용기수는?
(4) 표준용기의 설치수는?
(5) 2열의 용기수는?

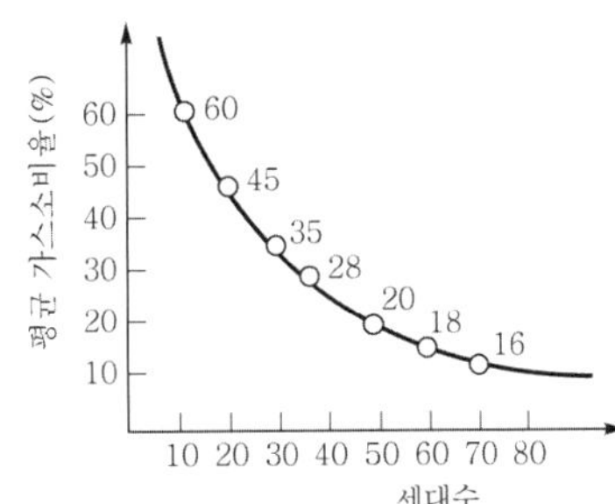

해답 (1) 1.35kg/day · 호×60호×0.18
= 14.58kg/hr

(2) $\dfrac{14.58\text{kg/hr}}{1.07\text{kg/hr} \cdot \text{개}}$ = 13.63개 = 14개

(3) $\dfrac{1.35\text{kg/day} \cdot \text{호}×60\text{호}×2\text{day}}{50\text{kg/개}}$ = 3.24개 = 4개

(4) 표준용기수 = 최소용기수 + 2일분의 용기수 = 13.63 + 3.24 = 16.87개 = 17개
(5) 2열 용기수 = 17×2 = 34개

표준용기수 계산 시는 최소용기수와 2일분의 용기수를 반올림하지 않은 원래 용기수로 계산한다.

예제 2 어느 음식점에서 시간당 0.32kg을 연소시키는 버너 10대를 설치하여 1일 5시간 사용 시 (1) 용기수와 (2) 용기교환주기를 다음 표를 참고하여 계산하시오.

[조건]
- 사용 시 최저온도 : -5℃   • 용기질량 : 50kg   • 잔액 20%일 때 교환

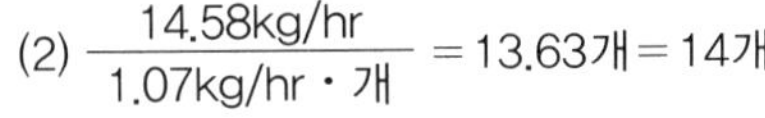

[50kg 용기 사용 시 증발량(kg/hr)]

용기 중 잔가스량 (kg)	기온(℃)					
	-5	0	5	10	15	20
5.0	0.55	0.65	0.75	0.85	0.90	1.0
10	0.75	0.85	0.95	1.05	1.15	1.25
15	0.97	1.10	1.25	1.30	1.35	1.45
20	1.0	1.15	1.3	1.4	1.5	1.65

[해답]

$$(1)\ 최소용기수 = \frac{피크\ 시\ 양}{용기\ 1개당\ 가스발생량} = \frac{0.32kg/h \times 10}{0.75} = 4.266 = 5개$$

$$(2)\ 용기교환주기 = \frac{사용가스량}{1일\ 사용량} = \frac{50kg \times 5 \times 0.8}{0.32kg/hr \times 10 \times 5hr/d} = 12.5 = 12일$$

TiP

1. 용기의 잔액이 20%이므로 50×0.2=10kg이 잔가스량
2. 피크 시 기온 −5℃에서 잔가스량 10kg일 때 용기의 가스발생량 0.75kg/h
3. 용기수는 반올림하여 계산
4. 용기교환주기는 내려서 계산(12.5일인 경우 13일로 계산 시 반나절은 가스를 사용하지 못하게 된다.)

(6) 가스홀더 활동량에 대한 제조능력

$$M = (S \times a - \Delta H) \times \frac{24}{t}$$

여기서, M : 제조능력(m^3/day)
S : 1일 사용량(m^3/day)
a : t시간의 공급률
ΔH : 가스홀더의 활동량
t : 공급시간

[예제 1] 가스의 공급량과 제조량, 가스홀더 활동량은 관계식으로 표시할 수 있다. 현재 17~22시 공급이 40%로 가스홀더 활동량이 1일 공급량의 12%일 때 필요제조능력을 계산하여라.

[해답]
$$M = (S \times a - \Delta H) \times \frac{24}{t} = (S \times 0.4 - 0.12S) \times \frac{24}{5} = 1.34S\ 배$$

∴ 1일 공급량의 1.34배의 제조능력이 필요하다.

[예제 2] 도시가스 제조소에서 17시에서 22시 공급이 40%로 가스홀더 활동량이 1일 공급량의 20%일 때 1일 최대공급량이 600m^3이면 필요제조능력(m^3/h)은?

[해답]
$$M = (S \times a - \Delta H) \times \frac{24}{t} = (0.4 \times 600 - 600 \times 0.2) \times \frac{24}{5} = 576m^3/day$$

∴ $576m^3/day \times (1day/24hr) = 24m^3/hr$

TiP

1. M : 제조능력(m^3/d)
2. S : 공급량(m^3/d)은 600m^3/d
3. a : 17~22시 공급률은 600×0.4
4. H : 가스홀더 활동량은 600×0.2

[가스홀더의 기능]

구분	기능
공급면	① 공급설비의 지장 시 어느 정도 공급을 확보한다. ② 피크 시 도관의 수송량을 감소시킨다.
제조면	① 제조가 수요를 따르지 못할 때 공급량을 확보한다. ② 가스의 성분열량 연소성을 균일화한다.

[배관의 연신율, 가공도, 단면수축률]

구분	공식	기호
연신율(%)	$\dfrac{\lambda}{l} \times 100$	l : 처음의 길이 λ : 늘어난 길이
가공도(%)	$\dfrac{A}{A_0} \times 100$	A_0 : 처음의 단면적 A : 나중의 단면적
단면수축률	$\dfrac{A_0 - A}{A_0} \times 100$	

예제 1 길이 100mm 시험편을 인장시험 시 150mm가 되었다. 연신율(%)을 계산하여라.

해답 연신율(%) $= \dfrac{\lambda}{l} \times 100 = \dfrac{150 - 100}{100} \times 100 = 50\%$

예제 2 직경 12cm인 관을 축소관을 사용하여 10cm로 하였을 때 다음 물음에 답하시오.

(1) 단면수축률을 구하시오.
(2) 가공도를 계산하시오.

해답 (1) 단면수축률 $= \dfrac{A_0 - A}{A_0} \times 100 = \dfrac{\dfrac{\pi}{4}(12^2 - 10^2)}{\dfrac{\pi}{4} \times (12)^2} \times 100 = 30.555 = 30.56\%$

(2) 가공도 $= \dfrac{A}{A_0} \times 100 = \dfrac{\dfrac{\pi}{4} \times 10^2}{\dfrac{\pi}{4} \times 12^2} \times 100 = 69.44\%$

(7) 라울의 법칙

혼합액체의 각 성분이 나타내는 증기압력은 그 성분이 단독으로 있을 때 증기압과 그 액체 속의 몰분율의 합과 같다.

$$P = P_A X_A + P_B X_B$$

여기서, P : 혼합증기압
P_A : A의 증기압
P_B : B의 증기압
X_A : A의 몰분율
X_B : B의 몰분율

예제 1 용기 내 A·B 동중량의 혼합기체가 충전되어 있다. A증기압은 20atm, B증기압은 40atm, A, B의 분자량이 각각 50, 20일 때 라울의 법칙이 성립한다면 용기의 압력(atm)은?

해답 $P = P_A X_A + P_B X_B$

$$X_A = \frac{\dfrac{w}{50}}{\left(\dfrac{w}{50} + \dfrac{w}{20}\right)} = \frac{2}{7}$$

$$X_B = \frac{\dfrac{w}{20}}{\left(\dfrac{w}{50} + \dfrac{w}{20}\right)} = \frac{5}{7}$$

$$\therefore P = \left(20 \times \frac{2}{7}\right) + \left(40 \times \frac{5}{7}\right) = 34.29\,\text{atm}$$

예제 2 용기 내 액체 A, B가 같은 몰수로 혼합되어 있고, A, B의 증기압이 각각 2atm, 8atm일 때 용기 내 증기압은?

해답 $P = P_A X_A + P_B X_B = \left(2 \times \dfrac{1}{2}\right) + \left(8 \times \dfrac{1}{2}\right) = 5\,\text{atm}$

04 압축기 중요 암기사항

(1) 분류방법

압축방식	용적	왕복, 회전, 나사	
	터보	원심	터보형, 레이디얼형, 다익형
		축류	
작동압력	압축기	토출압력 $1kg/cm^2$(0.1MPa) 이상	
	송풍기(블로어)	토출압력 $0.1kg/cm^2$ 이상 $1kg/cm^2$(10kPa~0.1MPa) 미만	
	통풍기(팬)	토출압력 $0.1kg/cm^2$(10kPa) 미만	

(2) 안전장치

안전두	정상압력 + (0.3~0.4MPa)
고압차단스위치(HPS)	정상압력 + (0.4~0.5MPa)
안전밸브	정상압력 + (0.5~0.6MPa)

(3) 압축기의 특징

왕복압축기	원심압축기	나사압축기
① 용적형이다. ② 오일윤활, 무급유식이다. ③ 압축효율이 높다. ④ 소음·진동이 있고, 설치면적이 크다.	① 무급유식이다. ② 소음·진동이 없다. ③ 설치면적이 적다. ④ 압축이 연속적이다.	① 용적형이다. ② 무급유 또는 급유식이다. ③ 흡입, 압축, 토출의 3행정이다. ④ 맥동이 거의 없고, 압축이 연속적이다.

(4) 압축기의 용량조정방법

왕복압축기		원심압축기
연속적 용량조정	단계적 용량조정	
① 타임드밸브에 의한 방법 ② 바이패스밸브에 의한 방법 ③ 회전수 변경법 ④ 흡입밸브를 폐쇄하는 방법	① 흡입밸브 개방법 ② 클리어런스밸브에 의해 체적효율을 낮추는 방법	① 속도제어에 의한 조정법 ② 토출밸브에 의한 조정법 ③ 흡입밸브에 의한 조정법 ④ 베인컨트롤에 의한 조정법 ⑤ 바이패스에 의한 조정법

(5) 기타 암기사항

고속다기통 압축기의 특징	다단압축의 목적
① 체적효율이 낮다. ② 부품교환이 간단하다. ③ 용량제어가 용이하다. ④ 소형·경량이며, 동적·정적 밸런스가 양호하다.	① 일량이 절약된다. ② 가스의 온도상승이 방지된다. ③ 힘의 평형이 양호하다. ④ 이용효율이 증대된다.

압축비 증대 시 영향	실린더 냉각의 목적
① 체적효율 저하	① 체적효율 증대
② 소요동력 증대	② 압축효율 증대
③ 실린더 내 온도상승	③ 윤활기능 향상
④ 윤활기능 저하	④ 압축기 수명 증대

(6) 원심압축기의 서징 현상

정의	압축기와 송풍기 사이에 토출측 저항이 커지면 풍량이 감소하고, 불완전한 진동을 일으키는 현상
방지법	① 속도제어에 의한 방법 ② 바이패스법 ③ 안내깃 각도 조정법 ④ 교축밸브를 근접설치하는 방법 ⑤ 우상특성이 없게 하는 방법

(7) 압축기 중간압력

이상상승 원인	이상저하 원인
① 다음단 흡입 토출밸브 불량	① 전단 흡입 토출밸브 불량
② 다음단 바이패스밸브 불량	② 전단 바이패스밸브 불량
③ 다음단 피스톤링 불량	③ 전단 피스톤링 불량
④ 중간단 냉각기 능력 과소	④ 중간단 냉각기 능력 과대

(8) 압축기 가동 시

운전 중 점검사항	운전 개시 전 점검사항
① 압력 이상유무 점검	① 모든 볼트, 너트 조임상태 점검
② 온도 이상유무 점검	② 압력계, 온도계 점검
③ 누설 유무 점검	③ 냉각수량 점검
④ 소음·진동 유무 점검	④ 윤활유 점검
⑤ 냉각수량 점검	⑤ 무부하상태에서 회전시켜 이상유무 점검

가연성 압축기 정지 시 주의사항	압축기의 윤활유		일반적인 압축기 정지 시 주의사항
① 전동기 스위치를 내린다. ② 최종 스톱밸브를 닫는다. ③ 각 단의 압력저하를 확인 후 흡입밸브를 닫는다. ④ 드레인밸브를 개방한다. ⑤ 냉각수밸브를 닫는다.	O_2	물, 10% 이하 글리세린수	① 드레인밸브를 개방한다. ② 응축수 및 잔류오일을 배출한다. ③ 각 단의 압력을 0으로 하여 정지시킨다. ④ 주밸브를 잠근다. ⑤ 냉각수밸브를 잠근다.
	Cl_2	진한황산	
	LPG	식물성유	
	H_2, C_2H_2, 공기	양질의 광유	
	윤활유의 구비조건	① 경제적일 것 ② 화학적으로 안정할 것 ③ 점도가 적당할 것 ④ 불순물이 적을 것 ⑤ 항유화성이 클 것	

[압축기 관련 계산 공식]

피스톤 압출량(토출량)		
종류	공식	기호
왕복동 압축기	$V = \dfrac{\pi}{4}d^2 \times L \times N \times \eta \times \eta_v$	V : 피스톤 압출량($\mathrm{m^3/min}$) d : 내경(m) L : 행정(m) N : 회전수(rpm) η : 기통수 η_v : 체적효율
베인형 압축기	$V = \dfrac{\pi}{4}(D^2 - d^2) \times t \times N$	V : 피스톤 압출량($\mathrm{m^3/min}$) D : 실린더 내경(m) d : 피스톤 외경(m) t : 회전피스톤 압축부분 두께(m) N : 회전수(rpm)
나사(스크루) 압축기	$V = C_v \times D^2 \times L \times N$	V : 피스톤 압출량($\mathrm{m^3/min}$) C_v : 로터에 의한 형상계수 D : 숫로터 직경(m) N : 회전수(rpm) L : 압축기에 작용하는 로터길이(m)

예제 1 다음 [조건]으로 각 압축기의 토출량($\mathrm{m^3/hr}$)을 계산하여라.

[조건]
① 왕복동 압축기
- 실린더 내경 : 200mm
- 회전수 : 1500rpm
- 효율 : 80%
- 행정 : 200mm
- 기통수 : 4기통

② 베인형 압축기
- 실린더 내경 : 200mm
- 회전피스톤 압축부분 두께 : 150mm
- 회전수 : 100rpm
- 피스톤 외경 : 80mm
- 효율 : 100%

③ 스크루 압축기
- 로터에 의한 형상계수 : $C_v = 0.476$
- 로터길이 : 0.1m
- 숫로터 직경 : 0.2m
- 회전수 : 350rpm

(1) 왕복동 압축기의 토출량을 구하여라.
(2) 베인형 압축기의 토출량을 구하여라.
(3) 스크루 압축기의 토출량을 구하여라.

해답 (1) $V = \dfrac{\pi}{4}d^2 \times L \times N \times \eta \times \eta_v \times 60$

$$= \dfrac{\pi}{4} \times (0.2\mathrm{m})^2 \times (0.2\mathrm{m}) \times 1500 \times 0.8 \times 60 = 1809.557 = 1809.56\mathrm{m^3/hr}$$

(2) $V = \dfrac{\pi}{4}(D^2 - d^2) \times t \times N \times 60$

$\quad = \dfrac{\pi}{4}(0.2^2 - 0.08^2) \times 0.15 \times 100 \times 60 = 23.75 \text{m}^3/\text{hr}$

(3) $V = C_v \times D^2 \times L \times N \times 60$

$\quad = 0.476 \times (0.2\text{m})^2 \times (0.1\text{m}) \times 350 \times 60 = 39.984 = 39.98 \text{m}^3/\text{hr}$

【 압축비 관련 계산식 모음 】

압축비			
1단	다 단	압력손실 고려 시	기호 설명
$a = \dfrac{P_2}{P_1}$	$a = \sqrt[n]{\dfrac{P_2}{P_1}}$	$a = k\sqrt[n]{\dfrac{P_2}{P_1}}$	a : 압축비 P_1 : 흡입절대압력 P_2 : 토출절대압력 n : 단수 k : 압력손실의 크기 　　(보통 1.1값으로 사용)

2단 압축기의 중간압력(P_o) 계산

$$P_o = \sqrt{P_1 \times P_2}$$

P_1 : 최초흡입압력
P_o : 중간압력
P_2 : 최종토출압력

3단 압축기의 각 단의 토출압력

압축비	$a = \sqrt[3]{\dfrac{P_2}{P_1}}$
1단 토출압력(P_{o1})	$P_{o1} = a \times P_1$
2단 토출압력(P_{o2})	$P_{o2} = a \times a \times P_1$
3단 토출압력(P_2)	$P_2 = a \times a \times a \times P_1$

예제 1 흡입압력이 1kg/cm²(a), 토출압력이 26kg/cm²(g)인 3단 압축기의 압축비를 구하여라. (단, 1atm=1kg/cm²로 한다.)

해답 $a = \sqrt[3]{\dfrac{P_2}{P_1}} = \sqrt[3]{\dfrac{(26+1)}{1}} = 3$

예제 2 흡입절대압력 1kg/cm², 토출압력 16kg/cm²(a)인 2단 압축기의 중간압력은 몇 kg/cm²(g)인가? (단, 1atm=1kg/cm²이다.)

해답 $P_o = \sqrt{P_1 \times P_2} = \sqrt{1 \times 16} = 4\text{kg/cm}^2$
$\therefore\ 4 - 1 = 3\text{kg/cm}^2\text{(g)}$

예제 3 흡입압력 1kg/cm^2, 압축비 3인 3단 압축기의 각 단의 토출압력(kg/cm^2(g))을 구하여라. (단, 1atm＝1kg/cm^{2}로 한다.)

해답 (1) 1단 토출압력 $P_{o1} = a \times P_1 = 3 \times 1 = 3$kg/cm^2
$\therefore\ 3 - 1 = 2$kg/cm^2(g)
(2) 2단 토출압력 $P_{o2} = a \times a \times P_1 = 3 \times 3 \times 1 = 9$kg/cm^2
$\therefore\ 9 - 1 = 8$kg/cm^2(g)
(3) 3단 토출압력 $P_2 = a \times a \times a \times P_1 = 3 \times 3 \times 3 \times 1 = 27$kg/cm^2
$\therefore\ 27 - 1 = 26$kg/cm^2(g)

예제 4 4단 압축기에서 흡입압력 $P_1 = 1$kg/cm^2(a) 공기를 토출압력 90kg/cm^2(a)까지 압축 시 각 단의 압력손실을 10%로 하면 실제적인 흡입토출압력을 절대압력으로 계산하여라. (단, 압력손실계수는 1.1로 한다.)

해답 압축비 $a = k\sqrt[4]{\dfrac{90}{1}} = 1.1 \times \sqrt[4]{\dfrac{90}{1}} = 1.1 \times 3.08 = 3.39$
(1) 각 단의 흡입
① 1단 흡입압력(P_1)＝ 1kg/cm^2(a)
② 2단 흡입압력(P_2)＝ 3.08kg/cm^2(a)
③ 3단 흡입압력(P_3)＝ 9.49kg/cm^2(a)
④ 4단 흡입압력(P_4)＝ 29.22kg/cm^2(a)
⑤ 최종압력 $P_o = 90$kg/cm^2(a)
(2) 각 단의 토출
① 1단 토출(P_{o1})＝ $1.1 \times P_2 = 1.1 \times 3.08 = 3.39$kg/cm^2(a)
② 2단 토출(P_{o2})＝ $1.1 \times P_3 = 1.1 \times 9.49 = 10.44$kg/cm^2(a)
③ 3단 토출(P_{o3})＝ $1.1 \times P_4 = 1.1 \times 29.22 = 32.14$kg/cm^2(a)
④ 4단 토출(P_{o4})＝ $1.1 \times P_o = 1.1 \times 90 = 99$kg/cm^2(a)

05 펌프(펌프 관련 주요 암기사항)

(1) 펌프의 분류

터보식	원심	볼류트(안내날개 없음), 터빈(안내날개 있음)
	사류	–
	축류	–
용적식	왕복	피스톤, 플런저, 다이어프램
	회전	기어, 나사, 베인
특수		재생(마찰, 웨스크), 제트, 기포, 수격

(2) 터보형 펌프의 비교

종류	특징	비속도(m^3/min, m·rpm)
원심	고양정에 적합	100~600
사류	중양정에 적합	500~1300
축류	저양정에 적합	1200~2000

(3) 펌프의 크기

표시방법	흡입구경 D_1(mm), 토출구경 D(mm)로 표시
흡입토출구경이 동일한 경우	100 원심펌프 : 흡입구경 100mm, 토출구경 100mm
흡입토출구경이 다른 경우	100×90 원심펌프 : 흡입구경 100mm, 토출구경 90mm

(4) 펌프 정지 시 순서

원심펌프	왕복펌프	기어펌프
① 토출밸브를 닫는다.	① 모터를 정지시킨다.	① 모터를 정지시킨다.
② 모터를 정지시킨다.	② 토출밸브를 닫는다.	② 흡입밸브를 닫는다.
③ 흡입밸브를 닫는다.	③ 흡입밸브를 닫는다.	③ 토출밸브를 닫는다.
④ 펌프 내의 액을 뺀다.	④ 펌프 내의 액을 뺀다.	④ 펌프 내의 액을 뺀다.

(5) 펌프의 이상현상

구분	정의	발생조건(원인)	방지법	발생에 따른 현상
캐비테이션 (공동현상)	유수 중에 그 수온의 증기압보다 낮은 부분이 생기면 물이 증발을 일으키고 기포를 발생하는 현상	① 회전수가 빠를 때 ② 흡입관경이 좁을 때 ③ 펌프 설치위치가 높을 때	① 회전수를 낮춘다. ② 흡입관경을 넓힌다. ③ 양흡입펌프를 사용한다. ④ 두 대 이상의 펌프를 사용한다. ⑤ 압축펌프를 사용하고 회전차를 수중에 완전히 잠기게 한다.	① 소음·진동 ② 깃의 침식 ③ 양정·효율 곡선 저하
베이퍼록 현상	저비점 액체 등을 이송 시 펌프 입구에서 발생하는 현상으로 일종의 액의 끓음에 의한 동요를 말한다.	① 흡입배관 외부온도 상승 시 ② 흡입관경이 좁을 때 ③ 펌프 설치위치가 부적당 시 ④ 흡입관로의 막힘 등에 의해 저항이 증대할 때	① 실린더라이너를 냉각시킨다. ② 흡입관경을 넓힌다. ③ 펌프 설치위치를 낮춘다. ④ 외부와 단열조치한다.	

	서징현상		수격작용(워터해머)
정의	펌프를 운전 중 주기적으로 운동, 양정, 토출량 등이 규칙 바르게 변동하는 현상	정의	펌프를 운전 중 심한 속도변화에 따른 큰 압력변화가 생기는 현상
발생원인	① 펌프의 양정곡선이 산고곡선이고 곡선의 산고 상승부에서 운전했을 때 ② 배관 중에 물탱크나 공기탱크가 있을 때 ③ 유량조절밸브가 탱크 뒤쪽에 있을 때	방지법	① 관내 유속을 낮춘다. ② 펌프에 플라이휠을 설치한다. ③ 조압수조를 관선에 설치한다. ④ 밸브를 송출구 가까이 설치하고, 적당히 제어한다.

저비점 액체용 펌프 사용 시 주의사항	펌프의 소음·진동 원인	펌프에 공기흡입 시 발생현상	펌프의 공기흡입 원인
① 펌프는 가급적 저조 가까이 설치한다. ② 펌프의 흡입토출관에는 신축조인트를 설치한다. ③ 밸브와 펌프 사이 기화가스를 방출할 수 있는 안전밸브를 설치한다. ④ 운전개시 전 펌프를 청정 건조한 다음 충분히 냉각시킨다.	① 캐비테이션 발생 시 ② 공기 흡입 시 ③ 서징 발생 시 ④ 임펠러에 이물질 혼입 시	① 펌프 기동 불능 ② 소음·진동 발생 ③ 압력계 눈금 변동	① 탱크 수위가 낮을 때 ② 흡입관로 중 공기 체류부가 있을 때 ③ 흡입관의 누설 시

흡입양정 종류	정의
유효흡입양정	펌프의 흡입구에서의 전압력과 그 수온에 상당하는 증기압력에서 어느 정도 높은가를 표시하는 것
필요흡입양정	펌프가 캐비테이션을 일으키기 위해 이것만은 필요하다고 하는 수두를 필요흡입양정이라고 함

(6) 펌프의 계산 공식

구분	해당 공식	기호 설명
수동력(이론동력)	$L_{PS} = \dfrac{\gamma \cdot Q \cdot H}{75 \times 60}$ $L_{kW} = \dfrac{\gamma \cdot Q \cdot H}{102 \times 60}$	γ : 비중량(kgf/m^3) Q : 유량(m^3/min) H : 전양정(m) ※ 수동력은 이론동력으로 효율이 100%
축동력	$L_{PS} = \dfrac{\gamma \cdot Q \cdot H}{75 \times 60 \times \eta}$ $L_{kW} = \dfrac{\gamma \cdot Q \cdot H}{102 \times 60 \times \eta}$	$\eta(효율) = \dfrac{수동력}{축동력}$ $\eta(전효율) = \eta_v \times \eta_m \times \eta_h$ η_v(체적효율), η_m(기계효율), η_h(수력효율)
비속도(N_s) 유량$(1m^3/min)$, 양정$(1m)$ 발생 시 설계한 임펠러의 매분 회전수	$N_s = \dfrac{N\sqrt{Q}}{\left(\dfrac{H}{n}\right)^{\frac{3}{4}}}$	N : 회전수(rpm) Q : 유량(m^3/min) H : 양정(m) n : 단수
전동기 직결식 펌프 회전수(N)	$N = \dfrac{120 \times f}{P}\left(1 - \dfrac{S}{100}\right)$	N : 회전수(rpm) f : 전원주파수$(60Hz)$ P : 모터 극수 S : 미끄럼률

	펌프를 운전 중 회전수가 $N_1 \to N_2$로 변경 시	펌프를 운전 중 회전수가 $N_1 \to N_2$로 변경, 관경이 $D_1 \to D_2$로 변경하여 상사로 운전 시	기호 설명
송수량(유량)(Q_2)	$Q_2 = Q_1 \times \left(\dfrac{N_2}{N_1}\right)^1$	$Q_2 = Q_1 \times \left(\dfrac{N_2}{N_1}\right)^1 \left(\dfrac{D_2}{D_1}\right)^3$	$Q_1,\ N_1,\ D_1$: 변경 전 송수량, 회전수, 관경 $Q_2,\ N_2,\ D_2$: 변경 후 송수량, 회전수, 관경
양정(H_2)	$H_2 = H_1 \times \left(\dfrac{N_2}{N_1}\right)^2$	$H_2 = H_1 \times \left(\dfrac{N_2}{N_1}\right)^2 \left(\dfrac{D_2}{D_1}\right)^2$	
동력(P_2)	$P_2 = P_1 \times \left(\dfrac{N_2}{N_1}\right)^3$	$P_2 = P_1 \times \left(\dfrac{N_2}{N_1}\right)^3 \left(\dfrac{D_2}{D_1}\right)^5$	

(7) 관마찰손실수두

달시 바이스 바하에 의한 손실	$h_f = \lambda \dfrac{L}{D} \cdot \dfrac{V^2}{2g}$	h_f : 관마찰손실수두(m) λ : 관마찰계수	L : 관길이(m) D : 관경(m)
Fanning에 의한 손실	$H_L = 4f \cdot \dfrac{L}{D} \cdot \dfrac{V^2}{2g}$	H_L : 패닝에 의한 손실수두 f : 패닝에 의한 마찰계수	V : 유속(m/s) g : 중력가속도(m/s^2)

(8) 수격작용에 의한 수관 속의 압축파 전파속도

공식	기호 설명	
$a = \sqrt{\dfrac{K/\rho}{1 + \dfrac{K}{E} \cdot \dfrac{D}{\delta}}}$	a : 음속(전파속도)(m/s) K : 물의 체적탄성계수(kg/cm^2) ρ : 물의 밀도(kg·sec^2/m^4)	D : 관의 내경(m) δ : 관벽의 두께(m) E : 관의 종탄성계수(kg/m^2)

예제 1 송수량 6000L/min, 양정 45m인 원심펌프의 수동력(L_{kW})을 계산하여라.

해답 $L_{kW} = \dfrac{1000 \times 6 \times 45}{102 \times 60} = 44.117 = 44.12\text{kW}$

예제 2 [예제 1]에서 효율이 80%이면 축동력은 얼마인가?

해답 $\eta = \dfrac{\text{수동력}}{\text{축동력}}$

$\therefore\ \text{축동력} = \dfrac{\text{수동력}}{\eta} = \dfrac{44.12}{0.8} = 55.14\text{kW}$

예제 3 효율 80%, 양수량 0.8m³/min, 손실수두 4m인 펌프에 지하 5m 있는 물을 25m 송출액면에 양수 시 축동력(kW)을 구하여라.

해답 $L_{kW} = \dfrac{\gamma \cdot Q \cdot H}{102\eta} = \dfrac{1000 \times \left(\dfrac{0.8}{60}\right) \times 34}{102 \times 0.8} = 5.56\text{kW}$

예제 4 모터 극수 4극인 전동기 직결식 원심펌프에서 미끄럼률이 없을 때 펌프의 회전수는?

해답 $N = \dfrac{120f}{P}\left(1 - \dfrac{S}{100}\right) = \dfrac{120 \times 60}{4}\left(1 - \dfrac{0}{100}\right) = 1800\text{rpm}$

예제 5 관경 10cm인 관을 5m/s로 흐를 때 길이 15m 지점의 손실수두는 몇 m인가? (단, $\lambda = 0.03$이다.)

해답 $h_f = \lambda \dfrac{l}{d} \cdot \dfrac{V^2}{2g} = 0.03 \times \dfrac{15}{0.1} \times \dfrac{5^2}{2 \times 9.8} = 5.739\text{m} = 5.74\text{m}$

예제 6 관경 10mm, 유속 10m/s일 때 관 1m당 마찰손실 H_L(kN/m²)은? (단, 관은 수평이며, Fanning 마찰계수 $f = 0.0056$이다.)

해답 $H_L = 4f \dfrac{L}{D} \cdot \dfrac{V^2}{2g} = 4 \times 0.0056 \times \dfrac{1}{0.01} \times \dfrac{10^2}{2 \times 9.8} = 11.4285\text{m}$

$\Delta P = \gamma H_L = 1000\text{kg/m}^3 \times 11.4285\text{m} = 11428.5\text{kgf/m}^2$

$\therefore \dfrac{11428.5}{10332} \times 101.325 = 112.08\text{kN/m}^2$

예제 7 비교회전도 175, 회전수 3000rpm, 양정 210m인 3단 원심펌프의 유량은?

해답 $N_s = \dfrac{N\sqrt{Q}}{\left(\dfrac{H}{n}\right)^{\frac{3}{4}}}$

$\therefore Q = \left\{\dfrac{N_s \times \left(\dfrac{H}{n}\right)^{\frac{3}{4}}}{N}\right\}^2 = \left\{\dfrac{175 \times \left(\dfrac{210}{3}\right)^{\frac{3}{4}}}{3000}\right\}^2 = 1.99\text{m}^3/\text{min}$

예제 8 양정 10m, 회전수 1000rpm, 유량 5m³/s인 원심펌프에서 축동력은 몇 kW인가? (단, 효율은 80%이다.)

해답 $L_{kW} = \dfrac{\gamma \cdot Q \cdot H}{102\eta} = \dfrac{1000 \times 5 \times 10}{102 \times 0.8} = 612.75\text{kW}$

예제 9 상기 펌프에서 회전수를 2000rpm으로 변경 시 변경된 송수량, 양정, 축동력은 얼마인가?

해답 (1) $Q' = Q \times \left(\dfrac{N'}{N}\right)^1 = 5 \times \left(\dfrac{2000}{1000}\right)^1 = 10\,\text{m}^3/\text{s}$

(2) $H' = H \times \left(\dfrac{N'}{N}\right)^2 = 10 \times \left(\dfrac{2000}{1000}\right)^2 = 40\,\text{m}$

(3) $P' = P \times \left(\dfrac{N'}{N}\right)^3 = 612.75 \times \left(\dfrac{2000}{1000}\right)^3 = 4902\,\text{kW}$

예제 10 상기 펌프에서 회전수를 2000rpm으로 변경하여 치수를 2배로 했을 때, 변경된 송수량, 양정, 축동력은 얼마인가?

해답 (1) $Q' = Q \times \left(\dfrac{N'}{N}\right)^1 \left(\dfrac{D'}{D}\right)^3 = 5 \times \left(\dfrac{2000}{1000}\right)^1 \left(\dfrac{2}{1}\right)^3 = 80\,\text{m}^3/\text{s}$

(2) $H' = H \times \left(\dfrac{N'}{N}\right)^2 \left(\dfrac{D'}{D}\right)^2 = 10 \times \left(\dfrac{2000}{1000}\right)^2 \left(\dfrac{2}{1}\right)^2 = 160\,\text{m}$

(3) $P' = P \times \left(\dfrac{N'}{N}\right)^3 \left(\dfrac{D'}{D}\right)^5 = 612.75 \times \left(\dfrac{2000}{1000}\right)^3 \left(\dfrac{2}{1}\right)^5 = 156864\,\text{kW}$

예제 11 $D = 5\text{m}$, 탄성계수 $E = 2.1 \times 10^8\,\text{kg/m}^2$, 물의 체적탄성계수 $K = 2.07 \times 10^6\,\text{kg/m}^2$ 이며, 두께 δ가 20mm일 때 강관 내부 수중의 음속(m/s)을 계산하여라.

해답 $a = \sqrt{\dfrac{K/\rho}{1 + \dfrac{K}{E} \cdot \dfrac{D}{\delta}}} = \sqrt{\dfrac{\dfrac{2.07 \times 10^6}{(1000/9.8)}}{1 + \dfrac{2.07 \times 10^6}{2.1 \times 10^8} \times \dfrac{5}{0.02}}} = 76.52\,\text{m/s}$

06 자유 피스톤식 압력계 구조

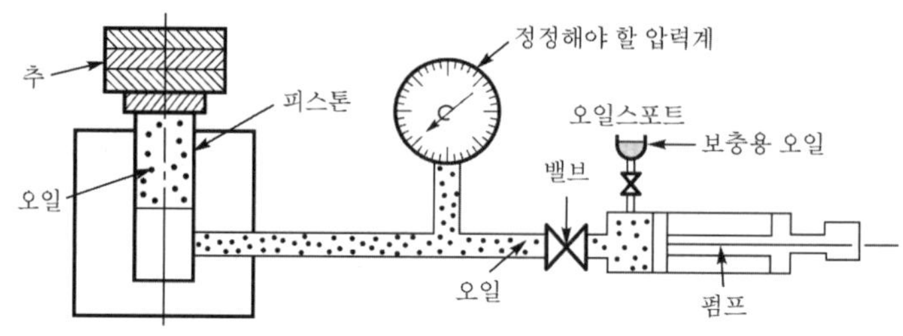

(1) 용도

부르동관 압력계의 눈금 교정용, 연구실용

(2) 게이지압력 $= \dfrac{\text{추와 피스톤 무게}}{\text{실린더 단면적}}$ $\left[\text{오차값}(\%) = \dfrac{\text{측정값} - \text{진실값}}{\text{진실값}} \times 100 \right]$

$$P = \frac{W + w}{a}$$

여기서, P : 게이지압력, a : 실린더 단면적
W : 추의 무게, w : 피스톤 무게

(3) $\qquad P = \dfrac{W + w}{A\,T}$

여기서, P : 게이지압력, W : 추의 무게
A : 피스톤 단면적, w : 피스톤 무게
T : 온도 함수

(4) 압력계의 원리

피스톤 위에 추를 올려놓고 실린더 내의 액압과 균형을 이루면 게이지압력으로 나타낸다.

(5) 눈금교정방법

추의 중량을 통해 측정압력값이 계산되므로 눈금과 비교하여 교정한다.

07 상압증류장치로부터 LPG회수 생산공정도

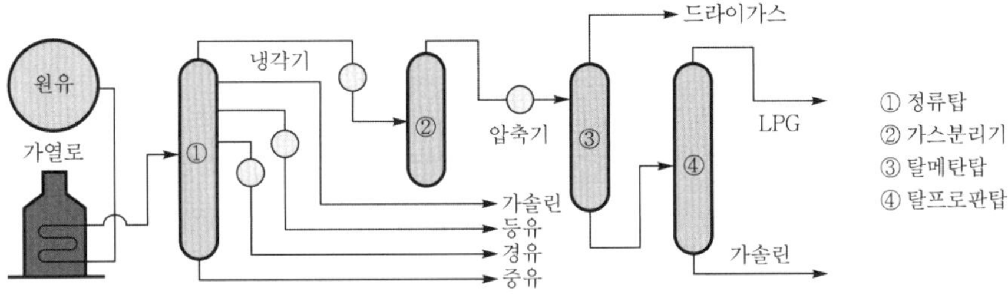

08 LP가스 10ton 저장탱크

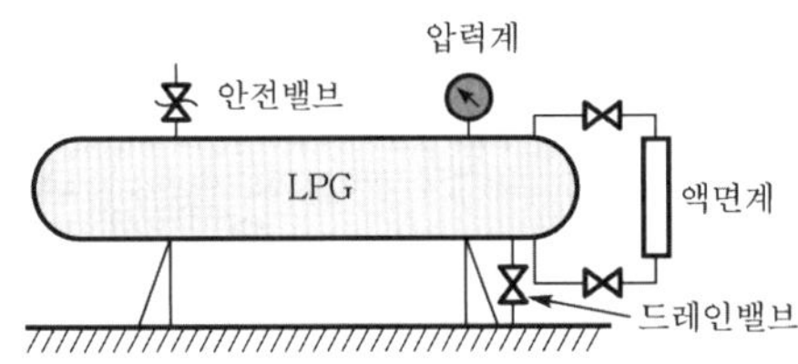

(1) 탱크 도색

은백색(회색)

(2) 글자크기

지름의 1/10 이상

(3) • 저장탱크 크기가 10ton인 저장탱크 : 저장능력 9ton

   • 저장능력이 10ton인 저장탱크 : 저장능력 10ton

(4) 1종 보호시설과 안전거리

17m

09 흡수식 냉동장치

(1) 흡수제

LiBr, H_2O

(2) 냉매

NH_3, H_2O

(3) 증발기압력

5mmHg(v)

※ 흡수제가 LiBr일 때 냉매는 H_2O이고,
흡수제가 H_2O일 때 냉매는 NH_3이다.

(4) 냉매순환

| 흡수기 | → | 발생기 | → | 응축기 | → | 증발기 |

10 가연성 가스를 제조저장탱크에 저장 후 탱크로리에 충전하는 계통도

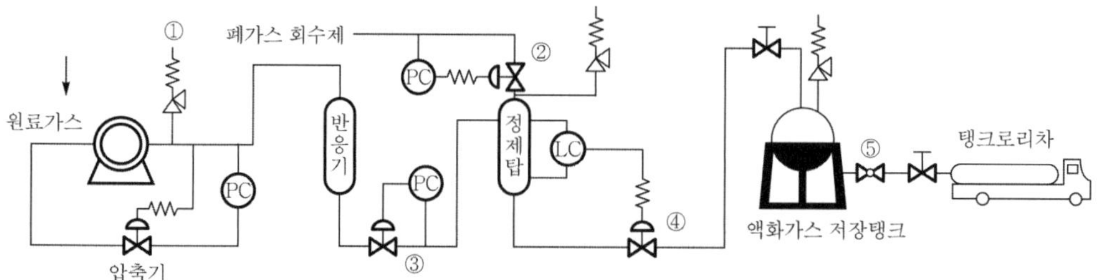

(1) 밸브의 명칭 및 역할(앞의 그림 ①~⑤)

① 안전밸브 : 토출압력 이상상승 시 작동, 내부가스를 분출하여 압력을 정상압력으로 회복시킨다.

② 압력조절밸브 : 압력상승 시 작동하여 방출량을 조절한다.

③ 압력조절밸브 : 압력상승 시 작동하여 유입량을 조절한다.

④ 액면조절밸브 : 액면상승 시 작동하여 액화가스를 방출시킨다.

⑤ 긴급차단밸브 : 이상사태 발생 시 가스유동을 정지시키므로 피해확산을 막는다.

[배관에서의 응력 계산식]

구분		공식	기호 설명
축방향응력 (σ_z)	D(외경) 기준 시	$\sigma_z = \dfrac{P(D-2t)}{4t}$	σ_z : 축방향응력 P : 배관의 내압 D : 외경(mm) t : 배관의 두께(mm) d : 배관의 내경(mm)
	d(내경) 기준 시	$\sigma_z = \dfrac{Pd}{4t}$	
원주방향응력 (σ_t)	D(외경) 기준 시	$\sigma_t = \dfrac{P(D-2t)}{2t}$	σ_t : 원주방향응력 P : 배관의 내압 D : 외경(mm) t : 배관의 두께(mm) d : 배관의 내경(mm)
	d(내경) 기준 시	$\sigma_t = \dfrac{Pd}{2t}$	

1. 배관의 외경(D) = 내경(d) + $2t$ 의 관계가 성립된다.
2. 응력의 단위는 내압의 단위가 결정한다.
   P가 kg/cm^{2}이면 σ(응력)이 kg/cm^2,
   P가 MPa(N/mm^2)이면 σ은 MPa가 된다.
3. P의 단위를 kg/cm^{2}로 주고, 응력을 kg/mm^{2}로 계산 시는
   100으로 나누어야 하므로 $\sigma_t = \dfrac{P(D-2t)}{200t}$ 이 된다.
   여기서, P(kg/cm^2), σ(kg/mm^2)

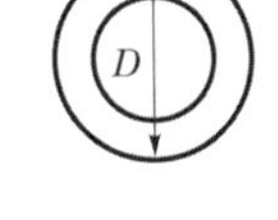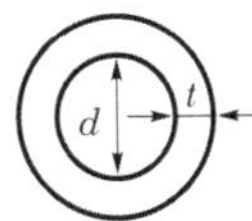

예제 1   200A 강관(외경 216.3mm, 두께 5.8mm)에 9.9MPa의 압력을 가했을 때 배관에 발생하는 원주방향응력과 축방향응력(N/mm^2)을 구하시오.

해답

(1) 원주방향응력 : $\sigma_t = \dfrac{P(D-2t)}{2t} = \dfrac{9.9 \times (216.3 - 2 \times 5.8)}{2 \times 5.8} = 174.70\text{N/mm}^2$

(2) 축방향응력 : $\sigma_z = \dfrac{P(D-2t)}{4t} = \dfrac{9.9 \times (216.3 - 2 \times 5.8)}{4 \times 5.8} = 87.35\text{N/mm}^2$

[배관의 외경·내경의 비에 따른 두께 계산식]

구분	공식	기호 설명
외경·내경의 비가 1.2 미만	$t = \dfrac{PD}{2 \cdot \dfrac{f}{S} - P} + C$	t : 배관두께(mm) P : 상용압력(MPa) D : 내경에서 부식여유부에 상당하는 부분을 뺀 부분(m) f : 재료의 인장강도(N/mm^2) 규격최소치이거나 항복점 규격최소치의 1.6배 C : 부식여유치(mm) S : 안전율
외경·내경의 비가 1.2 이상	$t = \dfrac{D}{2}\left[\sqrt{\dfrac{\dfrac{f}{S}+P}{\dfrac{f}{S}-P}} - 1\right] + C$	

예제 1 외경·내경의 비가 1.2 이상인 배관의 두께를 다음 [조건]으로 계산하여라.

[조건]
- P(상용압력) : 2MPa
- f(인장강도) : 200N/mm^2
- S(안전율) : 4
- D : 15mm
- C(부식여유치) : 1mm

해답 $t = \dfrac{D}{2}\left[\sqrt{\dfrac{\dfrac{f}{S}+P}{\dfrac{f}{S}-P}} - 1\right] + C = \dfrac{15}{2}\left[\sqrt{\dfrac{\dfrac{200}{4}+2}{\dfrac{200}{4}-2}} - 1\right] + 1 = 1.306 = 1.31\text{mm}$

11 저장탱크의 내용적(V) 계산식

(1) 원통형 저장탱크

① 경판부분까지 계산

$$V = \frac{\pi}{4} D^2\left(l_1 + \frac{2l_2}{3}\right)$$

② 경판을 평판으로 할 경우

$$V = \frac{\pi}{4} D^2 \times L$$

여기서, V : 탱크 내용적(m^3)
D : 저장탱크 직경(m)
l_1 : 원통부의 길이(m)
l_2 : 원통형 저장탱크 경판부분의 길이(m)
L : 경판을 평판으로 하는 경우 원통부 전길이(m)

(2) 구형 저장탱크 및 구형 가스홀더

$$V = \frac{\pi}{6} D^3 = \frac{4}{3}\pi r^3$$

여기서, V : 탱크 내용적(m^3)
D : 저장탱크 직경(m)
r : 구형 저장탱크 내측 반지름(m)
R : 구형 저장탱크 외측 반지름(m)

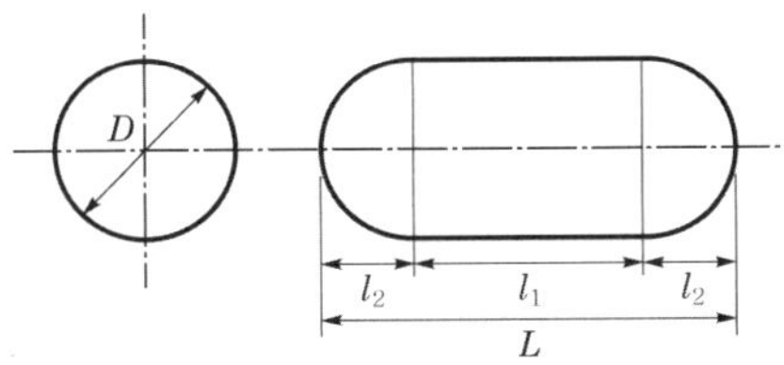

[원통형 저장탱크]

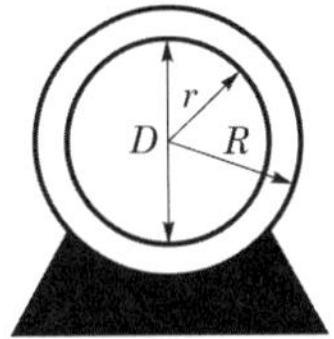

[구형 저장탱크]

예제 1 다음 [조건]으로 원통형 탱크의 내용적(m^3)을 계산하시오.

[조건]
- 직경(D) = 2m
- 원통부 길이(l_1) = 5m
- 경판부분의 길이(l_2) = 1m

해답
$$V = \frac{\pi}{4} D^2 \left(l_1 + \frac{2l_2}{3} \right)$$
$$= \frac{\pi}{4} (2m)^2 \left(5 + \frac{2 \times 1}{3} \right) m = 17.80 m^3$$

예제 2 구형 저장탱크의 내측반경 2m, 외측반경 2.3m일 때 탱크 내용적은 몇 kL인가?

해답
$$V = \frac{4}{3}\pi r^3$$
$$= \frac{4}{3} \times \pi \times (2m)^3 = 33.51 m^3 = 33.51 kL$$

12 저장탱크의 표면적 계산

(1) 횡형 저장탱크

$$A = \pi DL + \frac{\pi}{4}D^2 \times 2$$

여기서, πDL : 횡형 탱크의 동판의 면적(m^2)

$\frac{\pi}{4}D$: 횡형 탱크의 경판의 면적(m^2)

(2) 구형 저장탱크

$$A = 4\pi R^2$$

R : 구형 탱크의 외측의 반경(m)

> TiP
> 1. 횡형 저장탱크 경판의 면적에 2를 곱한 것은 경판부분이 양측에 있기 때문이다.
> 2. 구형 탱크 표면적 계산에서 R은 외측의 반경인데 물분무장치나 냉각살수장치 가동 시 물을 분무 또는 살수할 때 탱크 외부가 냉각되어야 하므로 외측반경으로 표면적을 계산한다.

예제 1 원통형 탱크직경 2m, 길이 5m인 경우 표면적(m^2)을 계산하시오. (단, $\pi = 3.14$이다.)

해답 $A = \pi DL + \frac{\pi}{4}D^2 \times 2$

$= 3.14 \times (2\mathrm{m}) \times (5\mathrm{m}) + \frac{3.14}{4} \times (2\mathrm{m})^2 \times 2 = 37.68\mathrm{m}^2$

예제 2 내경이 4.5m, 외경이 5m인 구형 저장탱크의 표면적(m^2)은? (단, $\pi = 3.14$이다.)

해답 $A = 4\pi R^2$

$= 4 \times 3.14 \times \left(\frac{5}{2}\right)^2 = 78.5\mathrm{m}^2$

필답형 출제예상문제

01 가스설비의 고압가스 기초부분

01 대기압력 700mmHg에서 절대압력이 0.052kg/cm^{2}일 때 다음을 구하여라.

(1) 진공압력(kg/cm^2)을 구하여라.

(2) 진공도(%)를 구하여라.

해답 (1) 절대압력 = 대기압력 − 진공압력

진공압력 = 대기압력 − 절대압력 = $\dfrac{700\mathrm{mmHg}}{760\mathrm{mmHg}} \times 1.033\mathrm{kg/cm}^2 = 0.952$

∴ $0.952 - 0.052 = 0.9\mathrm{kg/cm}^2(\mathrm{v})$

(2) 진공도(%) = $\dfrac{0.9}{0.952} \times 100 = 94.54\%$

02 대기압력이 750mmHg이고, 진공도가 90%일 때 절대압력은 몇 kPa인가?

해답 절대압력 = 대기압 − 진공압력 = 750 − 750×0.9 = 75mmHg(a)

∴ $\dfrac{75}{760} \times 101.325 = 9.999 = 10.00\mathrm{kPa(a)}$

1. 계산문제에서 소수점 발생 시 셋째자리에서 반올림하여 둘째자리까지 구한다.
2. 압력값에는 절대압력에는 (a), 게이지압력에는 (g), 진공압력에는 (v)를 붙여 표시한다.

03 두 용기의 압력차가 0.5kg/cm^2, 액비중이 0.5인 용기에서 모든 가스가 소형 용기로 충전되기 위하여 두 용기간의 높이차는 몇 m이어야 하는가?

해답 $P = \gamma H$이므로

∴ $H = \dfrac{P}{\gamma} = \dfrac{0.5 \times 10^4 \mathrm{kg/m}^2}{0.5 \times 10^3 \mathrm{kg/m}^3} = 10\mathrm{m}$

04 20℃ 물 100kg을 가열하여 1/2 증발 시 필요열량을 계산하여라. (단, 물의 비열은 1, 증발열은 539cal/g이다.)

해답 20℃ 물 → 100℃ 물 → 100℃ 수증기$\left(\dfrac{1}{2}\ 증발\right)$

$$Q_1 = GC\Delta t = 100 \times 1 \times (100 - 20) = 8000\,\text{kcal}$$

$$Q_2 = G\gamma = 100 \times 539 \times \frac{1}{2} = 26950$$

$$\therefore\ Q = Q_1 + Q_2 = 8000 + 26950 = 34950\,\text{kcal}$$

05 다음 (   ) 안에 적당한 값을 넣으시오.
(1) 36cmHg(v) ………… (①) kg/cm^2(a)
(2) 1.0332kg/cm^2 ………… (②) cmAq
(3) 1atm ………… (③) lb/in^2
(4) −40℃ ………… (④) ℉
(5) 150kg/cm^2 ………… (⑤) kg/mm^2

해답 ① $P = \left(1 - \dfrac{h}{76}\right) \times 1.033 = \left(1 - \dfrac{36}{76}\right) \times 1.033 = 0.54\,\text{kg/cm}^2(\text{a})$
② 1033.2cmAq
③ 14.7lb/in^2
④ $℉ = 9/5℃ + 32 = 9/5(-40) + 32 = -40℉$
⑤ $\dfrac{150\,\text{kg}}{1\,\text{cm}^2} \times \dfrac{1\,\text{cm}^2}{100\,\text{mm}^2} = 1.5\,\text{kg/mm}^2$

06 2kg의 물을 15℃에서 95℃까지 가열하면 0.011m^{3}의 LP가스가 연소되는데 이 때의 열효율(%)은? (단, C$_3$H$_8$ 발열량은 24000kcal/m^{3}이다.)

해답 $Q = GC\Delta t = 2 \times 1 \times (95 - 15) = 160\,\text{kcal}$
$$\therefore\ \eta = \frac{160\,\text{kcal}}{24000\,\text{kcal/m}^3 \times 0.011\,\text{m}^3} \times 100 = 60.606 = 60.61\%$$

07 0℃, 1atm에서 C$_4$H$_{10}$의 비중은 2이다. 온도가 50℃로 상승 시의 비중은 얼마인가?

해답 기체비중은 온도에 반비례하므로
$$\therefore\ 2 \times \frac{273}{273 + 50} = 1.69$$

08 분젠시링식 비중계로 가스비중 측정 시 공기유출시간이 10초, 시료가스 유출시간이 20초이면 시료가스의 비중은 얼마인가?

해답 $S = \left(\dfrac{T_s}{T_a}\right)^2 = \left(\dfrac{20}{10}\right)^2 = 4$

09 다음 [조건]으로 C_3H_8, C_4H_{10}의 조성(%)을 계산하여라.

[조건]
- 표준상태(0℃, 1atm) 혼합가스 밀도 : 2.34g/L
- 같은 조건의 C_3H_8 밀도 : 1.96g/L
  C_4H_{10} 밀도 : 2.59g/L

해답 C_3H_8이 $x(\%)$, C_4H_{10}이 $(1-x)\%$이므로

$$1.96x + 2.59(1-x) = 2.34$$
$$1.96x + 2.59 - 2.59x = 2.34$$
$$0.63x = 0.25$$
$$x = 0.4$$
$$\therefore \ C_3H_8 : 40\%, \ C_4H_{10} : 60\%$$

10 20℃, 740mmHg에서의 CO 밀도(g/L)를 계산하여라.

해답 $PV = \dfrac{w}{M}RT$에서

$$\therefore \ \left(\frac{w}{V}\right) = \frac{PM}{RT} = \frac{\dfrac{740}{760} \times 28}{0.082 \times (273+20)} = 1.134 = 1.13\text{g/L}$$

11 액체 C_3H_8 1L가 기체로 변하면 몇 L가 되는가? (단, 액비중은 0.5이다.)

해답 $1L \times 0.5\text{kg/L} = 500\text{g}$

$$\therefore \ \frac{500}{44} \times 22.4 = 254.55\text{L}$$

12 공기 1000kg 중 산소는 몇 kg인가? (단, 공기 중 산소의 체적은 21%이다.)

해답 $1000\text{kg} \times \dfrac{22.4\text{m}^3}{29\text{kg}} \times 0.21 \times \dfrac{32\text{kg}}{22.4\text{m}^3} = 231.72\text{kg}$

$$\therefore \ 231.72\text{kg}$$

13 물 1kg을 1atm, 100℃에서 증발 시 수증기 체적(m³)은?

해답 $V = \dfrac{wRT}{PM}$

$$= \frac{1 \times 0.082 \times (273+100)}{1 \times 18} = 1.699 \fallingdotseq 1.70\text{m}^3$$
$$\therefore \ 1.70\text{m}^3$$

14 물의 증발열이 1atm, 100℃에서 539cal/g일 때, 물 1mol이 1atm, 100℃에서 증발 시의 엔트로피 변화값(cal/g·K)은?

해답 $\Delta S = \dfrac{dQ}{T} = \dfrac{18\,\mathrm{g} \times 539\,\mathrm{cal/g}}{(273+100)\,\mathrm{K}} = 26\,\mathrm{cal/g \cdot K}$

15 다음 [조건]으로 표준상태 산소의 용적(L)을 계산하여라. (단, 소수점 이하는 버리고 정수로 구하며, 공기 중 산소의 농도는 20%이다.)

[조건] 공기의 V : 40L, P : 100kg/cm^2(g), t : 25℃

해답 $\dfrac{P_1 V_1}{T_1} = \dfrac{P_2 V_2}{T_2}$ 이므로

$V_2 = \dfrac{P_1 V_1 T_2}{T_1 P_2} = \dfrac{(100+1.033) \times 40 \times 273}{(273+25) \times 1.033} = 3584\mathrm{L}$

∴ 산소의 용적은 $3584 \times 0.2 = 716.8 = 716\mathrm{L}$

소수점 이하는 버린다.

16 F_P = 150kg/cm^2(g)인 산소를 35℃에서 150kg/cm^2(g)으로 충전 시 용기온도가 상승하여 안전밸브가 작동하면 이때의 산소온도는 몇 ℃인가?

해답 안전밸브 작동압력 $150 \times \dfrac{5}{3} \times \dfrac{8}{10} = 200\mathrm{kg/cm}^2$

$\dfrac{P_1 V_1}{T_1} = \dfrac{P_2 V_2}{T_2}$ 에서

$V_1 = V_2$

$\dfrac{150+1.033}{273+35} = \dfrac{200+10.33}{T_2}$

$T_2 = \dfrac{308 \times (200+1.033)}{150+1.033} = 409.96\mathrm{K}$

∴ $409.96\mathrm{K} - 273 = 136.96\,℃$

17 물을 전기분해하여 1기압, 27℃에서 100L의 산소가 발생할 때 몇 g의 물이 분해되는가?

해답 1atm, 27℃에서 산소의 체적 100L → 표준상태의 체적

$\dfrac{P_1 V_1}{T_1} = \dfrac{P_2 V_2}{T_2}$

$V_2 = \dfrac{P_1 V_1 T_2}{T_1 P_2} = \dfrac{1 \times 100 \times 273}{300 \times 1} = 91\mathrm{L}$

그러므로 $2H_2O \longrightarrow 2H_2 + O_2$

$\quad\quad\quad 2\times18g \quad\quad\vdots\quad\quad 22.4L$

$\quad\quad\quad\quad X \quad\quad\quad\vdots\quad\quad 91L$

$\therefore\ X = \dfrac{2\times18\times91}{22.4} = 146.25g$

---

18 50kg C_3H_8이 있는 용기를 가스계량기에 연결, 50kg을 전량 소비 시 가스미터의 계량수치는 몇 m^3인가? (단, 가스미터 입구에서 가스의 온도는 17℃, 압력은 200mmH₂O, 1atm = 10330mmH₂O이다.)

해답 C_3H_8 50kg 표준상태 기화량

$$\frac{50kg}{44kg}\times22.4 = 25.455m^3$$

$$\frac{P_1V_1}{T_1} = \frac{P_2V_2}{T_2}\ 이므로$$

$$\therefore\ V_2 = \frac{P_1V_1T_2}{T_1P_2} = \frac{10330\times25.455\times(273+17)}{273\times(10330+200)} = 26.526 = 26.53m^3$$

---

19 LP가스 배관의 용적 20L에 기밀시험 시 관내 압력 900mmAq까지 승압하였다. 5분 경과 후 관내 압력이 945mmAq이면 관내 온도는 몇 ℃까지 상승하였는가? (단, 기밀시험 개시 시 온도는 18℃였다. 대기압 1atm = 1.033kg/cm²이다.)

해답 $\dfrac{P_1V_1}{T_1} = \dfrac{P_2V_2}{T_2}$ 에서 $(V_1 = V_2)$

$$T_2 = \frac{T_1P_2}{P_1} = \frac{(273+18)\times(945+10330)}{(900+10330)} = 292.166K$$

$292.166 - 273 = 19.166℃$

$\therefore\ 상승온도는\ 19.166 - 18 = 1.166 = 1.17℃$

---

20 내용적 46L의 산소용기에 120kg/cm²(g)의 산소가 20℃라고 할 때 다음 물음에 답하시오.
(1) 표준상태로 환산한 산소의 부피는 몇 m^3인가?
(2) 충전되어 있는 산소의 무게는 몇 kg인가?

해답 (1) $\dfrac{P_1V_1}{T_1} = \dfrac{P_2V_2}{T_2}$

$$\therefore\ V_2 = \frac{P_1V_1T_2}{T_1P_2} = \frac{\dfrac{121.033}{1.033}\times0.046\times273}{293\times1} = 5.02m^3$$

(2) $PV = \dfrac{W}{M}RT$

$$\therefore\ W = \frac{PVM}{RT} = \frac{\dfrac{121.033}{1.033}\times0.046\times32}{0.082\times293} = 7.18kg$$

21 내용적 118L LP가스에 C_3H_8 50kg이 충전되어 있다. 이 C_3H_8을 소비 후 잔압이 27℃에서 $3kg/cm^2(g)$이면 다음 물음에 답하시오.

(1) 남아 있는 C_3H_8의 질량(kg)은?

(2) 소비한 C_3H_8의 질량(kg)은?

[해답] (1) $PV = \dfrac{W}{M}RT$ 이므로

$$\therefore \ W = \frac{PVM}{RT} = \frac{\dfrac{(3+1.033)}{1.033} \times 0.118 \times 44}{0.082 \times 300} = 0.82\text{kg}$$

(2) 소비량 : $50 - 0.82 = 49.18\text{kg}$

22 용적 100L인 밀폐된 용기 속에 온도 0℃에서 8몰 산소와 12몰 질소가 혼합 시 압력(atm)과 무게(g)는 얼마인가?

[해답] ① $PV = nRT$ 이므로

$$\therefore \ P = \frac{nRT}{V} = \frac{(8+12) \times 0.082 \times 273}{100} = 4.48\text{atm}$$

② $w = (8 \times 32) + (12 \times 28) = 592\text{g}$

23 표준상태에서 내용적 40L의 용기에 질소가 $120kg/cm^2(g)$ 충전되어 있다. 사용 후의 압력이 $80kg/cm^2(g)$가 되었다면 소비한 질소는 표준상태에서 몇 m^3인가? (단, 온도의 변화는 무시한다.)

[해답]
$$M_1 = \frac{(120+1.033)}{1.033} \times 40 = 4686.66\text{L} = 4.686\text{m}^3$$

$$M_2 = \frac{(80+1.033)}{1.033} \times 40 = 3137.77\text{L} = 3.137\text{m}^3$$

$$\therefore \ (4.686 - 3.137) = 1.549 = 1.55\text{m}^3$$

압축가스 충전량 계산식

$M = PV$ 에서는 표준상태 값으로 계산 시 P의 단위는 atm이다.

24 밀폐용기 내 1atm, 27℃ 프로판과 산소가 2 : 8의 비율로 혼합되어 다음의 반응에서 3000K가 되었다. 이 용기 내 발생한 압력은 몇 atm인가?

$$2C_3H_8 + 8O_2 \rightarrow 6H_2O + 4CO_2 + 2CO + 2H_2$$

해답 밀폐용기이므로 $(V_1 = V_2)$

$$(V_1 = V_2) = \frac{n_1 R_1 T_1}{P_1} = \frac{n_2 R_2 T_2}{P_2} (R_1 = R_2)$$

$$\therefore P_2 = \frac{P_1 n_2 T_2}{n_1 T_1} = \frac{1 \times 14 \times 3000}{10 \times (273 + 27)} = 14\text{atm}$$

TiP

$$2C_3H_8 + 8O_2 \rightarrow 6H_2O + 4CO_2 + 2CO + 2H_2$$

- $n_1 = (2 + 8) = 10\text{mol}$
- $n_2 = 6 + 4 + 2 + 2 = 14\text{mol}$

25 내용적 10m^3 용기에 N_2 : 10kg, O_2 : 5kg 혼합가스가 있다. 온도가 27℃일 때 이 용기의 압력계 눈금은 몇 kg/cm^2인가? (단, 이때 N_2, O_2의 정수는 30.2kg·m/kg·K, 26.5kg·m/kg·K이다.)

해답 $P = \dfrac{(G_1 R_1 + G_2 R_2) T}{V} = \dfrac{(10 \times 30.2 + 5 \times 26.5) \times (273 + 27)}{10} = 13035\text{kg/m}^2 = 1.3035\text{kg/cm}^2$

압력계 눈금은 게이지압력이므로

$$\therefore 1.3035 - 1.0332 = 0.27\text{kg/cm}^2\text{(g)}$$

26 CO_2 1mol이 127℃에서 20L일 때 다음에 알맞게 계산하시오.

(1) 이상기체에서의 압력 P(atm)를 구하시오.

(2) 실제기체에서의 압력 P(atm)를 구하시오. (단, a : 3.61L^2·atm/mol^2, b : 0.0428L/mol)

해답 (1) $PV = nRT$

$$\therefore P = \frac{nRT}{V} = \frac{1 \times 0.082 \times (273 + 127)}{20} = 1.64\text{atm}$$

(2) $\left(P + \dfrac{a}{V^2}\right)(V - b) = RT$

$$\therefore P = \frac{RT}{V - b} - \frac{a}{V^2} = \frac{0.082 \times (273 + 127)}{20 - 0.0428} - \frac{3.61}{(20)^2} = 1.63\text{atm}$$

27 50℃, 30atm 질소 1m^3을 60atm, −50℃로 변경 시 체적은 몇 m^3인가? (단, 50℃, 30atm 압축계수는 1.001, −50℃, 60atm 압축계수는 0.93이다.)

해답 $PV = ZnRT$이므로

$$(R_1 = R_2) = \frac{P_1 V_1}{Z_1 n_1 T_1} = \frac{P_2 V_2}{Z_2 n_2 T_2} (n_1 = n_2)$$

$$\therefore V_2 = \frac{P_1 V_1 Z_2 T_2}{P_2 Z_1 T_1} = \frac{30 \times 1 \times 0.93 \times 223}{60 \times 1.001 \times 323} = 0.32\text{m}^3$$

28 다음 [조건]으로 이 저장시설의 1종, 2종 보호시설과의 안전거리를 구하여라.

[조건]
- 질소용기 V : 43L
- 용기수 : 150개
- 충전압력은 법정 최고충전압력으로 한다.

해답 $V = 150 \times 43 = 6450\text{L} = 6.45\text{m}^3$

$Q = (10P+1)V = (10 \times 15 + 1) \times 6.45 = 973.95\text{m}^3$

- 1종 보호시설 : 8m
- 2종 보호시설 : 5m

TiP 기타 가스의 안전거리

저장능력	1종	2종
1만 이하	8m	5m
1만 초과 2만 이하	9m	7m
2만 초과 3만 이하	11m	8m
3만 초과 4만 이하	13m	9m
4만 초과	14m	10m

29 어떤 용기에 질소 8.44w%, 산소 8.04w%일 때 각각의 분압을 계산하여라. (단, 전압은 15atm 이다.)

해답 (1) P_N(질소분압) $= 15 \times \dfrac{\dfrac{8.44}{28}}{\dfrac{8.44}{28} + \dfrac{8.04}{32}} = 8.18\text{atm}$

(2) P_O(산소분압) $= 15 - 8.18 = 6.82\text{atm}$

30 내용적 13L 용기가 2개가 있다. 한쪽에는 수소가 53atm(g), 다른 쪽에는 질소가 65atm(g)일 때 다음 물음에 답하시오.

(1) 이 용기를 연결 시 수소의 부피는 몇 %인가?

(2) 이때의 전압력은 몇 atm인가?

해답 P_H(수소)압력 $= 54 \times \dfrac{13}{26} = 27\text{atm}$

P_N(질소)압력 $= (66) \times \dfrac{13}{26} = 33\text{atm}$

(1) 수소(%) $= \dfrac{27}{60} \times 100 = 45\%$

(2) 전압력 $= 27 + 33 = 60\text{atm}$

31 C_3H_8과 C_4H_{10}의 혼합증기압이 상온에서 3.5kg/cm^2(g)일 때 혼합기체 중 C_3H_8의 몰농도(%)를 계산하여라. (단, C_3H_8의 증기압은 9.5kg/cm^2(a), C_4H_{10}의 증기압은 2.3kg/cm^2(a)로 하고 대기압 1atm＝1kg/cm^{2}이다.)

해답 C_3H_8의 몰 함유량 : x

C_4H_{10}의 몰 함유량 : $(1-x)$ 라고 하면

$$9.5 \times x + 2.3(1-x) = 4.5$$

$$9.5x + 2.3 - 2.3x = 4.5$$

$$\therefore x = \frac{4.5 - 2.3}{(9.5 - 2.3)} = 0.30555 = 30.56\%$$

TiP

혼합증기압 $3.5 + 1 = 4.5$kg/cm^2(a)

32 프로판 60%와 부탄 40%의 용량%를 중량%로 계산하여라. (단, C_3H_8, C_4H_{10}의 액비중은 0.51, 0.558이다.)

해답 $C_3H_8(\%) = \dfrac{(0.6 \times 0.51)}{(0.6 \times 0.51) + (0.4 \times 0.558)} \times 100 = 57.82\%$

$C_4H_{10}(\%) = \dfrac{(0.4 \times 0.558)}{(0.6 \times 0.51) + (0.4 \times 0.558)} \times 100 = 42.18\%$

$\therefore C_3H_8 : 57.82\%, \ C_4H_{10} : 42.18\%$

33 CO_2가 20℃, 1atm에서 물 1cc에 0.88cc가 용해 시 20℃, 40atm에서 CO_2 40%를 함유한 혼합기체에서 물 1L에 용해되는 CO_2의 중량(g)은?

해답 CO_2 분압＝$40 \times 0.4 = 16$atm

1atm 물 1L에 0.88L가 용해되므로

1atm 용해하는 중량＝$\dfrac{0.88}{22.4} \times 44 = 1.72857$g

$\therefore$ 16atm에서의 녹는 중량은

$1.72857 \times 16 = 27.657 = 27.66$g

TiP

1. 헨리의 법칙에서 녹는 부피는 압력에 관계 없이 일정하다.
2. 녹는 질량은 압력에 비례한다.

34 다음 물음에 답하시오.

(1) 프로판의 완전연소식을 쓰시오.

(2) 11g의 프로판이 완전연소 시 몇 g의 물이 생기는가?

(3) 11g의 프로판이 완전연소 시 몇 몰의 CO_2가 생기는가?

[해답] (1) $C_3H_8 + 5O_2 \rightarrow 3CO_2 + 4H_2O$

(2) $C_3H_8 + 5O_2 \rightarrow 3CO_2 + 4H_2O$

$\quad$ 44g $\quad$: $\quad$ 4×18g

$\quad$ 11g $\quad$: $\quad$ x(g)

$\therefore x = \dfrac{4 \times 18 \times 11}{44} = 18g$

(3) 44g : 3몰

$\quad$ 11g : x

$\therefore x = 0.75mol$

35

질소와 수소를 합성하여 NH_3를 44g 생성시킬 때 필요공기는 몇 L인가? (단, 공기 중 질소는 80%이다.)

[해답] $N_2 + 3H_2 \rightarrow 2NH_3$

$\quad$ 22.4L $\quad$: $\quad$ 34g

$\quad$ x(L) $\quad$: $\quad$ 44g

$x = \dfrac{22.4 \times 44}{34} = 29.988L$

$\therefore$ 공기는 $28.988 \times \dfrac{100}{80} = 36.235 \fallingdotseq 36.24L$

36

프로판 1kg이 완전연소할 때 공기량은 몇 kg인가?

[해답] 프로판의 완전연소 반응식은

$C_3H_8 + 5O_2 \rightarrow 3CO_2 + 4H_2O$

$\quad$ 44kg : 5×32kg

$\quad$ 1kg : x(kg)

$\therefore x = \dfrac{1 \times 5 \times 32}{44} = 3.63636kg$

그러므로 공기량은 $3.63636 \times \dfrac{1}{0.232} = 15.67kg$

37

C_2H_2 공기혼합 시 폭발하한계가 2.5%이다. 이 경우 혼합기체 $1m^3$에 포함된 C_2H_2의 질량(g)은 얼마인가?

[해답] $1m^3 = 1000L$

$1000 \times 0.025 = 25L$

$\therefore \dfrac{25L}{22.4L} \times 26g = 29g$

38 C_3H_8 4.4kg 연소 시 필요공기는 몇 Nm^3인가? (단, 공기 중 산소는 20%이다.)

해답 프로판의 완전연소 반응식
$C_3H_8 + 5O_2 \rightarrow 3CO_2 + 4H_2O$
$44kg : 5 \times 22.4m^3$
$4.4kg : x\,(m^3)$

$$x = \frac{4.4 \times 5 \times 22.4}{44} = 11.2m^3$$

$$\therefore \ 11.2 \times \frac{100}{20} = 56m^3$$

39 C_3H_8과 C_4H_{10} 1 : 1로 혼합된 가스 1L 완전연소 시 필요공기량은 몇 L인가? (단, 공기 중 산소는 21%이다.)

해답 연소반응식 $C_3H_8 + 5O_2 \rightarrow 3CO_2 + 4H_2O$
$\qquad\qquad\quad C_4H_{10} + 6.5O_2 \rightarrow 4CO_2 + 5H_2O$

$$\therefore \ \{(5 \times 0.5) + (6.5 \times 0.5)\} \times \frac{100}{21} = 27.38L$$

40 비중이 0.528인 LP가스 $1m^3$ 연소 시 필요한 이론공기량은 표준상태에서 몇 m^3인가? (단, 공기 중 산소는 20%이다.)

해답 $0.528kg/L \times 1000L = 528kg$
$C_3H_8 + 5O_2 \rightarrow 3CO_2 + 4H_2O$
$44kg : 5 \times 22.4m^3$
$528kg : x(m^3)$

$$x = \frac{528 \times 5 \times 22.4}{44} = 1344m^3$$

$$\therefore \ 공기량 : 1344 \times \frac{100}{20} = 6720m^3$$

41 프로판 73%, 부탄 27%인 LP가스의 이론공기량(Nm^3/Nm^3)과 이론폐가스량(Nm^3/Nm^3)을 계산하시오.

해답 연소반응식 $C_3H_8 + 5O_2 \rightarrow 3CO_2 + 4H_2O$
$\qquad\qquad\quad C_4H_{10} + 6.5O_2 \rightarrow 4CO_2 + 5H_2O$에서

(1) 이론공기량

$$A_o = \{(5 \times 0.73) + (6.5 \times 0.27)\} \times \frac{100}{21}$$
$$= 25.74Nm^3/Nm^3$$

(2) 이론폐가스량 $= (N_2 + CO_2 + H_2O)$
$$G = (1 - 0.21)A_o + 7C_3H_8 + 9C_4H_{10}$$
$$= (1 - 0.21) \times 25.74 + 7 \times 0.73 + 9 \times 0.27$$
$$= 27.87Nm^3/Nm^3$$

42 다음과 같은 조성을 가진 천연가스의 이론공기량(Nm^3/Nm^3)을 계산하시오. (단, 공기 중의 산소의 조성은 21%이다.)

성분	함유율(용적%)
CH_4	96.0
N_2	2.5
CO_2	1.5
계	100.0

해답 $CH_4 + 2O_2 \rightarrow CO_2 + 2H_2O$에서
이론공기량

$$\therefore \ 2 \times 0.95 \times \frac{100}{21} = 9.1428 = 9.14 Nm^3/Nm^3$$

43 $1Nm^3$의 메탄가스를 연소 시 고위발열량은 $9400kcal/Nm^3$, 증발잠열량은 $480kcal/Nm^3$, 연소가스의 비열은 $0.34kcal/Nm^3 \cdot ℃$일 때 다음 물음에 답하시오.
(1) 이론공기량은?
(2) 저위발열량은?
(3) 20%의 과잉공기를 사용하였을 때의 습연소가스량(Nm^3)과 이론연소온도($℃$)를 구하시오.

해답 (1) $CH_4 + 2O_2 \rightarrow CO_2 + 2H_2O$에서

$$이론공기량(A_o) = \frac{2}{0.21} = 9.52 Nm^3/Nm^3$$

(2) 저위발열량(Hl) = 고위발열량 - 증발잠열량이고, H_2O의 mol수가 2이므로
$$= 9400 - 480 \times 2 = 8440 kcal/Nm^3$$

(3) ① 습연소가스량 $= (m - 0.21)A_o + 3CH_4 = (1.2 - 0.21) \times 9.52 + 3 = 12.42 Nm^3$
② 이론연소온도($℃$)
$$t = \frac{Hl}{C_p \times G_w} = \frac{8440}{0.34 \times 12.42} = 1993.67 ℃$$

44 H_2S가 연소 시 다음 물음에 답하시오.
(1) 완전연소 시 및 불완전연소 시 반응식을 쓰시오.
(2) 1L가 완전연소 시 표준상태에서 소요되는 공기량(L)은? (단, 공기 중 산소는 20%이다.)

해답 (1) 완전연소식 : $2H_2S + 3O_2 \rightarrow 2SO_2 + 2H_2O$
불완전연소식 : $2H_2S + O_2 \rightarrow 2H_2O + 2S$
(2) $2H_2S + 3O_2 \rightarrow 2SO_2 + 2H_2O$
$$2 \times 22.4 : 3 \times 22.4$$
$$1 \quad : \quad x$$
$$x = \frac{3 \times 22.4 \times 1}{2 \times 22.4} = 1.5 L$$
$$\therefore \ 1.5 \times \frac{100}{20} = 7.5 L$$

45 공기액화분리장치에서 수산화나트륨에 의한 탄산가스 흡수법에 대하여 다음 물음에 답하시오.
(1) 반응식을 쓰시오.
(2) 탄산가스 1g을 제거하기 위해 소요되는 수산화나트륨은 몇 g이 필요한가?

[해답] (1) $CO_2 + 2NaOH \rightarrow Na_2CO_3 + H_2O$
(2) $CO_2 + 2NaOH \rightarrow Na_2CO_3 + H_2O$
$44g : 2 \times 40g$
$1g : x\,(g)$
$$\therefore\ x = \frac{2 \times 40 \times 1}{44} = 1.82g$$

46 중량%로 프로판 45%, 공기 55%의 혼합에서 발열량($kcal/m^3$)을 계산하여라. (단, 프로판의 발열량을 $24000kcal/m^3$로 한다.)

[해답] C_3H_8(%) 부피 $= \dfrac{\dfrac{0.45}{44}}{\dfrac{0.45}{44} + \dfrac{0.55}{29}} \times 100 = 35\%$
$$\therefore\ 24000 \times 0.35 = 8400kcal/m^3$$

47 공기 중에서 완전연소 시 아세틸렌이 함유되었을 때 이 혼합기체 1L당 발열량은 몇 kcal인가?
(단, 아세틸렌 발열량은 312.4kcal/mol이다.)

[해답] 연소반응식에서
$C_2H_2 + 2.5O_2 \rightarrow 2CO_2 + H_2O + 312.4kcal/mol$
공기 mol수 $: 2.5 \times \dfrac{100}{21} = 11.9mol$
C_2H_2(%) $= \dfrac{1}{(1 + 11.9)} \times 100 = 7.74\%$
$\therefore\ $ 혼합기체 1L당 발열량 $: \dfrac{312.4}{22.4} \times 0.0774 = 1.08kcal/L$

48 내용적 $15m^3$의 가스 저장탱크를 공기압축기로서 $18kg/cm^2$(g)로 기밀시험을 하는 경우에 대한 다음 물음에 답하시오. (단, 공기량은 표준상태로 계산하고, 공기압축기의 체적효율은 무시한다.)
(1) 기밀시험에 필요한 탱크 내의 전체공기량은?
(2) 기밀시험을 위하여 공기압축기에서 탱크로 보내야 할 공기량은?
(3) 토출량 400L/min의 공기압축기를 사용할 때의 이 기밀시험을 완료하는 데는 약 몇 시간 소요되겠는가?

[해답] (1) $15m^3 \times \dfrac{18 + 1.033}{1.033}atm = 276.37m^3$
(2) 빈 탱크일지라도 최초 대기압만큼의 공기가 있으므로
$276.37 - 15 = 261.37m^3$
(3) $261.37m^3 : x\,(min)$
$0.4m^3 : 1min$
$$\therefore\ x = \frac{261.37 \times 1}{0.4} = 653.425min = 10.89hr = 10시간\ 53분$$

49 액체산소 용기에 액체산소가 50kg 충전되어 있다. 이 용기의 외부로부터 액체산소에 대하여 매시 5kcal의 열량을 준다면 액체산소량이 1/2로 감소하는데 몇 시간이 걸리는가? (단, 비등할 때의 산소의 증발잠열은 1600cal/mol이다.)

해답 1600cal/mol = 1600cal/32g = 50kcal/kg

$$\therefore\ 50\text{kg} \times \frac{1}{2} \times 50\text{kcal/kg} : x(시간)$$

$$5\text{kcal} \qquad\qquad : 1시간$$

$$\therefore\ x = \frac{50 \times \dfrac{1}{2} \times 50 \times 1}{5} = 250시간$$

50 용량 5000L인 액산탱크에 액산을 넣어 방출밸브를 개방하여 12시간 방치했더니 탱크 내의 액산이 4.8kg이 방출되었다. 이때 액산의 증발잠열을 50kcal/kg이라 하면 1시간당 탱크에 침입하는 열량은 몇 kcal인가?

해답 4.8kg × 50kcal/kg : 12hr

$$x(\text{kcal}) \qquad : 1\text{hr}$$

$$\therefore\ x = \frac{4.8 \times 50 \times 1}{12} = 20\text{kcal/hr}$$

51 $-183℃$의 액체산소 5kg을 매 시간당 20℃까지 증발시키려고 할 때 시간당 침입하는 열량(kcal)을 구하시오. (단, 산소의 증발열은 50.9cal/g이고, 비열이 0.32cal/g·℃이다.)

해답 $Q_1 = -183℃$ 액체산소 → $-183℃$ 기체산소 $= 5 \times 50.9 = 254.5\text{kcal}$

$Q_2 = -183℃$ 기체산소 → $20℃$ 기체산소 $= 5 \times 0.32 \times \{20-(-183)\} = 324.8\text{kcal}$

$\therefore\ Q = Q_1 + Q_2 = 254.5 + 324.8 = 579.3\text{kcal/hr}$

52 어떤 가스 소비설비에서 프로판 75%(용량), 부탄 25%(용량)의 혼합기체를 1kg/hr를 소비한다. 이 경우 저압배관을 통과하는 가스의 1시간당 용적을 계산으로 구하시오. (단, 저압배관을 통과하는 가스의 평균압력은 수주 280mm로서 온도는 15℃로 한다.)

해답 혼합가스 분자량
$(44\text{g} \times 0.75) + (58\text{g} \times 0.25) = 47.5\text{g}$
표준상태에서의 부피는
$$1000\text{g/hr} \times \frac{22.4\text{L}}{47.5\text{g}} = 471.58\text{L/hr}$$
280mm 수주 및 15℃에서의 부피로 환산
$$\frac{P_1 V_1}{T_1} = \frac{P_2 V_2}{T_2}\ 이므로$$
$$\therefore\ V_2 = \frac{P_1 V_1 T_2}{T_1 P_2} = \frac{10332 \times 471.58 \times (273+15)}{273 \times (10332+280)} = 484.36\text{L/hr}$$

배관을 통과하는 압력은 게이지(gage) 압력이므로 (1atm＝10332mmH₂O) 대기압력을 더하여 보일－샤를의 법칙에 대입하여야 한다.

53 200℃, 산소 4kg, 등압 7kg/cm²(g)에서 냉각용적이 최초의 2/3가 되었을 때 다음 물음에 답하시오.

(1) 산소의 최초의 용적은?

(2) 냉각 후의 온도는?

(3) 산소가 행한 일의 양은 얼마인가?

해답 (1) 최초의 용적 V는

$$V = \frac{GRT}{P} = \frac{4 \times 26.5 \times (273+200)}{(7+1.033) \times 10^4} = 0.62\text{m}^3$$

(2) 냉각 후의 온도 T_2는

$$\frac{V_1}{T_1} = \frac{V_2}{T_2} \text{에서}$$

$$T_2 = \frac{T_1 V_2}{V_1} = \frac{0.62 \times \frac{2}{3} \times (273+200)}{0.62} = 315.33\text{K}$$

$$\therefore \text{ ℃} = 315.33\text{K} - 273 = 42.33℃$$

(3) 산소가 행한 일의 양 W는 등압이므로

$$W = P \times (V_2 - V_1) = P \times \left(\frac{2}{3}V - V\right) = P \times \left(-\frac{1}{3}\right)V$$

$$= (7+1.033) \times 10^4 \times \left(-\frac{1}{3}\right) \times 0.62 = -16601.53\text{kg·m}$$

54 넓이 40m², 높이 2.5m의 0℃의 방에 순프로판가스가 7kg 누설되었을 때 폭발의 가능성이 있는지 식을 쓰고, 판별하시오.

해답 ① C_3H_8 7kg의 부피 : $\frac{7}{44} \times 22.4 = 3.5636\text{m}^3$

② 공기의 부피 : $40 \times 2.5 = 100\text{m}^3$

③ $C_3H_8(\%) = \frac{3.5636}{100 + 3.5636} \times 100 = 3.44\%$

$\therefore$ C_3H_8의 폭발범위 2.1∼9.5 내에 있으므로 폭발위험이 있다.

55 탱크의 내용적 2m³가 대기압 0.1MPa 상태에 있다. 이 탱크에 15MPa(g), 200L 질소용기를 연결, 질소용기를 개방 시 전체설비의 압력은 몇 MPa(g)인가? (단, 1MPa＝10kg/cm²으로 하며, 대기압력은 0.1MPa이다.)

해답 탱크와 질소용기 내용적 : $2000+200=2200L$
설비 내 공기량 : $2000L$
설비 내 질소량 : $(10P+1)V=(150+1)\times0.2=30.2m^3=30200L$
$\therefore\ 30200+2000=32200$

$$\frac{32200}{2200}=14.636kg/cm^2=1.463MPa$$

$\therefore\ 1.463-0.1=1.36MPa(g)$

56 27kg을 전기분해하여 내용적 40L 용기에 법정량으로 충전 시 필요한 전체용기 수를 계산하여라.

해답 (1) $2H_2O \longrightarrow\ \ \ 2H_2\ \ \ +\ \ O_2$
　　　 36kg　　$2\times22.4(m^3)$　$22.4(m^3)$
　　　 27kg　　　$x(m^3)$　　　$y(m^3)$

(2) 수소체적 : $x=\dfrac{27\times2\times22.4}{36}=33.6m^3$

(3) 산소체적 : $y=\dfrac{27\times22.4}{36}=16.8m^3$

(4) 용기 1개당 충전량
$$Q=(10P+1)V=(10\times15+1)\times0.04=6.04m^3$$

(5) 수소용기 수 : $33.6\div6.04=5.56=6$개
산소용기 수 : $16.8\div6.04=2.78=3$개
$\therefore$ 전체용기 수 : $6+3=9$개

57 발열량 $30000kcal/m^3$의 부탄가스에 공기를 희석하여 $7500kcal/m^3$의 천연가스를 만들었다. 이 천연가스에 대하여 물음에 답하시오.
(1) 공기의 용량(%)은 얼마인가?
(2) 부탄의 용량(%)은 얼마인가?
(3) 이 가스조성의 폭발범위는 얼마인가?
(4) 가스의 비중은 얼마인가?
(5) 가스 중의 산소의 용량(%)은 얼마인가?

해답 (1) 공기량(x)

$$\frac{30000}{1+x}=7500$$

$\therefore\ 7500(1+x)=30000$

$\therefore\ x=\dfrac{30000}{7500}-1=3m^3$

공기(%)$=\dfrac{3}{1+3}\times100=75\%$

(2) $\dfrac{1m^3}{1m^3+3m^3}\times100=25\%$

(3) $1.8\sim8.4\%$

(4) $2\times0.25+1\times0.75=1.25$

(5) 산소의 양이 $3\times0.21=0.63$이므로

산소(%)$=\dfrac{0.63}{1+3}\times100=15.75\%$

58 25℃에서 150atm(g)으로 충전된 고압가스 탱크 상부에 200atm(g)에서 작동되는 안전밸브를 설치하였다. 이 안전밸브가 작동하였다면, 이 탱크는 몇 kcal의 열량을 흡수하였는지 [조건]을 참고하여 계산하시오.

[조건]
- 탱크 내부가스량 : 60kg
- 평균분자량 : 30
- 가스의 비열 : 20cal/gmol·K

해답

$$\frac{P_1 V_1}{T_1} = \frac{P_2 V_2}{T_2} (V_1 = V_2)$$

$$T_2 = \frac{T_1 P_2}{P_1} = \frac{(273+25) \times (200+1)}{(150+1)} = 396.675K$$

$$\therefore Q = GC\Delta T = \frac{60kg}{30kg/kmol} \times 20kcal/kg \cdot mol \cdot K \times (396.675 - 298)K$$
$$= 3947.019 = 3947.02kcal$$

59 가연성 가스의 정의를 간단히 설명하시오.

해답 공기 중에서 연소할 수 있는 농도의 체적(%)으로 폭발한계의 하한이 10% 이하이거나 폭발한계의 상한과 하한의 차가 20% 이상인 것

02 　각종 가스의 성질, 제조법, 용도

01 수소(H_2)에 대한 다음 빈칸을 채우시오.

구분	내용	중요 기억사항
연소범위	4~75%(가연성 가스, 압축가스, 비등점 : $-252℃$)	• 부식은 고온, 고압에서 발생한다. • 수소취성을 방지하기 위하여 5~6% Cr강에 W, Mo, Ti, V 등을 첨가한다. • 수소취성에는 가역, 불가역의 수소취성이 있다.
부식명	수소취성(강의 탈탄)	
부식이 일어날 때 반응식	$Fe_3C + 2H_2 \rightarrow CH_4 + 3Fe$	
폭명기 반응식 3가지	• 수소폭명기 : (　　　①　　　) • 염소폭명기 : (　　　②　　　) • 불소폭명기 : (　　　③　　　)	
제조법의 종류	• 물의 전기분해 : $2H_2O \rightarrow 2H_2+O_2$ • 수성 가스법 : $C+H_2O \rightarrow CO+H_2$ • 천연가스 분해법 • 일산화탄소 전화법 : $CO+H_2O \rightarrow CO+H_2$	제조법 중 CO의 전화법에서 • 고온전화(1단계 반응) 촉매 : $Fe_2O_3-Cr_2O_3$계 • 저온전화(2단계 반응) 촉매 : $CuO-ZnO$계

[해답]　① $2H_2+O_2 \rightarrow 2H_2O$(수소폭명기)
　　　　② $H_2+Cl_2 \rightarrow 2HCl$(염소폭명기)
　　　　③ $H_2+F_2 \rightarrow 2HF$(불소폭명기)

02 산소(O_2)에 대한 핵심내용이다. 다음 물음에 답하여라.

구분	내용	중요 기억사항
가스의 종류	압축가스, 조연성, 비등점($-183℃$)	• 고압설비 내 청소점검보수 시 유지하여야 할 농도 (18% 이상 22% 이하) • 공기액화분리장치 분리방법 3가지(전저압식 공기분리장치, 중압식 공기분리장치, 저압식 액화플랜트) • 공기액화 시 액화순서($O_2 \rightarrow Ar \rightarrow N_2$) • Ar까지 회수되는 공기액화분리장치 : 저압식 액산플랜트
공기 중 함유율	부피(21%), 중량(23.2%)	
제조법	• 물의 전기분해법 • 공기액화분리법	

(1) 공기액화분리장치 산소를 제조 시 폭발원인과 대책을 각각 4가지를 쓰시오.

(2) 공기액화분리장치 내 액산 35L 중 CH_4 2g, C_4H_{10} 4g 혼입 시 운전가능 여부를 판별하여라.

[해답]　(1) 폭발원인과 대책 4가지
　　　　① 폭발원인
　　　　　　– 공기취입구로부터 C_2H_2 혼입
　　　　　　– 압축기용 윤활유 분해에 따른 탄화수소 생성
　　　　　　– 액체공기 중 O_3의 혼입
　　　　　　– 공기 중 질소산화물(NO, NO_2)의 혼입

② 대책
- 장치 내 여과기를 설치한다.
- 공기취입구를 C_2H_2가 혼입되지 않은 맑은 곳에 설치한다.
- 부근에 CaC_2 작업을 피한다.
- 연 1회 CCl_4로 세척한다.

(2) $\dfrac{12}{16} \times 2000mg + \dfrac{48}{58} \times 4000mg = 4810.3mg$

$\therefore 4810.3 \times \dfrac{5}{35} = 687.185mg$

액화산소 5L 중 C의 질량이 500mg을 넘으므로 즉시 운전을 중지하고 액화산소를 방출하여야 한다.

공기액화분리장치 내 산소취급 시 주의사항
1. 공기액화분리장치 내 액화산소통 내 액화산소는 1일 1회 이상 분석하고, 액화산소 5L 중 C_2H_2 질량이 5mg, 탄화수소 중 C의 질량이 500mg 넘을 때 즉시 운전을 중지하고, 액화산소를 방출한다.
2. 액화산소 5L 중 검출시약
   • C_2H_2 : 이로스베이시약
   • 탄소 : 수산화바륨

03 염소(Cl)에 관한 내용이다. 핵심정리 부분을 숙지하고, 다음 물음에 답하여라.

구분	중요 기억사항
가스의 종류	독성, 액화가스, 조연성
제조법	소금물 전기분해법 $2NaCl + 2H_2O \rightarrow 2NaOH + H_2 + Cl_2$
비등점	①
수분과 작용 시 철을 부식시키는 반응식	②
암모니아와 반응식	③

④ 염소의 용도 중 수돗물 살균소독제로 사용하는 이유와 반응식을 쓰시오.

해답 ① $-34℃$
② $Cl_2 + H_2O \rightarrow HCl + HClO$
$Fe + 2HCl \rightarrow FeCl_2 + H_2$
③ $8NH_3 + 3Cl_2 \rightarrow 6NH_4Cl + N_2$
④ $Cl_2 + H_2O \rightarrow HCl + HClO$
$HClO \rightarrow HCl + [O]$로서 발생기 산소[O]가 생성되어 소독살균작용을 일으킨다.

04 암모니아(NH_3)에 관한 내용이다. 핵심부분을 숙지하고, 물음에 답하여라.

물리적 성질
독성 가스, 가연성, 액화가스 비등점(−33.3℃) 물에 잘 녹는 염기성 물질

(1) 석회질소법의 제조반응식은?

(2) 하버보시법으로 제조 시 반응식은?

(3) 압력별 합성법에는 고압법, 중압법, 저압법이 있다. 각각 합성에 대한 압력(MPa)과 종류 2가지 이상을 쓰시오

해답 (1) $CaCN_2 + 3H_2O \rightarrow CaCO_3 + 2NH_3$

(2) $N_2 + 3H_2 \rightarrow 2NH_3$

(3) ① 고압합성(60~100MPa) : 클로우드법, 카자레법

② 중압합성(30MPa) : IG법, 케미그법

③ 저압합성(15MPa) : 구데법, 케로그법

1. 하버보시법으로 제조 시
   - 정촉매 : Fe_3O_4
   - 보조촉매 : Al_2O_3, CaO, K_2O
2. Cu와 접촉 시 착이온 생성으로 부식을 일으키므로 Cu 사용 시 62% 미만의 동합금 및 철, 철합금 사용
3. 고온, 고압의 장치 재료에는 18-8STS 및 Ni-Cr-Mo 사용
4. 피부에 접촉 시 조치사항
   - 다량의 물로 씻고, 피크린산 용액을 바른다.
   - 눈에 침투 시 : 물로 세척 후 2% 붕산액으로 점안한다.

05 CO에 대한 내용이다. 핵심부분을 정리하고, 각각의 물음에 답하여라.

구분	내용
가스의 종류	가연성, 압축가스, 독성 가스(TLV−TWA 농도 : 50ppm)
연소범위	12.5~74%
부식명	카보닐(침탄)
부식 발생 시 반응식	• $Ni + 4CO \rightarrow Ni(CO)_4$: 니켈 카보닐 • $Fe + 5CO \rightarrow Fe(CO)_5$: 철 카보닐
부식의 방지법	①
염소와 반응식 촉매	②
가스누설 시 검지에서 발신까지 걸리는 시간	③
압력상승 시 일어나는 현상	④

해답 ① 고온·고압에서 CO를 사용 시
- 장치 내면을 피복하거나
- Ni−Cr계 STS를 사용

② $CO + Cl_2 \rightarrow COCl_2$
촉매 : 활성탄

③ 60초

④ 압력상승 시 폭발범위가 좁아짐

06 CH_4 가스에 대한 내용이다. 다음 빈칸을 채우시오.

구분	내용
비등점	①
연소범위	②
분자량(g/mol)	③
연소의 하한계값(mg/L)	④

해답 ① $-161.5℃$

② $5\sim15\%$

③ 16g/mol

④ 하한계값 5%에서
$0.05 \times 16g/mol \times 1mol/22.4L = 0.03571g/L$
$\therefore 0.03571 \times 10^3 = 35.71mg/L$

07 C_2H_2에 관한 핵심정리 내용이다. 다음 빈칸을 채우시오.

구분		내용
제조반응식		• $CaCO_3 \rightarrow CaO + CO_2$ • $CaO + 3C \rightarrow CaC_2 + CO$ • $CaC_2 + 2H_2O \rightarrow C_2H_2 + Ca(OH)_2$
가스의 종류		가연성, 용해가스
연소범위		$2.5\sim81\%$
폭발성 3가지 반응식		①
아세틸라이트(화합폭발)을 일으키는 금속 3가지		②
발생기	발생형식에 따른 구분 3가지	③
	발생압력에 따른 구분 3가지와 그때의 압력	④
• 습식 C_2H_2 발생기 표면온도 • 발생기의 최적온도		⑤
• 제조과정 중 불순물의 종류 5가지 • 불순물 존재 시 영향		⑥

구분	내용
불순물을 제거하는 청정제 종류 3가지	⑦
충전 중 압력(MPa)	⑧
희석제의 종류와 희석제를 첨가하는 경우	⑨
• 역화방지기 내부에 사용되는 물질 • 용제의 종류	⑩

[해답]

① 분해폭발 : $C_2H_2 \rightarrow 2C + H_2$
　　화합폭발 : $2Cu + C_2H_2 \rightarrow Cu_2C_2 + H_2$
　　산화폭발 : $C_2H_2 + 2.5O_2 \rightarrow 2CO_2 + H_2O$
② Cu, Ag, Hg
③ 주수식, 투입식, 침지식
④ 저압식 : $0.07kg/cm^2$ 미만
　　중압식 : $0.07 \sim 1.3kg/cm^2$ 미만
　　고압식 : $1.3kg/cm^2$ 이상
⑤ 발생기 표면온도 : 70℃ 이하
　　발생기 최적온도 : 50~60℃
⑥ (불순물 종류) PH_3(인화수소), SiH_4(규화수소), H_2S(황화수소), NH_3(암모니아), AsH_4
　　(영향) • 아세틸렌 순도 저하
　　　　　• 아세틸렌이 아세톤에 용해되는 것 저해
　　　　　• 폭발의 원인
⑦ 카타리솔, 리가솔, 에퓨렌
⑧ 2.5MPa 이하
⑨ • 희석제 종류 : N_2, CH_4, CO, C_2H_4
　　• 첨가하는 경우 : 2.5MPa 이상으로 충전 시 희석제 첨가
⑩ • 역화방지기 내부에 사용되는 물질 : 페로실리콘, 모래, 물, 자갈
　　• 용제 : 아세톤, DMF

08 카바이드 취급 시 주의사항을 4가지 이상 기술하시오.

[해답]

① 드럼통은 정중히 취급할 것
② 저장실은 통풍이 양호하게 할 것
③ 타 가연물과 혼합적재하지 말 것
④ 전기설비는 방폭구조로 할 것
⑤ 우천 시에는 수송을 금지할 것

09 아세틸렌 충전 시 다공물질의 용적이 $150m^3$, 침윤 잔용적이 $120m^3$일 때 다음 물음에 답하시오.
(1) 다공도를 계산하여라.
(2) 합격여부를 판별하여라.

[해답]

(1) 다공도(%) $= \dfrac{V-E}{V} \times 100 = \dfrac{150-120}{150} \times 100 = 20\%$

(2) 다공도는 75% 이상 92% 미만이 되어야 하므로 불합격이다.

10 C_2H_2 충전 시 충전하는 다공물질의 종류와 구비조건을 쓰시오.
(1) 다공물질의 종류 5가지를 쓰시오.
(2) 다공물질의 구비조건 5가지를 쓰시오.

> **해답** (1) 석면, 규조토, 목탄, 석회, 다공성 플라스틱
> (2) ① 경제적일 것
> ② 화학적으로 안정할 것
> ③ 고다공도일 것
> ④ 가스충전이 쉬울 것
> ⑤ 기계적 강도가 클 것

11 내용적 50L인 용기에 다공도 90%인 다공성 물질이 충전되어 있고 비중이 0.795, 내용적의 45%만큼의 아세톤이 차지할 때 이 용기에 충전되어 있는 아세톤 양(kg)은?

> **해답** $50L \times 0.45 \times 0.795kg/L = 17.8875g$

12 다음 [조건]으로 C_2H_2 용기의 안전공간(%)을 계산하시오.

[조건]
- 내용적 : 50L
- 다공도 : 90%
- 아세톤 충전량 : 14kg
- C_2H_2 충전량 : 8kg(액비중 0.613)
- 아세톤 비중 : 0.795

> **해답** ① 주입 아세톤 14kg의 부피(L) : $14kg \div 0.795kg/L = 17.61L$
> ② 다공물질의 부피 : $\dfrac{50L \times (100 - 90)}{100} = 5L$
> ③ C_2H_2 8kg의 부피 : $8kg \div 0.613kg/L = 13.05057L$
> $\therefore$ 안전공간(%) $= \dfrac{50 - (17.61 + 5 + 13.05057)}{50} \times 100 = 28.678 = 28.68\%$

13 다음은 HCN의 핵심정리 내용이다. 빈칸을 채우시오.

구분		내용
가스의 종류		독성, 가연성
허용농도	LC_{50}	140ppm
	TLV-TWA	10ppm
연소범위		6~41%
폭발성 2가지		①
중합폭발이 일어나는 경우와 방지법에 사용되는 중합방지제		②
순도(%)		③
충전 후 미사용 시 다른 용기에 재충전하는 경과일수		④
누설검지시험지와 변색상태		⑤
중화액		⑥

해답 ① 산화폭발, 중합폭발
② • 수분 2% 이상 함유 시 중합폭발이 일어남
　 • 중합방지제 : 황산, 아황산, 동, 동망, 염화칼슘, 오산화인
③ 98% 이상
④ 60일
⑤ 질산구리 벤젠지(청색)
⑥ 가성소다 수용액

14 다음 포스겐에 대한 내용에 대하여 물음에 답하여라.

구분		내용
가스의 종류		독성 가스
허용농도	LC_{50}	5ppm
	TLV–TWA	0.1ppm
가수분해 시 반응식		①
제조반응식		②
누설검지액과 변색상태		③
중화액		④

해답 ① $COCl_2 + H_2O \rightarrow CO_2 + 2HCl$
② $CO + Cl_2 \rightarrow COCl_2$
③ 하리슨 시험지, 심등색
④ 가성소다 수용액, 소석회

15 다음 황화수소(H_2S)의 핵심정리 내용이다. 빈칸을 채우시오.

구분		내용
가스의 종류		독성 가스, 가연성
허용농도	LC_{50}	712ppm
	TLV–TWA	10ppm
연소범위		4.3~45%
연소반응식	완전연소	$2H_2S + 3O_2 \rightarrow 2H_2O + 2SO_2$
	불완전연소	$2H_2S + O_2 \rightarrow 2H_2O + 2S$
누설검지액과 변색상태		①
중화액		②

해답 ① 연당지, 흑색
② 가성소다 수용액, 탄산소다 수용액

16 다음 브롬화메탄에 대하여 빈칸을 채우시오.

구분		내용
허용농도	LC_{50}	850ppm
	TLV−TWA	20ppm
연소범위		①
방폭구조 하지 않아도 되는 이유		②
충전구나사		③

해답 ① 13.5~14.5%
② 폭발하한이 높으므로 타 가연성에 비해 폭발가능성이 낮다.
③ 오른나사

17 다음 가스의 폭발성 종류를 각각 2가지 이상을 기술하여라.

가스의 종류 ＼ 폭발성	폭발의 종류
아세틸렌	①
산화에틸렌	②
시안화수소	③

해답 ① 분해폭발, 화합폭발, 산화폭발
② 분해폭발, 중합폭발, 산화폭발
③ 중합폭발, 산화폭발

18 다음 각 가스에 대한 부식명(위해성), 방지방법에 대하여 빈칸을 채우시오.

가스명	부식명(위해성)	방지법
(1) H_2	①	②
(2) C_2H_2	①	②
(3) C_2H_4O	①	②
(4) CO	①	②
(5) Cl_2	①	②
(6) LPG	①	②

해답 (1) ① 수소취성(강의탈탄)
② 고온·고압 하에서 수소가스를 사용 시 5~6%의 Cr강에 W, Mo, To, V 등을 사용
(2) ① 약간의 충격에도 폭발의 우려가 있다.
② C_2H_2을 2.5MPa 이상으로 충전 시 N_2, CH_4, CO, C_2H_4 등의 희석제를 첨가
(3) ① 분해와 중합폭발을 동시에 가지고 있으며, 가연성 가스로서 연소범위가 3~80%로 대단히 위험
② 충전 시 45℃에서 N_2, CO_2를 0.4MPa 이상으로 충전 후 산화에틸렌을 충전

(4) ① 카보닐(침탄)
    ② 고온·고압 하에서 CO를 사용 시 장치 내면을 피복하거나 Ni–Cr계 STS를 사용
(5) ① 수분과 접촉 시 HCl 생성으로 급격히 부식이 진행
    ② Cl_2를 사용 시 수분이 없는 곳에서 건조한 상태로 사용
(6) ① 천연고무를 용해
    ② 패킹제로는 합성고무제인 실리콘고무를 사용

19 고압장치에 다음 사항이 발생 시 위험성과 방지방법을 기술하여라.

구분	위험성	방지방법
(1) 저온취성	①	②
(2) 저장탱크에 액화가스 충전 중 과충전 발생	①	②
(3) C_2H_2 가스에 아세틸라이트 생성	①	②

해답 (1) ① 저온장치에 부적당한 재료를 사용 시 장치의 파괴폭발의 우려가 있다.
    ② 저온장치에 적합한 오스테나이트계 STS, 9% Ni, Cu, Al 등의 재료를 사용한다.
(2) ① 저장탱크의 균열, 누출 등으로 인하여 폭발 및 중독의 우려가 있다.
    ② 법정 충전량 계산식 $W=0.9dV$로 계산하여 90% 이하로 충전하며, 소형 저장탱크에는 85% 이하로 충전하여야 한다.
(3) ① 약간의 충격에도 폭발의 우려가 있다.
    ② C_2H_2 장치에 Cu, Ag, Hg 62% 미만의 동합금 및 철합금을 사용하여야 한다.

03   LP가스 설비 및 고압장치

01 다음은 LP가스의 특성을 비교한 내용에 대하여 빈칸에 각각 4가지 이상을 기술하시오.

(1) LP가스의 일반적 특성	(2) LP가스의 연소 특성
①	①
②	②
③	③
④	④

해답 (1) ① 가스는 공기보다 무겁다.
② 액은 물보다 가볍다.
③ 기화, 액화가 용이하다.
④ 기화 시 체적이 커진다.
⑤ 천연고무는 용해하므로 패킹제로는 합성고무제인 실리콘고무를 사용한다.
(2) ① 연소범위가 좁다.
② 연소속도가 늦다.
③ 연소 시 다량의 공기가 필요하다.
④ 발화온도가 높다.
⑤ 발열량이 높다.

02 제유소에서 LP가스가 회수되는 장치의 종류 5가지를 쓰시오.

해답 ① 상압증류장치
② 접촉분해장치
③ 접촉개질장치
④ 수소화탈황장치
⑤ 코킹장치

03 습성 가스 및 원유에서 LP가스를 회수하는 방법 3가지는?

해답 ① 압축냉각법
② 흡수유(경유)에 의한 흡수법
③ 활성탄에 의한 흡착법

04 천연가스로부터 LP가스를 회수하는 방법 4가지를 쓰시오.

해답 ① 냉각수회수법
② 냉동법
③ 흡착법
④ 유회수법

05 제유소에서 LP가스를 제조하는 방법에는 다음과 같은 방법이 있다. 빈칸에 알맞은 내용을 쓰시오.

항목	정의
상압증류장치 (Topping gas)	
접촉개질장치 (Reforming gas)	나프타를 고온·고압 하에서 촉매와 접촉시켜 탄화수소의 구조를 변화시켜 옥탄가가 높은 휘발유를 제조하는 장치
접촉분해장치 (Cranking gas)	경유, 유분을 고온의 촉매에 접촉시켜 분해하고, 옥탄가가 높은 휘발유를 제조하는 장치

해답 원유를 증류하고 가솔린, 등유, 경유 등을 분리 시 원유 중에 용해된 가스를 다량으로 발생시키는 장치

Naphtha(나프타) : 도시가스, 석유화학, 합성비료 등의 원료로 사용되는 가솔린

06 LP가스의 공급방식에는 자연기화방식과 강제기화방식이 있다. 각각의 특징을 4가지 기술하시오.

해답

자연기화방식	강제기화방식
① 다량의 용기수가 필요하다. ② 소량소비에 적합하다. ③ 가스 조성변화가 크다. ④ 발열량의 변화가 크다.	① 기화기를 사용하여 액가스를 기화하여 사용하는 방식이다. ② 기화량을 가감할 수 있다. ③ 한냉 시 가스공급이 가능하다. ④ 설치면적이 적어진다. ⑤ 공급가스 조성이 일정하다.

강제기화방식의 특징과 기화기 사용 시 이점은 같은 의미이다.

방식의 종류 / 강제기화	세부내용	특징
생가스 공급방식	생가스가 외기에 의하여 기화되었거나 기화기에 의하여 기화된 가스를 그대로 공급하는 방식	• 장치가 간단하다. • 발생가스의 압력이 높다. • 열량조정이 필요 없다. • 재액화에 문제가 있다. • 높은 열량을 필요로 하는 경우 사용된다.
공기혼합가스 공급방식	기화한 가스와 공기를 혼합하여 열량을 조정하여 공급하는 방식	• 발열량을 조절할 수 있다. • 누설 시 손실이 감소된다. • 재액화가 방지된다. • 연소효율이 증대된다.
변성가스 공급방식	부탄을 고온의 촉매로서 분해하여 메탄수소, 일산화탄소 등의 연질 가스로 공급하는 방식	**참고** LP가스를 변경하여 도시가스로 공급하는 방식의 종류 1. 공기혼합방식 2. 직접혼합방식 3. 변성혼합방식

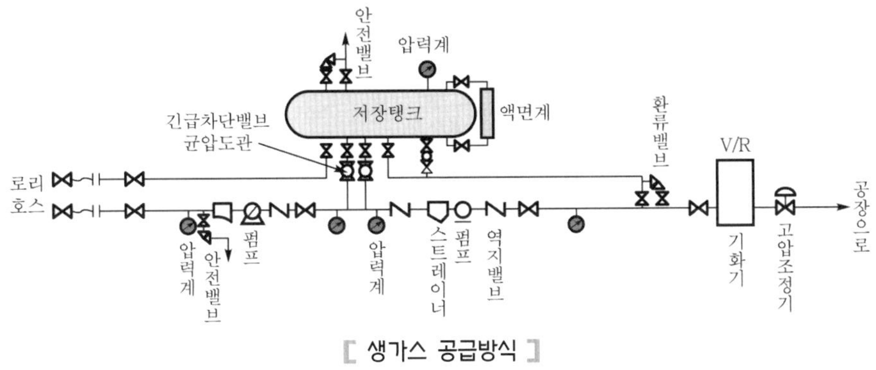

[생가스 공급방식]

- 부탄의 경우 저온(0℃ 이하)이 되면 재액화 우려가 있어 가스배관의 보온이 필수이다.

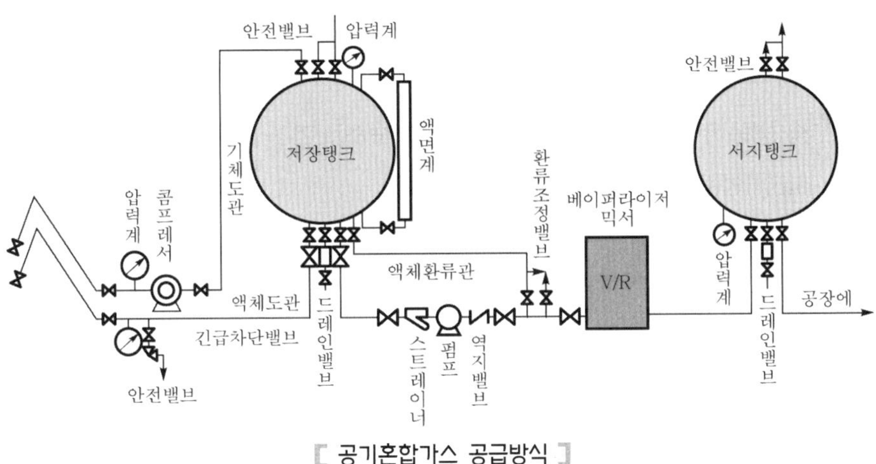

[공기혼합가스 공급방식]

- 기화된 가스를 서지탱크에서 공기와 혼합, 열량조정 후 공급

07 LP가스 공기혼합 설비의 혼합기의 종류와 세부내용이다. 이 중 벤투리 믹서의 특징에 대하여 빈칸을 채우시오.

공기혼합기의 종류	정의	특징
벤투리혼합기(믹서)	기화한 LP가스를 일정압력으로 노즐에서 분출시켜 노즐 내를 감압함으로서 공기를 흡입·혼합 하는 방식	① ②
플로우혼합기(믹서)	LP가스를 대기압으로 하여 flow로서 공기와 함께 흡입하는 방식	가스압이 저하 시 안전장치가 작동하여 flow가 정지하게 되어 있다.

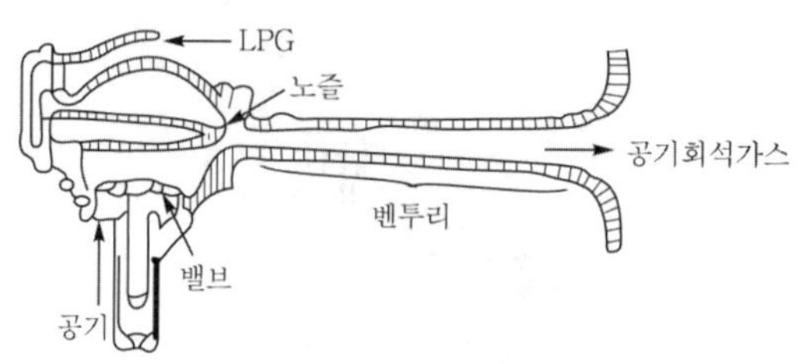

[벤투리혼합기]

해답 ① 동력을 필요로 하지 않는다.
② 가스분출 에너지조절에 의해 공기혼합비를 자유롭게 전환시킬 수 있다.

08 LP가스 연소기구가 갖추어야 할 기본조건 4가지를 기술하시오.

해답 ① LP가스를 완전연소시킬 수 있을 것
② 열을 유효하게 이용할 수 있을 것
③ 취급이 간단할 것
④ 안전성이 높을 것

09 연소기구 중 염공이 가져야 할 조건 4가지를 기술하시오.

해답 ① 불꽃이 염공 위에 안정하게 형성될 것
② 먼지 등에 의한 영향이 없을 것
③ 수리 청소가 용이할 것
④ 모든 염공에 불꽃이 빠르게 점화될 것

10 LP가스 불완전연소의 원인 5가지를 기술하시오.

해답 ① 공기량 부족
② 환기불량
③ 배기불량
④ 가스조성 불량
⑤ 가스기구, 연소기구 불량

11 C_3H_8, C_4H_{10}이 주성분인 LPG와 CH_4이 주성분인 LNG가 누설 시 다음 물음에 답하시오.
(1) 어느 쪽이 폭발우려가 높은지 쓰시오.
(2) 그 이유를 기술하여라.

해답 (1) LPG
(2) ① 공기보다 무거워 누설 시 바닥에 체류한다.
② 폭발하한이 낮아 누설 시 폭발범위 이내로 빨리 들어온다.

12 나프타의 접촉개질반응 5가지를 쓰시오.

해답 ① 나프타의 탈수소반응
② 파라핀의 탄화탈수소반응
③ 파라핀 나프타의 이성화반응
④ 탄화수소의 수소화 분해반응
⑤ 불순물의 수소화 정제반응

13 탄화수소에서 탄소수 증가 시 일어나는 변화에 대하여 (　)를 채우시오.

구분	내용
폭발범위	①
폭발하한	②
증기압	③
비등점	④
연소열	⑤
발화점	⑥

해답 ① 좁아진다.
② 낮아진다.
③ 낮아진다.
④ 높아진다.
⑤ 커진다.
⑥ 낮아진다.

14 다음 그림은 상압증류장치로부터의 회수가스 생산 공정도이다. ①, ②, ③, ④의 장치명을 쓰시오.

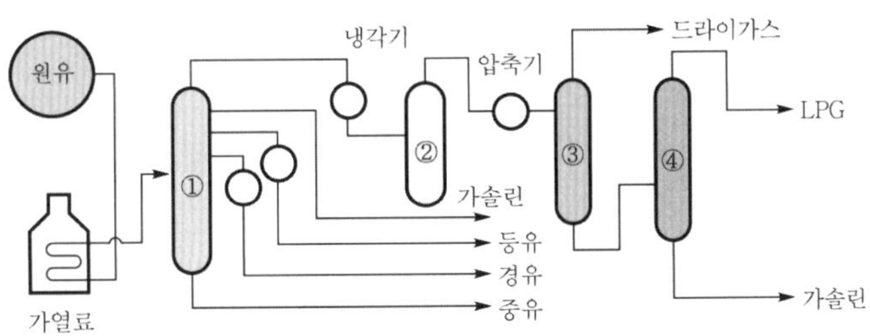

해답 ① 정류탑　　② 가스분리기
③ 탈메탄탑　　④ 탈프로판탑

15 실내에서 LP가스가 연소 시 공기의 조성 선도이다. ①, ②에 해당되는 가스의 명칭을 쓰시오.

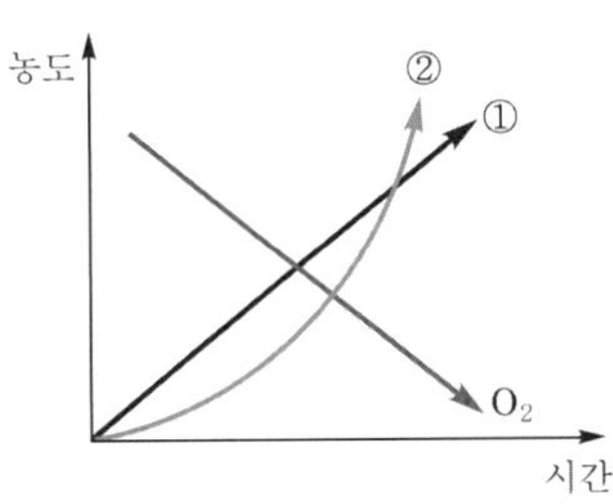

해답 ① CO_2(완전연소 시 발생되는 가스)
② CO(불완전연소 시 발생되는 가스)

16 다음 [조건]으로 LP가스 용기에 과충전 시 온도상승으로 위험에 이르게 되는 온도 좌표를 이용하여 구하여라.

[조건]
- 내용적 : 24L
- 과충전량 : 1.22kg
- C_3H_8 충전상수 : 2.35

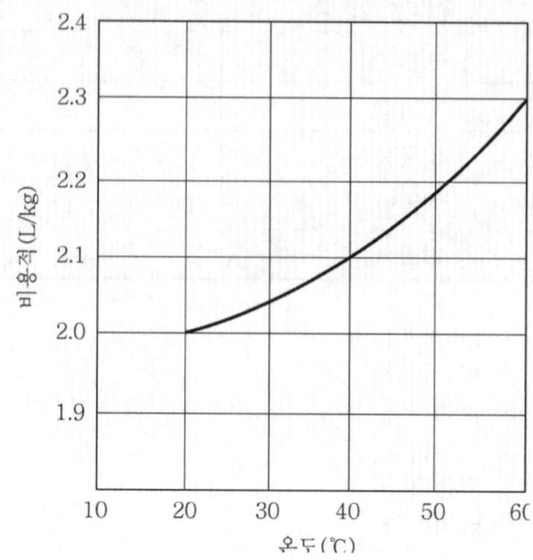

해답 $W = \dfrac{V}{C} = \dfrac{24}{2.35} = 10.213\text{kg}$

$\therefore\ 10.213 + 1.22 = 11.433\text{kg}$

비용적 : $\dfrac{24\text{L}}{11.433\text{kg}} = 2.099 \fallingdotseq 2.1\text{L/kg}$

$\therefore\ 40\text{℃}$

17 내용적 117.5L 용기에 C_3H_8 50kg 충전 시 액비중이 0.5일 때 안전공간(%)을 계산하여라.

해답 $50\text{kg} \div 0.5\text{kg/L} = 100\text{L}$

$\therefore\ \dfrac{117.5 - 100}{117.5} \times 100 = 15\%$

18 LPG 탱크의 내용적 48m^3에 C_4H_{10} 18ton 충전 시 충전된 액상의 부탄용적은 몇 %인가? (단, C_4H_{10}의 액비중은 0.55로 한다.)

해답 $18\text{ton} \div 0.55\text{t/m}^3 = 32.73\text{m}^3$

$\therefore\ \dfrac{32.73}{48} \times 100 = 68.2\%$

19 LP가스 저압배관(관경 1B, 관길이 30m) 기밀시험을 공기압 1000mmH₂O, 15℃에서 직사광선으로 배관의 온도가 30℃가 되었을 때(관경 1B = 2.76cm, π = 3.14, 1atm = 10330mmH₂O 이다.)

(1) 배관의 내용적(cm^3)을 계산하여라.

(2) 배관이 온도상승 후 배관의 압력(mmH₂O)을 계산하여라.

[해답] (1) 배관의 내용적 : $V = \dfrac{3.14}{4} \times (2.76\text{cm})^2 \times 3000\text{cm} = 17939.448 = 17939.45\text{cm}^3$

(2) $\dfrac{P_1 V_1}{T_1} = \dfrac{P_2 V_2}{T_2} \, (V_1 = V_2)$

$P_2 = \dfrac{P_1 T_2}{T_1} = \dfrac{(1000 + 10330) \times (273 + 30)}{(273 + 15)} = 11920.104\text{mmH}_2\text{O}$

$\therefore 11920.104 - 10330 = 1590.10\text{mmH}_2\text{O(g)}$

1. 기밀시험압력 : 1000mmH$_2$O
2. 법규의 압력 Ap, Fp, Tp 등은 압력값 뒤에 절대표시가 없는 경우 모두 게이지압력이므로 보일-샤를에 대입 시 절대압력으로 변환 후 계산
3. 배관의 압력이란 압력계의 압력과 동일한 개념으로 게이지압력으로 계산하는 경우이다.

20 강관과 동관의 특징을 비교하여 쓰시오.

[해답]

강관	동관
① 경제적이다.	① 강관에 비하여 고가이다.
② 충격에 강하고, 강도가 높다.	② 충격하중에 약하다.
③ 관의 이음 시 누설 우려가 없다.	③ 시공이 쉽다.
④ 부식의 우려가 높다.	④ 부식에 강하다.

21 다음 [조건]으로 배관 내의 공기의 누설량(cm^3)을 계산하여라.

[조건]
- 관경 : $D = 2.76\text{cm}$
- 관길이 : $L = 30\text{m}$
- 처음 기밀시험압력 : 10kPa
- 기밀시험 후 : 7kPa

단, $1\text{kPa} = 0.01\text{kg/cm}^2$로 한다. $\pi = 3.14$, $1\text{atm} = 1.033\text{kg/cm}^2$

[해답] ① 기밀시험 시

$P_1 = 10\text{kPa} = 0.1\text{kg/cm}^2$

$V = \dfrac{3.14}{4} \times (2.76\text{cm})^2 \times 3000\text{cm} = 17939.448\text{cm}^3$

$M_1 = (0.1 + 1.033) \times 17939.448 = 20325.39458\text{cm}^3$

② 기밀시험 후

$P_2 = 7\text{kPa} = 0.07\text{kg/cm}^2$

$V = 17939.448\text{cm}^3$

$M_2 = (0.07 + 1.033) \times 17939.448 = 19787.21114$

$\therefore$ 누설량 : $M = M_1 - M_2 = (20325.39458 - 19787.21114) = 538.183 = 528.18\text{cm}^3$

22 다음 [조건]으로 기밀시험 개시 시 표준상태에서 몇 %의 공기량이 누설되었는가를 계산하여라.

[조건]
- $V=18\text{L}$
- $P_1=880\text{mmH}_2\text{O}$(기밀시험 시)
- $P_2=640\text{mmH}_2\text{O}$(10분 경과 후)
- $1\text{atm}=10330\text{mmH}_2\text{O}$로 한다.

해답 ① 기밀시험 시
$$\frac{(880+10330)}{10330}\times 18 = 19.533\text{L}$$
② 10분 경과 후
$$\frac{(640+10330)}{10330}\times 18 = 19.115\text{L}$$
$$\therefore \frac{(19.533-19.115)}{18}\times 100 = 2.32\%$$

23 가스 연소기구에 나오는 장치의 용어이다. 다음을 설명하시오.
(1) 역풍방지장치를 설명하시오.
(2) 연소안전장치를 설명하시오.
(3) 연돌효과를 설명하시오.

해답 (1) 연소 중 바람이 배기통에서 역류하는 것을 방지하는 장치
(2) 가스의 사용 중 불꽃이 꺼질 때 가스의 공급을 차단하는 장치
(3) 배기가스와 외기온도차에 의한 비중의 차이로 배기가스를 흡입하는 효과

24 순간온수기를 목욕탕 내 설치 시 발생되는 문제점에 대하여 기술하시오.
(1) 인체에 대한 영향을 쓰시오.
(2) 기구에 대한 영향을 쓰시오.

해답 (1) 욕실 내 환기불량에 의하여 불완전연소가 되어 산소의 결핍, CO 중독의 우려가 있다.
(2) 목욕탕 내 습기로 기구가 부식되어 수명이 단축된다.

04 가스장치 · 저온장치

01 나프타의 접촉개질 반응장치의 종류 5가지를 기술하시오.

> **해답** ① 나프텐의 탈수소반응
> ② 파라핀의 탄화탈수소반응
> ③ 파라핀 나프텐의 이성화반응
> ④ 각종 탄화수소의 수소화 분해반응
> ⑤ 불순물의 수소화 정제반응

02 다음은 레페반응장치에 대한 세부내용이다. 빈칸에 알맞은 내용을 채우시오.

레페반응장치의 정의	종류	반응온도와 반응압력
C_2H_2을 압축할 때는 위험성이 있어 이 반응을 연구하다 종래 합성되지 않았던 힘든 화합물의 제조를 가능하게 한 신반응을 레페반응이라 한다.	(1) 4가지를 쓰시오.	(2) ① 반응온도를 쓰시오. ② 반응압력을 쓰시오.

> **해답** (1) ① 비닐화, ② 에틸린산, ③ 환중합, ④ 카르보닐화
> (2) ① 100~209℃, ② 30atm 이하

03 단면적 600mm²인 봉에 600kg 추가 달려 있다. 이때의 응력이 허용응력이라고 하면 이 봉의 안전율은 얼마인가? (단, 이때의 인장강도는 500kg/cm²였다.)

> **해답** 허용응력$(\sigma) = \dfrac{W}{A} = \dfrac{600\text{kg}}{6\text{cm}^2} = 100\text{kg/cm}^2$
>
> $\therefore$ 안전율 $= \dfrac{\text{인장강도}}{\text{허용응력}} = \dfrac{500}{100} = 5$

04 다음 조건을 가진 원통형 용기를 안전도가 높은 순서로 나열하여라.

번호	내압	인장강도
①	50kg/cm²	40kg/cm²
②	60kg/cm²	50kg/cm²
③	70kg/cm²	45kg/cm²

> **해답** S(안전율) $= \dfrac{\text{인장강도}}{\text{허용응력}}$ 이므로
>
> ① $S = \dfrac{40}{50} = 0.8$
>
> ② $S = \dfrac{50}{60} = 0.83$
>
> ③ $S = \dfrac{55}{70} = 0.79$
>
> $\therefore$ ②-①-③

05 다음 [조건]으로 원통형 용기의 안전율을 계산하여라.

[조건]
- 내경(D) : 200mm
- 두께(t) : 5mm
- 내압(P) : 40kg/cm^2
- 인장강도 : 2000kg/cm^2

해답 허용응력 : $\sigma_t = \dfrac{PD}{2t} = \dfrac{40\text{kg/cm}^2 \times 200\text{mm}}{2 \times 5\text{mm}} = 800\text{kg/cm}^2$

$\therefore$ 안전율 $= \dfrac{\text{인장강도}}{\text{허용응력}} = \dfrac{2000}{800} = 2.5$

06 다음 금속에 대한 용어의 정의를 설명하시오.
(1) 가공경화 :
(2) 시효경화 :
(3) 청열취성 :
(4) 질량효과 :
(5) 경화균열 :

해답 (1) 금속을 가공함에 따라 경도가 크게 되는 현상
(2) 재료가 시간이 경과됨에 따라 경화되는 현상으로 두랄루민, 동 등에서 현저하다.
(3) 중탄소강이 250~300℃ 범위에서 신율이나 단면수축률이 최소로 되는 현상
(4) 담금질할 때 가열한 강의 표면은 빠르게, 내부는 느리게 냉각되어 재료의 안팎에서 열처리 효과의 차이가 생기는 현상
(5) 탄소강이 많은 강을 가열 후에 갑자기 냉각시켰을 때 안·밖의 팽창차에 의해 균열이 생기는 현상

07 금속재료에 대한 용어의 정의이다. 빈칸을 채우시오.

구분	정의
줄 – 톰슨효과	(1)
크리프현상	(2)

해답 (1) 압축가스를 단열팽창시키면 온도와 압력이 강하하는 현상
(2) 어느 온도 이상(350℃)에서 재료에 하중을 가하면 변형이 증대되는 현상

08 산소용기가 35℃에서 15MPa, 면적 4cm^{2}에 작용 시 용기 밑면에 작용하는 힘(N)은?

해답 $P = \dfrac{W}{A}$ 이므로

$\therefore W = PA = 15 \times 10^6 \text{N/m}^2 \times 4 \times 10^{-4} \text{m}^2 = 60\text{N}$

1. $15\text{MPa} = 15 \times 10^6 \text{Pa} = 15 \times 10^6 \text{N/m}^2$　　2. $4\text{cm}^2 = 4 \times \dfrac{1}{10^4}\,\text{m}^2 = 4 \times 10^{-4}\,\text{m}^2$

09 내경 2cm의 원통형 용기가 연결된 플랜지에 6개의 볼트로 체결되어 있다. 용기 내압이 30kg/cm^{2}이면 볼트 1개당 걸리는 하중은 몇 N인가?

해답 전체하중

$$W = PA = 30\text{kg/cm}^2 \times \frac{\pi}{4} \times (2\text{cm})^2 = 94.247\text{kgf}$$

$94.247 \times 9.8 = 923.628\text{N}$

$\therefore\ 923.628 \div 6 = 153.94\text{N}$

10 내경 10cm의 관을 플랜지로 접속 시 이 관에 40kg/cm^{2}의 압력을 걸었을 때 볼트 1개에 걸리는 힘을 400kg 이하로 할 때 볼트 수는 몇 개가 필요한가?

해답 볼트 수 = 전체하중 ÷ 볼트 1개당 하중 = $40\text{kg/cm}^2 \times \frac{\pi}{4} \times (10\text{cm})^2 \div 400 = 7.85 = 8$개

11 직경 18mm의 강볼트로 고압플랜지를 조였을 때 내압에 의한 볼트의 인장응력이 500kg/cm^{2}였다. 직경 12mm의 볼트를 같은 수로 사용 시 인장응력(kg/cm^2)은 얼마인가?

해답

$$\sigma_1 \times \frac{\pi}{4} d_1^{\,2} = \sigma_2 \times \frac{\pi}{4} d_2^{\,2}$$

$$\sigma_2 = \frac{d_1^{\,2}}{d_2^{\,2}} \times \sigma_1$$

$$\therefore\ \frac{500 \times 1.8^2}{1.2^2} = 1125\text{kg/cm}^2$$

12 다음 물음에 맞는 답을 [보기]에서 찾아쓰시오.

[보기]
• 인장강도　　• 경도　　• 항복점　　• 교축　　• 신율　　• 충격치　　• 소성변형

(1) 탄소강이 온도하강에 따라
　① 증가하는 것
　② 감소하는 것
(2) 동이 온도하강에 따라
　① 증가하는 것
　② 감소하는 것

해답 (1) ① 인장강도, 항복점, 경도
　　　　　② 신율, 교축, 충격치
　　　(2) ① 인장강도, 항복점
　　　　　② 경도, 신율

13 다음 응력과 변율의 선도에 대하여 물음에 답하여라.

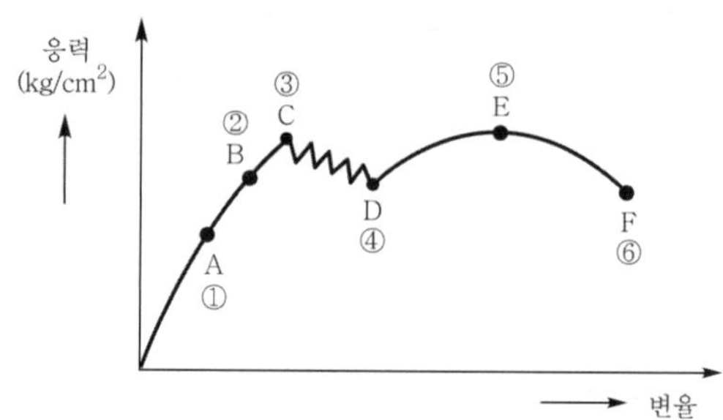

(1) ①~⑥점의 명칭은?

(2) 소성변형은 무슨 점 이상에서 발생하는가?

해답 (1) ① 비례한도　② 탄성한도　③ 상항복점

④ 하항복점　⑤ 인장강도　⑥ 파괴점

(2) 항복점 이상, C−D점 이상

05 　부식과 방식

01 다음 부식과 방식에 대한 세부내용 중 빈칸을 채우시오.

구분	항목	
(1) 매설배관의 전기화학적 부식의 원인	①	②
	③	④
	⑤	
(2) 습식에서 발생하는 전지부식의 발생원인	①	②
	③	④
(3) 금속재료의 부식을 억제하는 방법	①	②
	③	④
(4) 전기방식법의 종류	①	②
	③	④

해답 (1) ① 이종금속 접촉에 의한 부식　② 국부전지에 의한 부식
　　　　③ 농염전지작용에 의한 부식　④ 미주전류에 의한 부식
　　　　⑤ 박테리아에 의한 부식
　　(2) ① 이종금속의 접촉　② 부식액의 조성 불균일
　　　　③ 금속재료 표면상태 불균일　④ 금속재료 조직의 불균일
　　(3) ① 전기방식법　② 피복에 의한 방식법
　　　　③ 부식억제제를 사용하는 방법　④ 부식환경처리에 의한 방법
　　(4) ① 유전(희생) 양극법　② 외부전원법
　　　　③ 강제배류법　④ 선택배류법

02 다음에 해당하는 부식명의 정의를 기술하시오.

부식명	정의
에로션(erosion)	①
응력부식	②
입계부식	③
바나듐어택	④

해답 ① 에로션(erosion) : 배관 및 밴드부분 펌프의 회전차 등 유속이 큰 부분의 부식성 환경에서 마모가 현저하다. 이러한 현상을 에로션이라 한다.
　　② 응력부식 : 인장응력 하에서 부식환경이 되면 취성파괴가 일어나는 현상
　　③ 입계부식 : 오스테나이트계 스테인리스강을 450~900℃로 가열 시 결정입계로 Cr탄화물이 석출되는 현상
　　④ 바나듐어택 : 중유에 함유되어 있는 V_2O_5에 의해 고온에서 철이 부식되는 현상

03 다음 [조건]으로 부식속도가 크다, 작다를 판별하여라.

[조건]
① 통기성이 좋은 토양　　　　　② 염기성 세균의 번식 토양
③ 통기 배수가 양호한 토양　　　④ 전기저항이 낮은 토양

해답 ① 작다　　② 크다　　③ 작다　　④ 크다

04 다음 장치에 사용될 수 있는 금속재료의 종류를 [보기]에서 고르시오.

[보기]
① 18-8STS　　② 탄소강　　③ 9% Ni　　④ Cu, Al

(1) L-O_2 탱크　　　(2) LNG 탱크　　　(3) Cl_2 용기　　　(4) C_2H_2 용기

해답 (1) ①, ③, ④　　　(2) ①, ③, ④　　　(3) ②　　　(4) ②
　　　　※ 저온장치에 사용될 수 있는 금속재료의 종류
　　　　　18-8STS, 9% Ni, Cu, Al 등

05 수분이 존재 시 강재를 부식시키는 가스의 종류와 그 이유를 쓰시오.

해답 (1) 가스의 종류 : Cl_2, $COCl_2$, CO_2, SO_2, H_2S
　　　　(2) 이유 : 산성물질 생성으로 급격히 부식이 일어남

　　　예　1. $CO_2 + H_2O \rightarrow H_2CO_3$(탄산 생성)
　　　　　2. $Cl_2 + H_2O \rightarrow HCl + HClO$(염산 생성)
　　　　　3. $SO_2 + \frac{1}{2}O_2 \rightarrow SO_3$, $SO_3 + H_2O \rightarrow H_2SO_4$(황산 생성)

06 부식의 조건은 고온·고압 및 수분, 습기 등에 의하여 생긴다. 각종 가스에 대한 부식명, 내식 재료 조건에 대한 빈칸을 채우시오.

가스명	부식명	부식의 조건	부식방지 재료 및 방법
O_2	산화	고온·고압	①
H_2	수소취성(강의탈탄)	고온·고압	②
CO	카보닐화(침탄)	고온	③
NH_3	질화	고온	④
H_2S	황화	수분	⑤
Cl_2	염화	수분	⑥

해답 ① Cr, Al, Si
　　　　② 5~6% Cr강에 Mo, Ti, V 등을 첨가
　　　　③ 장치 내면을 피복하거나 고온·고압에서 Ni-Cr계 STS를 사용
　　　　④ Ni
　　　　⑤ Cr, Al, Si
　　　　⑥ 건조한 상태에서 염소를 사용

07 금속의 저온취성의 정의를 쓰시오.

> **해답** 탄소강은 항복점, 인장강도, 경도는 온도저하에 따라 증대, 신율, 단면수축률, 충격치는 감소하며 충격치는 −70℃에서 소성변태 능력이 완전히 상실되는데 이것을 저온취성이라 하며, 저온취성에 견딜 수 있는 금속재료로는 18−8STS, 9% Ni 등이 있다.

08 가스액화의 조건을 쓰고, 액화장치의 종류를 6가지 쓰시오.

> **해답** (1) 액화의 조건
> ① 임계온도 이하로 낮춤 ② 임계압력 이상으로 올림
> (2) 액화장치의 종류
> ① 린데식 ② 클로우드식 ③ 필립스식
> ④ 캐피자식 ⑤ 캐스케이트식 ⑥ 가역가스식

09 가스액화분리장치의 역할을 기술하시오.

> **해답** 액화가스를 저온에서 정류, 분축, 흡입 등의 공정을 거쳐 비등점의 차이로 순성분의 기체로 분리하는 장치

10 가스액화분리장치 구성요소 3가지는?

> **해답** ① 한랭발생장치
> ② 정류장치
> ③ 불순물 제거장치

11 저온장치에 사용되는 팽창기에 대하여 빈칸에 적당한 단어를 쓰시오.
(1) 왕복동식 : 팽창비가 크고 가장 큰 팽창비는 (①) 정도인 것도 있으며, 효율은 (②)% 정도이고 다기통의 처리가스량은 (③)m³/h이다. 기통 내 윤활제는 오일이 사용되므로 오일혼입에 유의해야 한다.
(2) 터보식 : 회전수 (①)rpm 정도이고, 처리가스량 (②)m³/h, 팽창비는 (③), 효율은 (④)% 정도이다.

> **해답** (1) ① 40 ② 60~65 ③ 1000
> (2) ① 10000~20000 ② 10000 ③ 5 ④ 80~85

> 1. 터보 팽창기는 윤활유가 혼입되지 않는 특징이 있음.
> 2. 팽창기 : 저온을 발생시켜 압축가스가 외부로부터 일을 하게 하여 가스의 온도를 강하하는 장치

06 　도시가스 설비

01 　도시가스 연소성을 판단하는 지수

종류 \ 항목	공식	기호
웨버지수(WI)	$WI = \dfrac{H}{\sqrt{d}}$	H : 발열량($kcal/Nm^3$) d : 비중
연소속도(C_p)	$C_p = K\dfrac{1.0H_2 + 0.6(CO + C_mH_n) + 0.3CH_4}{\sqrt{d}}$	H_2 : 연소가스 중 수소의 함량(%) CH_4 : 연소가스 중 CH_4의 함량(%) CO : 연소가스 중 CO의 함량(%) d : 가스의 비중 C_mH_n : 연소가스 중 탄화수소의 함량(%) K : 정수

01　다음 [조건]으로 도시가스의 연소속도를 계산하여라.

[조건]
도시가스의 함유율
- H_2 : 20%
- CO : 5%
- C_3H_8 : 5%
- CH_4 : 70%
- K : 1.7

해답　비중$(d) = \dfrac{\{(2 \times 0.2) + (28 \times 0.05) + (44 \times 0.05) + (16 \times 0.7)\}}{29} = 0.524$

$\therefore\ C_p = 1.7 \times \dfrac{1.0 \times 0.2 + 0.6(0.05 + 0.05) + 0.3 \times 0.7}{\sqrt{0.524}} = 1.103 = 1.10$

02 　도시가스 원료의 종류

종류	정의	특징
NG(Natural Gas) 천연가스	지하에서 발생하는 탄화수소를 주성분으로 한 가연성 가스로서 매설상태에 따라 수용성, 구조성, 탄공가스로 구분	① H_2S를 포함하고, 탈황장치가 필요하다. ② H_2O을 포함하고 있으므로 제거하여야 부식 및 수송 시 배관 폐쇄의 우려가 있다.
LNG(Liquefied Natural Gas) 액화천연가스	CH_4을 주성분으로 천연가스를 냉각액화한 것	① 비점 : $-161.5℃$ ② LNG에서 기화된 가스는 공기보다 가벼우나 $-113℃$ 이하에서는 공기보다 무겁다. ③ LNG는 천연가스를 액화 전 제진, 탈황, 탈탄산, 탈수, 탈습 등의 전처리를 하였으므로 LNG에서 기화된 가스는 불순물이 없다.

종류		정의	특징
정유가스 (업가스) (Off Gas)	석유정제의 업가스	상압증류의 가장 경질분으로서 나오는 성분 이외의 가솔린 제조를 위한 중유의 접촉분해 또는 가솔린의 접촉개질 프로세스에 있어 부생하는 가스	① 비교적 양이 일정하므로 베이스가스로 사용이 가능하다. ② 보통 홀더에 의해 수입되나 직접 수입도 가능하다. ③ 불순물이 적어 정제설비가 필요 없고, 개질용 및 증열용으로 많이 사용된다.
	석유화학의 업가스	나프타 분해에 의해 에틸렌 등을 제조하는 공정에서 발생하는 경질가스 성분	
나프타 (Naphtha, 납사)		원유의 상압증류에 의해 생산되는 비점 200℃ 이하 유분	(가스용 나프타의 특징) ① 파라핀계 탄화수소가 많을 것 ② 유황분이 적을 것 ③ 카본 석출이 적을 것 ④ 촉매의 활성에 악영향을 주지 않을 것

※ 가스(메탄) 하이트래트 : 천연가스가 수분과 결합하여 생성되는 눈과 같은 고체상의 물질

01 천연가스를 도시가스로 사용할 경우 특징 4가지를 기술하시오.

【해답】 ① 천연가스를 그대로 공급하는 방식
② 천연가스에 공기를 희석해서 공급하는 방식
③ 기존의 도시가스에 혼합하여 공급하는 방식
④ 기존의 도시가스에 유사한 성질로 개질하여 공급하는 방식

02 다음 공정은 LNG 제조 공정도이다. 각 공정에서 제거되는 물질 (1), (2), (3)을 쓰시오. 또한 (4)에서 발생되는 물질은 (5) 천연가스의 액화방법 2가지를 쓰고, 설명하시오.

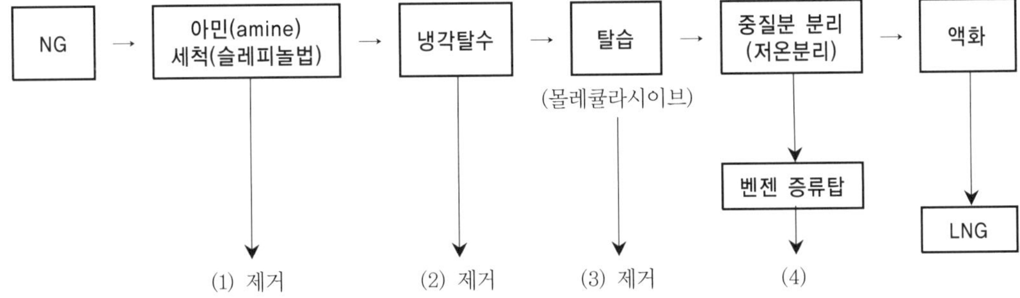

【해답】 (1) CO_2, H_2S
(2) H_2O
(3) H_2O
(4) 천연가솔린 및 LNG
(5) ① 팽창법 : 단열팽창에 의한 온도 강하를 이용하여 천연가스를 액화시키는 법
② 캐스케이드법 : 프로판, 에틸렌, 메탄 등 비점이 점차 낮은 냉매를 사용하여 저비점의 기체를 액화시키는 방법

03 액화천연가스가 천연가스를 액화하기 전에 시행하는 전처리 과정 5가지를 쓰시오.

해답 ① 제진 ② 탈황 ③ 탈수 ④ 탈습 ⑤ 탈탄산

04 정유가스의 정의를 기술하시오.

해답 정유가스는 업가스라고도 불리우며 메탄, 에틸렌 등의 탄화수소와 수소 등을 개질한 것으로 석유 정제의 업가스와 석유화학의 업가스 두 종류가 있다.

05 가스용 나프타로서 갖추어야 할 성질 5가지를 기술하시오.

해답 ① 파라핀계 탄화수소가 많을 것
② 카본 석출이 적을 것
③ 유황분이 적을 것
④ 촉매의 활성에 악영향을 주지 않을 것
⑤ 유출온도가 높지 않을 것

06 나프타의 성질이 가스화에 미치는 영향 중 PONA치가 있다. 다음 각각의 정의를 기술하여라.
(1) P (2) O (3) N (4) A

해답 (1) P : 파라핀계 탄화수소
(2) O : 올레핀계 탄화수소
(3) N : 나프텐계 탄화수소
(4) A : 방향족 탄화수소

07 다음은 도시가스 공급시설의 기밀시험에 관한 내용이다. 빈칸을 채우시오.

대상 구분		기밀시험 실시 시기
PE 배관		설치 후 15년이 되는 해 그 이후는 (①)년마다
폴리에틸렌 피복강관	1993.6.26. 이후 설치	
	1993.6.25. 이전 설치	설치 후 15년이 되는 해 그 이후는 (②)년마다
그 밖의 배관		설치 후 15년이 되는 해 그 이후는 (③)년마다

해답 ① 5 ② 3 ③ 1

08 나프타를 도시가스 원료로 사용 시 특징을 4가지 쓰시오.

해답 ① 가스 중 불순물이 적다.
② 높은 가스화 효율을 얻을 수 있다.
③ 도시가스 증열용으로 사용된다.
④ 타르, 카본 등 부산물이 거의 생성되지 않는다.
⑤ 환경문제가 적다.
⑥ 취급, 저장이 용이하다.

09 도시가스 제조공정에서 사용되는 촉매의 열화원인과 구비조건을 각각 4가지 기술하시오.

해답 (1) 열화의 원인
　　① 카본의 생성
　　② 단체와 니켈과의 반응
　　③ 유황화합물에 의한 열화
　　④ 불순물의 표면적 피복에 의한 열화
　(2) 구비조건
　　① 경제성이 있을 것
　　② 활성이 높을 것
　　③ 수명이 길 것
　　④ 유황 등 피독물에 대하여 강할 것

10 다음 [보기]에서 설비의 종류를 보고, 사용시설과 공급시설로 구분하여 번호로 답하여라.

[보기]
① 연소기　　　　　　② 정압기
③ 가스홀드　　　　　④ 가스계량기
⑤ 옥내 배관　　　　⑥ 가스발생설비
⑦ 본관, 공급관

해답 (1) 사용시설 : ①, ④, ⑤
　(2) 공급시설 : ②, ③, ⑥, ⑦

11 저압용으로 사용되는 가스홀더 중 유수식, 무수식 가스홀더의 특징을 각각 4가지씩 쓰시오.

해답 (1) 유수식 가스홀더
　　① 제조설비가 저압인 경우 사용한다.
　　② 구형 홀더에 비해 유효 가동량이 많다.
　　③ 다량의 물로 인한 기초공사비가 많이 든다.
　　④ 한냉지에는 물의 동결방지가 필요하다.
　(2) 무수식 가스홀더
　　① 저장가스를 건조한 상태에서 저장할 수 있다.
　　② 대용량의 경우에 적합하다.
　　③ 물이 필요 없으므로 기초가 간단하고, 설비가 절감된다.
　　④ 가동 중 가스압력이 거의 일정하다.

03 정압기(거버너 : Geverner)

도시가스 압력을 사용처에 맞게 낮추는 감압기능, 2차측 압력을 허용 범위 내 압력으로 유지하는 정압기능; 가스흐름이 없을 때 밸브를 완전히 폐쇄하여 압력상승을 방지하는 폐쇄기능을 가진 기기로서 정압기용 압력조정기 및 그 부속설비를 말한다.

(1) 기능 및 특성

구분		내용
기능		① 도시가스 압력을 사용처에 맞게 낮추는 감압기능 ② 2차측 압력을 허용범위 내 압력으로 유지하는 정압기능 ③ 가스흐름이 없을 때 밸브를 완전히 폐쇄하여 압력상승을 방지하는 폐쇄기능
설치기준		① 입구 : 가스차단장치, 불순물 제거장치 ② 출구 : 가스압력의 이상상승방지장치, 가스압력을 측정·기록하는 장치, 가스차단장치 ③ 분해점검 : 2년 1회(사용자 시설인 경우 3년 1회) ④ 가스누설 시 경보하는 가스누설경보장치 설치 ⑤ 정압기실 전기설비는 방폭구조로 시공
정압기의 6대 장치		① 여과장치　　　② 안전장치　　　③ 경보장치 ④ 기록장치　　　⑤ 조정장치　　　⑥ 계량장치
정압기의 특성	정특성	정상상태에 있어서 유량과 2차 압력과의 관계
	동특성	부하변화가 큰 곳에 사용되며, 부하변동에 대한 응답의 신속성과 안정성
	유량특성	메인밸브의 열림과 유량과의 관계
	사용 최대차압	메인밸브에는 1차 압력과 2차 압력의 차압이 작용, 정압성능에 영향을 주나 이것이 실용적으로 사용할 수 있는 범위에서 최대로 되었을 때 차압
	작동 최소차압	정압기가 작동할 수 있는 최소차압

(2) 지역정압기의 특징과 2차 압력의 상승 및 저하 원인

종류	특징	2차 압력 상승원인	2차 압력 저하원인
레이놀드식 (Reynolds)	① 언로딩형 ② 정특성 양호 ③ 안정성 부족 ④ 크기가 대형	① 가스 중 수분 동결 ② 저압 보조정압기 Cut-off 불량 ③ 바이패스 밸브류 누설 ④ 2차압 조절과 파손	① 정압기 능력 부족 ② 필터먼지류 막힘 ③ 센트스테임 불량 ④ 저압 보조정압기 열림 불량
피셔식 (Fisher)	① 로딩형 ② 정특성, 동특성 양호 ③ 비교적 콤팩트	① 가스 중 수분 동결 ② 바이패스 밸브류 누설 ③ 메인밸브 먼지류에 의한 Cut-off 불량 ④ 메인밸브의 밸브 폐쇄부	① 정압기 능력 부족 ② 필터먼지류 막힘 ③ 센트스테임 작동 불량 ④ 주다이어프램 파손
A-F-V식 (Axidl-flow)	① 변칙 언로딩형 ② 정특성, 동특성이 양호 ③ 극히 콤팩트 ④ 고차압일수록 특성이 양호	① 파일로트 Cut-off 불량 ② 2차압 조절관 파손 ③ 바이패스 밸브류 누설 ④ 고무슬리브 하류측 파손	① 정압기 능력 부족 ② 필터먼지류 막힘 ③ 파일로트 2차측 파손 ④ 고무슬리브 상류측 파손

01 정압기의 특성 4가지를 기술하시오.

> **해답** ① 정특성
> ② 동특성
> ③ 유량특성
> ④ 작동 최소차압 및 사용 최대차압

02 레이놀드식 정압기의 2차 압력 상승원인과 저하원인을 각각 4가지를 기술하시오.

> **해답** (1) 2차 압력 상승원인
> ① 가스 중 수분 동결
> ② 저압 보조정압기 Cut-off 불량
> ③ 바이패스 밸브류 누설
> ④ 2차압 조절관 파손
> (2) 2차 압력 저하원인
> ① 정압기 능력 부족
> ② 필터먼지류 막힘
> ③ 센트스테임 불량
> ④ 저압 보조정압기 열림 불량

03 정압기의 이상감압에 대처할 수 있는 방법 3가지를 기술하시오.

> **해답** ① 저압배관의 loop화
> ② 2차측 압력 감시장치
> ③ 정압기 2계열 설치

04 다음 ( ) 안을 채우시오.

AFV식 정압기 사용량이 증가하면 2차 압력이 (①)하며, 파일럿 밸브 개도가 (②)되어 압력이 (③)하고 고무슬리브 개도가 (④)된다.

> **해답** ① 저하 ② 증대 ③ 저하 ④ 증대

04 도시가스 제조공정의 구분

01 도시가스 제조의 가스화방식에 의한 공정(process) 5가지를 기술하시오.

> **해답** ① 열분해공정 ② 접촉분해공정 ③ 부분연소공정 ④ 수소화분해공정 ⑤ 대체천연가스공정

> **TiP**
> 접촉분해공정
> 사이클링식 접촉분해공정, 저온수증기 개질공정, 중온수증기 개질공정, 고압수증기 개질공정

02 도시가스 제조공정에 대한 설명이다. 다음 물음에 해당하는 공정의 명칭을 쓰시오.

(1) 원유, 중유, 나프타 등 분자량이 큰 탄화수소 원료를 800~900℃로 분해하여 10000kcal/Nm³ 정도의 고열량이 가스를 제조하는 방식

(2) 촉매를 사용하여 반응온도 400~800℃에서 탄화수소와 수증기를 반응시켜 H_2, CO, CO_2, CH_4, C_2H_4, C_3H_6 등의 저급탄화수소로 변화하는 방식

(3) 접촉분해방식에서 공기를 주입하거나 수소를 중유, 원유 등의 중질류로부터 제조할 경우 고온, 고압으로 산소를 사용하여 제조하는 방식

(4) 수분, 산소, 수소를 원료 탄화수소와 반응시켜 수증기개질, 부분연소, 수첨분해 등에 의해 가스화하고 메탄합성, 탈탄소 등의 공정과 병용해서 천연가스의 성상과 일치하게끔 제조하는 공정

(5) C/H비가 큰 탄화수소를 수증기흐름 중에 분해시키거나 Ni 등의 수소화 촉매를 사용. 나프타 등의 비교적 C/H비가 낮은 탄화수소를 CH_4 등으로 변화시키는 방식

해답 (1) 열분해공정　　　　(2) 접촉분해공정　　　　(3) 부분연소공정
　　　　(4) 대체천연가스공정　(5) 수소화분해공정

03 도시가스 공급시설의 배관에서 기밀시험을 생략하여도 되는 경우 2가지를 기술하시오.

해답 ① 이미 설치된 배관으로서 노출배관 : 배관의 직상부에 가스누출 여부를 확인할 수 있는 검지공이 있는 배관에 누출유무를 검사한 때
② 배관의 노선을 따라 50m 간격으로 길이 50cm 이상으로 보정하고 수소염 이온화가스 검지기 등을 이용하여 가스의 누출유무를 확인한 때

04 도시가스 공급시설의 내압시험에 관한 설명으로 (　)을 채우시오.

(1) 내압시험은 수압으로 실시한다. 단, (①) 이하 배관 (②)m 이하로 설치하는 고압배관 및 물로서 하는 것이 부적당 시 공기 또는 불활성 기체로 할 수 있다.

(2) 공기 또는 기체로 내압시험 시 강관 용접부 전길이에 대하여 (①)시험을 실시하고, 등급분류 (②)급 이상임을 확인하고, 중압 이하 배관은 (③)급 이상임을 확인하여야 한다.

(3) 중압 이상 강관의 양끝부에는 이음부 재료와 동등 성능이 있는 배관용 (①), (②) 등으로 용접부 착하고 비파괴시험을 실시한 다음 내압시험을 한다.

(4) 내압시험은 (①)의 우려가 없는 온도에서 실시한다.

(5) 내압시험의 압력은 최고사용압력의 1.5배(공기질소 사용 시 1.25배) 이상 규정압력 유지시간은 (①)분부터 (②)분까지를 표준으로 한다.

(6) 내압시험을 공기질소 사용 시 한번에 승압하지 아니하고 사용압력의 (①)%씩 단계적으로 승압하여 규정압력에서 누출 이상이 없고 압력을 내려 사용압력으로 하였을 때 누출이 없으면 합격으로 한다.

해답 (1) ① 중압, ② 50
　　　　(2) ① 방사선투과, ② 2, ③ 3
　　　　(3) ① 엔드캡, ② 막힘 플랜지
　　　　(4) ① 취성파괴
　　　　(5) ① 5, ② 20
　　　　(6) ① 10

05 도시가스 공급시설에서 내압시험을 생략할 수 있는 경우 2가지를 쓰시오.

해답 ① 내압시험을 위하여 구분된 구간과 구간을 연결하는 이음관으로서 그 용접부가 방사선투과시험
에 합격했을 때
② 밸브기지 안에 설치된 배관의 원주이음 용접부 모두에 대하여 외관검사와 방사선투과시험을
실시하여 합격한 경우
③ 길이 15m 미만으로 최고사용압력이 중압 이상인 배관 및 그 부대설비로서 그들 이음부와 같
은 재료, 치수, 시공방법으로 접합시킨 시험을 위한 관을 이용하여 최고사용압력의 1.5배 이상
인 압력으로 실시하여 합격한 경우

06 원유를 상압증류하는 석유정제 공정이다. 빈칸 ①, ②, ③, ④에 적당한 단어를 쓰시오.

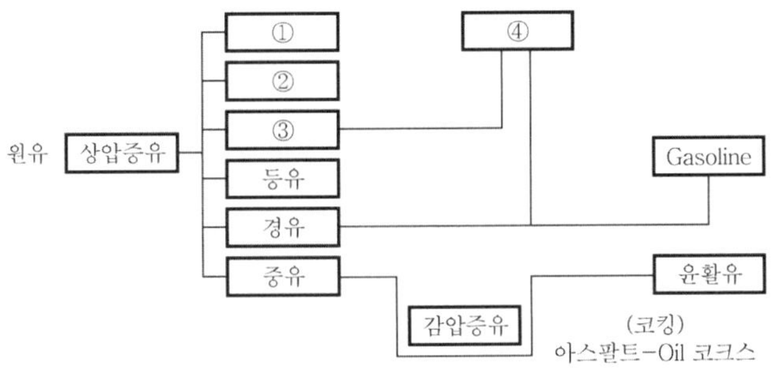

해답 ① OFF Gas
② LPG
③ 나프타
④ OFF Gas

07 가스의 제조공정에서 다음과 같이 분류될 때 해당하는 방식의 종류를 쓰시오.
(1) 원료송입법에 의한 분류(3가지)
(2) 가열방식에 의한 분류(4가지)

해답 (1) 연속식, 배치식, 사이클식
(2) 외열식, 축열식, 자열식, 부분연소식

08 도시가스의 공급방식에 의한 분류이다. 저압·고압 공급방식의 특징을 4가지씩 기술하여라.

해답 (1) 저압공급방식
① 유지관리가 쉽다.
② 공급의 안정성이 있다.
③ 압송비용이 적게 든다.
④ 수송거리가 먼 경우는 큰 관을 사용하므로 비경제적이다.
(2) 고압공급방식
① 적은 관경으로 많은 양의 가스를 수송할 수 있다.
② 압송비용이 많이 든다.
③ 유지관리가 어렵다.
④ 고압홀더가 있을 때 정전 등에 대한 공급의 안정성이 높다.

09 다음 [조건]으로 혼합가스의 비중을 계산하여라.

> [조건]
> • C_4H_{10} : 발열량 31000kcal/Nm³
> • 공기 혼합 후 : 발열량 8000kcal/Nm³

해답
$$\frac{31000}{1+x} = 8000$$

$$x = \frac{31000}{8000} - 1 = 2.875\text{m}^3$$

$$혼합가스의\ 비중(S) = \left(2 \times \frac{1}{1+2.875}\right) + \left(1 \times \frac{2.875}{1+2.875}\right) = 1.258 = 1.26$$

TiP
1. C_4H_{10}의 비중 : 2   2. 공기의 비중 : 1

---

05 부취설비

01 다음은 액체부취제 주입설비에 해당하는 설명이다. 각각에 해당되는 주입설비의 명칭 (1), (2), (3)을 기술하여라.

부취설비의 종류	정의
(1)	소용량의 다이어프램 펌프에 의해 부취제를 직접 가스 중에 주입하는 방식
(2)	부취제 주입용기를 Gas 압력으로 밸런스시켜 중력으로 부취제를 떨어뜨려 주입하는 방식
(3)	오리피스의 차압에 의해 바이패스라인과 가스유량을 변화시켜 바이패스라인에 설치된 가스미터에 연동하고 있는 부취제 첨가장치를 구동하여 부취제를 가스 중에 주입하는 방식

해답 (1) 펌프주입방식
(2) 적하주입방식
(3) 미터연결 바이패스방식

02 증발식 부취제 주입설비에 대해 다음 물음에 답하시오.
(1) 종류 2가지를 쓰시오.
(2) 주입하는 방식을 쓰시오.
(3) 장점과 단점을 각각 2가지 이상 기술하시오.

해답 (1) 위크증발식, 바이패스증발식
(2) 부취제의 증기를 가스가 흐르는 중에 혼입하는 방식
(3) 장점 : ① 동력이 필요 없다.
② 유지관리비가 저렴하다.
단점 : ① 부취제 첨가물이 일정하게 주입되지 않는다.
② 소규모 주입에 사용된다.

03 도시가스 제조공급소의 기밀시험압력은 얼마인가?

해답 최고사용압력의 1.1배 또는 8.4kPa 중 높은 압력

최고사용압력이 저압인 가스홀더 배관 및 그 부대설비 이외의 것으로서 최고사용압력이 30kPa 이하인 것은 시험압력을 최고사용압력으로 할 수 있다.

04 이미 설치된 제조소, 공급소 안의 배관의 기밀시험압력 기준이다. 물음에 답하시오.
(1) 자기압력기록계를 사용한 경우 최소한의 기밀시험압력 유지시간을 쓰시오.
(2) 전기다이어프램 압력계를 사용한 경우 최소한의 기밀시험압력 유지시간을 쓰시오.

해답 (1) 30분
(2) 4분

06 가스홀더 관련 계산식

01 다음 [조건]으로 구형 가스홀더의 유효활동량(Nm^3)을 계산하여라.

[조건]
- 반경(R)=10m
- 최고상한압력 : 1MPa(g)
- 최소하한압력 : 0.2MPa(g)
(단, π=3.14로 1atm=0.1013MPa이다.)

해답 $V = \dfrac{3.14}{6}D^3 = \dfrac{3.14}{6} \times (20\,\mathrm{m})^3 = 4186.666667\,\mathrm{Nm}^3$

∴ 활동량 $M = (P_1 - P_2)V = \dfrac{(1-0.2)}{0.1013} \times 4186.666667 = 33063.507 = 33063.51\,\mathrm{Nm}^3$

1. 구형 탱크 내용적 : $V = \dfrac{\pi}{6}D^3$ 또는 $\dfrac{4}{3}\pi R^3$
2. 유효활동량 Nm^3는 표준상태의 계산값이므로 P의 단위를 atm으로 계산하므로 대기압 0.1013을 나눈다.
3. 1MPa, 0.2MPa는 gage 압력이나 {(1+0.1013)−(0.2+0.1013)}의 결과나 (1−0.2)의 결과가 같으므로 그냥 gage 압력으로 계산한다.

02 가스의 냄새농도 측정시기 및 방법에 대한 내용이다. 다음 물음에 답하여라.

    (1) 부취제를 감지하는 농도(%)는?

    (2) 냄새가 나는 물질에서 냄새 판정을 위한 시료 기계는 깨끗한 공기와 시험가스간의 희석배수의 종류 4가지를 쓰시오.

해답 (1) 0.1%

       (2) 500, 1000, 2000, 4000

03 다음 [조건]으로 구형 가스홀더에서 공급된 가스량(Nm^3)을 계산하여라.

[조건]

- $D = 30m$
- P_1(상한압력) $= 7kg/cm^2(g)$
- P_2(하한압력) $= 2kg/cm^2(g)$까지 공급하고 사용한 온도는 20℃이며, $1atm = 1.0332kg/cm^2$ 이다.

해답 ① 구형 홀더 내용적

$$V = \frac{\pi}{6} \times (30\,m)^3 = 14137.16694 Nm^3$$

② 공급량

$$M = (P_1 - P_2)V = \frac{(7-2)}{1.0332} \times 14137.16694 = 68414.47416 Nm^3$$

③ 사용상태는 20℃, 구하는 공급량(Nm^3)은 0℃의 표준상태값이므로

$$68414.47416 \times \frac{273}{273+20} = 63744.54 Nm^3$$

$\therefore 63744.54 Nm^3$

'②' 부분에서

$$\frac{(7-2)}{1.0332} \times 14137.16694 = \frac{\{(7+1.0332)-(2+1.0332)\}}{1.0332} \times 14137.16694 로 하여도 동일함.$$

04 LNG(액비중 0.46, CH_4 90%, C_2H_6 10%)를 20℃에서 기화 시 부피는 몇 m^3가 되는가?

해답 LNG 평균분자량

$$16 \times 0.9 + 30 \times 0.1 = 17.4$$

$1m^3$의 kmol수는

$$\frac{460kg/m^3}{17.4kg} = 26.43678 kmol$$

$$\therefore 26.43678 kmol \times 22.4 m^3/kmol \times \left(\frac{293}{273}\right) = 635.57 m^3$$

05 공급 도시가스의 성질이 양질이고, 안정한 것인가를 조사하기 위하여 실시하는 분석 및 시험의 종류 5가지는?

해답
① 암모니아 정량법
② 황화수소 정량법
③ 전황분 무게법
④ 전황분 DMS법
⑤ 황화수소분 반응시험법

06 온수기의 능력이 물 5L/min을 25℃ 상승시킬 때 이 온수기의 Input량이 10000kcal/h이면 열효율은?

해답 실전달발열량(Output)$=5 \times 1 \times 25 \times 60 = 7500$kcal/hr

$$\therefore \ 열효율(\%) = \frac{실전달발열량(output)}{전\ 발열량(input)} \times 100 = \frac{7500}{10000} \times 100 = 75\%$$

TiP

물 5L/min
물은 비중이 1이므로 1L=1kg, 5L=5kg이며, 5kg/min=5kg/min×60min/hr=300kg/hr

07 50L의 물이 들어 있는 욕조에 온수를 넣은 결과 17분 후 욕조의 온도는 42℃, 온수량은 150L가 되었다. 이때 온수의 열효율(%)을 계산하여라. (단, 가스의 발열량은 5000kcal/m³, 온수기의 가스소비량은 5m³/h, 물의 비열은 1kcal/kg·℃, 수온의 처음온도는 5℃이다.)

해답
① 투입온수량 150−50=100L
　온수의 온도를 t(℃)라 하면
　$100 \times t + 5 \times 50 = 150 \times 42$
　$t = \dfrac{(150 \times 42) - (5 \times 50)}{100} = 60.5$℃
② 17분간 온수기에서 물에 가한 열량 Q는
　$Q = GC\Delta T$에서
　　$= 100 \times 1 \times (60.5 - 5) = 5550$kcal
③ 17분간의 총 발열량(kcal)
　5000kcal/m³$\times 5$m³/h$\times \dfrac{17}{60}$h$= 7083$kcal

$$\therefore \ 효율(\%) = \frac{5550}{7083} \times 100 = 78.356 = 78.36\%$$

07 가스의 분석 및 계측

01 물리 · 화학적 분석방법

구분	종류 및 특징
물리적 분석방법	① 적외선 흡수를 이용한 것 ② 빛의 간섭을 이용한 것 ③ 가스의 열전도율, 밀도, 비중, 반응성을 이용한 것 ④ 전기전도도를 이용한 것 ⑤ 가스 크로마토그래피(G/C)를 이용한 것
화학적 분석방법	① 가스의 연소열을 이용한 것 ② 용액의 흡수제(오르자트, 헴펠, 게겔)을 이용한 것 ③ 고체의 흡수제를 이용한 것

02 정성분석, 정량분석

정성분석		정량분석	
특징	가스의 특성을 이용하여 검출	특징	분석결과는 체적(%)으로 나타냄
방법	① 색, 냄새 등으로 판별 ② 시료가스 특성을 용액에 통하게 하고, 특유의 착색을 시키는 비색법 ③ 유독가스의 검지 시 시험액을 침윤하여 변색되는 착색법	표현방법	$0℃$, $1atm(760mmHg)$로 환산한 값으로 나타냄
		환산식	$V_o = \dfrac{V(P-P_1)\times 273}{760\times(273+t)}$
		기호	V : 분석측정 시 가스의 체적 P : 대기압력 $P_1 : t(℃)$의 가스봉액의 증기압 t : 분석측정 시 온도

03 흡수분석법

(1) 오르자트법

분석가스명	흡수액
CO_2	33% KOH 용액
O_2	알칼리성 피로카롤 용액
CO	암모니아성 염화제1동 용액
N_2	$N_2 : 100-(CO_2+O_2+CO)$ 값으로 정량

(2) 헴펠법 분석기의 분석순서와 흡수액

분석가스명	흡수액
CO_2	33% KOH 용액
C_mH_n	발연황산
O_2	알칼리성 피로카롤 용액
CO	암모니아성 염화제1동 용액

(3) 게겔법 분석기의 분석순서와 흡수액

분석가스명	흡수액
CO_2	33% KOH 용액
C_mH_n	옥소수은칼륨 용액
C_3H_6, $n-C_4H_{10}$	87% H_2SO_4
C_2H_4	취수소(HBr)
O_2	알칼리성 피로카롤 용액
CO	암모니아성 염화제1동 용액

04 독성 가스 누출검지 시험지와 변색상태

가스명	시험지	변색상태
염소	KI 전분지	청색
암모니아	적색 리트머스지	청색
시안화수소	초산벤젠지(질산구리벤젠지)	청색
포스겐	하리슨 시험지	심등색, 귤색, 오렌지색
일산화탄소	염화파라듐지	흑색
황화수소	연당지	흑색
아세틸렌	염화제1동착염지	적색

01 흡수분석법의 종류와 분석순서를 쓰시오.

해답

종류	분석 순서
오르자트법	$CO_2 \rightarrow O_2 \rightarrow CO$
헴펠법	$CO_2 \rightarrow C_mH_n \rightarrow O_2 \rightarrow CO$
게겔법	$CO_2 \rightarrow C_2H_2 \rightarrow C_3H_6$, $n-C_4H_{10} \rightarrow C_2H_4 \rightarrow O_2 \rightarrow CO$

02 다음 기구는 흡수분석법에 사용되는 오르자트 기기이다. 물음에 답하여라.

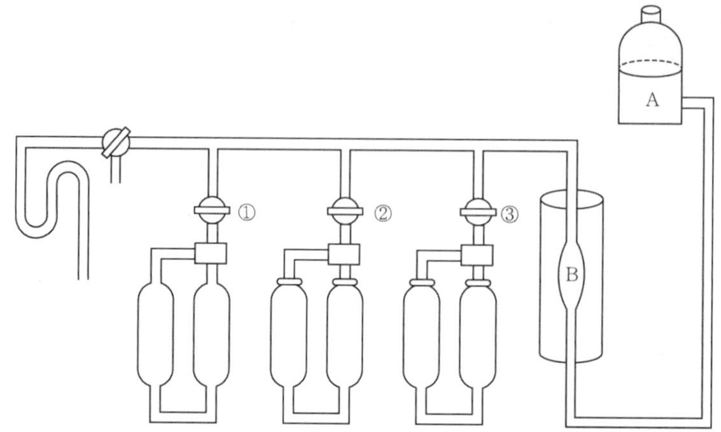

(1) 분석된 시료가스가 저장되는 저장소는?
(2) ①, ②, ③에 각각 흡수되는 가스의 명칭을 쓰시오.
(3) A의 명칭은?

[해답] (1) 뷰렛(B)
　　　 (2) ① CO ② O_2 ③ CO_2
　　　 (3) 수준병

03 다음 [보기]에 맞는 가스 흡수제를 사용하여 분석 시 분석순서 및 흡수제를 쓰시오.

　　 [보기]

$$O_2, \quad N_2, \quad CO, \quad C_2H_4, \quad CO_2$$

[해답]

분석순서	흡수제
CO_2	33% KOH 용액
C_2H_4	발연황산
O_2	알칼리성 피로카롤 용액
CO	암모니아성 염화제1동 용액
N_2	전체를 백분율로 하여 나머지 양

04 100mL의 시료가스를 CO_2, O_2, CO 순서로 흡수 시 그때마다 남는 부피가 48mL, 24mL, 18mL일 때 각 가스의 조성 부피(%)를 계산하여라. (단, 최종적으로 남는 가스는 N_2로 한다.)

[해답] ① $CO_2(\%) = \dfrac{100-48}{100} \times 100 = 52\%$

　　　 ② $O_2(\%) = \dfrac{48-24}{100} \times 100 = 24\%$

　　　 ③ $CO(\%) = \dfrac{24-18}{100} \times 100 = 6\%$

　　　 $\therefore N_2(\%) = 100 - (52+24+6) = 18\%$

05 다음은 흡수분석법 중 게겔법의 분석순서이다. 우측에 해당되는 흡수액을 채우시오.

분석가스	흡수액
CO_2	33% KOH 용액
C_2H_2	①
C_3H_6, $n-C_4H_{10}$	②
C_2H_4	취수소(HBr)
O_2	③
CO	④

해답 ① 옥소수은칼륨 용액
② 87% H_2SO_4
③ 알칼리성 피로카롤 용액
④ 암모니아성 염화제1동 용액

06 다음 물음에 답하여라.
(1) C_2H_2 불순물 착색반응 검사에서 사용되는 시약은?
(2) 산소 중의 CO_2 흡수제는?

해답 (1) 질산은($AgNO_3$)시약
(2) NaOH 용액

07 다음은 가스의 검출 시 일어나는 반응에 대한 각각의 생성물을 쓰시오.
(1) 산소를 황린 속에 불어넣으면 흰연기 발생
(2) 염소가스 누설검지액으로 암모니아 사용 시 흰연기 발생
(3) 탄산가스를 석탄수 속에 불어넣으면 흰색의 침전 생성
(4) 암모니아를 황산동 수용액에 불어넣으면 청백색의 침전 생성

해답 (1) 오산화인
(2) 염화암모늄
(3) 탄산칼륨
(4) 염기성 황산동

08 다음에 사용될 수 있는 가스분석법을 쓰시오.
(1) O_2와 CO의 혼합물 중 산소의 용량분석액
(2) H_2와 CO_2의 혼합가스 속에 CO_2의 용량분석법
(3) N_2 속의 미량 수분함량 측정법

해답 (1) 티오황산나트륨용액에 의한 흡수법
(2) KOH 용액에 의한 흡수법
(3) 노점측정법

09 다음 빈칸에 알맞은 답을 쓰시오.

가스의 검지법	가연성 가스검출기의 종류	가스누설 검지경보장치의 종류
시험지법	①	④
검지관법	②	⑤
가연성 가스검출기	③	⑥

해답 ① 안전등형   ② 간섭계형   ③ 열선형
④ 접촉연소방식   ⑤ 격막갈바니 전지방식   ⑥ 반도체방식

10 열선식 가연성 가스검지기로 CH_4 가스의 누설을 검지 시 LEL 검지농도가 0.01%이었다. 이 검지기의 공기흡입량이 $2cm^3/sec$일 때 1min간 가스누설량(cm^3)은?

해답 $$가스누설량 = \frac{가스흡입량(cm^3) \times LEL\ 검지농도}{가스흡입시간(sec)} = 2cm^3/sec \times \frac{0.01}{100} = 0.0002cm^2/sec$$

$$\therefore\ 0.0002 \times 60 = 0.012cm^3/min$$

11 다음 물음에 답하시오.
(1) 가스누설 시 접촉연소방식에서 사용되는 연소 엘리먼트의 원리는?
(2) 누설가스를 경보하여 주는 경보기를 설치하는 장소와 그곳에 설치되어야 하는 이유를 쓰시오.

해답 (1) 백금표면을 활성화시킨 파라지움으로 처리한 것은 가연성 가스가 폭발하한계 이하의 농도에서도 산화반응이 촉진되므로 백금의 전기저항값을 변화시켜 휘스톤브리지에 의해 탐지되어 지시되는 원리이다.
(2) ① 설치장소 : 가스관계에 종사하는 안전관리자가 항상 근무하는 장소
② 누설 시 조기발견하여 신속히 조치함으로써 대형 사고를 예방하기 위함.

12 다음 가스 크로마토그래피에 대한 물음에 답하시오.

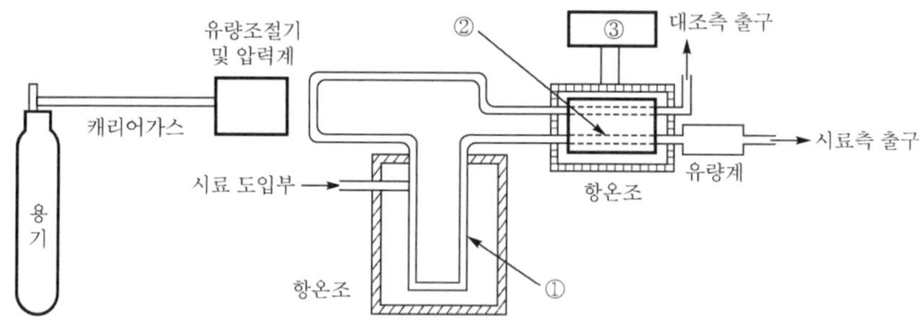

(1) G/C(가스 크로마토그래피)의 3대 구성요소 ①, ②, ③의 명칭을 쓰시오.
(2) G/C에 사용되는 검출기 종류 3가지는?
(3) G/C에 사용되는 캐리어가스의 종류 4가지는?
(4) 캐리어가스의 구비조건 4가지를 쓰시오.
(5) G/C(가스 크로마토그래피)의 종류를 2가지로 분류하고, 각각의 충전물 3가지를 쓰시오.

해답 (1) ① 분리관(칼럼)
　　　 ② 검출기
　　　 ③ 기록계
　　(2) ① TCD(열전도도형검출기)
　　　 ② FID(수소이온화검출기)
　　　 ③ ECD(전자포획이온화검출기)
　　(3) H_2, He, Ar, N_2
　　(4) ① 경제적일 것
　　　 ② 사용되는 검출기에 적합할 것
　　　 ③ 순도가 높고, 구입이 용이할 것
　　　 ④ 시료가스와 반응하지 않는 불활성일 것
　　(5) ① 흡착형 크로마토그래피(충전물 : 활성탄, 활성알루미나, 실리카겔)
　　　 ② 분배형 크로마토그래피(충전물 : DMF, DMS, TCP)

G/C에 쓰이는 검출기의 종류와 원리

종류	원리	적용
FID (수소이온화검출기)	염으로 된 시료성분이 이온화됨으로 염 중에 놓여준 전극간의 전기 전도도가 증대하는 것을 이용	탄화수소 등에 최고의 강도
TCD (열전도도형검출기)	캐리어가스와 시료성분 가스의 열전도도차를 금속필라멘트의 저항 변화로 검출	가장 많이 사용되고 있는 검출기
ECD (전자포획이온화검출기)	캐리어가스가 이온화되고 생긴 자유전자를 시료성분이 포획하면 이온전류가 소멸되는 것을 이용	할로겐가스, 산소화합물에서는 감도가 좋고, 탄화수소에는 감도가 저하

13 G/C를 가스분석에 사용 시 장점 3가지를 기술하시오.

해답 ① 분석시간이 짧다.
　　② 시료성분이 완전히 분리된다.
　　③ 불활성 기체로 분리관의 연속재생이 가능하다.

단점 : 강하게 분리된 성분가스는 분석이 어렵다.

14 다음 각종 가스를 분석하는 방법의 종류를 나열한 것이다. 이 중 수소 분석법의 종류 4가지를 쓰시오.

수소(H_2)	산소(O_2)	이산화탄소(CO_2)	일산화탄소(CO)	아세틸렌(C_2H_2)
①	• 티오황산나트륨용액에 의한 흡수	• NaOH 수용액에 의한 흡수	• 암모니아성 염화제1동용액에 의한 흡수	• 발연황산에 의한 흡수
②	• 알칼리성 피로카롤용액에 의한 흡수	• 열전도도법		• HgCN과 KOH 용액에 의한 흡수
③	• 염화제1동암모니아용액에 의한 흡수	• 수산화바륨수용액에 의한 흡수		
④	• 탄산동의 암모니아성용액에 의한 흡수			

해답 ① 폭발법　　　　　　② 열전도도법
　　　③ 파라듐블랙에 의한 흡수　④ 산화동에 의한 연소

15 독성 가스 누설 시 검지에 사용되고 있는 시험지와 변색상태를 쓰시오.

가스명	시험지	변색상태
Cl_2	①	①
HCN	②	②
NH_3	③	③
CO	④	④
H_2S	⑤	⑤
$COCl_2$	⑥	⑥
C_2H_2	⑦	⑦

해답 ① KI 전분지(청변)
　　　② 질산구리벤젠지(청변)
　　　③ 적색 리트머스지(청변)
　　　④ 염화파라듐지(흑변)
　　　⑤ 연당지(흑변)
　　　⑥ 하리슨 시험지(심등색)
　　　⑦ 염화제1동 착염지(적변)

16 다음의 압력계 중 2차 압력계 종류 4가지를 쓰시오.

해답 ① 부르동관　　② 다이어프램
　　　③ 벨로즈　　　④ 전기저항

1차 압력계 종류 : 마노미터(액주계), 자유피스톤식

17 다음 표에서 ①, ②, ③, ④, ⑤에 해당되는 압력계의 명칭을 쓰시오.

명칭	내용
①	부식성 유체에 적합한 압력계
②	2차 압력계의 눈금교정용으로 사용되는 압력계
③	로셸염과 관계가 있으며, 급격한 압력상승에 주로 사용되는 압력계
④	망간선과 관계가 있으며, 초고압 측정에 사용되는 압력계
⑤	2차 압력계 중 가장 많이 사용되는 압력계

해답
① 다이어프램 압력계
② 자유피스톤식 압력계
③ 피에조 전기압력계
④ 전기저항 압력계
⑤ 부르동관 압력계

18 다음 압력계를 보고, 물음에 답하여라.

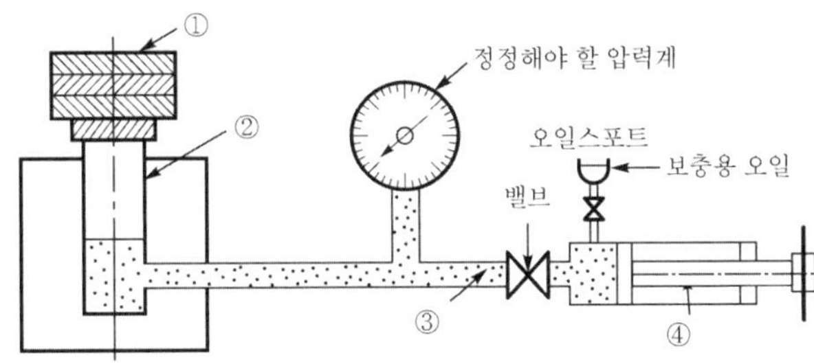

(1) 이 압력계의 명칭은?
(2) 이 압력계의 용도는?
(3) 이 압력계의 전달유체는?
(4) 이 압력계의 원리는?
(5) 지시된 ①, ②, ③, ④의 명칭은?
(6) 눈금의 교정방법을 설명하시오.
(7) ① 절대압력을 구하는 식을 완성하시오.
　② 온도변화에 의한 보정계산식을 완성하시오.
　　(단, P : 절대압력, P_1 : 게이지압력, a : 실린더 단면적, W : 추의 무게, G : 피스톤의 무게,
　　T : 온도함수, A : 피스톤의 단면적)

해답
(1) 자유피스톤식 압력계
(2) 부르동관 압력계의 눈금교정용 및 연구실용
(3) 오일
(4) 피스톤 위에 추를 올리고, 실린더 내의 액압과 균형을 이루면 게이지압력으로 나타남.
(5) ① 추 ② 피스톤 ③ 오일 ④ 펌프

(6) 추의 중량을 미리 측정하여 계산된 압력으로 눈금을 교정

(7) ① $P = P_1 + \dfrac{W+G}{a}$

② $P = P_1 + \dfrac{W+G}{AT}$

19 다음 [조건]으로 자유피스톤식 압력계의 추와 피스톤의 무게(W)를 구하여라.

[조건]
- 부르동관으로 측정된 압력 : 10kg/cm^2
- 실린더 직경 : 4cm
- 피스톤 직경 : 2cm
- $\pi = 3.14$

해답 게이지압력(P) $= \dfrac{\text{추와 피스톤 무게}(W)}{\text{피스톤의 단면적}(a)}$

$\therefore \; W = P \cdot a = 10\text{kg/cm}^2 \times \dfrac{3.14}{4} \times (2\text{cm})^2 = 31.4\text{kg}$

TiP

실린더 직경과 피스톤 직경이 동시에 주어질 때는 피스톤 직경을 기준으로 계산

20 다음 [조건]으로 부유피스톤형 압력계의 오차값(%)을 계산하여라. (단, 계산의 중간과정에서도 소수점 발생 시 셋째자리에서 반올림하여 둘째자리까지 계산한다.)

[조건]
- 추의 무게 : 5kg
- 피스톤의 무게 : 15kg
- 실린더 직경 : 2cm
- 이 압력계에 접속된 부르동관의 압력계 눈금 : 7kg/cm^2
- $\pi = 3.14$

해답 게이지압력(P) $= \dfrac{W}{a} = \dfrac{(5+15)}{\dfrac{3.14}{4} \times (2\,\text{cm})^2} = 6.36942 = 6.37\text{kg/cm}^2$

$\therefore \; \text{오차값(%)} = \dfrac{\text{측정값} - \text{진실값}}{\text{진실값}} \times 100 = \dfrac{7-6.37}{6.37} \times 100 = 9.89\%$

21 다음 [조건]으로 부유피스톤형 압력계의 절대압력(kg/cm²)은?

[조건]
- 실린더 직경 : 6cm
- 피스톤 직경 : 2cm
- 대기압 : 1kg/cm²
- 추와 피스톤의 무게 : 30kg
- $\pi = 3.14$

해답 절대압력 = 대기압력 + 게이지압력 = $1\text{kg/cm}^2 + \dfrac{30\text{kg}}{\dfrac{3.14}{4} \times (2\text{cm})^2} = 10.554 = 10.55\text{kg/cm}^2(\text{a})$

TiP

반드시 절대압력 표시 a를 붙여서 표현할 것

22 다음에 해당하는 유량계의 종류를 쓰시오.
(1) 차압식 유량계 3가지를 쓰시오.
(2) 차압식 유량계의 압력손실이 큰 순서로 나열하시오.
(3) ① 오리피스 유량계의 교축기구의 종류 3가지를 쓰시오.
　　② 오리피스 유량계의 측정 시 필요조건 4가지를 쓰시오.
(4) 간접식 유량계 4가지를 쓰시오.
(5) 직접식 유량계 1가지를 쓰시오.

해답 (1) 오리피스, 플로노즐, 벤투리
　　(2) 오리피스 > 플로노즐 > 벤투리
　　(3) ① 베나탭, 코넬탭, 플랜지탭
　　　　② • 흐름은 정상류일 것
　　　　　• 관로는 수평을 유지할 것
　　　　　• 관속에 유체가 충만되어 있을 것
　　　　　• 유체의 전도, 압축 등의 영향이 없을 것
　　(4) 피토관, 로터미터, 오리피스, 벤투리
　　(5) 습식 가스미터

23 유체가 관로에 2kg/cm²의 수압으로 5m/s를 유지할 때 다음 물음에 답하시오.
(1) 압력수두(m)를 구하시오.
(2) 속도수두(m)를 계산하시오.

해답 (1) $H = \dfrac{P}{\gamma} = \dfrac{2 \times 10^4\,\text{kg/m}^2}{1000\,\text{kg/m}^3} = 20\text{m}$

　　(2) $H = \dfrac{V^2}{2g} = \dfrac{(5\text{m/s})^2}{2 \times 9.8\text{m/s}^2} = 1.275 = 1.28\text{m}$

24 차압식 유량계로 유량을 측정 시 차압 1936mmH₂O에서 유량이 22m³/hr이였다. 만약 차압 1024mmH₂O에서의 유량(m³/hr)은 얼마인가?

해답 $Q = A\sqrt{2gH}$ 에서 유량은 차압의 평방근에 비례하므로

$$22 : \sqrt{1936} = x : \sqrt{1024}$$

$$\therefore \ x = \frac{\sqrt{1024}}{\sqrt{1936}} \times 22 = 16\text{m}^3/\text{hr}$$

25 5cm의 관경에서 유속이 2m/s일 때 10cm의 관경에서 유속(m/s)은 얼마인가? (단, 유량은 동일하다.)

해답 연속의 법칙에서

$A_1 V_1 = A_2 V_2$ 이므로

$$\therefore \ V_2 = \frac{A_1 V_1}{A_2} = \frac{\dfrac{\pi}{4} \times (5)^2}{\dfrac{\pi}{4} \times (10)^2} \times 2 = 0.5\text{m/s}$$

26 관경 20cm 관에 유량이 200ton/hr로 수송 시 관의 유속(m/s)은 얼마인가? (단, 유량계수 $C = 0.624$이며, $\pi = 3.14$로 한다.)

해답 $Q = C \times \dfrac{3.14}{4} \times (d)^2 \times V$ 이므로

$$V = \frac{Q}{C \times \dfrac{3.14}{4} \times d^2}$$

$$\therefore \ V = \frac{200\text{m}^3/\text{hr}}{0.624 \times \dfrac{3.14}{4} \times (0.2\text{m})^2} = 10207.41\text{m/hr} = 10207.41 \div 3600 = 2.835 = 2.84\text{m/s}$$

물은 비중이 1이므로 1kg=1L 또는 1ton=1m³임.

08 안전관리 및 필답형 종합문제편

01 500℃, 50atm에서 압력평형상수 $K_P = 1.50 \times 10^{-5}$이다. 이 온도에서 농도평형상수 K_C를 구하시오.

$$N_2 + 3H_2 \longrightarrow 2NH_3$$

해답 $K_C = \dfrac{K_P}{(RT)^{\Delta n}}$

  $(\because \Delta n = 2 - 4 = -2$이므로$)$

  $\therefore \dfrac{1.50 \times 10^{-5}}{(773 \times 0.082)^{-2}} = 6.02 \times 10^{-2}$

02 가스가 연소할 경우 발열량에 관한 질문이다. 총 발열량과 진발열량을 간단히 설명하고, 그 관계에 대하여 답하여라.

(1) 총 발열량

(2) 진발열량

(3) 관계

해답 (1) 연소 시 생성된 수증기의 증발잠열을 합한 열량
  (2) 연소 시 생성된 수증기의 증발잠열을 포함시키지 않은 열량
  (3) 총 발열량－수증기 증발잠열＝진(저위)발열량

03 다음은 산소제조장치의 공정도이다. ①~⑤의 명칭을 쓰시오.

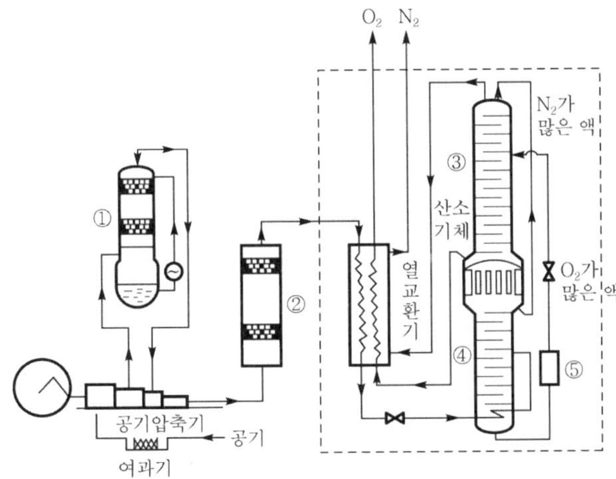

해답 ① CO₂ 흡수기 ② 건조기 ③ 상부 정류탑 ④ 하부 정류탑 ⑤ 공기여과기

04 수소의 제법 중 수증기 개질법에 의해 CO 변성 시 다음 사항에 대해 쓰시오.

(1) 반응식은?

(2) 고온 전화 시, 저온 전화 시 촉매는?

(3) 고온 전화 시, 저온 전화 시 온도는?

해답 (1) $CO + H_2O \rightarrow CO_2 + H_2$

(2) 고온 전화 시 : $Fe_2O_3 - Cr_2O_3$계, 저온 전화 시 : $CuO - ZnO$계

(3) 고온 전화 시 : 350~500℃, 저온 전화 시 : 200~250℃

05 Lifting, Blow off, Back-Fire의 정의를 기술하시오.

해답

① 리프팅(선화)	가스의 유출속도가 연소속도보다 빨라 염공을 떠나 연소하는 현상
② 블로 오프	불꽃 기저부에 대한 공기의 움직임이 세지면서 불꽃이 노즐에 정착하지 않고 떨어지게 되어 꺼져버리는 현상
③ 백파이어(역화)	가스의 유출속도가 연소속도보다 느려 연소기 내부에서 연소되는 현상

선화의 원인	역화의 원인
• 버너 염공이 작게 된 경우	• 염공이 크게 되었을 때
• 가스압력이 높게 된 경우	• 노즐구경이 크거나 부식되었을 때
• 노즐구경이 작은 경우	• 가스압력이 낮을 때
• 연소가스의 배기 환기불량 시	• 버너 과열 시
• 공기조절장치가 많이 개방되었을 때	• 콕이 충분히 열리지 않았을 때

06 역류방지밸브와 역화방지장치를 설치하여야 하는 장소를 3가지씩 쓰시오.

해답

역류방지밸브 설치장소	역화방지장치 설치장소
① 가연성 가스를 압축하는 압축기와 충전용 주관 사이	① 가연성 가스를 압축하는 압축기와 오토클레이브사이 배관
② 아세틸렌을 압축하는 압축기의 유분리기와 고압건조기 사이	② 아세틸렌의 고압건조기와 충전용 교체밸브 사이의 배관 및 아세틸렌 충전용 지관
③ 암모니아 또는 메탄올의 합성탑 및 정제탑과 압축기 사이 배관	③ 수소, 산소, 아세틸렌 화염 사용 시설

07 원료가스의 vol%가 CO : 20%, CO_2 : 10%, H_2 : 30%, 기타 가스 : 40%이며, 변경가스 중의 CO 및 CO_2가 각각 4.3vol%, 21.7vol%일 경우 CO 전화율을 구하시오. (단, 변성반응 이외의 반응은 무시한다.)

해답 CO의 전화율(%) $= \dfrac{\text{변경가스와 원료가스의 } CO_2 \text{ 차}}{\text{원료가스와 변경가스의 CO 차}} = \dfrac{21.7 - 10}{20 - 4.3} \times 100 = 74.52\%$

08 중압배관의 강용접부를 방사선투과시험에 의하여 검사할 때 결함의 종류에 따라 제1종 결함, 제2종 결함, 제3종 결함으로 분류한다. 제1종 결함에 해당하는 결함의 종류는 무엇인가?

해답 블로우 홀, 기공 및 이와 유사한 둥근 결함

1. 2종 결함 : 가는 slag 개입 및 유사한 결함
2. 3종 결함 : 터짐 및 유사한 결함

09 고압가스 배관의 용접부에 대하여 육안검사를 할 때 적합기준 2가지를 쓰시오.

해답 ① 보강 덧붙임은 그 높이가 모재표면보다 낮지 않도록 하고, 3mm 이하를 원칙으로 한다.
② 외면의 언더컷은 그 단면이 V자형이 되지 않도록 1개의 언더컷 길이와 깊이는 각각 30mm 이하, 0.5mm 이하가 되어야 한다.
③ 1개의 용접부에서 언더컷 길이의 합이 용접부 길이의 15% 이하가 되도록 한다.

10 원심 펌프에서 회전수가 $N = 400$rpm, 전양정 $H = 90$m, 유량 $Q = 4\text{m}^3/\text{s}$로 물을 송출하고 있다. 이때 축동력이 10000PS, 체적효율 $\eta_v = 80\%$, 기계효율 $\eta_m = 95\%$라고 하면 수력효율 η_h는 얼마인가?

해답 $L_{\text{PS}} = \dfrac{\gamma \cdot Q \cdot H}{75 \cdot \eta}$

① $\eta = \dfrac{\gamma \cdot Q \cdot H}{75 \times L_{\text{PS}}} = \dfrac{1000 \times 4 \times 90}{75 \times 10000} = 0.48$

② $\eta = \eta_v \times \eta_m \times \eta_h$

$\therefore \eta_h = \dfrac{\eta}{\eta_v \cdot \eta_m} = \dfrac{0.48}{0.8 \times 0.95} = 0.63157 = 63.16\%$

11 1kmol의 이상기체($C_p = 5$, $C_v = 3$)가 온도 0℃, 압력 2atm, 용적 11.2m³인 상태에서 압력 20atm, 용적 1.12m³로 등온압축하는 경우 압축에 필요한 일(kcal)은?

해답 $R = \dfrac{1}{A}(C_p - C_v)$ 이므로

$W = GRT \times \ln\dfrac{V_1}{V_2}$

$= 1\text{kmol} \times \dfrac{1}{\dfrac{1}{427}}(5-3) \times 273 \times \ln\dfrac{11.2}{1.12}$

$= 536829.2\text{kcal}$

12 공기액화분리장치 중 복식 정류탑의 그림이다. 다음 물음에 답하시오.

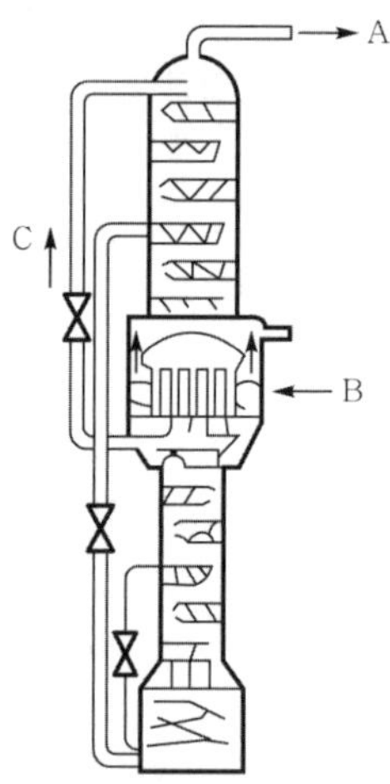

(1) A 지점에서 기체의 분자식은?
(2) 가운데 위치한 B 지점의 명칭은?
(3) C 지점에서 액체의 종류는?

해답 (1) N_2
　　 (2) 응축기
　　 (3) 질소가 많은 액체

13 에탄 80%, 산소 20%의 혼합기체를 완전연소시킬 때 다음 물음에 답하시오.
(1) 혼합기체의 완전연소 반응식은?
(2) 혼합기체량이 100kg·mol일 때 이론적 산소량은?
(3) 실제 공급된 산소량은 몇 kg·mol인가?
(4) 실제 공급된 공기량은 몇 kg·mol인가?

해답 (1) $C_2H_6 + 3.5O_2 \rightarrow 2CO_2 + 3H_2O$
　　 (2) 혼합기체 100kg·mol 중 에탄 80%이므로 80×3.5＝280kg·mol
　　 (3) 80×3.5−20＝260kg·mol(원래 포함된 산소 20%는 제외)
　　 (4) $260 \times \dfrac{1}{0.21} = 1238.1$kg·mol

14 용접부위를 비파괴검사하여 방사선 투과성이 그림과 같다. 결함의 종류는?

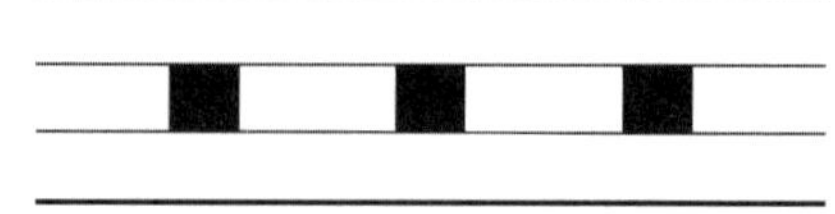

해답 슬래그 혼입

15 연소기의 실제연소에 있어서는 이론공기량만으로는 완전연소가 불가능하여 과잉의 공기가 필요하다. 과잉공기량 과대 시에 일어날 수 있는 현상을 간단히 쓰시오.

해답 노내 온도가 저하하여 배기가스에 의한 열손실이 증가한다.

16 하천수로를 횡단 시 2중관으로 설치하는 가스 종류와 독성 가스 중 2중관으로 하는 가스의 종류 7가지를 나열하시오.

해답 (1) 하천수로 횡단 시 2중관
① SO_2　② Cl_2　③ HCN　④ $COCl_2$　⑤ H_2S　⑥ F_2　⑦ 아크릴알데히드
(2) 독성 가스 중 2중관
① SO_2　② NH_3　③ Cl_2　④ CH_3Cl　⑤ C_2H_4O　⑥ HCN　⑦ $COCl_2$　⑧ H_2S

17 차압식 유량계의 종류에는 오리피스, 벤투리, 플로노즐이 있다. 이 유량계의 측정원리는 무엇인가?

해답 베르누이 정리

18 공기압축기 윤활유 구비조건에 관하여 다음 괄호를 채우시오.

잔류탄소량	인화점(℃)	교반온도	교반시간
1% 이하	① (　) 이상	170℃	② (　) 시간
1% 초과 1.5% 이하	③ (　) 이상	170℃	④ (　) 시간

해답 ① 200℃　② 8　③ 230℃　④ 12

19 액화석유가스 충전시설 기준에서 가스설비에서 누출된 가연성 가스가 화기를 취급하는 장소로 유통하는 것을 방지하기 위한 시설에서 다음 물음에 답하시오.
(1) 내화성 벽의 높이는 몇 m 이상인가?
(2) 가스설비 등과 화기를 취급하는 장소와의 사이는 우회 수평거리로 몇 m인가?
(3) LPG 판매점인 경우 몇 m 이상인가?

해답 (1) 2m
(2) 8m
(3) 2m

20 LPG 공급시설의 경계표지는 다음과 같다. 물음에 답하시오.

LPG 용기저장실　(연)

(1) 위의 표지판에서 적색으로 표시하는 글자는?
(2) 위의 글자 표지판은 판매소, 영업소, 사무실에서 몇 m 떨어진 장소에 게시하는가?

해답 (1) LPG, 연
(2) 50m

21 LPG 저장탱크에서 내부압력이 외부압력보다 낮아져 저장탱크가 파괴되는 것을 방지하기 위하여 갖추는 설비를 3개 이상 기술하시오.

해답 압력계, 압력경보설비, 진공안전밸브

22 본질안전방폭구조의 폭발등급 분류에서 다음 물음에 답하시오.
(1) A, B, C 등급의 최대안전틈새 범위는 몇 mm인가?
(2) 최소점화전류비의 기준가스는?

해답 (1) A등급 : 0.8mm 이상, B등급 : 0.45mm 이상~0.8mm 미만, C등급 : 0.45mm 미만
(2) CH_4

23 다음 내압방폭구조의 최대안전틈새 범위를 A, B, C 등급으로 분류하시오.
(1) 0.9mm 이상
(2) 0.5mm 초과~0.9mm 미만
(3) 0.5mm 이하

해답 (1) A등급
(2) B등급
(3) C등급

24 비등액체팽창증기폭발(BLEVE)이 일어날 가능성이 있는 장소 3가지를 기술하시오.

해답 ① LPG 저장탱크
② LNG 저장탱크
③ 액화가스 탱크로리

25 고압차단장치는 원칙적으로 수동복귀방식을 채택한다. 고압차단장치의 설정압력 정밀도에 대하여 설정압력 범위를 기술하시오.

설정압력 범위	설정압력 정밀도
(①)MPa	−10% 이내
1.0MPa 이상 2.0MPa	−12% 이내
(②)MPa	−15% 이내

해답 ① 2.0MPa ② 1.0MPa

26 다음 중 ( )를 채우시오.

일반적으로 업가스(Off Gas)라고 불리우는 것에는 (①)의 업가스와 (②)의 업가스 두 종류가 있고, (③)나 (④) 등의 탄화수소를 주성분으로 한 가스가 있다. 즉 업가스는 메탄, 에틸렌 등의 탄화수소 및 수소 등을 개질한 것이기 때문에 석유정제와 석유화학의 부생물이다.

해답 ① 석유정제 ② 석유화학 ③ H_2 ④ CH_4

27 LP제조설비의 비상전력 보유에 있어 엔진 또는 스팀터빈 구동 시 펌프를 사용하는 경우 비상전력을 보유하지 않아도 되는 설비 3가지는?

해답 ① 살수장치 ② 소화설비 ③ 냉각수 펌프 ④ 물분무장치

28 가스설비를 설치 시 지반조사 결과에 따른 허용응력지지도에 따른 표이다. (   )를 채우시오.

지반의 종류	허용응력지지도(t/m²)
암반	(①)
단단히 응결된 모래층	50
황토흙	30
조밀한 자갈층	30
점토질 지반	(②)
단단한 롬(loam)층	(③)
롬(loam)층	(④)

해답 ① 100   ② 2   ③ 10   ④ 5

29 LPG 충전소의 용기 보수설비 설치 기준에 대한 잔가스 제거장치 기준에 대하여 물음에 답하시오.
(1) 용기에 잔류하는 액화석유가스를 회수할 수 있도록 갖추는 설비는?
(2) 압축기는 유분리기 응축기가 부착되어 있고 자동으로 정지되는 압력의 범위는 얼마인가?
(3) 액송용 펌프에서 이물질을 제거하기 위하여 설치하는 것은?
(4) 회수한 잔가스를 저장하기 위한 저장탱크의 내용적은?

해답 (1) 용기전도대
　　　(2) 0～0.05MPa 이하
　　　(3) 스트레나
　　　(4) 1000L 이상

30 안전용 불활성 가스 시설에 반드시 갖추어야 할 시설은?

해답 비상전력시설

31 내진설계설비를 설치할 수 없는 경우 3가지는?

해답 ① 내진설계구조물이 활성 단층을 가로지르는 경우
　　　② 내진 특등급구조물이 활성 단층에 극히 인접한 경우
　　　③ 사면의 붕괴로 내진설계설비의 안전성이 위협받을 수 있는 지역

32 내진성능 평가항목 4가지는?

해답 ① 기초의 안전성 ② 사면의 안전성 ③ 가스의 유출방지 ④ 액상화 잠재성

33 도시가스 제조소의 폭발방지제 설치방법에 대하여 물음에 답하시오.

(1) 폭발방지제 두께는 몇 mm인가?

(2) 폭발방지장치의 설치 시 고려하는 항목은?

(3) 폭발방지장치의 지지구조물에 대하여 필요에 따라 하는 조치는?

(4) 탱크가 충격을 받을 경우 검토하는 항목은?

해답 (1) 114mm

(2) 탱크의 제작 공차

(3) 부식방지조치

(4) 폭발방지장치의 안전성

34 도시가스 제조소의 계기실에 대한 내용이다. 다음 물음에 답하시오.

(1) 계기실에 사용되는 내장재의 종류는?

(2) 계기실에 사용되는 바닥재료의 종류는?

(3) 계기실의 출입구는 몇 곳 이상을 두는가?

해답 (1) 불연성

(2) 난연성

(3) 2곳 이상

35 도시가스 제조소의 물분무장치에서 다음 물음에 답하시오.

(1) 저장탱크의 어느 방향에서도 방사가 가능한 소화전의 위치는 저장탱크에서 몇 m 이내에 있어야 하는가?

(2) 저장탱크 면적 250m^{2}일 때 방사할 수 있는 소화전의 개수는?

(3) 소화전의 호스끝 수압(MPa)과 방사능력(L/min)은?

해답 (1) 40m

(2) 5개

(3) 0.35MPa, 400L/min

> **TiP**
>
> 저장탱크 간의 간격이 유지되지 않은 경우 소화전의 개수
> 표면적 30m^{2}당 1개, 준내화구조 38m^{2}당 1개, 내화구조 60m^{2}당 1개이며, 제조소의 물분무장치의 소화전 설치개수는 50m^{2}당 1개이다.

36 도시가스 제조소 저장탱크의 방호구조물 설치기준에 대한 것으로 다음 (   )를 채우시오.

높이 (①)cm 이상 두께 (②)cm 이상 철근콘크리트 구조물을 (③)m 간격으로 설치하거나 높이 (④)cm 이상 (⑤)A 이상의 강관제 구조물을 (⑥)m 간격으로 설치한 것이어야 한다.

해답 ① 60   ② 30   ③ 1   ④ 60   ⑤ 80   ⑥ 1

37 압력용기의 내압부분에 대한 비파괴시험의 일종인 초음파탐상시험 대상을 5가지 쓰시오.

해답 ① 두께가 50mm 이상인 탄소강
② 두께가 38mm 이상인 저합금강
③ 두께가 13mm 이상인 2.5% 니켈강 및 3.5% 니켈강
④ 두께가 6mm 이상인 9% 니켈강
⑤ 두께가 19mm 이상 최소인장강도 568.4N/mm^2 이상인 강(오스테나이트계 스테인리스강은 제외)

38 배관의 두께 10mm인 PE관을 맞대기 융착 시 다음 물음에 답하시오.
(1) 최소, 최대 비드폭은 몇 mm인가?
(2) PE관이 1호관이다. 가정 시 최소값을 기준으로 하여 호칭경은 몇 A인가?

[호칭지름에 따른 비드폭]

호칭지름	비드폭(mm)		
	제1호관	제2호관	제3호관
75	7~11	–	–
100	8~13	6~10	–
125	–	7~11	–
150	11~16	8~12	7~11
175	–	9~13	8~12
200	13~20	9~15	8~13

해답 (1) 최소=$3+0.5t=3+0.5\times10=8$mm 이상
최대=$5+0.75t=5+0.75\times10=12.5$mm 이하
(2) 최대값 12.5mm 이하 최소값 8mm 이상이므로 호칭경은 100A이다.

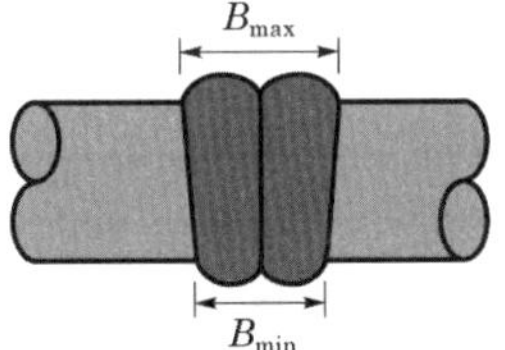

PE관의 열융착 이음방법 중 맞대기(바트) 융착 비드폭의 최대·최소치

$$B_{min} = 3 + 0.5t$$
$$B_{max} = 5 + 0.75t$$

여기서, B_{min}(최소 비드값)
B_{max}(최대 비드값)
t : 배관의 두께
호칭지름별 비드폭은 최소치 이상 최대치 이하이어야 한다.

39 다음 도표를 참조하여 물음에 답하시오.

[호칭지름에 따른 비드폭]

호칭지름	비드폭(mm)		
	제1호관	제2호관	제3호관
75	7~11	–	–
100	8~13	6~10	–
125	–	7~11	–
150	11~16	8~12	7~11
175	–	9~13	8~12
200	13~20	9~15	8~13

(1) 배관의 두께가 12mm인 PE관을 맞대기 융착 시 발생되는 최소, 최대 비드폭은 몇 mm인가?

(2) 최대값을 기준으로 호칭경이 200A라고 하면 이 PE관은 제 몇 호관에 해당하는가?

해답 (1) ① 최소 $= 3 + 0.5t = 3 + 0.5 \times 12 = 9mm$ 이상

② 최대 $= 5 + 0.75t = 5 + 0.75 \times 12 = 14mm$ 이하

(2) 최대값 14mm 이하 호칭경 200A이므로 문제 도표에서 제3호관에 해당됨.

40 가스도매사업의 도시가스 공급설비에 대하여 다음 물음에 답하시오.

(1) 정압기 분해 점검주기는 2년 1회 실시한다. 이때 작동상황 점검은?

(2) 정압기의 기능 상실 시에만 사용하는 정압기 및 월 1회 이상 작동점검을 실시하는 예비정압기의 분해 점검시기는?

(3) 다음의 (   ) 안에 알맞은 단어를 채우시오.

① 정압기지, 밸브기지에 설치되는 가스누출 검지경보장치는 (   )에 1회 (   )으로 점검, (   )에 1회 이상은 (   )를 사용하여 작동상황을 점검하고 작동 불량 시 교체수리하여 정상적인 작동이 되도록 한다.

② 정압기지에 설치된 과압안전장치의 정상 작동여부를 (   )에 1회 이상 확인하고 기록을 유지하며, 작동이 불량 시 즉시 교체수리하여 (   )에서 정상 작동되도록 한다.

해답 (1) 지속적으로 작동상황 점검

(2) 3년 1회

(3) ① 1주일, 육안, 6월, 표준가스

② 2년, 설정압력

TiP

일반도시가스 정압기의 작동사항 점검은 일주일에 1회 이상

41 도시가스 공급소의 신규 설치공사 시 공사계획의 승인 대상설비를 4가지 이상 기술하시오.

해답 ① 가스발생설비   ② 배송기

③ 압송기   ④ 액화가스용 저장탱크

⑤ 가스홀더   ⑥ 정압기

42 CO_2(TLV−TWA)의 허용농도 5000ppm일 때 가로×세로×높이(3m×4m×5m)의 방에 허용농도까지 도달 시 누출되는 C_3H_8의 질량(kg)을 계산하시오.

해답 공기량 $= 3 \times 4 \times 5 = 60m^3$

CO_2량 $= 60m^3 \times \dfrac{5000}{10^6} = 0.3m^3$

연소반응식에서

$C_3H_8 + 5O_2 \rightarrow 3CO_2 + 4H_2O$

44kg : $3 \times 22.4m^3$

x(kg) : $0.3m^3$

$\therefore x = \dfrac{44 \times 0.3}{3 \times 22.4} = 0.196 = 0.20kg$

43 고압가스시설의 온도상승 방지조치를 하여야 하는 기준 중 가연성 가스 저장탱크 주위라 함은 무엇인가를 다음 기준에 대하여 기술하시오.
(1) 방류둑을 설치하였을 때
(2) 방류둑을 설치하지 아니하였을 때
(3) 가연성 물질을 취급하는 설비

해답 (1) 방류둑 외면으로부터 10m 이내
(2) 저장탱크 외면으로부터 20m 이내
(3) 가연성 취급설비 외면으로부터 20m 이내

44 배관공사 후 배관 내 존재하는 잔류 이물질을 제거하는 방법을 2가지 기술하시오.

해답 ① Pig를 통해 제거
② Pig로 불가능 시 air compressor 또는 걸레 등으로 청소

45 배관에 누설발생 시 수리방법 4가지를 쓰시오.

해답 ① 이음부에 고무륜과 압륜을 거는 방법
② 누설부를 열수축 튜브로 피복하는 방법
③ 누설부를 컬러로 덮고, 시일제로 충전하는 방법
④ 배관의 내면에서 수리하는 방법

46 배관의 누설 시 배관 내면에서 수리하는 방법 4가지를 쓰시오.

해답 ① 관내 시일액을 가압충전 배출하여 이음부의 미소간격을 폐쇄시키는 방법
② 관내 플라스틱 파이프를 삽입하는 방법
③ 관내벽에 접합제를 바르고, 필름을 내장하는 방법
④ 관내부에 시일제를 도포하여 고화시키는 방법

47 도시가스의 열량 조정방법 3가지는?

해답 유량비율제어방식, 캐스케이드방식, 서멀라이저방식

1. 유량비율제어방식 : 제조가스의 발열량이 일정한 경우에 사용. 단순한 유량비를 Control하는
   방식으로 높은 열량가스의 유량변동에 맞추어 낮은 발열량 Gas의 유량을 조정
2. 캐스케이드방식 : 고열량가스나 발열량 변동 시 캐스케이드 제어로 유량비를 바꾸는 방식
3. 서멀라이저방식 : 다중의 가스를 제조하고, 열량조절을 행할 경우에 사용되는 방식

48 지하 매설배관의 부식 검사방법 5가지를 기술하시오.

해답 ① 프로브(Probe) 전류측정법
② 와류탐상법
③ 누설자속법
④ 초음파탐상법
⑤ 관내 육안검사법

49 배관의 방식관리를 위한 토양(수질)의 주요 조사종목 4가지는?

해답 ① 저항률　　　② pH
③ 전위　　　　④ 토양의 함수율

50 길이 50m인 배관(안지름 100mm)에 5개의 엘보를 설치했을 때 전 상당길이는 얼마인가? (단, 엘보 1개의 상당길이는 32m로 한다.)

해답 전 상당길이＝관길이＋관경×엘보 수×1개당 상당길이
＝50＋32×0.1×5＝66m

51 다음 $P-H$ 선도의 물음에 답하시오.

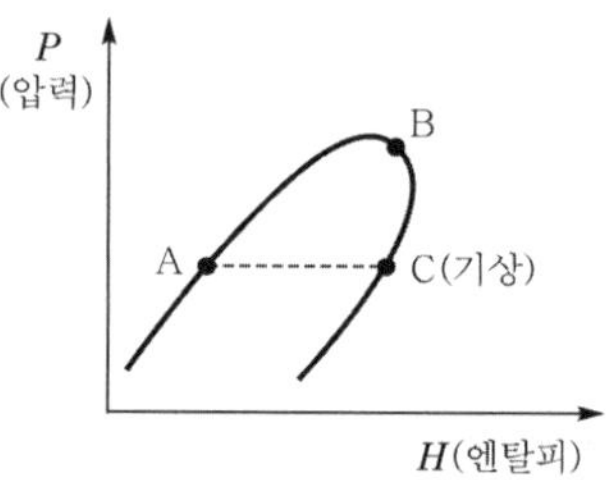

[$P-H$ 선도]

(1) B점은?
(2) AC의 길이는 무엇을 의미하는가?

해답 (1) 임계점
(2) 증발잠열

52 다음 그림은 LPG의 아이소 막스장치 계통이다. ①∼⑥까지의 명칭을 기입하시오.

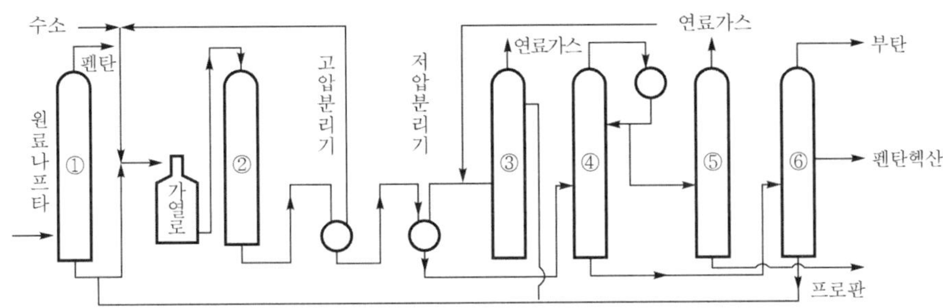

> **해답** ① 탈펜탄탑 ② 반응기 ③ 흡수탑
> ④ 탈에탄탑 ⑤ 탈프로판탑 ⑥ 탈부탄탑

53 다음 그림에서 방사선 촬영순서와 필름순서를 기호로 나타내시오.

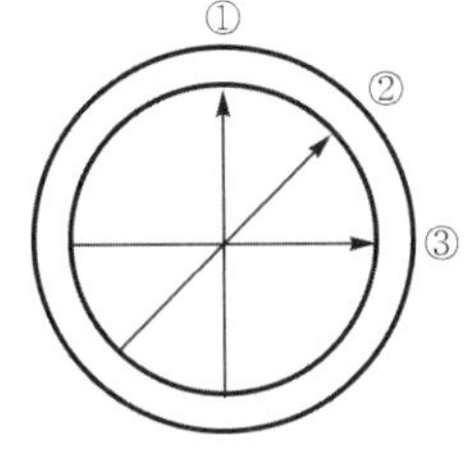

> **해답** ① 방사선 촬영순서 : ① → ② → ③
> ② 필름순서 : ① → ② → ③

54 NH_3 100g 생성 시 필요한 공기의 양(L)은? (단, 공기 중의 질소는 80%로 한다.)

> **해답** $N_2 + 3H_2 \longrightarrow 2NH_3$
> $$22.4L \quad : \quad 2 \times 17g$$
> $$x(L) \quad : \quad 100g$$
> $$\therefore \; x = \frac{22.4 \times 100}{2 \times 17} = 65.882L$$
> $$\therefore \; 65.882 \times \frac{100}{80} = 82.35L$$

55 가스 저장탱크의 특징을 원통형과 구형으로 구분하여 3가지 이상 기술하시오.

> **해답**

원통형	구형
① 운반이 용이하다.	① 건설비가 저렴하다.
② 동일용량일 경우 구형에 비하여 무겁다.	② 표면적이 적고, 강도가 높다.
③ 구형에 비해 제작 및 조립이 용이하다.	③ 기초구조가 단순하며, 설치공사가 용이하다.
④ 횡형일 경우 설치면적이 크다.	④ 모양이 아름답다.

56 원통형 저장탱크의 ① 입형 설치와 ② 횡형 설치 시의 특징을 간단하게 기술하시오.

해답 ① 입형 설치 : 탱크의 축방향을 지면에 대하여 수직으로 설치하는 것으로 설치면적은 적으나 바람, 지진 등에 영향을 받아 안정성이 떨어진다.

② 횡형 설치 : 탱크의 축방향을 지면에 수평이 되게 설치하는 것으로 설치면적은 커지나 바람, 지진 등에 영향이 적어 안정성이 좋다.

57 도시가스 공급시설의 중압 이상 배관을 정밀안전 진단 시 배관설계 시의 재질두께 비파괴시험 여부를 확인할 때 위험도가 높은 배관에 해당하는 경우를 4가지 이상 기술하시오.

해답 ① 관의 재질이 강관 이외 제품의 배관
② 피복이 되지 않거나 손상이 우려되는 배관
③ 용접 이외의 방법으로 접합된 배관
④ 100% 비파괴시험을 하지 않는 배관

1. 설계도면에 표시된 경우, 위험도가 높은 배관에 해당하는 경우
   - 하천통과배관
   - 교량첨가배관
2. 매설배관 주변의 토양저항 지반의 종류, 차량통행량, 배관주변, 배수상태 확인 시 위험도가 높은 배관에 해당하는 경우
   - 토양비 저항이 기준치에 미달되는 지역에 매설된 배관의 경우
   - 연약지반에 설치된 배관의 경우
   - 10t 이상 차량 통행이 빈번하거나 편도 5차선 이상의 도로에 매설된 배관
   - 상습 침수지역에 매설된 배관

58 도시가스 공급시설의 배관을 정밀안전 진단 시 배관의 운전압력, 온도, 유지보수, 타공사의 내용 확인 시 위험도가 높은 배관의 경우 3가지를 기술하시오.

해답 ① 계절에 따른 연간 공급압력의 폭이 큰 배관
② 가스의 누출 부식 등에 의해 유지보수가 이루어진 배관
③ 타공사가 진행 중인 구간의 배관과 타공사 이후 매설된 배관

59 도시가스 공급배관을 정밀안전 진단 시 매몰배관 외면 부식의 매설배관 피복손상부 탐지방법을 2가지 기술하시오.

해답 ① 매설배관 피복손상부 탐지장비를 이용하는 방법
② 배관 굴착을 통하여 조사하는 방법

60 도시가스 공급배관을 정밀안전 진단 시 매몰배관 피복손상부의 탐지장비 3가지 항목을 쓰시오.

해답 ① 직류전압구배법(DCVG ; Direct Current Voltage Grddient)
② 교류전압구배법(ACVG ; Alterngtr Current Voltage Grddient)
③ 근접간격전위측정장비(CIPS ; Close Intervdl Potentidl Survey)

도시가스 지하매몰배관의 피복손상부 조사방법
1. 직류에 의한 법
  • 직류전압구배법
  • 근접간격전위측정장비
2. 교류에 의한 법
  • 피어슨법
  • 우드베리법

61 A, B간의 유량을 구하시오. (단, 비중은 0.64, K는 0.7055)

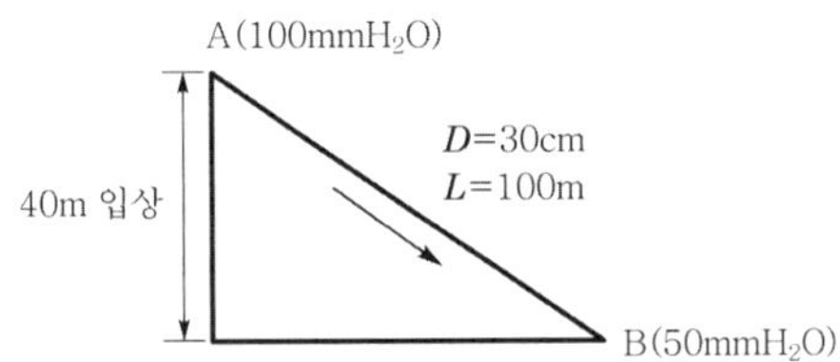

해답 공기보다 가벼운 기체는 입하일 때 손실이 발생하므로 직선관에 의한 손실 $100-50=50\text{mmH}_2\text{O}$
입하손실 $1.293(1-0.64)\times40=18.6192\text{mmH}_2\text{O}$
총 압력손실 $50+18.6192=68.62\text{mmH}_2\text{O}$

$$\therefore\ Q=K\sqrt{\frac{D^5 H}{SL}}=0.7055\times\sqrt{\frac{30^5\times68.62}{0.64\times100}}=3601.08\,\text{m}^3/\text{hr}$$

62 다음 그림에 표시한 AB 사이의 배관에 의하여 비중 0.56의 가스를 300m³/h으로 수송할 때 B점의 압력을 Pole 유량 공식($K=0.707$)으로 구하시오. (단, B점은 A점으로부터 높은 위치에 있고, A점의 송출압력은 160mmH₂O이고 공기밀도는 1.293g/L이며, 직선배관 손실은 Pole의 유량 공식으로 계산된 값으로 한다.)

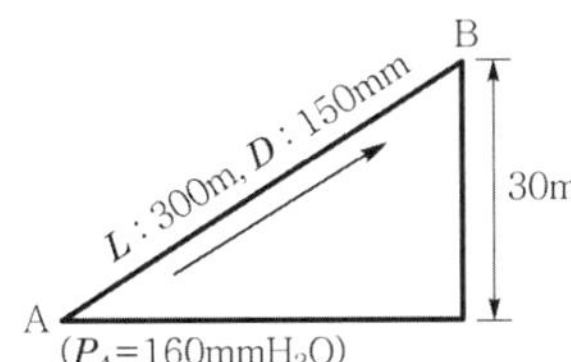

해답 직선배관손실 : $H_1=\dfrac{300^2\times0.56\times300}{15^5\times0.707^2}=39.834\,\text{mmH}_2\text{O}$

입상손실 : $H_2=1.293(1-0.56)\times30=17.0676\,\text{mmH}_2\text{O}$

(공기보다 비중이 가벼운 가스는 상향부로 향할 때 손실이 아님)

$\therefore\ P_B=160-39.834+17.0676=137.23\,\text{mmH}_2\text{O}$

63 가스배관의 신축이음으로 U자형 밴드 설치 시 $L=0.0052 \times R^2/\alpha$ 이고 α 는 100℃, 1m당 1.2mm를 흡수, $d=20$cm이고 $R=15d$일 때 U형 밴드는 몇 m마다 설치해야 하는가?

해답 $L=\dfrac{0.0052R^2}{\alpha}=\dfrac{0.0052 \times (15 \times 0.2)^2}{0.0012}=39\text{m}$

64 도시가스 공급배관의 정밀안전진단에 대하여 다음 물음에 답하시오.
(1) 정밀안전진단 대상배관의 압력은?
(2) 정밀안전진단 시 자료수집 및 분석에 해당되는 항목 4가지 이상을 기술하시오.
(3) 정밀안전진단 시 현장조사에 대한 항목 4가지 이상을 기술하시오.

해답 (1) 중압 이상 배관
(2) ① 배관설계
② 배관시공
③ 배관매설환경
④ 배관부식관리
⑤ 배관운전
(3) ① 매몰배관 외면 부식 직접조사
② 타공사 연약구간 안전성 조사
③ 노출배관부식 안정성 조사
④ 하상설치배관 심도 및 세굴 조사
⑤ 배관가스 누출조사

정밀안전진단 후 종합평가 세부 항목
자료수집 및 분석결과와 현장조사결과를 종합하여 안전상태 평가안전등급을 지정한다.

65 매몰배관 피복손상탐지방법, DCVG(직류전압구배법), ACVG(교류전압구배법), CIPS(근접간격 전위측정법)에 관하여 다음 물음에 답하시오.
(1) DCVG, ACVG의 정밀안전진단 대상 전 배관의 몇 % 이상을 조사하여야 하는가?
(2) 최근 5년 이내 DCVG, ACVG에 의한 자체조사결과를 제출 시 전 배관의 몇 % 이상을 조사하여야 하는가?
(3) DCVG, ACVG에 의한 1일 조사 및 작업 범위는 3~4인을 1조로 배관길이 몇 m 이상을 조사하여야 하는가?
(4) CIPS의 정밀안전진단 대상 시 전 배관의 몇 % 이상을 조사하여야 하는가?
(5) CIPS에 의한 1일 조사 및 작업 범위는 3~4인을 1조로 배관길이 몇 m 이상을 조사하여야 하는가?

해답 (1) 30% 이상
(2) 10% 이상
(3) 300m 이상
(4) 20% 이상
(5) 1000m 이상

66 다음은 교류에 의한 매설배관 피복손상부 탐지방법이다. 물음에 답하시오.

(1) 설명에 적합한 탐지방법을 기술하시오.

① 자기장을 측정, 배관의 피복손상부에 발생되는 자기장의 변화에 의해 손상부를 탐지하는 방법

② 피복손상부의 결함부분이 있을 때 전기적 신호가 변화되는 것을 이용, 피복손상부를 탐지하는 방법

(2) 매설배관 피복손상탐지법 중 우드베리법의 장점을 2가지만 쓰시오.

해답 (1) ① 우드베리법

② 피어슨법

(2) ① 소수인원으로 탐지할 수 있다.

② 배관의 매설깊이를 정확히 알 수 있다.

TiP

피어슨법의 장점

피복손상 탐지 시 피복손상과 함께 배관의 타 결함을 동시에 탐지 가능하다.

67 액화석유가스 저장설비 설치장소를 제1차 지반조사결과 성토, 지반개량 또는 옹벽 설치 등의 조치를 강구하여야 하는 경우를 2가지만 쓰시오.

해답 ① 지반이 연약한 토지

② 부등침하의 우려가 있는 토지

③ 붕괴위험이 있는 토지

④ 습기가 있는 토지

68 방(가로 2.7m×세로 3.6m×높이 2.2m)에 불을 붙이지 않은 가스 스토브의 콕을 전부 열었다. 노즐로부터 생가스가 1시간당 얼마나 분출되겠는가? (단, 노즐지름은 3mm, CH_4의 비중은 0.55, 유량계수 0.8, 가스압력은 230mmH$_2$O이다.) 또한 분출을 계속할 때 몇 시간이면 폭발을 일으키는 범위가 되는가?

해답 $Q = 0.011 \times K \times D^2 \sqrt{\dfrac{h}{d}} = 0.011 \times 0.8 \times 3^2 \sqrt{\dfrac{230}{0.55}} = 1.62 \, \mathrm{m^3/hr}$

CH_4의 폭발하한 5%이므로

$\dfrac{x}{(2.7 \times 3.6 \times 2.2) + x} = 0.05$

$\therefore \ x = 1.13 \, \mathrm{m^3}$

$\therefore \ \dfrac{1.13}{1.62} = 0.69 \, 시간$

69 다음 그림에서 ①, ②, ③의 명칭을 쓰시오.

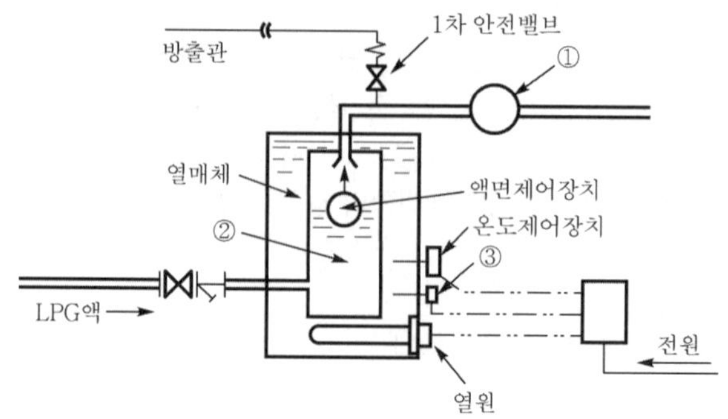

해답 ① 2단 1차 조정기
② 열교환기
③ 과열방지장치

70 스프링식 안전밸브와 파열판을 동시에 사용하는(직렬로) 이유를 쓰시오.

해답 ① 파열판 설치로 사용가스가 스프링에 닿지 않도록 하여 사용가스에 의한 부식 및 손상을 방지
② 파열판을 설치하여 스프링을 보호하므로 압력상승 시 원활한 작동을 유도
③ 파열판 설치로 스프링식 안전밸브의 수명연장
④ 작동 시 파열판을 교체

71 다음 물음에 대하여 빈칸을 채우시오.

(1) 위험장소

지속적인 위험분위기 장소	통상상태의 위험분위기	이상상태의 위험분위기
(①)종	(②)종	(③)종

(2) 방폭구조의 기호

방폭구조	기호	방폭구조	기호
내압	d	유입	o
안전증	e	특수	(①)
본질안전	ia(ib)	충전	(②)
압력	p	몰드	(③)

(3) 방폭구조 규격 표시

Ex	d	II	C	T_5
방폭기기 표시	방폭구조	①	②	③

해답 (1) ① 0종 ② 1종 ③ 2종
(2) ① s ② g ③ m
(3) ① 기기분류 ② 가스등급 ③ 온도등급

72 왕복 펌프와 터보 펌프의 ① 급유방식, ② 맥동현상, ③ 설치면적, ④ 토출변화와 용량변화를 비교하여 쓰시오.

구분	왕복 펌프	터보 펌프
① 급유방식		
② 맥동현상		
③ 설치면적		
④ 토출 및 용량변화		

[해답]

구분	왕복 펌프	터보 펌프
① 급유방식	기름윤활식, 물윤활식	무급유식
② 맥동현상	있다.	없다.
③ 설치면적	크다.	적다.
④ 토출 및 용량변화	작다.	크다.

73 원통형 고압설비 동판의 두께 계산식 $t = \dfrac{D}{2}\left(\sqrt{\dfrac{0.25f\eta + P}{0.25f\eta - P}} - 1\right) + C$ 에서 f 와 C 의 의미를 단위와 함께 쓰시오.

[해답] f : 항복점(N/mm^2), C : 부식여유두께(mm)

[해설]

[원통형 고압가스설비의 두께 계산식]

고압가스설비의 부분	동체 외경과 내경의 비가 1.2 미만인 것	동체 외경과 내경의 비가 1.2 이상인 것
동판	$t = \dfrac{PD}{0.5f\eta - P} + C$	$t = \dfrac{D}{2}\left(\sqrt{\dfrac{0.25f\eta + P}{0.25f\eta - P}} - 1\right) + C$

구형의 것

$$t = \dfrac{PD}{f\eta - P} + C$$

여기서, t : 설비의 두께(mm)
P : 상용압력의 수치(mm)
f : 항복점(N/mm^2)
C : 부식여유두께(mm)
η : 동체 이음매 효율

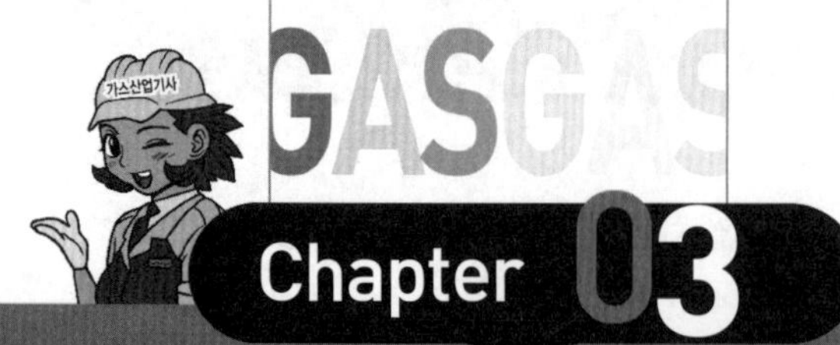

수소 경제 육성 및 수소 안전관리에 관한 법령 출제예상문제

목차

1 | 수소연료 사용시설의 시설·기술·검사 기준

01 다음 내용은 각각 무엇을 설명하는지 쓰시오.
(1) 수소를 제조하기 위한 수소용품 중 수전해 설비 및 수소 추출설비를 말한다.
(2) 수소를 충전, 저장하기 위하여 지상과 지하에 고정 설치하는 저장탱크를 말한다.
(3) 수소 제조설비, 수소 저장설비 및 연료전지와 이들 설비를 연결하는 배관 및 그 부속설비 중 수소가 통하는 부분을 말한다.

해답 (1) 수소 제조설비 (2) 수소 저장설비 (3) 수소가스 설비

02 수소용품의 종류 3가지를 쓰시오.

해답 ① 연료전지, ② 수전해 설비, ③ 수소 추출설비

03 다음 내용은 각각 어떠한 용어에 대한 정의인지 쓰시오.
(1) 수소와 산소의 전기화학적 반응을 통하여 전기와 열을 생산하는 고정형(연료 소비량 232.6kW 이하인 것) 및 이동형 설비와 그 부대설비
(2) 물의 전기분해에 의하여 그 물로부터 수소를 제조하는 설비
(3) 도시가스 또는 액화석유가스 등으로부터 수소를 제조하는 설비

해답 (1) 연료전지 (2) 수전해 설비 (3) 수소 추출설비

04 다음은 각종 압력의 정의에 대하여 서술한 것이다. ( ) 안에 알맞은 단어를 쓰시오.
(1) "설계압력"이란 ( )가스 설비 등의 각부의 계산 두께 또는 기계적 강도를 결정하기 위하여 설계된 압력을 말한다.
(2) "상용압력"이란 (①)시험압력 및 (②)시험압력의 기준이 되는 압력으로서 사용상태에서 해당 설비 등의 각부에 작용하는 최고사용압력을 말한다.
(3) "설정압력(set pressure)"이란 ( )밸브의 설계상 정한 분출압력 또는 분출개시압력으로서 명판에 표시된 압력을 말한다.
(4) "초과압력(over pressure)"이란 ( )밸브에서 내부 유체가 배출될 때 설정압력 이상으로 올라가는 압력을 말한다.

해답 (1) 수소
(2) ① 내압, ② 기밀
(3) 안전
(4) 안전

05 밸브의 토출측 배압의 변화에 따라 성능 특성에 영향을 받지 않는 안전밸브를 무엇이라 하는지 쓰시오.

해답 평형벨로스 안전밸브

참고 일반형 안전밸브 : 토출측 배압의 변화에 따라 성능 특성에 영향을 받는 안전밸브

06 가스계량기를 설치할 수 없는 장소를 3가지 쓰시오.

> **해답** ① 진동의 영향을 받는 장소
> ② 석유류 등 위험물의 영향을 받는 장소
> ③ 수전실, 변전실 등 고압전기설비가 있는 장소

07 다음 물음에 답하시오.

(1) 수소가스 설비 외면에서 화기취급 장소까지 우회거리는 몇 m 이상인가?
(2) 수소가스 설비와 산소 저장설비의 이격거리는 몇 m 이상인가?
(3) 유동방지 설비의 내화성 벽의 높이는?

> **해답** (1) 8m 이상 (2) 5m 이상 (3) 2m 이상

[수소 제조·저장 설비]

08 수소 제조설비와 저장설비를 실내에 설치 시 다음 물음에 답하시오.

(1) 설비벽의 재료는?
(2) 지붕의 재료는?

> **해답** (1) 불연재료
> (2) 불연 또는 난연의 가벼운 재료

09 수소 저장설비의 구조에 대하여 다음 물음에 답하시오.

(1) 가스방출장치를 설치해야 하는 수소 저장설비의 저장능력은 몇 m^3 이상인가?
(2) 중량 몇 ton 이상의 수소 저장설비를 내진설계로 시공하여야 하는가?

> **해답** (1) $5m^3$ 이상 (2) 500ton 이상

10 수소 저장설비의 보호대에 대하여 물음에 답하시오.

(1) 철근콘크리트 보호대의 두께 규격을 쓰시오.
(2) KSD 3570(배관용 탄소강관) 보호대의 호칭규격을 쓰시오.
(3) 보호대의 높이는 몇 m 이상인지 쓰시오.
(4) 보호대가 말뚝형태일 때, ① 말뚝의 개수와 ② 말뚝끼리의 간격을 쓰시오.

> **해답** (1) 0.12m 이상
> (2) 100A 이상
> (3) 0.8m 이상
> (4) ① 2개 이상, ② 1.5m 이하

11 수소연료 사용시설에 설치해야 할 장치 또는 설비 3가지를 쓰시오.

> **해답** ① 압력조정기, ② 가스계량기, ③ 중간밸브

12 수소가스 설비의 내압, 기밀 성능에 대하여 물음에 답하시오.
(1) 내압시험압력을 ① 수압으로 하는 경우와 ② 공기 또는 질소로 하는 경우의 압력을 쓰시오.
(2) 연료전지를 제외한 기밀시험압력을 쓰시오.

해답 (1) ① 수압으로 하는 경우 : 상용압력×1.5배 이상
　　　　② 공기 또는 질소로 하는 경우 : 상용압력×1.25배 이상
　　　(2) 최고사용압력×1.1배 이상 또는 8.4kPa 중 높은 압력

13 수전해 설비에 대하여 다음 물음에 답하시오.
(1) 수전해 설비의 환기가 강제환기망으로 이루어지는 경우 강제환기가 중단되었을 때에 설비의 상황은 어떻게 되어야 하는가?
(2) 설비를 실내에 설치 시 산소의 농도(%)는?

해답 (1) 설비의 운전이 정지되어야 한다.
　　　(2) 23.5% 이하

14 수전해 설비의 수소 및 산소의 방출관의 방출구에 대하여 다음 물음에 답하시오.
(1) 수소 방출관의 방출구 위치를 쓰시오.
(2) 산소 방출관의 방출구 위치를 쓰시오.

해답 (1) 지면에서 5m 이상 또는 설비 정상부에서 2m 이상 중 높은 위치
　　　(2) 수소 방출관의 방출구 높이보다 낮은 높이

15 수전해 설비에서 대한 다음 설명의 (　) 안에 알맞은 숫자를 쓰시오.
(1) 산소를 대기로 방출하는 경우에는 그 농도가 (　　)% 이하가 되도록 공기 또는 불활성 가스와 혼합하여 방출한다.
(2) 수전해 설비의 동결로 인한 파손을 방지하기 위하여 해당 설비의 온도가 (　　)℃ 이하인 경우에는 설비의 운전을 자동으로 차단하는 조치를 한다.

해답 (1) 23.5　(2) 5

16 수소가스계량기에 대하여 다음 물음에 답하시오. (단, 용량 30m³/h 미만에 한한다.)
(1) 계량기의 설치높이는?
(2) 바닥으로부터 2m 이내에 설치하는 경우 3가지는?
(3) 전기계량기, 전기개폐기와의 이격거리는 몇 m 이상으로 해야 하는가?
(4) 단열조치하지 않은 굴뚝, 전기점멸기, 전기접속기와의 이격거리는 몇 m 이상으로 해야 하는가?
(5) 절연조치하지 않은 전선과의 거리는 몇 m 이상으로 해야 하는가?

해답 (1) 바닥에서 1.6m 이상 2m 이내
　　　(2) ① 보호상자 내에 설치 시, ② 기계실에 설치 시, ③ 가정용이 아닌 보일러실에 설치 시
　　　(3) 0.6m 이상
　　　(4) 0.3m 이상
　　　(5) 0.15m 이상

17 수소 추출설비를 실내에 설치 시 기준에 대하여 다음 물음에 답하시오.
(1) 캐비닛 설비 또는 실내에 설치하는 검지부에서 검지하여야 할 가스는?
(2) 설비 실내의 산소 농도가 몇 % 미만 시 운전이 정지되도록 하여야 하는가?

해답 (1) CO (2) 19.5% 미만

18 연료 설비가 설치된 곳에 설치하는 배관용 밸브 설치장소 3가지를 쓰시오.

해답 ① 수소연료 사용시설에는 연료전지 각각에 설치
② 배관이 분기되는 경우에는 주배관에 설치
③ 2개 이상의 실로 분기되는 경우에는 각 실의 주배관마다 설치

19 지지물에 이상전류가 흘러 대지전위로 인하여 부식이 예상되는 장소에 설치된 배관장치의 배관은 지지물, 그 밖의 구조물로부터 절연시키고 절연용 물질을 삽입한다. 다만, 절연이음물질의 사용방법 등에 따라서 매설배관의 부식이 방지될 수 있는 경우에는 절연조치를 하지 않을 수 있는데, 절연조치를 하지 않아도 되는 경우 3가지를 쓰시오.

해답 ① 누전으로 인하여 전류가 흐르기 쉬운 곳
② 직류전류가 흐르고 있는 선로의 자계로 인하여 유도전류가 발생하기 쉬운 곳
③ 흙속 또는 물속에서 미로전류가 흐르기 쉬운 곳

20 사업소 외의 배관장치에 수소의 압력과 배관의 길이에 따라 안전장치가 가동되어야 할 경우 제어기능 3가지를 기술하시오.

해답 ① 압력안전장치, 가스누출검지경보장치, 긴급차단장치, 또는 그 밖에 안전을 위한 설비 등의 제어회로가 정상상태로 작동되지 않는 경우에, 압축기 또는 펌프가 작동되지 않는 제어기능
② 이상상태가 발생한 경우에, 재해발생 방지를 위하여 압축기 · 펌프 · 긴급차단장치 등을 신속하게 정지 또는 폐쇄하는 제어기능
③ 압력안전장치, 가스누출검지경보설비 등 그 밖에 안전을 위한 설비 등의 조작회로에 동력이 공급되지 않는 경우 또는 경보장치가 경보를 울리고 있는 경우에, 압축기 또는 펌프가 작동하지 않는 제어기능

21 수소의 배관장치에서 압력안전장치가 갖추어야 하는 기준 3가지를 쓰시오.

해답 ① 배관 안의 압력이 상용압력을 초과하지 않고 또한 수격현상으로 인하여 생기는 압력이 상용압력의 1.1배를 초과하지 않도록 하는 제어기능을 갖춘 것
② 재질 및 강도는 가스의 성질, 상태, 온도 및 압력 등에 상응되는 적절한 것
③ 배관장치의 압력변동을 충분히 흡수할 수 있는 용량을 갖춘 것

22 다음은 수소가스 배관의 내용물 제거장치에 대한 설명이다. ( ) 안에 알맞은 말을 쓰시오.
사업소 밖의 배관에는 서로 인접하는 긴급차단장치의 구간마다 그 배관 안의 수소를 이송하고 (   ) 가스 등으로 치환할 수 있는 구조로 하여야 한다.

해답 불활성

23 수소가스 배관에서 상용압력이 몇 MPa 이상의 배관 내압시험 압력이 상용압력의 1.5배 이상이 되어야 하는지 쓰시오.

[해답] 0.1MPa 이상

24 지하매설 수소배관의 색상에 따른 배관의 최고사용압력을 쓰시오.
(1) 황색
(2) 적색

[해답] (1) 0.1MPa 미만 (2) 0.1MPa 이상

[참고] 지상배관은 황색

25 수소배관을 지하에 매설 시 배관의 직상부에 설치하는 보호포에 대하여 다음 물음에 답하시오.
(1) 보호포의 종류를 쓰시오.
(2) 보호포의 두께와 폭을 쓰시오.
(3) 황색 보호포와 적색 보호포의 최고사용압력을 쓰시오.
(4) 보호포는 배관 정상부에서 몇 m 이상 떨어진 곳에 설치해야 하는지 쓰시오.

[해답] (1) 일반형 보호포, 탐지형 보호포
(2) 두께 0.2mm, 폭 0.15m
(3) 황색 보호포 : 0.1MPa 미만
　　　적색 보호포 : 0.1MPa 이상 1MPa 미만
(4) 0.4m 이상

26 수소 설비 안의 압력이 상용압력을 초과 시 설치하여야 하는 과압안전장치 중 다음 물음에 알맞은 종류를 쓰시오.
(1) 기체 및 증기의 압력상승 방지를 위하여 설치하는 과압안전장치는?
(2) 급격한 압력 상승, 독성가스의 누출, 유체의 부식성 또는 반응 생성물의 성상 등에 따라 안전밸브가 부적당한 경우 설치하는 과압안전장치는?
(3) 펌프 및 배관에서 액체의 압력상승을 방지하기 위하여 설치하는 과압안전장치는?
(4) 다른 과압안전장치와 병행하여 설치할 수 있는 과압안전장치는?

[해답] (1) 안전밸브
(2) 파열판
(3) 릴리프 밸브 또는 안전밸브
(4) 자동제어장치

[참고] 과압안전장치의 설치위치
과압안전장치는 수소가스 설비 중 압력이 최고허용압력 또는 설계압력을 초과할 우려가 있는 다음의 구역마다 설치한다.
1. 내·외부 요인으로 압력 상승이 설계압력을 초과할 우려가 있는 압력용기 등
2. 토출측의 막힘으로 인한 압력 상승이 설계압력을 초과할 우려가 있는 압축기의 최종단(다단 압축기의 경우에는 각 단) 또는 펌프의 출구측
3. 1.부터 2.까지 이외에 압력조절 실패, 이상반응, 밸브의 막힘 등으로 인한 압력상승이 설계압력을 초과할 우려가 있는 수소가스 설비 또는 배관 등

27 연료전지를 연료전지실에 설치하지 않아도 되는 경우 2가지를 쓰시오.

해답 ① 밀폐식 연료전지
② 연료전지를 옥외에 설치하는 경우

28 반밀폐식 연료전지의 강제배기식에 대한 다음 물음에 답하시오.
(1) 배기통 터미널에 직경 몇 mm 이상인 물체가 통과할 수 없는 방조망을 설치하여야 하는가?
(2) 터미널의 전방, 측면, 상하 주위 몇 m 이내에 가연물이 없어야 하는가?
(3) 터미널 개구부로부터 몇 m 이내에는 배기가스가 실내로 유입할 우려가 있는 개구부가 없어야 하는가?

해답 (1) 16mm (2) 0.6m (3) 0.6m

29 과압안전장치를 수소 저장설비에 설치 시 설치높이를 쓰시오.

해답 지상에서 5m 이상의 높이 또는 수소 저장설비 정상부로부터 2m의 높이 중 높은 위치로서 화기
등이 없는 안전한 위치

30 수소가스 가스누출경보기에 대한 다음 내용의 빈칸에 알맞은 용어나 숫자를 쓰시오.
(1) 경보 농도는 검지경보장치의 설치장소, 주위 분위기, 온도에 따라 폭발하한계의 (   ) 이하로 한다.
(2) 경보기의 정밀도는 경보 농도 설정치의 (   )% 이하로 한다.
(3) 검지에서 발신까지 걸리는 시간은 경보 농도의 1.6배 농도에서 보통 (   )초 이내로 한다.
(4) 검지경보장치의 경보 정밀도는 전원의 전압 등 변동이 (   )% 정도일 때에도 저하되지 않아야
한다.
(5) 지시계의 눈금은 (   ) 값을 명확하게 지시하는 것으로 한다.
(6) 경보를 발신한 후에는 원칙적으로 분위기 중 가스 농도가 변화해도 계속 경보를 울리고, 그 확인
또는 (①)을 강구함에 따라 경보가 (②)되는 것으로 한다.

해답 (1) 1/4
(2) ±25
(3) 30
(4) ±10
(5) 0∼폭발하한계
(6) ① 대책, ② 정지

31 수소 제조·저장 설비 공장 등과 같이 천장높이가 지나치게 높은 건물에 설치한 검지경보장치 검
출부는 다량의 가스가 누출되어 위험한 상태가 되어야만 검지가 가능하므로, 이를 보완하기 위하
여 수소가 소량 누출되어도 검지가 가능하도록 설비 중 누출되기 쉬운 것의 상부에 검출부를 설치
하여 누출가스 포집이 가능하도록 하고 있다. 이 검출부에 설치하여야 하는 것은 무엇인지 쓰시오.

해답 포집갓

참고 포집갓의 규격
(1) 원형 : 직경 0.4m 이상
(2) 사각형 : (가로×세로) 0.4m 이상

32 사업소 밖의 수소가스누출경보기의 설치장소 3곳을 쓰시오.

> **해답** ① 긴급차단장치가 설치된 부분
> ② 슬리브관, 2중관 또는 방호구조물 등으로 밀폐되어 설치된 부분
> ③ 누출가스가 체류하기 쉬운 구조인 부분

33 시가지 주요 하천과 호수를 횡단하는 수소가스 배관은 횡단거리가 몇 m 이상일 때 배관의 양 끝으로부터 가까운 거리에 긴급차단장치를 설치하여야 하는지 쓰시오.

> **해답** 500m 이상

> **참고** 배관이 4km 연장되는 구간마다 긴급차단장치를 추가로 설치

34 수소가스 설비에 자연환기가 불가능할 때 설치하는 강제환기설비의 기준 3가지를 쓰시오.

> **해답** ① 통풍능력은 바닥면적 $1m^2$당 $0.5m^3/min$ 이상으로 한다.
> ② 배기구는 천장 가까이 설치한다.
> ③ 배기가스 방출구는 지면에서 3m 이상으로 한다.

35 수소연료전지를 실내에 설치하는 경우 환기능력에 대한 다음 물음에 답하시오.
(1) 실내 바닥면적 $1m^2$당 환기능력은 몇 $m^3/$분 이상이어야 하는가?
(2) 전체 환기능력은 몇 $m^3/$분 이상이어야 하는가?

> **해답** (1) $0.3m^3/$분
> (2) $45m^3/$분

36 수소 배관의 표지판 간격을 쓰시오.
(1) 지상배관
(2) 지하배관

> **해답** (1) 1000m마다
> (2) 500m마다

37 수소 저장설비의 온도상승 방지 조치에 대하여 물음에 답하시오.
(1) 고정분무설비 능력은 표면적 $1m^2$당 몇 L/min 이상의 비율로 계산된 수량이어야 하는가?
(2) 소화전의 위치는 저장설비 몇 m 이내인 위치에서 방사할 수 있어야 하는가?
(3) 소화전의 호스 끝 수압(MPa)과 방수능력(L/min)은 얼마인가?

> **해답** (1) 5L/min
> (2) 40m
> (3) 수압 : 0.3MPa 이상, 방수능력 : 400L/min 이상

2 | 수전해 설비 제조의 시설·기술·검사 기준

38 수소 경제 육성 및 수소 안전관리에 관한 기준이 적용되는 수전해 설비의 종류 3가지를 쓰시오.

해답 ① 산성 및 염기성 수용액을 이용하는 수전해 설비
② AEM(음이온교환막) 전해질을 이용하는 수전해 설비
③ PEM(양이온교환막) 전해질을 이용하는 수전해 설비

39 수전해 설비에 대한 다음 내용의 ( ) 안에 알맞은 용어를 쓰시오.
"수전해 설비"란 물을 전기분해하여 (①)를 생산하는 것으로서 법 규정에 따른 설비를 말하며, 그 설비의 기하학적 범위는 급수밸브로부터 스택, 전력변환장치, 기액분리기, 열교환기, (②) 제거장치, (③) 제거장치 등을 통해 토출되는 수소 배관의 첫 번째 연결부까지이다.

해답 ① 수소, ② 수분, ③ 산소

40 다음 물음에 알맞은 용어를 쓰시오.
(1) 수전해 설비에서 정상운전 상태에서 전류가 흐르는 도체 또는 도전부를 말한다.
(2) 수전해 설비의 비상정지 등이 발생하여 수전해 설비를 안전하게 정지하고, 이후 수동으로만 운전을 복귀시킬 수 있도록 하는 것을 말한다.
(3) 위험 부분으로의 접근, 외부 분진의 침투 또는 물의 침투에 대한 외함의 방진보호 및 방수보호 등급을 말한다.

해답 (1) 충전부
(2) 로크아웃
(3) IP등급

41 수전해 설비에서 물, 수용액, 산소, 수소 등의 유체가 통하는 부분에 적당한 재료를 쓰시오.

해답 스테인리스강 및 충분한 내식성이 있는 재료, 또는 코팅된 재료
참고 수용액, 산소, 수소가 통하는 배관의 재료 : 금속재료

42 외함 및 수분 접촉에 따른 부식의 우려가 있는 금속부분의 재료는 스테인리스강을 사용하여야 하는데, 스테인리스강을 사용하지 않고 탄소강을 사용 시 해야 하는 조치를 쓰시오.

해답 부식에 강한 코팅 처리를 해야 한다.

43 수전해 설비에 사용하지 못하는 재료 3가지를 쓰시오.

해답 ① 폴리염화비페닐, ② 석면, ③ 카드뮴

44 수전해 설비에서 수소 및 산소가 통하는 배관, 관 이음매 등에 사용되는 재료를 사용할 수 없는 경우를 쓰시오.

> **해답** ① 상용압력이 98MPa 이상인 배관 등
> ② 최고사용온도가 815℃를 초과하는 배관 등
> ③ 직접 화기를 받는 배관 등

45 수전해 설비는 본체에 설치된 스위치 또는 컨트롤러의 조작을 통해서 운전을 시작하거나 정지할 수 있는 구조로 해야 하지만, 원격조작이 가능한 경우가 있는데 이 경우 2가지를 쓰시오.

> **해답** ① 본체에서 원격조작으로 운전을 시작할 수 있도록 허용하는 경우
> ② 급격한 압력 및 온도 상승 등 위험이 생길 우려가 있어 수전해 설비를 정지해야 하는 경우

46 수전해 설비에 대한 다음 내용 중 ( ) 안에 알맞은 단어를 쓰시오.
(1) 수전해 설비의 안전장치가 작동해야 하는 설정값은 (   ) 등을 통하여 임의로 변경할 수 없도록 한다.
(2) (   ) 등 수전해 설비의 운전상태에서 사람이 접할 우려가 있는 가동부분은 쉽게 접할 수 없도록 적절한 보호틀이나 보호망 등을 설치한다.
(3) 정격압력전압 또는 정격주파수를 변환하는 기구를 가진 (   )의 것은 변환된 전압 및 주파수를 쉽게 식별할 수 있도록 한다. 다만, 자동으로 변환되는 기구를 가지는 것은 그렇지 않다.
(4) 수전해 설비의 외함 내부에는 (   ) 가스가 체류하거나, 외부로부터 이물질이 유입되지 않는 구조로 한다.
(5) (   )를 실행하기 위한 제어장치의 설정값 등을 사용자 또는 설치자가 임의로 조작해서는 안 되는 부분은 봉인 실 또는 잠금장치 등으로 조작을 방지할 수 있는 구조로 한다.
(6) (①) 또는 (②)의 유체가 설비 외부로 방출될 수 있는 부분에는 주의문구를 표시한다.

> **해답** (1) 원격조작   (2) 환기팬   (3) 이중정격
> (4) 가연성   (5) 비상정지   (6) ① 가연성, ② 독성

47 설비의 유지, 보수나 긴급정지 등을 위해 유체의 흐름을 차단하는 밸브를 설치하는 경우, 차단밸브가 갖추어야 하는 기준 4가지를 쓰시오.

> **해답** ① 차단밸브는 최고사용압력과 온도 및 유체특성 등이 사용조건에 적합해야 한다.
> ② 차단밸브의 가동부는 밸브 몸통으로부터 전해지는 열을 견딜 수 있어야 한다.
> ③ 자동차단밸브는 공인인증기관의 인증품 또는 법 규정에 따른 성능시험을 만족하는 것을 사용해야 한다.
> ④ 자동차단밸브는 구동원이 상실되었을 경우 안전하게 가동될 수 있는 구조이어야 한다.

48 수전해 설비의 배관에 액체 공급 및 배수의 구조에 대한 다음 물음에 답하시오.
(1) 급수라인 접속부에 설치하여야 하는 장치를 쓰시오.
(2) 물, 수용액 등을 저장하기 위한 설비의 구조에 대하여 쓰시오.

> **해답** (1) 역류방지장치
> (2) 설비를 견고히 고정하고 그 설비 안의 내용물이 밖으로 흘러넘치지 않는 구조로 한다.

49 다음은 수전해 설비의 전기배선에 대한 내용이다. ( ) 안에 알맞은 숫자를 쓰시오.

(1) 배선은 가동부에 접촉하지 않도록 설치해야 하며, 설치된 상태에서 (   )N의 힘을 가하였을 때에도 가동부에 접촉할 우려가 없는 구조로 한다.

(2) 배선은 고온부에 접촉하지 않도록 설치해야 하며, 설치된 상태에서 (   )N의 힘을 가하였을 때 고온부에 접촉할 우려가 있는 부분은 피복이 녹는 등의 손상이 발생되지 않고 충분한 내열성능을 갖는 것으로 한다.

(3) 배선이 구조물을 관통하는 부분 또는 (   )N의 힘을 가하였을 때 구조물에 접촉할 우려가 있는 부분은 피복이 손상되지 않는 구조로 한다.

(4) 전기접속기에 접속한 것은 (   )N의 힘을 가하였을 때 접속이 풀리지 않는 구조로 한다.

[해답] (1) 2
　　　 (2) 2
　　　 (3) 2
　　　 (4) 5

50 수전해 설비의 전기배선 시 단락, 과전류 등과 같은 이상상황 발생 시 전류를 효과적으로 차단하기 위해 설치해야 하는 장치를 쓰시오.

[해답] 퓨즈 또는 과전류보호장치

51 수전해 설비의 전기배선에서 충전부에 사람이 접촉하지 않도록 하는 방법을 다음과 같이 구분하여 설명하시오.

(1) 충전부의 보호함이 공구를 이용하지 않아도 쉽게 분리되는 경우

(2) 충전부의 보호함이 공구 등을 이용해야 분리되는 경우

[해답] (1) 충전부의 보호함이 드라이버, 스패너 등의 공구 또는 보수점검용 열쇠 등을 이용하지 않아도 쉽게 분리되는 경우에는, 그 보호함 등을 제거한 상태에서 시험지를 삽입하여 시험지가 충전부에 접촉하지 않는 구조로 한다.

(2) 충전부의 보호함이 나사 등으로 고정 설치되어 있어 공구 등을 이용해야 분리되는 경우에는, 그 보호함이 분리되어 있지 않은 상태에서 시험지를 삽입하여 시험지가 충전부에 접촉하지 않는 구조로 한다.

52 수전해 설비의 전기배선에서 충전부는 사람이 접촉하지 않도록 해야 하는데, 예외적으로 시험지가 충전부에 접촉할 수 있는 구조로 할 수 있는 경우가 있다. 그 경우를 4가지 쓰시오.

[해답] ① 설치한 상태에서 쉽게 사람에게 접촉할 우려가 없는 설치면의 충전부

② 질량이 40kg을 넘는 몸체 밑면의 개구부로부터 40cm 이상 떨어진 충전부

③ 구조상 노출될 수밖에 없는 충전부로서 절연변압기에 접속된 2차측 회로의 대지전압과 선간전압이 교류 30V 이하, 직류 45V 이하인 것

④ 구조상 노출될 수밖에 없는 충전부로서 대지와 접지되어 있는 외함과 충전부 사이에 1kΩ의 저항을 설치한 후 수전해 설비 내 충전부의 상용주파수에서 그 저항에 흐르는 전류가 1mA 이하인 것

53 수소가 통하는 배관의 접지 기준 4가지를 쓰시오.

> **해답** ① 직선 배관은 80m 이내의 간격으로 접지한다.
> ② 서로 교차하지 않는 배관 사이의 거리가 100mm 미만인 경우에는 배관 사이에서 발생될 수 있는 스파크 점퍼를 방지하기 위해 20m 이내의 간격으로 점퍼를 설치한다.
> ③ 서로 교차하는 배관 사이의 거리가 100mm 미만인 경우에는 배관이 교차하는 곳에 점퍼를 설치한다.
> ④ 금속볼트 또는 클램프로 고정된 금속플랜지에는 추가적인 정전기와이어가 정착되지 않지만, 최소한 4개의 볼트 또는 클램프들마다에는 양호한 전도성 접촉점이 있도록 해야 한다.

54 수전해 설비의 유체이동 관련 기기에 사용되는 전동기의 구조 조건 4가지를 쓰시오.

> **해답** ① 회전자의 위치와 관계없이 시동되는 것으로 한다.
> ② 정상적인 운전이 지속될 수 있는 것으로 한다.
> ③ 전원에 이상이 있는 경우에도 안전에는 지장 없는 것으로 한다.
> ④ 통상의 사용환경에서 전동기의 회전자는 지장을 받지 않는 구조로 한다.

55 수전해 설비에서 가스홀더, 펌프 및 배관 등 압력을 받는 부분에는 압력이 상용압력을 초과할 우려가 있는 어느 하나의 구역에 안전밸브, 릴리프 밸브 등의 과압안전장치를 설치하여야 한다. 그 구역에 해당되는 곳 4가지를 쓰시오.

> **해답** ① 내·외부 요인으로 압력상승이 설계압력을 초과할 우려가 있는 압력용기 등
> ② 펌프의 출구측
> ③ 배관 안의 액체가 2개 이상의 밸브로 차단되어 외부열원으로 인한 액체의 열팽창으로 파열이 우려되는 배관
> ④ 그 밖에 압력조절 실패, 이상반응, 밸브의 막힘 등으로 인해 상용압력을 초과할 우려가 있는 압력부
>
> **참고** 과압안전장치 방출관은 지상으로부터 5m 이상의 높이에, 주위에 화기 등이 없는 안전한 위치에 설치한다. 다만, 수전해 설비가 하나의 외함으로 둘러싸인 구조의 경우에는 과압안전장치에서 배출되는 가스는 외함 밖으로 방출되는 구조로 한다.

56 다음은 수전해 설비의 셀스틱 구조에 대한 내용이다. ( ) 안에 알맞은 가스명을 쓰시오. (단, ①, ②의 순서가 바뀌어도 정답으로 인정한다.)
셀스틱은 압력, 진동열 등으로 인하여 생기는 응력에 충분히 견디고, 사용환경에서 절연열화 방지 등 전기 안전성을 갖는 구조로 한다. 또한 (①)와 (②)의 혼합을 방지할 수 있는 분리막이 있는 구조로 한다.

> **해답** ① 산소, ② 수소

57 수전해 설비에서 열평형을 유지할 수 있도록 냉각, 열 방출, 과도한 열의 회수 및 시동 시 장치를 가열할 수 있도록 보유하여야 하는 시스템은 무엇인지 쓰시오.

> **해답** 열관리시스템

58 수전해 설비의 외함에는 충분한 환기성능을 갖는 기계적 환기장치나 환기구를 설치하여야 한다. 환기구의 설치기준 3가지를 쓰시오.

> **해답** ① 먼지, 눈, 식물 등에 의해 방해받지 않도록 설계되어야 한다.
> ② 누출된 가스가 외부로 원활히 배출될 수 있는 위치에 설치해야 한다.
> ③ 유지, 보수를 위해 사람이 외함 내부로 들어갈 수 있는 구조를 가진 수전해 설비의 환기구 면적은 $0.003m^2/m^3$ 이상으로 한다.

59 수전해 설비의 외함 구조가 갖추어야 하는 조건 4가지를 쓰시오.

> **해답** ① 외함 상부는 누출된 수소가 체류하지 않는 구조로 한다.
> ② 외함에 설치된 패널, 커버, 출입문 등은 외부에서 열쇠 또는 전용공구 등을 통해 개방할 수 있고 개폐상태를 유지할 수 있는 구조를 갖추어야 한다.
> ③ 작업자가 통과할 정도로 큰 외함의 점검구, 출입문 등은 바깥쪽으로 열리고, 열쇠 또는 전용공구 없이 안에서 쉽게 개방할 수 있는 구조여야 한다.
> ④ 수전해 설비가 수산화칼륨(KOH) 등 유해한 액체를 포함하는 경우 수전해 설비의 외함은 유해한 액체가 외부로 누출되지 않도록 안전한 격납수단을 갖추어야 한다.

60 수전해 설비의 시동 시 안전상 제어되어야 할 사항 4가지를 쓰시오.

> **해답** ① 수전해 설비 운전 개시 전 외함 내부의 폭발 가능한 가연성 가스 축적을 방지하기 위하여 공기, 질소 등으로 외함 내부를 충분히 퍼지할 것
> ② 시동은 모든 안전장치가 정상적으로 작동하는 경우에만 가능하도록 제어될 것
> ③ 올바른 시동 시퀀스를 보증하기 위해 적절한 연동장치를 갖는 구조일 것
> ④ 정지 후 자동 재시동은 모든 안전조건이 충족된 후에만 가능한 구조일 것

61 다음 내용의 빈칸에 알맞은 용어를 쓰시오.

수전해 설비의 열관리 장치에서 독성의 유체가 통하는 열교환기는 파손으로 상수원 및 상수도에 영향을 미칠 수 있는 경우 (①)으로 하고, (②) 사이는 공극으로써 대기 중에 (③)된 구조로 한다. 다만, 독성 유체의 압력이 냉각유체의 압력보다 (④)kPa 이상 낮은 경우로서 모니터를 통하여 그 압력 차이가 항상 유지되는 구조인 경우에는 (⑤)으로 하지 않을 수 있다.

> **해답** ① 이중벽, ② 이중벽, ③ 개방, ④ 70, ⑤ 이중벽

62 수전해 설비의 수소 정제장치에서 안전한 작동을 보장하기 위하여 수소 정체장치의 작동이 정지되어야 하는 경우 4가지를 쓰시오.

> **해답** ① 공급가스의 압력, 온도, 조성 또는 유량이 경보 기준수치를 초과한 경우
> ② 프로세스 제어밸브가 작동 중에 장애를 일으키는 경우
> ③ 수소 정제장치에 전원 공급이 차단된 경우
> ④ 압력용기 등의 압력 및 온도가 허용최대설정치를 초과하는 경우

63 수전해 설비의 수소 정제장치에 설치해야 할 설비 및 갖추어야 하는 장치를 3가지 쓰시오.

해답 ① 가연성 혼합물 또는 폭발성 혼합물의 생성을 방지하기 위해 촉매 등을 통한 산소 제거설비
② 수소 중의 수분을 제거하기 위해 흡탈착 방법 등을 이용한 수분 제거설비
③ 산소 제거설비 및 수분 제거설비가 정상적으로 작동되는지 확인할 수 있도록 그 설비에 설치된 온도, 압력 등을 측정할 수 있는 모니터링 장치

64 수전해 설비의 내압성능에 대한 다음 물음에 답하시오.
(1) 내압시험을 실시하는 유체의 대상을 4가지 이상 쓰시오.
(2) 내압시험압력을 ① 수압으로 하는 경우와 ② 공기, 질소, 헬륨으로 하는 경우의 압력을 쓰시오.
(3) 내압시험의 시간을 쓰시오.
(4) 내압시험의 압력기준을 쓰시오.
(5) 기밀시험의 압력기준을 쓰시오.

해답 (1) 물, 수용액, 산소, 수소
(2) ① 상용압력×1.5배 이상, ② 상용압력×1.25배 이상
(3) 20분간
(4) 시험 실시 시 팽창, 누설 등의 이상이 없어야 한다.
(5) 최고사용압력의 1.1배 또는 8.4kPa 중 높은 압력으로 누설이 없어야 한다.

65 수전해 설비의 물, 수용액, 산소 등 유체의 통로는 기밀시험을 실시한다. 기밀시험을 생략할 수 있는 경우를 쓰시오.

해답 내압시험을 기체로 실시한 경우

66 수전해 설비의 기밀시험 실시 방법을 3가지 쓰시오.

해답 ① 기밀시험은 원칙적으로 공기 또는 위험성이 없는 기체의 압력으로 실시한다.
② 기밀시험은 그 설비가 취성파괴를 일으킬 우려가 없는 온도에서 한다.
③ 기밀시험 압력은 상용압력 이상으로 하되, 0.7MPa을 초과하는 경우 0.7MPa 이상의 압력으로 한다. 이 경우 시험할 부분의 용적에 대응한 기밀유지기간 이상을 유지하고, 처음과 마지막 시험의 측정압력차가 압력측정기구의 허용오차 안에 있는 것을 확인하며, 처음과 마지막 시험의 온도차가 있는 경우에는 압력차를 보정한다.

67 수전해 설비의 기밀시험 유지시간에 대한 다음 빈칸을 채우시오.

압력 정기구	용적	기밀유지시간
	$1m^3$ 미만	①
압력계 또는 자기압력기록계	$1m^3$ 이상 $10m^3$ 미만	②
	$10m^3$ 이상	$48 \times V$분 (다만, 2880분을 초과한 경우는 2880분으로 할 수 있다.)

[비고] V는 피시험부분의 용적(단위 : m^3)이다.

해답 ① 48분, ② 480분

68 수전해 설비에 대하여 다음 물음에 답하시오.

(1) 500V의 절연저항계(정격전압이 300V를 초과하고 600V 이하인 것은 1000V) 또는 이것과 동등한 성능을 가지는 절연저항계로 측정한 수전해 설비의 충전부와 외면(외면이 절연물인 경우는 외면에 밀착시킨 금속박) 사이의 절연저항은 몇 $M\Omega$ 이상으로 하여야 하는가?

(2) 수소가 통하는 배관의 기밀을 유지하기 위해 사용되는 패킹류, 실재 등의 비금속재료는 5℃ 이상 25℃ 이하의 수소가스를 해당 부품에 작용되는 상용압력으로 72시간 인가 후, 24시간 동안 대기 중에 방치하여 무게변화율이 몇 % 이내이어야 하는가?

(3) 수전해 설비의 안전장치가 정상적으로 작동해야 하는 경우에서

① 외함 내 수소 농도 몇 % 초과 시 안전장치가 작동하여야 하는가?

② 발생 수소 중 산소의 농도가 몇 % 초과 시 안전장치가 작동하여야 하는가?

③ 발생 산소 중 수소의 농도가 몇 % 초과 시 안전장치가 작동하여야 하는가?

[해답] (1) 1MΩ 이상
(2) 20% 이내
(3) ① 1%, ② 3%, ③ 2%

[해설] 그 밖에 안전장치가 정상 작동해야 하는 경우
1. 환기장치에 이상이 생겼을 경우
2. 설비 내 온도가 현저히 상승 또는 저하되는 경우
3. 수용액, 산소, 수소가 통하는 부분의 압력이 현저히 상승하였을 경우

69 수전해 설비의 자동제어시스템은 고장모드에 의한 결점회피와 결점허용을 감안하여 설계고장 발생 시 어떠한 상태에 도달해야 하는지 영어(원어)로 쓰시오.

[해답] fail-safe

[참고] fail-safe : 안전한 상태

70 수전해 설비 정격운전 후 허용최고온도는 몇 시간 후 측정해야 하는지 쓰시오.

[해답] 2시간

71 수전해 설비 항목별 최고온도 기준에서 허용최고온도를 쓰시오.

(1) 조작 시 손이 닿는 부분 중
① 금속제, 도자기제 및 유리제의 것
② 금속제, 도자기제 및 유리제 이외의 것

(2) 배기구 톱 또는 급기구 톱의 주변 목변 및 급배기구 통의 벽 관통 목벽의 표면의 온도는 몇 ℃ 이하 인지 쓰시오.

[해답] (1) ① 50℃ 이하, ② 55℃ 이하
(2) 100℃ 이하

72 수전해 설비에 누설전류가 발생 시 누설전류는 몇 mA 이하여야 하는지 쓰시오.

[해답] 5mA 이하

73 수전해 설비 절연거리의 공간거리 측정시험에 대한 오염등급을 쓰시오.

(1) 주요 환경조건이 비전도성 오염이 없는 마른 곳, 오염이 누적되지 않은 환경

(2) 주요 환경조건이 비전도성 오염이 일시적으로 누적될 수도 있는 환경

(3) 주요 환경조건이 오염이 누적되고 습기가 있는 환경

(4) 주요 환경조건이 먼지, 비, 눈 등에 노출되어 오염이 누적되는 환경

해답 (1) 오염등급 1등급
(2) 오염등급 2등급
(3) 오염등급 3등급
(4) 오염등급 4등급

74 다음은 수전해 설비의 부품 내구성능에 대한 내용이다. ( ) 안에 적당한 숫자를 쓰시오.

(1) 자동제어시스템을 (2∼20)회/분 속도로 (   )회 내구성능시험을 실시 후 성능에 이상이 없어야 한다.

(2) 압력차단장치를 (2∼20)회/분 속도로 5000회 내구성능시험을 실시 후 성능에 이상이 없어야 하며, 압력차단 설정값의 (   )% 이내에 안전하게 차단해야 한다.

(3) 과열방지 안전장치를 (2∼20)회/분 속도로 5000회 내구성능시험을 실시 후 성능에 이상이 없어야 하며, 과열차단 설정값의 (   )% 이내에서 안전하게 차단해야 한다.

해답 (1) 25000
(2) 5
(3) 5

75 수전해 설비의 정격운전 상태에서 측정된 수소 생산량은 제조사가 표시한 값의 몇 % 이내여야 하는지 쓰시오.

해답 ±5%

76 수전해 설비를 안전하게 사용할 수 있도록 극성이 다른 충전부 사이 또는 충전부와 사람이 접촉할 수 있는 비충전 금속부 사이의 첨두전압이 600V를 초과하는 부분은 그 부근 또는 외부의 보기 쉬운 장소에 쉽게 지워지지 않는 방법으로 어떠한 표시를 해야 하는지 쓰시오.

해답 주의 표시

77 수전해 설비의 배관에는 배관 표시를 해야 한다. 이때 배관 연결부 주위에 하는 표시의 종류 4가지를 쓰시오.

해답 가스, 전기, 급수, 수용액

78 수전해 설비에 시공표지판을 부착 시 기록해야 하는 내용에 대하여 쓰시오.

해답 시공자의 상호, 소재지, 시공관리자 성명, 시공일

79 수전해 설비의 시험실에 대하여 물음에 답하시오.
(1) 시험실의 온도를 쓰시오.
(2) 시험실의 상대습도(%)를 쓰시오.

해답 (1) 20±5℃
　　(2) (65±20)℃

80 수전해 설비의 자동차단밸브 성능시험에서 호칭지름에 따른 밸브의 차단시간을 쓰시오.
(1) 100A 미만
(2) 100A 이상 200A 미만
(3) 200A 이상

해답 (1) 1초 이내
　　(2) 3초 이내
　　(3) 5초 이내

3 | 고정형 연료전지 제조의 시설 · 기술 · 검사 기준

81 다음 설명하는 내용에 맞는 용어를 쓰시오.
(1) 수소가 주성분인 가스를 생산하기 위한 원료 또는 버너 내 점화 및 연소를 위한 에너지원으로 사용되기 위해 연료전지로 공급되는 가스
(2) 연료가스를 수증기 개질, 자열 개질, 부분 산화 등 개질반응을 하여 발생되는 것으로서 수소가 주성분인 가스
(3) 화염이 있다는 신호가 오지 않은 상태에서 연소안전제어기가 가스의 공급을 허용하는 최대의 시간
(4) 연소안전제어기와 화염감시기(화염의 유무를 검지하여 연소안전제어기에 알리는 것을 말한다)로 구성된 장치

해답 (1) 연료가스
　　(2) 개질가스
　　(3) 안전차단시간
　　(4) 화염감시장치

82 연료전지의 외함 내부가 갖추어야 하는 구조에 대하여 설명하시오.

해답 가연성 가스가 체류하거나 외부로부터 이물질이 유입되지 않는 구조로 한다.

83 연료전지에 누출된 가연성 가스가 전력변환장치 또는 제어장치로 유입되는 것을 최소화하기 위하여 격벽을 설치하는 장소를 2곳 쓰시오.

해답 ① 가연성 가스의 누출원과 전력변환장치 사이
　　② 가연성 가스의 누출원과 제어장치 사이

84 배관 접속을 위한 연료전지 외함 접속부의 구조를 설명하시오.

> **해답** ① 배관의 구경에 적합해야 한다.
> ② 외부에 노출되어 있거나 쉽게 확인할 수 있는 위치에 설치해야 한다.
> ③ 진동자 중 내압력, 열하중 등으로 인해 발생하는 응력에 견딜 수 있어야 한다.

85 연료전지의 가스필터에 대한 다음 물음에 답하시오.
(1) 연료 인입자동차단밸브를 기준으로 한 설치장소를 쓰시오.
(2) 이때 가스필터 여과재의 최대직경은 ① 몇 mm 이하이며, ② 몇 mm를 초과하는 틈이 있어야 하는가?

> **해답** (1) 인입자동차단밸브의 전단
> (2) ① 1.5mm, ② 1mm

86 연료가스 배관 인입밸브에 대하여 물음에 답하시오.
(1) 독립적으로 작용하는 인입밸브의 설치기준을 쓰시오.
(2) 이 경우 구동원 상실 시 연료가스 통로의 구조에 대하여 쓰시오.

> **해답** (1) 직렬로 2개 이상 설치
> (2) 연료가스의 통로가 자동으로 차단되는 구조(fail-safe)

87 고정형 연료전지의 버너 구조에서 연소를 위하여 연료가스와 공기가 혼합되는 구조의 경우 주의사항을 한 가지만 기술하시오.

> **해답** 공기가 연료가스 공급라인으로, 연료가스가 공기 공급라인으로 유입되는 것을 방지하여야 한다.

88 다음은 고정형 연료전지의 버너점화장치에서 방전불꽃을 이용하는 점화에 대한 내용이다. 틀린 내용을 골라 번호로 쓰시오.

① 전극부는 상시 황염이 접촉되는 위치에 있는 것으로 한다.
② 전극의 간격은 사용상태에서 간격 조정이 가능하여야 한다.
③ 고압배선의 충전부와 비충전 금속부와의 사이는 전극간격 이상의 충분한 공간거리를 유지하고, 점화동작 시에 누전을 방지하도록 적절한 전기절연 조치를 한다.
④ 방전불꽃이 닿을 우려가 있는 부분에 사용하는 전기절연물은 방전불꽃으로 인한 유해한 변형, 절연저하 등의 변질이 없는 것으로 한다.
⑤ 사용 시 손이 닿을 우려가 있는 고압배선에는 적절한 전기절연피복을 한다.

> **해답** ①, ②
> **해설** ① 전극부는 상시 황염이 접촉되지 않는 위치에 있는 것으로 한다.
> ② 전극의 간격은 사용상태에서 변화되지 않도록 고정되어 있는 것으로 한다.

89 고정형 연료전지 접지 구조의 접지 케이블로 사용될 수 있는 것 2가지를 쓰시오.

해답 ① 직경 1.6mm의 연동선 또는 이와 동등 이상의 강도 및 두께를 갖는 쉽게 부식되지 않는 금속선
② 공칭 단면적 1.25mm^2 이상의 단심코드 또는 단심캡타이어케이블
③ 공칭 단면적 0.75mm^2 이상의 2심 코드로 2선의 도체를 양단에서 꼬아 합치거나 납땜 또는 압착한 것
④ 공칭 단면적 0.75mm^2 이상의 다심코드(꼬아 합친 것 제외) 또는 다심캡타이어케이블의 1개의 선심 (택2 기술)

90 유체이동 관련 기기에 사용되는 전동기가 갖추어야 할 조건 4가지를 쓰시오.

해답 ① 회전자의 위치에 관계없이 시동되어야 한다.
② 정상적인 운전이 지속될 수 있어야 한다.
③ 전원에 이상이 있는 경우에도 안전에 지장이 없어야 한다.
④ 통상의 사용환경에서 전동기의 회전자는 지장을 받지 않는 구조로 되어 있어야 한다.

91 통 고정형 연료장치의 급배기통 접속부의 구조에 대하여 다음 물음에 답하시오.
(1) 급배기통의 이음방식 3가지를 쓰시오.
(2) 접속부의 길이는 몇 mm 이상인지 쓰시오.

해답 (1) ① 리브타입, ② 플랜지이음, ③ 나사이음
(2) 40mm

92 LPG 도시가스를 연료로 공급 받는 연료전지는 필요에 따라 어떠한 용도로 설계 제작을 할 수 있는지를 쓰시오.

해답 캐스케이드용

93 연료전지의 케스케이드용 구조 및 성능에 대하여 다음 물음에 답하시오.
(1) 적용범위 기준에 있어 가스용 연료전지 중 정격출력 몇 kW 이하의 고분자 전해질형 연료전지로서 하나의 캐스케이드 연통에 몇 대 이하로 사용할 수 있는 연료전지에 적용할 수 있는가?
(2) 구조에 있어 배기가스에 부착하여야 할 장치는?

해답 (1) 6대 (2) 역류방지장치

94 다음은 캐스케이드용 연료전지의 역류방지장치의 기밀에 대한 내용이다. ( ) 안에 적당한 숫자를 쓰시오.
0Pa에서 제조자가 제시한 최대차압(최소 100Pa 이상)까지 (①)Pa의 간격으로 차압을 가하여 밸브를 통해 누출되는 공기량을 측정하였을 때 각각의 누출량은 (②)L/h 이하이어야 한다.

해답 ① 20, ② 200

95 고정형 연료전지의 전력변환장치의 출력 전기방식의 표준으로 하는 종류 3가지를 쓰시오.

해답 ① 단상 2선식, ② 삼상 4선식, ③ 삼상 3선식

96 고정형 연료장치의 제품성능에 대한 다음 물음에 알맞은 답을 쓰시오.
(1) 대기차단식 물순환 통로에서 내압시험은 상용압력의 1.5배 이상일 때 최소 압력값은 몇 MPa이며, 수압으로 몇 분간 유지하여 이상이 없어야 하는가?
(2) 급수 접속구에서 온수 출구까지의 통로에서의 물통로의 내압시험압력은 얼마이며, 몇 분간 유지하여 이상이 없어야 하는가?

해답 (1) 0.45MPa, 10분
(2) 1.75MPa, 1분

97 고정형 연료전지의 절연저항 성능에서 500V의 절연저항계(정격전압이 300V를 초과하고 600V 이하인 것은 1000V) 또는 이것과 동등한 성능을 가지는 절연저항계로 측정한 연료전지의 충전부와 외면(외면이 절연물인 경우는 외면에 밀착시킨 금속박) 사이의 절연저항은 몇 MΩ 이상이어야 하는지 쓰시오.

해답 1MΩ 이상

98 고정형 연료전지의 내가스 성능 투과성 시험에 대한 다음 내용의 ( ) 안을 채우시오.
(1) 탄화수소계의 연료가 통하는 배관의 패킹류 및 금속 이외의 기밀유지부는 5℃ 이상 25℃ 이하의 (①) 속에 72시간 이상 담근 후에 24시간 대기 중에 방치하여 무게변화율이 (②)% 이내이고 사용상 지장이 있는 연화 및 취화 등이 없어야 한다.
(2) 수소가 통하는 배관의 패킹류 및 금속 이외의 기밀유지부는 5℃ 이상 25℃ 이하의 수소가스를 해당 부품에 인가되는 압력으로 (①)시간 인가 후, 24시간 대기 중에 방치하여 무게변화율이 (②)% 이내이고 사용상 지장이 있는 연화 및 취화 등이 없어야 한다.
(3) 탄화수소계 연료가스가 통하는 비금속 배관은 35℃ ±0.5℃의 온도에서 0.9m 길이의 비금속 배관 안에 순도 (①)% 이상의 (②)가스를 담은 상태로 24시간 동안 유지하고, 이후 6시간 동안 측정한 가스 투과량은 (③)mL/h 이하이어야 한다.

해답 (1) ① n-펜탄, ② 20
(2) ① 72, ② 20
(3) ① 98, ② 프로판, ③ 3

99 고정형 연료전지의 가스공급 개시 시 안전차단밸브가 작동되어야 하는 경우 4가지를 쓰시오.

해답 ① 연료전지 시동 시 프리퍼지가 완료되고 공기압력감시장치로부터 송풍기가 작동되고 있다는 신호가 오는 경우
② 가스압력장치로부터 가스압력이 적정하다는 신호가 오는 경우
③ 점화장치가 켜진 경우
④ 파일럿 화염으로 버너가 점화되는 경우에는 파일럿 화염이 있다는 신호가 오는 경우

100 고정형 연료전지의 운전 중 화염이 블로오프가 된 경우 버너 작동이 정지되고 가스 통로가 차단되어야 하는데, 연료전지의 연료소비량에 따라 운전 중 재점화, 재시동이 가능한 경우가 있다. 다음 표의 빈칸에 알맞은 것을 쓰시오.

[운전 중 재점화, 재시동 가능 조건]

연료전지의 연료소비량	허용 조건
10kW 이하	재점화 또는 재시동 3회 허용
①	재점화 또는 재시동 2회 허용
②	재점화 또는 재시동 1회 허용
120kW 초과 232.6kW 이하	재시동만 1회 허용

해답 ① 10kW 초과 50kW 이하, ② 50kW 초과 120kW 이하

101 고정형 연료전지의 기밀성능에서 연료가스 접속구에서 인입밸브까지 상용압력 1.5배로 가압 시 누출량은 몇 mL/h 이하여야 하는지 쓰시오.

해답 70mL/h

102 고정형 연료전지의 배기가스 중 수소의 농도를 정격상태에서 5초 이하의 간격으로 3시간 동안 연속측정 시 측정 농도의 30분 이동 평균값은 몇 % 이하여야 하는지 쓰시오.

해답 0.5% 이하

103 고정형 연료전지의 배기구와 급기구의 막힘 시 배기가스를 측정하였을 때 안전성능시험기준에 따른 배기가스 중 CO 농도는 몇 % 이하여야 하는지 쓰시오.

해답 0.04% 이하

104 시험연료 기준에 대한 다음 물음에 답하시오.
(1) 시험가스 성분의 부피기준에서 온도와 압력의 기준을 쓰시오.
(2) 시험가스 성분 부피비에서 시험가스가 도시가스인 경우 CH_4, C_3H_8의 부피(%)를 쓰시오.
(3) 시험가스 성분 부피비에서 시험가스가 액화석유가스인 경우 그 가스는 무엇이며, 성분 부피비를 쓰시오.

해답 (1) 온도 : 15℃, 압력 : 101.3kPa
(2) CH_4 : 96.0%, C_3H_8 : 4%
(3) C_3H_8, 100%

MEMO

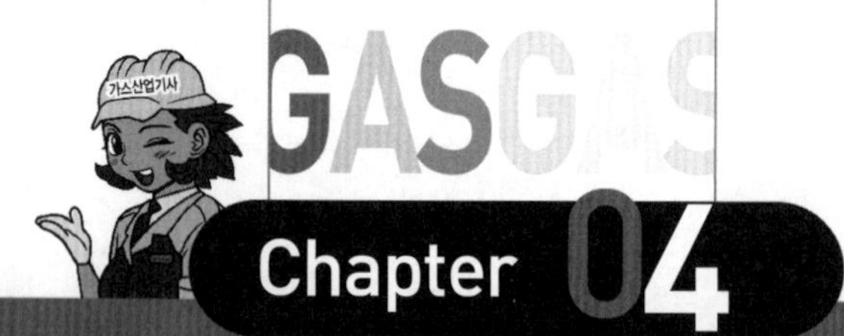

Chapter 04

필답형 과년도 출제문제

2010년 가스산업기사 필답형 출제문제

제1회 출제문제(2010. 4. 19. 시행)

01 두께(t) 2mm, 길이 20mm인 강판에 하중 1500kgf를 가했더니 파열되었다. 파열된 인장강도 (kgf/cm^2)는 얼마인가?

정답 $\sigma = \dfrac{W}{t \times l} = \dfrac{1500kgf}{2mm \times 20mm} = 37.5kgf/mm^2 = 3750kgf/cm^2$

02 저온장치에 사용되는 진공단열법의 종류 3가지를 기술하시오.

정답 ① 고진공단열법　　② 분말진공단열법　　③ 다층진공단열법

03 발열량 12000kcal/Nm³인 CH_4에 공기를 희석하여 3600kcal/Nm³으로 할 때 희석 가능여부를 판별하시오.

정답 $\dfrac{12000}{1+x} = 3600$

$(1+x) \times 3600 = 12000$

$\therefore x = \dfrac{12000}{3600} - 1 = 2.33m^3$

$CH_4 : 1m^3$, 공기 : $2.33m^3$이면 $CH_4(\%) = \dfrac{1}{1+2.33} \times 100 = 30.03\%$

$\therefore CH_4$의 폭발범위는 5~15%이므로 연소범위를 벗어나 희석이 가능하다.

04 다음의 (   )에 공통적으로 들어가는 용어는?

가스용 스프링식 안전밸브의 분출 개시압력의 허용차는 (   )이 0.7MPa 이하인 것은 (   )의 ±0.02MPa, 0.7MPa를 초과하는 것은 (   )의 ±3%이어야 한다.

정답 설정압력

05 LP가스 옥외저장소의 잔가스용기와 충전용기의 이격거리는 몇 m인가?

정답 1.5m 이상

06 작동절대압력 10MPa, 용기 내용적 100L인 고압장치의 안전밸브 분출유량(m^3/min)은?

정답 $Q=0.0278PW=0.0278\times10\times100=27.8m^3$/min
여기서, Q : 안전밸브 분출유량(m^3/min)
　　　　P : 작동절대압력(MPa)
　　　　W : 용기 내용적(L)

07 도로 폭이 8m 이상인 중압가스 배관의 ① 매설깊이, ② 색상, ③ 저압과 중압배관을 매설 시 배관색을 구분하는 이유를 쓰시오.

정답 ① 매설깊이 : 1.2m 이상
② 색상 : 적색
③ 배관의 색상으로 저압관, 중압관을 구별하고, 배관의 관리와 손상을 방지하여 안전을 도모함.

08 가스누설 검지기에서 LEL의 의미는?

정답 폭발하한값

해설 • LEL(Lower Explosive Limit) : 폭발하한값
　　 • UEL(Upper Explosive Limit) : 폭발상한값

09 CaC_2 1몰이 25℃, 1atm의 물 1L에 넣으면 아세틸렌은 몇 L가 생성되는가?

정답 $CaC_2 + 2H_2O \rightarrow C_2H_2 + Ca(OH)_2$

64g : 2×22.4L

x(g) : 1L

$$\therefore x = \frac{64 \times 1}{2 \times 22.4} = 1.42857g$$

즉, 물 1L와 반응하는 CaC_2는 1.42857g이므로

(CaC_2) 64g : (C_2H_2) 1몰

1.42857 : 0.02232몰이므로

$PV = nRT$이므로

$$\therefore V = \frac{nRT}{P} = \frac{0.02232 \times 0.082 \times (273 + 25)}{1} = 0.545 = 0.55L$$

참고 CaC_2 1kg이 물과 반응 시 25℃, 1atm에서 생성되는 C_2H_2은 몇 L인가?

$CaC_2 + 2H_2O \rightarrow C_2H_2 + Ca(OH)_2$

64g : 22.4L

1000g : x(L)

$$x = \frac{1000 \times 22.4}{64} = 350L$$

$$\therefore 350L \times \frac{273 + 25}{273} = 382.05L$$

10 구형 가스홀더의 직경 6m, 최고사용압력 6kg/cm²(g), 최저사용압력 2kg/cm²(g) 공급 시 온도 25℃에서 가스발생량(Nm³)을 구하시오. (단, $\pi = 3.14$, 1atm=1.0332kg/cm²이다.)

정답 $$\frac{6-2}{1.0332} \times \frac{3.14}{6} \times 6^3 \times \frac{273}{298} = 400.916 = 400.92Nm^3$$

참고 **압축가스 충전량**

$M = PV$에서

$$P_1 = 6kg/cm^2, \ P_2 = 2kg/cm^2, \ V = \frac{\pi}{6}D^3$$

제2회 출제문제(2010. 7. 4. 시행)

01 배관길이 300m 본관에 CH_4을 150m³/hr로 공급 시 압력손실이 0.3kPa 발생하였다. 이 때의 관경(cm)은?

> **정답** $Q = K\sqrt{\dfrac{1000D^5 H}{SLg}}$ 이므로
>
> $D^5 = \dfrac{Q^2 \cdot S \cdot L \cdot g}{1000 \cdot H \cdot K^2} = \dfrac{150^2 \times 0.55 \times 300 \times 9.81}{1000 \times 0.3 \times 0.707^2} = 242870.847$
>
> $\therefore D = (242870.847)^{\frac{1}{5}} = 11.94\text{cm}$

02 고온·고압에서 사용하는 초저온 용기에 일어날 수 있는 입계부식의 정의를 기술하시오.

> **정답** 오스테나이트계 스테인리스강을 450~900℃의 온도 범위로 가열하면 결정입계로 Cr(크롬) 탄화물이 석출된다. 이것을 입계부식이라 하며 특히, 이음의 열영향부에서 잘 나타난다.

03 다음 설명에 해당하는 가스의 종류를 쓰시오.

- 연소범위(3~80%)인 가연성이다.
- 물, 알코올, 에테르, 유기용제에 용해한다.
- 물과 반응 에탄올아민을 생성한다.
- 용기에 충전 시 45℃에서 0.4MPa까지 N_2, CO_2를 충전 후 충전한다.

> **정답** C_2H_4O(산화에틸렌)

04 밀도가 0.998g/cm³인 어떤 액의 하부 2m 지점의 절대압력(kPa)은 얼마인가?

> **정답** $P = SH = 0.998\text{kg}/10^3\text{cm}^3 \times 200\text{cm} = 0.1996\text{kg/cm}^2$
>
> 절대압력 = 대기압력 + 게이지압력 = 1.0332 + 0.1996 = 1.2328kg/cm²
>
> $\therefore \dfrac{1.2328}{1.0332} \times 101.325 = 120.899\text{kPa} \fallingdotseq 120.90\text{kPa(a)}$

05 수소의 공업적 제법 중 CO 전화법에 의한 제법의 화학식을 쓰고, 설명하시오. (단, 고온, 저온 때의 촉매의 종류 포함)

> **정답** $CO + H_2O \rightarrow CO_2 + H_2 + 9.8\text{kcal}$
> 일산화탄소에 수증기를 결합촉매를 써서 가열한다.
> 이때 고온 전화촉매 : $Fe_2O_3 - Cr_2O_3$계, 저온 전화촉매 : $CuO - ZnO$계

06 다음 (   )를 채우시오.

저장탱크 내의 액화가스가 액체상태로 누설된 경우 저장탱크의 한정된 범위를 벗어나 다른 곳으로 유출되는 것을 방지하기 위하여 방류둑을 설치하며, 방류둑의 재료는 (①)이며, 방류둑은 (②)한 것이어야 하며, 방류둑의 경사는 (③)도 이하, 정상부의 폭은 (④) 이상이다.

정답 ① 철근콘크리트　　② 액밀　　③ 45　　④ 30cm

07 C_3H_8의 가스비중 1.52, 입상높이 10m 지점의 압력손실(mmH_2O)은?

정답 $h = 1.293(1.52-1) \times 10 = 6.72mmH_2O$

08 릴리프식 안전장치가 내장된 조정기를 실내에 설치 시 실외 안전한 장소에 설치하여야 할 설비는?

정답 가스방출구

09 유수 중 그 수온의 증기압보다 낮은 부분이 발생, 물이 증발을 일으키고 기포를 발생시키는 현상을 무엇이라 하는가?

정답 캐비테이션 현상

10 1일 공급할 수 있는 최대가스량이 500Nm³/d이고, 3시간 동안 200Nm³/d를 공급하여 송출량이 제조량보다 많아지는 시간대가 17~23시, 송출률이 45%일 때 필요한 제조가스량(Nm³/d)은?

정답 $M = (s \times a - \Delta H) \times \dfrac{24}{t} = \left(500 \times 0.45 - \dfrac{200}{3}\right) \times \dfrac{24}{6} = 633.33 Nm^3/d$

해설 $M = (s \times a - \Delta H) \times \dfrac{24}{t}$

여기서, M : 제조능력(Nm^3/d)　　　s : 최대공급량(Nm^3/d)
a : t시간 공급률　　　ΔH : 가스홀더 활동량
t : 시간당 공급량이 제조능력보다 많은 시간

참고 (유사문제 비교) 가스공급량과 제조량 가스홀더 활동량은 다음 관계식으로 표현된다. 현재 17~22시 공급이 40% 가스홀더 활동량이 1일 공급량의 12%일 때 제조능력은 몇 배인가?
$M = (s \times a - \Delta H) \times \dfrac{24}{t} = (1 \times 0.4 - 0.12) = \dfrac{24}{5} = 1.34배$

제4회 출제문제(2010. 10. 31. 시행)

01 관길이 40m, C_3H_8 가스유량 20m^3/hr, 폴의 정수 0.7, 관경이 5cm인 저압배관의 압력손실 (mmH_2O)을 구하시오.

정답 $Q = K\sqrt{\dfrac{D^5 H}{SL}}$ $\quad \therefore\ H = \dfrac{Q^2 \cdot S \cdot L}{K^2 \cdot D^5} = \dfrac{20^2 \times 1.52 \times 40}{0.7^2 \times 5^5} = 15.88 \text{mm}H_2O$

02 발열량 10500kcal/Nm^3, 비중 0.66, 압력 2000mmH_2O인 가스를 발열량 6000kcal/Nm^3, 비중 0.6, 압력 1000mmH_2O로 변경 시 노즐구경 변경률을 구하시오.

정답 $\dfrac{D_2}{D_1} = \sqrt{\dfrac{WI_1\sqrt{P_1}}{WI_2\sqrt{P_2}}} = \sqrt{\dfrac{\dfrac{10500}{\sqrt{0.66}}\sqrt{2000}}{\dfrac{6000}{\sqrt{0.6}}\sqrt{1000}}} = 1.536 \fallingdotseq 1.54$

03 LPG 1차 저압조정기 출구에서 연소기까지의 배관 및 호스의 기밀시험압력은?

정답 8.4kPa 이상

해설 사용시설 : 압력조정기 출구에서 연소기 입구압력까지의 호스는 8.4kPa 이상의 압력(압력이 3.3kPa 이상 30kPa 이하인 것은 35kPa 이상의 압력으로 기밀시험을 실시하여 누설이 없는 것으로 한다.)

04 고압가스 설비에서 내압시험압력, 기밀시험압력의 표준이 되는 압력은?

정답 상용압력

해설 • 고압가스 LPG 설비
Tp=상용압력×1.5, Ap=상용압력

• 도시가스 설비
Tp=최고사용압력×1.5, Ap=최고사용압력×1.1

05 수소 50L 중 7500ppm의 산소가 있을 때 압축 가능여부를 판별하시오.

정답 $50L \times 7500\mu L/L = 375000\mu L$ $\quad \therefore\ 375000\mu L = 0.375L$ $\quad \because\ 1L = 10^6 \mu L$

$\therefore$ 수소 50L 중 산소는 0.375L가 있으므로 $\dfrac{0.375}{50} \times 100 = 0.75\%$이므로 압축이 가능

해설 고압가스 안전관리법규 : 수소, 아세틸렌, 에틸렌 중 산소가 2% 이상이거나 산소 중 수소, 아세틸렌, 에틸렌이 2% 이상 시 압축이 금지

06 저장탱크의 크기가 8m×10m×4m일 때 이 탱크에 C_3H_8을 충전 시 폭발가능성이 있는 C_3H_8의 양은 몇 m³인가? (단, C_3H_8의 폭발범위는 2.2~9.5%이다.)

정답 공기량 : $8×10×4=320m^3$ $C_3H_8 : x(m^3)$ $\therefore \dfrac{x}{320+x}×100=2.2$

$\therefore 100x=2.2(320+x), \ 100x=2.2×320+2.2x, \ 97.8x=704$

$\therefore x=\dfrac{704}{97.8}=7.198m^3 \fallingdotseq 7.20m^3$

07 압력의 측정에 사용되는 로드셀의 원리에 대하여 설명하시오.

정답 하중을 가하면 하중의 크기에 비례, 전기적 출력이 발생되는 힘으로, 가장 많이 사용되는 스트레인 게이지를 금속탄성체에 점착. 그 탄성체에 하중을 가하면 스트레인게이지의 저항값의 변화로 가해진 하중의 크기에 비례한 전기적 출력신호를 얻을 수 있는 원리로서 수정 로셀염 등에 이용한다.

08 내진설계 시 지진기록 측정장비 2가지를 쓰시오.

정답 ① 수압계   ② 속도계   ③ 가속도계   ④ 변위계

09 피셔식 정압기의 2차 압력 상승원인을 4가지 기술하시오.

정답 ① 메인밸브에 먼지류가 끼어 Cut-off 불량
② 메인밸브의 밸브 폐쇄부 불량
③ 가스 중 수분 동결
④ 바이패스 밸브류의 누설

10 비열비 1.4인 공기의 정압, 정적 비열을 계산하시오. (단, J/kg·K)

정답 $C_p=\dfrac{K}{K-1}R, \ C_v=\dfrac{1}{K-1}R$ 이므로

① $C_p=\dfrac{1.4}{1.4-1}×\dfrac{8314}{29}=1003.41 J/kg·K$

② $C_v=\dfrac{1}{1.4-1}×\dfrac{8314}{29}=716.72 J/kg·K$

해설 $R=\dfrac{848}{M}$ (kg·m/kg·K) $=\dfrac{8314}{M}$ (N·m/kg·K) $=\dfrac{8314}{M}$ (J/kg·K)

2011년 가스산업기사 필답형 출제문제

제1회 출제문제(2011. 5. 1. 시행)

01 가스기구 중 플레어스택의 정의를 기술하시오.

> **정답** 가연성 또는 독성 가스의 고압가스설비 중 특수반응설비와 긴급차단장치를 설치한 고압가스설비
> 에 이상사태 발생 시 설비안 내용물을 설비 밖으로 긴급안전하게 이송시키는 설비로서 가연성 가
> 스를 연소시켜 방출시키는 탑

02 지중 또는 수중에 설치된 양극금속과 매설배관 등 사이의 전지작용에 의한 전기적 부식을 방지
하는 방법은 무엇인가?

> **정답** 희생양극법

03 다음은 연소기에서 일어나는 이상현상의 종류이다. 그 정의를 기술하시오.
(1) 선화
(2) 역화
(3) 옐로우 팁

> **정답** (1) 가스의 유출속도가 연소속도보다 커 염공을 떠나 연소하는 현상
> (2) 가스의 연소속도가 유출속도보다 커 연소기 내부에서 연소하는 현상
> (3) 염의 선단이 적황색으로 되어 타고 있는 현상이다. 연소반응 도중에 탄화수소가 열분해하여 탄
> 소입자가 발생하고 미연소된 채 적열되어 적황색으로 빛나고 있는 것으로 연소반응이 충분한
> 속도로 나아가고 있지 않다는 것을 알 수 있다.

> **해설** **옐로우 팁 현상의 원인**
> • 일차 공기가 부족할 때
> • 주물 밑의 철가루 등이 원인

04 공기 또는 질소로 내압시험을 할 때 이때의 시험압력값은?

> **정답** 상용압력×1.25배

05 상용압력이 20MPa인 어느 설비의 안전밸브 작동압력(MPa)은? (단, 풀이과정 포함)

> **정답** 안전밸브 작동압력＝상용압력×1.5×$\dfrac{8}{10}$ 이므로
>
> $\therefore\ 20\times1.5\times\dfrac{8}{10}=24\text{MPa}$

06 어느 기체의 정적 비열비가 다음과 같을 때 정압비열을 구하시오.

- $C_v = 0.171 \text{kcal/kg} \cdot \text{℃}$
- $K = 1.41$

정답 $K = \dfrac{C_p}{C_v}$ 이므로

$\therefore \ C_p = K \times C_v = 1.41 \times 0.171 = 0.241 \text{kcal/kg} \cdot \text{℃}$

07 펌프의 양수량 $1.5 \text{m}^3/\text{min}$, 양정 30m, 축마력이 15PS일 때 효율(%)을 계산하시오.

정답 $L_{PS} = \dfrac{\gamma \cdot Q \cdot H}{75\eta}$

$\therefore \ \eta = \dfrac{\gamma \cdot Q \cdot H}{L_{PS} \cdot 75} = \dfrac{1000 \times 1.5 \times 30}{15 \times 60 \times 75} = 0.666 \fallingdotseq 66.67\%$

08 200A 강관(D 내경 : 216mm, t 두께 : 5.8mm)의 내압이 10kg/cm^2일 때 원주방향(kg/mm^2)과 축방향(kg/mm^2) 응력을 구하시오.

정답 ① $\delta(\text{원주}) = \dfrac{PD}{200t} = \dfrac{10 \times 216}{200 \times 5.8} = 1.86 \text{kg/mm}^2$

② $\delta_2(\text{축}) = \dfrac{PD}{400t} = \dfrac{10 \times 216}{400 \times 5.8} = 0.93 \text{kg/mm}^2$

09 방사선검사 시 방사선원으로 사용되는 물질 2가지를 쓰시오.

정답 ① 192 IR(이리듐)
② 60 Co(코발트)

10 발열량 5000kcal/m^3, 비중 0.61, 공급압력이 $200\text{mmH}_2\text{O}$, 노즐직경이 1.3mm인 LPG로부터 도시가스 발열량 11000kcal/m^3, 비중 0.66, 공급압력이 $100\text{mmH}_2\text{O}$로 변경 시 변경 후 노즐직경(mm)은?

정답 $\dfrac{D_2}{D_1} = \sqrt{\dfrac{WI_1 \sqrt{P_1}}{WI_2 \sqrt{P_2}}} = \sqrt{\dfrac{\dfrac{5000}{\sqrt{0.61}} \sqrt{200}}{\dfrac{11000}{\sqrt{0.66}} \sqrt{100}}} = 0.817$

$\therefore \ D_2 = 0.817 \times 1.3 = 1.06 \text{mm}$

▨ 제2회 출제문제(2011. 7. 24. 시행)

01 50L의 물을 5℃에서 17분간 가열하여 42℃로 상승시키는데 온수량이 150L가 되었다. 이때, 온수기의 열효율을 구하시오. (단, 가스의 발열량은 5000kcal/m³, 온수기의 가스소비량 5m³/h, 물의 비열 1kcal/kg·℃, 수조 및 욕조의 처음수온은 5℃이다.)

정답 $100 \times t + 50 \times 5 = 42 \times 150$

온수 투입 후 150L이므로 투입 온수량은 100L

온수 투입 후 혼합온도는 42℃이므로 투입될 때 온수온도는

$$t = \frac{42 \times 150 - 50 \times 5}{100} = 60.5℃$$

$$\therefore \ \eta = \frac{100 \times 1 \times (60.5 - 5)}{5m^3/h \times 5000kcal/m^3 \times \left(\dfrac{17}{60}\right)} \times 100 = 78.35\%$$

02 다음 물음에 답하시오.

(1) 수소가스를 제조하는 공장에서 안전을 위하여 수소가 검출되는 가스의 검지농도는 몇 % 이하 인가? (단, 계산과정으로 답하여라.)

(2) 최고사용압력이 고압 또는 중압인 배관에서 방사선투과시험에 합격된 배관은 수소가스를 사용 시 가스농도가 몇 % 이하에서 작동하는 가스검지기를 사용하여야 하는가?

정답 (1) 폭발하한의 1/4 이하이므로 $4\% \times \dfrac{1}{4} = 1\%$ 이하

(2) 0.2%

해설 수소가스를 검지관을 사용하여 검지 시 측정농도 범위는 0~1.5%, 검지한도는 250ppm이다.

03 비파괴시험을 하지 않아도 되는 도시가스 배관의 종류 3가지를 기술하시오.

정답 ① PE배관
② 저압으로 노출된 사용자 공급관
③ 호칭경 80A 미만인 저압배관

04 도시가스 사용시설의 기밀시험압력은 얼마인가?

정답 최고사용압력의 1.1배 이상 또는 8.4kPa 중 높은 압력

참고 정압기의 경우 입구 : 최고사용압력 1.1배
출구 : 최고사용압력의 1.1배 또는 8.4kPa 중 높은 압력

05 부취제가 가져야 할 성질 4가지 이상을 쓰시오.

> **정답** ① 화학적으로 안정할 것 ② 독성이 없을 것
> ③ 물에 녹지 않을 것 ④ 보통 존재하는 냄새와 구별될 것
> ⑤ 가스관이나 가스미터에 흡착되지 않을 것

06 비파괴검사법 중 내부결함 검출이 가능한 비파괴검사방법을 2가지 쓰시오.

> **정답** ① 방사선투과검사(RT) ② 초음파검사(UT)

07 C_3H_8 1mol 연소 시 이론공기량은 몇 L인가?

> **정답** $C_3H_8 + 5O_2 \rightarrow 3CO_2 + 4H_2O$
>
> $1 : 5 \times 22.4L$ $\therefore$ $5 \times 22.4L \times \dfrac{100}{21} = 533.33L$

08 다음 물음에 답하시오.

(1) CO와 Cl_2를 반응시켜 포스겐을 제조할 때 사용되는 촉매는?
(2) 포스겐의 건조제는?

> **정답** (1) 활성탄 (2) 진한 황산

09 안전장치 규격에 대해 다음 ( ) 안을 채우시오.

액화가스의 고압설비 등에 부착되어 있는 스프링식 안전밸브는 (①)의 온도에 있어서 당해 고압가스 설비 등 내의 액화가스 상용의 체적이 당해 고압가스 설비 내용적의 (②)%까지 팽창하게 되는 온도에 대응하는 당해 고압가스 설비 등의 압력에서 작동하는 것이어야 한다.

> **정답** ① 상용 ② 98

10 발열량 24000kcal/m³인 LP가스를 발열량 5000kcal/m³인 가스로 공급 시 희석해야 할 공기량은 몇 m³인가?

> **정답** $\dfrac{24000}{1+x} = 5000$ $\therefore$ $x = \dfrac{24000}{5000} - 1 = 3.8m^3$

제4회 출제문제(2011. 11. 13. 시행)

01 다량의 액화가스 누출 시 한정된 범위를 벗어나지 않도록 액화가스를 차단하는 제방의 명칭을 쓰시오.

정답 방류둑

02 다음 용기의 각인 기호에 대하여 설명하고, 단위를 명시하시오.

(1) V
(2) W
(3) Tp
(4) Fp

정답 (1) 용기의 내용적(L)
(2) 초저온 용기 이외의 경우 밸브 및 부속품을 포함하지 않은 용기의 질량(kg)
(3) 내압시험압력(MPa)
(4) 최고충전압력(MPa)

03 가연성 가스의 위험등급 또는 방폭구조의 폭발등급 기준이 되는 가스는?

정답 CH_4

04 내용적 800L L$-O_2$ 200kg을 30시간 방치 시 150kg이 되었을 때 단열성능 시험의 합격여부를 판정하시오. (단, 산소의 비점 $-183℃$, 외기온도 $20℃$, 증발잠열 51kcal/kg)

정답 $Q = \dfrac{W \cdot g}{H \cdot \Delta t \cdot V} = \dfrac{(200-150)\text{kg} \times 51\text{kcal/kg}}{30\text{hr} \times (20+183) \times 800\text{L}} = 0.000523\text{kcal/hr} \cdot \text{L} \cdot ℃$

∴ 0.0005kcal/hr · L · ℃을 초과하였으므로 불합격이다.

05 용접배관을 반드시 외관검사 및 비파괴검사를 해야 하는데 방사선투과검사를 하기 힘들 때 대신할 수 있는 검사방법을 쓰시오.

정답 ① 초음파탐상시험
② 자분탐상시험
③ 침투탐상시험

06 관길이 300m 본관에 관경 200mm CH₄을 공급 시 시간당 유량을 계산하시오. (단, 압력손실은 30mmH₂O이며, 폴의 정수는 0.707, 비중 $S=0.55$이다.)

정답 $Q=K\sqrt{\dfrac{D^5 H}{SL}}=0.707\sqrt{\dfrac{20^5\times30}{0.55\times300}}$

$\fallingdotseq539.278\text{m}^3/\text{hr}\fallingdotseq539.28\text{m}^3/\text{hr}$

07 내용적 50L에 충전할 수 있는 NH₃가스의 충전량(kg)을 계산하시오. (단, 충전정수 $C=1.86$이다.)

정답 $W=\dfrac{V}{C}=\dfrac{50}{1.86}=26.88\text{kg}$

08 전용 보일러실에 설치하지 않아도 되는 보일러의 종류 3가지를 쓰시오.

정답
① 밀폐식 보일러
② 가스 보일러를 옥외에 설치한 경우
③ 전용 급기통을 부착시키는 구조로 검사에 합격한 강제배기식 보일러

09 용기보관실 바닥면적 10m²에 강제통풍장치를 설치 시 통풍능력(m³/hr)을 계산하시오.

정답 바닥면적 1m²당 0.5m³/min이므로
∴ 10m²×0.5m³/m²·min=5m³/min

10 안전확보에 필요한 강도를 갖는 플랜지(Flange)의 계산에 사용하는 설계압력에 대한 공식을 쓰고, 기호를 설명하시오.

정답 $P_d=P+P_{eg}$
① P_d : 안전확보에 필요한 강도를 갖는 플랜지의 계산에 사용되는 설계압력(MPa)
② P : 배관의 설계내압(MPa)
③ P_{eg} : 다음의 계산식에 따라 구한 상당압력(MPa)

$$P_{eg}=\frac{0.16M}{\pi G^3}+\frac{0.14F}{\pi G^2}$$

④ M : 주하중 등에 따라 생기는 합성 굽힘모멘트(N·cm)
⑤ F : 주하중 등에 따라 생기는 축방향의 힘(N)
⑥ G : 개스킷 반력이 걸리는 위치를 통과하는 원의 지름

2012년 가스산업기사 필답형 출제문제

제1회 출제문제(2012. 4. 22. 시행)

01 발열량 5000kcal/m³, 비중 0.61, 공급압력 200mmH₂O인 LPG로부터 도시가스 발열량 11000kcal/m³, 비중 0.66, 공급 표준압력 100mmH₂O 가스를 변경할 경우 노즐구경 변경률을 계산하시오.

정답 $\dfrac{D_2}{D_1} = \sqrt{\dfrac{WI_1\sqrt{P_1}}{WI_2\sqrt{P_2}}} = \sqrt{\dfrac{\dfrac{5000}{\sqrt{0.61}}\sqrt{200}}{\dfrac{11000}{\sqrt{0.66}}\sqrt{100}}} = 0.817 ≒ 0.82$

02 도시가스 연소성 측정에 사용되는 공식 2가지를 쓰고, 설명하시오.

정답 ① 연소속도 : $C_p = K\dfrac{1.0H_2 + 0.6\{CO + (C_mH_n)\} + 0.3CH_4}{\sqrt{d}}$

여기서, C_p : 연소속도
K : 도시가스 중 산소 함유율에 따라 정하는 정수로서 도표에서 구한 값
H_2 : 도시가스 중 수소의 함유율(%)
CO : 도시가스 중 일산화탄소의 함유율(%)
C_mH_n : 도시가스 중 메탄 이외의 탄화수소의 함유율(%)
CH_4 : 도시가스 중 메탄의 함유율(%)
d : 도시가스에 대한 공기의 비중

② 웨버지수 : $WI = \dfrac{H_g}{\sqrt{d}}$

여기서, WI : 웨버지수
H_g : 도시가스의 총 발열량(kcal/m³)
d : 도시가스에 대한 공기의 비중

03 고압가스의 충전시설을 지하에 설치 시 철근콘크리트의 방호벽 설치기준에 대하여 4가지를 기술하시오.

정답 ① 직경 9mm 이상 철근을 가로·세로 400mm 이하의 간격으로 배근하고 모서리 부분의 철근을 확실히 결속한 두께 120mm 이상, 높이 2000mm 이상으로 한다.
② 일체로 된 철근콘크리트 기초로 한다.
③ 기초의 높이는 350mm 이상, 되메우기 깊이는 300mm 이상으로 한다.
④ 기초의 두께는 방호벽 최하부 두께의 120% 이상으로 한다.

04 고압가스 부대설비의 플레어스택 설치기준에 대하여 3가지 기술하시오.

> **정답** ① 연소능력은 이동되는 가스를 안전하게 연소시킬 수 있는 것으로 본다.
> ② 플레어스택에서 발생되는 복사열이 다른 가스 공급시설에 나쁜 영향을 미치지 아니하도록 한다.
> ③ 플레어스택의 설치 위치 및 높이는 플레어스택 바로 밑의 지표면에 미치는 복사열이 4000kcal/m² · hr 이하가 되도록 한다.
> ④ 플레어스택에서 발생하는 최대열량에 장시간 견딜 수 있는 재료 및 구조로 한다.

05 고압가스의 위험장소 중 0종, 1종 장소에 대하여 설명하시오.

> **정답** ① 0종 장소 : 상용상태에서 가연성 가스의 농도가 연속해서 폭발하한계 이상으로 되는 장소(폭발 상한계를 넘는 경우에는 폭발한계 이내로 들어갈 우려가 있는 경우를 포함한다.)
> ② 1종 장소 : 상용상태에서 가연성 가스가 체류해 위험하게 될 우려가 있는 장소, 정비보수 또는 누출 등으로 인하여 종종 가연성 가스가 체류하여 위험하게 될 우려가 있는 장소

> **참고** **2종 장소**
> 1. 밀폐된 용기 또는 설비 안에 밀봉된 가연성 가스가 그 용기 또는 설비의 사고로 인하여 파손되거나 오조작의 경우에만 누출할 위험이 있는 장소
> 2. 확실한 기계적 환기조치에 따라 가연성 가스가 체류하지 아니하도록 되어 있으나 환기장치에 이상이나 사고가 발생한 경우에는 가연성 가스가 체류해 위험하게 될 우려가 있는 장소
> 3. 1종 장소의 주변 또는 인접한 실내에서 위험한 농도의 가연성 가스가 종종 침입할 우려가 있는 장소

06 도시가스 사용시설 기준에서 정압기의 기밀시험압력에 대하여 기술하시오.

> **정답** ① 입구측 : 최고사용압력의 1.1배
> ② 출구측 : 최고사용압력의 1.1배 또는 8.4kPa 중 높은 압력

07 고압가스 시설에서 사용압력이 35MPa일 때 안전밸브의 작동압력은 몇 MPa인가?

> **정답** 안전밸브 작동압력 = 사용(상용)압력 $\times 1.5 \times \dfrac{8}{10} = 35 \times 1.5 \times \dfrac{8}{10} = 42$MPa

08 C_3H_8 1mol을 공기 중에서 연소 시 혼합가스 중의 C_3H_8의 최대농도는 몇 %인가?

> **정답** $C_3H_8 + 5O_2 \rightarrow 3CO_2 + 4H_2O$
>
> $1 : 5 \times \dfrac{1}{0.21}$
>
> $\therefore \dfrac{1}{1 + \left(5 \times \dfrac{1}{0.21}\right)} \times 100 = 4.03\%$

09 산업용으로 사용하는 가스소비량이 10000kcal/h이고, 비산업용으로 사용하는 가스소비량이 20000kcal/h일 때 월사용 예정량(m^3)을 구하시오.

정답

$$Q = \frac{(10000 \times 240) + (20000 \times 90)}{11000}$$
$$= 381.828m^3 ≒ 381.83m^3$$

10 다음 기준에 의하여 가스누출 검지경보장치의 검지부의 설치 개수를 계산하시오.

(1) 도시가스 제조사업소에서 설비가 건축물 안에 설치되어 있으며, 바닥면의 총 둘레가 20m인 경우

(2) 도시가스 제조사업소에서 설비가 건축물 밖에 설치되어 있으며, 바닥면의 총 둘레가 20m인 경우

(3) 도시가스 정압기실(지하정압기실 포함)의 바닥면 둘레가 40m인 경우

정답 (1) 2개
(2) 1개
(3) 2개

해설 **가스누출 검지경보장치의 검지부의 설치수**
• 설비가 건축물 안에 있는 경우 그 설비군의 바닥면 둘레 10m마다 1개씩
• 설비가 건축물 밖에 있는 경우 그 설비군의 바닥면 둘레 20m마다 1개씩
• 도시가스 정압기실(지하정압기실 포함)은 정압기실 바닥면 둘레 20m마다 1개씩

제2회 출제문제(2012. 7. 8. 시행)

01 카바이드로 C_2H_2 가스를 제조하는 반응식을 쓰시오.

정답 $CaC_2 + 2H_2O \rightarrow C_2H_2 + Ca(OH)_2$

02 직류 전철 등에 따른 누출전류의 영향을 받는 배관에 적용되는 전기방식법은?

정답 배류법

해설 • 직류 전철 등에 따른 누출전류의 영향이 없는 경우에는 외부전원법 또는 희생양극법으로 한다.
• 직류 전철 등에 따른 누출전류의 영향을 받는 배관에는 배류법으로 하되 방식 효과가 충분하지 않을 때는 외부전원법 또는 희생양극법을 병용한다.

03 다음의 설명에 알맞은 방폭구조의 종류를 기술하시오.

(1) 전폐구조로서 용기 내부에서 폭발성 가스가 폭발했을 경우 그 압력에 견디고 또한 내부의 폭발 화염이 외부의 폭발성 가스로 전해지지 않도록 한 구조

(2) 전기기기의 불꽃 또는 아크가 발생하는 부분을 절연유에 격납함으로써 폭발성 가스에 점화되지 않도록 한 구조

(3) 용기 내부에 공기 또는 질소 등의 보호 기체를 압입하여 내압을 갖도록 하여 폭발성 가스가 침입하지 못하도록 한 구조

(4) 상시 운전 중에 불꽃, 아크 또는 과열이 발생되면 아니되는 부분에 이들이 발생하지 않도록 구조상 또는 온도상승에 대하여 특히 안전성을 높인 구조

(5) 상시 운전 중 사고 시(단락, 지락, 단선 등)에 발생되는 불꽃, 아크 또는 열에 의하여 폭발성 가스에 점화될 우려가 없음이 점화시험 등으로 확인된 구조

정답 (1) 내압방폭구조(d)
(2) 유입방폭구조(o)
(3) 압력방폭구조(p)
(4) 안전증방폭구조(e)
(5) 본질안전방폭구조(ia, ib)

04 유량계수 $K=0.8$, 노즐구경 2mm, 가스비중 1.52, 분출압력 280mmH$_2$O의 노즐에서 분출되는 가스량(m^3/h)을 구하시오.

정답 $Q=0.011KD^2\sqrt{\dfrac{h}{d}} = 0.011 \times 0.8 \times (2)^2 \sqrt{\dfrac{280}{1.52}} = 0.477\text{m}^3/\text{h} \fallingdotseq 0.48\text{m}^3/\text{h}$

05 다음 전기방식의 기준전극으로 측정한 전위의 값은 방식 전류가 흐르는 상태에서 토양 중에 있는 도시가스 시설의 방식 전위는 포화황산동 기준 전극으로 −0.85V 이하 황산염 환원박테리아가 번식하는 토양에서는 몇 V 이하로 하여야 하는가?

정답 −0.95V 이하

06 C$_3$H$_8$ 1Sm^3 연소 시 필요한 이론공기량(Sm^3)을 구하시오. (단, 공기 중 산소는 20%이고, 계산식 포함)

정답 $C_3H_8 + 5O_2 \rightarrow 3CO_2 + 4H_2O$
1Sm^3 : 5Sm^3

$\therefore \ 5 \times \dfrac{1}{0.2} = 25\text{Sm}^3$

07 물 27kg을 전기분해하여 내용적 30L 용기에 Fp＝14MPa로 충전 시 필요 용기수를 계산하시오.

정답 ① 용기 1개당 충전량
$$Q=(10P+1)V=(10\times14+1)\times0.03=4.23m^3$$
② 물의 전기분해 시 수소, 산소의 양(m^3)을 구하면

$$2H_2O \longrightarrow 2H_2 + O_2$$
$$27kg \qquad x(m^3) \qquad y(m^3)$$
$$36kg \quad 2\times22.4m^3 \quad 22.4m^3$$

- 수소의 양 $x=\dfrac{27\times2\times22.4}{36}=33.6m^3$
- 수소의 용기수＝33.6÷4.23＝7.97≒8개
- 산소의 양 $y=\dfrac{27\times22.4}{36}=16.8m^3$
- 산소의 용기수＝16.8÷4.23＝3.97≒4개

∴ 전체 용기수＝8＋4＝12개

08 공기액화분리장치 내 액산 35L 중 CH_4 2g, C_4H_{10} 4g을 혼입 시 다음 물음에 답하시오.

(1) 액산 5L 중 C의 양을 구하시오.

(2) 위험성을 판단하시오.

정답 (1) 액산 5L 중 C의 양

$$\dfrac{12}{16}\times2000mg+\dfrac{48}{58}\times4000mg=4810.3mg$$

$$\therefore 4810.3\times\dfrac{5}{35}=687.185mg≒687.19mg$$

(2) 액산 5L 중 C의 양이 500mg을 넘으므로 즉시 운전을 중지하고 액산을 방출하여야 한다.

09 다이어프램 가스미터의 특징 3가지를 쓰시오.

정답 ① 일반 가정용에 쓰인다.
② 설치 후 유지관리에 시간을 요하지 않는다.
③ 가격이 저렴하다.
④ 대용량의 것은 설치면적이 크다.

해설 **다이어프램 가스미터**
얇은 막을 이용한 가스미터로서 격막식 또는 막식 가스미터라고 한다.

10 저비점 액화가스 펌프에서 베이퍼록이 발생하는 원인 2가지를 쓰시오.

정답 ① 액자체 또는 흡입배관 외부의 온도가 상승될 때
② 펌프의 냉각기가 정상적으로 작동하지 않거나 설치되지 않았을 때
③ 흡입관의 지름이 작거나 펌프의 설치위치가 적당하지 않을 때
④ 흡입관로의 막힘, 스케일 부착 등에 의해 저항이 증대하였을 때

해설 베이퍼록 발생방지법
• 실린더 라이너의 외부를 냉각한다.
• 흡입관의 지름을 크게 하거나 펌프 설치위치를 낮춘다.
• 흡입배관을 단열처리한다.
• 흡입관로를 청소한다.

제4회 출제문제(2012. 11. 3. 시행)

01 C_3H_8의 부피 300m³의 질량(kg)은 표준상태일 때 얼마인가?

정답 $\dfrac{300}{22.4} \times 44kg = 589.285kg ≒ 589.29kg$

02 일반 도시가스 사업자의 도시가스 배관길이가 790km일 때 선임하여야 할 안전관리원의 명수는 총 몇 명인가?

정답 8명

해설 배관길이 200km 이하는 5명, 200km 초과 1000km 이하는 5명+200km마다 1명 추가한 인원 이상의 명수
∴ 5+(590÷200)=7.95명≒8명

03 시안화수소의 ① 검사방법과 ② 검사횟수는?

정답 ① 검사방법 : 질산구리벤젠지의 시험지로 검사
② 검사횟수 : 1일 1회 이상

04 연소 범위가 1.8~100% 무색무취 압축가스로서 공기보다 무거운 기체는?

정답 실란(SiH_4)

해설 **실란**
- 화학명 : 모노실란, 수산화규소
- 화학식 : SiH_4
- 성질
  - 분자량 : 32.09
  - 연소 범위 : 0.8~100%
  - 녹는점 : $-184.7℃$
  - 끓는점 : $-112℃$
  - 액비중 : 0.55
  - 증기밀도 : 1.1

05 황화수소 제거의 탈황법 중 수산화제2철을 사용하여 제거하는 화학반응식을 쓰시오.

정답 $Fe_2O_3 \cdot 3H_2O + 3H_2S \rightarrow Fe_2S_3 + 6H_2O$
또는 $2Fe(OH)_3 + 3H_2S \rightarrow Fe_2S_3 + 6H_2O + 14.7kcal$

해설 수산화제2철 : $Fe(OH)_3$ 또는 $Fe_2O_3 \cdot nH_2O$

참고 수산화제1철과 반응식 : $Fe(OH)_2 + H_2S \rightarrow FeS + 2H_2O$

06 지하 30m에 도시가스 배관매설 시 공사시작 3일 전 해당 관청(산업통상자원부장관 또는 시장·군수·구청장)에 제출하는 서류 2가지 이상을 쓰시오.

정답 ① 공사계획서
② 공사공정표
③ 공사계획변경 시 변경 사유
④ 기술검토서
⑤ 시공관리자의 자격을 증명할 수 있는 사본

참고 도시가스 사업이 허가된 지역에서 굴착공사 시 굴착공사를 하려는 자가 굴착공사 지역에 도시가스 배관이 매설되어 있는 것이 확인되면 굴착공사자와 도시가스 사업자가 굴착공사 전 산업통상자원부령에 의하여 해야 할 조치사항
㉠ 굴착공사의 현장위치 및 도시가스 배관의 매설위치의 표시
㉡ 정보지원센터에 대한 '㉠'에 따른 표시 사실의 통지
㉢ 도시가스 배관 보호를 위하여 필요한 시설의 설치 도시가스 배관 매설위치 등이 표시된 도면의 제공 등 굴착공사로 인한 사고를 예방하기 위하여 산업통상자원부령으로 정하는 조치

07 가스보일러를 시공한 후 시공자를 알 수 있고, 시공내력도 기재되어 있어 책임감을 가질 수 있도록 만든 것은?

정답 시공표지판

08 본질안전방폭구조에서 안전막을 설명하시오.

정답 본질안전방폭구조에서 위험장소와 비위험장소에 설치하여 위험장소로 공급되는 전류치가 취급물질의 최소점화에너지(MIE)를 초과하지 못하도록 하는 안전장치를 말하며, 위험장소로 공급되는 전류치가 커지게 되면 자동으로 전원이 차단되는 구조회로로 되어 있다.

해설 안전막 : 인화성, 가연성 물질을 취급하는 곳 중 정상상태에서 위험분위기가 장시간 지속적으로 존재하는 0종 위험장소 등에서 전기설비가 본질안전방폭구조로 할 때 위험장소와 비위험장소에 설치하는 설비, 설치대상으로는 압력, 유량, 온도 등을 계측하는 계측기 등에 사용된다.

09 가스홀더 직경이 40m, 사용상한압력이 5kgf/cm^2(g), 사용하한압력이 2.5kgf/cm^2(g)일 때 공급량(Sm^3)을 계산하시오. (단, 공급 시 온도는 25℃이다. 1atm=1.0332kgf/cm^{2}으로 한다.)

정답 $\dfrac{(5-2.5)}{1.0332} \times \dfrac{\pi}{6} \times (40\text{m})^3 \times \dfrac{273}{273+25} = 74281.487 ≒ 74281.49\,\text{Sm}^3$

10 30℃, 40m^{3}의 어느 이상기체의 질량 50kg에서 분자량을 계산하시오. (단, 압축계수는 0.4이며, 압력은 대기압으로 한다.)

정답 $PV = Z\dfrac{W}{M}RT$이므로

$\therefore M = \dfrac{ZWRT}{PV} = \dfrac{0.4 \times 50 \times 0.082 \times (273+30)}{1 \times 40} = 12.42\,\text{kg}$

2013년 가스산업기사 필답형 출제문제

제1회 출제문제(2013. 4. 21. 시행)

01 가스의 배관 색상에 대해 다음 물음에 답하시오.

(1) 지상배관은 (　　　)
(2) 최고사용압력이 중압인 지하배관은 (　　　)

정답 (1) 황색　　　　　　(2) 적색

해설 지상배관은 황색
지하배관(저압 : 황색, 중압 이상 : 적색)

02 비중이 0.55, 입상높이가 20m인 가스배관의 압력손실(mmH₂O)을 구하시오.

정답
$$h = 1.293(S-1)H$$
$$= 1.293(0.55-1) \times 20$$
$$= -11.637 \text{mmH}_2\text{O}$$
$$= -11.64 \text{mmH}_2\text{O}$$

∴ 공기보다 가벼운 가스이므로 가스의 흐름방향이 상부로 공급 시 압력손실의 반대값 −11.64mmH₂O
이며, 가스가 하부로 공급 시는 압력손실값 11.64mmH₂O가 된다.

03 LP가스 배관의 용접부에 비파괴시험을 실시하여야 하는 경우 2가지를 쓰시오.

정답 ① 0.1MPa 이상 액화석유가스가 통하는 용접부 모두
② 0.1MPa 미만 호칭경 80A 이상 배관의 용접부

참고 비파괴시험을 생략할 수 있는 경우
1. 지하에 매설하는 호칭경 80mm 미만인 배관
2. 노출된 배관

04 가스보일러는 전용 보일러실에 설치하여야 한다. 전용 보일러실에 설치하지 않아도 되는 경우
3가지를 쓰시오.

정답 ① 밀폐식 보일러
② 가스보일러를 옥외에 설치할 경우
③ 전용 급기통을 부착시키는 구조로서 검사에 합격한 강제식 보일러

05 부취제 THT의 냄새는?

> 정답 석탄가스 냄새

06 고압가스를 운반 시 운반등록의 대상이 되는 경우 3가지를 쓰시오.

> 정답 ① 차량에 고정된 탱크로 고압가스를 운반하는 차량
> ② 차량에 고정된 2개 이상을 이음매 없이 연결한 용기로 고압가스를 운반하는 차량
> ③ 산업통상자원부령으로 정하는 탱크 컨테이너로 고압가스를 운반하는 차량
> ④ 허용농도가 100만분의 200 이하인 독성 가스를 운반하는 차량

07 내용적 $30m^3$ 저장탱크에 기밀시험을 $15.5kg/cm^2(g)$로 할 때 토출량이 $0.5m^3/min$의 공기압축기를 사용 시 몇 시간이 걸리는가? (단, 대기압 $1atm = 1.0332kg/cm^2$)

> 정답 $M = PV$에서
> $(15.5 + 1.0332) \times 30m^3 - (1.0332 \times 30m^3) = 465m^3$
> $\therefore 465m^3 \div 0.5m^3/min = 930min = 15.5hr$

> 참고 $M = PV = 15.5 \times 30 = 465m^3$
> $\therefore 465 \div 0.5 = 930min = 15.5hr$
> $M = PV$에서 절대압력으로 계산 시 대기압×내용적 만큼의 공기가 탱크 내에 존재하므로
> $M = P_1 V - P_0 V$으로 공기량을 계산, $M = PV$에서 게이지압으로 계산 시 그대로 공기량을 계산한다
>   (P_1 : 절대압력, P_0 : 대기압력).

08 액화부탄 200kg/h를 기화시키는 데 20000kcal/hr의 열량이 필요하다. 입구온도 40℃, 출구온도 20℃일 때 온수순환식 기화기에서 비중 1, 비열 1kcal/kg·℃, 열교환기 효율 80%일 때 온수순환량(L/hr)은?

> 정답 $Q = GC\Delta t$
> $\therefore G = \dfrac{Q}{C\Delta t} = \dfrac{20000}{1 \times 20 \times 0.8} = 1250kg/hr = 1250L/hr$

09 LPG 저장설비 중 지상에 있는 저장탱크 형식 3가지는?

> 정답 ① 금속이중각식
> ② PC식(Membrane Prestressed Concret)
> ③ 이중각식(Prestressed concret)

> 참고 지하식 : Membrane prestressed concret

10 에너지를 환산 시 사용되는 단위의 종류에는 갤런, 톤, 배럴 등이 있는데 석유를 환산할 때 사용되는 석유 환산톤의 단위를 쓰시오.

정답 TOE

참고 1TOE = 1000kcal

제2회 출제문제(2013. 7. 14. 시행)

01 독성 가스이면서 가연성 가스에 해당하는 가스를 4가지 이상 쓰시오.

정답 산화에틸렌(C_2H_4O), 시안화수소(HCN), 일산화탄소(CO), 황화수소(H_2S), 벤젠(C_6H_6), 염화메탄(CH_3Cl) 중 4가지

02 LPG 자동차 충전기에 대하여 다음 물음에 답하시오.

(1) 충전호스의 길이(m)는?
(2) 호스의 끝에 설치하여야 할 장치는?

정답 (1) 5m 이내
(2) 정전기 제거장치

03 C_2H_2의 희석제 4가지를 쓰시오.

정답 N_2, CH_4, CO, C_2H_4

04 SNG의 ① 정의와 ② 주성분은?

정답 ① 대체천연가스　　　　② CH_4

05 LP가스 이송 시 이송방법 4가지를 쓰시오.

정답 ① 차압에 의한 방식
② 압축기에 의한 방식
③ 균압관이 있는 펌프 방식
④ 균압관이 없는 펌프 방식

06 다음에서 설명하는 비파괴검사방법은?

전기가 비교적 잘 통하는 물체를 교번자계(방향이 바뀌는 자계) 내에 두면 그 물체에 전류가 흐르는 데 만약 물체 내에 흠이나 결함이 있으면 전류의 흐름이 난조를 보이며 변동한다. 그 변화하는 상태를 관찰함으로써 물체 내의 결함 유무를 검사할 수 있다.

정답 와류탐상검사

해설 기타의 비파괴검사
1. 와류검사(와류탐상검사)
   - 교류 자계 중에 도체를 놓으면 도체에는 자계 변화를 방해하는 와전류가 흐른다.
   - 내부나 표면의 손상 등으로 도체의 단면적이 변하면 도체를 흐르는 와전류의 양이 변화하므로 이 와전류를 측정하여 검사할 수 있다.
   - 본 법은 표면 또는 표면에 가까운 내부의 결함이나 조직의 부정, 성분의 변화 등의 검출에 적용되며 자기검사로 적당하지 않은 동합금관, 오스테나이트계 스테인레스강관 등의 결함검사 및 부식의 검사에 위력을 발휘한다.
2. 전위차법
   - 표면 결함이 있는 금속 재료에 표면의 결함으로 직류 또는 교류를 흐르게 하면 결함의 주위에 전류 분포가 균일하지 않고 장소에 따라 전위차가 나타난다.
   - 이 전위차를 측정함으로써 표면 균열의 깊이를 조사할 수 있다.
   - 흐르는 전류는 1A 정도이며, 수 mm까지 깊이의 균열을 측정할 수 있다. 측정정도는 1/10mm 정도이다.
3. 설파 프린트
   - 강재 중인 유황의 편석 분포상태를 검출하는 방법이다.
   - 인(P)도 검출할 수 있으며, 황이 있는 부분은 지면이 갈색을 나타내고 황이 없는 부분은 변하지 않는다.
   - 묽은 황산에 침적한 사진용 인화지를 사용한다.

07 가스홀더 직경 40m, 사용상한압력 6kg/cm²(g), 사용하한압력 4kg/cm²(g)일 때 공급량은 몇 Nm³인가? (단, π=3.14, 1atm=1.033kg/cm²(g)이며, 공급 시 온도는 25℃이다.)

정답 $\left(\dfrac{6-4}{1.033}\right) \times \dfrac{3.14}{6} \times 40^3 \times \dfrac{273}{273+25} = 59395.06\,\text{Nm}^3$

08 르 샤틀리에의 법칙에 대하여 설명하시오.

정답 여러 가지 가연성 가스가 혼합되어 있는 혼합가스의 연소 범위는 이들을 구성하고 있는 각 가스의 연소 범위를 이용하여 폭발성 혼합가스의 연소 범위를 구하는 법칙이며, 다음 공식을 이용하여 계산한다.

$$\frac{100}{L} = \frac{V_1}{L_1} + \frac{V_2}{L_2} + \frac{V_3}{L_3} + \cdots\cdots + \frac{V_n}{L_n}$$

$$\therefore\ L = \frac{100}{\dfrac{V_1}{L_1}+\dfrac{V_2}{L_2}+\dfrac{V_3}{L_3}+\cdots\cdots+\dfrac{V_n}{L_n}}$$

여기서, L : 혼합가스의 폭발 하한 또는 상한
$L_1,\ L_2,\ L_3,\ \cdots$: 각 가스의 폭발 하한 또는 상한
$V_1,\ V_2,\ V_3,\ \cdots$: 각 가스가 차지하고 있는 혼합가스 중의 부피(%)

09 암모니아와 CO_2가 만나면 안 되는 이유를 반응식을 써서 설명하시오.

정답 ① 반응식 : $2NH_3 + CO_2 + H_2O \rightarrow (NH_4)_2CO_3$
② 탄산암모늄[$(NH_4)_2CO_3$]이 생성되어 장치 부식의 원인이 된다.

10 통상 발전용량 10MW 이하의 가스엔진이나 가스터빈 발전기로 전기를 생산하며, 전기·열에너지를 보일러 및 외부 전력회사의 수전에 의존하지 않고 자체발전 시설을 이용하여 1차적으로 전력을 생산한 후 배출되는 열을 회수하여 이용하는 고효율에너지를 이용하는 기술을 무엇이라 하는가?

정답 열병합발전 시스템

해설 열병합발전(Cogeneration)
• 정의 : 하나의 에너지원(1차 에너지)으로부터 열과 전력(2차 에너지)을 동시에 회수함
• 1차 에너지 : 석유, 석탄, 천연가스, 원자력
  2차 에너지 : 전력, 열
• 전기·열에너지를 보일러 및 외부전력회사의 수전에 의존하지 않고 자체발전 시설을 이용하여 일차적으로 전력을 생산한 후 배출되는 열을 회수하여 이용하는 고효율의 에너지 기술이다.
• 열병합발전의 방식
  가스엔진 터빈발전기로 전기를 생산하고 이 때 발생하는 폐열을 이용하여 냉·난방 및 급탕에 사용. 기존의 냉·난방 방식에 비해 30% 이상의 에너지를 절감시킬 수 있는 에너지발전의 방식
• 장·단점

장점	단점
㉠ 종합에너지 효율이 향상된다. ㉡ 분산형 전원으로 하절기 전력 피크용으로 이용, 안정적 전력수급에 기여한다. ㉢ 원격지 전력 송전에 의한 설비비 송전 손실 비용을 절감한다. ㉣ 청정연료인 도시가스 이용 시 환경 공해 문제가 적다.	㉠ 투자비가 많이 들고, 비경제에 따른 손실 비용 발생이 우려된다. ㉡ 열 및 전력수요의 비율이 적절치 않다. ㉢ 가스 유류의 연료로 향후 연료비가 불확실하다.

제4회 출제문제(2013. 11. 9. 시행)

01 반도체 공장에서 발생하는 독성 가스를 처리하는 공법으로는 습식 식각법, 건식 식각법 및 가연성 가스인 경우 태우는 방법과 (   )법이 있다. 이때 (   ) 안을 채우시오.

정답 플라즈마 식각법

해설 플라즈마 : 고체, 액체, 기체를 넘어선 물질의 제4상태로 많은 수의 자유전자 이온 및 중성원자 또는 분자로 구성된 이온화된 기체를 말함

02 수소, 아세틸렌, 메탄, 프로판의 위험도의 순서를 위험한 순서로 계산식과 함께 나열하시오.

정답
① 아세틸렌 : $\dfrac{81-2.5}{2.5} = 31.4$

② 수소 : $\dfrac{75-4}{4} = 17.75$

③ 프로판 : $\dfrac{9.5-2.1}{2.1} = 3.52$

④ 메탄 : $\dfrac{15-5}{5} = 2$

03 내용적 47L의 용기에 수압을 가하였더니 47.125L가 수압을 제거 시 47.007L이다. 이 용기의 합격여부를 계산식으로 답하시오.

정답 항구증가율 $= \dfrac{\text{항구증가량}}{\text{전 증가량}} \times 100 = \dfrac{47.007-47}{47.125-47} \times 100 = 5.6\%$

∴ 항구증가율이 10% 이하이므로 합격

04 1atm, 20℃인 CH_4 가스의 질량 3kg에서의 부피(m^3)는?

정답 $PV = \dfrac{w}{M}RT$이므로

∴ $V = \dfrac{wRT}{PM} = \dfrac{3 \times 0.082 \times 293}{1 \times 16} = 4.50m^3$

05 상자콕, 퓨즈콕, 호스콕, 주물연소기용 노즐콕 중 콕의 열림이 시계바늘 반대방향이 아닌 콕은 무엇인가?

정답 주물연소기용 노즐콕

참고 관련 코드 : KGS AA 334

06 정압기의 특성 중 정특성과 관련된 3가지 사항을 쓰시오.

정답 시프트, 오프셋, 로크업

해설 1. 시프트 : 1차 압력변화에 의해 정압곡선이 전체적으로 어긋나는 것
2. 오프셋 : 정특성에서 기준유량 Q일 때 2차 압력을 P에 설정했다고 하면 유량이 변화했을 경우 2차 압력 P로부터 어긋난 것
3. 로크업 : 유량이 영(0)이 되었을 때 끝맺은 압력과 2차 압력 P의 차이

07 비파괴검사법 중 초음파탐상시험의 장점과 단점을 쓰시오.

정답 ① 장점 : 시험결과를 즉시 알 수 있다. 인체에 무해하다.
② 단점 : 결함의 종류는 알 수 없다.

08 가스계량기의 고장 중 (1) 불통, (2) 부동의 정의와 원인을 각각 3가지 쓰시오.

정답 (1) 불통
　　① 정의 : 가스가 가스미터를 통과하지 않는 고장
　　② 원인 : ㉠ 크랭크축이 녹슴
　　　　　　㉡ 밸브와 밸브시트가 타르, 수분 등에 점착 및 고착 동결하여 움직일 수 없게 되는 경우
　　　　　　㉢ 날개조절기 등의 납땜이 떨어지는 등 회전장치 부분의 고장
(2) 부동
　　① 정의 : 가스는 가스미터를 통과하나 지침이 작동하지 않는 고장
　　② 원인 : ㉠ 계량막의 파손 밸브의 탈락
　　　　　　㉡ 밸브와 밸브시트 사이에서 누설
　　　　　　㉢ 가스계량 부분에 누설 발생 시 지시장치의 기어불량

09 기화기에 설치되어 있는 장치를 3가지 쓰시오.

정답 ① 액유출방지장치
② 온도제어장치
③ 과열방지장치

10 외경과 내경의 비가 1.2 미만인 배관의 두께를 다음 [조건]으로 계산하시오.

[조건]
- P : 상용압력 2MPa
- D : 내경에서 부식여부에 상당하는 부분을 뺀 부분 15mm
- f : 재료의 인장강도 규격의 최소치 또는 항복점 규격 최소치의 1.6배 수치 200N/mm^2
- C : 부식여유치 1mm
- S : 공로 및 가옥에서 50m 미만 거리를 유지하고, 지상에 가설되는 경우 및 지하에 매설되는 경우의 안전율

정답 $t = \dfrac{PD}{2 \cdot \dfrac{f}{S} - P} + C = \dfrac{2 \times 15}{2 \times \dfrac{200}{4} - 2} + 1 = 1.306 = 1.31\,\text{mm}$

해설 환경구분에 따른 안전율 : S

구분	환경	안전율
A	공로 및 가옥에서 100m 이상의 거리를 유지하고, 지상에 가설되는 경우와 공로 및 가옥에서 50m 이상 거리를 유지하고 지하에 매설되는 경우	3.0
B	공로 및 가옥에서 50m 이상 100m 미만의 거리를 유지하고, 지상에 가설되는 경우와 공로 및 가옥에서 50m 미만의 거리를 유지하고 지하에 매설되는 경우	3.5
C	공로 및 가옥에서 50m 미만의 거리를 유지하고, 지상에 가설되는 경우와 지하에 매설되는 경우	4.0

2014년 가스산업기사 필답형 출제문제

제1회 출제문제(2014. 4. 20. 시행)

01 부취제를 엎질렀을 때 부취제의 제거방법을 2가지 쓰시오.

정답 ① 활성탄에 의한 흡착
② 화학적 산화 처리
③ 연소법

02 LPG용 기화기에서 공기혼합 시 벤투리믹서 혼합기에 대하여 물음에 답하시오.

(1) 혼합기의 작동원리는?
(2) 혼합기의 장점을 기술하시오.

정답 (1) 기화한 LP가스를 일정압력으로 노즐에서 분사시켜 노즐 내를 감압함으로서 공기를 흡입하여 혼합하는 형식
(2) 별도의 동력이 필요하지 않고, 가스압력에 의해서 공기혼합비를 조절할 수 있다.

03 LP가스 자연기화방식에서 1호당 평균가스 소비량 1.33kg/d, 소비호수 50호, 평균가스 소비율이 20%인 경우 최대소비수량(kg/h)은?

정답 $Q = q \times N \times \eta = 1.33 \times 50 \times 0.2 = 13.3\text{kg/h}$

04 가스미터에 공기가 통과 시 유량이 100m³/h이면 C_3H_8이 통과 시 유량(kg/h)은? (단, 프로판의 비중 1.52, 밀도는 1.86kg/m³이다.)

정답 $Q = K\sqrt{\dfrac{D^5 H}{SL}}$ 에서

$Q = \dfrac{1}{\sqrt{S}}$ 에 비례하므로

$100\text{m}^3/\text{hr} : \dfrac{1}{\sqrt{1}}$

$x(\text{m}^3/\text{hr}) : \dfrac{1}{\sqrt{1.52}}$

$\therefore\ x = 100\text{m}^3/\text{hr} \times \dfrac{1}{\sqrt{1.52}} = 81.11\text{m}^3/\text{h} = 81.11 \times 1.86 = 150.86\text{kg/h}$

05 실린더 직경 200mm, 행정 200mm, 회전수 1500rpm, 기통수 4기통이며, 효율이 80%인 실제 피스톤 압출량(m^3/h)은?

정답 $Q = \dfrac{\pi}{4}d^2 \times L \times N \times \eta_v \times 60$

$= \dfrac{\pi}{4} \times (0.2m)^2 \times (0.2m) \times 1500 \times 4 \times 0.8 \times 60 = 1809.557 = 1809.56 m^3/h$

06 매설 금속배관의 전기화학적 부식의 원인을 4가지 기술하시오.

정답 ① 이종금속 접촉에 의한 부식
② 농염전지 작용에 의한 부식
③ 국부전지에 의한 부식
④ 미주전류에 의한 부식
⑤ 박테리아에 의한 부식

07 가연성 가스를 탱크로리에서 저장탱크로 이송하는 방법 4가지를 기술하시오.

정답 ① 차압에 의한 방법
② 압축기에 의한 방법
③ 균압관이 있는 펌프 방식
④ 균압관이 없는 펌프 방식

08 가연성 저온저장 탱크 내부가 외부압력보다 낮아질 때 저장탱크의 파괴를 방지하는 안전장치를 2가지 쓰시오.

정답 ① 압력계
② 압력경보설비
③ 진공안전밸브

09 H_2, CH_4, O_2의 비등점과 함께 비등점이 낮은 순서대로 기술하시오.

정답 ① H_2(−252℃)
② O_2(−183℃)
③ CH_4(−161.5℃)

10 관 길이 600m, 초압 2kg/cm²(g), 종압 1.5kg/cm²(g)인 프로판의 중고압 배관에 유량이 200m³/h로 흐를 때 관경(cm)을 계산하시오. (단, 콕의 상수는 52.31이다.)

정답 $D = \sqrt[5]{\dfrac{Q^2 \cdot S \cdot L}{K^2(P_1{}^2 - P_2{}^2)}} = \sqrt[5]{\dfrac{(200)^2 \times 1.52 \times 600}{52.31^2 \times (3.033^2 - 2.533^2)}} = 5.45\text{cm}$

11 내용적이 120m³인 구형 탱크에서 비중이 0.5인 LPG를 충전 시 처리능력(kg)을 계산하시오.

정답 $W = 0.9dV$ 이므로
$\therefore\ 0.9 \times 0.5 \times 120 \times 10^3 = 54000\text{kg}$

참고문제

(1) 직경 1m의 구형 탱크에 비중 0.5인 LPG를 규정량 채웠을 때 LPG의 무게(kg)는?

(2) 이때 구형 탱크검사를 위하여 물을 채울 때 2시간이 소요되었다면 물을 채우는 펌프의 능력(m³/h)은?

정답 (1) $V = \dfrac{\pi}{6} \times (1\text{m})^3 = 0.5235\text{m}^3$

$\therefore\ W = 0.9dV = 0.9 \times 0.5 \times 523.5 = 235.575 = 235.58\text{kg}$

(2) $0.5235\text{m}^3 : 2\text{hr}$
$x(\text{m}^3) : 1\text{hr}$

$\therefore\ x = \dfrac{0.5235}{2} \times 1 = 0.261\text{m}^3/\text{h} \fallingdotseq 0.26\text{m}^3/\text{h}$

---

12 부피 18L인 어느 가스 배관에서 공기를 주입 시 압력이 수주 880mm, 온도는 15℃이었다. 나중에 압력이 수주 640mm일 때 누설된 공기의 양은 몇 L인가?

정답 ① 처음의 공기량
$18\text{L} \times \dfrac{(10332 + 880)}{10332} = 19.53\text{L}$

② 나중의 공기량
$18\text{L} \times \dfrac{(10332 + 640)}{10332} = 19.12\text{L}$

∴ 누설량
$19.53 - 19.12 = 0.41\text{L}$

13 30℃의 물 150g과 120℃의 철 100g을 혼합 시 평형상태에 도달하였다. 이때의 온도를 구하시오. (단, 철의 비열 C_2 =0.17kcal/kg·℃이다.)

정답 $t = \dfrac{G_1 C_1 t_1 + G_2 C_2 t_2}{G_1 C_1 + G_2 C_2} = \dfrac{150 \times 1 \times 30 + 100 \times 0.17 \times 120}{150 \times 1 + 100 \times 0.17} = 39.16℃$

14 산소가스 저장탱크 내 수리 청소 철거준비를 위해 탱크 내부로 진입 시 치환방법을 순서대로 설명하시오.

정답 ① 가스설비의 내부가스를 실외까지 유도하여 다른 용기에 회수하거나 산소가 체류하지 아니하는 조치를 강구하여 대기 중에 서서히 방출한다.
② ①의 처리를 한 후 내부가스를 공기 또는 불활성 가스 등으로 치환한다. 이 경우 가스치환에 사용하는 공기는 기름이 혼입될 우려가 없는 것을 선택한다.
③ 산소측정기 등으로 치환결과를 수시 측정하여 산소의 농도가 22% 이하로 될 때까지 치환을 계속하여야 한다.
④ 공기로 재치환의 결과를 산소측정기 등으로 측정하고 산소의 농도가 18%에서 22%로 유지되도록 공기를 반복하여 치환 후 작업자가 내부에 들어가 작업을 한다.

참고 **수리 청소 및 철거작업**
1. 수리 청소 및 철거준비의 치환작업에 질소를 사용 시 기름혼입이 되지 않은 공기를 사용하여 치환
2. 공기로 재치환한 결과를 산소 측정기로 그 농도가 18%에서 22%된 것이 확인될 때까지 공기를 반복하여 치환(KGS Fp 112)

가연성 가스 설비
1. 수리 청소 및 철거준비
   • 작업계획 수립
   • 가스 설비의 내부 가스를 그 압력이 대기압 가까이 될 때까지 다른 저장탱크에 회수잔류가스를 서서히 안전하게 방출하거나 연소장치에 유도하여 연소시키는 방법으로 대기압 될 때까지 방출
   • 잔류가스를 불활성, 물, 스팀 등 해당 가스와 반응하지 아니하는 가스 액체로 서서히 치환
2. 수리 철거작업
   • 가스 설비 내부에 남아 있는 가스 액체가 공기와 충분히 혼합되어 혼합가스가 방출관 맨홀 등으로 대기 중에 방출되어도 유해한 영향을 끼칠 염려가 없다는 것을 확인
   • 공기로 재치환한 결과를 산소 농도 측정기로 측정 산소 농도가 18%에서 22%로 된 것이 확인될 때까지 공기로 반복하여 치환
   • 방출가스의 착지 농도가 해당 가연성 폭발하한계 1/4 이하가 되도록 서서히 방출
   • 치환결과를 가스 검지기로 측정, 그 농도가 폭발하한계 1/4 이하가 될 때까지 치환 계속

독성 가스 설비
1. 수리 청소 및 철거준비
   • 가스 설비의 내부 가스를 그 압력이 대기압 가까이 될 때까지 다른 저장탱크 등에 회수한 후 잔류가스를 대기압이 될 때까지 유도하여 재해시킨다.
   • 해당 가스와 반응하지 않는 불활성 액체 등으로 서서히 치환, 이 경우 방출가스는 재해설비로 유도하여 재해시킨다.

- 치환결과를 가스 검지기 등으로 측정 해당 독성 가스의 농도가 TLV−TWA 기준 농도 이하가 될 때까지 치환을 계속한다.
2. 수리 철거작업
- 재치환작업은 설비 내부에 남아있는 가스 액체가 공기와 충분히 혼합되어 혼합가스가 대기 중에 방출 시 유해 영향이 없다는 것을 확인 후의 치환방법에 따라 실시
- 공기로 재치환 결과 산소 측정기로 18%에서 22%된 것이 확인될 때까지 반복하여 치환, 이 경우 검지기 등으로 해당 독성 가스의 농도가 TLV−TWA 기준 농도 이하인 것은 재확인

15 새들 융착의 기준 4가지를 기술하시오.

정답
① 접합부의 전면에는 대칭형의 둥근 형상의 이중 비드가 고르게 형성되어 있도록 한다.
② 비드의 표면은 매끄럽고 청결하도록 한다.
③ 접합된 새들 중심선과 배관의 중심선이 직각을 유지한다.
④ 비드의 높이는 이음관 높이 이하로 한다.

참고문제

내용적 3m^3 산소 가스가 30℃에서 5kg을 가질 때 산소의 압력은 몇 kPa인가?

정답

$$P = \frac{WRT}{VM} = \frac{5 \times 0.082 \times (273 + 30)}{3 \times 32} = 1.294\text{atm}$$

$$\therefore\ 1.294 \times 101.325 = 131.12\text{kPa}$$

제2회 출제문제(2014. 7. 6. 시행)

01 위험성 평가기법 중 사건수분석기법(ETA)에 대하여 설명하시오.

정답
초기사건으로 알려진 특정한 장치의 이상이나 운전자의 실수로부터 발생하는 잠재적 사고결과를 평가하는 정량적 평가기법

02 밀도가 0.988g/cm^{3}인 어떤 액의 하부 2m 지점의 절대압력(kPa)은?

정답
$$P = SH = 0.988\text{kg}/10^3\text{cm}^3 \times 200\text{cm} = 0.1976\text{kg/cm}^2$$

절대압력 = 대기압력 + 게이지압력 = 1.0332 + 0.1976 = 1.2308kg/cm^2

$$\therefore\ \frac{1.2308}{1.0332} \times 101.325 = 120.70\text{kPa}$$

03 배관의 외경, 내경의 비가 1.2 미만인 경우 배관두께 t(mm)를 구하는 공식을 쓰고, 기호를 설명하여라.

정답 $t = \dfrac{PD}{2 \cdot \dfrac{f}{s} - P} + C$

① t : 배관두께(mm)
② P : 상용압력(MPa)
③ D : 내경에서 부식여유부에 상당하는 부분을 뺀 부분(mm)
④ f : 재료 인장강도(N/mm^2) 규격 최소치이거나 항복점 규격 최소치의 1.6배
⑤ C : 부식여유치(mm)
⑥ s : 안전율

참고 외경, 내경의 비가 1.2 이상인 경우

$$t = \frac{D}{2}\left[\sqrt{\frac{\dfrac{f}{s} + P}{\dfrac{f}{s} - P}} - 1\right] + C$$

04 발열량이 10400kcal/Nm^3, 비중이 0.65인 도시가스의 웨버지수를 계산하시오.

정답 $WI = \dfrac{H}{\sqrt{d}} = \dfrac{10400}{\sqrt{0.65}} = 12899.61$

05 통기성이 좋은 점토와 통기성이 나쁜 점토 중 다음 물음에 답하시오.

(1) 양극이 되는 부분은?
(2) 부식이 되는 부분은?

정답 (1) 통기성이 나쁜 점토
　　 (2) 통기성이 나쁜 점토

해설 • 금속의 이온화경향 : 금속이 전자를 잃고 (+)에 녹아들어가는 성질의 정도
　　 • 순서
　　 K > Ca > Na > Mg > Al > Zn > Fe > Ni > Sn > Pb > H > Cu > Hg > Ag > Pt > Au
　　 • 통기성이 나쁜 점토부분은 부식되기 쉽고 양이온(양극) 부분이며, 통기성이 좋은 점토는 부식이
　　 　 잘 일어나지 않고 음극 부분이다.

06 연소기구에 연결된 고무관이 노후하여 직경 0.3mm의 구멍이 뚫렸다. 이 구멍으로 280mmAq의 압력에서 LP가스가 3시간 유출 시 유출량은 몇 L인가? (단, 비중은 1.7이다.)

정답
$$Q = 0.009D^2\sqrt{\frac{H}{d}} = 0.009 \times (0.3)^2\sqrt{\frac{280}{1.7}} = 0.010395\text{m}^3/\text{hr}$$
$$\therefore\ 0.010395 \times 10^3 \times 3 = 31.186 \coloneqq 31.19\text{L}$$

07 고압가스 안전관리법에서 독성 가스의 기준이 되는 허용농도의 종류와 그 정의를 기술하시오.

정답
① 기준농도 : LC_{50}
② 정의 : 성숙한 흰쥐의 집단에서 1시간 흡입 실험에 의하여 14일 이내 실험동물의 50%가 사망할 수 있는 농도로서 허용농도 5000ppm 이하를 독성 가스라 한다.

참고 TLV – TWA : 건강한 성인남자가 1일 8시간씩 주 40시간 그 분위기에서 작업하여도 건강에 지장이 없는 농도로서 허용농도 200ppm 이하를 독성 가스로 정의

08 가스를 사용하는 일반 가정용 세대수가 4300세대일 경우 가스 안전점검원은 몇 명이 필요한가?

정답 2명

해설 안전점검원의 수

구분	안전점검원의 수
다기능 가스계량기 사용 세대	6000가구당 1인
공동주택 세대	4000가구당 1인
기타 세대	3000가구당 1인

09 유량 특성의 종류 3가지를 쓰시오.

정답 ① 직선형　② 2차형　③ 평방근형

해설
- 직선형 : 유량 $= K \times$(열림)의 관계로 메인 밸브 개구부 모양이 장방형의 슬레이트로 되어 있을 경우 생기며, 열림으로부터 유량을 파악하는 데 편리하다.
- 2차형 : 유량 $= K \times$(열림)^{2}의 관계로 메인 밸브 개구부 모양이 삼각형이며, 천천히 유량을 늘리는 형식으로 안정성이 좋다.
- 평방근형 : 유량 $= K \times$(열림)$^{1/2}$으로 접시형 메인 밸브의 경우에 생기며, 신속하게 개방시킬 필요가 있을 경우에 사용되며, 안정성이 떨어진다.

10 액화산소 저장탱크에 액화산소가 80kg 충전되어 있다. 이 탱크에 외부에서 시간당 50kcal/h의 열량이 주어진다면 액화산소량이 반으로 감소 시 걸린시간은? (단, 산소의 증발잠열은 1600cal/mol이다.)

정답 ① 1600cal/mol＝1600cal/32g(산소 1mol＝32g)＝50cal/g＝50kcal/kg
② 산소량이 반으로 줄어드는 데 필요한 열량

$$80kg \times \frac{1}{2} \times 50kcal/kg = 2000kcal$$

③ 2000kcal : x(hr)
  50kcal : 1hr

$$\therefore x = \frac{2000 \times 1}{50} = 40hr$$

11 고압가스 특정설비 중 이입과 분리에 위험을 감소하기 위하여 용기를 장착하여 특정고압가스를 사용하기 위한 것으로 배관과 안전장치 등이 일체로 구성된 특정설비의 명칭은?

정답 실린더 캐비닛

12 퓨즈콕이 갖추어야 할 구조 3가지를 기술하시오.

정답 ① 배관과 호수를 연결하는 구조
② 호수와 호수를 연결하는 구조
③ 배관과 배관을 연결하는 구조
④ 배관과 카플러를 연결하는 구조

해설 ① 콕의 표면은 매끈하고 사용상 지장이 없는 부식. 균열. 주름 등이 없는 것으로 한다.
② 퓨즈콕은 가스유로를 볼로 개폐하고 과류차단 안전기구가 부착된 것으로 배관과 호스, 호스와 호스. 배관과 카플러를 연결하는 구조로 한다.
③ 콕의 각 부분은 기계화학적 열적부하에 견디고, 사용에 지장을 주는 변경파손 누출 등이 없고 원활하게 작동하는 것으로 한다.
④ 콕은 1개의 핸들로 1개의 유로를 개폐하는 구조로 한다.
⑤ 콕의 핸들은 90°나 180° 회전하여 개폐하는 구조로 한다.
⑥ 콕의 핸들 열림방향은 시계바늘 반대방향인 구조로 한다.

참고 KGS AA001

13 고압가스의 가스누출경보 및 자동차단장치의 기능에서 검지에서 발신까지 걸리는 시간은 경보 농도의 1.6배 농도에서 보통 몇 초 이내이어야 하는가?

정답 30초

해설 검지에서 발신까지 걸리는 시간은 경보농도의 1.6배 농도에서 보통 30초 이내. 단, 검지경보장치의 구조상, 이론상 30초가 넘게 걸리는 가스(암모니아, 일산화탄소, 이와 유사한 가스)는 1분 이내로 한다.

참고 KGS Fp112

14 고압가스 배관의 용접 시 보강 덧붙임 용접부의 경우 육안검사 시 합격기준을 기술하시오.

정답 보강 덧붙임은 그 높이가 모재표면보다 낮지 않도록 하고, 3mm(알루미늄은 제외) 이하를 원칙으로 한다.

참고 KGS Gc 205
1. 외면의 언더컷은 그 단면이 V자형으로 되지 않도록 하며, 1개의 언더컷 길이와 깊이는 각각 30mm 이하와 0.5mm 이하이고 1개의 용접부에서 언더컷 길이의 합이 용접부 길이의 15% 이하가 되도록 한다.
2. 용접부 및 그 부근에는 균열 등 위해하다고 인정되는 지그의 흔적 오버랩 및 피트 등의 결함이 없고 또한 비드 형상이 일정하며, 슬러그 등이 부착되어 있지 않도록 한다.

15 영업장 면적 100m^2 이상 시설에는 가스누출 자동차단장치를 설치하여야 하는데, 설치하지 않아도 되는 장소 3개를 기술하시오.

정답
① 월사용 예정량 2000m^3 미만의 소화안전장치가 있는 경우
② 공급 중지 시 막대한 손해발생 시
③ 가스누출경보기 연동차단기능의 다기능 가스안전계량기를 설치할 경우

제4회 출제문제(2014. 11. 1. 시행)

01 도시가스 연소성을 판단하는 지수로 사용되는 웨버지수의 공식을 쓰고, 기호를 설명하시오.

정답

공식	기호 및 단위
$WI = \dfrac{H}{\sqrt{d}}$	WI : 웨버지수 H : 발열량(kcal/Nm^3)
웨버지수 공식 설명	
가스의 발열량(kcal/Nm^3)을 가스 비중의 평방근으로 나눈값으로서 도시가스 연소성을 판단하는 지수로 사용된다.	

02 처음의 온도 25℃, 압력 1MPa에서 압력이 11MPa인 단열압축 시 단열압축 후의 온도는 몇 ℃인가? (단, 비열비 $K=1.55$이다.)

정답

$$T_2 = T_1 \times \left(\frac{P_2}{P_1}\right)^{\frac{K-1}{K}}$$

$$= (273+25) \times \left(\frac{11}{1}\right)^{\frac{1.55-1}{1.55}}$$

$$= 697.818\text{K}$$

$$\therefore\ 697.818 - 273 = 424.818 = 424.82℃$$

03 최고사용압력이 5kg/cm^2(g)인 용기에 20℃에 2.5kg/cm^2(g)로 충전되어 있다. 이 용기는 온도가 몇 ℃까지 상승할 수 있는지 계산식으로 답하시오. (단, 1atm＝1kg/cm^{2}으로 한다.)

> **정답** $\dfrac{P_1}{T_1} = \dfrac{P_2}{T_2}$ 이므로
>
> $$T_2 = \frac{T_1 P_2}{P_1} = \frac{(273+20)\times(5+1)}{(2.5+1)} = 502.285\text{K}$$
>
> $\therefore\ 502.285 - 273 = 229.285 = 229.29℃$

04 연소현상에서 일어날 수 있는 백파이어(역화)의 정의를 기술하시오.

> **정답** 가스의 연소속도가 유출속도보다 커서 내부에서 연소하는 현상

05 내압시험 시 공기질소로 하지 않고 물로서 하는 궁극적 이유를 3가지 기술하시오.

> **정답** ① 고압력이 형성되지 않아 안정성이 있다.
> ② 누설 시 위해성이 없다.
> ③ 물을 사용하므로 경제적이다.

06 황화수소를 제거하기 위하여 수산화제2철을 사용하여 제거하는 탈황법을 화학반응식으로 나타내시오.

> **정답** $2Fe(OH)_3 + 3H_2S \longrightarrow Fe_2S_3 + 6H_2O$

07 용적형 압축기의 일종으로 두 개의 로터가 암수로 맞물려 회전하면서 압축되는 압축기의 종류는?

> **정답** 나사(스크루) 압축기

> **해설** **나사압축기** : 용적형 회전압축기의 종류 케이싱 내부에는 크게 꼬인 이를 가진 한 쌍의 로터가 접촉하고 로터 사이에는 일정하게 적은 간격을 유지하면서 회전할 수도 있고 케이싱과 로터 간도 적은 간격을 가지고 있다. 로터와 케이싱 사이에는 절연접촉이 없으므로 무급유 압축이 가능하다.

> **참고** **특징**
> 1. 용적형이다.
> 2. 무급유, 급유식이다.
> 3. 흡입, 압축, 토출의 3행정을 갖는다.
> 4. 기체에는 맥동이 없고, 연속적으로 압축한다.
> 5. 일반적으로 효율은 낮다.
> 6. 용량조정은 어렵다.

08 C_4H_{10} 1Nm^{3}이 연소 시 공기량(Nm^3)을 계산하여라. (단, 이때의 공기비(m)=1.50이다.)

정답 $C_4H_{10} + 6.5O_2 \rightarrow 4CO_2 + 5H_2O$

1Nm^3 : 6.5Nm^{3}이므로 이론공기량(A_0)=6.5$\times\dfrac{1}{0.21}$=30.952

∴ 실제공기량(A)=$m A_0$=1.5$\times$30.952=46.43Nm^3

09 1단 감압식 저압조정기의 입구압력(MPa), 조정압력(kPa)을 쓰시오.

정답

압력구분	압력값
입구압력	0.07~1.56MPa
조정압력	2.3~3.3kPa

10 희생양극법에 대하여 (1) 정의, (2) 장점 및 단점을 쓰시오.

정답 (1) 정의 : 양극과 매설배관을 전선으로 접속하고, 양극 금속과 배관 사이에 전지작용에 의해 부식을 방지하는 전기방식법
(2) 장점 : ① 시공이 간편하다.
② 단거리 배관에 경제적이다.
③ 과방식의 우려가 없다.
단점 : ① 효과범위가 적다.
② 장거리 배관에 가격이 고가이다.
③ 전류조절이 곤란하다.
④ 평상 시 관리장소가 많아진다.

11 다음 냉동능력(IRT)의 산정 기준을 기술하시오.

(1) 원심식 압축기
(2) 흡수식 냉동설비

정답 (1) 원동기 정격출력 1.2kW : IRT
(2) 시간당 입열량 6640kcal/hr : IRT

12 고압용기의 재검사과정 중 용기가 열영향을 받은 용기로 판단되는 경우를 4가지 기술하시오.

정답 ① 도장의 그을음
② 용기의 일그러짐
③ 밸브 본체 또는 부품을 용융
④ 전기불꽃으로 인한 흠집(용접불꽃의 흔적)

참고 KGS Ac 217.92

13 일반고압가스 사업소 안에 배관을 매몰 설치할 때의 기준 4가지 이상을 기술하시오.

> **정답** ① 배관을 지면으로부터 최소한 1m 이상 깊이에 매설한다.
> ② 도로폭 8m 이상인 공도의 횡단부 지하에는 지면으로부터 1.2m 이상인 곳에 매설한다.
> ③ 철도 횡단부 지하에는 지면으로부터 1.2m 이상인 곳에 매설하고, 강제 케이싱을 사용하여 보호한다.
> ④ 지하철도(전철) 등을 횡단하여 매설하는 배관에는 전기방식 조치를 강구한다.

> **참고** KGS. Fp112. p.37

14 LP가스를 기화기를 사용하여 공급하는 방식에는 생가스, 공기혼합 변성 가스 공급방식이 있다. 이 중 생가스 공급방식의 특징을 4가지 쓰시오.

> **정답** ① 기화된 그대로의 가스를 공급할 수 있다.
> ② 설비 및 공급방식이 간단하다.
> ③ 부탄의 경우 재액화방지가 필요하다.
> ④ 재액화방지를 위하여 배관의 보호조치가 필요하다.

> **참고** LP가스를 도시가스로 공급하는 방식 3가지
> 직접혼입식, 공기혼합가스 공급방식, 변경 가스 공급방식

15 도시가스 원료로 사용하는 나프타의 특징 4가지를 기술하시오.

> **정답** ① 취급저장이 용이하다.
> ② 타르, 카본 등의 부산물이 생성되지 않는다.
> ③ 높은 가스화 효율을 얻을 수 있다.
> ④ 대기, 수질의 환경오염문제가 적다.
> ⑤ 도시가스 중열용으로 이용된다.
> ⑥ 가스 중 불순물이 적어 정제설비가 필요 없는 경우가 많다.

참고문제

나프타를 가스화 원료로 사용함으로 얻어지는 장점을 쓰시오.

> **정답** ① 저장 및 취급이 간편하다.
> ② 공해문제가 없다.
> ③ 중열용 원료로서 그대로 기화 혼입이 가능하다.
> ④ 유황분이 적어 정제장치도 간략하게 얻을 수 있다.

2015년 가스산업기사 필답형 출제문제

제1회 출제문제(2015. 4. 18. 시행)

01 다음 물음에 답하시오.

(1) C_2H_2을 녹일 수 있는 용제 2가지를 쓰시오.
(2) 사용하면서 안 되는 동함유량은 몇 % 초과하면 위험한지를 쓰시오.

정답 (1) 아세톤, DMF
(2) 62% 초과

02 다음 표시된 비파괴검사의 용어를 기술하시오.

(1) AE
(2) PT
(3) MT
(4) RT

정답 (1) 음향검사   (2) 침투탐상검사
(3) 자분탐상검사   (4) 방사선투과검사

03 고압가스 안전관리법의 처리능력의 정의를 기술하시오.

정답 처리설비 또는 감압설비에 의하여 압축·액화나 그 밖의 방법으로 1일에 처리할 수 있는 가스의 양(0℃, 0Pa의 상태가 기준)을 말한다.

04 정압기를 평가선정하는 데 필요한 특성 4가지를 쓰시오.

정답 ① 정특성   ② 동특성
③ 유량 특성   ④ 사용최대차압 및 작동최소차압

05 다음 기술된 부취제의 냄새 종류를 쓰시오.

(1) TBM
(2) THT

정답 (1) TBM : 양파 썩는 냄새   (2) THT : 석탄가스 냄새

참고 DMS : 마늘 냄새

06 다음에 표시된 고압가스 용기의 각인 기호를 설명하고, 단위를 명시하시오.

(1) V

(2) W

(3) Tp

(4) Fp

정답 (1) V : 내용적(L)

(2) W : 초저온용기 이외의 용기는 밸브 및 부속품(분리할 수 있는 것에 한함)을 포함하지 아니한 용기의 질량(kg)

(3) Tp : 내압시험압력(MPa)

(4) Fp : 최고충전압력(MPa)

(압축가스를 충전하는 용기는 초저온용기 및 액화천연가스 자동차용 용기에 한한다.)

참고 그 이외에 각인사항은 다음과 같다.

1. 용기제조업자의 명칭 약호

2. 충전하는 가스의 명칭

3. 용기의 번호

4. Tw : 아세틸렌 충전용기의 경우

　　용기질량(W)에 용기의 다공물질·용제 및 밸브의 질량을 합한 질량(kg)

5. t : 내용적 500L를 초과하는 용기에는 동판의 두께(mm)

07 내압시험을 공기, 기체로 하는 경우에 다음 물음에 답하시오.

(1) 처음 승압하는 압력은 상용압력의 몇 %까지 승압하여야 하는가?

(2) 처음 승압 후 상용압력의 몇 %씩 단계적으로 승압하여야 하는가?

(3) (2)에서 단계적으로 승압 후 내압시험 압력에 도달 시 합격기준을 기술하시오.

정답 (1) 50%

(2) 10%

(3) 누출 등의 이상이 없고 그 이후 압력을 내려 상용압력으로 하였을 때 팽창·누출 등 이상이 없으면 합격으로 한다.

참고 **도시가스 공급시설 내압시험의 요점사항(KGS Fs 551)(p.80)**

1. 중압 이상의 배관 : 최고사용압력 1.5배 이상의 압력으로 내압시험을 하여 이상이 없는 것으로 한다. (단, 공기질소의 기체로 내압시험 시 : 최고사용압력×1.25배로 실시)

2. 내압시험 압력은 수압으로 실시(단, 중압 이하 배관 500m 이하로 설치되는 고압배관 및 물로 부적당 시 공기 및 불활성 기체 가능)

3. 공기 등 기체로 내압시험 시 강의 용접부 전 길이에 대하여 시험 전 방사선투과시험을 하고, 그 등급 분류가 2급(중압 이상 배관은 3급) 이상임을 확인

4. 중압 이상 강관의 양끝부에는 이음부 재료와 동등 이상 성능이 있는 배관용 엔드캡, 막음 플랜지 등을 용접부착하고 비파괴시험 후 내압시험 실시

5. 내압시험의 규정압력 유지시간은 5분부터 20분까지를 표준으로 한다.

08 LPG 압력조정기의 역할을 2가지 이상 기술하시오.

[정답] ① 유출압력조정　　　　② 안정된 연소

[참고] 고장 시 영향
1. 누설　　　　2. 불완전연소

09 유량 $2m^3/min$, 양정 40m, 효율이 70%인 원심 펌프의 회전수를 1000rpm에서 1500rpm으로 변경 시 변경된 양정은 몇 m인가?

[정답] $H_2 = H_1 \times \left(\dfrac{N_2}{N_1} \right)^2 = 40m \times \left(\dfrac{1500}{1000} \right)^2 = 90m$

10 내용적 5L의 고압용기에 NH_3를 충전 시 100℃에서 압력이 220atm일 때 충전질량(kg)은? (단, 이때의 압축계수는 100℃, 220atm에서 0.4였다.)

[정답] $w = \dfrac{PVM}{ZRT} = \dfrac{220 \times 5 \times 17}{0.4 \times 0.082 \times (273 + 100)} = 1528.477 = 1.528kg = 1.53kg$

11 연소기 1대당 0.4kg/hr를 사용하는 식당가에서 테이블수가 8대, 1일 5시간 사용 시 20kg 용기의 설치 개수를 계산하여라. (단, 용기집합 시설에서 자동교체조정기를 사용하며, LPG용기 1대의 가스발생량은 외기온도 5℃에서 0.85kg/hr이다.)

[정답] 용기수 $= \dfrac{\text{피크 시 사용량}}{\text{용기 1대당 가스발생량}} = \dfrac{0.4 \times 8}{0.85} = 3.76 = 4$개

∴ 자동교체기 사용 시 $4 \times 2 = 8$개

12 저압배관 유량식을 쓰고, 단위를 명시하여라.

[정답] $Q = K\sqrt{\dfrac{D^5 H}{SL}}$
① Q : 가스유량(m^3/h)
② K : 폴의 상수(0.707)
③ D : 관지름(cm)
④ H : 압력손실(mmH_2O)
⑤ S : 가스비중
⑥ L : 관길이(m)

13 연소기에 설치하는 안전장치 종류 3가지를 쓰시오.

정답
① 정전안전장치
② 역풍방지장치
③ 소화안전장치
④ 거버너(세라믹버너를 사용하는 연소기의 경우에 한함)

참고 **각종 연소기에 설치되는 안전장치의 종류(KGS AB 935. 2041~KG AB 331 2041)**

연소기 종류	안전장치 항목	기타 사항
가스레인지	• 정전안전장치 • 소화안전장치 • 거버너, 과열방지장치	• 거버너 : 세라믹 버너를 사용하는 연소기구에 한함. • 전도안전장치(고정설치형 제외) • 배기폐쇄안전장치, 과대풍압안전장치(FE식 난방기에 한함) • 과열방지장치(강제대류식의 경우에 한함) • 저온차단장치(촉매식 난방기의 경우에 한함)
가스난방기	• 정전안전장치 • 역풍방지장치 • 소화안전장치 • 그 밖의 장치(거버너, 전도안전장치, 배기폐쇄안전장치, 과대풍압안전장치, 과열방지장치, 저온차단장치)	
가스냉난방기	• 정전안전장치 • 역풍방지장치 • 소화안전장치 • 그 밖의 장치(경보장치)	
가스오븐레인지	• 정전안전장치 • 소화안전장치 • 과열방지장치 • 거버너	
그 밖의 연소기	• 정전안전상치 • 역풍방지장치 • 소화안전장치 • 거버너	

14 50℃ 공기 3000L과 10℃ 산소 2000L를 혼합 시 평균온도(℃)는? (단, 이때 공기, 산소의 정적 비열은 0.172kcal/kg·℃, 0.156kcal/kg·℃로 한다.)

정답

$$t = \frac{G_1 C_1 t_1 + G_2 C_2 t_2}{G_1 C_1 + G_2 C_2}$$

$$= \frac{(3000 \times 0.172 \times 50) + (2000 \times 0.156 \times 10)}{(3000 \times 0.172) + (2000 \times 0.156)} = 34.927 = 34.93℃$$

(※ 출제문제와 수치가 상이할 수 있으니 참고하여 주시기 바랍니다.)

15 다음에 설명하는 도시가스의 원료는 무엇인가?

원유의 상압증류에 의해 생산되는 비점 200℃ 이하의 유분을 말하며, 도시가스 석유화학 합성 비료의 원료로 널리 사용됨.

정답 나프타

제2회 출제문제(2015. 7. 2. 시행)

01 도시가스 배관을 공동주택 부지 안에 매설 시 매설깊이(m)는?

정답 0.6m 이상 깊이 유지

해설 **도시가스 배관설치 기준(KGS Fs 451, Fp 551, Fu 551 관련)**
- 도시가스 배관설치 기준

항목	세부 내용
중압 이하 배관, 고압배관 매설 시	매설간격 2m 이상 (철근콘크리트 방호구조물 내 설치 시 1m 이상 배관의 관리 주체가 같은 경우 0.3m 이상)
본관, 공급관	기초 밑에 설치하지 말 것
천장 내부, 바닥, 벽 속에	공급관을 설치하지 않음
공동주택 부지 안	0.6m 이상 깊이 유지
폭 8m 이상 도로	1.2m 이상 깊이 유지
폭 4m 이상 8m 미만 도로	1m 이상
배관의 기울기(도로가 평탄한 경우)	$\dfrac{1}{500} \sim \dfrac{1}{1000}$

- 교량에 배관설치 시

매설심도	2.5m 이상 유지
배관손상으로 위급사항 발생 시	가스를 신속하게 차단할 수 있는 차단장치 설치 (단, 고압배관으로 매설구간 내 30분 내 안전한 장소로 방출할 수 있는 장치가 있을 때는 제외)
배관의 재료	강재 사용 접합은 용접
배관의 설계 설치	온도변화에 의한 열응력과 수직·수평 하중을 고려하여 설계
지지대, U볼트 등의 고정장치 배관	플라스틱 및 절연물질 삽입

02 다음에서 설명하는 정의를 각각 쓰고, 그 원인을 2가지 이상 쓰시오.
(1) 염공으로부터 가스의 연소속도보다 가스의 유출속도가 크게 될 경우 가스가 염공에 접하여 연소되지 않고, 염공을 떠나 연소하는 현상

(2) 연소반응 도중에 탄화수소가 열분해하여 탄소입자가 발생, 미연소된 채 적열되어 염의 선단이
    적황색으로 되어 연소하고 있는 현상

정답 (1) 정의 : 선화(리프팅)
         원인 : ① 가스공급압력이 높을 때   ② 공기조절장치가 많이 열렸을 때
     (2) 정의 : 옐로팁(Yellow Tip)
         원인 : ① 1차 공기가 부족 시   ② 주물하부에 철가루 등이 존재 시

03 다음의 LP가스 압력조정기의 입구측의 기밀시험압력(MPa)을 쓰시오.

(1) 1단 감압식 저압조정기
(2) 2단 감압식 1차 조정기

정답 (1) 1.56MPa 이상
     (2) 1.8MPa 이상

해설 • KGS AA434

[LP가스 압력조정기의 기밀시험압력]

종류 구분	1단 감압식 저압조정기	1단 감압식 준저압 조정기	2단 감압식 1차용 조정기	2단 감압식 2차용 저압조정기	2단 감압식 2차용 준저압조정기	자동절체식 저압조정기	자동절체식 준저압 조정기	그 밖의 압력조정기
입구쪽 (MPa)	1.56MPa 이상	1.56MPa 이상	1.8MPa 이상	0.5MPa 이상	0.5MPa 이상	1.8MPa 이상	1.8MPa 이상	최대입구압력의 1.1배 이상
출구쪽 (kPa)	5.5kPa	조정압력의 2배 이상	150kPa 이상	5.5kPa	조정압력의 2배 이상	5.5kPa	조정압력의 2배 이상	조정압력의 1.5배

• KGS AA434

[LP가스 압력조정기의 입구압력 · 조정압력]

종류	입구압력(MPa)	조정압력(kPa)
1단 감압식 저압조정기	0.07~1.56	2.30~3.30
1단 감압식 준저압조정기	0.1~1.56	5.0~30.0 이내에서 제조자가 설정한 기준압력의 ±20%
2단 감압식 1차용 조정기 (용량 100kg/h 초과)	0.1~1.56	57.0~83.0
2단 감압식 1차용 조정기 (용량 100kg/h 초과)	0.3~1.56	57.0~83.0
2단 감압식 2차용 저압조정기	0.01~0.1 또는 0.025~0.1	2.30~3.30
2단 감압식 2차용 준저압조정기	조정압력 이상~0.1	5.0~30.0 이내에서 제조자가 설정한 기준압력의 ±20%
자동절체식 일체형 저압조정기	0.1~1.56	2.55~3.30
자동절체식 일체형 준저압조정기	0.1~1.56	5.0~30.0 이내에서 제조자가 설정한 기준압력의 ±20%

종류	입구압력(MPa)	조정압력(kPa)
그 밖의 압력조정기	조정압력 이상~1.56	5kPa를 초과하는 압력 범위에서 상기 압력조정기의 종류에 따른 조정압력에 해당하지 않는 것에 한하며, 제조가 설정한 기준압력의 ±20%일 것

04 원심 펌프의 동력 100PS, 유량이 40m^3/min, 양정 10m의 효율(%)을 계산하여라.

정답 $L_{PS} = \dfrac{\gamma \cdot Q \cdot H}{75\eta}$ 이므로

$$\therefore \eta = \frac{\gamma \cdot Q \cdot H}{75 \times L_{PS}} = \frac{1000\text{kg/m}^3 \times 40\text{m}^3/60\text{s} \times 10\text{m}}{75 \times 100} = 0.888 = 88.89\%$$

05 다음 용기종류별 부속품에 대한 기호를 설명하시오.

(1) AG

(2) PG

(3) LG

(4) LPG

(5) LT

정답 (1) 아세틸렌가스를 충전하는 용기의 부속품
(2) 압축가스를 충전하는 용기의 부속품
(3) 액화석유가스 이외의 액화가스를 충전하는 용기의 부속품
(4) 액화석유가스를 충전하는 용기의 부속품
(5) 초저온용기 및 저온용기의 부속품

06 20℃에서 10MPa(g)가 충전되어 있는 산소용기는 최고충전압력까지 충전 시 용기의 온도는 몇 ℃까지 상승되겠는가? (단, 산소의 Fp=15MPa이다.)

정답 $\dfrac{P_1}{T_1} = \dfrac{P_2}{T_2}$ 이므로

$$\therefore T_2 = \frac{T_1 \times P_2}{P_1} = \frac{(273+20) \times (15+0.101325)}{(10+0.101325)} = 438.030\text{K} = 165.03℃$$

참고 대기압 1atm이 주어지지 않았으므로 1atm=0.101325MPa로 간주

07 도시가스 배관을 용접 시공하였다. 이 경우 비파괴검사를 하지 않아도 되는 경우의 배관 3가지를 쓰시오.

정답 ① PE 배관
② 저압으로 노출된 사용자 공급관
③ 호칭지름 80mm 미만인 저압의 배관

해설 **비파괴시험을 실시하는 경우와 배관과 제외되는 배관**
(KGS Fs 331 p.30) (KGS Fs 551 p.21) 관련

법규 구분	시험 실시	시험 생략
LPG	• 0.1MPa 이상 액화석유가스가 통하는 배관 용접부 • 0.1MPa 미만 액화석유가스가 통하는 호칭지름 80mm 이상 배관의 용접부	건축물 외부에 노출된 0.01MPa 미만 배관의 용접부
도시가스	• 지하매설 배관(PE관 제외) • 최고사용압력 중압 이상인 노출배관 • 최고사용압력 저압으로서 50A 이상 노출배관	• PE 배관 • 저압으로 노출된 사용자 공급관 • 호칭지름 80mm 미만인 저압의 배관
참고사항	LPG, 도시가스 배관의 용접부는 100% 비파괴시험을 실시할 경우 • 50A 초과 배관은 맞대기 용접을 하고, 맞대기 용접부는 방사선투과시험을 실시 • 그 이외의 용접부는 방사선투과, 초음파탐상, 자분탐상, 침투탐상시험을 실시	

08 LPG 저장탱크 내부압력이 외부압력보다 낮아져 파괴되는 부압파괴 방지조치의 설비를 4가지 쓰시오.

정답 ① 압력계
② 압력경보설비
③ 진공안전밸브
④ 다른 저장탱크 또는 시설로부터 가스도입 배관(균압관)
⑤ 압력과 연동하는 긴급차단장치를 설치한 냉동제어설비 및 송액설비

해설 **KGS Fp 111, KGS Fp 331 부압파괴 방지조치**

【 과충전방지조치 】

항목		간추린 핵심내용
부압파괴방지	정의	가연성 저온저장 탱크에 내부압력이 외부압력보다 낮아져 탱크가 파괴되는 것을 방지하기 위함
	설비 종류	① 압력계 ② 압력경보설비 ③ 다음 중 어느 하나의 설비 • 진공안전밸브 • 다른 저장탱크 또는 시설로부터의 가스도입 배관(균압관) • 압력과 연동하는 긴급차단장치를 설치한 냉동제어설비 • 압력과 연동하는 긴급차단장치를 설치한 송액설비

항목		간추린 핵심내용
과충전방지조치	해당 가스	아황산, 암모니아, 염소, 염화메탄, 산화에틸렌, 시안화수소, 포스겐, 황화수소
	설치개요	과충전 시 90% 초과 충전되는 것을 방지하기 위함
	과충전방지법	• 용량 90% 시 액면·액두압을 검지 • 용량 검지 시 경보장치 작동
	식별장소	과충전경보는 관계자가 상주장소 및 작업장소에서 명확히 들을 수 있는 곳
(KGS Fp 112) 독성 가스 중 누출 시 확산을 방지하여야 할 가스의 종류		염소, 포스겐, 불소, 아크릴알데히드, 아황산, 시안화수소, 황화수소

09 고압가스의 적용을 받는 액화가스 중 35℃에 0Pa를 초과하는 고압가스의 종류 3가지를 쓰시오.

정답 ① 액화시안화수소   ② 액화산화에틸렌   ③ 액화브롬화메탄

해설 **고압가스 적용을 받는 가스 및 적용범위에서 제외되는 고압가스 종류(고법 시행규칙 제2조)**

구분		간추린 핵심내용
적용되는 고압가스 종류 범위	압축가스	• 상용온도에서 압력 1MPa(g) 이상되는 것으로 실제로 1MPa(g) 이상되는 것 • 35℃에서 1MPa(g) 이상되는 것(C_2H_2 제외)
	액화가스	• 상용온도에서 압력 0.2MPa(g) 이상되는 것으로 실제로 0.2MPa(g) 이상되는 것 • 압력이 0.2MPa가 되는 경우 온도가 35℃ 이하인 것
	아세틸렌	15℃에서 0Pa를 초과하는 것
	액화 (HCN, CH_3Br, C_2H_4O)	35℃에서 0Pa를 초과하는 것
적용범위에서 제외되는 고압가스	에너지이용 합리화법 적용	보일러 안과 그 도관 안의 고압증기
	철도차량	에어컨디셔너 안의 고압가스
	선박안전법	선박 안의 고압가스
	광산법·항공법	광업을 위한 설비 안의 고압가스, 항공기 안의 고압가스
	기타	• 전기사업법에 의한 전기설비 안 고압가스 • 수소, 아세틸렌염화비닐을 제외한 오토클레이브 내 고압가스 • 원자력법에 의한 원자로 부속설비 내 고압가스 • 등화용 아세틸렌 • 액화브롬화메탄 제조설비 외에 있는 액화브롬화메탄 • 청량음료수, 과실주, 발포성 주류 고압가스 • 냉동능력 35 미만의 고압가스 • 내용적 1L 이하 소화용기의 고압가스

10 1Sm^{3}의 가스에 C_3H_8 85%, C_4H_{10} 15% 혼합되어 있는 경우의 공기량 Sm^{3}을 계산하여라.

정답 ① 연소반응식

$$C_3H_8 + 5O_2 \rightarrow 3CO_2 + 4H_2O$$
$$C_4H_{10} + 6.5O_2 \rightarrow 4CO_2 + 5H_2O$$

② 공기량 $= (5 \times 0.85 + 6.5 \times 0.15) \times \dfrac{100}{21} = 24.88Sm^3$

11 전기방식 효과를 유지하기 위하여 절연조치를 하여야 할 장소 4가지를 쓰시오.

정답 ① 고압가스, 액화석유가스 시설과 철근콘크리트 구조물 사이
② 배관과 강제보호관 사이   ③ 배관과 지지물 사이
④ 저장탱크와 배관 사이   ⑤ 배관과 철근콘크리트 구조물 사이

해설 **전기방식 조치기준(KGS Gc 202)(2.2.2.2)**
절연조치가 필요한 장소 및 전기방식 측정기준
전기방식(KGS Fp 202)(2.2.2.2)

측정 및 점검주기			
관대지전위	외부전원법에 따른 외부전원점, 관대지전위, 정류기 출력전압, 전류, 배선접속 계기류 확인	배류법에 따른 배류점, 관대지전위, 배류기 출력전압, 전류, 배선접속 계기류 확인	절연부속품 역전류방지장치 결선보호 절연체 효과
1년 1회 이상	3개월 1회 이상	3개월 1회 이상	6개월 1회 이상
전기방식조치를 한 전체 배관망에 대하여 2년 1회 이상 관대지 등의 전위를 측정			

전위측정용(터미널(T/B)) 시공방법	
외부전원법	희생양극법, 배류법
500m 간격	300m 간격

전기방식 기준		
고압가스	액화석유가스	도시가스
포화산동 기준 전극		
$-5V$ 이상 $-0.85V$ 이하	$-0.85V$ 이하	$-0.85V$ 이하
황산염 환원박테리아가 번식하는 토양		
$-0.95V$ 이하	$-0.95V$ 이하	$-0.95V$ 이하

전기방식 효과를 유지하기 위해 절연조치를 하는 장소

- 교량횡단 배관의 양단
- 배관 등과 철근콘크리트 구조물 사이
- 배관과 강제보호관 사이
- 배관과 지지물 사이
- 타 시설물과 접근 교차지점
- 지하에 매설된 부분과 지상에 설치된 부분의 경계
- 저장탱크와 배관 사이
- 고압가스, 액화석유가스 시설과 철근콘크리트 구조물 사이

12 다음 반응식에서 카본의 생성을 어렵게 하는 온도, 압력의 조건을 쓰시오.

$$CH_4 \rightarrow 2H_2 + C$$

정답
① 반응온도는 낮춘다.
② 반응압력은 높인다.

해설 수증기 개질(접촉분해) 공정의 반응온도·압력($CH_4 - CO_2$, $H_2 - CO$), 수증기 변화($CH_4 - CO$, $H_2 - CO_2$)에 따른 가스량 변화의 관계

온도 압력 변화 / 가스량 변화	반응온도		반응압력		수증기의 변화 / 가스량 변화	수증기비		카본 생성을 어렵게 하는 조건	
	상승	하강	상승	하강		증가	감소	$2CO \rightarrow CO_2 + C$	$CH_4 \rightarrow 2H_2 + C$
$CH_4 \cdot CO_2$	가스량 감소	가스량 증가	가스량 증가	가스량 감소	$CH_4 \cdot CO$	가스량 감소	가스량 증가	상기 반응식은 반응온도는 높게, 반응압력은 낮게 하면 카본 생성이 안 됨	상기 반응식은 반응온도는 낮게, 반응압력은 높게 하면 카본 생성이 안 됨
$H_2 \cdot CO$	가스량 증가	가스량 감소	가스량 감소	가스량 증가	$H_2 \cdot CO_2$	가스량 증가	가스량 감소		

※ 암기 방법
  (1) 반응온도 상승 시 $CH_4 \cdot CO_2$의 양이 감소하는 것을 기준으로
    ① $H_2 \cdot CO$는 증가
    ② 온도 하강으로 본다면 $CH_4 \cdot CO_2$가 증가이므로 $H_2 \cdot CO$는 감소일 것임.
  (2) 반응압력 상승 시 $CH_4 \cdot CO_2$가 증가하는 것을 기준으로
    ① $H_2 \cdot CO$는 감소일 것이고
    ② 압력하강 시 $CH_4 \cdot CO_2$가 감소이므로 $H_2 \cdot CO$는 증가일 것임.
  (3) 수증기비 증가 시 $CH_4 \cdot CO$가 감소이므로
    ① $H_2 \cdot CO_2$는 증가일 것이고
    ② 수증기비 하강 시 $CH_4 \cdot CO$가 증가이므로 $H_2 \cdot CO_2$는 감소일 것임.
  ∴ 반응온도 상승 시 : $CH_4 \cdot CO_2$ 감소를 암기하면 나머지 가스($H_2 \cdot CO$)와 온도하강 시는 각각 역으로 생각할 것
    반응압력 상승 시 : $CH_4 \cdot CO_2$ 증가를 암기하고 가스량이나 하강 시는 역으로 생각하고 수증기비에서는 ($CH_4 \cdot CO$)($H_2 \cdot CO_2$)를 같이 묶어 한 개의 조로 생각하고 수증기비 증가 시 $CH_4 \cdot CO$가 감소이므로 나머지 가스나 하강 시는 각각 역으로 생각할 것

13 가스도매사업기준에서 도시가스 배관을 시가지 주요 하천, 호수 등을 횡단하거나 도로, 농경지, 시가지 등에 따라 배관을 매설 시 긴급차단장치(밸브)를 설치하여야 하며, 다음의 경우에 긴급차단밸브 설치거리를 8km로 하여야 하는데 이 경우 10km로 연장할 수 있는 경우를 2가지 기술하시오.

지상 4층 이상의 건축물 밀집지역 또는 교통량이 많은 지역으로서 지하에 여러 종류의 공익시설물(전기, 가스, 수도 시설물 등)이 있는 지역의 긴급차단 밸브설치 거리 8km

정답 ① 매설배관의 충격 및 누출감지를 위한 실시간 감시 시스템을 설치하는 경우
② 매설배관 피복손상 탐지를 매 5년마다 실시하는 경우

해설 KGS Fs 451(2.8.6)
시가지 주요 하천, 호수 횡단배관 및 도로, 농경지, 시가지 등을 따라 매설되는 배관에 긴급차단
장치 설치 및 이와 동등 효과의 차단장치 설치기준

구분	간추린 세부내용
설치대상 배관	주요 하천, 호수를 횡단하는 배관의 횡단거리 500m 이상이고, 교량에 설치하는 배관
설치위치	그 배관의 횡단부 양끝으로부터 가까운 거리
차단장치 동력원	액압·기압·스프링 또는 전기압
차단장소	가스공급시설을 관리제어하는 통제소에서 원격조작으로 가스 공급차단

지역 구분별 긴급차단장치간 거리		
지역구분	지역분류 기준	차단밸브 설치거리
(A)	지상 4층 이상 건축물 밀집지역, 교통량이 많은 지역으로서 지하에(전기, 가스, 수도 시설물 등) 공익 시설물이 있는 지역	8km
(B)	(A)에 해당하지 않는 지역으로 밀도지수 46 이상인 지역	16km
(C)	(A)에 해당하지 않는 지역으로 밀도지수 46 미만인 지역	24km

[참고] 밀도지수 : 배관 임의의 지점에서 1.6km 배관 중심으로부터 좌우 각각 폭 0.2km 범위를
설정 시 그 구역에 있는 가옥수

상기의 차단밸브 설치거리에서 10km까지 늘릴 수 있는 경우

• 배관의 두께를 (A) 지역의 설계기준으로 적용 시
• 매설배관의 충격 및 누출감시를 위한 실시간 감시 시스템을 설치하는 경우
• 매설배관 피복탐지를 매 5년마다 실시하는 경우
• 방출시간을 다음의 계산식에 산정한 수치 이하로 하는 경우

$$V = V_s - \{V_s \times (L - L_s)/L_s\}$$

여기서, V : 방출시간(min)
L : 긴급차단장치간 설치거리(km)
L_s : 기준에서 정하고 있는 긴급차단장치간 설치거리(8km)
V_s : 기준에서 정하고 있는 방출시간(60min)

참고문제

기 설치된 도시가스 배관을 변경 시 법에서 정한 긴급차단장치 간의 거리를 만족 못할 시 한
국가스안전공사로부터 안정성 평가를 받고 그 결과에 따른 조치를 위할 경우 기존의 긴급차
단장치 간의 설치거리를 유지할 수 있다. (단, 기반시설공사 안전성 향상을 위한 차단밸브 추
가공사 배관 보수공사)로서 변경길이 0.8km 이하 시 특별한 안전조치를 취하면 안전성 평가
를 생략할 수 있는데 안전성 평가의 생략이 가능한 안전조치사항 4가지 이상을 쓰시오.

> **정답▸** ① 타 공사로부터 안전사고 방지를 위해 50m 간격으로 표지판을 추가로 설치한 경우
> ② 충격감시 시스템을 설치한 경우
> ③ 배관 특별순찰을 주1회 이상을 추가 실시하는 경우
> ④ 정밀가스 누출검사를 분기 1회 이상 실시하는 경우
> ⑤ 비상사태 시나리오 훈련을 반기에 1회 이상 실시하는 경우
> ⑥ 사고발생 시 방산시간 단축 및 신속방산을 위해 양방향 방산을 시행하는 경우

14 탱크에 절대압력이 0.052kg/cm^{2}이고, 대기압 700mmHg일 때 탱크의 다음 물음에 답하시오.

(1) 진공압력(kg/cm^2)을 계산하시오.

(2) 그 때의 진공도(%)를 계산하시오.

> **정답▸** (1) 진공압력＝대기압력－절대압력＝700mmHg－0.052kg/cm^2
> $$=\frac{700}{760}\times1.033\text{kg/cm}^2-0.052\text{kg/cm}^2=0.9\text{kg/cm}^{2(v)}$$
>
> (2) 진공도＝$\dfrac{\text{진공압력}}{\text{대기압력}}\times100=\dfrac{0.9}{\dfrac{700}{760}\times1.033}\times100=94.59\%$

참고문제

대기압력 750mmHg일 때 진공도 90%의 절대압력(kg/cm^2)을 계산하여라.

> **정답▸** 절대압력＝대기압력－진공압력＝750－750×0.9＝75.3mmHg(a)
> $$\therefore\ \frac{75.3}{760}\times1.033=0.102\fallingdotseq0.10\text{kg/cm}^2\text{(a)}$$

> **참고▸** 압력값 계산 후 절대압력에는 (a), 게이지압력에는 (g), 진공압력에는 (v)를 반드시 붙일 것

15 주거, 상업지역에 설치하는 LP가스 10톤 이상 저장탱크에 폭발방지장치를 설치하도록 되어 있는데 폭발방지장치를 설치하지 않아도 되는 경우 3가지를 쓰시오.

> **정답▸** ① 안전조치를 한 저장탱크   ② 지하에 매몰하여 설치한 저장탱크   ③ 마운드형 저장탱크

> **해설▸ 폭발방지장치**
> 액화석유가스 저장탱크 외벽이 화염으로 국부적으로 가열될 경우 그 저장탱크 벽면의 열은 신속히 흡수, 분산시킴으로서 탱크 벽면의 열을 국부적인 온도상승에 따른 저장탱크 파열을 방지하기 위하여 저장탱크 내벽에 설치하는 다공성 벌집형 알루미늄합금 박판

부식의 종류 중 (1) 자연부식의 종류 2가지와 (2) 전기적 부식의 종류 2가지를 쓰시오.

정답 (1) 자연부식
① 이종금속 접촉에 의한 부식
② 국부전지에 의한 부식
③ 박테리아에 의한 부식
(2) 전기적 부식(전식)
① 미주전류에 의한 부식
② 농염전지에 의한 부식

참고 1. 습식의 종류 : 전면부식, 국부부식
2. 건식의 종류 : 산화, 가스침식

제4회 출제문제(2015. 11. 8. 시행)

01 고압가스 배관에 기밀시험을 실시한 후 배관 내 가스를 다시 치환하는 이유를 기술하시오.

정답 ① 기밀시험에 사용된 공기질소는 원래 배관 내 사용가스와 달라 내부가스를 모두 방출하여야 가스 사용이 가능
② 배관 내 기밀시험 압력까지 승압이 되어 있어 내부가스를 방출, 사용가스를 통과시키므로 평상시의 상용압력으로 되돌릴 수 있기 때문

02 다음 사용 [조건]을 (1) → (2)로 변경 시 노즐직경(mm)을 계산하시오.

[조건]
(1) • 발열량 : 10000kcal/Nm^3 • 공급압력 : 280mmH$_2$O
    • 비중 : 0.6   • 노즐직경 : 1.3mm
(2) • 발열량 : 20000kcal/Nm^3 • 공급압력 : 200mmH$_2$O
    • 비중 : 0.55

정답 $\dfrac{D_2}{D_1} = \sqrt{\dfrac{WI_1\sqrt{P_1}}{WI_2\sqrt{P_2}}}$ 이므로

$$\therefore D_2 = \sqrt{\dfrac{WI_1\sqrt{P_1}}{WI_2\sqrt{P_2}}} \times D_1 = \sqrt{\dfrac{\dfrac{10000}{\sqrt{0.6}} \times \sqrt{280}}{\dfrac{20000}{\sqrt{0.55}} \times \sqrt{200}}} \times 1.3 = 1.04\text{mm}$$

03 배관의 신축이음에 대한 내용이다. (   )에 적당한 단어를 쓰시오.

(1) 온도변화에 의한 배관의 신축량을 계산하는 식은 신축량＝배관길이×(   )×온도차이다.

(2) 상온 스프링이란 배관의 (   )을 계산, 관의 길이를 짧게 절단하므로써 신축을 흡수하는 방법이다.

(3) 이때 절단길이는 자유팽창량의 (   ) 값이다.

정답 (1) 선팽창계수   (2) 자유팽창량   (3) 1/2

04 수소가스 1000L에 포함된 산소의 농도가 7500ppm일 때 압축가능 여부를 판별하시오.

정답 수소가스 중 산소는 2% 미만이어야 압축이 가능하므로

$$산소(\%) = \frac{7500}{10^6} \times 10^2\% = 0.75\%$$

산소가 2% 미만이므로 압축이 가능하다.

해설 **압축금지 기준**
- 가연성(C_2H_2, C_2H_4, H_2 제외) 중 산소의 용량이 4% 이상일 때
- 산소 중 가연성(C_2H_2, C_2H_4, H_2 제외)의 용량이 4% 이상일 때
- C_2H_2, C_2H_4, H_2 중 산소의 용량이 2% 이상일 때
- 산소 중 C_2H_2, C_2H_4, H_2의 용량이 2% 이상일 때

05 최고충전압력이 150kgf/cm²(g)인 어느 용기 25℃ 가스가 150kgf/cm²(g)로 충전되어 있다. 이때 안전밸브가 작동했다면 그때의 온도(℃)를 계산하시오.

정답 $P_1 = 150$kgf/cm²(g), $T_1 = 25℃$

$$P_2(안전밸브\ 작동압력) = 150 \times \frac{5}{3} \times \frac{8}{10} = 200\text{kgf/cm}^2(g)$$

$$\frac{P_1}{T_1} = \frac{P_2}{T_2} 에서$$

$$T_2 = \frac{P_2}{P_1} \times T_1 = \frac{(200+1.033)}{(150+1.033)} \times (273+25) = 396.653K$$

$$\therefore\ 396.653 - 273 = 123.65℃$$

06 CH_4가스 1m³가 연소 시 필요한 실제공기량은 몇 m³인가? (단, 과잉공기계수 $m = 1.50$이다.)

정답 $CH_4 + 2O_2 \rightarrow CO_2 + 2H_2O$에서 1m³당 산소량은 2m³이므로 공기량$(A_o) = 2 \times \frac{1}{0.21} = 9.523\text{m}^3$

$$\therefore\ 실제공기량(A) = mA_o = 1.5 \times 9.523 = 14.285 = 14.29\text{m}^3$$

07 다음 [조건]으로 저압배관의 관경(cm)을 계산하여라.

[조건]
- 유량 : $200\text{m}^3/\text{h}$
- 압력손실 : 수주 20mm
- 관길이 : 400m
- 가스비중 : 0.64

정답 $Q = K\sqrt{\dfrac{D^5 H}{SL}}$ 에서 $D^5 = \dfrac{Q^2 \times S \times L}{K^2 \times H} = \dfrac{200^2 \times 0.64 \times 400}{0.707^2 \times 20} = 1024309.34$

$\therefore\ D = \sqrt[5]{1024309.34} = 15.925 = 15.93\text{cm}$

08 고압가스 배관에 가스가 흐를 때 마찰저항(직선배관)에 의한 압력손실의 요인 5가지를 기술하시오.

정답 ① 유량의 2승에 비례한다.
② 관길이에 비례한다.
③ 관내경의 5승에 반비례한다.
④ 유체의 점도에 관계한다.
⑤ 가스비중에 비례한다.

09 고압가스 용기에 각인된 다음의 기호를 설명하고, 단위를 쓰시오.
(1) V
(2) Tp
(3) Fp
(4) W

정답 (1) 내용적(L)
(2) 내압시험압력(MPa)
(3) 최고충전압력(MPa)
(4) 초저온 용기 이외의 경우 밸브 및 부속품을 포함하지 아니한 용기의 질량(kg)

10 황화수소를 제거하기 위하여 수산화제2철을 사용하여 제거하는 탈황법을 화학반응식으로 나타내시오.

정답 $2\text{Fe(OH)}_3 + 3\text{H}_2\text{S} \rightarrow \text{Fe}_2\text{S}_3 + 6\text{H}_2\text{O}$

11 카르노 사이클의 순환과정에 열을 흡수하는 과정을 쓰시오.

정답▶ 등온팽창과정

해설▶ 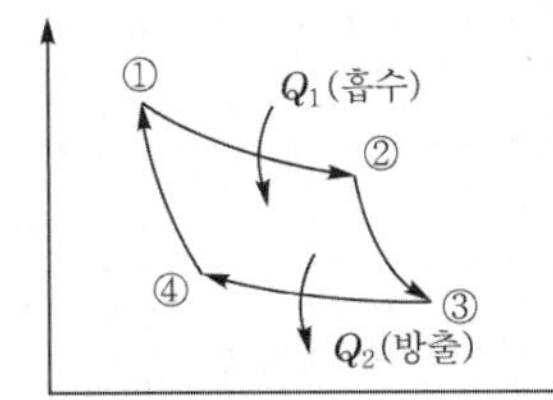

① → ② : 등온팽창
② → ③ : 단열팽창
③ → ④ : 등온압축
④ → ① : 단열압축

12 표점거리 300mm 어느 관을 인장시험 후 350mm가 되었다. 이때의 연신율(%)을 계산하여라.

정답▶ ε(연신율)$= \dfrac{l_2 - l_1}{l_1} \times 100$

$$= \frac{350 - 300}{300} \times 100 = 16.666 = 16.67\%$$

13 릴리프식 안전장치가 내장된 조정기를 실내에 설치 시 실외 안전한 장소에 설치하여야 할 설비는?

정답▶ 가스방출구

14 STS(스테인리스)관을 용접 시 N_2(질소)를 사용하지 못하는 이유를 기술하시오.

정답▶ N_2는 비드 내부에 체류 기공이 발생하므로 용접이 불가능하다.

15 비열이 0.8kcal/kg·℃인 어느 액체 1000kg을 100℃ 상승시키는 데 필요한 C_3H_8의 사용량 (kg)을 계산하시오. (단, 이때의 C_3H_8 발열량은 12000kcal/kg이며, 효율은 90%이다.)

정답▶ $1000 \times 0.8 \times 100 : x$ kg

　　　12000 kg $\times 0.9 : 1$ kg

$$\therefore\ x = \frac{1000 \times 0.8 \times 100}{12000 \times 0.9} = 7.407 = 7.41 \text{kg}$$

2016년 가스산업기사 필답형 출제문제

제1회 출제문제(2016. 4. 18. 시행)

01 탱크로리에서 저장탱크로 LP가스를 이송하는 방법 3가지를 기술하시오.

> **정답** ① 차압에 의한 방법
> ② 압축기에 의한 방법
> ③ 펌프에 의한 방법

02 가연성 가스의 정의를 기술하시오.

> **정답** 폭발한계하한 10% 이하이거나 폭발한계 상한과 하한의 차가 20% 이상인 것

03 보일러 설치 시 전용 보일러실에 설치하지 않아도 되는 경우 3가지를 기술하시오.

> **정답** ① 가스보일러를 옥외에 설치한 경우
> ② 밀폐식 보일러인 경우
> ③ 선용 급기통을 부착시기는 구조로서 검사에 합격한 강제배기식 보일러

04 내용적 50L의 용기를 $30kgf/cm^2$의 압력으로 내압시험 결과 내용적이 50.5L가 되었다. 이때 압력을 제거 후 50.0415L이면 영구증가율(%)을 계산하고 합격, 불합격 여부를 판별하시오.

> **정답** 영구증가율$=\dfrac{50.0415-50}{50.5-50}\times100=8.3\%$
>
> $\therefore$ 10% 이하이므로 합격

05 다음 [조건]으로 입상의 압력손실(mmH_2O)을 계산하시오.

[조건]
- 가스비중 : 1.52
- 입상높이(H) : 10m

> **정답** $h=1.293(S-1)H=1.293(1.52-1)\times10=6.72mmH_2O$

06 산소압력계에 금유라고 표시된 이유를 설명하시오.

정답 산소는 유지류와 혼합 시 연소폭발을 일으키므로 취급 시 기름묻은 장갑이나 오일 혼입에 유의하여야 하며, 금유라고 명시된 산소 전용의 압력계를 사용하여야 한다.

07 역화(Back Fire)의 정의를 기술하시오.

정답 가스의 유출속도보다 연소속도가 빨라 불꽃이 역화하여 연소기 내부에서 연소되는 현상

08 도시가스의 제조방식 4가지를 쓰시오.

정답 ① 열분해 공정
② 부분연소 공정
③ 수소화분해 공정
④ 접촉분해 공정

09 LP가스 조정기의 종류를 4가지 이상 쓰시오.

정답 ① 1단 감압식 저압조정기
② 1단 감압식 준저압조정기
③ 자동절체식 일체형 저압조정기
④ 자동절체식 일체형 준저압조정기
⑤ 2단 감압식 1차용 조정기
⑥ 2단 감압식 2차용 저압조정기

10 C_3H_8 $1Sm^3$ 연소 시 필요한 이론공기량(Sm^3)을 구하시오. (단, 공기 중 산소의 양은 20%이다.)

정답 $C_3H_8 + 5O_2 \rightarrow 3CO_2 + 4H_2O$
$1Sm^3 : 5Sm^3$
$\therefore 5 \times \dfrac{100}{20} = 25Sm^3$

11 다음은 가연성의 고압가스를 제조해서 저장탱크에 저장한 후 탱크로리에 충전하는 플랜트의 일부분을 표시한 공정도이다. ①~⑤에 설치한 각 밸브의 용도에 따른 명칭을 쓰고, 그 설치목적을 간단히 설명하시오.

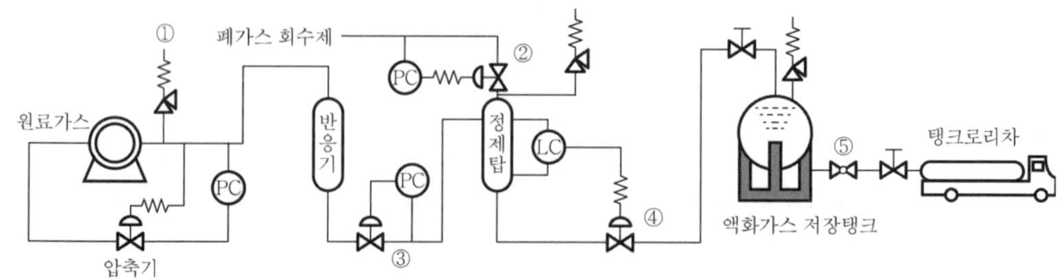

정답 ① 안전밸브 : 압축기 토출압력 이상 상승 시 작동가스를 분출시켜 정상압력으로 되돌려준다.
② 압력조절밸브 : 압력상승 시 차단시켜 방출량을 조절한다.
③ 압력조절밸브 : 반응기의 압력상승 시 차단하여 정제탑의 유입량을 조절한다.
④ 액면조절밸브 : 정제탑의 액면상승 시 개방 액화가스를 저장탱크로 이송하고 액면이 일정 이하로 낮아지면 밸브가 차단된다.
⑤ 긴급차단밸브 : 이상사태 발생 시 작동하여 가스흐름을 차단함에 따라 피해 확대를 막는 밸브이다.

참고문제

다음은 가연성 가스를 제조하여 저장탱크에 저장하고 차량 고정탱크로 저장하는 플랜트 공정이다. 여기서 ①~④의 밸브사용 타당성 여부를 설명하고, 부적합할 시에는 알맞은 밸브의 명칭을 쓰시오.

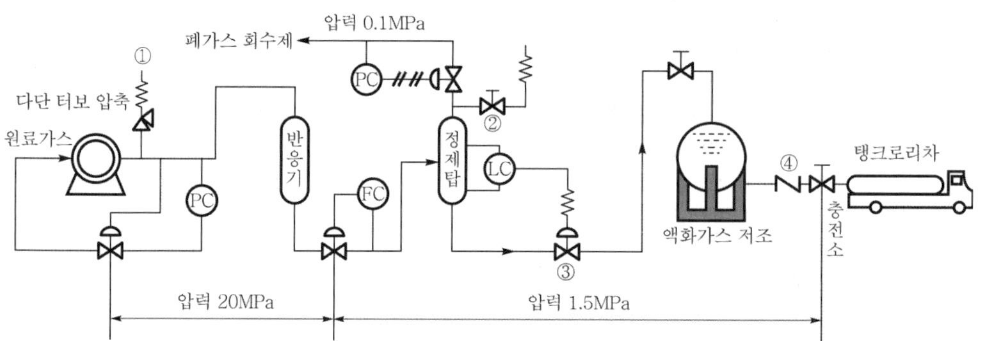

(1) 압축기 출구배관에 설치된 ①번 안전밸브의 설치는?
(2) 정제탑의 압력을 조절하는 ②번 수동압력 조절밸브의 설치는?
(3) ③번의 정제탑 액면 조절밸브 설치는?
(4) 구형 저장탱크 출구측의 ④번의 역지밸브 설치는?

정답 (1) 적합(토출압력 상승 시 작동 압축기 과부하 방지)
(2) 부적합(압력조절밸브 PC 가 설치되어 있으므로)
(3) 적합(정제탑의 액면상승 시 액가스를 저장탱크로 이송)
(4) 부적합(저장탱크와 탱크로리 사이에는 긴급차단밸브가 설치되어야 한다.)

참고문제

다음은 촉매식 반응관을 사용한 고압가스 제조장치의 계통도이다. ①, ②, ③, ④, ⑤에 해당되는 기기명을 보기에서 고르시오.

[보기]
- LC 조절계(액면조절계)
- 긴급차단밸브
- 공기압 조절밸브
- PC 압력조절계
- 안전밸브
- 역류방지밸브

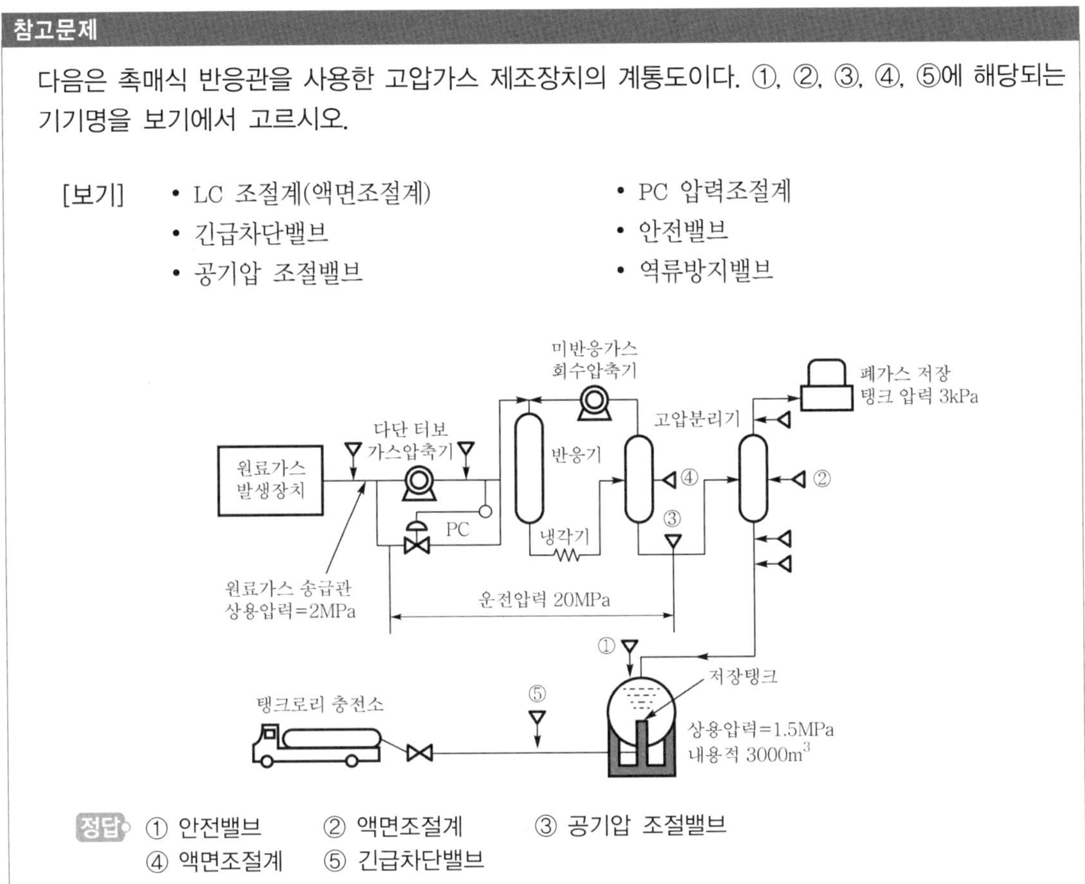

정답 ① 안전밸브   ② 액면조절계   ③ 공기압 조절밸브
④ 액면조절계   ⑤ 긴급차단밸브

12 ( ) 안에 알맞은 숫자 또는 단어를 쓰시오.

도시가스의 제조소, 공급소의 기밀시험압력은 최고사용압력의 (①)배 또는 (②) 중 높은 압력 이상으로 실시한다. 단, 최고사용압력이 저압인 가스홀더 배관 및 그 부대설비 이외의 것으로서 최고사용압력이 (③) 이하인 것은 시험압력은 (④)으로 할 수 있다.

정답 ① 1.1   ② 8.4kPa   ③ 30kPa   ④ 최고사용압력

13 밸브의 토출측 배압변화에 따라 성능특성에 영향을 받지 않는 안전밸브의 명칭은?

정답 평형 벨로스형 안전밸브

14 비파괴검사 중 자분탐상시험의 단점을 3가지 쓰시오.

정답 ① 전원이 필요하다.
② 비자성체에는 적용이 불가능하다.
③ 검사 후 탈지처리가 필요하다.

15 서로 다른 2종의 얇은 금속판을 결합시켜 금속마다 선팽창계수가 상이한 성질과 피사체의 온도변화에 따라 휘어지는 정도가 달라지는 것을 이용하여 각종 안전장치나 온도계에 사용되는 장치의 명칭은?

정답 바이메탈 온도계

제2회 출제문제(2016. 6. 26. 시행)

01 전기방식법의 종류를 4가지 쓰시오.

정답 ① 희생양극법　　② 외부전원법
③ 강제배류법　　④ 선택배류법

02 가스용품 중 콕의 종류 3가지를 쓰시오.

정답 ① 퓨즈콕　　② 상자콕　　③ 주물연소기용 노즐콕

03 직류전철 등에 누출전류의 영향을 받는 배관에 적합한 (1) 전기방식법 (2) 이때의 전위측정용 터미널의 간격은?

정답 (1) 배류법
(2) 300m 이내

해설 **KGS 202 직류전철에 의한 전기방식 기준**

구분		방식법
누출선류의 영향이 없는 경우		외부전원법 또는 희생양극법
누출전류의 영향이 있는 경우	방식효과가 충분할 때	배류법
	방식효과가 충분하지 않을 때	외부전원법 또는 희생양극법 병용

04 Fp＝120atm인 산소용기에 35℃에서 120atm(g) 충전 후 온도를 올렸더니 안전밸브에서 가스가 분출되었다. 이때의 온도는 몇 ℃인가?

정답 안전밸브 작동압력＝$Fp \times \dfrac{5}{3} \times \dfrac{8}{10} = 120 \times \dfrac{5}{3} \times \dfrac{8}{10} = 160$atm

$$\dfrac{P_1 V_1}{T_1} = \dfrac{P_2 V_2}{T_2} \text{에서 } (V_1 = V_2)$$

$$T_2 = \dfrac{T_1 P_2}{P_1} = \dfrac{(35+273) \times (160+1)}{(120+1)} = 409.818\text{K}$$

$$\therefore \ 409.818 - 273 = 136.818 = 136.82℃$$

05 염공이 갖추어야 할 조건을 4가지 쓰시오.

정답 ① 불꽃이 안정하게 형성될 수 있을 것
② 가연물에 적절한 배열이 될 것
③ 모든 염공에 빠르게 화염이 전파될 것
④ 먼지 등에 막히지 않고, 손질이 용이할 것

06 가연성 또는 독성 가스의 고압가스설비 중 특수반응설비와 긴급차단장치를 설치한 고압가스설비에 이상사태 발생 시 그 설비 안의 내용물을 설비 밖으로 긴급하고도 안전하게 처리할 수 있는 방법 4가지를 쓰시오.

정답 ① 플레어스택에서 가연성 가스를 연소시켜 처리한다.
② 벤트스택에서 독성, 가연성을 허용농도 미만 폭발하한계 미만으로 처리한다.
③ 독성 가스의 경우 제독제를 사용하여 폐기한다.
④ 빈 탱크를 이용하여 설비 내 가스를 이송시킨다.

07 도시가스설비의 정압기의 기능 3가지를 쓰시오.

정답 ① 도시가스 압력을 사용처에 맞게 낮추는 감압 기능
② 2차측 압력을 허용 범위 내의 압력으로 유지하는 정압 기능
③ 가스의 흐름이 없을 때 밸브를 완전히 폐쇄하여 압력상승을 방지하는 폐쇄 기능

08 가스액화분리장치 구성요소 3가지를 쓰시오.

정답 ① 한랭발생장치
② 정류장치
③ 불순물제거장치

09 내용적 50L 고압용기에 0℃에서 150kg/cm²(g)의 산소가 충전되어 있다. 이 가스를 3kg 사용 시 사용 후의 압력(atm)을 계산하시오.

정답 ① 처음의 질량 $PV = \dfrac{W}{M}RT$ 이므로

$$W = \frac{PVM}{RT} = \frac{\dfrac{150+1.033}{1.033} \times 0.05 \times 32}{0.082 \times 273} = 10.449\,\text{kg}$$

② 사용 후 압력(atm)

$$\therefore P = \frac{WRT}{VM} = \frac{(10.449-3) \times 0.082 \times 273}{0.05 \times 32} = 104.23\,\text{atm}$$

해설 ① $PV = \dfrac{W}{M}RT$ 에서 P : atm이므로

주어진 150kg/cm²(g)는 절대값으로 (150+1.033)kg/cm²에서 atm 단위로 환산하여 대입

$$\frac{150+1.033}{1.033}\,(\text{atm})$$

② V(L)이면 W(g)이 되고, V(m³)이면 W(kg)이 된다.

10 내압시험압력 및 기밀시험압력의 기준이 되는 압력으로서 사용상태에서 해당 설비 등의 각부에 작용하는 최고사용압력은?

정답 상용압력

11 정압기의 메인밸브에 1차 압력과 2차 압력이 작용하여 최대로 되었을 때의 차압은 무엇인가?

정답 사용 최대차압

12 다음 (   )에 적당한 말을 쓰시오.

- 퓨즈콕은 가스유로를 볼로 개폐하고 (①)가 부착된 것으로 배관과 호스, 호스와 호스, 배관과 배관 또는 배관과 카플러를 연결하는 구조이다.
- 상자콕은 가스유로를 핸들 누름·당김 등의 조작으로 개폐하고, (②)가 부착된 것으로 밸브 핸들이 반 개방상태에서도 가스가 차단되어야 하며 배관과 카플러를 연결하는 구조로 한다.

정답 ① 과류차단 안전기구   ② 과류차단 안전기구

참고 1. 주물연소기용 노즐콕 : 주물연소기 부품으로 사용하는 것으로 볼로 개폐하는 구조이다.
2. 업무용 대형연소기용 노즐콕 : 업무용 대형연소기 부품으로 사용하는 것으로 가스흐름을 볼로 개폐하는 구조이다.

13 LNG 490kg을 25℃에서 기화 시 부피(m^3)는 얼마인가? (단, LNG는 CH_4 90%, C_2H_6 10%, 액비중은 0.49이다.)

정답 0℃의 부피 $\dfrac{W}{M} \times 22.4$이므로

$$\dfrac{490}{16 \times 0.9 + 30 \times 0.1} \times 22.4 = 630.8045$$

$$\therefore\ 25℃\ 부피는\ 630.8045 \times \dfrac{273+25}{273} = 688.57 m^3$$

14 다음 반응식에 해당되는 수소의 공업적 제법은?

$$C_mH_n + \dfrac{m}{2}O_2 \rightarrow mCO + \dfrac{n}{2}H_2$$

정답 석유분해법의 부분산화법

참고 1. 수소의 공업적제법
2. 물의 전기분해법
3. 소금물 전기분해법

15 다음과 같은 특징을 가진 비파괴검사 방법은?

- 내부 결함을 검출할 수 있다.
- 신뢰도가 높다.
- 검사비용이 많이 든다.

정답 방사선투과검사(RT)

제4회 출제문제(2016. 11. 12. 시행)

01 기화기의 공급방식 중 생가스 공급방식의 정의를 기술하시오.

정답 저장설비로부터 기화기에 의해 기화된 그대로의 가스를 공급하는 방식

해설 **기화기**

구분		내용
	정의	액화가스를 증기, 온수 등의 열매체로 가열, 기화시키는 장치
공급 방식	생가스 공급방식	기화기에서 기화한 그대로의 가스를 공급하는 방식
	공기혼합가스 공급방식	기화한 가스에 공기를 혼합하여 공급하는 방식으로 부탄을 대량 소비 시 유효한 방식
	변성가스 공급방식	고온의 촉매로서 부탄을 분해하여 메탄·수소·CO 등의 경질가스로 변성시켜 공급하는 방식

02 정압기의 특성 4가지를 기술하시오.

정답 ① 정특성　② 유량특성　③ 동특성　④ 사용 최대차압 및 작동 최소차압

03 다공물질의 구비조건을 4가지 기술하시오.

정답 ① 화학적으로 안정할 것　② 경제적일 것　③ 가스충전이 쉬울 것
④ 고다공도일 것　⑤ 안전성이 있을 것

04 보일러의 형식에서 자연급배기식과 강제급배기식 보일러는 밀폐형과 반밀폐형 중 어느 것이 해당되는가?

정답 밀폐형

해설 **가스보일러의 급배기방식**

구분		내용	구분		내용
밀폐식	BF	자연급배기식	반밀폐식	CF	자연배기식
	FF	강제급배기식		FE	강제배기식

05 플레어스택의 설치 목적을 기술하시오.

정답 가연성 또는 독성 가스의 고압설비 중 특수반응설비와 긴급차단장치를 설치한 고압가스설비에 이상 사태 발생 시 설비 안의 내용물을 설비 밖으로 긴급 안전하게 이송하는 설비로서 가연성 가스를 연소시켜 방출시키는 탑

06 고압설비의 상용압력이 10MPa일 때 안전밸브의 작동압력은?

정답▶ 안전밸브 작동압력＝상용압력$\times 1.5 \times \dfrac{8}{10} = 10 \times 1.5 \times \dfrac{8}{10} = 12$MPa

07 연소기에서 적용하는 소화안전장치 종류 3가지를 쓰시오.

정답▶ ① 열전대식　　② 플레임로드식　　③ 광전관식

08 CaC_2 1kg을 25℃, 1atm에서 물과 반응 시 발생되는 C_2H_2은 몇 L인가?

정답▶ C_2H_2 제조 반응식
$CaC_2 + 2H_2O \rightarrow C_2H_2 + Ca(OH)_2$에서 CaC_2＝64g과 반응하는 C_2H_2이 22.4L이므로
1kg(1000g) : x(L)
$$\therefore \ x = \frac{1000 \times 22.4}{64} = 350\text{L}$$
반응식은 0℃, 1atm 상태이므로 25℃ 체적으로 환산하면
$$\therefore \ 350 \times \frac{298}{273} = 382.051 = 382.05\text{L}$$

09 다음 설명에 해당되는 법칙을 기술하시오.

화학평형 상태에서 농도, 압력, 온도 등의 평형조건을 변동시키면 그 결과를 없애고자 하는 방향
으로 진행되어 새로운 평형에 도달한다.

정답▶ 화학평형 이동의 법칙

참고▶ 1. 화학평형 : 가역반응에 있어 정반응속도와 역반응속도가 같은 상태
　　　2. 폭발성 혼합가스의 폭발한계를 계산하는 식 : 르 샤틀리에의 법칙

10 흡수식 냉동장치에서 냉매가 다음과 같을 때 각각의 흡수제를 기술하시오.
(1) NH_3　　　　　　　　　　　　　　　　　(2) H_2O

정답▶ (1) 물(H_2O)　　　(2) 리튬브로마이드(LiBr)

11 위험성 평가기법에서 (1) 정성적 평가기법, (2) 정량적 평가기법을 각각 3가지 쓰시오.

정답▶ (1) 정성적
　　　　① 체크리스트　　② 위험과 운전분석　　③ 이상위험도분석
　　　(2) 정량적
　　　　① FTA(결함수분석)　　② ETA(사건수분석)　　③ CCA(원인결과분석)

12 다음은 독성 가스의 농도를 표시하는 약호이다. 그 의미를 쓰시오.

(1) TLV – TWA
(2) TLV – STEL

정답 (1) 시간가중평균농도　　　(2) 단시간노출허용농도

13 고압가스 운반 시 운반등록의 대상이 되는 경우 3가지를 쓰시오.

정답 ① 차량에 고정된 탱크로 고압가스를 운반하는 차량
② 차량에 고정된 2개 이상을 이음매 없이 연결한 고압가스로 운반하는 차량
③ 산업통상자원부령으로 정하는 탱크 컨테이너로 고압가스를 운반하는 차량
④ 허용농도가 100만분의 200 이하인 독성 가스를 운반하는 차량

14 다음 [조건]으로 펌프의 축동력(L_{kW})를 계산하여라. (단, 소숫점 첫째자리까지 유효한 것으로 한다.)

[조건]
- 유량 : $1.5\text{m}^3/\text{h}$
- 토출관계 손실수두 : 1.5m
- 실양정 : 10m
- 흡입관계 손실수두 : 0.9m
- 관의 마찰손실수두 : 0.5m
- 효율 : 70%

정답 $$L_{kW} = \frac{\gamma \cdot Q \cdot H}{102 \times \eta} = \frac{1000 \times (1.5/60) \times 12.9}{102 \times 0.7} = 4.51 = 4.5\text{kW}$$

15 LPG 충전시설의 가스설비 설치실, 사무실, 충전소 안의 건축물 충전소, 주유소 겸용 사무실의 외벽에 설치되는 창의 유리재료의 종류 3가지를 기술하시오.

정답 ① 강화유리
② 접합유리
③ 망입유리
④ 공인시험기관의 시험결과 이와 같은 수준 이상의 유리

2017년 가스산업기사 필답형 출제문제

제1회 출제문제(2017. 4. 15. 시행)

01 가스시설의 내진설계 기준에서 아래의 내용이 뜻하는 정의를 기술하시오.

평균 재현주기 500년 지진지반운동 수준에 대한 평균 재현 주기별 지반운동 수준의 비

정답 위험도 계수

참고 **가스시설 내진설계(KGS GC 203) 용어 정의**
1. 내진설계 설비 : 내진설계 적용대상인 저장탱크, 가스홀더, 응축기, 수액기(이하 "저장탱크"라 한다), 탑류 및 그 지지구조물과 압축기, 펌프, 기화기, 열교환기, 냉동설비, 가열설비, 계량설비, 정압설비(이하 "처리설비"라 한다)의 지지구조물을 말한다.
2. 내진설계 구조물 : 내진설계설비, 내진설계설비의 기초 또는 내진설계설비와 배관 등의 연결부를 말한다.
3. 설계지반운동 : 정지작업이 완료된 부지(내진설계구조물이 설치되는 곳을 말한다)의 지표면에서의 자유장운동을 말한다.
4. 위험도 계수 : 평균재현주기 500년 지진지반운동 수준에 대한 평균재현주기별 지반운동 수준의 비를 말한다.
5. 기능수행수준 : 설계지진 하중 작용 시 내진설계 구조물이 본래의 기능을 정상적으로 수행할 수 있는 수준을 말한다.
6. 붕괴방지수준 : 설계지진 하중 작용시 내진설계 구조물의 구조부재에 취성파괴, 좌굴 및 구조적 손상이 발생하여 저장된 가스가 통제 불가능할 정도로 대량 유출되거나 가스유출로 인하여 대형폭발이나 화재와 같은 재해가 초래되지 않는 수준을 말한다.
7. 활성단층 : 현재 활동 중이거나 과거 5만년 이내에 지표면 전단파괴를 일으킨 흔적이 있다고 입증된 단층을 말한다.

02 발열량 12000kcal/Nm^{3}인 CH_4에 공기를 희석 3600kcal/Nm^{3}으로 할 때 희석가능 여부를 판별하시오.

정답 CH_4 1m^{3}당 공기량 x(m^3)이면

$$\frac{12000}{1+x} = 3600에서 \ (1+x) \times 3600 = 12000$$

$$\therefore \ x = \frac{12000}{3600} - 1 = 2.33m^3이므로$$

CH_4과 공기 중의 CH_4의 (%) $= \dfrac{1}{1+2.33} \times 100 = 30.03\%$

CH_4의 폭발범위 5~15%를 벗어났으므로 희석이 가능하다.

03 LNG 기화장치의 종류 3가지를 쓰시오.

정답 ① 오픈랙 기화장치
② 서브머지드 기화장치
③ 중간 매체식 기화장치

04 도시가스 프로세스중 수증기 재질 공정에서 수증기비가 증가 시 CH_4, CO가 감소, CO_2, H_2가 증가하는데 그때의 화학식과 그 이유를 기술하여라.

정답 (1) 화학식
$$CO + 3H_2 \rightarrow CH_4 + H_2O \cdots\cdots\cdots\cdots ㉠$$
$$CO + H_2O \rightarrow CO + H_2 \cdots\cdots\cdots\cdots ㉡$$
(2) 이유
일정온도, 일정압력하에 수증기비 증가 시 CH_4, CO가 적고 CO_2, H_2가 많은 가스를 생성하는 것은 수증기비 증가에 의해 수증기 분압이 높아져 ㉠의 식에서는 CH_4의 수증기 개질반응, ㉡식의 CO 변성반응을 촉진시키기 위함이다.

05 액화암모니아의 공급방법 4가지를 기술하시오.

정답 ① 용기에 의한 방법
② 기화기에 의한 방법
③ 메니폴드에 의한 방법
④ 저장탱크에 의한 방법

06 C_3H_8 1mol이 공기 중에서 완전연소 시 혼합가스 중 C_3H_8의 최소농도는 몇 %인가?

정답 $C_3H_8 + 5O_2 \rightarrow 3CO_2 + 4H_2O$

$1 : 5 \times \dfrac{1}{0.21}$ 이므로

$$\therefore \frac{1}{1 + \left(5 \times \dfrac{1}{0.21}\right)} \times 100 = 4.03\%$$

참고 출제는 최대농도가 아니고 최소농도로 출제되었으나 C_3H_8 1mol 공기 중에서 연소 시 최소나 최대나 화학양론의 농도와 같은 개념으로 계산하면 된다.

현재 반응식에서 산소의 몰수가 5몰, 공기값은 $5 \times \dfrac{1}{0.21} = 23.8$몰이 연소 시 최대값이 되고 공기가 더 들어 갔을 때 들어간 양만큼 최소값이 될 것이나 현재 주어진 값으로 양론의 농도값으로 계산하는 것이 옳다고 사료된다.

07 분젠식 연소기에서 발생되는 이상현상 4가지를 기술하시오.

정답 ① 선화 ② 역화 ③ 블루오프 ④ 엘로우팁

08 비파괴 검사의 종류 4가지를 쓰시오.

정답 ① 방사선투과검사
② 침투탐상검사
③ 자분검사
④ 초음파검사
⑤ 와류검사
⑥ 음향검사

09 어느 집단공급처에 1일 1호당 평균가스 소비량 1.33kg/d, 세대수 60호, 평균소비율이 40%일 때 피크 시 평균가스 소비량(kg/hr)은 얼마인가?

정답 $Q = q \times N \times \eta = 1.33 \times 60 \times 0.4 = 31.92 \, \text{kg/hr}$

10 0℃의 물 4ton을 1시간 동안 얼음으로 만드는데 100kw의 일량이 소모되었다. 물의 응고잠열이 80kcal/kg일 때 이 냉동기의 성적계수(COP)는 얼마인가?

정답 $COP = \dfrac{4000 \text{kg/hr} \times 80 \text{kcal/kg}}{100 \text{kw} \times 860 \text{kcal/hr(kw)}} = 3.72$

11 금속재료의 부식을 억제하는 방법 4가지를 쓰시오.

정답 ① 전기방식법
② 피복에 의한 방식법
③ 부식 억제재를 사용하는 방법
④ 부식 환경처리에 의한 방법

12 아래 용기의 색을 기술하시오.

① 수소 ② 아세틸렌 ③ 염소 ④ 이산화탄소

정답 ① 주황색 ② 황색 ③ 갈색 ④ 청색

13 아래에서 설명하는 전기방식법의 종류는 무엇인가?

지중 또는 수중에 설치된 양극 금속과 매설 배관 등을 전선으로 연결 양극 금속과 매설 배관 등 사이의 전지작용에 의하여 전기적으로 부식을 방지하는 방법이다.

정답 희생양극법

14 어떤 음식점에서 가스렌지의 연소가스량이 3000kg/hr, 온수기의 연소가스량이 5000kg/hr일 때 도시가스 월사용 예정량(m^3)은?

정답 $Q = \dfrac{(A \times 240) + (B \times 90)}{11000} = \dfrac{(3000 + 5000 \times 90)}{11000} = 65.45 m^3$

15 안전밸브 제조에 필요한 검사설비 중 계측기기를 2가지 이상 쓰시오.

정답 ① 표준이 되는 압력계
② 표준이 되는 온도계

해설 **고압가스용 안전밸브 제조의 시설 기술 검사. 재검사 기준(KGS AA 319)**

구분	해당설비
제조설비	단조설비, 조립설비, 유량계, 초음파세척설비, 구멍가공기, 내경절삭기, 외경절삭기
검사설비	초음파 두께측정기, 나사게이지, 버니어 캘리퍼스, 두께측정기, 내압시험설비, 기밀시험설비, 표준이 되는 압력계, 표준이 되는 온도계

그밖에 • 안전밸브 압력을 마음대로 조정할 수 없도록 봉인할 수 있는 구조인 것으로 한다.
• 가연성, 독성 가스용 안전밸브는 개방형을 사용하지 않는다.

■ 제2회 출제문제(2017. 6. 25. 시행)

01 나프타(Naphtha)의 가스화에 따른 영향으로 PONA치를 사용 시 PONA의 의미를 설명하시오.

> **정답** ① P : 파라핀계 탄화수소
> ② O : 올레핀계 탄화수소
> ③ N : 나프텐계 탄화수소
> ④ A : 방향족 탄화수소

02 연료용 가스를 사용 시 연소기에서 발생할 수 있는 백파이어(backfire)를 설명하시오.

> **정답** 백파이어(역화) : 가스의 연소속도가 가스의 유출속도보다 빨라 불꽃이 연소기 내부로 침입하여 연소기 선단에서 연소하는 현상

03 퓨즈콕을 연결 시 구조에 의한 분류를 3가지 쓰시오.

> **정답** ① 배관과 호스를 연결하는 구조
> ② 호스와 호스를 연결하는 구조
> ③ 배관과 배관을 연결하는 구조
> ④ 배관과 카플러를 연결하는 구조

04 액화가스 용기에 가스를 과충전 시 조치방법을 기술하시오.

> **정답** 과충전된 것은 가스회수장치로 보내 초과량을 회수하고 부족량은 재충전한다.

> **참고** 과충전 방지법
> 용기에 가스를 충전 시 $G = \dfrac{V}{C}$로 산정하여 충전
> 여기서, G : 액화가스의 질량(kg)
> V : 용기의 내용적
> C : 충전상수

05 도시가스의 제조공급시설 중 가스홀더의 기능을 4가지 쓰시오.

> **정답** ① 가스수요의 시간적 변동에 대하여 일정 제조 가스량을 안정하게 공급하고 남는 가스를 저장한다.
> ② 정전·배관공사 공급설비의 일시적 지장에 대하여 어느 정도 공급을 확보한다.
> ③ 조성이 변동하는 제조가스를 저장·혼합하여 공급가스의 열량성분 연소성을 균일화한다.
> ④ 홀더설치 시 피크시 각 지구 공급을 가스홀더에 의해 공급함과 동시에 배관의 수송 효율을 높인다.

06 LP가스 조정기의 (1) 기능 3가지와 (2) 고장 시 영향 2가지를 기술하시오.

> **정답** (1) 기능
> ① 유출 압력조절
> ② 안정된 연소
> ③ 소비중단 시 공급가스 공급중지
> (2) 고장 시 영향
> ① 누설
> ② 불완전 연소

07 C_3H_8 22g 연소 시 CO_2는 몇 g이 생성되는가를 계산식과 함께 기술하시오.

> **정답** $C_3H_8 + 5O_2 \rightarrow 3CO_2 + 4H_2O$
> 44g : 3×44g
> 22g : x(g)
> $\therefore \; x = \dfrac{22 \times 3 \times 44}{44} = 66g$

08 발열량 24000kcal/m^{3}인 LP가스를 발열량 5000kcal/m^{3}인 가스로 공급 시 희석하여야 할 공기량은 몇 m^{3}인가?

> **정답** $\dfrac{24000}{1+x} = 5000$
> $\therefore \; x = \dfrac{24000}{5000} - 1 = 3.8\text{m}^3$

09 가스미터 중 실측식, 추량식 가스미터의 개요를 설명하시오.

> **정답** (1) 실측식(직접식) : 일정요식의 부피를 만들어 그 부피로 인하여 가스가 몇 회 측정되는가를 적산하는 방식
> (2) 추량식(간접식) : 유량과 일정관계가 있는 다른 양을 측정함으로써 간접적으로 가스의 양을 구하는 방식

> **참고** 종류가 출제되었다는 의견도 있어 아래 종류를 기술합니다.
> • 실측식 가스미터의 종류 : 막식(다이어프램식), 회선사식, 습식
> • 추량식 가스미터의 종류 : 벤투리, 오리피스, 터빈, 델타

10 8atm, 150L 기체와 6atm, 130L 기체를 500L의 용기에 담을 때 혼합압력은 몇 atm인가?

정답 $P = \dfrac{P_1 V_1 + P_2 V_2}{V} = \dfrac{(6 \times 130) + (8 \times 150)}{500} = 3.96\text{atm}$

11 기어펌프의 정지순서를 기술하시오.

정답
① 모터를 정지시킨다.
② 흡입밸브를 닫는다.
③ 토출밸브를 닫는다.
④ 펌프 내의 액을 뺀다.
(본 교재 1-40p 펌프 관련 주요사항 참고)

12 C_2H_2 가스를 2.5MPa 이상으로 충전 시 희석제의 종류를 4가지 쓰시오.

정답 ① N_2 ② CH_4 ③ CO ④ C_2H_4

13 LP가스 옥외저장소의 잔가스용기와 충전용기의 이격거리는 몇 m 이상인가?

정답 1.5m 이상

14 정압기의 특성 중 동특성에 대하여 설명하여라.

정답 동특성이란 부하변화가 큰 곳에 사용되는 정압기에 대하여 부하변동에 대한 응답의 신속성과 안정성을 말한다.

15 가스를 압축 시 압축금지가스에 대한 (   )를 채우시오.

① 가연성(C_2H_2, H_2, C_2H_4 제외) 중 산소의 함유율이 (   )% 이상 시
② 산소 중 가연성(C_2H_2, H_2, C_2H_4 제외)의 함유율이 (   )% 이상 시
③ C_2H_2, H_2, C_2H_4 중 산소의 함유율이 (   )% 이상 시
④ 산소 중 C_2H_2, H_2, C_2H_4의 함유율이 (   )% 이상 시

정답 ① 4 ② 4 ③ 2 ④ 2

제4회 출제문제(2017. 10. 14. 시행)

01 LPG 사용시설의 조정기를 사용 시 2단 감압방식으로 사용할 때의 장점을 4가지 쓰시오.

> **정답** (1) 장점
> ① 공급압력이 안정하다.
> ② 중간배관이 가늘어도 된다.
> ③ 배관의 입상에 의한 압력강하를 보정할 수 있다.
> ④ 각 연소기구에 알맞은 압력으로 공급이 가능하다.
> (2) 단점
> ① 설비가 복잡하다.
> ② 재액화에 문제가 있다.
> ③ 조정기가 많이 든다.
> ④ 검사 방법이 복잡하다.

02 정압기의 구조에 따른 종류 3가지는?

> **정답** ① 피셔식 정압기
> ② AFV식 정압기
> ③ 레이놀드식 정압기

03 고압가스 설비 내의 압력이 상용압력을 초과하는 경우 그 압력을 즉시 상용압렵 이하로 되돌려 보낼 수 있는 과압안전장치의 종류 3가지를 쓰시오.

> **정답** ① 안전밸브　　② 파열판
> ③ 릴리프 밸브　　④ 자동 압력 제어장치

> **해설** **과압안전장치(KGS Fu 211, KGS Fp 211)**
> (1) 설치(2.8.1)
> 　고압가스 설비에는 그 고압가스설비 내의 압력이 상용압력을 초과하는 경우 즉시 상용압력 이하로 되돌릴 수 있는 과압안전장치를 설치
> (2) 선정기준(2.8.1.1)
> 　① 기체 증기의 압력상승방지를 위해 설치하는 안전밸브
> 　② 급격한 압력의 상승, 독성 가스의 누출, 유체의 부식성 또는 반응생성물의 성상 등에 따라 안전밸브를 설치하는 것이 부적당시 파열판
> 　③ 펌프 배관에서 액체의 압력상승방지를 위해 설치하는 릴리프밸브 또는 안전밸브
> 　④ 상기의 안전밸브 파열판, 릴리프밸브와 함께 병행 설치할 수 있는 자동압력제어장치
> (3) 설치위치(2.8.1.2)
> 　최고허용압력, 설계압력을 초과할 우려가 있는 아래의 장소
> 　① 저장능력 300kg 이상 용기집합장치가 설치된 액화가스 고압가스 설비

② 내·외부 요인에 따른 압력상승이 설계압력을 초과할 우려가 있는 압력용기
③ 토출압력 막힘으로 인한 압력상승이 설계압력을 초과할 우려가 있는 압축기 및 압축기의 각 단 또는 펌프의 출구측
④ 배관 내의 액체가 2개 이상의 밸브에 의해 차단되어 외부 열원에 따른 액체의 열팽창으로 파열 우려가 있는 배관
⑤ 압력 조절의 실패, 이상반응 밸브의 막힘 등으로 인한 압력상승이 설계압력을 초과할 우려가 있는 고압가스 설비 또는 배관 등

참고 1. 안전밸브의 종류 : 스프링식, 가용전식, 파열판식, 중추식
2. 안전장치의 종류 : 안전밸브, 긴급차단장치, 역화방지장치, 역류방지밸브, 자동제어장치, 바이패스 밸브

04 공기보다 비중이 가벼운 도시가스 정압기시설로서 정압기 시설이 지하에 설치된 경우 통풍 구조에 대하여 (   ) 안에 채워 넣으시오.

① 통풍구조는 환기구를 (   ) 이상으로 분산 설치한다.
② 배기구는 천장면으로부터 (   )cm 이내에 설치한다.
③ 흡입구 배기구의 관경은 (   )mm 이상으로 하되 통풍이 양호하도록 한다.
④ 배기가스 방출구는 지면에서 (   )m 이상의 높이에 설치하되 화기가 없는 안전한 장소에 설치한다.

정답 ① 2방향   ② 30   ③ 100   ④ 3

05 도시가스 공급시설의 배관 접합부분은 용접을 하는 것을 원칙으로 하며, 모든 용접부에 대하여 비파괴 검사를 실시할 때 이상이 없어야 한다. 이 경우 비파괴 시험을 하지 않아도 되는 배관의 직경(mm) 압력값(MPa)을 기술하시오.

정답 직경 80mm 미만으로서 저압(0.1MPa 미만)의 매설 배관

해설

구분		비파괴 시험 대상	비파괴 시험 제외 대상
공급 시설	가스도매사업	중압 이상 배관	① PE 배관 ② 저압으로 노출된 사용자 공급관 및 호칭지름 80mm 미만 저압배관
	일반도시 가스사업	① PE관 제외 지하매설 배관 ② 최고사용압력 중압 이상 노출 배관 ③ 최고사용압력 저압 50A 이상 노출 배관	
사용 시설	–	① PE관 제외 지하매설 배관 ② 최고사용압력 중압 이상 노출 배관 ③ 최고사용압력 저압 50A 이상 노출 배관	① 최고사용압력 저압의 지하매설 호칭경 80mm 미만 저압 배관 ② 최고사용압력 저압 노출 배관의 용접부

06 다음의 지하매설 배관의 매설 깊이를 쓰시오.
  (1) 공동주택 부지 내
  (2) 폭 8m 이상의 도로
  (3) 폭 4m 이상 8m 미만의 도로

정답▶ (1) 0.6m 이상   (2) 1.2m 이상   (3) 1m 이상

07 저압배관 가스의 유량공식 $Q = K\sqrt{\dfrac{D^5 H}{SL}}$ 에서 H와 S의 의미를 쓰시오. (단, 단위 포함)

정답▶ H : 압력손실(mmH_2O)
     S : 가스비중

08 진발열량의 의미를 쓰시오.

정답▶ 총발열량에서 수증기의 응축잠열을 뺀 값으로, 즉 연소가 생성되는 물을 액체로 했을 때의 값이다.
    진발열량＝총발열량－수증기의 응축잠열

09 원심압축기의 서징(맥동) 현상의 방지방법을 4가지 쓰시오.

정답▶ ① 회전수 변경법   ② 방출 밸브에 의한 방법
    ③ 베인 컨트롤에 의한 방법   ④ 교축밸브를 근접설치 하는 방법
    ⑤ 우상 특성이 없게 하는 방법

10 비파괴 검사방법 중 내부 결함을 검출할 수 있는 방법 2가지는?

정답▶ ① 방사선 투과시험   ② 초음파 탐상시험

11 액화산소용기에 액화산소가 50kg 충전되어 있다. 이때 용기 외부에서 6kcal/hr의 열량을 주어서 액화산소량이 반으로 감소되는 데 걸리는 시간을 계산하여라. (단, 산소의 증발잠열은 1600cal/mol이나.)

정답▶ 1600cal/mol＝1600cal/32g＝50cal/g＝50kcal/kg

$$50\text{kg} \times \frac{1}{2} \times 50\text{kcal/kg} \;:\; x(\text{hr})$$

$$6\text{kcal} \;:\; 1\text{hr} \quad \therefore\; x = \frac{50 \times \dfrac{1}{2} \times 50 \times 1}{6} = 208.33\text{hr}$$

12 연소기구가 접속된 염화비닐 호스가 직경 0.5mm의 구멍이 뚫려 수두 200mm의 압력으로 LP 가스가 10시간 유출 시 분출가스량(L)은 몇 L인가? (단, LP가스의 분출압력은 수두 200mm에서의 비중은 1.5이다.)

정답
$$Q = 0.009 D^2 \sqrt{\frac{h}{d}} = 0.009 \times (0.5)^2 \sqrt{\frac{200}{1.5}} \ (\mathrm{m^3/hr}) \times 10^3 \mathrm{L/m^3} \times 10\mathrm{hr} = 259.81\mathrm{L}$$

13 독성가스를 연소법으로 제독 시의 장·단점을 각각 3가지 이상 쓰시오.

정답
(1) 장점
  ① 연소시켜 방출 시 착지 농도 측정이 필요 없다.
  ② 완전연소 시 연소 후 방출되므로 대기 오염의 우려가 없다.
  ③ 타 제독방법보다 제독 효율이 높다.
(2) 단점
  ① 플레어스택 및 보일러 같은 연소설비가 필요하다.
  ② 플레어스택을 사용 시 자동점화장치가 꺼지지 않도록 기능이 완전히 유지되도록 하여야 한다.
  ③ 역화 및 공기와의 혼합 폭발 방지조치를 위하여 부대시설이 있어야 한다.
  ④ 독성가스가 가연성의 성질을 동시에 가지고 있어야 제독이 가능하다.
  ⑤ 불완전 연소 시 주변 오염의 우려가 있다.

14 CH_4, C_3H_8, C_4H_{10}의 ① 완전연소 반응식을 쓰고 ② 연소 시 이론공기량이 많이 필요한 순서대로 쓰시오.

정답
① 완전연소 반응식
  • $CH_4 + 2O_2 \rightarrow CO_2 + 2H_2O$
  • $C_3H_8 + 5O_2 \rightarrow 3CO_2 + 4H_2O$
  • $C_4H_{10} + 6.5O_2 \rightarrow 4CO_2 + 5H_2O$
② $C_4H_{10} > C_3H_8 > CH_4$

15 접촉분해공정 중 수증기 개질법에서 반응온도가 올라가면 CH_4, CO_2가 적고 CO, H_2가 많은 가스가 생성된다. 그 이유를 기술하여라.

정답
총괄적인 탄화수소의 수증기 개질반응의 일반식에서
$C_mH_n + H_2O \rightarrow H_2 + CO + CO_2 + CH_4 + C + H_2O$
최종가스 조성 카본의 생성은 다음 반응의 평형에 의해
$CO + 3H_2 \rightleftarrows CH_4 + H_2O$ … ①
$CH_4 + H_2O \rightleftarrows CO + 3H_2$ … ②
상기 반응식에서 우측 방향이 발열, 좌측 반응은 흡열 반응이므로 반응 온도의 상승은 좌방향으로 반응이 나가기 쉽게 되어 CH_4, CO_2가 적고 CO, H_2가 많은 가스가 생성하며 역으로 반응온도 저하는 이것과 역방향으로 나가기 쉽기 때문이다.

2018년 가스산업기사 필답형 출제문제

제1회 출제문제(2018. 4. 14. 시행)

01 액화석유가스(LPG) 압력조정기의 입구측 기밀시험압력(MPa)값을 각각 쓰시오.
(1) 1단 감압식 저압조정기
(2) 2단 감압식 1차용 조정기

> **정답** (1) 1.56MPa 이상
> (2) 1.8MPa 이상

02 다음 설명에 해당하는 방폭구조의 명칭을 각각 쓰시오. (단, 기호도 함께 명시)
(1) 방폭전기기기(이하 "용기") 내부에서 가연성 가스의 폭발이 발생할 경우 그 용기가 폭발압력에 견디고 접합면, 개구부 등을 통해 외부의 가연성 가스에 인화되지 않도록 한 구조를 말한다.
(2) 용기 내부에 절연유를 주입하여 불꽃 · 아크 또는 고온발생부분이 기름 속에 잠기게 함으로써 기름면 위에 존재하는 가연성 가스에 인화되지 않도록 한 구조를 말한다.
(3) 용기 내부에 보호가스(신선한 공기 또는 불활성 가스)를 압입하여 내부압력을 유지함으로써 가연성 가스가 용기 내부로 유입되지 않도록 한 구조를 말한다.
(4) 정상운전 중에 가연성 가스의 점화원이 될 전기불꽃 · 아크 또는 고온부분 등의 발생을 방지하기 위해 기계적, 전기적 구조상 또는 온도상승에 대해 특히 안선노를 증가시킨 구조를 말한다.
(5) 정상 시 및 사고(단선, 단락, 지락 등) 시에 발생하는 전기불꽃 · 아크 또는 고온부로 인하여 가연성 가스가 점화되지 않는 것이 점화시험, 그 밖의 방법에 의해 확인된 구조를 말한다.
(6) 상기 구조 이외의 방폭구조로서 가연성 가스에 점화를 방지할 수 있다는 것이 시험, 그 밖의 방법으로 확인된 구조를 말한다.

> **정답** (1) 내압방폭구조(d)
> (2) 유입방폭구조(o)
> (3) 압력방폭구조(p)
> (4) 안전증방폭구조(e)
> (5) 본질안전방폭구조(ia, ib)
> (6) 특수방폭구조(s)

03 LP가스, 도시가스에 포함되어 있는 부취제에 대하여 다음 물음에 답하시오.
(1) 부취제의 주입목적
(2) 주입방법에는 액체주입식과 증발식이 있다. 이 중 액체주입방식 3가지를 쓰시오.

정답 (1) LP가스, 도시가스는 무색·무취하므로 누설 시 누설여부를 알 수 없어 누설된 경우 조기발견을 위하여 첨가하는 향료이다.
(2) 액체주입식
① 펌프주입방식
② 적하주입방식
③ 미터연결 바이패스방식

참고 증발식
1. 위크 증발식
2. 바이패스 증발식

04 전기방식법 중 희생양극법의 (1) 정의를 설명하고, (2) 장점, 단점을 각각 1가지 이상 쓰시오.

정답 (1) 정의 : 지중 또는 수중에 설치된 양극금속과 매설배관을 전선으로 연결하여 양극금속과 매설배관 사이의 전지작용에 의하여 전기적 부식을 방지하는 방법이다.
(2) 장점 : ① 시공이 간단하다.
② 과방식의 우려가 있다.
단점 : ① 전류조절이 어렵다.
② 양극의 보충이 필요하다.

05 도시가스 배관의 용접부를 비파괴시험하여야 하는데, 하지 않아도 되는 배관의 종류 3가지를 쓰시오.

정답 ① 가스용 폴리에틸렌(PE)관
② 저압으로 노출된 사용자 공급관
③ 호칭지름 80mm 미만의 저압배관

06 저장능력이 10만톤인 LNG 저압 지하식 저장탱크의 외면과 사업소 경계까지 유지하여야 하는 거리(m)를 계산하여라. (단, 유지하여야 하는 거리 계산 시 상수는 $C = 0.240$으로 한다.)

정답 $L = C\sqrt[3]{143000\,W}$
$= 0.240 \times \sqrt[3]{143000 \times \sqrt{100000}}$
$= 85.5046 = 85.50\text{m}$

해설 $L = C\sqrt[3]{143000\,W}$
여기서, L : 유지하여야 할 거리(m)
C : 저압 지하식 저장탱크 0.240, 그 밖의 가스 저장처리설비는 0.576
W : 저장탱크의 저장능력(ton)의 제곱근, 그 외는 시설 내의 액화천연 가스의 질량(ton)

07 LPG 용기 실외저장소에 관한 내용이다. (   )에 알맞은 숫자 또는 단어를 채우시오.

실외저장소는 그 실외저장소의 안전확보와 실외저장소에서 가스가 누출되는 경우 재해확대를 방지하기 위해 다음 기준에 따라 설치한다.

(1) 충전용기와 잔가스용기 보관장소는 (   )m 이상의 간격을 두어 구분 보관할 것

(2) 실외저장소 안의 용기군 사이 통로의 용기 단위 집적량은 (   )톤을 초과하지 아니할 것

(3) 팰릿에 넣어 집적된 용기군 사이 통로는 그 너비가 (   )m 이상일 것

(4) 팰릿에 넣지 아니한 용기군 사이의 통로는 그 너비가 (   )m 이상일 것

> **정답** (1) 1.5
> (2) 30
> (3) 2.5
> (4) 1.5

> **참고** **실외저장소 안의 집적된 용기의 높이**
> 1. 팰릿에 넣어 집적된 용기의 높이는 5m 이하
> 2. 팰릿에 넣지 아니한 용기는 2단 이하로 쌓을 것

08 액화천연가스의 저장탱크 방호형식(Types Of Containment) 3가지를 기술하여라.

> **정답** ① 단일방호형식
> ② 이중방호형식
> ③ 완전방호형식

> **해설** (KGS. FP 451) (2341)
> 저장탱크의 방호형식은 단일방호형식, 이중방호형식, 완전방호형식으로 분류하고, 그 구조는 다음과 같다.
> (1) 단일방호형식
> 내부탱크는 액상 및 기상의 가스를 모두 저장하며, 내부탱크가 파괴되는 경우 누출된 액상의 가스를 방류둑에서 충분히 담을 수 있는 구조
> (2) 이중방호형식
> 내부탱크는 액상 및 기상의 가스를 모두 저장하며, 내부탱크가 파괴되어 액상의 가스가 누출되는 경우 방류둑 또는 외부탱크에서 누출된 액상의 가스를 담을 수 있는 구조
> (3) 완전방호형식
> 정상운전 시 내부탱크는 액상의 가스를 저장할 수 있고, 외부탱크는 기상의 가스를 저장할 수 있는 구조로서 내부탱크가 파괴되어 누출되는 경우 외부탱크가 누출된 액상 및 기상의 가스를 담을 수 있으며, 증발가스(Boil-Off Gas)는 안전밸브를 통해 방출될 수 있는 구조

09 암모니아의 공업적 제법 2가지를 화학반응식으로 쓰시오.

> **정답** ① 하버보시법 : $N_2 + 3H_2 \rightarrow 2NH_3$
> ② 석회질소법 : $CaCN_2 + 3H_2O \rightarrow CaCO_3 + 2NH_3$

10 왕복형 압축기의 실린더 내경이 200mm, 행정이 150mm, 회전수가 600rpm인 피스톤의 압출량 (m^3/min)을 계산하시오. (단, 체적효율 $\eta_v = 0.8$, 기통수는 1로 한다.)

정답 $Q = \dfrac{\pi}{4}D^2 \times L \times N \times n \times \eta_v = \dfrac{\pi}{4} \times (0.2m)^2 \times 0.15m \times 1 \times 600 \times 0.8 = 2.26 m^3/min$

11 폭발성 혼합가스를 계산하는 르 샤틀리에의 법칙을 공식과 함께 설명하시오.

정답 혼합가연성 가스의 폭발한계를 구하는 식으로서 공식은 아래와 같다.

$$\frac{100}{L} = \frac{V_1}{L_1} + \frac{V_2}{L_2} + \frac{V_3}{L_3} + \cdots$$

여기서, L : 혼합가스의 폭발한계값(상한 또는 하한값)

L_1, L_2, L_3 : 각 가스폭발한계값(상한 또는 하한값)

V_1, V_2, V_3 : 각 가스의 성분 체적(%)

12 도시가스 매설배관의 토질 차이에 의한 부식내용이다. (   )에 알맞은 단어를 쓰시오.

배관이 점토와 모래 사이에 걸쳐서 배관공사를 했을 때 점토층의 관이 부식하게 되는 경향이 있다. 이는 용액(토양의 수분) 중 (①) 농도의 차에 기인하는 것으로, 통기차부식 또는 (②) 부식이라 한다. 통기성이 안 좋은 (③) 농도가 적은 쪽이 부식하게 되며, 토양 속 혐기성 황산염 환원 박테리아가 존재 시에는 (④)부식이 발생한다.

정답 ① 산소
② 산소농담전지
③ 산소
④ 자연

참고 **토양 중 부식속도가 큰 경우**
1. 전기저항이 낮은 토양층의 배관
2. 통기배수가 불량한 점토층의 배관
3. 혐기성 세균이 번식하는 토양층의 배관

13 도시가스의 프로세스 수증기 개질법 중 수첨분해 프로세스의 수첨탈황법 첨가물질을 쓰시오.

정답 H_2(수소)

해설 수첨분해 프로세스 : 수첨분해용의 H_2원으로서의 ICI 장치와 GRH를 혼합한 프로세스이다. 탈황 공정은 수소화 탈황촉매에 의해 원료 중 유황화합물을 수소화 분해에 의해 H_2S로 하고 산화아연에 의해 흡수 · 제거된다.

14 왕복동식의 다단 공기압축기에 있어서 대기 중 20℃ 공기를 흡입하여 최종단에서 25kg/cm² · g 및 60℃로 28m³/hr의 압축공기를 토출하였다면, 그 체적효율 η_v은 몇 %인가? (단, 1단 압축기를 통과할 수 있는 흡입용적은 800m³/hr이며, 대기압은 1.033kg/cm²이다.)

정답 실제 흡입량(m³/hr)은 보일–샤를의 법칙에 의해

$$\frac{P_1 V_1}{T_1} = \frac{P_2 V_2}{T_2}$$

$$\therefore \ V_2 = \frac{P_1 V_1 T_2}{T_1 P_2} = \frac{(25+1.033)\times 28 \times 293}{333 \times 1.033} = 620.88 \text{m}^3/\text{hr}$$

$$\therefore \ \eta_v = \frac{620.88}{800} \times 100 = 77.61\%$$

해설 체적효율$(\eta_v) = \dfrac{\text{실제가스 흡입량}}{\text{이론가스 흡입량}} \times 100$

1단 압축기를 통과할 수 있는 흡입용적이 이론가스 흡입량이다.

15 일반용 액화석유가스 압력조정기의 안정성과 편리성을 확보하기 위하여 갖추어야 할 제품성능 5가지를 쓰시오.

정답 ① 내압성능
② 내구성능
③ 내한성능
④ 기밀성능
⑤ 다이어프램성능

참고 1. **작동성능 2가지**
• 최대 폐쇄압력성능
• 안전장치성능
2. **재료성능 2가지**
• 내가스성능
• 각형패킹성능

제2회 출제문제(2018. 6. 30. 시행)

01 도시가스 공급방식 중 공급압력에 따른 종류 3가지와 그때의 압력(MPa)을 기술하시오.

정답 ① 저압공급방식 : 0.1MPa 미만
② 중압공급방식 : 0.1MPa 이상 1MPa 미만
③ 고압공급방식 : 1MPa 이상

02 다음에서 설명하는 가연성 가스를 분자식으로 표현하시오.

- 폴리에틸렌, 글리콜 등의 원료로서 물과 반응하여 글리콜을 생성한다.
- 에탄올아민($C_2H_5NH_2$)의 원료로 쓰인다.
- 산·알칼리에 의하여 쉽게 중합을 일으키며 중합폭발을 발생시킨다.
- 물, 알코올, 에테르 등에 용해된다.

정답 C_2H_4O(산화에틸렌)

03 차량고정탱크로, 고압가스 운반에 대한 다음 내용에 대하여 물음에 답하시오.
(1) 산소, 가연성(LPG 제외) 가스를 운반 시 운반 가능 내용적(L)은 얼마인지 쓰시오.
(2) 독성(암모니아 제외) 가스 운반 시 운반 가능 내용적(L)은 얼마인지 쓰시오.

정답 (1) 18000L 초과 금지   (2) 12000L 초과 금지

04 HCN(시안화수소)에 대하여 다음 물음에 답하시오.
(1) 충전 후 정치시간을 쓰시오.
(2) 안정제 종류 2가지를 쓰시오.
(3) 누출검사 시 사용되는 시험지와 변색상태를 쓰시오.
(4) 누출검사 횟수를 쓰시오.

정답 (1) 24시간
(2) 황산, 아황산
(3) 질산구리벤젠지, 청변
(4) 1일 1회 이상

05 LPG 충전사업소에서 안전관리자가 상주하는 사무소와 현장사무소 사이 및 현장사무소 상호 간 설치해야 하는 통신설비 4가지를 쓰시오.

정답 ① 구내전화
② 구내방송설비
③ 인터폰
④ 페이징설비

06 고압가스시설 배관 등의 용접부 전부에 대하여 육안검사 시 보강덧붙임은 그 높이가 모재표면보다 낮지 않도록 하고 몇 mm(알루미늄은 제외) 이하를 원칙으로 하여야 하는가?

정답 3mm

07 수정이나 전기석 또는 로셸염 등의 결정체 특정방향에 압력을 가하면 그 표면에 전기가 일어나고 발생한 전기량은 압력에 비례한다.
(1) 이러한 현상은 무엇인지 쓰시오.
(2) 이 현상을 이용한 압력계의 명칭을 쓰시오.
(3) 이 압력계가 주로 사용되는 가스장치의 명칭을 쓰시오.

정답 (1) 압전현상
(2) 피에조 전기압력계
(3) 아세틸렌

08 도시가스 제조 프로세스를 가열방식에 의하여 분류하면 외열식, 축열식, 부분연소식, 자열식으로 분류한다. 이 중 외열식과 부분연소식을 설명하여라.

정답 ① 외열식 : 원료가 들어있는 용기를 외부에서 가열하는 방식
② 부분연소식 : 원료에 소량의 공기와 산소를 혼합하여 가스발생의 반응기에 넣어 원료의 일부를 연소시켜 그 열을 이용원료로 가스화 열원으로 이용한다.

참고 1. 축열식 : 가스화 반응기 내에서 연료를 태워 충분히 가열한 후, 이 반응 내에 원료를 송입하여 가스화의 열원으로 한다.
2. 자열식 : 가스화에 필요한 열을 산화반응과 수첨분해반응 등의 발열반응에 의해 가스를 발생시키는 방식
3. 도시가스 제조공정을 원료의 송입법에 의한 분류 시
• 연속식
• 배치식
• Cyclic식이 있다.

09 산소, 가연성, 독성의 액화가스 저장탱크에 설치되는 방류둑의 설치목적을 기술하시오.

정답 액화가스(산소, 가연성, 독성)의 저장탱크에서 액상의 가스가 누출 시 탱크 주위의 한정된 범위를 벗어나 다른 곳으로 유출되는 것을 방지하기 위함이다.

10 다음은 용기에 대한 계산식이다.

$$t = \frac{PD}{2Sn - 1.2P} + C$$

(1) 무엇을 계산하는 식인지 쓰시오.
(2) 각 기호를 설명하여라(단위 포함).

정답 (1) 용접용기 동판의 두께(mm)
(2) t : 용접용기 동판의 두께(mm), P : 최고충전압력(MPa), D : 동판의 내경(mm)
S : 허용응력(N/mm²), n : 용접효율, C : 부식여유치(mm)

11 카르노 사이클로 운전되는 장치에서 고온이 600℃, 저온이 50℃일 때 열효율은 몇 %인가를 계산하시오. (단, 소수점 이하는 버린다.)

정답 $\eta = \dfrac{Q_1 - Q_2}{Q_1} \times 100 = \dfrac{T_1 - T_2}{T_1} \times 100$

$$= \frac{\{(273+600)-(273+50)\}}{273+600} \times 100 = 63\%$$

12 내경이 500mm인 배관 내를 3m/s의 유속으로 물이 흐를 때 500m 지점의 마찰손실(m)을 계산하여라. (단, 관마찰계수 $\lambda = 0.02$이다.)

정답 $h_f = \lambda \dfrac{L}{D} \cdot \dfrac{V^2}{2g}$

$$= 0.02 \times \frac{500}{0.5} \times \frac{3^2}{2 \times 9.8} = 9.18m$$

13 염소가스를 사용하는 탄소강의 용기에 수분이 접촉 시의 문제점과 고온고압하에서 수소를 사용하는 배관에 탄소강 사용 시의 문제점을 다음 반응식을 기준으로 설명하여라.
(1) $Cl_2 + H_2O \rightarrow HCl + HClO$
  $Fe + 2HCl \rightarrow FeCl_2 + H_2$
(2) $Fe_3C + 2H_2 \rightarrow 3Fe + CH_4$

정답 (1) 염소가스에 수분이 접촉 시 염산을 생성하고, 이 염산이 철과 접촉하여 염화제2철을 생성한다. 이것이 용기를 부식시킨다.
  (2) 고온고압하에 수소를 사용 시 강 중의 탄소와 반응하여, 탈탄작용이 일어나 강을 약화시킨다.

14 일반용 액화석유가스 압력조정기의 다이어프램 성능에 관한 노화시험방법을 2가지 기술하여라.

정답 ① 공기가열노화시험　　② 오존노화시험

참고 KGS AA 434 참조

15 전기방식법 중 희생양극법의 장점 2가지와 단점 2가지를 쓰시오.

정답 (1) 장점
  ① 시공이 간단하다.
  ② 단거리 배관에 경제적이다.
  (2) 단점
  ① 방식효과 범위가 좁다.
  ② 장거리 배관에 비경제적이다.

제4회 출제문제(2018. 11. 11. 시행)

01 정압기 정특성의 종류 3가지를 쓰시오.

[정답] ① 로크업
② 오프셋
③ 시프트

[해설] **정특성 : 정상상태에서 유량과 2차 압력과의 관계**
- 로크업(Lock Up) : 유량이 0으로 되었을 때 끝맺음 압력과 기준압력과의 차이
- 오프셋(Off Set) : 유량이 변화했을 때 2차 압력과 기준압력과의 차이
- 시프트(Shift) : 1차 압력의 변화에 의하여 정압곡선이 전체적으로 어긋나는 것

02 LP가스를 이송하는 방법 3가지를 쓰시오.

[정답] ① 차압에 의한 방법
② 액펌프에 의한 방법
③ 압축기에 의한 방법

03 강의 기계적 성질을 개선하기 위한 열처리 방법 4가지를 쓰시오.

[정답] ① 담금질
② 풀림
③ 불림
④ 뜨임

04 전기방식시설에서 관대지전위의 점검주기는?

[정답] 1년에 1회 이상

05 원심펌프를 운전 시 양정, 유량에 대하여 특성을 기술하시오.
(1) 직렬운전
(2) 병렬운전

[정답] (1) 양정 증가, 유량 불변
(2) 양정 불변, 유량 증가

06 다음 공정은 나프타 또는 LPG를 원료로 SNG를 제조하는 저온수증기 개질프로세스이다. 빈칸을 채우시오.

LPG 또는 나프타 → (①) → 저온수증기 개질 → 메탄 → (②) → 탈습 → SNG

정답 ① 수소화탈황
② 탈탄산

해설

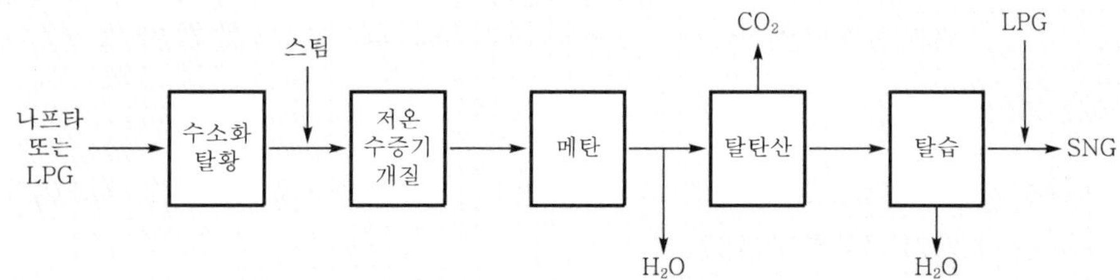

LPG 또는 나프타를 원료로 하는 SNG 프로세스는 저온수증기 개질 프로세스를 기본으로 하며 CH_4 함유량의 증가를 위해 메탄합성공정과 탈탄산공정으로 구성

07 LPG(액화석유가스)란 무엇인지 정의를 설명하고, 주성분을 2가지 이상 쓰시오.

정답 (1) 액화석유가스를 이르는 것으로, 석유계 저급탄화수소의 혼합물이다.
(2) C_3H_8, C_3H_6, C_4H_{10}, C_4H_8

08 도시가스의 배관 종류를 크게 4가지로 분류하시오.

정답 ① 본관
② 공급관
③ 사용자공급관
④ 내관

09 고압용기 또는 시설물의 내압시험 시 물을 사용할 때의 장점 3가지를 쓰시오.

정답 ① 경제성이 있다.
② 위험성이 적다.
③ 누설 시 인체에 무해하다.

참고 (유사문제 비교)
고압용기 밸브를 내압시험 시 기체를 사용하지 않고 물을 사용하는 이유를 쓰시오.
압축기체가 누설 시 급격히 팽창하여 위험하기 때문이다.

10 전기시설물의 방폭구조에 아래와 같은 표시가 있었다.

$$\boxed{\text{EXe}}$$

(1) 방폭구조의 명칭을 쓰시오.
(2) 방폭구조에 대하여 설명하시오.

정답 (1) 안전증방폭구조
(2) 정상운전 중에 가연성 가스의 점화원이 될 전기불꽃아크 또는 고온부분 등의 발생을 방지하기 위해 기계적, 전기적 구조상 온도상승에 대해 특히 안전도를 증가시킨 구조이다.

11 도시가스 지하매설 배관의 누출여부를 검사하는 검지기를 차량에 탑재한 장비이다. 다음 문제의 (1), (2) 검지기 종류를 쓰시오.
(1) 수소불꽃 속에 탄화수소가 들어가면 불꽃의 전기전도도가 증가하는 현상을 이용한 가스검지기
(2) 메탄이 누설 시 그 농도가 불의 비율에 따라 ppm이 변하는 적외선의 흡광특성을 이용한 가스 검지기

정답 (1) FID : 수소염이온화검지기
(2) OMD : 광학메탄검지기

참고 배관의 기밀시험을 생략할 수 있는 가스공급시설은 최고사용압력이 0MPa 이하의 것 또는 항상 대기에 개방되어 있는 것으로 한다.

12 C_3H_8 $1Nm^3$를 연소 시 필요한 공기량(Nm^3)을 계산하여라. (단, 공기비 $m = 1.3$이다.)

정답 $C_3H_8 + 5O_2 \rightarrow 3CO_2 + 4H_2O$
$1Nm^3 : 5Nm^3$

$\therefore$ 이론공기량$(A_o) = 5 \times \dfrac{1}{0.21}$

실제공기량$(A) = mA_o = 1.3 \times 5 \times \dfrac{1}{0.21} = 30.952 = 30.95Nm^3$

13 가스비중 0.64, 유량 $100m^3/hr$인 관 길이 300m의 저압배관에 압력손실이 $30mmH_2O$일 때, 배관의 관경(mm)을 계산하시오. (단, pole의 정수는 $K = 0.707$이다.)

정답 $Q = K\sqrt{\dfrac{D^5 H}{SL}}$ 에서

$D = \sqrt[5]{\dfrac{Q^2 \cdot S \cdot L}{K^2 \cdot H}} = \sqrt[5]{\dfrac{100^2 \times 0.64 \times 300}{0.707^2 \times 30}} = 10.5067cm = 105.067mm = 105.07mm$

14 다음 문제에서 설명하는 전기방식의 종류를 각각 쓰시오.
(1) 매설배관보다 저전위금속을 직접 또는 도선으로 전기적으로 접속하고 양 금속 사이의 고유 전위차를 이용하여 매설배관에 방식전류를 주는 전기방식법을 쓰시오.
(2) 외부의 직류 전원장치로부터 방식의 목적이 이뤄지는 방법이며 지중에 설치한 전극을 매설배관에 흘려 부식전류를 상쇄하는 전기방식법을 쓰시오.

정답 (1) 희생양극법
(2) 외부전원법

15 가스시설 배관용접부의 비파괴시험에 관한 내용이다. 다음 물음에 답하시오.
(1) 배관용접부 전부에 대하여 시행하는 검사 2가지는 무엇인지 쓰시오.
(2) 비파괴검사방법 중 방사선투과시험을 시행하기 곤란한 경우 시행하는 검사방법을 2가지 쓰시오.

정답 (1) ① 육안검사
② 방사선투과시험
(2) ① 초음파탐상시험
② 자분탐상시험(또는 침투탐상시험)

2019년 가스산업기사 필답형 출제문제

제1회 출제문제(2019. 4. 17. 시행)

01 다음 설명에서 (   )에 적합한 숫자와 단위를 쓰시오.

> 액화가스란 가압, 냉각에 의하여 액체상태로 되어 있는 것으로서 대기압에서 비점이 (   ) 이하 또는 상용의 온도 이하인 것을 말한다.

정답 40℃

02 용접용기의 재검사항목 4가지를 쓰시오.

정답 ① 외관검사 ② 내압검사 ③ 누출검사
④ 다공물질 충전검사 ⑤ 단열성능검사

03 다음의 경우에 카본생성방지법을 쓰시오.

$$CO + H_2 \rightleftarrows C + H_2O$$

정답 ① 반응온도는 높게
② 반응압력은 낮게
③ 수증기 비는 크게

04 자연발화에 영향을 미치는 인자 4개를 쓰시오.

정답 ① 전기불꽃 ② 단열압축 ③ 마찰열 ④ 정전기

05 냉매의 구비조건 4가지를 쓰시오.

정답 ① 증발잠열이 클 것
② 비체적이 적을 것
③ 비열비가 적을 것
④ 화학적으로 안정할 것
⑤ 인화폭발성이 없을 것

06 레이놀즈 정압기의 특성 4가지를 쓰시오.

> 정답 ① 언로딩형이다.
> ② 크기가 대형이다.
> ③ 정특성이 좋다.
> ④ 안정성이 부족하다.

07 도시가스 정압기의 특성 4가지를 쓰시오.

> 정답 ① 정특성
> ② 동특성
> ③ 유량특성
> ④ 사용최대차압 및 작동최소차압

08 접촉개질공정에 대하여 설명하시오.

> 정답 나프타를 고온, 고압하에서 촉매와 접촉시킨 후 탄화수소의 구조를 변화시켜 옥탄가가 높은 휘발
> 유를 제조하는 방법이다.

09 다음의 빈칸을 채우시오.

폭굉이란 가스 중 (①)보다 화염 전파속도가 큰 경우로서 파면선단에 (②)라고 하는 강한
압력파가 발생하여 격렬한 파괴작용을 일으키는 현상이다.

> 정답 ① 음속
> ② 충격파

10 저장탱크의 열침입 원인 4가지를 쓰시오.

> 정답 ① 외면에서의 열복사
> ② 지지점에서의 열전도
> ③ 밸브, 안전밸브에 의한 열전도
> ④ 연결된 배관을 통한 열전도
> ⑤ 단열재를 충전한 공간에 남은 가스분자의 열전도

11 소비호수가 50호인 액화석유가스 사용시설에서 피크 시의 평균가스소비량이 15.5kg/hr이다. 50kg 용기를 사용하여 가스를 공급하고, 외기온도가 5℃일 경우 가스발생능력이 1.6kg/hr라 할 때 표준용기 설치 수를 계산하시오. (단, 2일분 용기 수는 4개이다.)

정답 표준용기 수＝필요 최저 용기 수＋2일분 용기 수

① 최저 용기 수 $= \dfrac{\text{피크 시 평균가스소비량}}{\text{용기 가스발생량}} = \dfrac{15.5}{1.6} = 9.68$

② 2일분 용기 수 : 4

∴ ①＋② ＝ 9.68＋4 ＝ 13.68 ≒ 14개

12 매설 금속배관의 전기화학적 부식의 원인 4가지를 쓰시오.

정답 ① 이종금속 접촉에 의한 부식
② 농염전지작용에 의한 부식
③ 국부전지에 의한 부식
④ 미주전류에 의한 부식
⑤ 박테리아에 의한 부식

13 배관의 길이가 1km이고, 선팽창계수는 $\alpha = 1.2 \times 10^{-5}$일 때, $-10℃$에서 $50℃$까지 사용되는 배관에서 신축량 20mm를 흡수할 수 있는 신축이음은 몇 개를 설치하여야 하는지 쓰시오.

정답 $\Delta l = l \cdot \alpha \cdot \Delta t = 1000 \times 10^3 \times 1.2 \times 10^{-5} \times (50+10) = 720mm$

신축이음 수 ＝ 720÷20 ＝ 36개

14 다음 빈칸에 알맞은 숫자와 단위를 쓰시오.

액화가스와 압축가스가 섞여 있는 경우에는 액화가스 (　　　)을 압축가스 $1m^3$로 본다.

정답 10kg

15 배관직경이 14cm인 관에 8m/s로 물이 흐를 때 질량유량(kg/s)을 계산하시오. (단, 물의 밀도는 $1000kg/m^3$이다.)

정답 $G = \gamma A V = 1000kg/m^3 \times \dfrac{\pi}{4} \times (0.14)^2 \times 8m/s = 123.15kg/s$

제2회 출제문제(2019. 6. 29. 시행)

01 피셔식 정압기의 2차 압력의 저하 원인을 4가지 쓰시오.

정답 ① 정압기 능력 부족
② 필터 먼지류의 막힘
③ 센터스템 작동불량
④ 파일럿의 오리피스 녹 발생 및 막힘

02 다단압축을 실시하는 목적을 4가지 쓰시오.

정답 ① 일량이 절약된다.
② 가스의 온도상승을 피한다.
③ 힘의 평형이 양호하다.
④ 이용효율이 증대된다.

03 C_2H_2의 폭발 종류 3가지를 반응식과 함께 설명하시오.

정답 ① 분해폭발 : $C_2H_2 \rightarrow 2C + H_2$
② 산화폭발 : $C_2H_2 + 2.5O_2 \rightarrow 2CO_2 + H_2O$
③ 화합폭발 : $2Cu + C_2H_2 \rightarrow Cu_2C_2 + H_2$

04 원심펌프에서 발생하는 베이퍼록 현상의 방지방법을 4가지 쓰시오.

정답 ① 흡입관경을 넓힌다.
② 회전수를 낮춘다.
③ 실린더 라이너를 냉각시킨다.
④ 외부와 단열조치한다.

05 고압설비에 설치되는 과압안전장치 작동에 대하여 (   )에 알맞은 숫자를 넣으시오.

액화가스의 고압설비 등에 부착되어 있는 스프링식 안전밸브는 상용의 온도에 있어서 당해 고압설비 등 액화가스의 상용 체적이 당해 고압설비 등 내용적 (   )%까지 팽창하게 되는 온도에 대응하는 당해 고압가스설비 등 안의 압력에서 작동하는 것일 것

정답 98

06 off(오프)가스의 정의를 설명하시오.

정답 오프가스란 메탄, 에틸렌 등의 탄화수소와 수소 등을 개질한 것으로 석유정제의 오프가스와 석유화학의 오프가스 두 종류가 있다.

07 도시가스의 원료 중 액체성분인 원료를 3가지 쓰시오.

정답 ① 나프타
② LNG
③ LPG

08 관 길이가 500m, 유량이 200m³/h인 저압배관에 손실값이 20mmH₂O일 때 최소관경(mm)을 구하여라. (단, 가스비중은 0.64이다.)

정답

$$Q = K\sqrt{\dfrac{D^5 H}{SL}}$$

$$D^5 = \dfrac{Q^2 \cdot S \cdot L}{K^2 \cdot H} = \dfrac{200^2 \times 0.64 \times 500}{0.707^2 \times 20} = 1280386.677$$

$$\therefore D = \sqrt[5]{1280386.677} = 16.652\text{cm} = 166.52\text{mm}$$

09 압축가스 설비의 저장능력 산정식을 쓰고, 기호를 설명하시오.

정답 $Q = (10P + 1)V$
여기서, Q : 저장능력(m³), P : 35℃의 최고충전압력(MPa), V : 설비의 내용적(m³)

10 C_4H_{10} 200kg/h 기화 시 시간당 20000kcal 열량이 필요한 경우 온수순환량(L/h)을 구하여라. (단, 열교환기 입출구 온도 차이는 20℃이며 온수의 비열, 비중은 1, 효율은 80%이다.)

정답 $Q = G \cdot C \cdot \triangle t \cdot \eta \quad \therefore G = \dfrac{Q}{C \cdot \triangle t \cdot \eta} = \dfrac{20000}{1 \times 20 \times 0.8} = 1250\text{kg/h} = 1250\text{L/h}$

11 내진설계 시 지진기록 측정장비의 종류 2가지를 쓰시오.

정답 ① 가속도계
② 속도계
③ 수압계
④ 간극수압계

12 압축기에서 용량제어의 목적을 4가지 쓰시오.

> 정답 ① 소요동력 절감
> ② 무부하운전
> ③ 압축기 보호
> ④ 공급과 수요량의 균형 유지

13 다음에서 설명하는 설비의 명칭을 쓰시오.

도시가스를 사용하는 온수보일러에서 온수 온도의 변화에 의한 체적 변화에 따라 압력 변화가 생겨 물이 팽창하게 되며, 팽창된 물의 체적을 흡수하여 보일러 및 그 부속장치의 파손을 방지하는 역할을 수행하는 설비이다.

> 정답 팽창탱크

14 고압가스설비에 설치하는 (1) 사고예방설비와 (2) 피해저감설비의 종류를 4가지 이상 쓰시오.

> 정답 (1) 사고예방설비
> ① 과압안전장치
> ② 가스 누출경보 및 차단장치
> ③ 긴급차단장치
> ④ 역류방지장치
> ⑤ 역화방지장치
> ⑥ 전기방폭설비
> (2) 피해저감설비
> ① 방류둑
> ② 방호벽
> ③ 살수장치
> ④ 제독설비
> ⑤ 중화이송설비
> ⑥ 소화설비

15 고압가스 특정(일반)제조사업자, 충전사업자, 저장소 설치자 및 특정고압가스 사용자의 시설 중 전기방식으로 시공하여야 하는 설비를 쓰시오.

> 정답 지중-수중에 설치하는 강재배관 및 저장탱크

제4회 출제문제(2019. 11. 09. 시행)

01 다음 (   )에 적당한 용어를 쓰시오.

가스의 유출속도가 연소속도보다 커서 염공을 떠나 연소하다가 불꽃 주위, 특히 불꽃 기저부에 대한 공기의 움직임이 강해지면 불꽃이 노즐에 정착하지 않고 꺼져 버리는데 이것을 (   )라 한다.

정답 블로오프

02 플레어스택이 무엇인지 설명하시오.

정답 가연성 가스 또는 고압가스의 반응설비 중 특수반응설비와 긴급차단장치를 설치한 고압가스설비에 이상사태 발생 시 설비 안 내용물을 설비 밖으로 긴급하고 안전하게 이송하는 설비로서 가연성 가스를 연소시켜 방출시키는 탑

03 18L의 LP가스 배관에 공기 880mmH$_2$O로 기밀시험을 12분 실시 후 압력이 640mmH$_2$O로 되었다. 누출공기(%)는 얼마인지 쓰시오. (단, 1atm＝10330mmH$_2$O이다.)

정답 ① 기밀시험 시

$$\frac{(880+10330)}{10330} \times 18 = 19.533L$$

② 12분 경과 후

$$\frac{(640+10330)}{10330} \times 18 = 19.115L$$

$$\therefore \frac{(19.533-19.115)}{18} \times 100 = 2.32\%$$

04 정압기의 특성 중 동특성에 대하여 설명하시오.

정답 동특성이란 부하변화가 큰 곳에 사용되는 정압기에 대하여 부하변동에 대한 응답의 신속성과 안정성을 말한다.

05 water hammering을 설명하시오.

정답 관 속을 충만하여 흐르는 대형 송수관로에서 정전 등에 의한 급격한 속도변화에 따라 급격한 압력변화가 생기는 현상

06 오스테 나이트계 스테인리스강의 입계부식 발생조건을 설명하여라.

정답 오스테 나이트계 스테인리스강을 450~900℃로 가열 시 결정입계로 Cr 탄화물이 석출하는 현상

07 조정기의 감압방법 중 2단 감압방법을 설명하여라.

> **정답** 용기 내 가스압력을 소비압력보다 약간 높은 상태로 감압하고 다음 단계에서 소비압력까지 낮추는
> 방식이다.

08 지하매설 배관의 보호판을 설치하는 목적을 쓰시오.

> **정답** 보호판을 설치하는 배관을 도로 밑에 매설 시 그 도로와 관련 있는 공사로 인하여 배관이 손상을
> 받지 않게 하기 위하여

> **참고** **보호판을 설치하여야 하는 경우**
> 1. 중압 이상의 배관을 설치할 때
> 2. 배관의 매설심도를 확보할 수 없을 때
> 3. 타 시설물과 이격거리를 유지하지 못 하였을 때

09 수소, 천연가스, 이산화탄소, 질소 중 관경, 압력이 같은 조건일 경우 흐르는 양이 많은 순서대로
나열하시오.

> **정답** 수소 – 천연가스 – 질소 – 이산화탄소
>
> $Q = K\sqrt{\dfrac{D^5 H}{SL}}$ 에서 분자량이 클수록 비중이 크고, 비중이 클수록 관 내 유량은 적어진다.

10 방폭구조의 최소점화전류의 기준이 되는 가스를 쓰시오.

> **정답** CH_4(메탄)

11 아세틸렌 제조 시 발생기의 형식은 주수식, 투입식, 침지식이 있다. 이 중 투입식의 원리에 대
하여 설명하여라.

> **정답** 투입식 : 물에 카바이드를 넣는 방법으로 아세틸렌을 제조하는 방식

> **참고** 1. 주수식 : 카바이드에 물을 넣는 방법
> 2. 침지식(접촉식) : 물과 카바이드를 소량씩 접촉시키는 방법

12 LP가스를 기화기를 이용하여 공급하는 방식에는 생가스, 공기혼합, 변성가스 공급방식이 있다.
이 중 생가스 공급방식의 특징을 4가지 쓰시오.

정답) ① 기화된 그대로의 가스를 공급할 수 있다. ② 설비 및 공급방식이 간단하다.
③ 부탄의 경우 재액화 방지가 필요하다. ④ 서지탱크가 필요 없다.
⑤ 열량조정이 필요 없다. ⑥ 재액화 방지를 위해 보온조치가 필요하다.

해설) **강제기화방식의 종류**
• 생가스 공급방식 : 기화된 그대로의 가스를 공급하는 방식
• 공기혼합가스 공급방식 : 기화된 가스에 공기를 혼합하여 공급하는 방식
• 변성가스 공급방식 : 부탄을 고온의 촉매로서 분해하여 메탄, 수소, 일산화탄소 등의 연질가스
로 변성시켜 공급하는 방식

13 도시가스 배관의 손상방지를 위한 기준에 대하여 물음에 답하여라.
① 굴착 시 인력굴착으로 하는 지점은 배관 주위 몇 m 이내인지 쓰시오.
② 줄파기 작업 시 줄파기의 심도는 몇 m 이상인지 쓰시오.
③ 시험굴착으로 가스배관의 위치를 정확히 파악하는 경우 배관의 수평거리 몇 cm 이내는 파
일박기를 하지 않아야 하는지 쓰시오.

정답) ① 1m 이내
② 1.5m 이상
③ 30cm 이내

참고) 배관의 수평거리 2m 이내 파일박기를 할 경우 표지판을 설치하여야 한다.

14 어느 가스 소비설비에 C_3H_8(75%), C_4H_{10}(25%)의 용량%로 함유된 혼합기체 1kg/h를 소비 시
저압배관을 통과하는 가스의 시간당 용적(L/h)을 계산하시오. (단, 저압배관을 통과하는 가스의
평균압력은 수주 280mm로 온도는 15℃이다.)

정답) 혼합가스 분자량 : $(44 \times 0.75) + (58 \times 0.25) = 47.5g$

표준상태 부피 : $1000g/h \times \dfrac{22.4}{47.5}(L/g) = 471.58L/h$

280mm 수주 15℃의 부피로 계산 $\dfrac{P_1 V_1}{T_1} = \dfrac{P_2 V_2}{T_2}$ 이므로,

$$V_2 = \frac{P_1 V_1 T_2}{T_1 P_2} = \frac{10332 \times 471.58 \times (273+15)}{273 \times (10332+280)} = 484.36L/h$$

15 내용적 50000L인 액화염소저장탱크에 대하여 물음에 답하시오.
(1) 충전질량(kg)을 쓰시오. (단, 액비중은 1.57이다.)
(2) 1종 보호시설과의 안전유지거리(m)를 쓰시오.

정답) (1) $W = 0.9dV = 0.9 \times 1.57 \times 50000 = 70650kg$
(2) 30m 이상

작업형(동영상) 총정리

Part 2는 한국산업인력공단 출제기준 가스안전관리의 작업형(동영상) 핵심요약 및 예상문제, 기출문제 부분입니다.

Chapter 01 핵심요약 및 출제예상문제
Chapter 02 과년도 출제문제

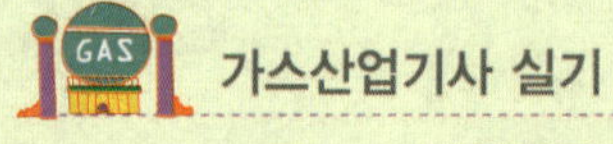

PART 2 작업형(동영상) 총정리

이 편의 학습 Point

1. 고압가스, 액화석유가스, 도시가스 법규에 해당하는 핵심이
   론과 그에 따른 중점 내용(특히 숫자부분) 암기하기
2. 적중률 높은 예상문제를 반복적으로 풀어보기
3. 실전시험을 치르는 듯한 컬러사진과 정확한 해설로 실기
   시험에 완벽 대비하기

작업형(동영상) 핵심요약 및 출제예상문제

일반도시가스 제조소·공급소의 시설, 기술검사 기준

KGS Code Fp 551 (2.5.4)

1 배관설비

 **문제 01** 동영상의 PE 배관에 대하여 다음 빈칸을 채우시오.

(1) PE관의 시공방법은?

(2) PE관의 굴곡허용 반경은 외경의 20배 이상이다. 굴곡허용 반경이 20배 미만일 경우 사용되는 부속품은?

(3) PE관의 매설위치를 탐지할 수 있는 가스시설물의 종류 2가지는?

(4) PE관의 매설위치를 탐지할 수 있는 로케팅와이어의 굵기는?

(5) PE 배관은 온도 몇 ℃ 이상 되는 장소에는 설치하지 않는가?

해답 (1) 매몰시공
(2) 엘보
(3) ① 탐지형 보호포   ② 로케팅와이어
(4) $6mm^2$ 이상
(5) 40℃ 이상

보충설명
1. PE 배관의 지상연결을 위하여 금속관을 사용하여 보호조치를 한 경우는 지면에서 30cm 이하로 노출시공을 할 수 있다.
2. PE 배관은 파이프, 슬리브 등으로 단열조치를 한 경우 40℃ 이상의 장소에 설치할 수 있다.

문제 02 다음 표는 PE 배관에 대한 압력범위에 따른 두께이다. 빈칸을 채우시오.

SDR	압력
11 이하 (1호관)	(①) MPa 이하
17 이하 (2호관)	(②) MPa 이하
21 이하 (3호관)	(③) MPa 이하

해답 ① 0.4   ② 0.25   ③ 0.2

1. SDR = D(외경) / t(최소두께)
2. PE관과 금속관의 접합은 T/F(Transition/Fitting)을 사용한다.

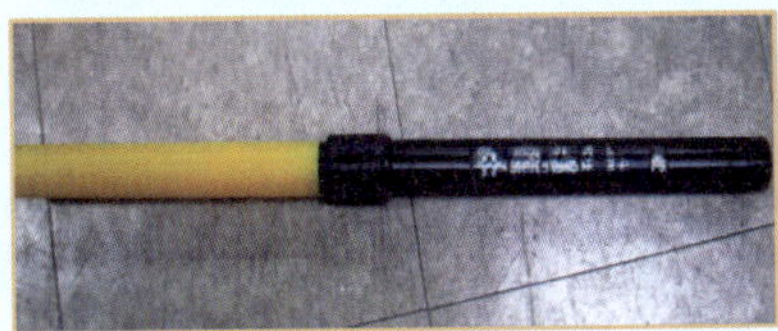
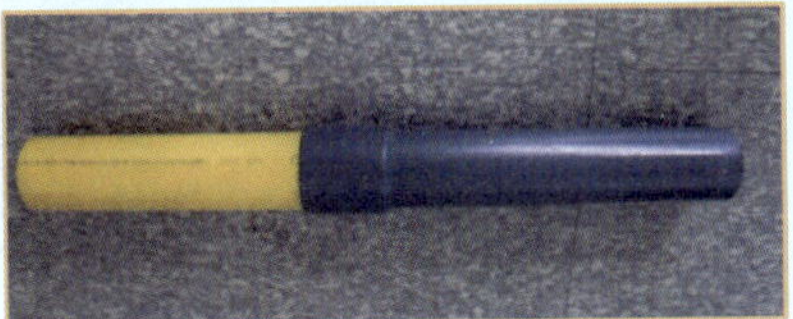

1. • PE 배관은 수분, 먼지 등의 이물질을 제거한 후 접합한다.
   • PE 배관의 접합 전 접합부를 접합 전용 스크레이퍼를 사용하여 다듬질한다.
   • 금속관의 접합은 T/F(Transition/Fitting)를 사용하여 접합한다.
   • 호칭지름이 상이할 경우 관이음매(Fitting)를 사용하여 접합한다.
2. 최고사용압력 2MPa 이상 배관두께 산출식

$$t = \frac{PD}{2SEFT}$$

여기서, t : 배관의 최소두께(mm), P : 설계압력(MPa)
D : 배관의 외경(mm), S : 재료의 최소항복강도(MPa)
E : 용접효율, F : 설계계수, T : 온도계수

문제 03 PE관의 융착 방법에서 열융착 방법 3가지는?

① 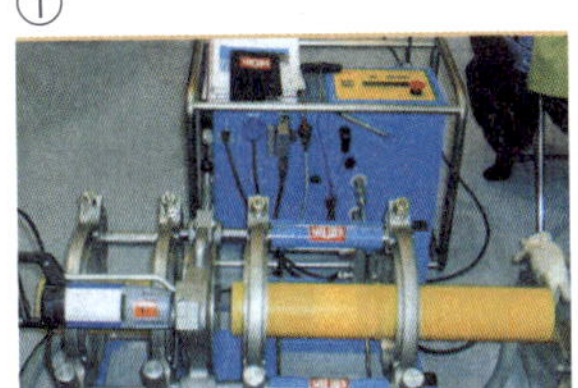 ②  ③ 

 ① 맞대기(바트)융착   ② 소켓융착   ③ 새들융착

1. PE관의 융착법(열융착, 전기융착이 있다.)
2. 열융착 이음의 기준
   • 맞대기 융착은 공칭외경 90mm 이상 직관과 이음관 연결에 사용한다.
   • 비드는 좌우 대칭형으로 둥글고 균일하게 형성되도록 한다.
   • 이음부 연결오차는 PE관 두께의 10% 이하가 되도록 한다.

문제 04   PE 배관두께가 3mm일 때 배관 비드폭의 최대치, 최소치를 계산하여라.

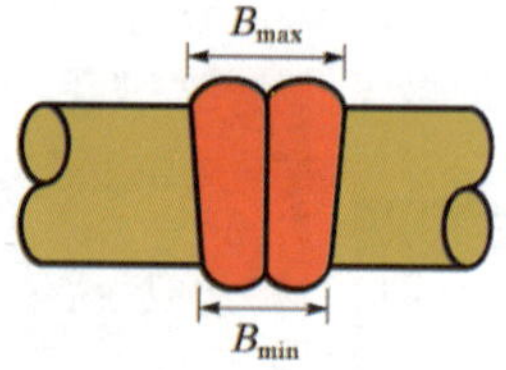

$$B_{\min} = 3 + 0.5t$$
$$B_{\max} = 5 + 0.75t$$

여기서, $B_{\min}$: 최소 비드값, $B_{\max}$: 최대 비드값

※ 호칭지름별 비드폭은 최소치 이상 최대치 이하이어야 한다.

해답   ① 최소 : $3 + 0.5t = 3 + 0.5 \times 3 = 4.5mm$
      ② 최대 : $5 + 0.75t = 5 + 0.75 \times 3 = 7.25mm$

TiP

구분		세부내용
열융착	소켓	① 용융된 비드는 접합부 전면에 고르게 형성 관내부로 밀려나오지 않게 한다. ② 배관 및 이음관의 접합부는 일직선을 유지한다. ③ 융착작업은 홀더 등을 사용하고 관의 용융부위는 소켓 내부 경계턱까지 완전히 삽입되도록 한다. ④ 시공이 불량한 융착이음부는 절단하여 제거하고 재시공한다.
	맞대기 (공칭외경 90mm 이상 직관과 이음관 연결에 적용)	① 비드는 좌우대칭형으로 둥글고 균일하게 형성되도록 한다. ② 비드의 표면은 매끄럽고 청결하도록 한다. ③ 접합면의 비드와 비드사이 경계부위는 배관의 외면보다 높게 형성되도록 한다. ④ 이음부의 연결 오차는 배관 두께의 10% 이하로 한다.
	새들 융착	① 접합부의 전면에는 대칭형의 둥근 형상 이중 비드가 고르게 형성되어 있도록 한다. ② 비드의 표면은 매끄럽고 청결하도록 한다. ③ 접합된 새틀의 중심선과 배관의 중심선이 직각을 유지한다. ④ 비드의 높이는 이음관 높이 이하로 한다.
전기융착	소켓	① 융착의 이음부는 배관과 일직선 유지 ② 이음부에는 배관 두께가 일정하게 표면산화층을 제거할 수 있도록 스크래퍼를 사용 표면층을 제거 ③ 관의 용융부위는 소켓 내부 경계턱까지 완전히 삽입되도록 한다.
	새들	이음매 중심선과 배관 중심선은 직각 유지
	융착 시는 융착기준 가열온도, 가열유지시간, 냉각시간 등을 준수한다.	

문제 05   PE관의 융착기준 3가지를 쓰시오.

해답   ① 가열온도   ② 가열유지시간   ③ 냉각시간

문제 06 모든 도시가스 배관은 용접접합하고, 용접부에 대하여 비파괴시험을 하여야 하는데 하지 않아도 되는 경우 2가지를 쓰시오.

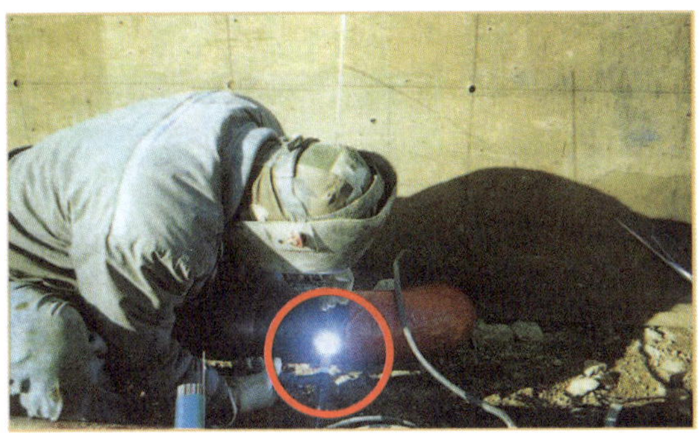

해답 ① PE 배관 ② 저압으로 노출된 사용자 공급관 ③ 호칭경 80mm 미만 저압배관

참고 Tig 용접(불활성 아크용접)

비파괴검사 시행을 위하여 행하는 용접(플랜지 용접 부위는 자분탐상검사 실시)

문제 07 배관을 공동구 안에 설치 시 (   )에 적당한 단어를 쓰시오.

- 공동구 안에는 (①)를 한다.
- 배관은 (②)형 신축이음매나 주름관으로 온도변화에 따른 신축흡수 조치를 한다.
- 배관에는 가스유입을 차단하는 장치를 설치하되 그 장치를 옥외 공동구 안에 설치하는 경우 (③)을 설치한다.

해답 ① 환기장치 ② 벨로즈 ③ 격벽

참고

그 이외에 전기설비가 있는 곳은 방폭구조로 한다.

문제 08

다음 (   ) 안에 알맞은 숫자 및 단어를 쓰시오.

> 일반도시가스 제조공급소에 대한 가스공급시설 중 가스가 통하는 부분으로서 내면에 (①   )Pa을 초과하는 압력을 받는 부분의 용접부는 용입이 충분하고 (②   ), (③   ), (④   ), 슬러그 혼입, 블로어홀, 그 밖에 유사한 결함이 없는 용접강도를 가지는 것으로 한다.

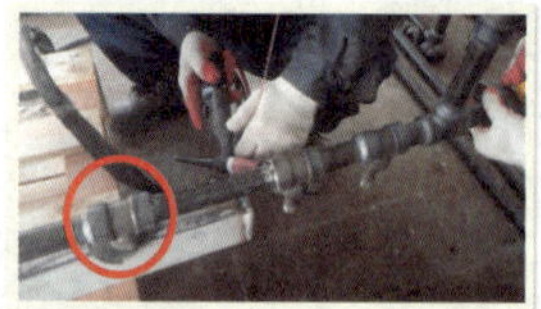 →  → 

해답 ① 0　　② 갈라짐　　③ 언더컷　　④ 크레이터

문제 09

ㄷ자로 가공한 방호철판에 대한 내용이다. 물음에 답하시오.

구분	항목	기타
방호철판 두께	(①)mm 이상	방호철판에는 부식을 방지하는 조치를 한다.
외면에 표시하는 사항	(②)	
방호철판 크기	(③)m 이상	

해답 ① 4
② 야간식별이 가능한 야광테이프, 야광페인트로 배관임을 알려주는 경계표지
③ 1

문제 10

ㄷ자 형태로 가공한 강관제 방호파이프 구조물 및 철근콘크리트 방호조치에 대한 내용이다. 빈칸을 채우시오.

구분	항목		기타
ㄷ자형의 강관제	파이프 호칭지름	(①)	구조물에는 야간식별이 가능한 야광테이프, 야광페인트로 도시가스 배관임을 알려주는 경계표지 설치
ㄷ자형태 철근콘크리트제	두께	(②)	
	높이	(③)	

해답 ① 50A ② 10cm 이상 ③ 1m 이상

2 배관의 고정조치(브래킷) 관련(KGS Fp 551)

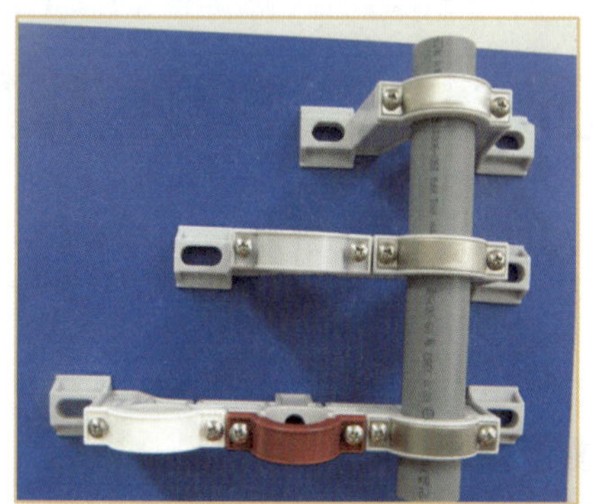
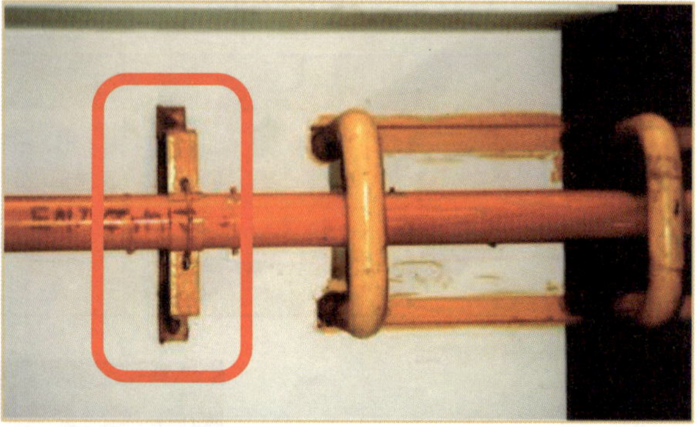

(1) 일반설치 배관

관경	고정간격
13mm 미만	1m마다
13mm 이상 33mm 미만	2m마다
33mm 이상	3m마다

※ 100mm 이상은 3m 이상으로 할 수 있다.

(2) 교량설치 배관

호칭지름(A)	지지간격(m)
100	8
150	10
200	12
300	16
400	19
500	22
600	25
600A 초과 시	배관처짐량 500배 미만이 되는 지점마다 지지

(3) 배관을 교량에 설치 시 기준

① 온도변화에 따른 열응력 수직·수평 하중을 고려하여 설계한다.
② 배관의 재료는 강재를 사용, 접합은 용접으로 한다.
③ 지지대 U볼트 등의 고정장치와 배관 사이에는 고무판, 플라스틱 등 절연물을 삽입한다.

(4) 배관의 부대설비

물이 체류할 우려가 있는 배관에는 콘크리트 박스 내 수취기를 설치한다.

(5) 가스차단장치 및 밸브 박스 설치 기준

① 밸브 박스의 내부는 밸브의 조작이 쉽도록 충분한 공간을 확보한다.
② 밸브 박스 뚜껑은 충분한 강도를 가지고, 긴급 시 신속하게 개폐할 수 있는 구조로 한다.
③ 밸브 박스는 내부에 물이 고여있지 아니하도록 하고, 부식방지 도장을 한다.

문제 01
동영상은 관경 25mm 배관이다. 이 배관에 고정장치인 브래킷을 설치 시 몇 m마다 설치하여야 하는가?

해답 2m

문제 02
동영상의 배관 종류 ①, ②, ③, ④의 명칭을 쓰시오.

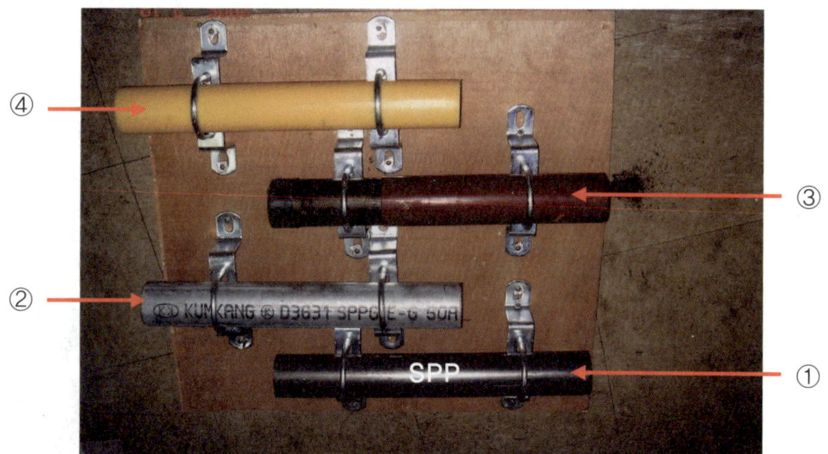

해답
① SPP(배관용 탄소강관)
② SPPG(압력배관용 탄소강관)
③ 폴리에틸렌 피복강관(PLP강관)
④ 가스용 폴리에틸렌관(PE관)

KGS 259

배관에 표시사항

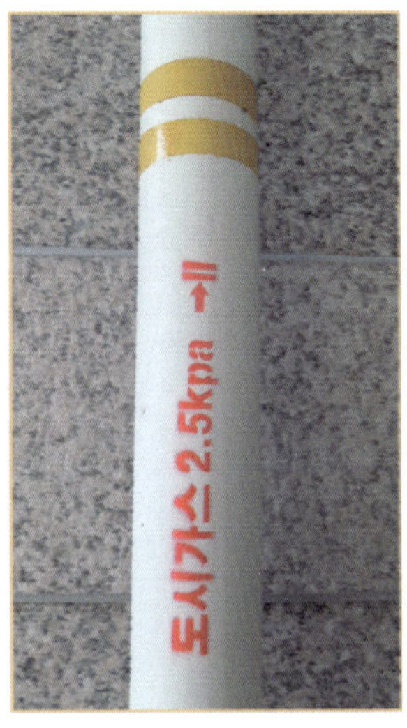

(1)

배관 외부 표시사항	배관의 표면색상		기타사항
사용가스명	지상배관	매설배관	지상배관 중 건축물 내·외벽에 노출된 것으로 바닥 1m 이상 높이에 폭 3cm의 황색띠를 2중으로 표시한 경우는 표면색상을 황색으로 하지 않을 수 있다.
최고사용압력	황색	저압 / 중압	
가스흐름방향		황색 / 적색	

(2) 보호포

종류	① 일반형 보호포 ② 탐지형 보호포(지면에 매설된 보호포의 설치위치를 탐지할 수 있도록 제조된 것)	
규격	두께	0.2mm 이상	
	폭	사용시설 및 공급시설의 제조소 공급소 밖	15cm 이상
		공급시설의 제조소 공급소 내	15~35cm
	바탕색	저압배관(황색), 중압 이상(적색)	
보호포의 표시내용	가스명, 사용압력, 공급자명	
기타사항	보호포는 호칭지름에 10cm를 더한 폭으로 하고, 2열 이상 설치 시 보호포 간격을 보호포 넓이 이내로 한다.	
보호포 설치위치	저압배관	① 배관 매설 깊이 1m 이상 : 배관 정상부에서 60m 이상 ② 1m 미만 및 공동주택 부지 안 : 40cm 이상
	중압 이상 배관	① 배관에서 보호판 상부 : 30cm 이상 ② 보호판 상부에서 보호포 : 30cm 이상

(3) 보호판

보호판 설치(KGS Fs 551 굴착공사로 인한 배관손상방지 조치)

구분		내용
설치대상 배관		① 중압 이상 도로 밑 매설배관 ② 배관의 매설 심도를 확보할 수 없는 경우 ③ 타 시설물과 이격거리를 유지하지 못했을 때
설치목적		굴착공사로 인한 배관손상을 방지하기 위함.
재료		KSD 3503(일반구조용 압연 강재) 또는 이와 동등 이상의 성능이 있는 것
보호판에 뚫는 구멍	규격	직경 30mm 이상 50mm 이하
	간격	3m 이하 간격
	이유	가스누출 시 가스가 지면으로 확산이 되도록 하기 위함.
설치위치		배관 정상부에서 30cm 이상 높이

KGS Fp 551 (2.5.10.3.2)

라인마크

[LM-1] 직선방향

[LM-2] 양방향

[LM-3] 삼방향

[LM-4] 일방향

[LM-5] 135°방향

[LM-6] 관말지점

설치이유	포장도로에 도시가스 배관을 매설 시(비포장도로, 포장도로 측구에는 보호포 설치)
설치수	배관길이 50m마다 1개씩(비개착공법에 의하여 배관을 지하에 매설하는 그 시점, 종점 및 시점과 종점 사이 배관길이 10m마다 1개 이상의 라인마크 설치, 상기 규정에 따라 라인마크 설치가 곤란한 경우 배관 길이 30m마다 1개 이상의 표지판 설치)
설치장소	주요분기점, 굴곡지점, 관말지점 주위 50m 이내에 설치

라인마크 규격			
기호	종류	직경×두께	핀의 길이×직경
LM-1	직선방향	60mm×7mm	140mm×20mm
LM-2	양방향	60mm×7mm	140mm×20mm
LM-3	삼방향	60mm×7mm	140mm×20mm
LM-4	일방향	60mm×7mm	140mm×20mm
LM-5	135°방향	60mm×7mm	140mm×20mm
LM-6	관말지점	60mm×7mm	140mm×20mm

KGS Fp 551

표지판

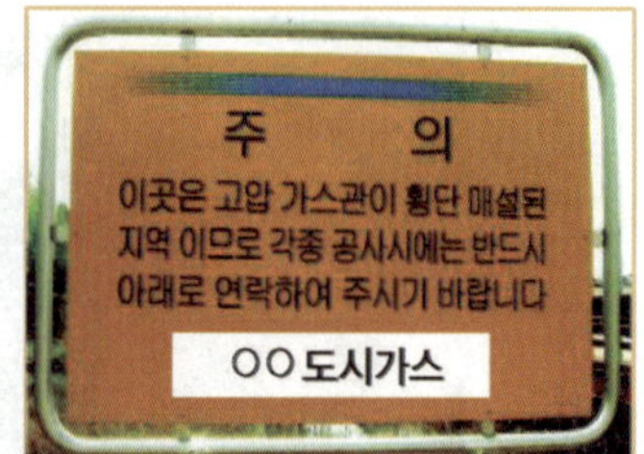

구분		설치위치		기타사항	
고법		지상배관	1000m마다	치수	가로×세로＝200mm×150mm 이상
		지하배관	500m마다	색상	황백바탕에 흑색글씨
도시 가스 사업법	가스 도매사업	제조소 공급소 내	500m마다	지면에서 높이	700mm
		제조소 공급소 밖			
	일반도시 가스사업법	제조소 공급소 내	500m마다		
		제조소 공급소 밖	200m마다		

KGS Fp 551 (2.6.1.3)

1 압력상승 방지장치 설치

① 가스발생 설비에 압력상승 방지장치 설치
② 압력상승 방지장치 종류 : 폭발구, 파열판, 안전밸브, 제어장치 등

문제 01 다음 가스배관을 보고 물음에 답하시오.

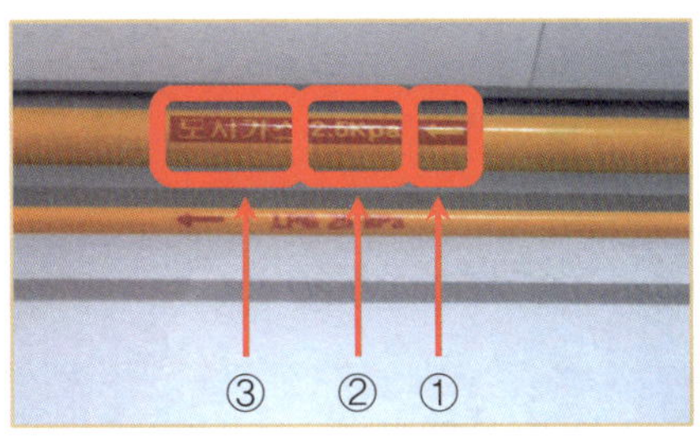

(1) 동영상에서 ①, ②, ③은 무엇을 의미하는지 쓰시오.
(2) 동영상의 배관에서 황색띠를 두 줄로 표시한 의미를 쓰시오.

해답 (1) ① 가스흐름방향　　② 최고사용압력　　③ 사용가스명
　　　 (2) 지상배관을 황색으로 표시하지 아니한 경우 : 건축물 내·외벽에 노출된 배관으로서
　　　　　 바닥 1m 이상, 폭 3cm의 황색띠를 2중으로 표시하여 가스배관임을 알려주는 표시

문제 02 동영상의 보호판에 대하여 다음 물음에 답하시오.

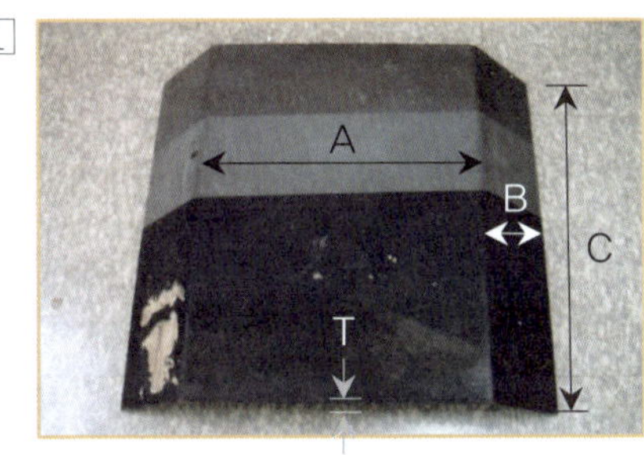

(1) 보호판의 설치목적을 기술하시오.
(2) ① 보호판에 뚫어야 하는 구멍의 직경(mm)과 간격(m)을 쓰시오.
　　 ② 구멍을 뚫어야 하는 이유를 기술하시오.
　　 ③ 가스배관 주위에 타 매설물이 복잡하게 있어 보호판으로 가스배관의 보호가
　　　　 곤란 시 보호관으로 보호한다. 이때 보호관에 표시문구 2가지를 기술하시오.
(3) 동영상 ①에서
　　 ① 관경이 90mm일 때 A, B, C의 치수를 쓰시오.
　　 ② T의 치수를 중압, 고압 배관으로 구분하여 쓰시오. (T : 보호판 두께)

해답 (1) 굴착공사로 인한 배관의 손상방지
　　　 (2) ① 직경 30mm 이상 50mm 이하를 3m 이하 간격으로 뚫음.
　　　　　 ② 매설배관에 가스누출 시 지면으로 확산시켜 폭발을 방지하기 위함.
　　　　　 ③ 도시가스 배관 보호관, 최고사용압력 ○○MPa
　　　 (3) ① A : 190mm, B : 100mm, C : 1500mm 이상
　　　　　 ② 중압배관 : 4mm, 고압배관 : 6mm 이상

> **참고**
>
> 1. PE 배관인 경우 A는 D(직경)+75mm 이상으로 할 수 있다.
> 2. 관경 D일 때 A : D+100(mm), B : 100(mm), C : 1500(mm) 이상

문제 03 동영상에서 ①, ②의 이격거리(m)를 각각 쓰시오.

해답 ① 30cm   ② 30cm

문제 04 동영상은 도시가스 제조소 공급소 밖에 설치되어 있는 시설물이다. 물음에 답하여라.

①    ② 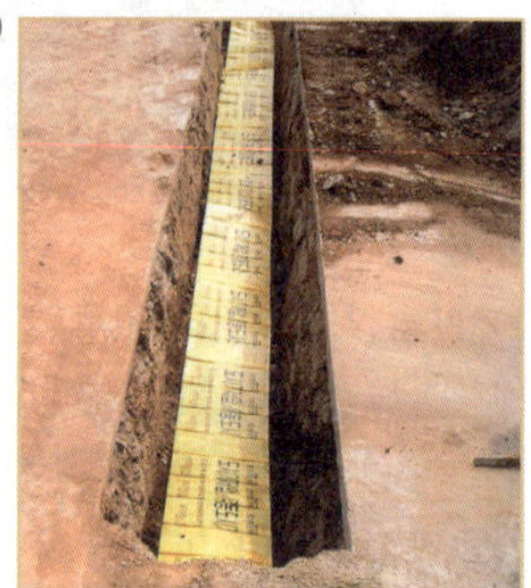

(1) 동영상에서 보여주는 가스품명의 명칭 ①, ②를 구분하여 쓰시오.
(2) 법규상의 종류 2가지는?
(3) 도시가스 제조소 공급소 밖의 공급시설일 때 두께와 폭의 규격은?
(4) 표시하여야 하는 3가지 사항은?

해답
(1) ① 중압배관용 보호포   ② 저압배관용 보호포
(2) 일반형 보호포, 탐지형 보호포
(3) 두께 : 0.2mm 이상, 폭 : 15cm 이상
(4) 가스명, 사용압력, 공급자명

문제 05 동영상에서 보여주는 시설물에 대하여 다음 물음에 답하시오.

① 
②
③

④
⑤

(1) 시설물의 명칭은?
(2) ①, ②, ③, ④, ⑤의 세부 명칭을 쓰시오.
(3) 누락된 1가지의 명칭과 도시기호를 화살표만으로 표시하시오.
(4) 설치수에 대한 규정을 쓰시오.
(5) 직경×두께 및 핀의 길이×직경(mm)의 수치를 쓰시오.
(6) 설치장소에 대하여 기술하시오.

해답
(1) 라인마크
(2) ① 양방향 ② 일방향 ③ 삼방향 ④ 135° 방향 ⑤ 관말지점

(3) 직선방향 

(4) 배관길이 50m마다 1개씩
(5) ① 직경×두께(60mm×7mm)
　　② 핀의 길이×직경(140mm×20mm)
(6) ① 주요분기점 ② 굴곡지점 ③ 관말지점

참고

단독주택 분기점은 제외. 밸브 박스 또는 배관의 직상부에 설치된 전위측정용 터미널이 라인마크 설치기준에 적합한 기능을 갖도록 설치된 경우에는 라인마크로 간주한다.

2 고압장치 설비

(1) 가스누출경보장치 및 자동차단장치 설치

항목		간추린 세부 핵심내용	
설치대상 가스		독성 가스 공기보다 무거운 가연성 가스 저장설비	
설치 목적		가스누출 시 신속히 검지하여 대응조치하기 위함	
검지경보장치	기능	가스누출을 검지농도 지시함과 동시에 경보하되 담배연기, 잡가스에는 경보하지 않을 것	
	종류	접촉연소방식, 격막갈바니 전지방식, 반도체방식	
가스별 경보농도	가연성	폭발하한계의 1/4 이하에서 경보	
	독성	TLV-TWA 기준농도 이하	
	NH$_3$	실내에서 사용 시 TLV-TWA 50ppm 이하	
경보기 정밀도	가연성	±25% 이하	
	독성	±30% 이하	
검지에서 발신까지 걸리는 시간	NH$_3$, CO	경보농도의 1.6배 농도에서	60초 이내
	그 밖의 가스		30초 이내
지시계 눈금	가연성	0 ~ 폭발하한계값	
	독성	TLV-TWA 기준농도의 3배값	
	NH$_3$	실내에서 사용 시 150ppm	

(2) 가스누출 검지경보장치의 설치장소 및 검지경보장치 검지부 설치수

법규에 따른 항목			설치 세부내용		
			장소	설치간격	개수
고압가스 (KGS Fp 111) (p66)	제조 시설	건축물 내	바닥면 둘레	10m	1개
		건축물 밖		20m	1개
		가열로 발화원의 제조설비 주위		20m	1개
		특수반응 설비		10m	1개
		그 밖의 사항	계기실 내부	1개 이상	
			방류둑 내 탱크	1개 이상	
			독성 가스 충전용 접속군	1개 이상	

법규에 따른 항목		설치 세부내용		
		장소	설치간격	개수
고압가스 (KGS Fp 111) (p66)	배관	경보장치의 검출부 설치장소		
		① 긴급차단장치부분 ② 슬리브관, 이중관 밀폐 설치부분 ③ 누출가스가 체류되기 쉬운 부분 ④ 방호구조물 등에 의하여 밀폐되어 설치된 배관부분		
LPG (KGS Fp 331) (p153)	경보기의 검지부 설치장소	① 저장탱크, 소형 저장탱크 용기 ② 충전설비 로딩 암 압력용기 등 가스설비		
	설치해서는 안 되는 장소	① 증기, 물방울, 기름기 섞인 연기 등이 직접 접촉 우려가 있는 곳 ② 온도 40℃ 이상인 곳 ③ 누출가스 유동이 원활치 못한 곳 ④ 경보기 파손 우려가 있는 곳		
도시가스 사업법 (KGS Fp 451)	설치 개수	건축물 안	바닥면 둘레	10m마다 1개 이상
		지하의 전용탱크 처리설비실		20m마다 1개 이상
		정압기(지하 포함)실	20m마다 1개 이상	
가스누출 검지경보장치의 연소기 버너 중심에서 검지부 설치 수		공기보다 가벼운 경우	8m마다 1개	
		공기보다 무거운 경우	4m마다 1개	

(3) 그 밖의 사항

공급시설에 설치된 가스누출경보기는 1주일 1회 이상 육안점검하고, 6월 1회 이상 표준가스를 사용하여 작동상황을 점검, 불량 시는 즉시 교체하여 항상 정상적인 작동이 되도록 한다.

 문제 01

도시가스 공급시설에 설치하여야 할 가스누출 검지경보장치의 기능, 구조, 설치 장소에 대한 내용이다. 빈칸을 채우시오.

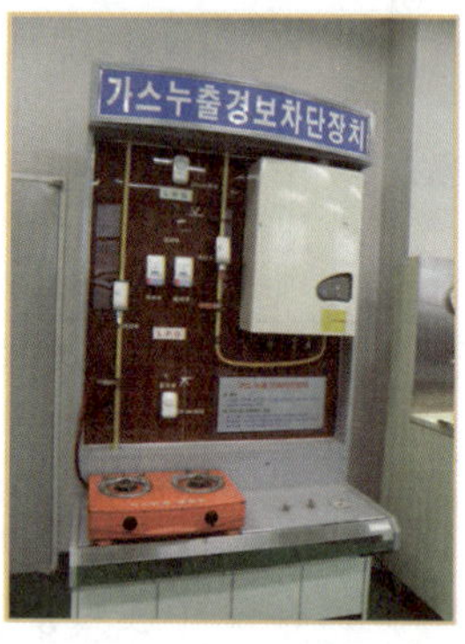

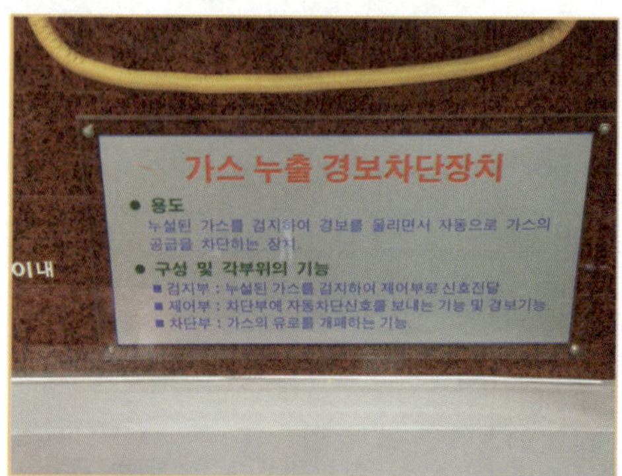

(KGS Fp 551) (2.6.2.1.1)

기능	구조
(1) 가스누출을 검지하여 그 농도를 지시함과 동시에 경보를 울리는 것으로 한다. (2) 설정된 농도 폭발하한계의 (①)의 이하값에서 경보를 울리도록 한다. (3) 경보가 울린 후 그 농도가 변화되어도 계속 경보하고, (②)함에 따라 경보가 정지되도록 한다. (4) (③) 등에는 경보를 울리지 아니하는 것으로 한다.	(1) 가스누출을 검지하여 그 (④)를 지시함과 동시에 경보가 울리는 것으로 한다. (2) 충분한 강도를 가지며, (⑤)의 교체가 용이한 것으로 한다. (3) 경보부와 검지부는 분리하여 설치할 수 있는 것으로 한다. (4) 경보는 램프의 (⑥) 또는 (⑦)과 동시에 경보를 울리는 것으로 한다.

해답 ① 1/4   ② 대책을 강구   ③ 담배연기, 잡가스   ④ 농도   ⑤ 엘리먼트   ⑥ 점등   ⑦ 점멸

 문제 02

가스누출 검지경보장치의 검지부 설치장소와 설치하지 않아야 할 장소를 구분하여 빈칸을 채우시오.

설치장소	설치하지 않아야 할 장소
(1) (①) 및 (②) 중 가스가 누출하기 쉬운 설비가 설치되어 있는 장소의 주위로써 누출한 가스가 체류하기 쉬운 장소	(1) (③) 등이 직접 접촉될 우려가 있는 곳 (2) 주위온도, 복사열 등에 의한 온도가 (④)℃ 이상인 곳 (3) 설비등에 가려져 (⑤)의 유통이 원할하지 못한 곳 (4) 경보기의 파손우려가 있는 곳

해답 ① 저장설비 ② 처리설비 ③ 증기, 물방울, 기름섞인 연기 ④ 40 ⑤ 누출가스

문제 03

다음은 법규 내용에 따른 가스누출 검지경보장치의 설치장소 및 검지부의 설치개수에 대한 내용이다. 빈칸을 채우시오.

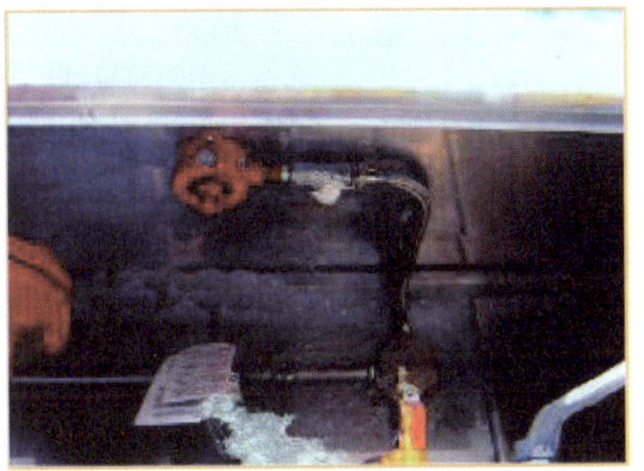

법규	구분	설치수
고압가스법	건축물 내	바닥면 둘레 (①)마다 1개
	건축물 밖	바닥면 둘레 (②)마다 1개
	가열로 발화원이 있는 제조설비 주위	바닥면 둘레 (③)마다 1개
	계기실 내부	1개 이상
	독성 가스 충전용 접속군 주위	1개 이상
	방류둑 내 설치된 저장탱크	저장탱크마다 1개
	특수반응 설비	바닥면 둘레 10m마다 1개
액화석유가스법	검지부가 건축물 안	바닥면 둘레 10m마다 1개
	검지부가 용기보관소, 용기저장실 및 건축물 밖	바닥면 둘레 (④)마다 1개
도시가스법	정압기(지하 포함)실	바닥면 둘레 (⑤)마다 1개

해답 ① 10m ② 20m ③ 20m ④ 20m ⑤ 20m

문제 03-1 도시가스의 가스누출 자동차단장치(KGS Fu 551 2.8.2.2)

설치대상	설치 제외대상
(1) 특정가스 사용시설 (2) 식품접객업소 영업장 면적 (①)m² 이상 가스사용시설 및 지하의 가스사용시설	(1) 월사용예정량 (②)m³ 미만 연소기가 연결된 배관에 퓨즈콕, 상자콕의 안전장치가 있고, 각 연소기에 (③)가 부착되어 있는 경우 (2) 공급차단 시 막대한 손실발생 우려가 있는 가스 사용시설 및 동 시설에 설치되는 산업용의 가스보일러 (3) 가스누출경보기, 연동차단 기능의 (④)를 설치하는 경우

해답 ① 100
② 2000
③ 소화안전장치
④ 다기능 가스안전계량기

문제 03-2 가스누출차단장치의 검지부 설치개수에 대한 설명이다. ( )를 채우시오.

소화안전장치가 부착되지 않은 연소기 버너 중심으로부터 수평거리 ( )m 이내(공기보다 무거운 경우 4m마다 1개 이상)

해답 8

TiP

1. 가스누출검지 통보설비에서 안전을 위한 확인사항
   - 설치장소 및 개소를 확인
   - 작동기능이 양호한지 확인
2. 공급시설에 설치된 가스누출경보기의 안전을 위하여 확인하여야 할 사항
   - 1주일 1회 이상 육안점검
   - 6월 1회 이상 표준가스를 사용하여 작동상황 점검, 불량 시는 즉시 교체하여 항상 정상적인 작동이 되도록 한다.

3 긴급차단장치(2.6.3)

문제 01 긴급차단장치에 대한 핵심정리 내용이다. 빈칸을 채우시오.

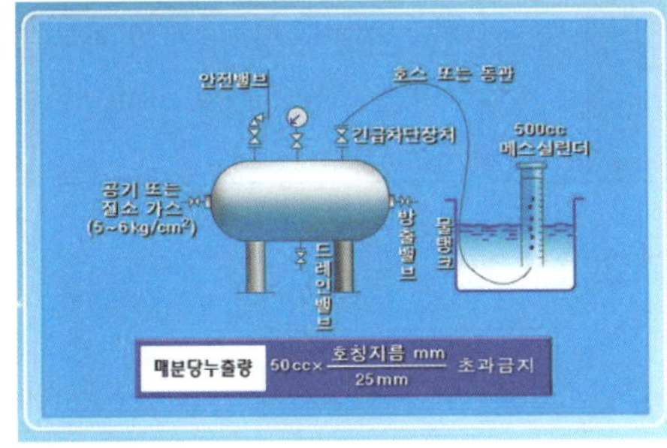

구분	내용
설치대상	• 탱크 내용적 5000L 이상에 부착된 배관으로 액상의 가스를 송출 또는 이입하는 경우(단, 액상의 가스를 이입하기 위하여 설치된 배관에는 역류방지밸브로 갈음이 가능) • 최고사용압력이 고압 또는 중압인 가스홀더에 설치된 배관(가스를 송출 또는 이입하는 경우)
설치장소	저장탱크, 가스홀더로부터 5m 이상 떨어진 위치
부착위치	저장탱크 주밸브의 외측으로 저장탱크 가까운 위치로서 저장탱크 내부에 설치하고, 주밸브와 겸용하지 않도록
차단조작기구의 동력원 4가지	(1)

구분		내용
긴급차단장치를 조작할 수 있는 장치		(2) 해당 저장탱크로부터 (①)m 떨어진 곳, 방류둑을 설치한 곳은 방류둑의 (②)측에 설치한다.
차단조작기구의 설치장소		안전관리자가 상주하는 사무실 내부, 충전기 주변, 가스 대량유출에 대비, 충분히 안전이 확보되고 조작이 용이한 곳
누출검사 방법	수압시험	(3) 제조 수리한 경우 ( ) 밸브검사 통칙에서 정한 방법으로 밸브시트 누출을 검사하여 누출하지 않는 것을 사용
	공기·질소의 압력시험	(4) 분당 누출량이 차압 (①)MPa에서 50mL×[호칭경 mm/(②)mm](330mL 초과 시에는 330mL)를 초과하지 아니하도록
기타사항		(5) 긴급차단장치는 그 차단에 따라 해당 긴급차단장치 및 접속하는 배관 등에 ( )가 발생하지 아니하는 조치를 강구한 것으로 한다. (6) 부착된 상태의 긴급차단장치는 (①)에 1회 이상 (②) 검사 및 (③) 검사를 실시 (7) 시가지 주요 하천, 호수를 횡단하는 배관으로서 횡단거리 (①)m 이상인 배관에는 배관 횡단부 양끝으로부터 가까운 거리에 설치. 상기 배관 중 독성, 가연성 배관에 대하여는 배관이 (②)km 연장구간마다 긴급차단장치를 설치한다.

해답
(1) 액압, 기압, 전기압, 스프링압
(2) ① 5m   ② 외측
(3) KSB 2304
(4) ① 0.5~0.6   ② 25
(5) 워터해머
(6) ① 1년   ② 작동   ③ 누출
(7) ① 500   ② 4

참고 일반도시가스 제조공급소의 역류방지장치

1. 설치대상(가스가 통하는 경우에 해당)
   • 가스발생설비
   • 가스정제설비
   • 공기를 흡입하는 구조의 기화장치
2. 부착위치
   저장탱크 주밸브의 외측으로 저장탱크의 가까운 위치, 저장탱크의 내부, 저장탱크의 주밸브와 겸용하지 않도록
3. 긴급차단장치와 역류방지장치 설치 시 고려사항
   저장탱크의 침하, 부상, 배관의 열팽창, 지진 그 밖에 외력에 따른 영향을 고려

문제 02 동영상을 보고 다음 물음에 답하시오.

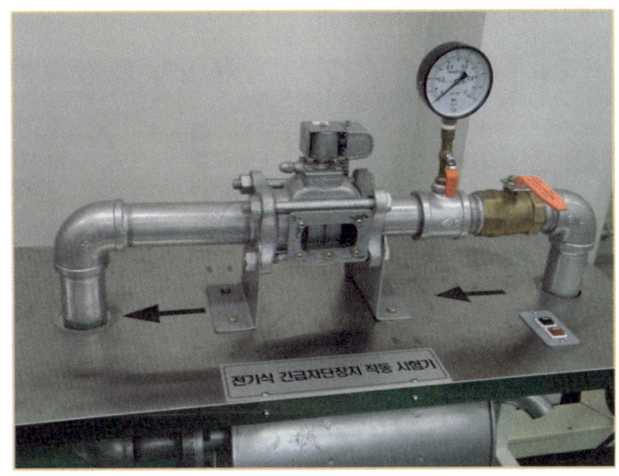

(1) 긴급차단장치의 형식은?

(2) 동영상의 장치는 밸브 몸통, 구동부 전기배선 등의 화재 시 견딜 수 있어야 하는 온도와 시간은?

해답 (1) 전기식 긴급차단장치   (2) 1093℃에서 20분

[도시가스 배관의 지역구분별 긴급차단장치 간 거리]

지역구분	지역분류 기준	차단밸브 설치거리
(가)	지상 4층 이상의 건축물 밀집지역 또는 교통량이 많은 지역으로서 지하에 여러 종류의 공익시설물(전기·가스·수도 시설물 등)이 있는 지역	8km
(나)	"(가)"에 해당하지 아니하는 지역으로서 밀도지수가 46 이상인 지역	16km
(다)	"(가)"에 해당하지 아니하는 지역으로서 밀도지수가 46 미만인 지역	24km

[참고] ① "밀도지수"란 배관의 임의의 지점에서 길이방향으로 1.6km, 배관 중심으로부터 좌우로 각각 폭 0.2km의 범위에 있는 가옥수(아파트 등 복합건축물의 가옥숫자는 건축물 안의 독립된 가구수로 한다)를 말한다.

② (가), (나), (다) 지역이 혼재한 지역의 경우에는 배관 상의 임의의 지점으로부터 짧은 지역을 기준한다.

참고

긴급차단밸브에 설치거리가 (가)지역에 해당 시 실제 설치거리 10kW 기준 방출시간이 60분인 경우 차단밸브가 설치된 배관의 가스방출시간(min)은?

$$V = V_s - \left[\frac{V_s \times (L - L_s)}{L_s}\right] = 60 - \left[\frac{60 \times (10 - 8)}{8}\right] = 15\text{min}$$

여기서, V : 방출시간 V_s : 기준 방출시간(60min)

L : 긴급차단장치 실제 설치거리(km) L_s : 기준 긴급차단밸브 설치거리((가)인 경우 8km)

문제 03 다음 동영상의 가스누설검지기의 검지부에서 검지 시 경보 및 이상사태에 대한 세부내용이다. 빈칸을 채우시오.

구분 / 항목	경보장치의 경보가 울리는 경우	이상사태가 발생한 경우로 보는 경우
상용압력	(①)배 초과 시	(②)배 초과 시
압력	15% 이상 강하 시	30% 이상 강하 시
유량	7% 이상 변동 시	15% 이상 변동 시
기타	(③) 고장 또는 폐쇄 시	(④) 작동 시

해답 ① 1.05
② 1.1
③ 긴급차단밸브
④ 가스누설 검지경보장치

참고 가스발생설비, 가스정제설비, 가스홀더, 배송기, 압송기, 부대설비 등의 경보장치가 작동하는 경우

1. 자동조정장치용 조작유체의 압력이 정상 이하로 떨어진 경우
2. 수봉기를 부착한 설비는 급수가 정지되거나 수봉기의 액면이 정상 이하로 떨어진 경우
3. 고압 또는 중압의 설비는 가스가 유통하는 부분의 압력이 정상 이상으로 올라간 경우
4. 노내 증기를 불어넣는 경우 그 압력이 정상 이하로 떨어진 경우

문제 04 일반도시가스의 환기설비에 대한 내용이다. 빈칸을 채우시오.

공급시설이 지상에 설치된 경우					
(1) 자연환기설비			(2) 기계환기설비		
통풍구 위치	공기보다 무거운 경우	바닥면에 접할 것	배기구 위치	공기보다 무거운 경우	바닥면 가까이
	공기보다 가벼운 경우	천장 및 벽면 상부 30cm 이내		공기보다 가벼운 경우	천장면 가까이
통풍가능 면적합계	바닥면적 $1m^2$당 (①)cm^2 (철망 등의 면적을 뺀) 비율		통풍능력	바닥면적 $1m^2$당 (①)m^3/min 이상	
1개당의 환기구 면적	(②)cm^2 이하		배기가스 방출구 위치	5m 이상	
기 타	사방을 방호벽으로 설치한 경우 환기구를 2방향 분산 설치		배기가스 방출구를 3m 이상으로 하는 경우	② ③	

해답 (1) ① 300　② 2400
(2) ① 0.5
　② 공기보다 비중이 가벼운 가스로서 배기가스 방출구를 3m 이상의 위치에 설치한 경우
　③ 전기시설물의 접촉 등으로 사고의 우려가 있는 장소에 위치한 정압기로서 정압기의 안전밸브 방출구의 위치를 3m 이상에 설치한 경우

참고 LPG 저장탱크, 도시가스 정압기실 안전밸브 가스 방출관의 방출구 설치 위치

LPG 저장탱크			도시가스 정압기실		고압가스 저장탱크
지상설치탱크		지하설치 탱크	지상설치	지하설치	
3t 이상 일반탱크	3t 미만 소형 저장탱크	지면에서 5m 이상	지면에서 5m 이상 (단, 전기시설물과 접촉 등으로 사고 우려 시 3m 이상		설치능력
					$5m^3$ 이상 탱크
			지하정압기실 배기관의 배기가스 방출구		설치 위치
			공기보다 무거운 도시가스	공기보다 가벼운 도시가스	지면에서 5m 이상, 탱크 정 상부에서 2m 이상 중 높은 위치
지면에서 5m 이상, 탱크 저 상부에서 2m 중 높은 위치	지면에서 2.5m 이상, 탱크 정 상부에서 1m 중 높은 위치		① 지면에서 5m 이상 ② 전기시설물 접촉 우려 시 3m 이상	지면에서 3m 이상	

문제 05 공기보다 가벼운 일반도시가스 공급시설로서 지하에 설치된 경우의 통풍구조에 대하여 다음 물음에 답하여라.

(1) 통풍구조 설치기준은?
(2) 배기구의 위치는?
(3) 흡입·배기구의 관경은?
(4) 배기가스 방출구의 위치는?

해답 (1) 2방향 분산 설치
(2) 천장면 30cm 이내
(3) 100mm 이상
(4) 지면에서 3m 이상의 높이

TiP

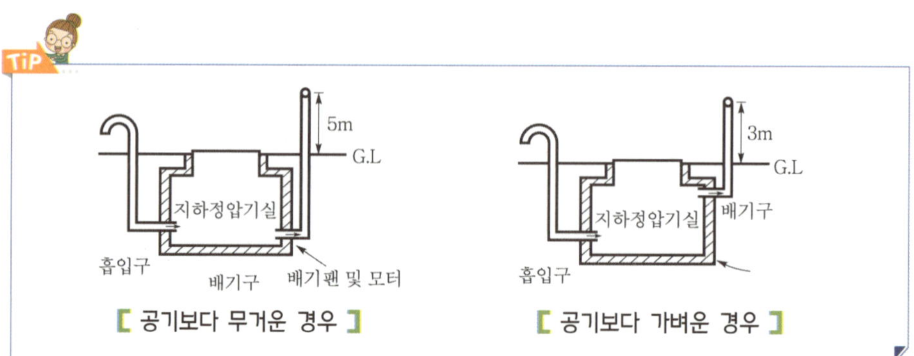

4 방류둑

 문제 01 동영상은 방류둑에 관한 것이다. 다음 빈칸을 채우시오.

(1) 방류둑 설치에 대한 저장탱크 및 가스홀더의 용량

법규 구분			저장탱크 및 가스홀더의 용량
고압가스 안전관리법	특정제조	독 성	5t 이상
		가연성	①
		산 소	1000t 이상
	일반제조	독 성	5t 이상
		가연성	②
		산 소	1000t 이상
도시가스 사업법	가스도매사업법		③
	일반도시가스 사업법		④
액화석유가스 안전관리 및 사업법			⑤
냉동제조			수액기의 용량 (⑥)

(2) 방류둑 재료 및 구조
   ① 재료의 종류는?
   ② 성토의 각도는?
   ③ 출입구 설치기준은?
   ④ 방류둑 안에 고인물의 배수조치 시 배수하는 장소는?
   ⑤ 배수할 때 이외의 배수밸브의 개폐상태는?
   ⑥ 집합 방류둑 시 조치사항은?
(3) 방류둑의 차단능력(방류둑의 용량)은?
   ① 가연성·독성   ② 산소
(4) 방류둑의 안전을 위하여 확인하여야 할 사항을 3가지 쓰시오.

 (1) ① 500t 이상 ② 1000t 이상 ③ 500t 이상
④ 1000t 이상 ⑤ 1000t 이상 ⑥ 10000L 이상
(2) ① 철근콘크리트, 철골·철근콘크리트, 금속 또는 이들이 혼합된 것
② 45° 이하
③ 계단, 사다리 등의 출입구를 둘레 50m마다 한 개 이상, 전 둘레가 50m 미만인
경우 출입구 2곳을 분산 설치
④ 방류둑 밖에서 배수 및 차단 조치
⑤ 배수할 때 이외는 닫혀 있어야 함
⑥ 가연성, 조연성 또는 독성 가스 저장탱크를 혼합 배치하지 말 것
(3) ① 저장능력 상당용적　　② 저장능력 상당용적의 60% 이상

> 두 개 이상의 저장탱크를 집합 방류둑 안에 설치한 저장탱크는 해당 저장탱크
> 중 최대저장탱크의 저장능력 상당용적+잔여저장탱크, 총 저장능력 상당용적
> 합계의 10% 용량

(4) ① 균열, 파손 유무 확인
② 배관 관통부에 손상 부식 등 이상이 없는지를 확인
③ 방류둑 내·외측에 설치되어 있는 설비 시설이 규정과 적정한지 확인

5 액면계

문제 01 LPG 공급시설에 설치하는 액면계에 대하여 물음에 답하시오.

(1) 설치할 수 없는 액면계의 종류는?
(2) 액면계가 유리제일 때 할 수 있는 조치는?

 (1) 환형 유리제 액면계
(2) ① 파손방지장치 설치
② 저장탱크와 유리제를 접속하는 상하 배관에 자동·수동 스톱밸브 설치

> **참고**　액면계의 종류
>
> 1. 평형방사식 유리제 액면계, 평형투시식 유리제 액면계
> 2. 플로트식, 차압식, 정전용량식, 편위식

6 벤트스택, 플레어스택

항목	벤트스택		항목	플레어스택
	긴급용(공급시설) 벤트스택	그 밖의 벤트스택		
개요	가연성 또는 독성 가스의 고압가스 설비 중 특수 반응설비와 긴급차단장치를 설치한 고압가스 설비에 이상사태 발생 시 설비 안 내용물을 설비 밖으로 긴급 안전하게 이송하는 설비로서 독성, 가연성 가스를 방출시키는 탑		개요	가연성 또는 독성 가스의 고압가스 설비 중 특수반응 설비와 긴급차단장치를 설치한 고압가스 설비에 이상사태 발생 시 설비 안 내용물을 설비 밖으로 긴급 안전하게 이송하는 설비로서 가연성 가스를 연소시켜 방출시키는 탑
착지농도	가연성 : 폭발하한계값 미만의 높이 독성 : TLV-TWA 기준농도값 미만이 되는 높이		발생 복사열	제조시설에 나쁜 영향을 미치지 아니하도록 안전한 높이 및 위치에 설치
독성 가스 방출 시	제독조치 후 방출		재료 및 구조	발생 최대열량에 장시간 견딜 수 있는 것
정전기 낙뢰의 영향	착화방지조치를 강구, 착화 시 즉시 소화조치 강구		파일럿 버너	항상 점화하여 폭발을 방지하기 위한 조치가 되어 있는 것
벤트스택 및 연결배관의 조치	응축액의 고임을 제거 및 방지조치		지표면에 미치는 복사열	$4000 kcal/m^2 \cdot hr$ 이하
액화가스가 함께 방출되거나 급랭 우려가 있는 곳	연결된 가스공급 시설과 가장 가까운 곳에 기액분리기 설치	액화가스가 함께 방출되지 아니하는 조치	긴급이송설비로부터 연소하여 안전하게 방출시키기 위하여 행하는 조치사항	① 파일럿 버너를 항상 작동할 수 있는 자동점화장치 설치 및 파일럿 버너가 꺼지지 않도록 자동점화장치 기능이 완전히 유지되도록 설치 ② 역화 및 공기혼합 폭발방지를 위하여 갖추는 시설 ㉠ Liquid Seal 시설 ㉡ Flame Arrestor 설치 ㉢ Vapor Seal 설치 ㉣ Purge Gas의 지속적 주입 ㉤ Molecular 설치
방출구 위치 (작업원이 정상작업의 필요장소 및 항상 통행장소로부터 이격거리)	10m 이상	5m 이상		

문제 01 동영상의 벤트스택에 관한 내용에 대하여 물음에 답하시오.

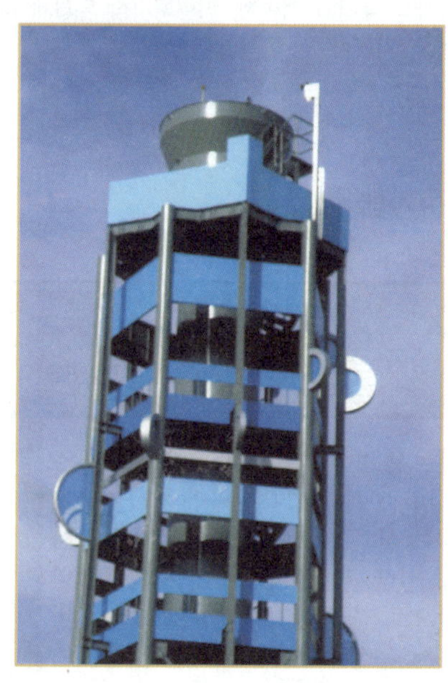

항목 \ 구분	긴급용 및 공급시설의 벤트스택	그 밖의 벤트스택
작업원이 정상작업을 하는데 필요한 장소 및 작업원이 통행하는 장소로부터 설치되는 방출구의 위치	①	②
방출된 가스의 착지농도를 기준으로 하는 벤트스택의 높이는 — 독 성	③	
방출된 가스의 착지농도를 기준으로 하는 벤트스택의 높이는 — 가연성	④	
액화가스가 방출되거나 급랭될 우려가 있는 벤트스택에는 그 벤트스택과 연결된 가스공급시설의 가까운 것에 설치되는 것	기액분리기	
벤트스택 또는 연결배관에 하여야 하는 조치	응축액의 고임을 방지하는 조치	
기타사항	벤트스택에는 정전기, 낙뢰 등으로 착화를 방지하는 조치를 하고 착화 시에는 즉시 소화할 수 있는 조치를 강구	

 ① 10m 이상
② 5m 이상
③ TLV−TWA 기준농도 미만
④ 폭발하한계 미만

문제 02 다음 동영상은 플레어스택에 대한 내용이다. (   )에 적당한 단어를 쓰시오.

(1) 연소능력은 가스를 안전하게 연소시킬 수 있는 것으로 한다.
(2) 플레어스택에 발생하는 복사열이 다른 공급시설에 나쁜 영향을 미치지 않도록 안전한 높이 및 위치에 설치한다.
(3) 플레어스택의 설치 위치 및 높이는 지표면에 미치는 복사열이 (①) 이하가 되도록 한다. 단, (②)을 초과하는 경우로서 출입이 통제되어 있는 지역은 (③) 및 (④)를 제한하지 아니할 수 있다.
(4) 플레어스택에서 발생하는 (⑤)에 장시간 견딜 수 있는 재료 및 구조로 한다.
(5) 파일럿 버너나 항상 작동할 수 있는 (⑥)를 설치하고 파일럿 버너가 꺼지지 아니하는 것으로 하거나 (⑦)의 기능이 완전하게 유지되는 것으로 한다.

해답 ① 4000kcal/$m^2 \cdot$h
② 4000kcal/$m^2 \cdot$h
③ 설치위치
④ 높이
⑤ 최대열량
⑥ 자동점화장치
⑦ 자동점화장치

문제 03 플레어스택은 역화 및 혼합폭발을 방지하기 위하여 그 제조시설의 가스의 종류 및 구조에 따라 하나 또는 둘 이상 설치하여야 하는 것의 종류를 쓰시오.

해답 ① Liquid Seal
② Flame Arresstor
③ Vapor Seal
④ Purge Gas(N_2, Off Gas 등)의 지속적인 주입 등

문제 04 플레어스택의 안전을 위하여 확인하여야 할 사항 3가지를 기술하시오.

해답 ① 설치 위치 및 높이 확인
② 자동점화장치 기능 유지여부 확인
③ 역화 등에 대비한 혼합폭발 방지조치의 적정여부 확인

7 가스보일러 및 연소기(KGS Fu 551)

(1) 종류

명칭	작동원리
FF(강제급배기식 밀폐형)	연소용 공기를 옥외에서 흡입하고, 폐가스를 옥외로 배출
FE(강제배기식 반밀폐형)	연소용 공기를 실내에서 흡입하고, 폐가스를 옥외로 배출
BF(자연급배기식 밀폐형)	급배기통을 외기와 접하는 벽을 관통하여 옥외로 빼고, 자연통기력에 의해 급배기하는 방식
CF(자연배기식 반밀폐형)	연소용 공기는 실내에서 취하고 연소 후 배기가스는 배기통을 통하여 자연통기력으로 옥외로 배출하는 방식

(2) 연소기구별 필요장치

구분	장치
개방식	환기구, 환풍기
반밀폐형	급기구, 배기통
밀폐식	배기통

문제 01 동영상을 보고 다음 물음에 답하시오.

① 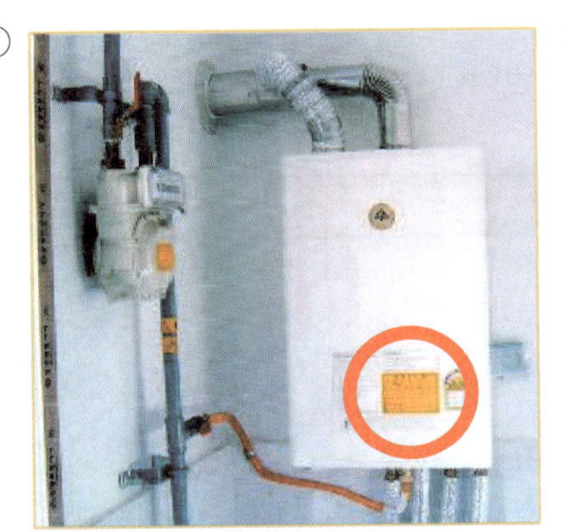 ② 

(1) 동영상 ①, ② 보일러의 형식은?

(2) 동영상 ①에서 표시된 부분은 무엇인가를 쓰시오.

(3) 동영상 ②에서 표시된 부분 입상높이(m)는?

(4) 가스보일러에 설치하는 일반적 안전장치는?

(5) 가스보일러에 반드시 갖추어야 하는 안전장치는?

해답 (1) ① FF(강제급배기식 밀폐형)
　　　　　② FE(강제배기식 반밀폐형)
　　(2) 시공표지판
　　(3) 10m 이하
　　(4) ① 정전안전장치
　　　　② 소화안전장치
　　　　③ 역풍방지장치(반밀폐형 강제배기식의 경우 과대풍압안전장치 가능)
　　　　④ 공기조절장치
　　　　⑤ 공기감시장치
　　(5) ① 조절서모스탯 및 과열방지안전장치
　　　　② 점화장치
　　　　③ 물빼기장치
　　　　④ 가스 거버너
　　　　⑤ 온도계
　　　　⑥ 동결방지장치
　　　　⑦ 난방수여과장치

8 가스보일러(KGS Fu 551)

문제 01  다음은 가스보일러에 대한 설명이다. 빈칸을 채우시오.

(1) 공동 설치기준

① 세부 핵심내용	② 항목별 중요사항
• 전용 보일러실에 설치 • 지하실, 반지하실에 설치하지 않는다 (단, 밀폐식, 급배기시설을 갖춘 전용 보일러실에 설치된 반밀폐식의 경우는 지하실, 반지하실에 설치 가능). • 가스 접속배관은 금속배관 및 (㉠) 사용 • 보일러 설치·시공한 자는 (㉡)을 부착하고, 설치 시공 및 보험가입 확인서를 (㉢)년간 보관한다. • 단독 배기통톱, 공동 배기구톱에는 (㉣)을 부착하지 아니 한다. • 보일러실 내에 통화방지 열선 설치 시 전기적 안전장치 (㉤)를 설치한다. • 덕트 상부 끝부분은 눈, 비가 들어가지 않는 구조로 하고 새·쥐 등이 들어가지 않도록 (㉥)mm 이상의 물체가 들어가지 않는 (㉦)을 설치한다.	• 전용 보일러실에 설치하지 않아도 되는 경우 (㉠) (㉡) (㉢) • 전용 보일러실에는 부압형성의 원인이 되는 (㉣)을 설치하지 아니하며, 사람이 거주하는 거실, 주방 등과 통기될 수 있는 가스레인지의 (㉤)를 설치하지 아니 한다.

(2) 밀폐식 가스보일러

방, 거실, 목욕탕, 샤워장 환기불량으로 질식우려장소에 설치하지 않는다. 단, 다음의 경우는 설치가 가능하다.

• 보일러와 배기통의 접합을 나사식 또는 (①)으로 하여 배기통이 보일러에서 이탈하지 않도록 설치하는 경우
• 막을 수 없는 구조의 환기구가 외기와 직접 통하도록 설치되어 있고, 바닥면적 $1m^2$ 당 (②)cm^2 비율로 계산된 면적 이상인 곳에 설치하는 경우

(3) 반밀폐식 가스보일러
- 자연배기식의 단독 배기통 방식에서 배기통의 굴곡수는 (①)개 이하로 한다.
- 배기통의 입상높이는 (②)m 이하로 한다.
- 배기통의 가로길이는 (③)m 이하로서 될 수 있는 한 짧고 물고임이나 배기통 앞 끝의 기울기가 없도록 한다.
- 공동 배기방식에서 공동 배기구 유효단면적

$$A = Q \times 0.6 \times K \times F + P$$

여기서, A : 공동 배기구 유효단면적(mm^2)
  Q : 보일러의 가스소비량 합계(kcal/h)
  K : 형상계수
  F : 보일러의 동시 사용률
  P : 배기통의 수평투영면적(mm^2)

해답 (1) ① ㉠ 가스용 금속플렉시블 호스
  ㉡ 시공표지판
  ㉢ 5
  ㉣ 동력팬
  ㉤ 과류차단기 또는 퓨즈
  ㉥ 16
  ㉦ 방조망
  ② ㉠ 밀폐식 보일러
  ㉡ 가스보일러를 옥외 설치 시
  ㉢ 전용 급기통을 부착시키는 구조로서 검사에 합격한 강제배기식 보일러
  ㉣ 환기팬
  ㉤ 배기후드
(2) ① 플랜지식
  ② 300
(3) ① 4
  ② 10
  ③ 5

문제 02 동영상은 용기 내장형 가스난방기이다. 용기 내장형 가스난방기의 구조에 대하여 ( )에 알맞은 단어를 채우시오.

(1) 용기 내장형 가스난방기는 용기와 ( )되지 않는 구조이어야 한다.
(2) 난방기의 콕은 항상 ( ) 상태를 유지하여야 한다.
(3) 난방기는 버너 ( )에 용기를 내장할 수 있는 공간이 있는 것으로 한다.
(4) 난방기의 통풍구 면적은 용기 내장실 바닥면적에 대하여 하부 (①)%, 상부 (②)% 이상으로 한다.
(5) 난방기 하부에는 쉽게 이동할 수 있도록 ( )개 이상의 바퀴를 부착한다.

해답 (1) 직결
(2) 열림
(3) 후면
(4) ① 5　② 1
(5) 4

참고 | 용기 내장형 가스난방기에 설치하는 안전장치

1. 정전안전장치
2. 소화안전장치
3. 그 밖의 장치
   • 거버너(세라믹 버너를 사용하는 난방기만을 말한다.)
   • 불완전연소 방지장치, 산소결핍안전장치
     [가스소비량이 11.6kW(10000kcal/h) 이하인 가정용 및 업무용의 개방형 가스난방기만을 말한다.]
   • 전도안전장치
   • 저온차단장치(촉매식 용기 내장형 난방기에 한함)

9 보호대

구분	재질 및 규격
LPG 자동차 충전기 (고정충전설비)	① 재질 : 철근콘크리트 또는 강관재 ② 높이 : 80cm 이상 ③ 두께 : 철근콘크리트(12cm 이상) 　　　　배관용 탄소강관(100A 이상)
LPG 소형저장탱크	① 재질 : 철근콘크리트 또는 강관재 ② 높이 : 80cm 이상 ③ 두께 : 철근콘크리트(12cm 이상) 　　　　배관용 탄소강관(100A 이상)
이동식 압축도시가스 충전의 충전기	① 높이 : 80cm 이상 ② 두께 : 12cm 이상 철근콘크리트재 100A 이상 배관용 탄소강관

 문제 01 다음 동영상에서 충전기에 설치된 강관재 보호대의 직경과 높이는 얼마인가?

해답 ① 직경 : 100A 이상
　　　② 높이 : 80cm 이상

 **문제 02** 동영상의 CNG(압축도시가스) 충전기 보호대에서 강관재의 높이는?

해답 80cm 이상

 **문제 03** 동영상의 소형저장탱크 보호대 설치에 대하여 물음에 답하여라.

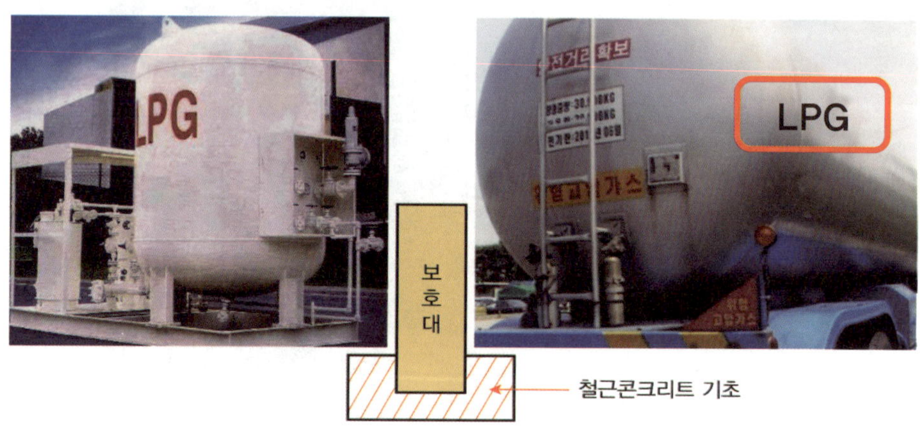

(1) 높이는?
(2) 강관재의 두께는?
(3) 철근콘크리트재 두께는?
(4) 철근콘크리트재 보호대는 기초를 몇 cm 이상 깊이로 묻는가?

 (1) 80cm 이상
(2) 100A 이상
(3) 12cm 이상
(4) 25cm 이상

1. LPG 자동차 충전기 보호대

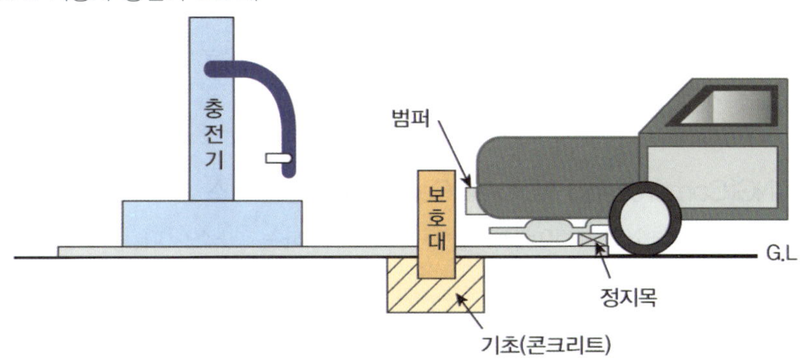

• 충전기 상부에는 캐노피를 설치하고, 그 면적은 공지면적의 2분의 1 이하로 한다.
• 배관의 캐노피 내부를 통과하는 경우에는 1개 이상의 점검구를 설치한다.
• 캐노피 내부의 배관으로서 점검이 곤란한 장소에 설치하는 배관은 용접이음으로 한다.
• 충전기 주위에는 정전기방지를 위하여 충전 이외의 필요 없는 장비는 시설을 금지한다.

2. LPG 소형저장탱크 보호대

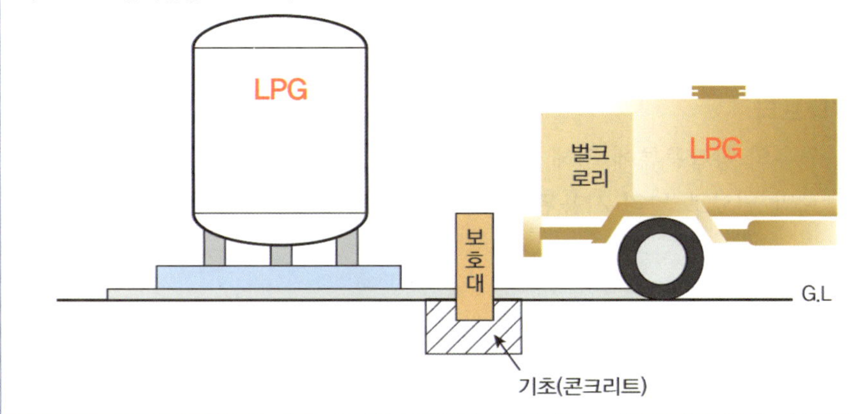

10 천연가스 용어정리

1. NG(Natural Gas) : 천연가스

일반 기체상태의 천연가스이며, 메탄이 주성분이다.

2. LNG(Liquefide Natural Gas) : 액화천연가스

기체천연가스를 −162℃ 상태에서 약 600배로 압축액화시켜 이동하기 편리하게 만든 상태. 이 과정에서 정제과정을 거쳐 순수 CH_4의 성분이 매우 높고 수분함량과 오염물질이 없는 청정연료가 된다.

3. CNG(Compressed Natural Gas) : 압축천연가스

천연가스를 200~250배로 압축하여 저장하는 가스이다.

4. PNG(Pipe Natural Gas) : 배관천연가스

천연가스를 산지에서 파이프를 통하여 이동하여 사용하는 가스이다.

5. LPG(Liquefied Petroluem Gas) : 액화석유가스

6. NGV(Natural Gas Vehicle) : 천연가스 자동차

7. 나프타

원유의 상압증류에 의해 생산되는 비점 200℃ 이하 유분으로 도시가스 석유화학 합성비료의 원료로 널리 사용된다.

11 CNG 관련

고정식 압축도시가스, 이동식 압축도시가스, 고정식 압축도시가스의 이동식 충전·액화도시가스

[자동차 충전의 시설 기술검사기준]

항목		법규 구분	고정식 압축도시가스 자동차 충전의 시설 기술검사기준(KGS Fp 651)
화기와 거리	저장처리 압축가스 충전설비	고압전선	수평거리 5m 이상
		저압전선	수평거리 1m 이상
		화기취급장소	8m 이상 우회거리
		인화·가연성 물질저장소	8m 이상 거리
		유동방지시설	높이 2m 이상 우회 수평거리 8m 이상
사업소 경계	저장처리 압축가스 충전설비	사업소 경계	10m 이상 안전거리
		방호벽 설치 시	5m 이상 안전거리
		철 도	30m 이상 거리
	충전설비	도로 경계	5m 이상 거리

항목	법규 구분	이동식 압축도시가스 자동차 충전의 시설 기술검사기준(KGS Fp 652)
처리설비 이동충전차량 충전설비	고압전선	수평거리 5m 이상
	저압전선	수평거리 1m 이상
	화기취급장소	8m 이상 우회거리
	인화·가연성 물질저장소	8m 이상 거리
가스배관구와 가스배관구 이동충전차량과 충전설비 사이		8m 이상 거리
이동충전차량 및 충전설비	사업소 경계	10m 이상 안전거리
	방화판 및 방호벽 설치 시	5m 이상 안전거리
	철 도	15m 이상 거리
충전설비	도로 경계	5m 이상 거리 (방호벽 설치 시 2.5m 이상)

항목 \ 법규 구분		고정식 압축도시가스 이동식 충전차량 충전의 시설 기술검사기준(KGS Fp 653)
처리설비 압축가스설비 충전설비	고압전선	수평거리 5m 이상
	저압전선	수평거리 1m 이상
	화기취급장소	8m 이상 우회거리
	인화·가연성 물질저장소	8m 이상 거리
이동충전차량 충전설비 사이		8m 이상 거리
이동충전차량 충전설비	이동충전차량 진입구, 진출구	12m 이상 거리
처리설비 압축가스설비 충전설비	사업소 경계	10m 이상 안전거리
	방호벽 설치 시	5m 이상 안전거리
	철 도	30m 이상 거리
충전설비	도로 경계	5m 이상 거리

항목 \ 법규 구분		액화도시가스 자동차 충전의 시설 기술검사기준(KGS Fp 654)
저장설비 처리설비 충전설비	고압전선	수평거리 5m 이상
	저압전선	수평거리 1m 이상
	화기취급장소	8m 이상 우회거리
	인화·가연성 물질저장소	8m 이상 거리
처리 및 충전설비	사업소 경계	10m 이상 안전거리
	방호벽 설치 시	5m 이상 안전거리
저장설비, 처리설비, 충전설비	철 도	30m 이상 거리
충전설비	도로 경계	5m 이상 거리

【 상기 내용의 요점정리사항 】

항목	이격거리(m)	항목		이격거리(m)
고압전선	수평거리 5m 이상	유동방지시설		높이 2m 이상 우회수평거리 8m 이상
저압전선	수평거리 1m 이상	도로 경계		5m 이상 거리
화기취급장소	8m 이상 우회거리	철도	이동식 압축 도시가스 자동차 충전의 시설 기술검사기준	15m 이상 거리
인화가연물 저장소	8m 이상 거리			
사업소 경계	10m 이상 안전거리		그 밖의 시설 기술검사기준	30m 이상 거리
방호벽 설치된 사업소 경계	5m 이상 안전거리			

도시가스 자동차 충전시설의 종류

1 압축도시가스 충전소

(1) 고정식 충전소

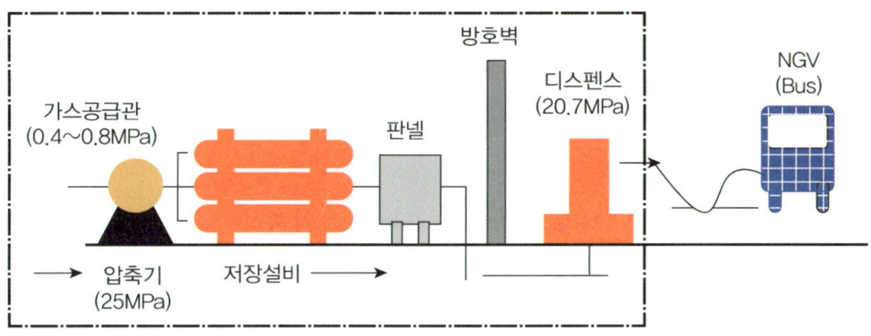

[공정흐름 설명]

도시가스 배관에서 0.4~0.8MPa 가스를 공급받아 콤프레서로 압축 후 25MPa로 압력용기 저장 후 디스펜스(충전기)로 차량에 20.7MPa로 충전

(2) 이동식 충전소

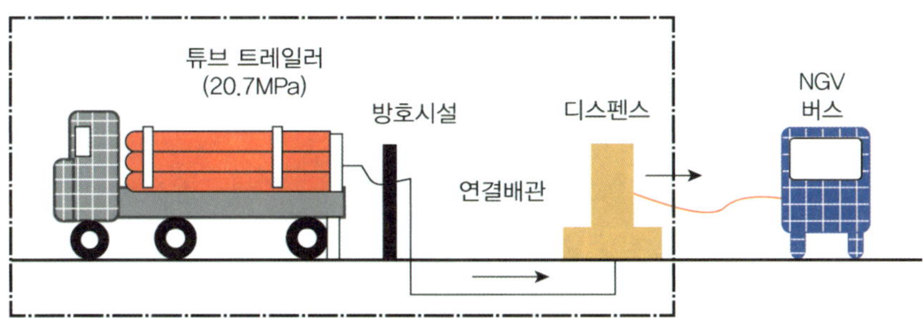

[공정흐름 설명]

도시가스 배관망이 없는 경우 이동식 충전차량 충전소에서 튜브 트레일러를 통해 압력 20.7MPa로 충전 후 충전소로 이동 후 자체압력으로 차량(NGV)에 공급하는 방식

(3) 고정식 이동충전차량 충전소

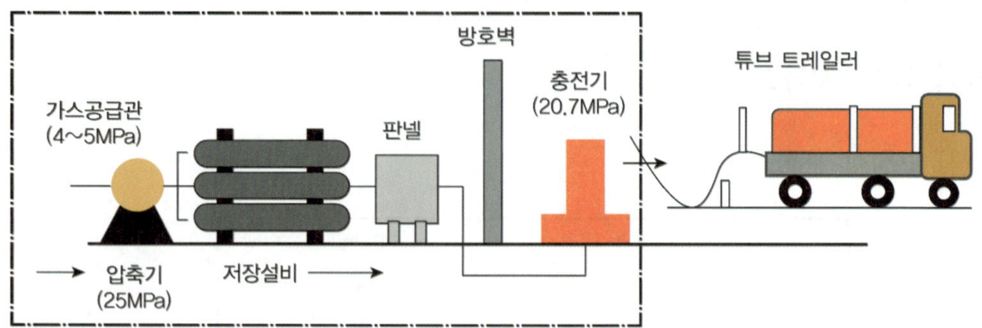

[공정흐름 설명]

도시가스 배관에서 4~5MPa로 공급 콤프레서로 압축하여 25MPa로 압력용기에 저장 후 튜브 트레일러에 20.7MPa로 충전

2 LNG 충전소

① LNG를 연료로 사용하는 자동차에 공급하기 위한 충전소
② LNG를 LNG 용기에 저장, LNG Pump를 이용, 차량에 액상태의 천연가스를 공급함

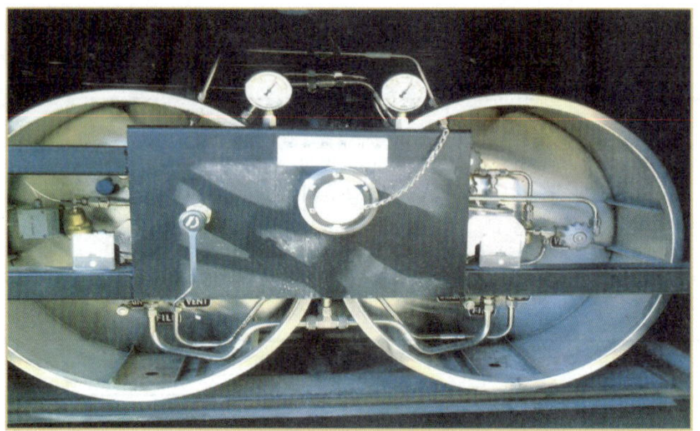

[LNG 용기]

3 CNG 충전소

LNG 상태에서 차량에 충전 시 극저온 LNG Pump를 이용. 31MPa로 압축 후 V/R(베이퍼라이저)를 거쳐 충전기(디스펜스)를 통해 20.7MPa 압축천연가스 상태로 차량에 충전하는 방식

문제 01

동영상을 보고 물음에 답하시오.
(1) CNG의 용어는 무엇을 뜻하는가?
(2) CNG 충전기 보호대에 대하여 기술하시오. (단, 높이, 두께, 재질)

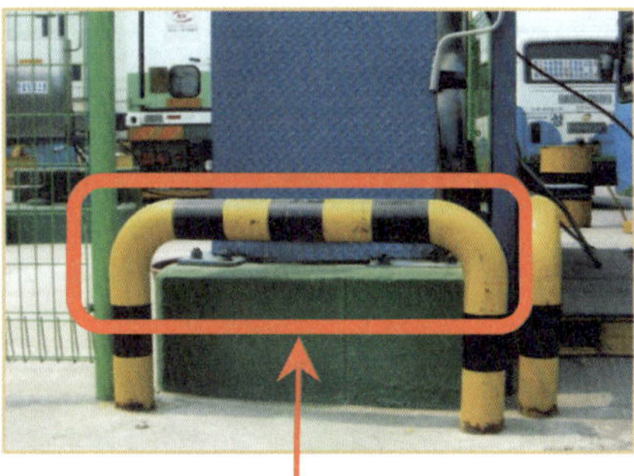

해답
(1) 압축천연가스
(2) 높이 80cm 이상, 두께 12cm 이상, 재질 철근콘크리트재 100A 이상 강관재

문제 02

고정식 압축도시가스 자동차 충전시설이다. 물음에 답하시오.

(1) 충전기 외면에서 사업소 경계까지 안전거리는 몇 m인가?
(2) 충전기 주위에 방호벽을 설치할 경우의 안전거리는 몇 m인가?
(3) 충전기는 철도로부터 몇 m 이상을 유지하는가?
(4) 충전기는 인화성, 가연성 물질로부터 유지하는 우회거리는?
(5) 충전설비는 도로 경계와 몇 m 이상을 유지하여야 하는가?
(6) 충전소에서 잘못된 점 1가지를 지적하여라.

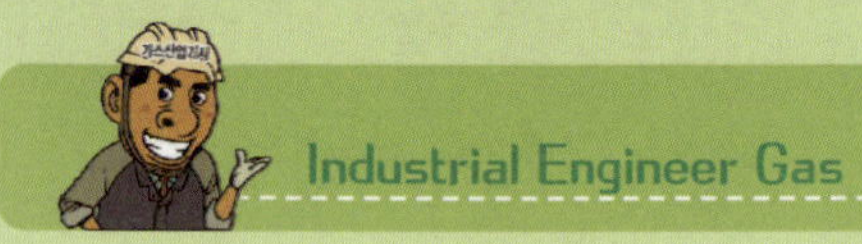

해답 (1) 10m   (2) 5m   (3) 30m   (4) 8m   (5) 5m
(6) 화기엄금은 백색바탕에 적색글씨로 표기하여야 한다.

참고

이동식 압축도시가스 자동차 충전의 시설 기술기준에서 가스설비와 철도 간의 이격거리는 15m 이상

문제 03 동영상을 보고, 고정식 압축도시가스 저장탱크 이외의 긴급차단장치에 대하여 다음 물음에 답하여라. (단, 관련이론 : KGS Fp 651)

(1) ① 충전시설에는 충전설비 근처 충전설비로부터 몇 m 이상 떨어진 장소에 수동 긴급차단장치를 설치하여야 하는가?

② 또한 수동차단장치가 작동 시 전원 및 가스공급이 자동차단되어야 하는 기계 설비 명칭 3가지는?

(2) 제조자, 수리자가 긴급차단장치를 수리 시 공기질소로 누출검사에서 차압 몇 MPa에서 누출량이 50mL×호칭경(mm)/25mm(330mL 초과 시는 330mL)을 초과하지 않는 것으로 하는가?

(3) 압축가스설비에 수동조작밸브 설치 시 수동조작밸브의 위치는?

(4) 고정식 압축(도시)가스, 압축가스설비 인입배관, 압축장치, 입구측 배관 위험성이 높은 고압설비 사이 등에 가스의 역류방지를 위해 설치하여야 하는 설비는?

 **해답** (1) ① 5m 이상
　　　　② 압축기, 펌프, 충전 설비
　(2) 0.5~0.6MPa
　(3) 역류방지밸브 후단
　(4) 역류방지밸브

문제 04 동영상의 고정식 압축도시가스 충전소에 대하여 물음에 답하시오.

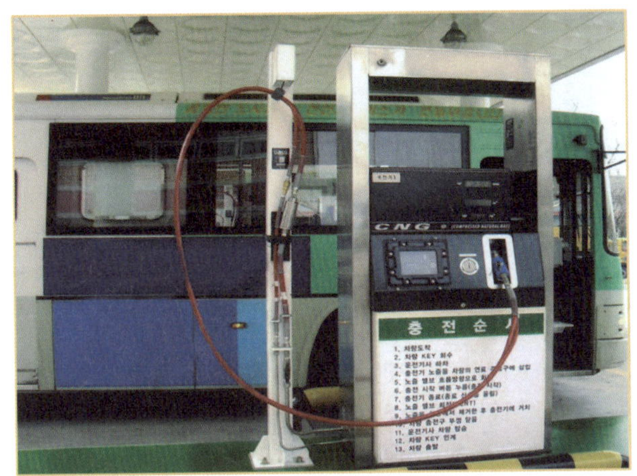

(1) 고정식 압축도시가스 충전소의 가연성 저온저장탱크 저장능력이 100만m^3일 경우 1종, 2종 보호시설과의 안전거리(m)는?

(2) 처리 · 압축가스 설비 주위에 방호벽을 설치하는 경우와 설치하지 않아도 되는 경우를 구분하여 답하시오.

(3) 저장 · 처리 · 압축 · 충전 설비 외면과 고압전선, 저압전선과의 이격거리(m)는?

(4) 저장 · 처리 · 압축 · 충전 설비 외면으로부터 다음 물음에 답하시오.
　① 화기취급장소까지 우회거리(m)는?
　② 인화성, 가연성 물질 저장소로부터 유지하여야 할 거리는?

(5) ① 유동방지시설의 높이(m)와 벽의 재질은?
　② 저장설비 등과 화기를 취급하는 장소 사이 우회 수평거리(m)는?

(6) 저장 처리 · 압축가스 설비 및 충전설비 외면에서 사업소 경계까지 안전거리(m)는? (단, 처리 · 압축가스 설비 주위에 방호벽이 설치되지 않는 경우이다.)

(7) 충전설비와 도로 경계까지 유지거리(m)는?

(8) 저장 · 처리 압축가스 충전설비와 철도까지 유지거리(m)는?

(9) 충전호스의 길이(m)는?

해답 (1) 1종 : 120m, 2종 : 80m

(2) ① 설치하여야 하는 경우 : 처리·압축가스 설비 30m 이내에 보호시설이 있는 경우

　　② 설치하지 않는 경우 : 처리·압축가스 설비 30m 이내에 보호시설이 있는 경우에 처리설비 주위에 방류둑이 설치된 경우

(3) ① 고압전선 : 5m 이상　　　② 저압전선 : 1m 이상

(4) ① 8m 이상　　　② 8m 이상

(5) ① 2m 이상 내화성의 벽　　　② 8m 이상

(6) 10m 이상

> **참고**
>
> 방호벽이 설치된 경우는 5m 이상

(7) 5m 이상

(8) 30m 이상

(9) 8m 이하

보충설명 고정식 압축도시(천연)가스의 보호시설과 저장설비와 이격거리

처리 및 저장능력	1종 보호시설(m)	2종 보호시설(m)
1만 이하	17	12
1만 초과 2만 이하	21	14
2만 초과 3만 이하	24	16
3만 초과 4만 이하	27	18
4만 초과 5만 이하	30	20
5만 초과 99만 이하	30m(가연성 저온저장탱크는 $\dfrac{3}{25}\sqrt{X+10000}$ (m)	20m(가연성 저온저장탱크는 $\dfrac{2}{25}\sqrt{X+10000}$ (m)
99만 초과	30m (가연성 저온저장탱크는 120m)	20m (가연성 저온저장탱크는 80m)

문제 05 동영상의 이동식 압축도시(천연)가스 자동차 충전의 시설 기술검사기준에 대하여 물음에 답하여라.

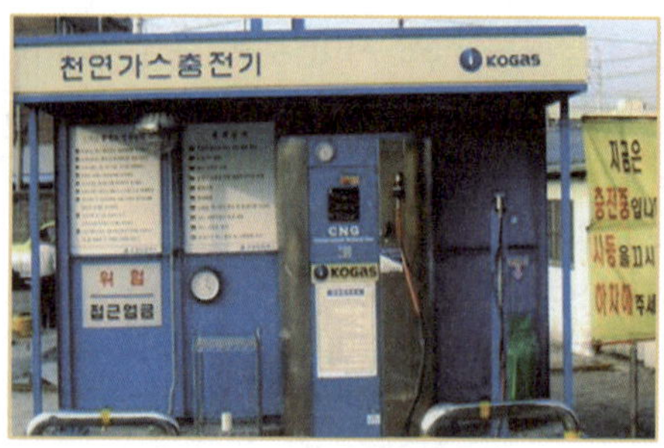

(1) 이동충전차량 주위에 방호벽을 설치하여야 하는 경우를 설명하여라.

(2) 처리·압축가스 설비, 충전설비는?

　　① 고압전선과 수평 이격거리(m)는?

　　② 저압전선과 수평 이격거리(m)는? (단, 고압전선 : 직류 750V 초과, 교류 600V 초과 전선이며 저압전선은 그 이하를 말한다.)

(3) 처리설비 이동충전차량 및 충전설비 외면으로부터 화기취급장소의 우회거리(m)는?

(4) 처리설비 이동충전차량 및 충전설비는 인화성, 가연성 물질 저장소로부터 유지하여야 할 거리(m)는?

(5) 가스배관구와 가스배관구 사이 또는 이동충전차량과 충전설비 사이에 유지하여야 할 거리는? (단, 가스배관구 사이 이동충전차량 충전설비 사이에 방호벽을 설치하지 않은 경우이다.)

(6) ① 이동 충전차량 및 충전설비는 그 외면으로부터 사업소 경계까지 유지하여야 할 안전거리(m)는?

　　② 이 경우 이동충전차량 외부에 방화판을 설치하거나 충전설비 주위에 방호벽을 설치한 경우 안전거리(m)는?

(7) 충전설비와 도로 경계와의 유지거리는? (단, 방호벽이 있는 경우이다.)

(8) 이동충전차량 및 충전설비는 철도에서 몇 m 이상 거리를 유지하여야 하는가?

(9) 충전소 내 충전작업을 하는 이동충전차량의 설치 대수는 몇 대 이하이어야 하는가?

해답 (1) 이동충전차량 및 충전설비로부터 30m 이내 보호시설이 있는 경우

　　(2) ① 5m 이상

　　　　② 1m 이상

　　(3) 8m 이상

　　(4) 8m 이상

　　(5) 8m 이상

　　(6) ① 10m 이상

　　　　② 5m 이상

　　(7) 2.5m 이상

참고

방호벽이 없는 경우 충전설비와 도로 경계와는 5m 이상 거리 유지

　　(8) 15m 이상

　　(9) 3대 이상

문제 06 동영상의 CNG 충전소에서 가스의 누출원인을 5가지 기술하시오.

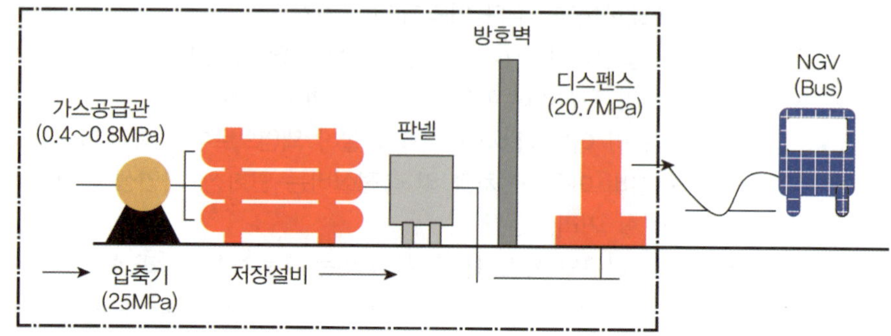

해답 ① 충전호스의 마모·침식에 의한 누출
② 충전 중 오발진에 의한 사고로 누출
③ 노후 부식, 충격, 개스킷 마모에 의한 누출
④ 안전밸브 등의 고장에 의한 누출
⑤ 압축기 등의 고장에 의한 누출

문제 07 다음의 동영상 액화도시가스 자동차 충전의 기술기준에 대하여 다음 물음에 답하여라. (단, KGS Fp 215)

(1) 처리설비로부터 몇 m 이상 보호시설이 있는 경우 방호벽을 설치하는가?
(2) 저장설비와 사업소 경계와의 거리(m)에 대한 (   )를 채우시오.

저장능력	사업소 경계와 안전거리(m)
25톤 이하	(①)
25톤 초과 50톤 이하	(②)
50톤 초과 100톤 이하	(③)
100톤 초과	40m

(3) 고정식 압축천연(도시)가스 시설에 가스누출 검지경보장치의 설치장소 및 개수를 기술하시오.

해답 (1) 30m
　　　(2) ① 10
　　　　　② 15
　　　　　③ 25
　　　(3) ① 압축설비 주변 충전설비 내부 1개 이상
　　　　　② 배관접속부마다 1m 이내 1개
　　　　　③ 펌프 주변 1개 이상
　　　　　④ 압축가스 설비 주변 2개

보충설명 처리설비 주의 방류둑 설치 등 액확산 방지조치를 한 경우는 방호벽을 설치하지 않을 수 있다.

문제 08 동영상은 CNG 버스에 CNG를 충전하고 있다. 고정식 압축도시가스 긴급분리장치에 대한 다음 물음에 답하여라.

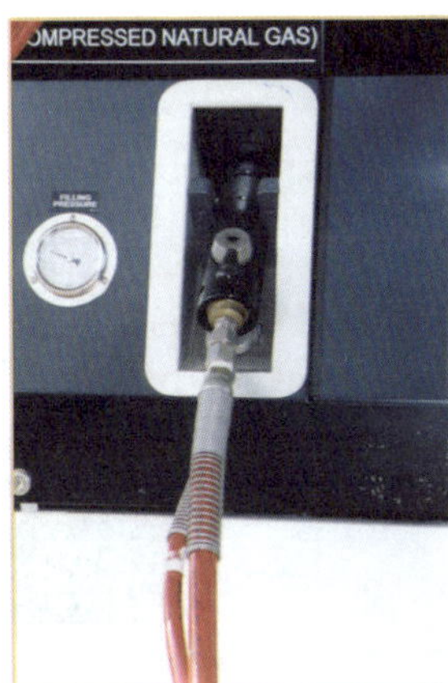

(1) 긴급분리장치 설치 목적은?
(2) 긴급분리장치 설치 장소는?
(3) 긴급분리장치는 수평방향으로 당길 때 몇 N의 힘으로 분리되지 않아야 하는가?

해답 (1) 충전호스에 충전 중 오발진으로 인한 충전기 및 충전호스 파손방지를 위하여
　　　(2) 각 충전설비마다 설치
　　　(3) 666.4N

4 CNG 자동차 연료장치

(1) 노즐

천연가스를 자동차에 충전하기 위하여 리셉터클에 연료공급용 호스를 안전한 방법으로 신속하게 연결, 분리할 수 있도록 제작한 부품

(2) 리셉터클(가스충전구)

연료주입 노즐을 받은 차량에 장착되어 CNG 용기로 연결하여 안전하게 이송할 수 있는 부품

(3) 포지티브 잠금장치

노즐과 리셉터클을 연결 또는 분리하기 위하여 연동기구의 작동을 요구하는 잠금장치

① 사용압력 : 21℃에서 20.7MPa

② 사용온도 조건 : 노즐 리셉터클이 사용되어지는 온도로서 최소작동온도는 −40℃, 최고작동온도는 85℃

문제 01 다음 동영상은 CNG를 차량에 충전하고 있다. 다음 물음에 답하시오.

(1) CNG의 가스충전구 부근에 표시하여야 하는 것 3가지를 쓰시오.

(2) 충전 중 자동차가 충전호스에 연결된 상태로 출발 시 가스흐름을 차단하는 장치의 명칭은?

(3) (2)의 장치는 수평방향으로 당길 때 분리되는 힘(N)은 얼마인가?

(4) 동영상에서 보여주는 CNG 장치의 명칭과 사용 중 문제점을 기술하시오.

해답 (1) ① 충전하는 연료의 종류(압축천연가스)
　　　　② 충전유효기간
　　　　③ 최고충전압력(MPa)
　　(2) 긴급분리장치
　　(3) 666.4N
　　(4) ① 명칭 : 가스충전구(리셉터클)
　　　　② 문제점 : 충전 시 수분침입으로 인하여 동결되어 충전 후 가스의 연속누출 또는
　　　　　　압력조정기 작동 불량 유발

문제 02 다음 동영상은 CNG(압축천연가스)를 충전하는 다단압축기이다. 다음 물음에 답하시오.

(1) 다단압축을 하는 목적 4가지는 무엇인가?
(2) 압축비가 커질 때의 단점 4가지를 쓰시오.

해답 (1) 다단압축의 목적
　　　　① 일량이 절약된다.
　　　　② 가스의 온도상승을 피한다.
　　　　③ 힘의 평형이 양호하다.
　　　　④ 이용효율이 증대된다.
　　(2) 압축비 증가 시 단점
　　　　① 소요동력이 증대된다.
　　　　② 체적효율이 감소된다.
　　　　③ 실린더 내 온도가 상승한다.
　　　　④ 윤활기능이 저하된다.

KGS 가스 3법 공통분야

1 가스시설 전기방폭기준

문제 01 다음은 방폭구조에 대한 설명이다. 해당 방폭구조의 명칭을 쓰고, 기호를 쓰시오.

(1) 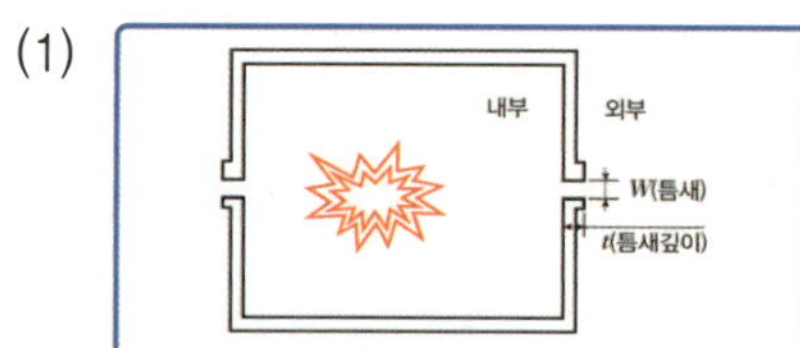

용기 내부에서 가연성 가스의 폭발이 발생할 경우 그 용기가 폭발압력에 견디고 접합면 개구부 등을 통해 외부의 가연성 가스에 인화되지 않도록 한 구조

(2) 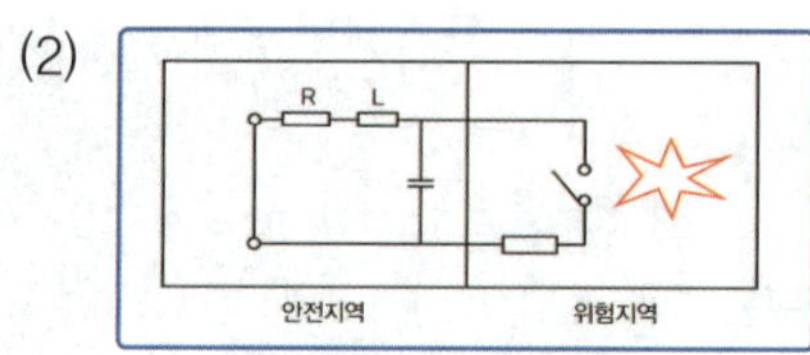

정상 및 사고(단선, 단락, 지락 등) 시에 발생하는 전기불꽃 아크 또는 고온부로 인하여 가연성 가스가 점화되지 않는 것이 점화시험 그 밖의 방법으로 확인된 구조

(3) 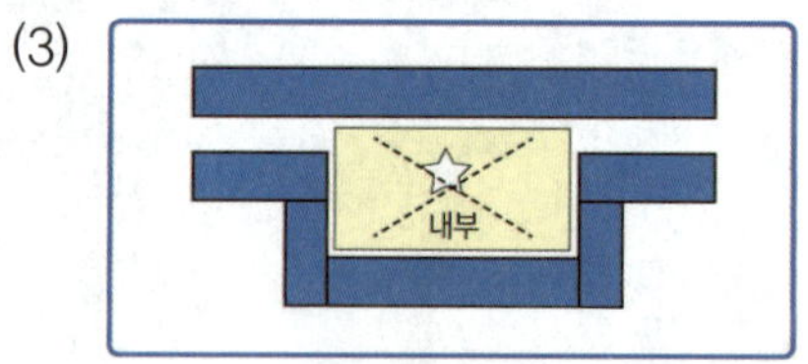

가연성 가스의 점화원이 될 전기불꽃 아크 또는 고온부분 등의 발생을 방지하기 위해 기계적, 전기적 구조상 온도상승에 대해 특히 안전도를 증가시킨 구조

(4) 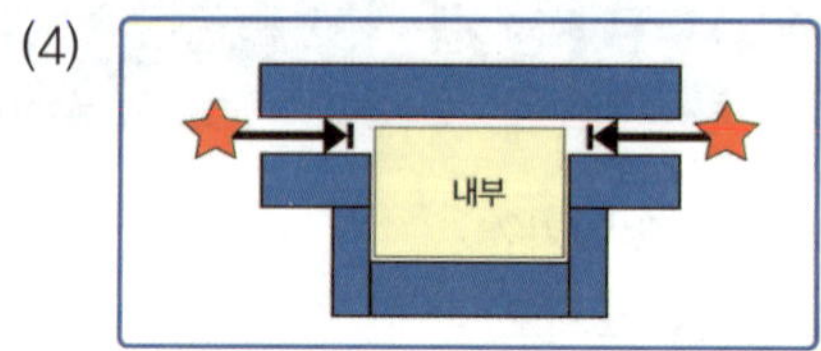

용기 내부에 보호가스(신선한 공기 불활성 가스)를 압입하여 내부압력을 유지함으로써 가연성 가스가 용기 내부로 유입되지 않도록 한 구조

(5) 

용기 내부에 절연유를 주입하여 불꽃 아크 또는 고온발생 부분이 기름 속에 잠기게 함으로써 기름면 위에 존재하는 가연성 가스에 인화되지 않도록 한 구조

(6) 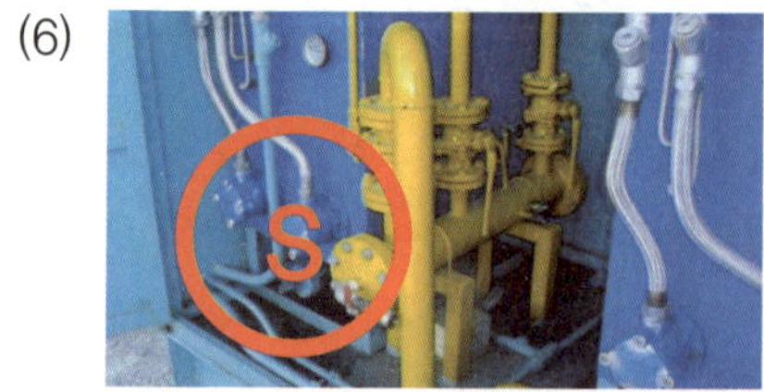

기타 방폭구조로서 가연성 가스에 점화를 방지할 수 있다는 것이 시험 그 밖의 방법으로 확인된 구조

해답 (1) 내압방폭구조(d) (2) 본질안전방폭구조(ia), (ib) (3) 안전증방폭구조(e)
(4) 압력방폭구조(p) (5) 유입방폭구조(o) (6) 특수방폭구조(s)

문제 02 동영상에 표시된 방폭구조의 명칭을 쓰시오.

①

②
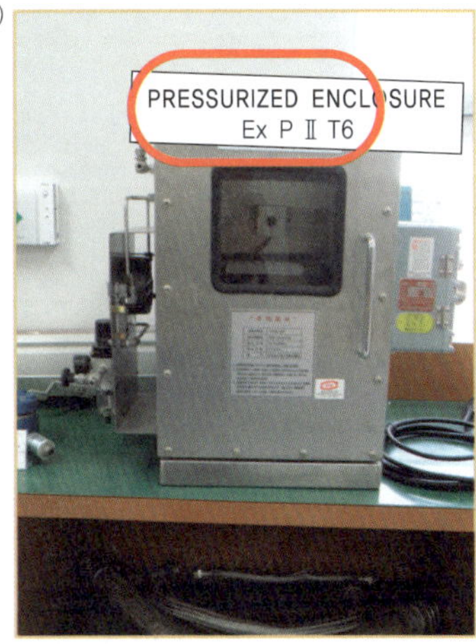

해답
① 안전증방폭구조
② 압력방폭구조

문제 03 다음 동영상의 방폭구조 명칭을 쓰고, ⅡB , T_6 의 의미를 쓰시오.

해답
① 방폭구조의 명칭 : 내압방폭구조(d)
② ⅡB : 내압방폭전기기기의 폭발등급으로 최대안전틈새의 범위가 0.5mm 초과 0.9mm 미만
③ T_6 : 방폭전기기기의 온도등급으로 가연성 가스 발화도의 범위가 85℃ 초과 100℃ 이하

문제 04

다음 동영상의 방폭구조의 명칭을 쓰고, 표시되어 있는 ① ia , ② ⅡA , ③ T₄ 의 의미를 쓰시오. ④ 이 방폭구조는 몇 종 위험장소에 사용되어야 하는가?

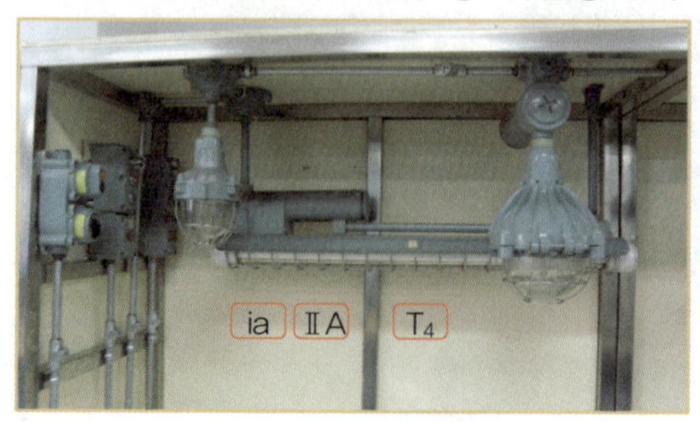

해답

① ia : 본질안전방폭구조
② ⅡA : 본질안전방폭 전기기기의 폭발등급으로 최소점화전류비의 범위가 0.8mm 초과
③ T₄ : 방폭전기기기의 온도등급으로 가연성 가스 발화온도의 범위가 135℃ 초과 200℃ 이하
④ 0종(0종 장소에는 원칙적으로 본질안전방폭구조의 것을 사용)

TiP

1.

Ex	d	Ⅱ	B	T₄
(방폭구조)	(방폭구조 종류)	(기기분류)	(가스등급)	(온도등급)

2. 가연성 가스의 폭발등급 및 발화도 범위에 따른 방폭전기기기의 온도등급

• 가연성 가스의 폭발등급 및 이에 대응하는 내압방폭구조의 폭발등급

최대안전틈새의 범위(mm)	0.9 이상	0.5 초과 0.9 미만	0.5 이하
가연성 가스의 폭발등급	A	B	C
방폭전기기기의 폭발등급	ⅡA	ⅡB	ⅡC

[비고] 최대안전틈새는 내용적이 8L이고, 틈새깊이가 25mm인 표준용기 안에서 가스가 폭발할 때 발생한 화염이 용기 밖으로 전파하여 가연성 가스에 점화되지 않는 최대값

• 가연성 가스의 폭발등급 및 이에 대응하는 본질안전방폭구조의 폭발등급

최소점화전류비의 범위(mm)	0.8 초과	0.45 이상 0.8 이하	0.45 미만
가연성 가스의 폭발등급	A	B	C
방폭전기기기의 폭발등급	ⅡA	ⅡB	ⅡC

[비고] 최소점화전류비는 메탄가스의 최소점화전류를 기준으로 나타낸다.

• 가연성 가스의 발화도 범위에 따른 방폭전기기기의 온도등급

가연성 가스의 발화도(℃) 범위	방폭전기기기의 온도등급	가연성 가스의 발화도(℃) 범위	방폭전기기기의 온도등급
450 초과	T1	135 초과 200 이하	T4
300 초과 450 이하	T2	100 초과 135 이하	T5
200 초과 300 이하	T3	85 초과 100 이하	T6

문제 05

동영상을 보고 방폭구조에 대하여 물음에 답하시오.

① 

② 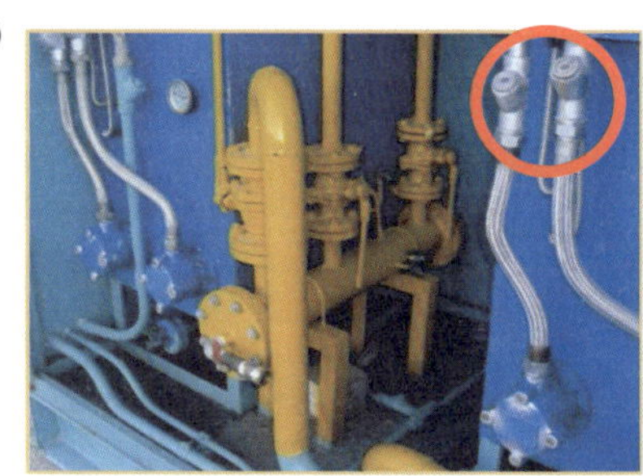

(1) 동영상 ①에서 보여주는 방폭구조의 종류는?
(2) 정션 또는 풀박스의 접속함에 선택하는 방폭구조의 종류는?
(3) 동영상 ②에서 표시된 부분의 명칭은?
(4) 동영상 ①의 방폭등을 벽에 매달 경우 유의점을 2가지 쓰시오.
(5) 방폭전기기기 본체에 있는 전선인입구 방폭성능이 손상되지 않도록 하는 조치사
항을 쓰시오.

해답
(1) 안전증방폭구조
(2) 내압방폭구조 또는 안전증방폭구조
(3) 실링피팅
(4) ① 바람·진동에 견디게 할 것   ② 메달리는 관의 길이는 가능한 짧게 할 것
(5) 인입배선에 실링피팅을 설치, 실링콤파운드로 충전 밀봉

문제 06

동영상은 상용상태에서 가연성 가스 농도가 연속해서 폭발하한계 이상으로 되는
장소(폭발상한계를 넘는 경우 폭발한계 이내로 들어갈 우려가 있는 경우를 포함
한다)이다. 이 장소는 위험장소 분류상 몇 종의 위험장소에 해당하는가?

해답 0종

> **위험장소의 구분**
> 1. 0종 장소란 상용의 상태에서 가연성 가스의 농도가 연속해서 폭발하한계 이상으로 되는 장소(폭발 상한계를 넘는 경우에는 폭발한계 내로 들어갈 우려가 있는 경우를 포함한다)를 말한다.
> 2. 1종 장소는 상용상태에서 가연성 가스가 체류하여 위험하게 될 우려가 있는 장소, 정비 보수 또는 누출 등으로 인하여 위험하게 될 우려가 있는 장소를 말한다.
> 3. 2종 장소는 다음을 말한다.
>   - 밀폐된 용기 또는 설비 내에서 밀봉된 가연성 가스가 그 용기설비 등의 사고로 인해 파손되거나 오조작의 경우에만 노출할 위험이 있는 장소
>   - 확실한 기계적 환기조치에 의하여 가연성 가스가 체류하지 않도록 되어 있으나 환기장치에 이상이나 사고가 발생한 경우에는 가연성 가스가 체류하여 위험하게 될 우려가 있는 장소
>   - 1종 장소의 주변 또는 인접한 실내에서 위험한 농도의 가연성 가스가 종종 침입할 우려가 있는 장소

문제 07 동영상의 방폭구조에 대하여 (   )에 적당한 단어를 쓰시오.

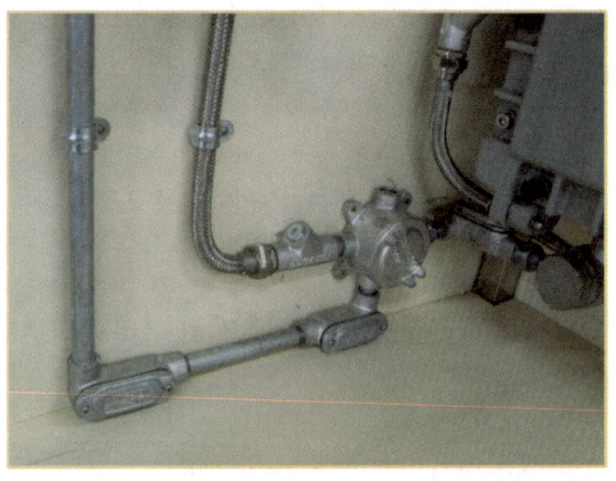

(1) 용기에는 방폭성능을 손상시킬 우려가 있는 유해한 흠, 부식, 균열, 기름 등의 누출부위가 없도록 한다. 방폭전기기기 결합부의 나사류를 외부에서 쉽게 조작함으로써 방폭성능을 손상시킬 우려가 있는 것은 드라이버, 스패너, 플라이어 등 일반 공구로 조작할 수 없도록 (   )구조로 하여야 한다.

(2) 방폭전기기기 설치에 사용되는 정션박스, 풀박스, 접속함 등은 (①)구조 또는 (②)구조로 한다.

(3) 조명기구를 천장이나 벽에 매어달 경우 바람 등에 의한 진동에 충분히 견디고, 매달리는 관의 길이는 가능한 (   )한다.

(4) 방폭전기기기의 설비 부속품은 (①)구조 또는 (②)구조로 한다.

해답 (1) 자물쇠식 죄임
　　　(2) ① 내압방폭　　② 안전증방폭
　　　(3) 짧게
　　　(4) ① 내압방폭　　② 안전증방폭

2 전기방식기준

 문제 01 동영상을 보고 물음에 답하시오.

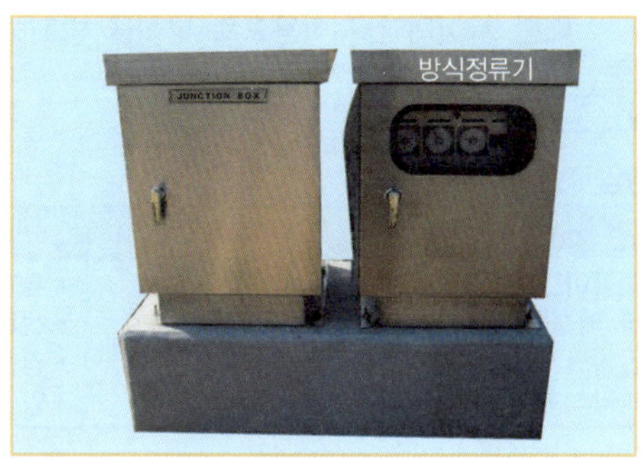

(1) 전기방식의 정의를 쓰시오.
(2) 동영상의 기구의 명칭과 이러한 전기방식법의 명칭은?
(3) 이 전기방식법의 정의를 쓰시오.

 해답
(1) 지중 및 수중에 설치하는 강재배관 및 저장탱크 외면에 전류를 유입시켜 양극반응을 저지함으로써 배관의 전기적 부식을 방지하는 방법
(2) 방식정류기, 외부전원법
(3) 외부 직류전원장치의 양극(+)은 매설배관이 설치되어 있는 토양이나 수중에 설치한 외부 전원용 전극에 접속, 음극(−)은 매설배관에 접속시켜 부식을 방지하는 방법

TiP

외부전원법의 장·단점

장점	단점
• 방식효과 범위가 넓다. • 장거리 배관에 경제적이다. • 전압·전류 조절이 가능하다. • 전식에 대한 방식이 가능하다.	• 타 매설물의 간섭이 있다. • 교류 전원이 필요하다. • 비용이 많이 든다. • 과방식의 우려가 있다.

 문제 02 동영상을 보고 물음에 답하시오.

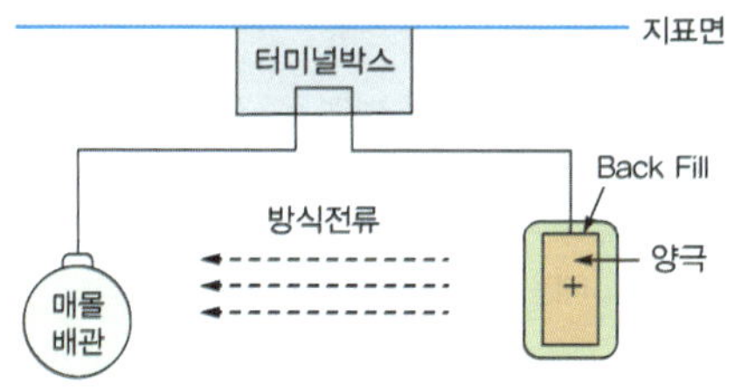

(1) 동영상의 전기방식법의 종류는?

(2) 이 방식법의 정의를 기술하시오.

 **해답** (1) 희생양극법

(2) 지중 또는 수중에 설치된 양극금속과 매설배관을 전선으로 연결해 양극금속과 매설
배관 사이의 전지작용으로 부식을 방지하는 방법

TiP

희생양극법의 장·단점

장점	단점
• 시공이 간단하다.	• 효과 범위가 좁다.
• 타 매설물의 간섭이 없다.	• 전류 조절이 어렵다.
• 단거리 배관에 경제적이다.	• 강한 전식에는 효과가 없다.
• 과방식의 우려가 없다.	• 양극의 보충이 필요하다.

 **문제 03** 동영상을 보고 물음에 답하시오.

(1) 동영상의 전기방식법은?

(2) ① 이 방법의 종류 2가지와 ② 각각의 정의를 기술하시오.

 **해답** (1) 배류법

(2) ① 강제배류법, 선택배류법

② • 강제배류법 : 외부전원법과 선택배류법의 중간 형태로 레일에서 멀리 떨어져
있는 경우, 외부전원장치로 가까운 경우 전기방식하는 방법

• 선택배류법 : 직류전철에서 누설되는 전류에 의한 전식을 방지하기 위해 배관
의 직류전원의 (−)선을 레일에 연결함으로 전기부식을 억제하는 방법

TiP

1. 강제배류법의 장·단점

장점	단점
• 전기방식의 효과 범위가 넓다.	• 타 매설물의 장애가 있다.
• 전압, 전류 조정이 가능하다.	• 과방식의 우려가 있다.
• 전철의 운휴에도 방식이 가능하다.	• 전원이 필요하다.

2. 선택배류법의 장·단점

장점	단점
• 전철의 전류로 인한 비용이 절감된다.	• 타 매설물의 간섭이 있다.
• 시공비가 저렴하다.	• 과방식의 우려가 있다.
• 전철의 위치에 따라 효과 범위가 넓다.	• 전철운행 중지 시는 효과가 없다.

문제 04 동영상을 보고 물음에 답하여라.

(1) 동영상의 가스시설물의 명칭은 무엇인가?

(2) 동영상 시설물의 설치간격에 대하여 (   )에 적당한 단어를 쓰시오.

> 희생양극법, 배류법은 (①)m 이내의 간격으로 (②)은 500m의 간격으로 저장탱크의 경우 당해 (③)마다 설치

(3) 8m 이하 도로에 설치된 배관과 사용자 공급관으로 밸브 또는 입상관, 절연부 등의 시설물이 있어 전위측정 가능 시 대체할 수 있는 시설의 종류 4가지를 기술하시오.

해답 (1) 전위측정용 터미널(T/B)

(2) ① 300   ② 외부전원법   ③ 저장탱크

(3) ① 직류전철 횡단부 주위

② 지중에 매설되어 있는 배관 등 절연부의 양측

③ 타 구조 금속물과 근접교차 부분

④ 강재보호관 부분이 배관과 강재보호관(단, 가스배관 등과 보호관 사이에 절연 및 유동방지 조치가 된 보호관 제외)

⑤ 도시가스 도매사업자 시설의 밸브기지 및 정압기지

 **문제 05** 전기방식 방법에 대하여 물음에 답하시오.

(1) 직류전철에 따른 누출전류의 영향이 없는 경우의 전기방식법은?
(2) 직류전철 등에 따른 누출전류의 영향을 받는 경우 배류법으로 하는데 이 경우 방식효과가 충분하지 않을 경우의 전기방식법은?

해답 (1) 외부전원법 또는 희생양극법
(2) 외부전원법 또는 희생양극법을 병용한다.

 **문제 06** 전기방식의 기준에 대하여 (   )에 적당한 단어 및 숫자를 쓰시오.

(1) 방식전류가 흐르는 상태에서 토양 중에 있을 경우, 다음 물음에 답하시오.
　① 고압가스시설의 방식전위는 포화황산동 기준 전극으로 −5V 이상 (   )V 이하로 하며, 황산염 환원박테리아가 번식하는 토양에서는 (   )V 이하로 한다.
　② 액화석유가스시설의 방식전위는 포화황산동 기준 전극으로 (   )V 이하로 하고 황산염 환원박테리아가 번식하는 토양에서는 (   )V 이하로 한다.
　③ 도시가스 배관의 방식전위 상한값은 포화황산동 기준 전극으로 (   )V 이하 황산염 환원박테리아가 번식하는 토양에서는 −0.95V 이하, 방식전위 하한값은 전기철도 등의 간섭을 받는 곳을 제외하고 포화황산동 기준 전극으로 (   )V 이상이 되도록 한다.
(2) 방식전류가 흐르는 상태에서 자연전위와 전위변화가 최소한 (   )mV 이하로 한다. (단, 다른 금속과 접촉하는 시설은 제외한다.)

해답 (1) ① −0.85, −0.95　② −0.85, −0.95　③ −0.85, −2.5
(2) −300

 **문제 07** 방식전위 측정 및 시설 점검에 대하여 다음 물음에 답하시오.

(1) 1년 1회 점검시설
(2) 외부전원법에 따른 외부전원점의 관대지전위 정류기 출력, 전압, 배선의 접속상태, 계기류 확인의 점검주기는?
(3) 6개월 1회 점검시설의 종류는?
(4) 배류법에 따른 배류기의 출력, 전압, 전류 배선의 접속상태 점검주기는?

해답 (1) 관대지전위
(2) 3개월 1회
(3) 절연부속품, 역전류방지장치, 결선, 보호절연체의 효과
(4) 3개월 1회

3 가스시설 내진설계

문제 01 동영상의 도시가스 저장탱크에서 내진설계로 시공하여야 할 탱크의 용량은 몇 톤 이상인가?

해답 3톤 이상

보충 설명 법규별 내진설계로 시공하여야 할 탱크 및 시설의 용량기준

법규 구분		저장탱크, 가스홀더 및 그 지지물과 연결부
고압가스 안전관리법	독성 및 가연성	5톤, 500m^3 이상
	비독성, 비가연성	10톤, 1000m^3 이상
	반응분리 정제, 증류 등을 행하는 탑류	높이 5m 이상의 저장탱크 및 압력용기
액화석유가스의 안전관리 및 사업법		3톤, 300m^3 이상
도시가스 안전관리 및 사업법		3톤, 300m^3 이상
• 액화도시가스 자동차 충전시설 • 고정식 압축도시가스 충전시설 • 고정식 압축도시가스 이동식 충전차량의 충전시설 • 이동식 압축도시가스 자동차 충전시설		5톤, 500m^3 이상

문제 02 내진설계에 대한 등급별 기준의 정의를 기술하시오.

(1) 설비의 손상이나 기능 상실이 사업소 경계 밖에 있는 공공의 생명과 재산에 막대한 피해를 초래할 수 있을 뿐만 아니라 사회의 정상적인 기능 유지에 심각한 지장을 가져올 수 있는 것

(2) 설비의 손상이나 기능 상실이 사업소 경계 밖에 있는 공공의 생명과 재산에 상당한 피해를 초래할 수 있는 것

(3) 설비의 손상이나 기능 상실이 사업소 경계 밖에 있는 공공의 생명과 재산에 경미한 피해를 초래할 수 있는 것

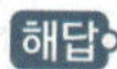 **해답** (1) 내진 특등급
(2) 내진 1등급
(3) 내진 2등급

TiP

내진성능 평가항목
1. 내진설계 구조물에 발생한 응력과 변형상태
2. 내진설계 구조물의 변위
3. 액상화의 잠재성
4. 기초의 안정성

문제 03 다음 정의를 기술하시오.

(1) 제1종 독성 가스
(2) 제2종 독성 가스

 **해답** (1) 염소, 시안화수소, 이산화질소 및 포스겐과 그 밖에 허용농도가 1ppm 이하인 것
(2) 염화수소, 삼불화붕소, 이산화유황, 불화수소, 브롬화메틸 및 황화수소와 그 밖에 허용농도가 1ppm 초과 10ppm 이하인 것

4 가스배관 내진설계

문제 01 동영상은 가스배관의 최고사용압력이 0.5MPa 이상의 배관이다. 이 배관의 내진 등급은 몇 등급인가?

 **해답** 내진 1등급

해설
- 독성 가스를 수송하는 고압가스 배관의 중요도 : 내진 특등급
- 가연성 가스를 수송하는 고압가스 배관의 중요도 : 내진 1등급
- 독성, 가연성 가스 이외의 가스를 수송하는 고압가스 배관의 중요도 : 내진 2등급

가스배관의 내진등급

1. 내진 특등급 : 배관의 손상이나 기능 상실로 인해 공공의 생명과 재산에 막대한 피해를 초래할 뿐만 아니라 사회의 정상적인 기능 유지에 심각한 지장을 가져올 수 있는 것으로서 도시가스 배관의 경우 가스도매사업자가 소유하거나 점유한 제조소 경계 외면으로부터 최초로 설치되는 차단장치 또는 분기점에 이르는 최고사용압력이 6.9MPa 이상인 배관
2. 내진 1등급 : 배관의 손상이나 기능 상실이 공공의 생명과 재산에 상당한 피해를 초래할 수 있는 것으로서 도시가스 배관의 경우에는 내진 특등급 이외의 고압가스 배관과 가스도매사업자가 소유한 정압기(지)에서 일반도시가스 사업자가 소유하는 정압기까지에 이르는 배관 및 일반도시가스 사업자가 소유하는 최고사용압력 0.5MPa 이상인 배관

문제 02

용접부의 비파괴시험 규정(KGS Fs 331)(KGS Fs 551)(2.5.5.1)에 대한 내용이다. 관경에 따른 용접부의 비파괴검사 종류 (1), (2)의 빈칸을 채우시오.

구분	도시가스			LPG	
	가스 도매사업	일반도시 가스사업	사용시설	충전	집단공급 사용시설
용접시공 배관	중압 이상 배관	• 지하매설배관(PE관 제외) • 최고사용압력 중압 이상 노출배관 • 최고사용압력 저압 호칭지름 50A 이상 노출배관		플랜지, 기계접합배관을 제외한 모든 배관	
비파괴 대상 배관	좌측의 모든 용접부				
비파괴 제외 대상 배관	• PE배관 • 저압으로 노출된 사용자 공급관 및 호칭지름 80mm 미만 저압배관		• 최고사용압력 저압의 지하매설 호칭경 80mm 미만 배관 • 최고사용압력저압 노출배관 용접부	용접시공배관 모두 • 압력 0.1MPa 이상 배관용접부 • 압력 0.1MPa 미만 80A 이상 배관용접부	
요점정리	비파괴 대상	• PE관 제외 중압 이상 배관 • 저압 80mm 이상 지하매설배관 • 저압 50A 이상 노출배관		• 0.1MPa 이상 배관 • 0.1MPa 미만 80A 이상 용접부	
	비파괴 제외	• PE 배관 • 저압 매설 80mm 미만 배관 • 저압 노출 50A 미만 배관		건축물 외부 노출 0.01MPa 미만 배관	
비파괴검사 종류	(1) 호칭지름 80mm 이상 배관의 용접부는 (①)의 비파괴검사를 실시			(2) 호칭지름 80mm 미만 배관의 용접부의 경우 (①), (②), (③), (④)의 비파괴검사를 실시	

해답 (1) ① RT

(2) ① RT   ② UT   ③ PT   ④ MT

문제 03 배관의 용접방법(KGS Fp 112)(KGS Fs 331)에 대한 다음 빈칸 ①, ②, ③을 채우시오.

구분	내용
고법 (KGS Fp 112)	• 사업소 밖에 설치하는 배관 등의 접합부분은 용접으로 한다. 용접이 적당하지 않은 경우 안전확보에 필요한 강도를 갖는 플랜지 접합으로 할 수 있으며, 이 경우 점검을 할 수 있는 조치를 한다. • 압력계, 액면계, 온도계 그 밖에 계기류를 부착하는 부분은 반드시 용접으로 한다. (단, 호칭지름 25mm 이하는 제외)
액화석유가스 (KGS Fs 331)	• 지하매설 배관과 호칭지름 50A를 초과하는 노출배관의 접합부는 (①) 용접으로 하되 접합부 중 계기류 등의 설치를 위한 이음쇠의 접합부, 플랜지 접합부, 나사타입 제품 연결부위는 제외 • 지하매설 배관 이외의 배관으로서 용접이 곤란한 사용압력 30kPa 이하 호칭경 40A 이하의 경우 (②) 접합 또는 (③) 접합으로 할 수 있다.
도시가스 분야 (KGS Fs 551)	• 도시가스 배관의 접합부는 용접시공 • 플랜지 접합, 기계적 접합, 나사접합으로 할 수 있는 경우 (공급시설) – 용접접합을 실시하기가 매우 곤란한 경우 – 최고사용압력이 저압으로서 호칭지름 50A 미만의 노출배관을 건축물 외부에 설치하는 경우 – 공동주택 등의 가스계량기를 집단으로 설치하기 위하여 가스계량기로 분기하는 T연결부와 그 후단 연결부의 경우 (사용시설) – 공동주택 입상관의 드레인 캡 마감부의 경우 – 입상밸브를 접합하는 경우 – 노출배관으로 용접접합이 곤란한 경우 – 가스계량기를 집단으로 설치 시 사용처별 가스계량기로 분기되는 주배관의 경우

해답 ① 맞대기 ② 플랜지 ③ 기계적

문제 04 용접부의 1종, 2종, 3종, 4종 결함에 대하여 기술하시오.

해답 ① 1종 결함 : 블로홀 및 이와 유사한 결함
② 2종 결함 : 가늘고 긴 슬래그 개입 및 이와 유사한 결함
③ 3종 결함 : 균열(터짐) 및 이와 유사한 결함
④ 4종 결함 : 텅스텐 개입

문제 05 가스 배관의 내진등급 분류 시 지반의 분류에 대한 다음 내용에 따른 기호를 쓰시오.

(1) 경암지반

(2) 보통암지반

(3) 매우 조밀한 토사지반 또는 연약지반

(4) 단단한 토사지반

(5) 연약한 토사지반

(6) 이탄 또는 유기성이 높은 지반, 매우 높은 소성을 가진 점토지반

해답
(1) S_A
(2) S_B
(3) S_C
(4) S_D
(5) S_E
(6) S_F

TiP

고압가스의 모든 배관은 용접접합을 원칙으로 하되 용접이 불가능시 기계적 플랜지 접합으로 할 수 있다.

1. 용접접합

구분	내용
고법(KGS Fp 112)	• 사업소 밖에 설치하는 배관 등의 접합부분은 용접으로 한다. 용접이 적당하지 않은 경우 안전확보에 필요한 강도를 갖는 플랜지 접합으로 할 수 있으며, 이 경우 점검을 할 수 있는 조치를 한다. • 압력계, 액면계, 온도계 그 밖에 계기류를 부착하는 부분은 반드시 용접으로 한다. (단, 호칭지름 25mm 이하는 제외)
LPG 도시가스	지하매설배관과 호칭지름 (①)A를 초과하는 노출배관 용접부는 (②)용접으로 하되 접합부 중 계기류 등의 설치를 위한 이음쇠 접합부, 플랜지 접합부의 나사타입은 제외한다.

① 50, ② 맞대기

2. 플랜지, 기계적 접합으로 할 수 있는 경우

구분		내용
LPG		지하매설 외의 배관으로서 용접이 곤란한 사용압력 (①)kPa 이하 호칭지름 (②)A 이하 배관의 접합부
도시가스	일반도시가스	• 용접이 곤란한 경우 • 최고사용압력저압으로 호칭지름 (③)A 미만 노출배관을 건축물 외부에 설치하는 경우 • 공동주택 등의 가스계량기를 집단으로 설치하기 위하여 가스계량기로 분기하는 T의 연결부와 그 후단 연결부의 경우
	사용시설	• (④)밸브 접합 시 • 가스계량기를 집단으로 설치 시 사용처별 가스계량기로 분기되는 주배관의 경우 • 입상관의 드레인 캡 마감부의 경우 • 노출배관으로 용접 불가능 시

① 30 ② 40 ③ 50 ④ 입상

5 비파괴검사

문제 01 다음 동영상을 보고 물음에 답하시오.

① 

② 

③ 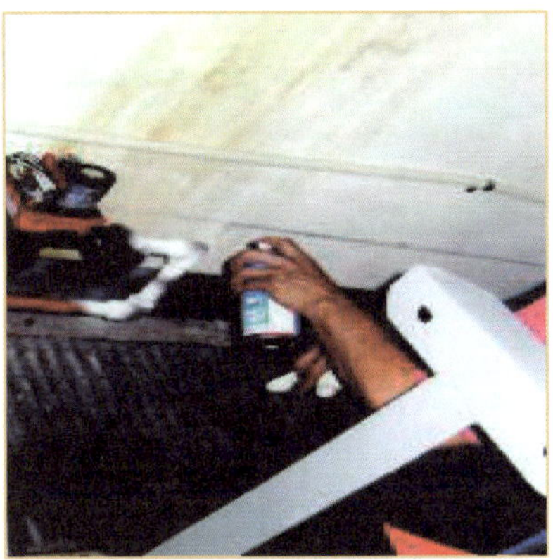

④ 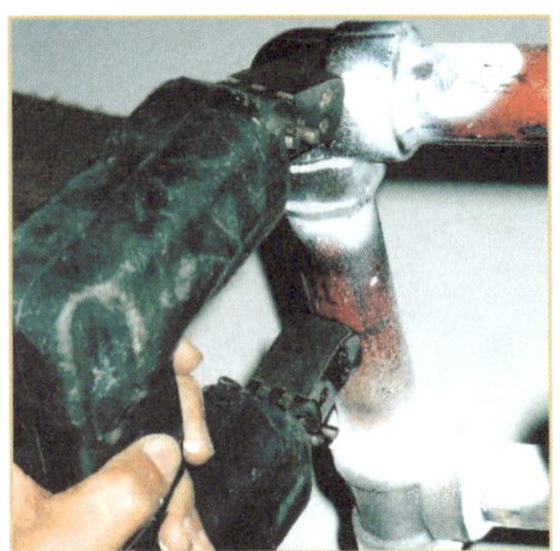

(1) ①~④의 비파괴검사의 명칭을 쓰시오.
(2) 장·단점을 2가지씩 쓰시오.
(3) 비파괴검사법 중 X선 검사법의 원리는?

해답

(1) ① 방사선투과검사(RT)
   ② 침투탐상검사(PT)
   ③ 자분탐상시험(MT)
   ④ 초음파탐상시험(UT)

(2) 장·단점

구분	장점	단점
① 방사선투과검사 (RT)	• 신뢰성이 있다. • 영구보존이 가능하다. • 내부결함 검출이 우수하다.	• 비용이 고가이다. • 시간소요가 많다. • 건강상에 문제가 있다.
② 침투탐상검사(PT)	• 시험방법이 간단하다. • 크기 형상의 영향이 없다. • 표면에 생긴 미소결함 검출이 가능하다.	• 주위온도의 영향을 받는다. • 내부결함 검출이 되지 않는다. • 결과가 즉시 나오지 않는다.
③ 자분탐상시험(MT)	• 시험체 형상의 크기와 관계 없이 검사가 가능하다. • 검사방법이 쉽다. • 미세한 표면결함 검출능력이 우수하다.	• 비자성체에는 적용할 수 없다. • 전원이 필요하다. • 종료 후 탈지처리가 필요하다.
④ 초음파탐상시험 (UT)	• 내부결함 또는 불균일 층의 검사가 가능하다. • 용입부의 결함을 검출할 수 있다. • 검사비용이 저렴하다.	• 결함의 형태가 부정확하다. • 결과의 보존성이 없다.

(3) X선, γ(감마)선 또는 중성자선의 급수가 재질 및 두께에 따라 틀리다는 것을 이용하여 결함의 유무를 조사하는 방법

TiP

음향검사(AE)

1. 정의
테스트, 해머 등을 사용하여 두드린 후 발생되는 음향으로 결함유무를 판단하는 비파괴검사법

2. 장점
• 시험방법이 간단하다.
• 비용이 저렴하다.

3. 단점
• 숙련을 요하고, 개인차가 있다.
• 결과가 기록되지 않는다.

6 고압가스 운반차량의 시설 기술기준

문제 01 동영상을 보고 다음 물음에 답하시오.

(1) 동영상은 차량에 고정된 탱크로 가스를 운반하는 차량이다. 고압가스 운반차량의 시설 기술기준에 적용되는 차량의 경우에 해당되는 나머지 2가지를 기술하시오.
(2) 독성 가스 등을 운반 시 운행거리 몇 km마다 휴식을 취하여야 하는가?

해답 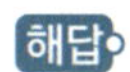 (1) ① 허용농도가 100만분의 200 이하인 독성 가스를 운반하는 차량
② 차량에 고정된 2개 이상을 이음매 없이 연결한 용기로 고압가스를 운반하는 차량
(2) 200km

문제 02 동영상은 용기운반 시 용기 승하차용 리프트와 밀폐된 구조의 적재함이 부착된 전용차량이다. 물음에 답하여라.

(1) 이러한 차량으로 운반하는 용기의 종류는?

(2) 내용적이 몇 L 이상인 충전용기는 이러한 차량으로 운반하지 않아도 되는가?

(3) 가스운반 전용차량에 리프트를 설치하지 않아도 되는 차량의 적재능력은 몇 톤 이하의 차량인가?

해답 (1) 허용농도 200ppm 이하 독성 가스 충전용기 운반차량
(2) 내용적 1000L 이상
(3) 적재능력 1.2톤 이하

문제 03 동영상은 충전용기를 운반 시 설치되어야 할 부분이다. 다음 물음에 답하시오.

① ②

(1) ①, ②의 명칭을 쓰시오. (2) 각각의 규격(크기)을 쓰시오.

해답 (1) ① 적색삼각기 ② 경계표지
(2) ① 적색삼각기 규격 : 가로 40cm, 세로 30cm
② 경계표지 규격
 • 직사각형인 경우 : 가로 - 차폭의 30% 이상
  세로 - 가로의 20% 이상
 • 정사각형인 경우 : 면적 600cm^2 이상

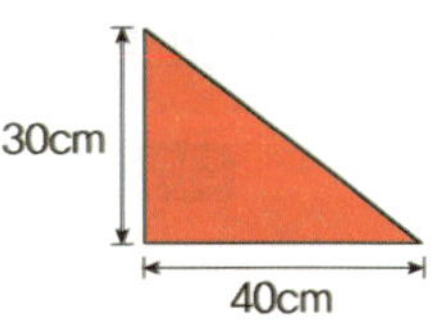

[경계표지 규격]

TiP

허용농도가 100만분의 200 이하인 독성 가스 용기 운반차량의 경우

1. 적색삼각기

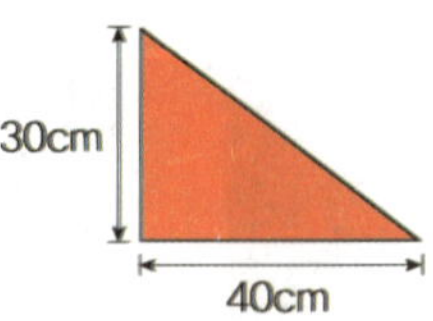

2. 경계표지는 차량 앞뒤에서 명확하게 볼 수 있도록 붉은 글씨로 "위험 고압가스", "독성 가스"라는 경계표지와 위험을 알리는 도형 및 전화번호를 표시(단, RTC는 차량의 경우 좌우에서 볼 수 있도록 한다.)

문제 04 동영상을 보고 다음 물음에 답하여라.

①  

② 

(1) 동영상 ①의 용기와 동일차량에 적재할 수 없는 용기 3가지는?

(2) 동영상 ②의 용기를 운반 시 배치하는 소화기의 종류에 대하여 빈칸을 채우시오.

운반하는 가스량에 따른 구분	소화기의 종류		비치 개수
	소화약제의 종류	능력단위	
압축가스 100m^3 또는 액화가스 1000kg 이상인 경우	(①)	BC용 또는 ABC용 B-6(약제중량 4.5kg) 이상	(③)개 이상
압축가스 15m^3 초과 100m^3 미만 또는 액화가스 150kg 초과 1000kg 미만인 경우		(②)	1개 이상
압축가스 15m^3 또는 액화가스 150kg 이하인 경우		B-3 이상	1개 이상

해답 (1) 아세틸렌, 암모니아, 수소
　　(2) ① 분말소화제
　　　　② BC용 또는 ABC용 B-6(약제중량 4.5kg) 이상
　　　　③ 2

 독성가스 중 가연성가스 및 가연성 산소를 차량에 적재하여 운반하는 경우의 소화설비임.

[차량고정탱크로 운반 시 소화설비]

가스 구분	소화기 종류		비치 개수
	소화약제	소화기 능력단위	
가연성	분말소화제	BC용, B-10 이상 또는 ABC용 B-12 이상	차량 좌우에 각각 1개 이상
산소	분말소화제	BC용, B-8 이상 또는 ABC용 B-10 이상	차량 좌우에 각각 1개 이상

1. 가연성 산소는 동일차량에 적재하여 운반 시 충전용기밸브가 마주보지 않게 한다.
2. 충전용기와 위험물안전관리법에 따른 위험물과는 동일차량에 적재하여 운반하지 않는다.

문제 05 동영상은 독성 가스 중 가연성 가스를 운반하는 차량에 비치하여야 할 보호구의 종류이다. 다음 물음에 답하여라.

(1) 보호구의 종류 5가지를 쓰시오.
(2) 보호구를 정상상태로 유지하기 위한 점검주기는?
(3) 독성 가스 충전저장시설에서 보호구를 착용하고 훈련하는 주기는?

해답 (1) ① 방독마스크   ② 공기호흡기   ③ 보호의   ④ 보호장갑   ⑤ 보호장화
(2) 매월 1회 이상
(3) 3개월에 1회 이상

1. 독성 가스 운반 시 보호구의 종류

품명	규격	운반하는 독성 가스의 양 압축가스 용적 100m^3 또는 액화가스 질량 1000kg		비고
		미만인 경우	이상인 경우	
방독 마스크	독성 가스의 종류에 적합한 격리식 방독마스크(전면형, 고농도용의 것)	○	○	산업안전보건법 제34조에 따른 안전인정 대상이 아닌 경우 인정을 받지 않은 것으로 할 수 있다.
공기 호흡기	압축공기의 호흡기(전면형의 것)	–	○	모든 독성 가스에 대하여 방독마스크가 준비된 경우는 제외한다.
보호의	비닐피복제 또는 고무피복제의 상의 등을 신속히 착용할 수 있는 것	○	○	압축가스의 독성 가스인 경우는 제외
보호 장갑	산업안전보건법 제34조에 따른 안전인정을 받은 것으로 화학물질용일 것	○	○	압축가스의 독성 가스인 경우는 제외
보호 장화	고무제의 장화	○	○	압축가스의 독성 가스인 경우는 제외

[주] 표 가운데의 ○은 비치하는 것을 나타낸다.

2. 보호구의 종류

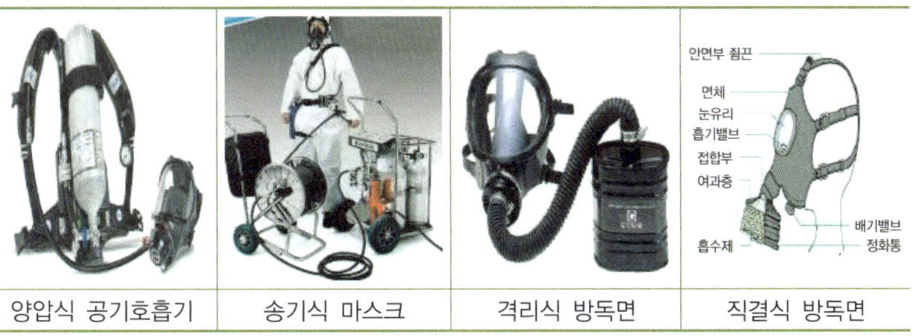

양압식 공기호흡기	송기식 마스크	격리식 방독면	직결식 방독면

문제 06 다음 표지는 독성 가스 용기를 운반하는 차량에 부착된 표지판이다. 물음에 답하시오.

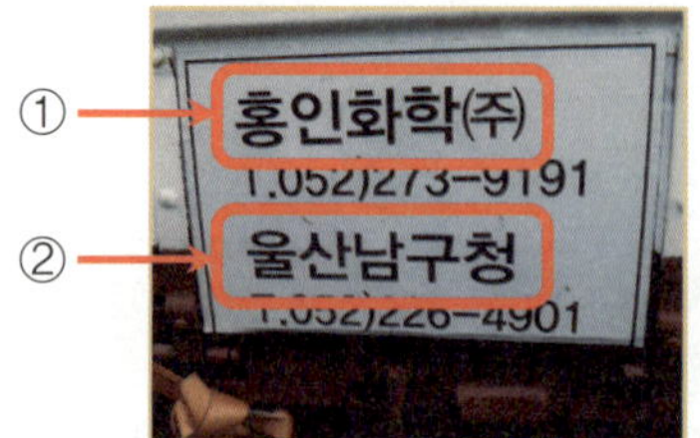
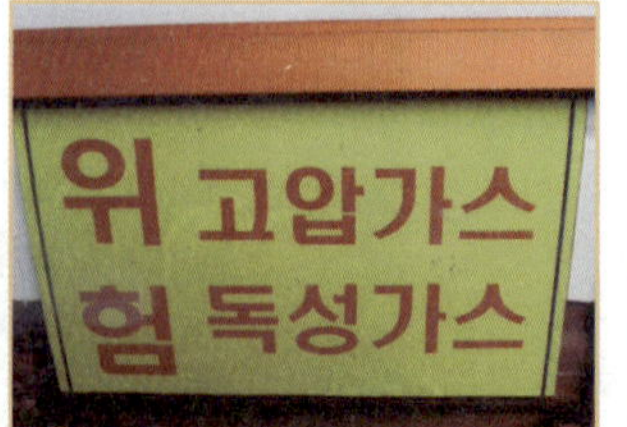

(1) 다음 표시된 의미를 쓰시오.

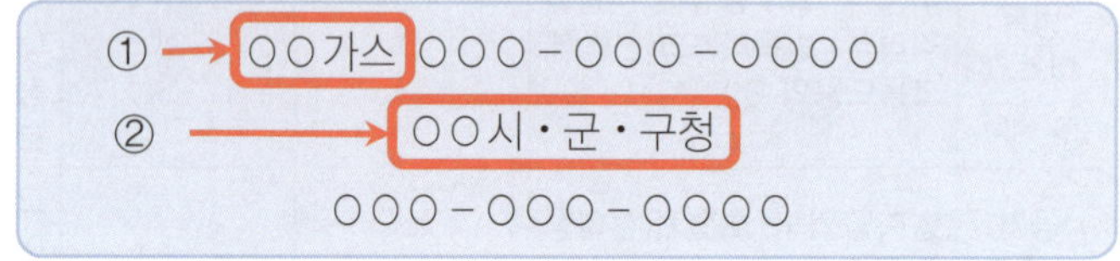

(2) 다음 표시 전화번호의 바탕색, 글자색, 크기를 쓰시오.
(3) 적색삼각기에 ① 표시된 글자와 ② 바탕색과 글자색은?

해답 (1) ① 사업자의 상호　　　② 등록관청
(2) 바탕색 : 흰색, 글자색 : 흑색, 크기 : 가로×세로 5cm 이상
(3) ① 위험고압가스 · 독성 가스
② 바탕색 : 적색, 글자색 : 황색

TiP
독성 가스 중 가연성 가스를 운반하는 차량에는 소화설비 및 재해발생 방지를 위한 응급조치에 필요한 자재공구 등을 비치한다. 경계표지의 글자색은 적색

문제 07 동영상은 독성 가스 누설에 대비하여 보호구를 착용하고 실시하는 훈련장면이다. 이러한 훈련주기는 몇 개월에 1회 실시하여야 하는가?

해답 3개월 1회 이상

문제 08 다음 동영상은 독성 가스 운반에 필요한 자재이다. 물음에 답하시오.

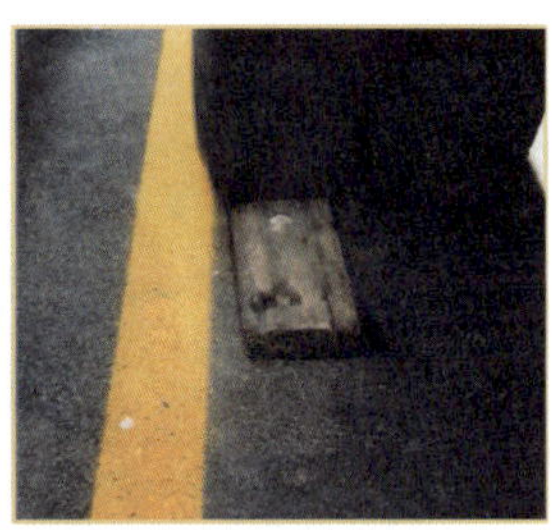

(1) 이 자재의 명칭은?
(2) 휴대하여야 할 수량은?
(3) 독성 가스 중 염소 및 포스겐을 1000kg 이상 운반 시 휴대하여야 하는 소석회의 양은 몇 kg 이상인가?

 **해답** (1) 차바퀴 고정목 (2) 2개 이상 (3) 40kg 이상

TiP

1. 독성 가스 운반 시 휴대하는 자재

품명	규격	비고
비상삼각대 비상신호봉	도로교통법 제66조에 따른 고장 자동차의 표시	–
휴대용 손전등	–	–
메가폰 또는 휴대용 확성기	–	–
자동안전바	–	–
완충판	–	–
누설검지기	가연성 가스의 경우 누설검지기를 갖추되 자연발화성 가스의 경우는 갖추지 않아도 된다.	–
물통	–	–
누출검지액	비눗물 및 적용하는 가스에 따라 10% 암모니아수로는 5% 염산	–
차바퀴 고정목	2개 이상	–
통신기기	–	–

2. 독성 가스 운반 시 휴대하는 제독제

품명	운반하는 독성 가스의 양		비고
	액화가스 질량 1000kg 미만인 경우	이상인 경우	
소석회	20kg 이상	40kg 이상	염소, 염화수소, 포스겐가스, 아황산가스 등 효과가 있는 액화가스에 적용한다.

 **문제 09** 동영상의 차량에 고정된 탱크에 대하여 물음에 답하여라.

(1) 내용적의 한계범위를 쓰시오. (단, 가연성, 독성, 산소, LPG, NH_3에 관하여)

(2) 설치하여야 할 계기류는?

(3) 액면요동방지를 위하여 필요한 것은?

(4) 탱크 정상부 높이가 차량 정상부보다 높을 경우 설치하여야 하는 것은?

(5) 돌출부속품의 보호를 위하여 탱크 주밸브와 차량 뒷범퍼의 수평거리(m)를 ①, ②, ③에 대하여 쓰시오.

① 후부취출식 탱크

② 후부취출식 이외의 탱크

③ 조작상자와의 거리

(6) 2개 이상의 탱크를 동일차량에 설치 시 조치사항 3가지를 쓰시오.

해답 (1) ① LPG를 제외한 가연성 및 산소 탱크로리 내용적 : 18000L 초과금지

② NH_3를 제외한 독성 탱크로리 내용적 : 12000L 초과금지

(2) 온도계, 액면계

(3) 방파판

(4) 높이를 측정하는 검지봉

(5) ① 40cm 이상

② 30cm 이상

③ 20cm 이상

(6) ① 탱크마다 주밸브 설치

② 탱크 상호간 탱크와 차량과 단단하게 부착하는 조치

③ 충전관에는 안전밸브, 압력계, 긴급탈압밸브 설치

 **문제 10** 동영상의 LPG 탱크로리에서 내부에 설치하는 장치 2가지는?

해답 ① 방파판
② 폭발방지장치

TiP

1. 탱크 외부에 LPG 글자크기의 1/2 이상 폭발방지장치 설치라고 표시하여야 함.
2. 운반 시 온도는 40℃ 이하를 유지

문제 11 동영상을 보고 물음에 답하여라.

(1) ①, ②, ③의 명칭은?

(2) 내부에 설치된 방파판에 대하여 (   )에 적당한 단어를 쓰시오.

> • 차량의 진행방향과 (①)이 되도록 방파판을 설치한다.
> • 면적은 탱크 횡단면적의 (②)% 이상이 되어야 한다.
> • 방파판의 두께는 (③)mm 이상, 내용적 (④)m^3마다 1개씩 설치하여야 한다.
> • 방파판 부착 지점은 탱크 상부 원호부 면적이 횡단면의 (⑤)% 이하가 되는 지점이어야 한다.

(3) LPG 충전시설 중 탱크로리 이입, 이충전 장소의 중심으로부터 사업소 경계까지 유지거리는 몇 m인가?

해답 (1) ① 살수장치
      ② 높이 검지봉(높이를 측정하는 기구)
      ③ 주정차선
   (2) ① 직각   ② 40   ③ 3.2   ④ 5   ⑤ 20
   (3) 24m 이상

7 고압가스 운반 등의 기준

 **문제 01** 고압가스 운반 기준에 대한 다음 물음에 답하여라.

(1) 충전용기 적재차량이 주정차 시 ① 1종 보호시설과 이격거리와 ② 피하여야 할 장소 3가지를 쓰시오.

(2) 충전용기를 차에서 내릴 때 충격완화를 위하여 비치하여야 하는 자재는?

(3) 충전용기를 차에서 내려 운반할 때 사용하는 도구는?

(4) 독성 가스 용기를 운반 시 운반책임자 동승 기준에 대하여 빈칸을 채우시오.

가스의 종류		기준
압축가스	허용농도 100만분의 200 초과 100만분의 5000 이하	(①) 이상
	허용농도가 100만분의 200 이하	(②) 이상
액화가스	허용농도 100만분의 200 초과 100만분의 5000 이하	(③) 이상
	허용농도가 100만분의 200 이하	(④) 이상

(5) 독성 가스 용기 이외의 가스 운반 시 운반책임자 동승 기준에 대해 빈칸을 채우시오.

가스의 종류		기준
압축가스	가연성 가스	(①) 이상
	조연성 가스	(②) 이상
액화가스	가연성 가스	(③) 이상(납붙임 및 접합용기는 2000kg 이상)
	조연성 가스	(④) 이상

해답 (1) ① 1종 보호시설과 이격거리 : 15m 이상
　　　　② 피하여야 할 장소 : 2종 보호시설 밀집지역, 육교 아래, 고가차도 아래
(2) 완충판
(3) 손수레
(4) ① 100m³　② 10m³　③ 1000kg　④ 100kg
(5) ① 300m³　② 600m³　③ 3000kg　④ 6000kg

고압가스 용기

① 염소용기

② LPG 용기

③ C_2H_2 용기

④ NH_3 용기

[용접 용기]

① 산소용기

② 이산화탄소용기

③ 수소용기

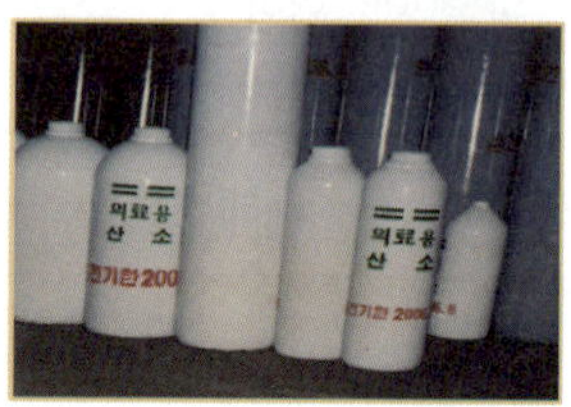

④ 의료용 산소용기

⑤ 의료용 아산화질소용기

⑥ 의료용 질소용기

[무이음 용기]

1 용접용기의 제조시설(KGS Ac 211)

1. 용어 정의

문제 01 다음 물음에 답하시오.

(1) 비열처리 재료의 정의를 쓰시오.

> 용기제조에 사용되는 재료로서 (①   ), (②   ), (③   ) 등과
> 같이 열처리가 필요 없는 것

(2) 최고충전압력에 대하여 물음에 답하시오.
   ① 압축가스를 충전하는 용기 (①   )
   ② 저온용기 (②   )

(3) 기밀시험압력의 정의를 쓰시오.
   ① 저온용기 (①   )
   ② C_2H_2 용기 (②   )

해답 (1) ① 오스테나이트계 스테인리스강
   ② 내식 알루미늄합금판
   ③ 내식 알루미늄합금 단조품
(2) ① 35℃에서 그 용기에 충전할 수 있는 가스의 압력 중 최고의 압력
   ② 상용압력 중 최고의 압력
(3) ① Fp×1.1배의 압력
   ② Fp×1.8배의 압력

문제 02 용기에 부식도장을 하기 전에 하는 전처리의 종류 5가지를 쓰시오.

해답 ① 탈지
   ② 피막화성 산화처리
   ③ 쇼트브라스팅
   ④ 산세척
   ⑤ 에칭프라이머

보충설명 내용적 10L 이상 125L 미만 LPG 용기의 경우에는 쇼트브라스팅을 하고, 부식도장에
유해한 스케일 기름 그 밖의 이물질을 제거할 수 있도록 표면세척을 실시

문제 03 용기 도색에 대한 빈칸을 채우시오.

가스특성	가스종류	도색
가연성·독성	액화석유가스	회색
	수소	①
	아세틸렌	②
	액화암모니아	③
	액화염소	④
	그 밖의 가스	회색
의료용 가스	산소	⑤
	액화탄산가스	⑥
	질소	⑦
	아산화질소	⑧
	헬륨	갈색
	에틸렌	자색
	사이크로프로판	⑨
그 밖의 가스	산소	⑩
	액화탄산가스	⑪
	질소	회색
	소방용 용기	소방법에 의한 도색

해답 ① 주황색 　② 황색 　③ 백색 　④ 갈색
⑤ 백색 　⑥ 회색 　⑦ 흑색 　⑧ 청색
⑨ 주황색 　⑩ 녹색 　⑪ 청색

문제 04 용기에 각인하여야 하는 사항에 대하여 다음의 기호와 단위를 쓰시오.

(1) 내용적
(2) 밸브 및 부속품(분리가능한 것)을 포함하지 아니한 용기의 질량
(3) 내압시험압력
(4) 압축가스의 경우 최고충전압력
(5) 내용적 500L를 초과하는 용기의 경우 동판의 두께

해답 (1) V(L) 　(2) W(kg) 　(3) Tp(MPa)
(4) Fp(MPa) 　(5) t(mm)

문제 05 다음은 용기의 시험방법 중 재료검사에 대한 내용이다. 다음 빈칸을 채우시오.

(1) 인장시험은 용기에서 채취한 (　　)에 대하여 실시한다.

(2) 충격시험은 강제로 제조한 것 중 두께가 (　　)mm 이상의 것에 한하여 실시한다.

(3) 압궤시험 (①) 후의 용기에 대하여 실시한다. (단, 압궤시험이 부적당한 용기는 용기에서 채취한 시험편으로 (②)시험으로 갈음할 수 있다.

해답 (1) 시험편
　　　(2) 13
　　　(3) ① 열처리
　　　　　② 굽힘

문제 06 다음은 비수조식 내압시험장치이다. 전 증가량(ΔV)를 다음 [조건]으로 계산하여라.

[조건]
- 용기 내용적(V) : 1000cm^3
- 내압시험압력(P) : 10MPa
- 내압검사압력 P에서 압입수량 : 100cm^3(A)
- 내압검사압력 P에서의 수압 펌프에서 용기입구까지 연결관에 압입된 수량(cm^3)
  : 50cm^3(B)
- 압축계수(β) : 4×10^{-3}

해답
$$\Delta V = (A-B) - \{(A-B)+V\}P \cdot \beta$$
$$= (100-50) - \{(100-50)+1000\} \times 10 \times 4 \times 10^{-3} = 8\text{cm}^3$$

2. 이음매 없는 용기제조시설

문제 01

다음은 이음매 없는 강제용기의 재료에 따른 열처리와 동체의 허용응력(S)의 값이다. 빈칸을 채우시오.

강의 종류	열처리	동체의 허용응력값
탄소강	①, ②	인강강도$\times\dfrac{5}{12}$
망간강	③, ④	인장강도$\times\dfrac{5}{9}$
	⑤	인장강도$\times\dfrac{5}{6}$
크롬 몰리브덴강	노멀라이징	항복점$\times\dfrac{5}{6}$
그 밖의 저합금강	담금질 템퍼링	항복점$\times\dfrac{5}{6}$
스테인리스강	–	인장강도$\times\dfrac{5}{12}$

해답 ① 어닐링　② 노멀라이징　③ 노멀라이징　④ 담금질　⑤ 템퍼링

문제 02

동영상은 용기제조 검사에 필요한 장치이다. 다음 물음에 답하시오.

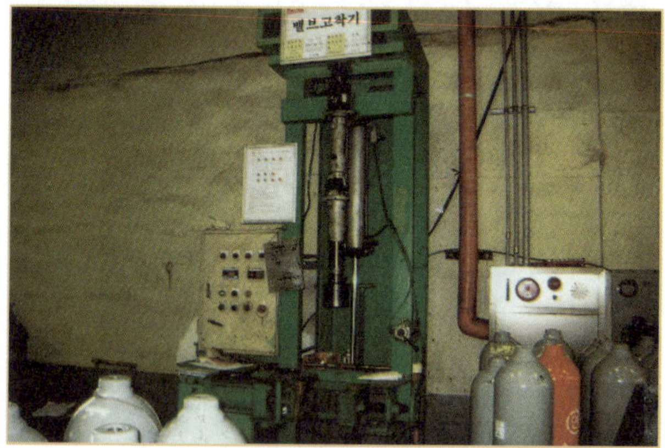

(1) 이 장치의 명칭은?

(2) 이 장치의 구성요소 2가지는?

해답 (1) 자동밸브 탈착기

　　　(2) ① 용기고정설비　　② 밸브탈착장치

문제 03 동영상 (1), (2) 용접용기의 장점을 2가지씩 쓰시오.

(1)

(2)

해답 (1) 용접용기의 장점 : ① 경제적이다.　　② 모양치수가 자유롭다.
(2) 무이음용기의 장점 : ① 고압에 견딜 수 있다.　　② 응력분포가 균일하다.

문제 04 고압가스 용기저장실에서 용기보관의 기준을 4가지 이상 기술하여라.

해답 ① 충전용기와 잔가스용기는 구분하여 용기보관장소에 놓을 것
② 가연성, 독성 및 산소용기는 구분하여 용기보관장소에 놓을 것
③ 용기보관장소에는 계량기 등 작업에 필요한 물건 이외는 두지 않을 것
④ 충전용기는 40℃ 이하를 유지, 직사광선을 받지 않도록 할 것
⑤ 충전용기에는 넘어짐에 의한 충격 및 밸브의 손상을 방지하는 조치를 하고, 난폭한 취급을 하지 아니할 것

문제 05 동영상의 용기에 대하여 물음에 답하여라.

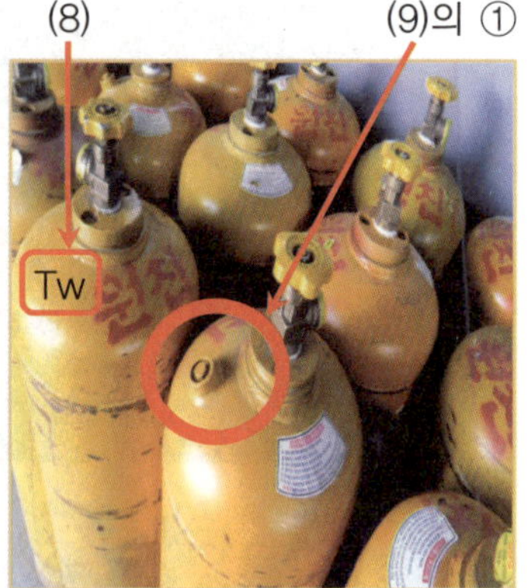

(1) 용기의 명칭은?

(2) 상태 연소성별로 구분하는 가스의 종류는?

(3) 제조방법에 따른 용기의 종류는?

(4) Fp, Ap, Tp의 값(MPa)은?

(5) 품질검사 시 ① 순도 및 ② 시약과 검사방법은?

(6) 이 용기의 성분함량 C, P, S의 함유량(%)을 쓰시오.

(7) 지시부분 ①은 무엇을 나타내는가?

(8) 용기의 각인 Tw의 의미와 단위는?

(9) 표시된 부분 ①은 무엇이며, ② 그 형식과 ③ 작동 시의 온도를 쓰시오.

(10) 용기밸브의 AG의 의미는 무엇인가?

해답 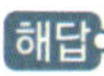

(1) C_2H_2 용기   (2) 상태 : 용해가스, 연소성 : 가연성 가스
(3) 용접용기   (4) Fp=1.5, Ap=2.7, Tp=4.5
(5) ① 98% 이상   ② 발연황산시약(오르자트법), 브롬시약(뷰렛법), 질산은시약(정성시험)
(6) C : 0.33% 이하, P : 0.04% 이하, S : 0.05% 이하
(7) 가연성 가스임을 표시
(8) Tw : C_2H_2 용기에 있어 밸브 및 부속품, 다공물질, 용제 등을 합산한 용기의 질량(kg)
(9) ① 안전밸브   ② 가용전식   ③ 105±5℃
(10) AG : 아세틸렌가스를 충전하는 용기의 부속품

TiP

1. 품질검사 대상가스 : O_2, H_2, C_2H_2
2. 용기의 C, P, S의 함유량(%)

용기 종류 \ 성분	C(%)	P(%)	S(%)
용접	0.33 이하	0.04 이하	0.05 이하
무이음	0.55 이하	0.04 이하	0.05 이하

문제 06 동영상의 용기저장실에서 잘못된 점을 지적하여라.

해답 용기보관 시 가연성과 조연성 가스를 함께 보관하지 않는다.

문제 07 동영상의 용기에 대하여 물음에 답하여라.

(1) 용기의 제조형태는?
(2) 밸브의 각인 기호는?
(3) 이 용기가 의료용으로 쓰일 때의 색상은?
(4) Fp＝15MPa이면 Tp(MPa)의 값은?
(5) 상태나 연소성 별로 구분 시 해당되는 가스의 종류는?

해답 (1) 무이음용기
(2) PG : 압축가스를 충전하는 용기의 부속품
(3) 백색
(4) 25MPa
(5) ① 상태별 : 압축가스   ② 연소성별 : 조연성 가스

문제 08 동영상의 용기에 대하여 물음에 답하여라.

(1) 용기의 제조에서 내력비의 정의는?

(2) 액화석유가스를 충전하기 위한 내용적 (①)L 이상 (②)L 미만의 강으로 만든 용접용기를 액화석유가스용 강제용기라 한다. ( )에 알맞는 숫자는?

(3) 동영상 용기에 따른 통기를 위하여 필요한 면적, 물빼기를 위하여 필요한 면적에 대하여 ( )를 채우시오.

용기의 내용적	통기의 필요면적(mm^2)	물빼기 필요면적(mm^2)
20L 이상 25L 미만	300	50
25L 이상 50L 미만	(①)	(③)
50L 이상 125L 미만	(②)	(④)

스커트 상단 또는 중간부에 통기구멍 및 물빼기구멍을 원주에 대하여 같은 간격으로 (⑤)개소 이상 설치하여야 한다.

 (1) 내력과 인장강도의 비
(2) ① 20 ② 125
(3) ① 500 ② 1000 ③ 100 ④ 150 ⑤ 3

문제 09 동영상의 갈색용기에 대하여 물음에 답하여라.

③

④

(1) 어떤 가스를 충전하는 용기인가?

(2) 허용농도 ppm을 TLV-TWA와 LC_{50}으로 구분하여 쓰시오.

(3) 충전된 가스의 중화액 2가지는?

(4) 표시된 ①의 명칭과 그때의 용융온도(℃)는?

(5) ②에서 이 가스가 누설 시 백색연기가 발생한 장면이다. 누설검지액과 그때의 반응식을 쓰시오.

(6) 이 용기밸브의 각인사항과 그 의미를 설명하시오.

(7) V(내용적) : 1200L이면 충전량(kg)은?

(8) 용기 동판의 최대두께와 최소두께는 평균두께의 몇 % 이하인가?

(9) 사진 ①, 사진 ③에서 표시하는 도형을 ④에서 1, 2, 3, 4, 5 중 고르시오.

(10) 다음 [조건]으로 이 용기의 동판두께를 계산하여라. (단, 부식여유치는 법의 규정에 의한 두께로 계산한다.)

[조건]
- P(최고충전압력) : 10MPa
- D(내경) : 500mm
- S(인장강도) : 600N/mm²
- n(용접효율) : 95%
- 허용응력은 인장강도의 1/4 값이다.

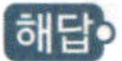 (1) Cl_2

(2) TLV−TWA : 1ppm

    LC_{50} : 293ppm

(3) 가성소다 수용액, 탄산소다 수용액

(4) 가용전식 안전밸브, 65~68℃

(5) 누설검지액 : 암모니아 수용액

    반응식 : $3Cl_2 + 8NH_3 \rightarrow 6NH_4Cl + N_2$

(6) LG : LPG 이외의 액화가스를 충전하는 용기의 부속품

(7) $W = \dfrac{V}{C} = \dfrac{1200}{0.8} = 1500kg$

(8) 10% 이하

(9) ① : 4(독성 표시)　　　③ : 2(가연성 표시)

(10) $t = \dfrac{PD}{2Sn - 1.2P} + C = \dfrac{10 \times 500}{2 \times 600 \times \dfrac{1}{4} \times 0.95 - 1.2 \times 10} + 5 = 6.83mm$

1. 염소용기의 충전상수 : 0.8
2. 부식여유치(C)

용기 종류		부식여유치(mm)
NH_3 충전용기	내용적 1000L 이하	1
	내용적 1000L 초과	2
Cl_2 충전용기	내용적 1000L 이하	3
	내용적 1000L 초과	5

3. 이음매 없는 용기 동체 최대두께와 최소두께 차이로 평균두께의 20% 이하
   용접용기의 동판의 최대두께와 최소두께는 평균두께의 10% 이하

 **문제 10** 동영상은 독성 가스의 용기이다. 이 용기에 대하여 물음에 답하시오.

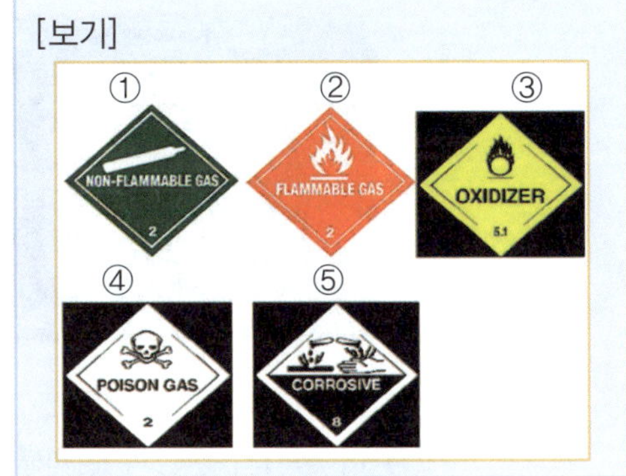

(1) 이 용기에 충전되는 가스는?

(2) 이 용기에 표시되어야 할 부분을 [보기]에서 번호로 고르시오.

(3) 이 용기에 충전되는 가스의 제조법 2가지와 그때의 반응식을 쓰시오.

(4) 이 용기밸브의 충전구와 나사형식(왼나사, 오른나사)을 답하시오.

(5) 이 용기에 충전되는 가스의 허용농도(TLV–TWA)는 몇 ppm인가?

(6) 이 용기의 내용적이 1000L일 때 부식여유치는 몇 mm인가?

해답
(1) 암모니아(NH_3)
(2) ②, ④
(3) 하버보시법($N_2 + 3H_2 \rightarrow 2NH_3$)
석회질소법($CaCN_2 + 3H_2O \rightarrow 2NH_3 + CaCO_3$)
(4) 오른나사
(5) 25ppm
(6) 1mm

해설
1. NH_3 부식여유치

내용적(L)	부식여유치(mm)
1000L 이하	1
1000L 초과	2

2. 가스의 성질표시법
- 불연성
- 가연성
- 산화성
- 독성
- 부식성

문제 11 동영상의 용기에 대하여 물음에 답하여라.

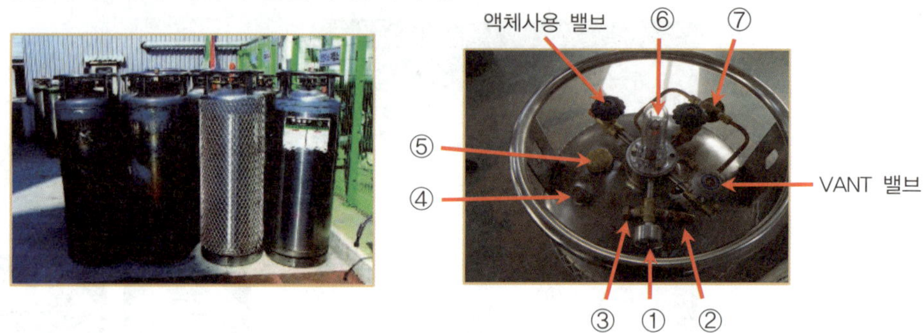

(1) 이 용기의 명칭과 정의를 쓰시오.

(2) 지시한 ①, ②, ③, ④, ⑤, ⑥, ⑦ 각각의 명칭을 쓰시오.

(3) 진공단열법의 종류를 쓰시오.

(4) 단열성능시험용 가스 3가지를 쓰시오.

해답 (1) 명칭 : 초저온용기

　　　　정의 : 섭씨 영하 50도 이하인 액화가스를 충전하기 위한 용기로써 단열재로 피복
　　　　　　　하거나 냉동설비로 냉각하여 용기 내 가스온도가 상용온도를 초과하지 아니
　　　　　　　하도록 조치한 용기

　　　(2) ① 압력계　　　② 1차 안전밸브(스프링식 안전밸브)

　　　　　③ 2차(파열판식) 안전밸브　　　④ 진공배기구　　　⑤ 외조파열판식 안전밸브

　　　　　⑥ 액면계　　　⑦ 승압조절기

　　　(3) 고진공단열법, 분말진공단열법, 다층진공단열법

　　　(4) 액화산소, 액화아르곤, 액화질소

TiP

1. 초저온용기에서 이상압력 상승 시 1차 스프링식 안전밸브가 작동하여 압력이 내려가지
   않으면 2차 파열판식 안전밸브가 작동한다.
2. 조정기의 통상 사용압력은 0.3~0.5MPa
3.

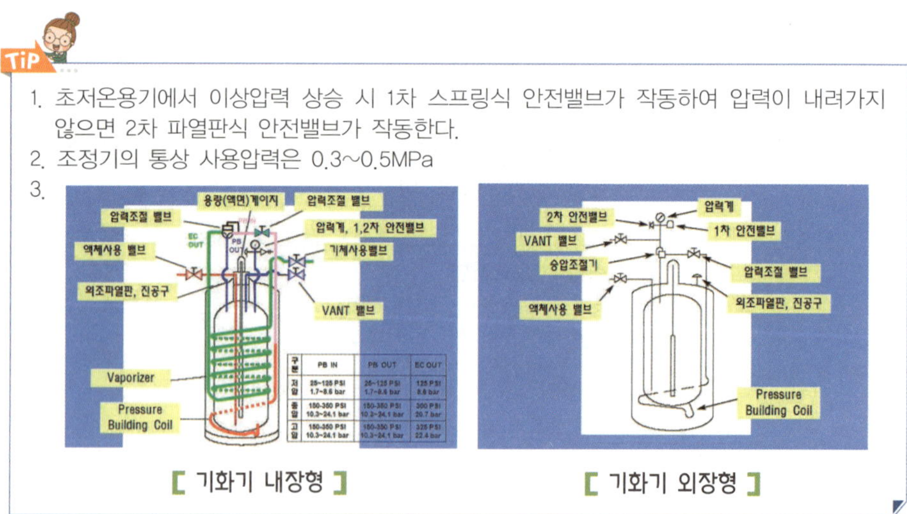

문제 12 LPG 용기 사용시설에 관한 내용이다. 물음에 답하여라.

(1) 2개 이상의 용기를 집합 LPG를 저장하기 위한 설비로서 (①), (②), (③)와 이를 접속하는 관 및 그 부속설비는 용기집합설비이다. 빈칸에 적당한 단어를 쓰시오.

(2) ②에서 LPG 사용시설의 화살표가 지시하는 ①, ②, ③, ④, ⑤, ⑥에 적당한 단어 및 숫자를 쓰시오.

(3) LPG 사용시설에 대한 소비설비의 정의이다. 빈칸에 적당한 단어를 쓰시오.

- 체적판매방법의 경우 (①) 출구에서 (②)까지 설비
- 중량판매방법의 경우 (③) 출구에서 (④)까지 설비

(4) 가스누출차단장치의 3대 요소에 대한 설명이다. 적당한 단어를 쓰시오.
  ① 누출된 가스를 검지하여 제어부로 신호를 보내는 기능
  ② 제어부로부터 보내진 신호에 따라 가스유로를 개폐하는 기능
  ③ 차단부에 자동차단신호를 보내는 기능, 차단부를 원격 개폐할 수 있는 기능 및 경보기능을 가진 것을 말한다.

(5) 수용가에 가스를 공급하기 위해 건축물에 수직으로 부착된 배관을 말하며, 가스흐름방향과 관계 없이 수직배관은 (   )으로 본다.

(6) 용기집합설비 저장능력에 따른 조치사항을 기술하시오.

① 저장능력 100kg 이하인 경우

② 저장능력 100kg 초과인 경우

(7) ③은 LPG 용기 50kg 8개가 보관, 저장능력 400kg이다. 50kg 용기 10개를 보관할 수 없는 이유를 설명하여라.

(8) LPG 사용시설의 안전확보와 정상작동을 위하여 설치하는 중간밸브에 대하여 물음에 답하여라.

> 연소기 각각에 대하여 퓨즈콕, 상자콕의 안전장치를 설치. 단, 가스소비량 (①)kcal/hr를 초과하는 연소기가 연결된 배관 또는 연소기압력 (②)kPa를 초과한 배관에는 배관용 밸브를 설치할 수 있다.

(9) 호스의 길이는 연소기까지 (①)m 이내로 하며, (②)형으로 연결하지 않는다.

(10) 저장능력에 따른 화기와의 우회거리이다. (   ) 안에 적당한 숫자는?

저장능력	우회거리(m)
1톤 미만	(①)m
1톤 이상 3톤 미만	(②)m
3톤 이상	(③)m

 (1) ① 용기   ② 용기집합장치   ③ 자동절체기

(2) ① 자동절체기   ② 차단부   ③ 트윈호스   ④ 검지부   ⑤ 30cm   ⑥ 제어부

(3) ① 가스계량기   ② 연소기   ③ 용기   ④ 연소기

TiP

공급설비

1. 체적판매 : 용기에서 가스계량기 출구   2. 중량판매 : 용기에서 연소기까지

(4) ① 검지부   ② 차단부   ③ 제어부

(5) 입상관

(6) ① 용기, 용기밸브, 압력조정기가 직사광선, 빗물에 노출되지 않도록 한다.

② 옥외에 용기보관실을 설치하고, 용기를 보관한다.

(7) 500kg 초과 시는 저장탱크 또는 소형저장탱크를 설치하여야 한다.

TiP

용기보관실의 설치

시장, 군수, 구청장이 저장탱크, 소형저장탱크 설치가 곤란하다고 인정한 방호벽을 설치하거나 안전거리를 유지하는 경우 500kg 초과하는 용기보관실을 설치할 수 있다.

(8) ① 19400   ② 3.3

(9) ① 3   ② T

(10) ① 2   ② 5   ③ 8

3. LPG 충전시설

 **문제 01** 동영상 LPG 저장탱크를 보고 물음에 답하여라.

(1) 이 저장탱크의 명칭은?
(2) 이 탱크를 포함하여 저장설비에 해당되는 항목 3가지를 기술하여라.

 (1) 마운드형 저장탱크
(2) 저장탱크, 마운드형 저장탱크, 소형저장탱크 및 용기

TiP

마운드형 저장탱크
액화석유가스를 저장하기 위하여 지상에 설치된 원통형 탱크에 흙과 모래를 사용하여 덮은 탱크

 **문제 02** 동영상을 보고 물음에 답하여라.

(1) 이 탱크의 명칭은?
(2) 저장능력은?

(3) 동일장소에 설치하는 탱크의 수는 몇 기 이하이며, 충전질량의 합계는 몇 kg 미만인가?

(4) 이 탱크의 안전밸브에 설치하는 배관은?

(5) 이 탱크의 가스방출관 방출구의 위치는?

(6) 탱크설치 시 바닥이 지면보다 몇 cm 이상 높게 설치된 콘크리트 바닥 위에 설치하여야 하는가?

해답
(1) 소형저장탱크
(2) 3톤 미만
(3) 6기 이하 5000kg 미만
(4) 가스방출관
(5) 지면에서 2.5m 이상 탱크 정상부에서 1m 중 높은 위치
(6) 5cm

4. 안전밸브의 가스방출관

1. 가스방출관의 방출구 방향 : 수직 상방향
2. 안전밸브 규격에 따라 수평거리 이내 장애물이 없는 곳으로 분출하는 구조
3. 가스방출관 끝에는 빗물이 유입되지 않도록 캡을 설치, 캡은 방출가스흐름에 방해되지 않도록 설치
4. 가스방출관 하부에는 드레인밸브 설치(단, 안전밸브에 드레인 기능이 내장 시는 설치하지 않을 수 있다.)

문제 01

안전밸브 가스방출관의 호칭지름에 가스방출 수평거리(m)에 대한 내용이다.
( )에 적당한 수평거리(m)를 쓰시오.

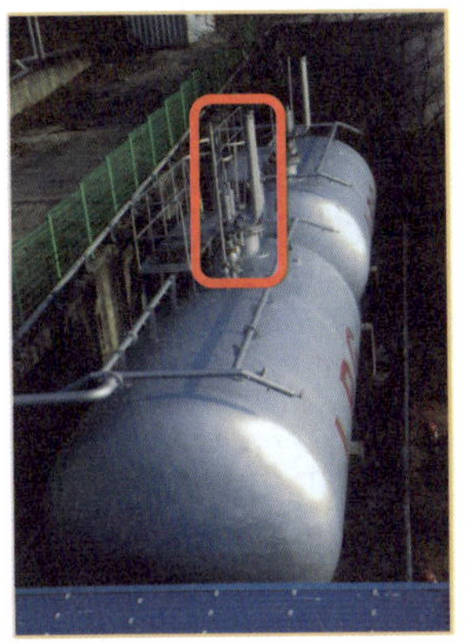

호칭지름(A)	수평거리(m)
15A 이하	(①)m
15A 초과 20A 이하	(②)m
20A 초과 25A 이하	(③)m
25A 초과 40A 이하	(④)m
40A 초과	2m

해답 ① 0.3　② 0.5　③ 0.7　④ 1.3

문제 02

LPG 충전시설의 가스누출경보기의 검지부이다. 경보기의 검지부는 가스설비 중
누출이 쉬운 설비 주위에 설치하여야 하는데 그 설비의 (1) 종류 4가지 이상을 쓰
고, (2) 설치하지 않는 장소를 4가지 쓰시오.

해답 (1) 설치장소
　　　① 저장탱크　　② 마운드형 저장탱크　　③ 소형저장탱크
　　　④ 충전설비　　⑤ 로딩암　　　　　　　⑥ 압력용기
　　(2) 설치하지 않는 장소
　　　① 증기, 물방울, 기름기 섞인 연기 등 직접 접촉될 우려가 있는 곳
　　　② 주위온도 또는 복사열에 따른 온도가 40℃ 이상이 되는 곳
　　　③ 설비 등에 가려져 노출가스의 유동이 원활하지 못한 곳
　　　④ 차량, 그 밖의 작업 등으로 경보기가 파손될 우려가 있는 곳

문제 03 LPG 충전시설에 대하여 다음 물음에 답하시오.

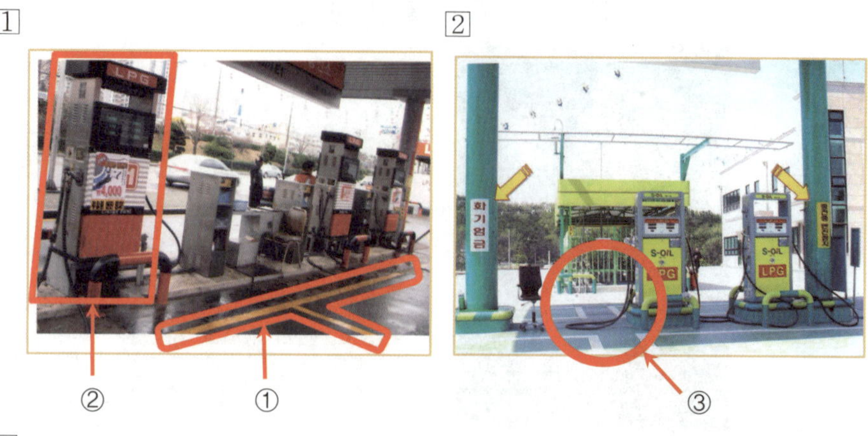

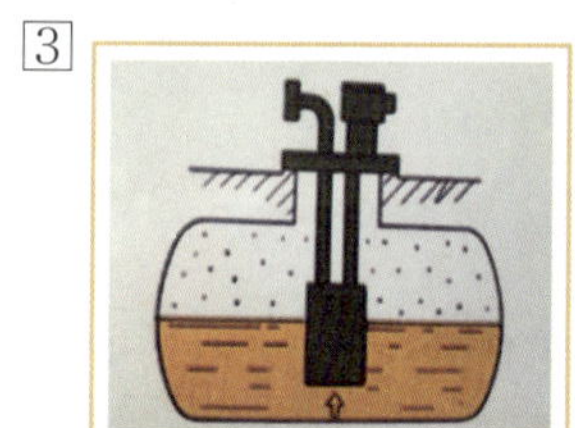

(1) LPG 충전시설 중 저장설비 외면에서 사업소 경계까지 저장능력에 따른 유지하여야 할 거리이다. 빈칸에 알맞은 숫자를 쓰시오.

저장능력	사업소 경계와의 거리(m)
10톤 이하	24
10톤 초과 20톤 이하	(①)
20톤 초과 30톤 이하	(②)
30톤 초과 40톤 이하	(③)
40톤 초과 200톤 이하	(④)
200톤 초과	39

(2) 충전시설 중 충전설비는 그 외면으로부터 사업소 경계까지 몇 m 이상 유지하여야 하는가?

(3) 표시된 ①, ②가 지시하는 부분이 무엇인지 쓰시오.

(4) 충전기는 사업소 도로가 접한 경우 충전기 외면에서 가까운 도로 경계선까지 몇 m 유지하여야 하는가?

(5) 자동차에 고정된 탱크 이입이 충전장소에는 정차위치를 지면에 표시, 정차위치 중심에서 사업소 경계까지 거리는 몇 m인가?

(6) 지면에 표시된 정차위치 중심은 사업소 경계가 도로에 접한 경우 그 중심에서 도로 경계선까지 몇 m 유지하여야 하는가?

(7) ③의 길이는?

(8) ③에 설치된 장치 및 역할은?

(9) 충전시설에 화기엄금과 충전 중 엔진정지의 바탕색과 글자색은?

(10) 저장능력 30t인 LPG 충전시설 중 저장설비 내 영상 ③과 같은 시설이 있는 경우 사업소 경계와의 거리(m)는?

해답 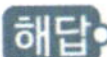
(1) ① 27　　② 30　　③ 33　　④ 36
(2) 24m
(3) ① 주정차선　　② 디스펜스
(4) 4m
(5) 24m
(6) 4m
(7) 5m 이내
(8) • 장치 : 세이프티커플링
　　• 역할 : 충전호스에 과도한 인장력이 걸렸을 때 충전호스와 가스주입기가 분리되는 역할
(9) • 화기엄금 : 백색바탕에 적색글씨
　　• 충전 중 엔진정지 : 황색바탕에 흑색글씨
(10) 30×0.7＝21m

KGS Fp 332 p12

1. 저장설비를 지하에 설치하거나 지하에 설치된 저장설비 안에 액중 펌프를(영상 ③) 설치한 경우에는 저장능력별 사업소 경계거리에 0.7을 곱한 거리 이상을 유지할 것

2. LPG 저장탱크에 의한 사용시설에서 저장탱크와 사업소 경계까지 유지하여야 할 거리 및 판매사업, 집단공급사업, 저장설비충전사업자 영업소에 설치하는 용기저장소 외면으로부터 사업소 경계까지 유지하여야 할 거리(단, 지하는 규정거리의 1/2로 유지)

저장능력	사업소 경계와의 거리
10톤 이하	17m
10톤 초과 20톤 이하	21m
20톤 초과 30톤 이하	24m
30톤 초과 40톤 이하	27m
40톤 초과	30m

3. 세이프티커플링
   • 제조기술상 연결상태에서 분리될 수 있는 압력 : 2.7~3.3MPa
   • 연결상태에서 법의 규정속도로 당겼을 때 분리되는 힘 : 490.4~588.4N
   • 분리결함을 60회 이상 반복작동 후 공기, 불활성 등으로 누설여부를 판단하는 Ap : 1.8MPa

문제 04 동영상의 액화석유가스의 자동차충전시설 기준에 대하여 물음에 답하여라.

(1) 지시하는 ①의 명칭과 설치면적의 기준을 쓰시오.

(2) 화기엄금의 ① 규격과 ② 통제구역의 글자색, ③ 설치수량을 쓰시오.

(3) LPG 충전사업소의 ① 규격과 ② 설치수량, ③ 게시위치를 쓰시오.

해답 (1) ① 캐노피, 설치면적 : 공지면적의 1/2 이하
(2) ① 가로×세로 : 150cm×40cm 이상
② 청색
③ 3개소 이상
(3) ① 가로×세로 : 200cm×50cm 이상
② 2개소 이상
③ 사업장 출입구

TiP

LPG 판매사업소의 화기엄금 표시
1. 규격 : 60cm×30cm 이상
2. 글자크기 : 세로 10cm 이상
3. 색상 : 적색바탕, 흰색글씨
4. 수량 : 2개소 이상
5. 게시위치 : 사업소 출입구

문제 05 동영상 LPG 자동차 충전소의 충전호스에 대하여 물음에 답하여라.

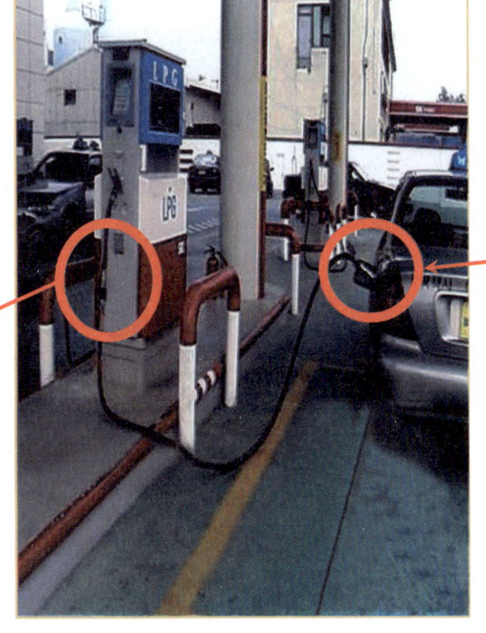

(1) 지시부분 ①, ②에 설치된 가스기구의 명칭과 역할을 설명하여라.
(2) 이 충전호스의 길이는 몇 m 이내인가?

해답 (1) ① 세이프티커플링 : 충전호스에 과도한 인장력이 가해졌을 때 충전기와 충전호스
　　　　　가 분리되는 역할
　　　　② 퀵카플러 : 가스호스를 원터치로 탈착이 가능하도록 하는 가스기구. 가스압력이
　　　　　3.3kPa 이하인 도시가스 또는 액화석유가스용 연소기와 콕을 안지름 9.5mm인
　　　　　호스로 실내에서 접속할 때 사용되는 것
　　　(2) 5m 이내

문제 06 동영상 LP가스 충전시설 기준에 대한 내용이다. 물음에 답하여라.

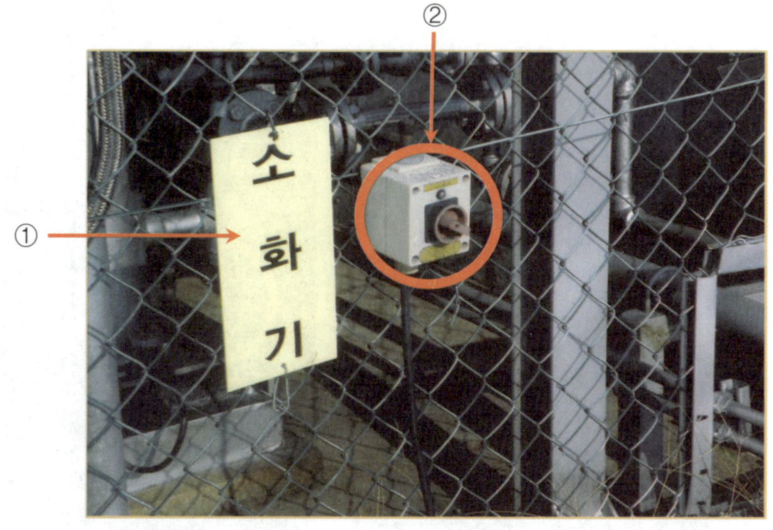

(1) 지시하는 ①의 규격을 쓰시오.

(2) 지시하는 ②의 기기명칭은?

(3) ②의 시설에서 저장탱크 가스설비 기계실 등으로부터 유지하여야 할 수평거리(m)는?

(4) 차량에 고정된 탱크 및 배관의 정전기 제거 조치기준 3가지를 쓰시오.

해답 (1) 가로×세로 : 15cm×30cm 이상

(2) 명칭 : 방폭형 접속금구

(3) 8m 이내

(4) ① 접지선은 단선이 아닌 단면적 $5.5mm^2$ 이상이어야 한다.

② 접지저항치는 총합 100Ω 이하, 피뢰설비가 있는 경우 10Ω 이하이어야 한다.

③ 접속금구가 위험장소에 있는 때는 방폭구조여야 한다.

 **문제 07** 다음 동영상의 저장탱크를 보고 물음에 답하여라.

① 

② 

(1) 동영상 ①을 보고 답하시오.
　① 탱크로리로 가스를 충전 시 이격거리는 몇 m인가?
　② 동영상에서 철망의 경계책 높이는 몇 m 이상인가?
　③ 이 탱크에 부착된 밸브의 종류 3가지와 계기류 3가지를 쓰시오.
　④ 지시된 부분의 명칭을 쓰고, 탱크 정상부 높이가 3.5m일 때 이 부분의 최정상 높이는 지면에서 몇 m 이상이 되어야 하는가?

(2) 동영상 ②를 보고 답하시오.
　① 지시부분의 명칭은?
　② LP가스가 주로 사용되는 액면계의 종류를 지상탱크, 지하탱크로 구분하여 답하시오.
　③ 인화 중독의 우려가 없는 곳에 사용되는 액면계의 종류 3가지를 쓰시오.
　④ 액면계의 파손을 방지하기 위하여 하는 조치를 기술하시오.

해답 (1) ① 3m 이상
　　　② 1.5m 이상
　　　③ 밸브의 종류 : 안전밸브, 긴급차단밸브, 드레인밸브
　　　　 계기류의 종류 : 액면계, 압력계, 온도계
　　　④ 가스방출관, 5.5m 이상
　(2) ① 클린카식 액면계
　　　② 지상 : 클린카식 액면계
　　　　 지하 : 슬립튜브식 액면계
　　　③ 슬립튜브식 액면계, 고정튜브식 액면계, 회전튜브식 액면계
　　　④ 액면계의 상하 배관에 자동 또는 수동식 스톱밸브를 설치한다.

문제 08

동영상은 고정식 압축도시가스 충전소에서 충전기에 설치되어 있는 ① 보호대의 높이, ② 두께와 재질에 대하여 기술하시오.

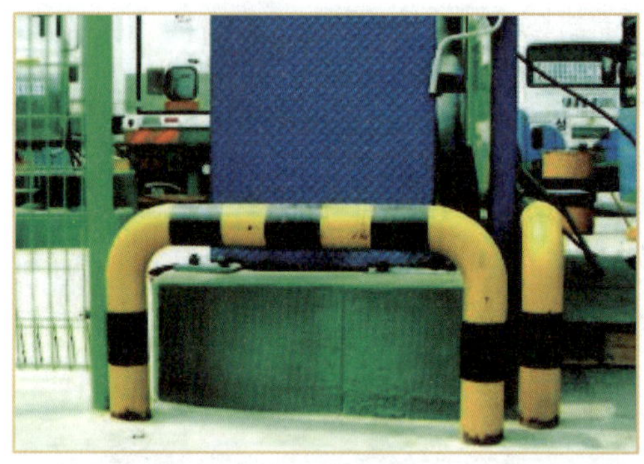

해답 ① 80cm 이상
② 12cm 이상 철근콘크리트재 100A 이상 강관재

문제 09

동영상은 LPG 용기에 LPG를 충전하는 회전식 충전기이다. 다음 물음에 답하시오.

(1) 이 충전기에 주로 충전되는 가스의 종류는?
(2) 저장설비와 가스설비 외면으로부터 화기취급장소까지 우회거리(m)는?
(3) 누출가연성 가스와 화기취급장소까지 유동하는 것을 방지하기 위한 내화성의 벽 높이(m)는?
(4) 화기를 사용하는 장소가 불연성 건축물 안에 있는 경우 저장설비 및 가스설비로부터 수평거리 8m 이내에 있는 건축물의 개구부에 하여야 하는 조치는?

해답 (1) C_3H_8 (2) 8m 이상   (3) 2m 이상
(4) 방화문이나 망입유리를 사용하여 폐쇄, 사람이 출입하는 출입문은 2중문으로 한다.

문제 10 동영상에서 지시하는 부분에 대해서 물음에 답하여라.

(1) 동영상에서 지시하는 장치의 명칭은?

(2) 조작위치는 해당 시설물의 외면으로부터 이격거리(m)는?

(3) 이 장치를 설치하여야 되는 장소는?

(4) 저장탱크 표면적 $1m^2$당 전표면 분무수량(L/min)은?

(5) 준내화 저장탱크인 경우 표면적 $1m^2$당 분무수량(L/min)은?

(6) 살수관식으로 설치하여야 하는 조치는?

(7) 확산판식으로 설치 시 확산판의 부착위치는?

(8) 소화전의 ① 호스끝 수압(MPa), ② 방수능력(L/min), ③ 해당 저장탱크 외면에서 이내거리(m)를 쓰시오.

(9) 이 장치에 연결된 입상배관에 설치하여야 하는 ① 밸브와 ② 그 이유를 쓰시오.

해답
(1) 살수장치

(2) 5m 이상

(3) 저장탱크, 그 받침대 저장탱크에 부속된 펌프압축기 등이 설치된 가스설비실 및 자동차에 고정된 탱크의 이입·이충전 장소

(4) 5

(5) 2.5

(6) 배관에 직경 4mm 이상의 다수의 작은 구멍을 뚫거나 살수노즐을 배관에 부착

(7) 살수노즐 끝

(8) ① 0.25
　　② 350
　　③ 40

(9) ① 드레인밸브
　　② 겨울철 동결방지

살수장치의 분무 시 보유하여야 할 수량 계산
저장탱크 직경 3m, 길이 5m인 경우

저장탱크 표면적 $= \dfrac{\pi}{4}D^2 \times 2 + \pi DL$이므로

$\dfrac{\pi}{4} \times (3\text{m})^2 \times 2 + \pi \times 3\text{m} \times 5\text{m} = 61.261\,\text{m}^2$

$\therefore \ 61.261 \times 5\text{L/min} \times 30\text{min} = 9189.1585\text{L} = 9.189\text{m}^3 = 9.19\text{m}^3 = 9.19\text{ton}$

문제 11 동영상의 LPG 저장탱크에 설치된 물분무장치에 대하여 물음에 답하여라.

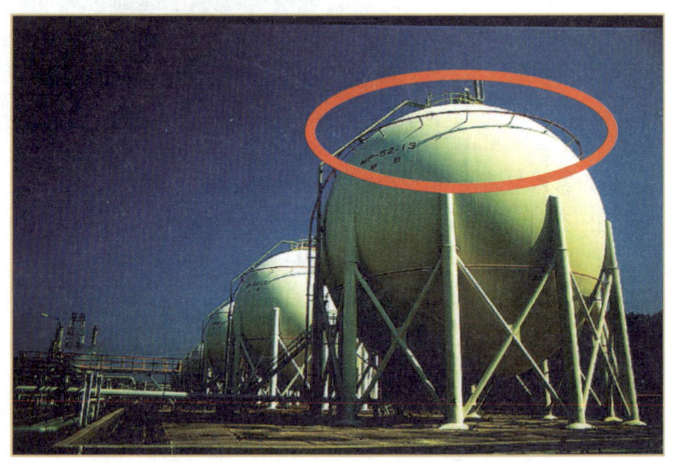

(1) 이 장치를 설치하지 않아도 되는 경우를 기술하시오.

(2) 다음의 경우 적당한 숫자를 기입하시오.

구분			분무량(L/min)
두 LPG 탱크가 인접한 경우 또는 LPG 저장탱크와 산소저장탱크가 인접한 경우	1m 또는 인접한 저장탱크의 최대지름의 1/4을 m단위로 표시한 거리 중 큰쪽과 거리를 유지하지 못한 경우	전표면	(①)
		준내화구조	(②)
		내화구조	(③)
	두 저장탱크 최대직경을 합산한 길이의 1/4을 유지하지 못한 경우	전표면	(④)
		준내화구조	(⑤)
		내화구조	(⑥)
소화전	호스끝 압력(MPa)		0.35MPa
	방수능력(L/min)		400L/min

(3) 물분무장치의 조작위치는 몇 m 이상인가?

(4) 물분무장치가 없을 때 탱크의 직경 ① 1m, 2m인 경우 두 저장탱크와 ② 4m, 6m인 경우 두 저장탱크의 이격거리는?

(5) 인접탱크 거리가 1m 또는 인접저장탱크의 최대지름의 1/4을 m 단위로 표시한 거리 중 큰쪽과 거리를 유지하지 못한 경우 전 표면에 방사할 수 있는 수원의 양 (ton)은? (단, 탱크 수량은 2개, 탱크는 구형이며, 외경 5m, 내경 4.8m이다.)

해답 (1) 두 저장탱크 최대직경을 합산한 길이의 1/4의 길이가
① 1m 이상인 경우 : 최대지름을 합산한 1/4 이상의 길이 만큼의 거리를 유지한 경우
② 1m 미만인 경우 : 1m 이상의 거리를 유지한 경우

(2) ① 8 ② 6.5 ③ 4 ④ 7 ⑤ 4.5 ⑥ 2

(3) 15m 이상

(4) ① $(1+2) \times \dfrac{1}{4} = 0.75\text{m}$이므로 1m 이상 유지

② $(4+6) \times \dfrac{1}{4} = 2.5\text{m}$이므로 2.5m 이상 유지

(5) 표면적$(A) = 4\pi R^2 = 4 \times \pi \times (2.5\text{m})^2 = 78.5398\text{m}^2$
$\therefore\ 78.5398\text{m}^2 \times 8\text{L/min} \cdot \text{m}^2 \times 30\text{min} \times 2 = 37699.1184\text{L} = 37.699\text{m}^3 = 37.70\text{ton}$

TiP

1. 구형 탱크 표면적 $= 4\pi R^2$
   여기서, R : 외경의 반지름
2. 원통형 탱크 표면적 $= \dfrac{\pi}{4}D^2 \times 2 + \pi DL$
   여기서, D : 탱크직경, L : 탱크길이

참고

인접탱크 거리가 두 저장탱크 최대직경을 합산한 길이의 1/4을 유지하지 못한 경우
$D = 2\text{m}$, $L = 5\text{m}$일 때
원통형 저장탱크 준내화구조의 표면적의 분무량(ton)을 계산(탱크 기수가 4기일 때)
$A = \left\{ \dfrac{\pi}{4} \times (2\text{m})^2 \times 2 + \pi \times (2\text{m}) \times 5\text{m} \right\} \times 4 = 150.796\text{m}^2$
$\therefore\ 150.796\text{m}^2 \times 4.5\text{L/min} \cdot \text{m}^2 \times 30\text{min} = 20357.52\text{L} = 20.357\text{m}^3 = 20.36\text{m}^3 = 20.36\text{ton}$

5. LPG 충전시설 사업소 경계표지

문제 01

동영상은 LP가스 충전소 사업장 출입구에 게시하는 경계표지이다. 이때 가로와 세로의 규격은?

해답 200cm×50cm 이상

TiP

LPG 충전사업소	1. 규격 : 200cm×50cm 이상 2. 색상 : 흰색(바탕), 적색(글자) 3. 수량 : 2개소 이상 4. 게시위치 : 사업장 출입구

문제 02

동영상은 LPG 충전시설의 기계실, 지상 저장탱크실, 경계책 외부 경계표지이다. 이 표지는 몇 개소 정도에 게시하여야 하는가?

해답 3개소 이상

TiP

기계실, 지상 저장탱크실, 경계책 외부

화기엄금 (통제구역)	1. 규격 : 150cm×40cm 이상 2. 색상 : 흰색(바탕), 적색(화기엄금), 청색(통제구역) 3. 수량 : 3개소 이상 4. 게시위치 : 기계실 출입문

문제 03 동영상의 경계표지는 LPG 자동차에 고정된 충전장소에 설치되는 경계표지이다. 다음 물음에 답하시오.

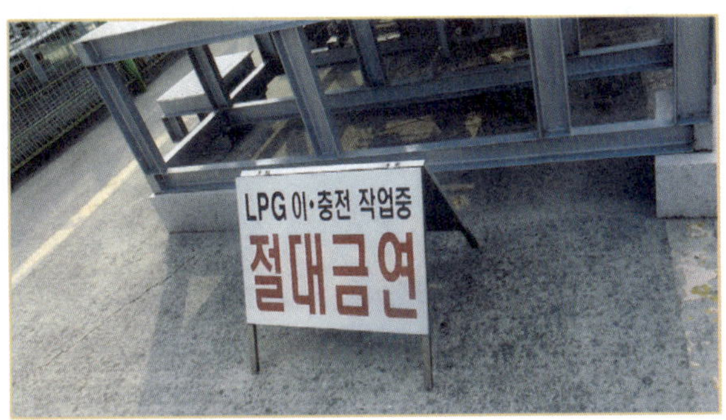

(1) 흑색으로 표시되는 문자를 구분하시오.
(2) 적색으로 표시되는 문자를 구분하시오.

해답 (1) LPG, 이·충전 작업 중
　　　　(2) 절대금연

문제 04 동영상은 LP가스 저장탱크에 설치된 하부 배관이다. 다음 물음에 답하시오.

(1) 표시된 부분의 명칭은?
(2) 설정압력은 얼마인가? (단, Tp＝3MPa이다.)

해답 (1) 스프링식 안전밸브
　　　　(2) $3 \times \dfrac{8}{10} = 2.4\text{MPa}$

문제 05 동영상은 LP가스를 충전하는 자동차에 탑재된 용기이다. 다음 물음에 답하시오.

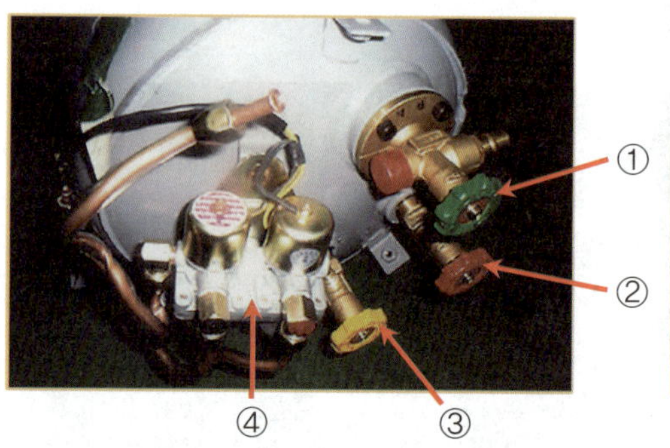

(1) 동영상에 표시된 ①, ②, ③, ④의 명칭을 쓰시오.

(2) 동영상의 ① 표시된 부분은 무엇이며, ② 이 용기에 LP가스를 충전 시 몇 % 이하로 충전하여야 하는가?

해답 (1) ① 충전밸브 ② 액상송출밸브 ③ 기상송출밸브 ④ 긴급차단 솔레노이드밸브
(2) ① 과충전방지장치 ② 85% 이하

문제 06 다음 동영상은 LPG 탱크에 설치되어 있는 장치이다. 다음 물음에 답하시오.

(1) 장치의 명칭을 쓰시오.
(2) 기능을 쓰시오.
(3) 이 장치를 사용할 때의 장·단점을 한 가지씩 쓰시오.

해답 (1) 지상형 논실펌프
(2) LPG 탱크의 흡입배관으로 LPG를 흡입, 디스펜스 또는 용기충전기에 송출
(3) 장점 : 소음진동이 적다. 펌핑압력이 일정하다.
　　단점 : 가격이 고가이다.

보충설명 저장탱크의 LPG를 지상형 논실펌프를
이용하여 디스펜스로 이동

문제 07 동영상은 자동차에 고정된 탱크에 가스를 이입할 수 있도록 건축물 외부에 설치된 로딩암이다. 물음에 답하시오.

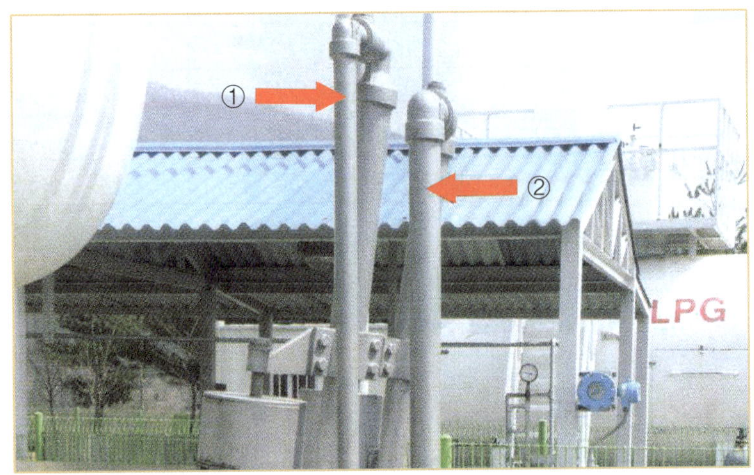

(1) 표시된 ①, ②를 액체수송관, 기체수송관으로 구분하여라.
(2) 로딩암을 건축물 내부에 설치 시의 조건을 기술하여라.

해답 (1) ① 기체관
　　　② 액관
(2) 건축물의 바닥면에 접하여 환기구를 2방향 설치하고, 환기구면적의 합계는 6% 이상으로 한다.

문제 08 LPG 저장탱크를 지하에 설치하는 경우 다음 물음에 답하시오.

(1) 저장탱크실 천장 · 벽 · 바닥의 두께(cm)와 구조는?

(2) 저장탱크실의 재료와 시공방법은?

(3) 지하저장탱크실 재료 규격표에 대하여 빈칸을 채우시오.

항목	규격
굵은 골재의 최대치수	25mm
설계강도	(①)MPa
슬럼프	120~150mm
공기량	(②)% 이하
물－시멘트 비	(③)% 이하

해답 (1) 30cm 이상, 방수조치를 한 철근콘크리트구조
　　　 (2) ① 재료 : 레드믹스 콘크리트
　　　　　　 ② 시공방법 : 수밀성 콘크리트
　　　 (3) ① 21
　　　　　 ② 4
　　　　　 ③ 50

문제 09 LPG 지하저장탱크 설치 시 도면을 보고 물음에 답하시오.

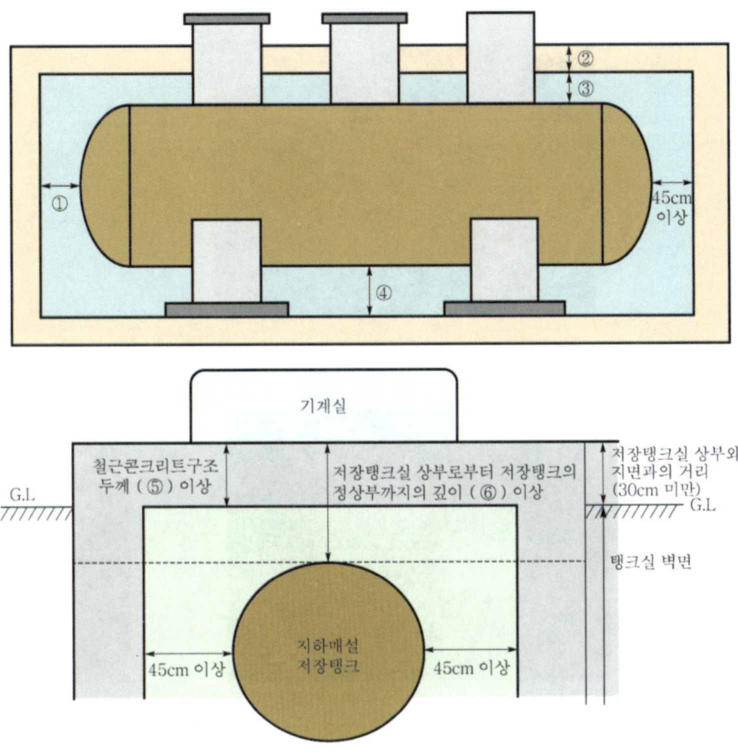

(1) ①, ②, ③, ④, ⑤, ⑥의 이격거리(cm)를 쓰시오.
(2) 저장탱크 2개를 인접설치 시 상호간의 거리는?
(3) 저장능력이 30톤인 지하 LPG 저장탱크 점검구의 개수는?
(4) 점검구의 설치위치는?
(5) 사각형 점검구의 규격은?
(6) 원형 점검구의 규격은?

 **해답** (1) ① 45 이상　② 30 이상　③ 30 이상
　　　　 ④ 60 이상　⑤ 30 이상　⑥ 60 이상
(2) 1m 이상
(3) 2개소
(4) 저장탱크 측면 상부의 지상에 설치
(5) 0.8m×1m 이상
(6) 직경 0.8m 이상

TiP
점검구 저장능력 20t 이하는 1개, 20t 초과는 2개

문제 10 LPG 지하저장탱크의 상부이다. 다음 물음에 답하시오.

(1) 동영상 ①에서 ①, ②, ③의 밸브 명칭을 쓰시오.

(2) 동영상 ①에서 ④가 지시하는 부분의 명칭과 용도를 쓰시오.

(3) 동영상 ②에서 지시부분 ①, ②의 명칭과 직경 및 설치개소는?

(4) 동영상 ③에서 지시 부분의 명칭은?

해답 (1) ① 릴리프밸브 ② 긴급차단밸브 ③ 역지밸브

(2) ① 명칭 : 맨홀

② 용도
- 정기검사 시 개방하여 탱크 내부 이상유무 검사
- 탱크의 수리 청소 시 개방

(3) ① 검지관 ② 집수관
- 집수관 직경 : 80A 이상
- 검지관 직경 : 40A 이상
- 검지관의 설치개소 : 4개소 이상

(4) 슬립튜브식 액면계

TiP

LPG 지하탱크 설치 시 집수구는 가로 30cm, 세로 30cm, 깊이 30cm 이상의 크기로 저장 탱크실 바닥면보다 낮게 설치한다.

문제 11 동영상은 LPG 저장탱크의 상부 모습이다. 다음 물음에 답하시오.

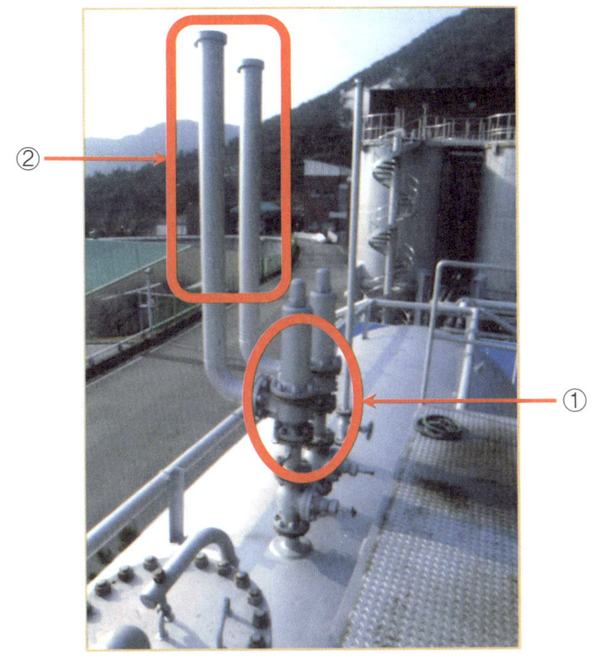

(1) 지시 부분 ①, ②의 명칭을 쓰시오.
(2) ②의 설치위치는?
(3) 저온저장탱크는 그 저장탱크의 내부압력이 외부압력보다 저하됨에 따라 그 저장
탱크가 파괴되는 것을 방지하기 위하여 갖추는 설비 3가지를 쓰시오.

해답 (1) ① 안전밸브　　② 가스방출관
　　　　(2) 지면에서 5m 탱크 정상부에서 2m 중 높은 위치
　　　　(3) ① 압력계　　② 압력경보설비　　③ 진공안전밸브

문제 12 동영상의 용기저장실을 보고 물음에 답하시오.

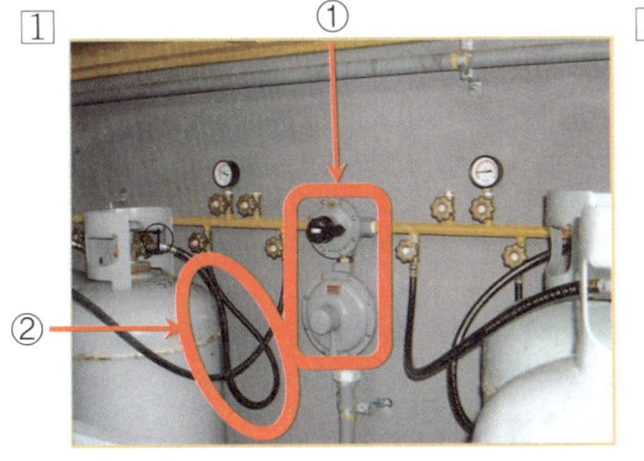

(1) ①에서 표시된 ①, ②의 명칭은?

(2) 동영상 ①, ②의 차이점은?

(3) 용기보관장소의 작업수칙에 대하여 (　)을 채우시오.

- 용기보관장소에는 (①) 등 작업에 필요한 물건 외 다른 물건을 두지 아니한다.
- 용기보관장소의 주위 (②)m(우회거리) 이내에는 화기 또는 인화성 물질이나 발화성 물질을 두지 아니한다.
- 충전용기는 항상 (③)℃ 이하를 유지하고, 직사광선을 받지 아니하도록 조치한다.
- 충전용기(내용적 (④) 이하의 것을 제외한다)에는 넘어짐 등에 의한 충격이나 밸브의 손상을 방지하는 조치를 하고, 난폭한 취급을 하지 아니한다.
- 용기보관장소에는 (⑤) 외의 등화를 휴대하고 들어가지 아니한다.
- 용기보관장소에는 충전용기와 잔가스용기를 각각 구분하여 놓는다.
- 가스누출검지기와 휴대용 손전등은 방폭형으로 한다.
- 저장설비의 외면으로부터 (⑥)m 이내의 곳에 화기를 취급하지 아니한다.

해답
(1) ① 자동교체 조정기　　② 측도관
(2) ① 자동교체방식　　② 수동교체방식
(3) ① 계량기　　② 8　　③ 40　　④ 5L　　⑤ 방폭형 휴대용 손전등　　⑥ 8

해설 조정기

구분		세부내용
역할		① 용기 내 압력과 관계없이 연소하기에 알맞은 압력으로 감압하여 공급한다. ② 가스소비량의 변화에 대응공급압력을 변화시키고 소비중단 시 차단(공급압력조정, 안정된 연소)
고장 시 영향		① 누설　　② 불안전 연소
감압 방식	1단 감압식	용기 내 압력을 소요압력까지 한번에 감압하는 방식 [장점] - 장치가 간단하다. 　　　- 조작이 간단하다. [단점] - 배관이 굵어진다. 　　　- 최종압력에 정확을 기하기 어렵다.
	2단 감압식	용기 내 압력을 소요압력보다 높은 압력으로 감압한 다음 소요압력까지 감압하는 방식 [장점] - 공급압력이 안정하다. 　　　- 중간배관이 가늘어도 된다. 　　　- 배관의 입상에 의한 압력강하를 보정할 수 있다. 　　　- 각 연소기구에 알맞은 압력으로 공급이 가능하다. [단점] - 설비가 복잡하다. 　　　- 조정기가 많이 든다. 　　　- 재액화에 문제가 있다. 　　　- 검사방법이 복잡하다.

※ 자동교체식 조정기의 장점
　- 잔액이 거의 없어질 때까지 가스를 소비할 수 있다.
　- 전체 용기 수량이 수동보다 적어도 된다.
　- 용기교환주기의 폭을 넓힐 수 있다.
　- 분리형 사용 시 단단감압식의 경우보다 압력손실이 커도 된다.

문제 13 동영상은 LPG 판매시설의 용기저장소이다. 다음 물음에 답하시오.

(1) 표시 부분은 무엇인가?

(2) 자연환기설비에 대하여 (   )에 적합한 내용을 채우시오.

> • 환기구는 바닥면에 접하고, 외기에 면하게 설치한다.
> • 외기에 면하여 설치된 환기구의 통풍가능 면적의 합계는 바닥면적 $1m^2$마다 (①)cm^2의 비율로 계산한 면적 이상으로 하고, 환기구 1개의 면적은 (②)cm^2 이하로 한다. 이 경우 환기구의 통풍가능 면적은 다음 기준에 따른다.
> • 환기구에 철망, 환기구의 틀 등이 부착될 경우 환기구의 통풍가능 면적은 그 철망, 환기구의 틀 등이 차지하는 단면적을 뺀 면적으로 계산한다.
> • 환기구에 알루미늄 또는 강판제 갤러리가 부착된 경우 환기구의 통풍가능 면적은 환기구 면적의 (③)%로 계산한다.
> • 한 방향 이상이 전면 개방되어 있는 환기구의 통풍가능 면적은 개방되어 있는 부분의 바닥면으로부터 높이 (④)cm까지의 개구부 면적으로 계산한다.
> • 한 방향의 환기구 통풍가능 면적은 전체 환기구 필요 통풍가능 면적의 (⑤)%까지만 계산한다.
> • 사방을 방호벽 등으로 설치할 경우 환기구의 방향은 (⑥)방향 이상으로 분산 설치한다.
> • 환기구는 (⑦)의 길이를 (⑧)의 길이보다 길게 한다.

(3) ① 용기보관실의 면적(m^2), ② 사무실의 면적(m^2), ③ 주차장의 면적(m^2)은?

(4) 용기보관장소와 사무실은 어떻게 설치되어야 하는가?

(5) 용기보관실 ① 출입문의 구조와 ② 가로의 길이는 몇 mm 이내인가?

(6) 용기보관실의 면적이 $38m^2$일 때 출입문 1개로 조업에 지장이 있다면 출입문의 개수는 몇 개소 이상이 되어야 하는가?

해답 (1) 자연환기설비
(2) ① 300   ② 2400   ③ 50   ④ 40   ⑤ 70   ⑥ 2   ⑦ 가로   ⑧ 세로
(3) ① 19   ② 9   ③ 11.5
(4) 동일 부지에 설치
(5) ① 강판제 방호벽   ② 출입문 가로길이 : 1800mm 이내
(6) 2개소 이상

TiP

1. 강제환기설비 설치
   자연환기설비에 따른 통풍구조를 설치할 수 없는 경우에는 다음 기준에 따라 강제통풍장치를 설치한다.
   - 통풍능력이 바닥면적 $1m^2$마다 $0.5m^3/min$ 이상으로 한다.
   - 흡입구는 바닥면 가까이에 설치한다.
   - 배기가스 방출구를 지면에서 5m 이상의 높이에 설치한다.
2. 용기보관실 면적 $19m^2$ 이상 시 1개의 출입문으로 조업 지장 시 $19m^2$당 1개의 비율로 출입문을 설치

 문제 **14**

동영상은 LP가스 용기보관실의 방폭설비이다. 다음 물음에 답하시오.

(1) 이 방폭설비의 전기스위치는 보관실 외부에 설치되는데 그 이유는 무엇인가?

(2) "긴급차단밸브" 표지의 규격(가로×세로)은?

해답 (1) 전기스위치를 내부에 설치 시 스위치 조작으로 정전기 등에 의한 안전사고가 발생할 우려가 있기 때문

(2) 15cm×30cm 이상

해설 긴급차단밸브, 소화기의 경계표지판 규격
① 규격 : 15cm×30cm 이상
② 색상 : 바탕 황색, 글자 검정색
③ 수량 : 긴급차단밸브의 조작밸브 수량
④ 소화기 비치장소 숫자와 동일 개수

문제 15

동영상 ①, ②에 대하여 물음에 답하여라.

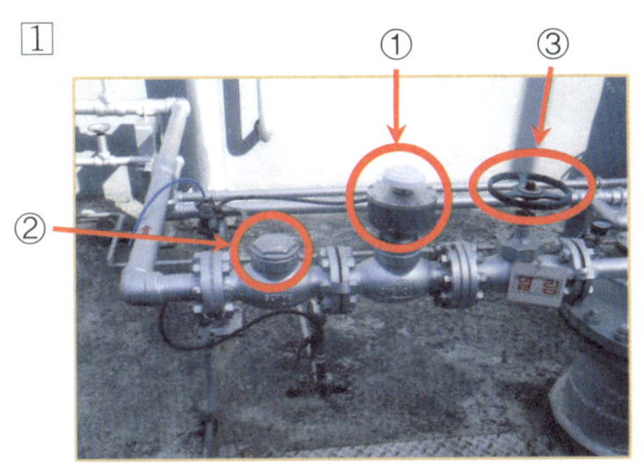

(1) 동영상 ①에서 지시하는 ①, ②, ③의 명칭을 쓰시오.
(2) 동영상 ②의 밸브는 동영상 ①의 ① 장치로부터 어느 정도 이격되어야 하는가?

해답 (1) ① 긴급차단장치　　② 역지밸브　　③ 글로브밸브
　　　　(2) 5m 이상

문제 16

동영상 ①, ②에 대하여 물음에 답하시오.

(1) 동영상 ①, ②는 LP가스를 이송하는 기구이다. 각각의 이송방법을 쓰시오.
(2) 동영상 ①, ② 이송방법의 장·단점을 쓰시오.
(3) 동영상 ①에서 지시된 부분의 ①, ②, ③ 명칭은?
(4) 동영상 ①에서 ①의 역할은?
(5) 동영상 ②의 펌프 명칭은?

해답 (1) ① 압축기에 의한 이송방법
　　　　　② 펌프에 의한 이송방법

(2)

이송방법	장점	단점
압축기	• 충전시간이 짧다. • 잔가스 회수가 용이하다. • 베이퍼록 우려가 없다.	• 재액화 우려가 있다. • 드레인 우려가 있다.
펌프	• 재액화 우려가 없다. • 드레인 우려가 없다.	• 충전시간이 길다. • 잔가스 회수가 불가능하다. • 베이퍼록의 우려가 있다.

(3) ① 사방밸브
　　② 흡입압력계
　　③ 토출압력계
(4) 탱크로리에서 저장탱크로 액가스를 이송 후 잔가스를 다시 저장탱크로 회수하는 기능
(5) 베인펌프

문제 17 동영상은 독성 액화 500톤 NH_3 저장탱크이다. 독성 가스 종류에 따른 설비의 안전거리를 계산하여라.

해답 안전거리 $= \dfrac{4(X-5)}{995+6} = \dfrac{4(500-5)}{995+6} = 1.978\text{m} \fallingdotseq 1.98\text{m}$

독성 가스 종류에 따른 설비 안전거리

구분	저장능력	안전거리(m)
가연성	5톤 이상 1000톤 미만	$\dfrac{4(X-5)}{995+6}$
	1000톤 이상	10
그 밖의 것	5톤 이상 1000톤 미만	$\dfrac{4(X-5)}{995+4}$
	1000톤 이상	8

문제 18

동영상의 방호벽에 대하여 물음에 답하여라.

종류 \ 구분	직경	배근간격 (가로×세로)	두께	높이	기타사항
철근콘크리트	9mm 이상	①	②	2000mm 이상	• 일체로 된 철근콘크리트 기초 • 기초높이 350, 되메우기 깊이 300mm 이상 • 기초두께 : 방호벽 최하부 두께의 120% 이상
콘크리트 블록제	—	400mm×400mm	③	2000mm 이상	• 블록 공동부에 콘크리트 모르타르를 채움 • 보조벽은 두께 150mm 이상 간격 3200mm 이하 본체와 직각으로 설치 • 기초높이 350mm 이상 되메우기 깊이 300mm 이상
강판제 두께 6mm 이상		1800mm 이하 간격으로 세운 지주와 용접 결속		2000mm 이상	지주는 1800mm 이하 간격으로 설치
강판제 두께 3.2mm 이상		30mm×30mm 앵글강을 가로×세로 400mm 이하 간격으로 용접 보강한 강판을 1800mm 이하 간격으로 세운 지주와 용접 결속			

해답 ① 400mm×400mm
② 120mm 이상
③ 150mm 이상

문제 19 독성 가스 누설부위를 점검하는 안전성 평가기법 중 정성적 평가기법과 정량적 평가기법을 각각 3가지 이상 쓰시오.

해답▶ ① 정성적 평가기법 : 체크리스트, 사고예방질문분석, HAZOP(위험과 운전분석), 이상위험도 분석
② 정량적 평가기법 : ETA(사건수분석), FTA(결함수분석), CCA(원인결과분석)

문제 20 동영상 ①, ②는 독성 가스 제조시설의 표지이다. 다음 물음에 답하시오.

①  ② 

(1) ①, ②의 표지 명칭을 쓰시오.
(2) 다음 빈칸을 채우시오.

표지명 \ 항목	바탕색	글자색	글자크기	적색으로 표시하는 글자	식별거리
위험	흰색	흑색	①	③	⑤
식별	흰색	흑색	②	④	⑥

해답▶ (1) ① 식별표지 ② 위험표지
(2) ① 5cm×5cm ② 10cm×10cm ③ 주의
④ 가스명칭 ⑤ 10m ⑥ 30m

 문제 21 동영상의 초저온 저장탱크에 대하여 다음 물음에 답하시오.

(1) 이 탱크에 저장할 수 있는 가스의 종류 3가지는?
(2) 내진설계로 시공을 하여야 하는 탱크의 용량은 몇 ton 이상 몇 m^3 이상의 탱크인가?
(3) 공기액화분리장치에서 제조된 가스를 이 탱크에 저장 시 ① 액화순서, ② 기화순서, ③ 비등점, ④ 임계온도를 쓰시오.
(4) 지시 부분의 명칭을 구체적으로 쓰시오.

 해답
  (1) L−O_2, L−Ar, L−N_2
  (2) 10ton 이상, 1000m^3 이상
  (3) ① 액화순서 : L−O_2, L−Ar, L−N_2
     ② 기화순서 : L−N_2, L−Ar, L−O_2
     ③ 비등점 : O_2(−183℃), Ar(−186℃), N_2(−196℃)
     ④ 임계온도 : O_2(−118.4℃), Ar(−122.4℃), N_2(−147℃)
  (4) 차압식 액면계

 TiP

내진설계 용량(고법 기준)
1. 가연성, 독성의 저장탱크 : 5ton, 500m^3 이상
2. 비가연성, 비독성의 저장탱크 : 10ton, 1000m^3 이상

6. 도시가스 정압기

 **문제 01** 동영상의 도시가스 정압기실이다. 정압기에 대하여 물음에 답하시오.

(1) 정압기(Governor)의 기능을 간단히 설명하시오.

(2) 정압기 부속설비의 정의이다. (   )에 적당한 단어를 쓰시오.

> 정압기 부속설비란 정압기실 내부의 (㉠)측(inlet) 최초밸브로부터 (㉡)측(outlet) 말단밸브 사이에 설치된 배관 가스차단장치 정압기용 필터 (㉢), (㉣) 압력기록 장치, 각종 통보설비 및 이들과 연결된 배관과 전선을 말한다.

(3) 동영상에서 지시하는 ①~⑫까지의 명칭을 쓰시오.

(4) 지시 부분 ⑩의 설치위치에 대하여 기술하시오.

(5) 정압기지, 밸브기지에는 해당 시설에 필요 설비 이외의 설비는 설치할 수 없다. 설치가능 설비를 쓰시오.

(6) 일반도시가스 사업자의 소유시설로서 가스도매 사업자로부터 공급받은 도시가스의 압력을 1차적으로 낮추기 위해 설치된 정압기는 무엇인가?

(7) 일반도시가스 사업자 소유시설로서 지구정압기 또는 가스도매 사업자로부터 공급받은 도시가스의 압력을 낮추어 다수의 사용자에게 가스를 공급하기 위해 설치하는 정압기란 어떤 종류의 정압기인가?

해답 (1) ① 도시가스 압력을 사용처에 맞게 낮추는 감압 기능
② 2차측의 압력을 허용범위 내의 압력으로 유지하는 정압 기능
③ 가스흐름이 없을 때 밸브를 완전히 폐쇄하여 압력상승을 방지하는 폐쇄 기능

TiP

정압기
정압기용 압력조정기 및 그 부속설비를 모두 포함한다.

(2) ㉠ 1차 ㉡ 2차 ㉢ 긴급차단장치 ㉣ 안전밸브
(3) ① BVI(압력온도보정장치)
② 가스계량기
③ 정압기용 필터
④ 차압계
⑤ 가스차단용 볼밸브
⑥ SSV(긴급차단장치)
⑦ 정압기(정압기용 압력조정기)
⑧ 자기압력기록계
⑨ 안전밸브
⑩ 가스방출관
⑪ 이상압력통보설비
⑫ 가스누설검지기
(4) 방출구 주위 화기 등이 없는 안전한 위치로서 지면에서 5m 이상 높이(단, 전기시설물 접촉우려가 있는 경우 3m 이상)
(5) 태양광설비 및 감압이용 발전설비 등의 안전상 위해 우려가 없는 경우 설치 가능
(6) 지구정압기
(7) 지역정압기

TiP

1. BVI(압력온도보정장치)
   주위 온도압력에 따라 실제사용량과 계량수치 차이가 생기는 오차값을 보정해 주는 장치
2. 보정값

$$V_1 = \frac{P_2 V_2 T_1}{P_1 T_2}$$

여기서, V_1 : 실제사용량, P_1 : 대기압력, P_2 : 공기압력
T_1 : 표준온도, T_2 : 현재온도, V_2 : 계량기수치(체적)

문제 02 다음 동영상은 도시가스 정압기실을 보여주고 있다. 정압기에 꼭 필요한 ①, ②, ③, ④, ⑤, ⑥, ⑦의 5대 장치를 기술하고, 설명하시오.

해답
① 계량장치(가스미터, BVI) : 가스의 체적을 측정
② 여과장치(필터, 스트레너) : 불순물을 걸러냄
③ 기록장치(자기압력기록계) : 공급하는 가스압력을 측정하여 정상압력 여부를 감시
④ 조정장치(압력조정기) : 사용자 압력에 맞게 압력을 조정
⑤ 안전장치(SSV, 긴급차단장치) : 정압기의 이상발생 등으로 출구측의 압력이 설정압력보다 이상 상승하는 경우 입구측으로 유입되는 가스를 자동차단하는 장치(복귀는 수동으로 복귀)
⑥ 안전장치(안전밸브) : 정압기의 압력이 이상 상승하는 경우 자동으로 압력을 대기 중으로 방출하기 위한 밸브
⑦ 안전장치(이상압력 통보설비) : 정압기의 출구측 압력이 설정압력보다 상승하거나 낮아지는 경우 이상유무를 상황실에서 알 수 있도록 경보음(70dB 이상) 등으로 알려주는 설비

TiP

정압기에서 상용압력
통상 사용상태에서 사용하는 최고압력으로서 정압기 출구압력이 2.5kPa 이하인 경우에는 2.5kPa를 말하며, 그 이외는 일반도시가스 사업자가 설정한 정압기의 최대출구압력을 말한다.

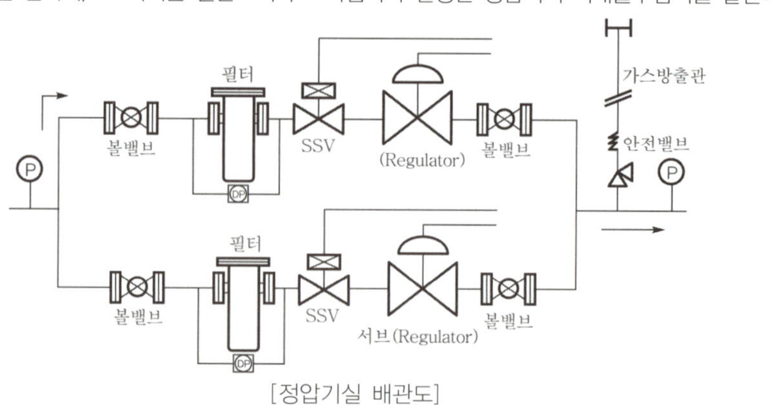

문제 03 동영상 ①, ②의 정압기실 종류를 쓰고 설명하여라.

① 

② 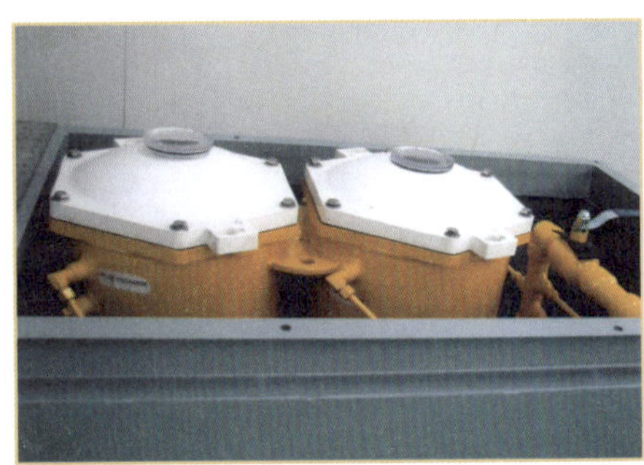

해답 
① 캐비닛형 구조의 정압기실 : 정압기 배관 및 안전장치 등이 일체로 구성된 정압기에 한하여 사용할 수 있는 정압기실로서 내식성 재료의 캐비닛과 철근콘크리트 기초로 구성된 정압기실을 말한다.

② 매몰형 정압기실 : 압력조정기 밸브, 필터, 안전장치 및 그 밖의 부품이 하나의 몸체 안에 부착하여 독립기능을 가지는 것으로 지하에 매몰되는 일체형 정압기

TiP

매몰형 정압기 압력의 조건 및 설치기준

최고입구 압력	압력의 종류				설치기준
	내압성능		기밀시험		
	입구	출구	입구	출구	
1MPa 미만	최고사용 압력의 1.5배	최대출구압력 및 최대폐쇄 압력의 1.5배	최고사용 압력의 1.1배	최대출구압력 및 최대폐쇄 압력의 1.1배	굴착공사로 인한 손상 외부 파손하중에 의한 피해를 방지하기 위하여 본체의 두께 4mm 이상 부식방지 도장을 한 격납 상자 안에 넣어 매설

문제 04 동영상의 정압기실에 설치되어 있는 SSV에 대한 내용이다. 다음 물음에 답하시오.

(1) SSV의 정의는?

(2) SSV는 2차측 압력상승 시 자동으로 1차측 가스흐름을 차단하는 장치이다. 작동 후의 복귀방식은?

(3) 작동여부는 육안으로 확인하는 구조이어야 한다. 단, 동영상과 같은 정압기의 SSV는 제외가 되는데 어떠한 기능이 내장되어 있는가?

(4) 정압기에는 전단에 SSV, 후단에 안전밸브를 설치하여야 하는데 ① 설치하지 않아도 되는 경우와 ② 이유를 기술하시오.

해답
(1) 긴급차단장치
(2) 수동복귀
(3) OPSO(긴급차단기능)
(4) ① 릴리프밸브가 설치되어 있고, OPSO(긴급차단성능)이 내장되어 있는 경우
　② 릴리프밸브와 OPSO가 내장되어 있는 경우는 긴급 시 가스를 차단하고 외부로 가스방출이 가능하며, 내장된 안전밸브는 2차 압력 감시가 가능하다.

문제 05 동영상을 보고 다음 물음에 답하시오.

① 

② 

(1) 정압기 ①, ②의 명칭은?

(2) ②의 정압기 특징 3가지를 쓰시오.

해답 (1) ① AFV(액셀플로트식) 정압기
　　　　② 피셔식 정압기
　　(2) ① 로딩형이다.
　　　　② 정특성, 동특성이 양호하다.
　　　　③ 비교적 콤팩트하다.

문제 06 동영상의 도시가스 정압기실을 보고 물음에 답하여라.

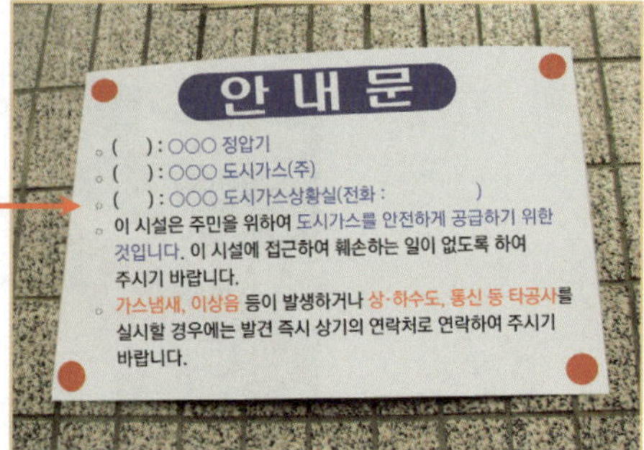

(1) 안내문 글씨의 색상 3가지는?

(2) 반드시 표시하는 3가지는?

(3) 정압기실에 설치되는 경계책의 높이는?

(4) 이 정압기실에는 경계책을 설치하지 않아도 된다. 그 이유는 무엇인가?

**해답**
　　(1) 검정, 파랑, 적색
　　(2) 시설명, 공급자, 연락처
　　(3) 높이 1.5m 이상 철책 또는 철망
　　(4) 철근콘크리트 및 콘크리트 블럭재로 설치된 지상의 정압기실이다.

TiP

경계책 설치가 필요 없는 경우의 정압기실
1. 철근콘크리트 및 콘크리트 블럭재로 지상에 설치된 정압기실
2. 도로의 지하 또는 도로와 인접하게 설치되어 사람과 차량의 통행에 영향을 주는 장소로서 경계책 설치가 부득이한 정압기실
3. 정압기가 건축물 안에 설치되어 있어 경계책을 설치할 수 있는 공간이 없는 정압기실
4. 상부 덮개에 시건조치를 한 매몰형 정압기
5. 경계책 설치가 불가능하다고 일반도시가스 사업자를 관찰하는 시장·군수·구청장이 인정하는 다음 경우에 해당하는 정압기실
   • 공원지역, 녹지지역 등에 설치된 경우
   • 그 밖에 부득이한 경우

 **문제 07** 동영상의 정압기실을 보고 물음에 답하여라.

(1) 정압기의 분해점검 고장에 대비하여 설치하여야 하는 것은?
(2) 단독사용자에게 가스를 공급 시 설치하지 않아도 되는 정압기는?
(3) 이상압력 발생 시 사용 중인 정압기가 (   )에서 기능이 자동으로 전환되어
    야 하는 정압기는?
(4) 정압기의 ① 입구측, ② 출구측 기밀시험압력은?
(5) ①의 밸브에 하여야 하는 조치는?
(6) ②의 설비 명칭과 경보음의 크기는?

 **해답** (1) 예비정압기
        (2) 예비정압기
        (3) 예비정압기
        (4) ① 최고사용압력 1.1배 이상
            ② 최고사용압력 1.1배 또는 8.4kPa 중 높은 압력 이상
        (5) 시건조치
        (6) 이상압력 통보설비 70dB 이상

 **TIP**

상기 그림에서 Ⓐ : 주정압기, Ⓑ : 예비정압기
정압기에 바이패스관을 설치 시 밸브를 설치, 그 밸브에 시건조치를 하여야 한다.

문제 08 동영상을 보고 물음에 답하여라.

① 

② 

(1) 적색 부분과 황색 부분을 구분하여라.

(2) 철근콘크리트구조의 정압기실로 시공할 때 다음 물음에 답하시오.

    ① 벽의 두께(mm)는?

    ② 철근의 직경(mm)과 배근의 간격(mm)은?

    ③ 바닥의 두께(mm)는?

해답 (1) 적색 : 1차측(중압)

      황색 : 2차측(저압)

  (2) ① 120mm

     ② 9mm, 400mm

     ③ 300mm

문제 09 동영상의 정압기실 안전밸브 분출구에 대하여 다음 물음에 답하여라.

(1) 분출부 크기에서 ( )를 채우시오.

정압기 입구측압력		분출부 크기
0.5MPa 이상		(①) 이상
0.5MPa 미만	설계유량 1000Nm^3/hr 이상	(②) 이상
	설계유량 1000Nm^3/hr 미만	(③) 이상

(2) 이상압력통보설비, 긴급차단장치, 안전밸브 설정압력에서 ( )를 채우시오.

구분		상용압력이 2.5kPa인 경우	그 밖의 경우
이상압력통보설비	상한값	3.2kPa 이하	상용압력의 (①)배 이하
	하한값	1.2kPa 이상	상용압력의 (②)배 이하
주정압기에 설치하는 긴급차단장치		(⑤)kPa 이하	상용압력의 (③)배 이하
안전밸브		4.0kPa 이하	상용압력의 (④)배 이하
예비정압기에 설치하는 긴급차단장치		4.4kPa 이하	상용압력의 1.5배 이하

해답 (1) ① 50A
　　　② 50A
　　　③ 25A
　　(2) ① 1.1
　　　② 0.7
　　　③ 1.2
　　　④ 1.4
　　　⑤ 3.6

문제 10 동영상을 보고 다음 물음에 답하시오.

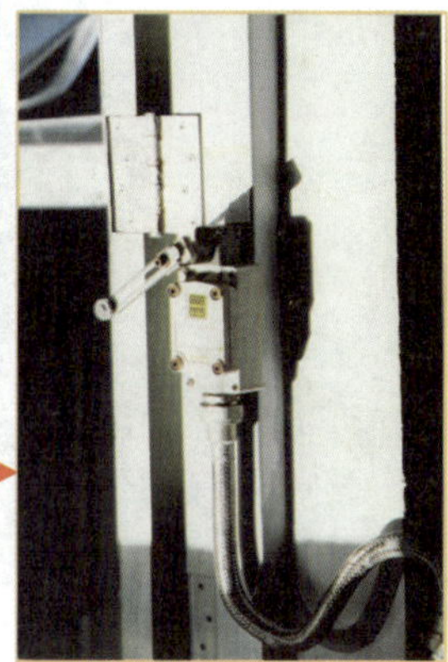

(1) 장치의 명칭과 역할을 쓰시오.
(2) 설치하지 않아도 되는 경우는?

 **해답** (1) ① 명칭 : 출입문 개폐통보장치
② 역할 : 근무자 이외 외부인이 정압기실 문을 개방 시 경보음으로 안전관리자가
상주하는 상황실에 알려주는 장치
(2) 단독사용자에게 가스를 공급하는 경우

TiP

1. 출입문 및 긴급차단장치 개폐여부
   통보장치는 출입문 개폐여부 및 긴급차단장치 개폐여부를 안전관리자가 상주하는 곳에
   통보할 수 있는 경보설비를 갖춘 것으로 한다. 단, 단독사용자에게 가스를 공급하는 정
   압기의 경우에는 출입 및 긴급차단장치, 개폐 통보장치를 설치하지 않을 수 있다.

2. 일반도시가스 제조소, 공급소 밖의 시설 기술검사기준(KGS Fs 551 p.13)
   도시가스 압력이 비정상적으로 상용 시 안전확보를 위하여(긴급차단장치·안전밸브·가
   스방출관 등)

   [안전장치 설정압력]

구분	설정압력
긴급차단장치	3.0kPa 이하
안전밸브	3.4kPa 이하

   예비구역 압력조정기를 설치하는 경우에는 예비구역 압력조정기의 긴급차단장치 및
   안전밸브 설정압력은 표에 있는 설정압력보다 0.2kPa 높게 설정할 수 있다.

3. 출입문 및 긴급차단장치 개폐통보장치(KGS Fu 551)
   정압기실에는 출입문 및 정압기출구의 압력이 이상변동하는 경우에 이를 검지하여 자동
   으로 가스를 차단하는 긴급차단밸브를 설치하고, 그 출입문의 개폐여부 및 긴급차단밸브
   의 개폐여부(기존에 설치된 긴급차단밸브로서 구조상 변경이 불가능한 경우를 제외한다)
   를 안전관리자가 상주하는 곳에 통보할 수 있는 경보설비를 갖춘다. 다만, 단독사용자에
   게 가스를 공급하는 정압기의 경우에는 출입문 및 긴급차단장치 개폐통보장치를 설치하
   지 아니할 수 있다.

문제 11 동영상은 RTU 내부이다. 다음 물음에 답하시오.

(1) RTU가 하는 역할을 기술하시오.
(2) 지시된 ①, ②, ③의 명칭을 쓰시오.
(3) ②의 역할을 쓰시오.

해답 (1) 현장의 계측기와 시스템 접촉을 위한 터미널로서 가스누설 시 경보기능(가스누설경보기), 정전 시 전원공급(UPS), 출입문 개폐감시기능(리밋스위치) 등의 기능을 가진 원격단말감시장치이다.
(2) ① 가스누설경보기
② UPS
③ 모뎀
(3) 정전 시 전원을 공급하여 정압기 시설을 정상가동하도록 하는 무정전 전원공급장치

TiP
1. RTU(Remote Teminal Unit) : 원격단말감시장치
2. UPS : 무정전 전원공급장치(정전 시 전원을 공급하는 장치)
3. 도시가스 정압기실은 정전 등에 의하여 정압기 부대설비 등에 기능이 상실되지 않도록 비상전력 등의 조치를 취하여야 함. 단, 비상전력조치를 하지 않아도 되는 설비는 조명시설, 강제통풍시설 등

문제 12 동영상의 도시가스 정압기실에 대하여 물음에 답하여라.

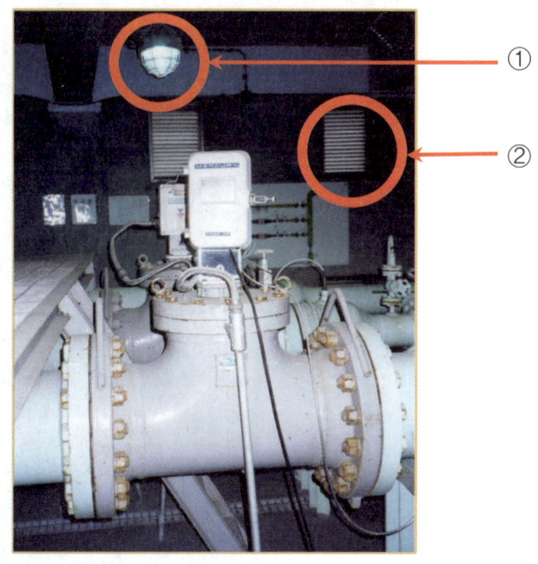

(1) ①, ②가 지시하는 부분의 명칭을 쓰시오.

(2) ①의 조명도는?

(3) 공기보다 비중이 가벼운 환기구에 대해 다음 물음에 답하시오.

　① 설치위치는?

　② 외기에 면하여 설치하는 환기구 통풍가능 면적은 바닥면적 $1m^2$당 몇 cm^2의 비율로 계산된 면적 이상으로 하는가?

　③ 1개의 환기구 면적은 몇 cm^2 이하인가?

　④ 사방을 방호벽으로 설치 시 환기구 방향의 설치방법은?

(4) 가로×세로＝3m×4m인 갤러리 타입 환기구 설치 시 환기구 통풍가능 면적은 몇 cm^2 이상인지 계산하여라. (단, 갤러리의 재료는 알루미늄재이다.)

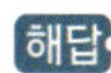 (1) ① 방폭등　② 자연환기구

(2) 150Lux

(3) ① 천장 및 벽면 상부에서 30cm 이내　　　② $300cm^2$

　③ $2400cm^2$　　　④ 2방향으로 분산 설치

(4) $A_e = A \times r = (3 \times 4)m^2 \times 0.5 = 6m^2 = 60000cm^2$

TiP

갤러리 타입 환기구 통풍가능 면적

$$A_e = A \times r$$

여기서, A : 면적, r : 개구율
갤러리 재료가 알루미늄 또는 강판재인 경우 개구율은 0.5로 계산한다.

7. 배관

동영상은 도시가스 배관의 지하매설 광경이다. 다음 물음에 답하여라.

(1) 지표면으로부터 배관의 외면까지 다음 물음에 답하시오.
　① 산과 들에서 유지하여야 할 매설깊이는?
　② 그 밖의 지역에서 매설깊이는?
(2) 상기 (1)과 같은 매설깊이를 유지하지 못했을 때 방호구조물을 설치하는 경우 다음 물음에 답하시오.
　① 철근콘크리트 방호구조물의 설치조건을 기술하시오.
　② 가스배관 외부에 콘크리트로 타설하는 경우의 설치조건을 기술하시오.

해답 (1) ① 1m 이상
　　　　② 1.2m 이상
　　(2) ① 직경 9mm 이상 철근을 가로×세로 400mm 이상으로 결속하고, 두께 120mm 이상의 구조로 한 철근콘크리트 방호구조물
　　　　② 고무판 등을 사용하여 배관의 피복 부위와 콘크리트가 직접 접촉하지 않도록 한다.

배관과 다른 시설물과 수평이격거리 및 매설깊이

구분		이격거리
배관 외면	건축물	1.5m 이상
	타 시설물	0.3m 이상
매설깊이	공동주택 부지 안	0.6m 이상
	폭 8m 이상 도로	1.2m 이상
	폭 4m 이상 8m 미만 도로	1m 이상

문제 02 배관의 매설 시 지표면으로부터 각 재료의 명칭과 이격거리를 쓰시오.

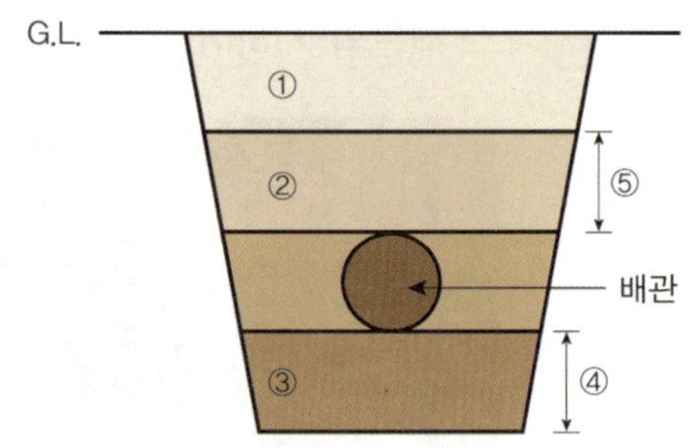

해답 ① 되메움 재료　② 침상 재료　③ 기초 재료　④ 10cm　⑤ 30cm

TiP

다짐공정 재료의 명칭	정의
되메움 재료	배관에 작용하는 하중은 분산시켜 주고 도로의 침하 등을 방지하기 위해 침상재료 상단에서 도로 노면까지 암편 굵은 돌이 포함되지 않는 양질의 흙을 포설하는 재료
침상 재료	배관에 작용하는 하중을 수직방향 및 횡방향에서 지지하고 있는 하중을 기초 아래로 분산시키기 위하여 배관 하단에서 상단까지 30cm 까지 모래, 도포 또는 흙으로 포설하는 재료

문제 03 동영상은 지하에 도시가스 배관을 매설 후 콤펙터, 래머 등으로 다짐작업을 하였다. 인력으로 다짐작업을 할 수 있는 도로의 폭은?

해답 4m 이하

문제 04 동영상의 도시가스 배관에 대하여 (   )에 적당한 단어 및 숫자를 기입하시오.

항목	세부내용
중압 이하 배관, 고압배관 매설 시	매설간격 (①) 이상 (철근콘크리트 방호구조물 내 설치 시 (②) 이상 배관의 관리주체가 같은 경우 3m 이상)
본관 공급관의 설치기준	(③)
천장 내부 바닥 벽 속에	공급관 설치하지 않음
공동주택 부지 안	0.6m 이상 깊이 유지
폭 8m 이상 도로	1.2m 이상 깊이 유지
폭 4m 이상 8m 미만 도로	1m 이상
배관의 기울기(도로가 평탄한 경우)	(④)

해답 ① 2m   ② 1m   ③ 기초 밑에 설치하지 말 것   ④ 1/500~1/1000

TiP

배관의 매설깊이

매설깊이(m)		향목
0.6m 이상		• 공동주택 부지 • 폭 4m 미만 도로 • 암반 지하매설물 등에 의한 구간으로 시장·군수· 구청장이 인정하는 구간
1.2m 이상		도로 폭 8m 이상
1m 이상		• 도로 폭 8m 이상의 저압배관으로 횡으로 분기 수 요가에게 직접 연결되는 배관 • 도로 폭 4m 이상 8m 미만
0.8m 이상		도로 폭 4m 이상 8m 미만 중 호칭경 300mm 이하 저압배관에서 횡으로 분기하여 수요가에게 직접 연 결되는 배관
배관의 기울기	도로가 평탄 시	1/500~1/1000
	도로가 기울어졌을 때	도로의 기울기에 따름

 **문제 05** 동영상 노출 도시가스 배관에 대한 설치기준이다. (   )에 적당한 숫자를 기입하시오.

구분		세부내용
노출 배관길이 15m 이상 점검통로 조명시설	가드레일	(①) 이상 높이
	점검통로 폭	80cm 이상
	발판	통행상 지장이 있는 각목
	점검통로 조명	가스배관 수평거리 (②) 이내 설치 (③)Lux 이상
노출 배관길이 20m 이상 시 가스누출경보 장치 설치기준	설치간격	(④)마다 설치 근무자가 상주하는 곳에 경보음이 전달되도록
	작업장	경광등 설치(현장상황에 맞추어)

해답 ① 0.9m   ② 1m   ③ 70   ④ 20m

TIP

도시가스 배관 파일박기 및 빼기작업
1. 항타기를 배관과 수평거리 2m 되는 곳에 설치
2. 파일을 뺀 자리는 충분히 메울 것
3. 가스배관과 수평거리 2m 이내에서 파일박기를 할 경우 사업자 입회 하에 시험굴착을 통하여 가스배관의 위치를 정확히 확인
4. 가스배관 주위 1m 이내에는 인력굴착을 실시
5. 배관을 지하매설 시 확인사항(배관의 매설깊이, 타시설물과의 이격거리)
6. 지하매설 배관 재질이 강관인 경우(T/B 위치 확인, 전기방식 시공여부 확인, 전위를 측정)

문제 06 동영상의 도시가스 사용시설에서 PE관을 노출배관으로 사용할 수 있는 경우를 기술하시오.

해답 지상배관과 연결을 위하여 금속관을 사용하여 보호조치를 한 경우로 지면에서 30cm 이하로 노출하여 시공하는 경우

문제 07 환상배관망에 설치되는 정압기 중 1개 이상의 정압기에는 다른 정압기의 안전밸브보다 작동압력을 낮게 설정하는 이유를 쓰시오. (단, 단독사용자 정압기는 제외되는 경우이다.)

해답 환상배관망으로 연결되어 있는 정압기의 경우 1개의 정압기에서 이상압력이 발생하면 연결된 모든 정압기에서 안전밸브가 작동 동시에 가스방출 우려가 있어 이상압력 시 위해 우려가 없는 안전한 장소에서 가스를 우선적으로 방출하기 위하여

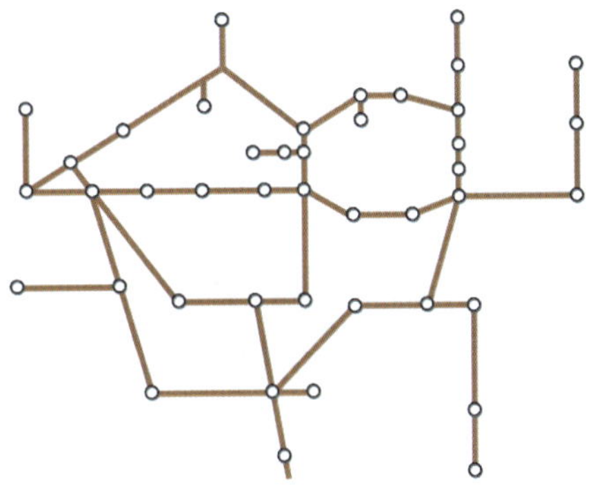

[환상배관망]

 **문제 08** 정압기실에 연결된 (1) 환상배관망의 정의를 쓰고, (2) 환상배관망을 설계하여야 하는 이유를 2가지 설명하시오.

해답 (1) 배관이 그물과 같이 복잡하게 연결된 것
(2) ① 배관의 일부분 교체 등 가스를 차단하여야 하는 경우에도 사용자에게 가스공급을 중지하지 않기 위함과 공급압력이 모든 지역에서도 일정하게 하기 위함.
② 도시가스 배관을 설치 후 그 지역에 주택인구가 증가하면 피크 시 공급압력이 저하되므로 이를 예방하기 위해 인근 배관과 연결하여 압력저하를 방지하기 위함.

 **TiP**

환상배관망		비환상배관망	
장점	단점	장점	단점
• 배관을 효율적으로 활용할 수 있다. • 누출부위와 누설정도를 파악할 수 있다. • 가스배관 압력이 지역마다 동일하다. • 광범위하게 설치할 수 있다.	• 관리가 어렵다. • 정압기 설치수가 많아진다. • 초기 비용이 많이 든다.	• 범위가 적은 구역에 사용할 수 있다. • 유지관리가 쉽고, 유지 개소가 적다.	• 누출부위 정도를 판단하기 어렵다. • 배관의 입출구 압력차가 있다. • 1대의 정압기를 사용하므로 공급 중단의 우려가 있다.

 **문제 09** 동영상의 지하 매설배관에 대하여 다음 물음에 답하시오.

(1) 배관의 굴착공사 시 협의서를 작성하는 경우 (   )의 빈칸을 채우시오.

구분	내용
배관길이	(①) 이상인 굴착공사
압력배관	중압 이상 배관이 (②) 이상 노출이 예상되는 굴착공사
긴급굴착공사	• 천재지변 사고로 인한 긴급굴착공사 • 급수를 위한 길이 100m, 너비 3m 이하 굴착공사 시 현장에서 도시가스 사업자와 공동으로 협의, 안전점검원 입회 하에 공사 가능

(2) 도로 굴착공사에 대한 배관의 손상방지 기준에 대하여 (   )의 빈칸을 채우시오.

구분	세부내용
착공 전 조사사항	도면확인(가스배관 기타 매설물 조사)
점검통로 조명시설을 하여야 하는 노출 배관길이	(①) 이상
안전관리전담자 입회 시 하는 공사	배관이 있는 (②) 이내에 줄파기 공사 시
인력으로 굴착하여야 하는 공사	가스배관 주의 (③) 이내
배관이 하천 횡단 시 주의 흙이 사질토일 때 방호구조물 비중	물의 비중 이상의 값

(1) ① 100m ② 100m
(2) ① 15m ② 2m ③ 1m

문제 10 동영상의 도시가스 배관에 대하여 물음에 답하시오.

(1) 배관의 긴급차단장치에 의하여 차단할 수 있는 구역의 설정은 수요가구 얼마 이하가 되도록 하여야 하는가?

(2) 도로와 평행하여 매설되어 있는 배관으로 가스사용자가 소유 점유한 토지에 이르는 배관으로서 호칭경 몇 mm를 초과 시 위급할 때 도시가스를 신속히 차단할 수 있는 장치를 설치하는가?

(3) 호칭경 100mm 이상 노출 도시가스 배관에서 노출부분이 100m 이상일 때 위급 시 차단할 수 있는 노출부분 양끝으로부터 30m 이내 가스차단장치를 설치 또는 몇 m 이내 원격조작이 가능한 차단장치를 설치하여야 하는가?

 (1) 20만 이하
(2) 65mm 초과
(3) 500m

설정 후 수요 가구 증가 시 25만 미만으로 할 수 있다.

문제 11 동영상은 도시가스 배관이 공급되고 있는 가스배관이다. 다음 물음에 답하시오.

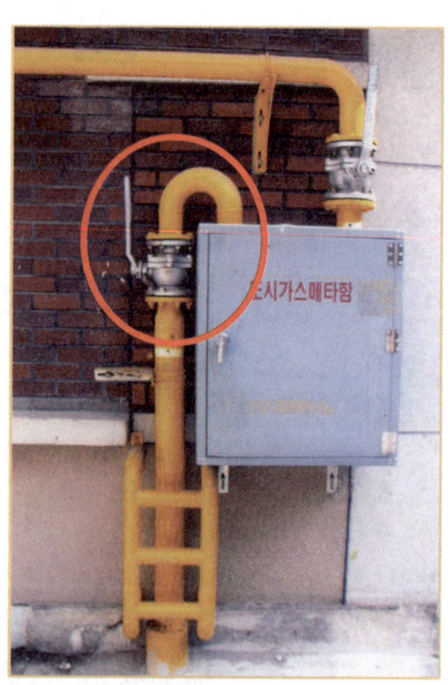

(1) 영상에서 보여주는 입상밸브의 설치높이는 지면에서 몇 m로 규정되어 있는가?
(2) 밸브 전단에 필히 설치되어야 하는 부품은 무엇인가?

(1) 설치높이 : 1.6~2m 이내
(2) 부품 : 절연 SPACER

• 지하배관에는 절연조인트를 지상배관에는 절연 스페이스를 설치하여 방식 전류의 방전을 차단한다.
• 매설관과 노출관은 전기적으로 완전히 분리시켜야 한다. 즉, 매설배관에 설치된 부식 방지 전원(MG ANODE)이 매설배관 내에만 머물도록 하여 부식을 방지하기 위함이다.

문제 12 동영상은 자기압력기록계로 도시가스 배관의 기밀시험을 하고 있다. 다음 물음에 답하시오.

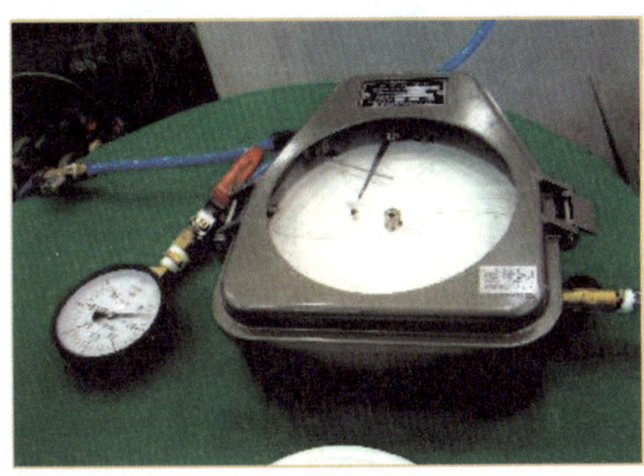

(1) 자기압력계의 역할 2가지를 쓰시오.
(2) 내용적 5m³인 중압배관을 기밀시험할 때 기밀시험 유지시간은?

해답 (1) ① 배관 내에서는 기밀시험 측정
　　　　　② 정압기실에서는 1주일간 운전상태 측정
　　　　(2) 240분

1. 배관 내용적에 따른 자기압력기록계 기밀시험 유지시간

압력 ＼ 배관 내용적	1m³ 미만	1m³ 이상 10m³ 미만	10m³ 이상 300m³ 미만
저압·중압	24분	240분	24분 × V분 (단, 1440분 초과 시는 1440분)
고압	48분	480분	48분 × V분 (단, 2880분 초과 시는 2880분)

2. 도시가스 사용시설 내용적에 따른 기밀시험 유지시간

내용적	기밀시험 유지시간
10L 이하	5분
10L 초과 50L 미만	10분
50L 초과	24분

 문제 **13** 동영상은 도시가스 매설배관의 누설검지 차량이다. 차량에 탑재된 OMD는 무엇을 뜻하는가?

[OMD 외부]

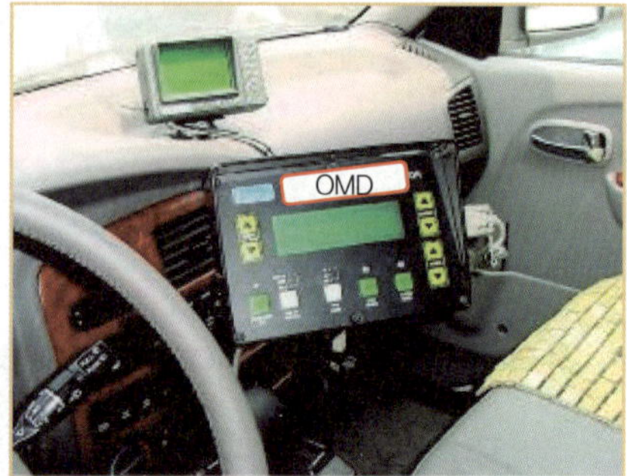

[OMD 내부]

해답▶ 광학식 메탄가스 검지기

 문제 **14** 동영상은 도시가스 매설배관의 누설검지 차량이다. 차량에 탑재된 누설검지기의 종류는?

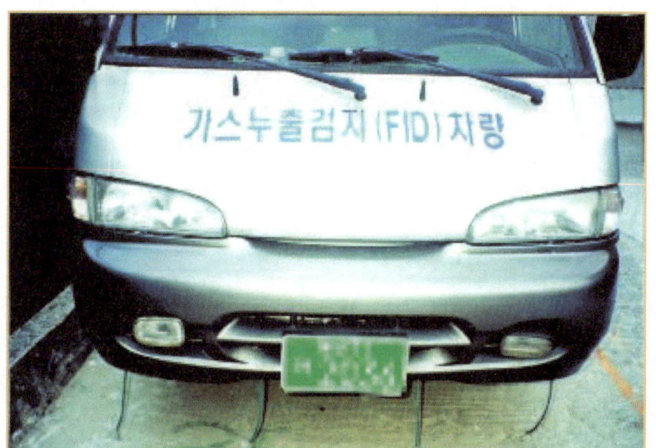

해답▶ FID 검지기

1. FID : 수소염이온화식 가스검지기
2. CH_4 계열의 가스를 검지
3. 배관의 노선을 따라 50m 간격으로 깊이 50cm 이상의 보링을 하고, 관을 이용하여 흡인한 후 가스검지기로 누출여부를 검사

문제 15 동영상 ①은 절연조인트이며, ②에서 화살표가 지시하는 부분은 지하배관 중에 설치된 절연조인트이다. 이와 같이 지하에 배관을 설치할 때 다음 물음에 답하시오.

①  ② 

(1) 절연조인트를 설치하는 목적을 쓰시오.

(2) 절연조치를 하여야 하는 설치장소 3가지를 기술하시오.

해답
(1) 배관 외부로 전류를 방출시키지 않기 위함
(2) ① 배관 등과 철근콘크리트 구조물 사이　② 배관과 강재 보호관 사이
　③ 지하에 매설된 부분과 지상에 설치된 부분과의 경계(사용자에게 공급하기 위한 배관)
　④ 배관과 지지물 사이　　　　　　　　⑤ 저장탱크와 배관 사이

보충설명 배관 외부로 전류를 방출시키지 않기 위하여 지하배관에는 절연조인트를, 지상배관에는 절연 스페이스를 설치한다.

문제 16 동영상은 지하 매설배관의 부식상태이다. 다음 물음에 답하시오.

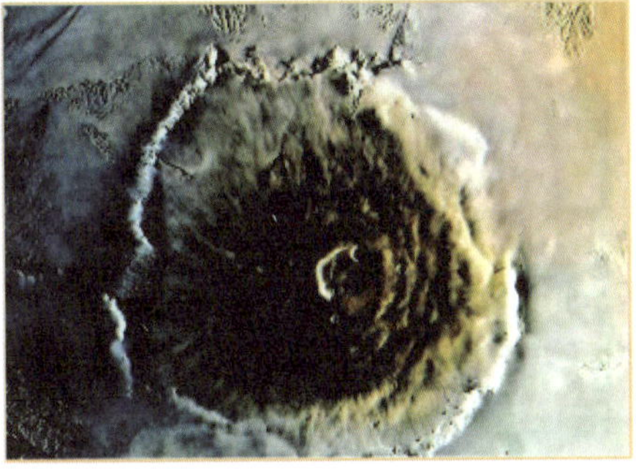

(1) 부식의 원인 5가지를 쓰시오.

(2) 방식법 4가지를 쓰시오.

해답
(1) ① 이종금속 접촉에 의한 부식　② 미주전류에 의한 부식
　③ 농염전지에 의한 부식　　　　④ 국부전지에 의한 부식
　⑤ 박테리아에 의한 부식
(2) ① 부식환경처리에 의한 방법　② 인히비터에 의한 방식
　③ 피복에 의한 방식　　　　　　④ 전기방식법

8. 밸브 및 배관 부속품

문제 01 동영상 밸브의 각인사항과 색상을 참고하여 다음 물음에 답하시오.

①

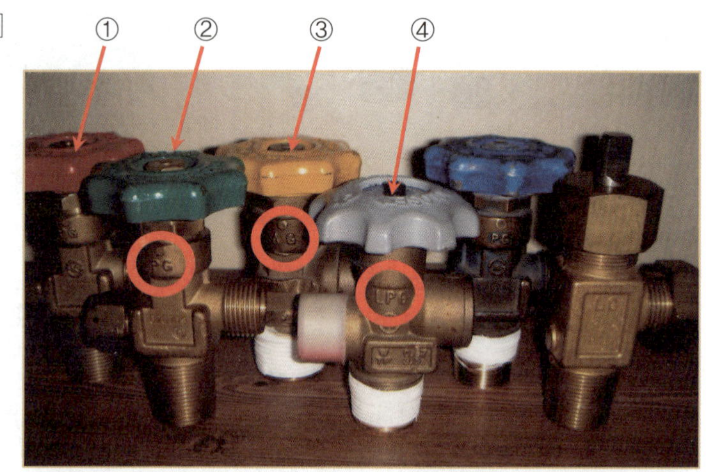

②

(1) ①, ②, ③, ④에 해당하는 가스명칭을 쓰시오.

(2) 각인되어 있는 기호의 의미를 쓰시오.

(3) 지시한 부분은 CO_2 용기의 밸브라 가정 시 각인기호 PG는 어떻게 수정되어야 하는가를 쓰고, 수정 각인기호의 의미를 쓰시오.

(4) 동영상의 각인기호 LT의 의미를 쓰시오.

해답 (1) ① 수소   ② 산소   ③ 아세틸렌   ④ 액화석유가스
   (2) PG : 압축가스를 충전하는 용기의 부속품
      AG : 아세틸렌가스를 충전하는 용기의 부속품
      LPG : 액화석유가스를 충전하는 용기의 부속품
   (3) PG → LG
      LG : LPG 이외의 액화가스를 충전하는 용기의 부속품
   (4) LT : 초저온 및 저온 용기의 부속품

 문제 **02** 동영상의 밸브 명칭을 쓰시오.

①  ② 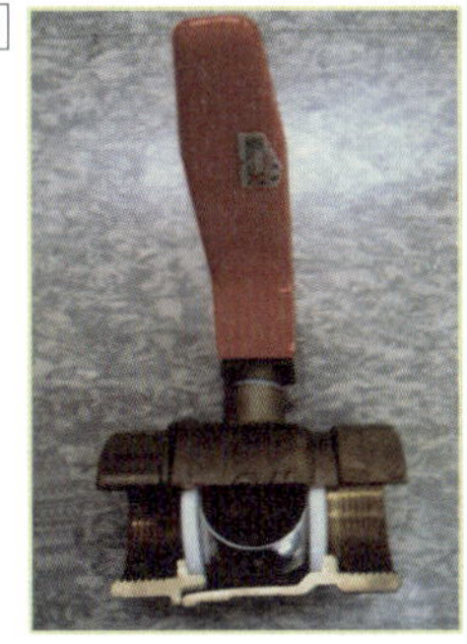 ③ 

 ① 슬루스(게이트)밸브 ② 볼밸브 ③ 체크밸브

> **각 밸브의 내부 모형**
>
> 
>
> ① 글로브밸브
> ② 슬루스밸브
> ③ 체크밸브
> ④ 볼밸브

 문제 **03** 동영상 지하매몰용 폴리에틸렌 밸브이다. 다음 물음에 답하시오.

(1) 기밀시험 시 공기주입압력(MPa)은 얼마인가?

(2) 개폐용 핸들 열림표시 방향은?

(3) 밸브에 표시하여야 할 사항 3가지는?

 (1) 0.2~0.6MPa 정도

　　　(2) 시계반대방향

　　　(3) ① 최고사용압력 및 호칭지름　　② 개폐방향　　③ 재질　　④ SDR값

TiP

PE밸브 기밀시험 순서
1. 밸브를 1/2 정도 개방
2. 0.2~0.6MPa 공기주입
3. 밸브를 닫고, 1~2분 정도 기다림
4. 스템과 밸브시트에 누출여부 확인

 **문제 04** 동영상의 밸브에 대하여 지시된 ①, ②의 의미를 쓰시오.

① 밸브 중량 : 0.71kg

　　　② 내압시험압력 : 2.5MPa

문제 05

동영상이 보여주는 가스시설물의 명칭과 역할을 기술하시오.

해답 ① 명칭 : 피그
② 역할 : 배관 내 존재하는 이물질 제거

문제 06

다음 동영상에 있는 안전밸브의 종류를 쓰시오.

①
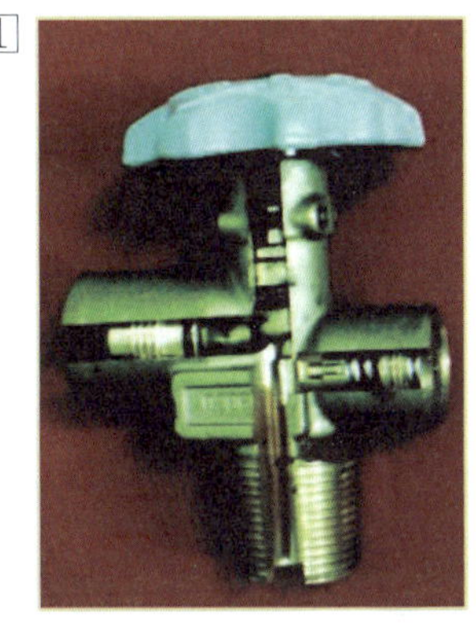

②
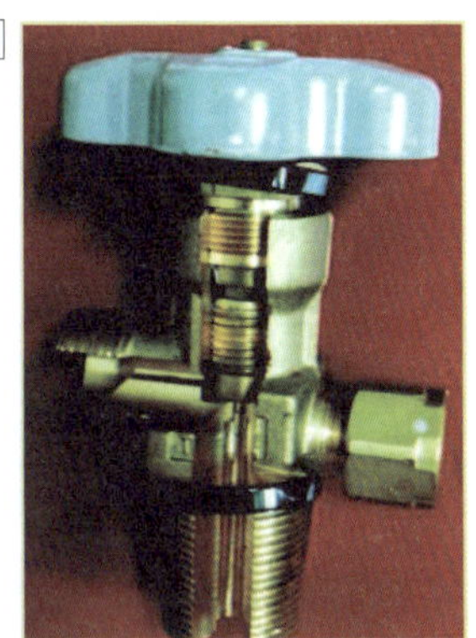

③

해답 ① 스프링식
② 가용전식
③ 파열판식

TiP

1. 가용전식 사용가스 : C_2H_2, Cl_2, C_2H_4
2. 가용전 용융온도 : C_2H_2 105±5℃, Cl_2 65~68℃

문제 07 동영상에서 보여주는 ①, ②의 콕의 명칭을 쓰고, 기능을 설명하여라. ③ 이 두 가지 이외에 사용되는 콕의 종류와 기능을 설명하시오.

해답 콕의 종류 및 기능

종류	기능
① 퓨즈콕	가스유로를 볼로 개폐하고 과류차단 안전기구가 부착된 것으로 배관과 호스, 호스와 호스, 배관과 배관, 배관과 카플러를 연결하는 구조
② 상자콕	가스유로를 핸들, 누름, 당김 등의 조작으로 개폐하고 과류차단 안전기구가 부착된 것으로서 밸브, 핸들이 반개방상태에서도 가스가 차단되어야 하며, 배관과 카플러를 연결하는 구조
③ 주물연소기용 노즐콕	• 주물연소기용 부품으로 사용 • 볼로 개폐하는 구조

TiP

콕의 열림방향은 시계바늘 반대방향이며, 주물연소기용 노즐콕은 시계바늘방향이 열림방향으로 한다.

문제 08 동영상에서 보여주는 ① 가스기구의 명칭, ② 역할을 기술하시오.

해답 ① 명칭 : 액체자동절체기
② 역할 : 사용 중인 액체가스 라인이 전량 소진 시 예비라인으로 전환되어 예비측 가스가 공급하게 하는 절체기

9. 가스계량기의 분류

실측식	건식형	막식	독립내기식, 클로버식
		회전자식	루트형, 오벌형, 로터리 피스톤형
	습식형		
추량식	델타형, 터빈형, 선근차형, 벤투리형, 오리피스형, 와류형		

문제 01 다음 동영상을 보고 물음에 답하시오.

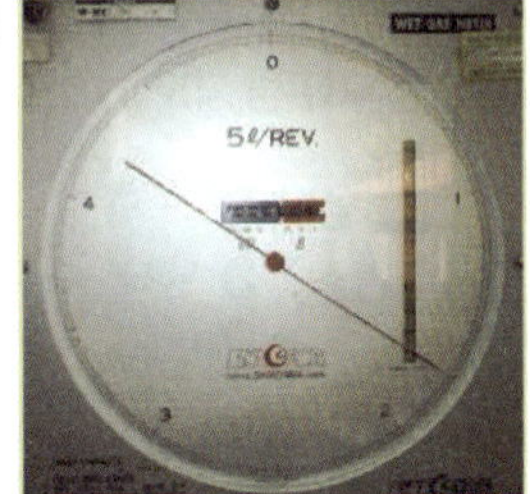

(1) 동영상 ①, ②, ③의 계량기 명칭을 쓰시오.
(2) 각각의 장·단점을 기술하시오.

해답 (1) ① 막식 가스계량기 ② 루트식 가스계량기 ③ 습식 가스계량기
(2) 가스미터의 장·단점

구분	막식	습식	루트식
장점	• 값이 저렴하다. • 설치 후의 유지관리에 시간을 요하지 않는다.	• 계량이 정확하다. • 사용 중에 기차의 변동이 크지 않다. • 원리는 드럼형이다.	• 대유량의 가스측정에 적합하다. • 중압가스의 계량이 가능하다. • 설치면적이 작다.
단점	• 대용량의 것은 설치면적이 크다.	• 사용 중에 수위조정 등의 관리가 필요하다. • 설치면적이 크다.	• 스트레이너의 설치 및 설치 후의 유지관리가 필요하다. • 소유량($0.5m^3/h$ 이하)의 것은 부동의 우려가 있다.

문제 02 동영상을 보고 다음 물음에 답하시오.

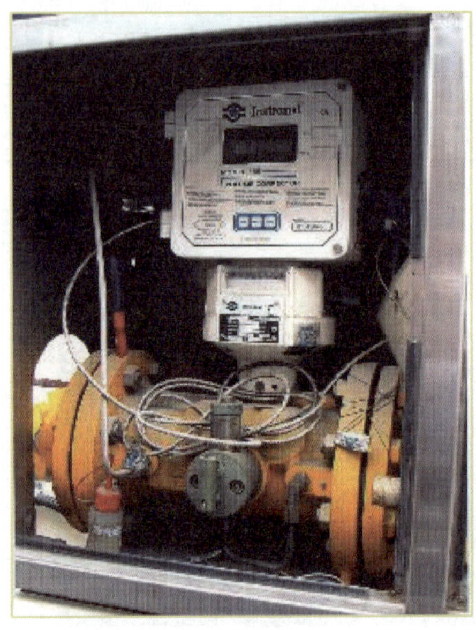

(1) 계량의 명칭을 쓰시오.
(2) 이와 같은 형식(추량식)에 해당하는 계량기 3개 이상을 쓰시오.

해답 (1) 터빈계량기
(2) ① 오리피스 ② 델타 ③ 와류형

문제 03 동영상을 보고 다음 물음에 답하시오.

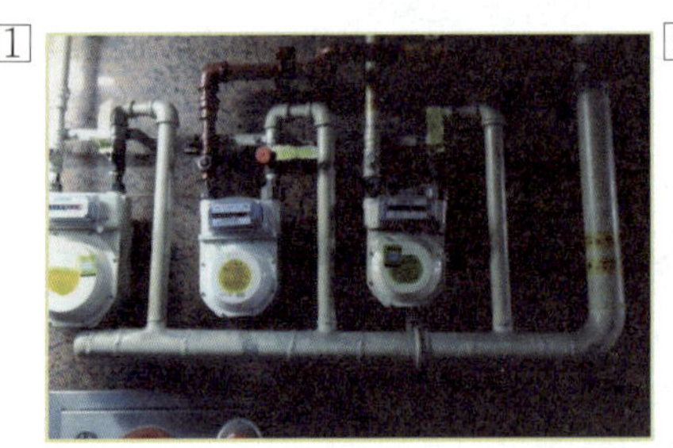

(1) 동영상 ①, ②에서 계량기의 설치높이를 기술하시오.
(2) 동영상 ②의 경우(용량 $30m^3/h$ 미만의 경우) 설치높이는?
(3) 계량기의 설치 제한장소 3가지를 기술하시오.

해답 ▸ (1) 바닥에서 1.6m 이상 2m 이내
　　 (2) 바닥에서 2m 이내
　　 (3) ① 진동의 영향을 받는 장소
　　　　 ② 석유류 등 위험물을 저장하는 장소
　　　　 ③ 수전실, 변전실 등 고압전기설비가 있는 장소

해설 ▸ 가스계량기($30m^3$/h 미만에 한함)의 설치높이는 바닥에서 1.6~2m 이내 수직수평으로 설치하고 밴드, 보호가대 등 고정장치로 고정한다. 다만, 보호상자 내 설치, 기계실 설치, 보일러실(가정보일러실 제외) 설치 또는 문이 달린 파이프 덕트 내 설치 시 바닥으로부터 2m 이내에 설치한다.

문제 04 동영상에서 지시하는 ①, ②의 의미를 기술하시오.

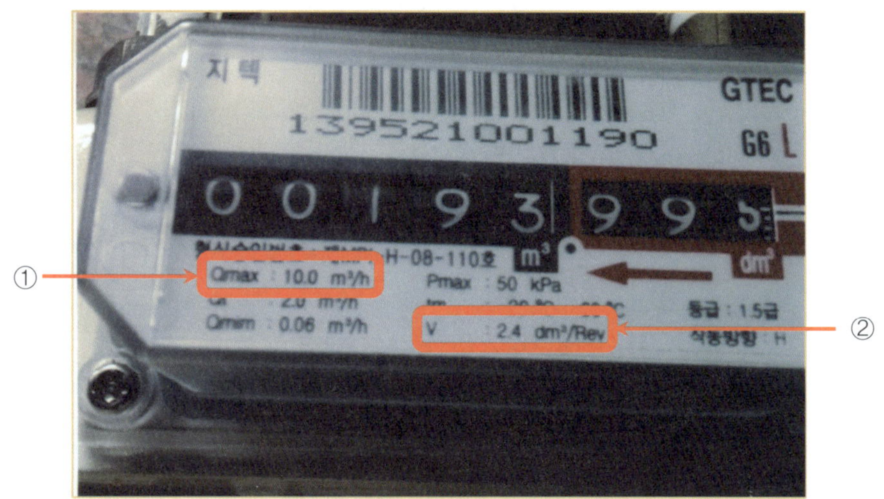

해답 ▸ ① 가스계량기 최대유량값이 시간당 $10.0m^3$
　　 ② 계량실 1주기 체적이 $2.4dm^3$

TiP
1. Q_{max} : 최대유량값
2. dm^3/Rev, L/Rev : 계량실 1주기 체적

 **문제 05** 동영상을 보고 다음 물음에 답하시오.

(1) 계량기 명칭을 쓰시오.

(2) 기능 4가지 이상을 쓰시오.

(3) 검사항목 4가지를 쓰시오.

(4) 3배의 직류전압을 가할 때 정격전압(MΩ)은?

(5) 상기의 가스용품은 (①)에 (②) 등, (③) 기능을 수행하는 가스안전장치가 부착된 가스용품이다.

해답 (1) 다기능 가스안전계량기

(2) ① 압력저하 차단기능

② 연속사용 차단기능

③ 합계유량 차단기능

④ 미소유량 검지기능

⑤ 미소누출 검지기능

⑥ 증가유량 차단기능

(3) ① 구조검사

② 치수검사

③ 표시적합성 검사

④ 기밀성능검사

(4) 5

(5) ① 가스계량기

② 가스누출 자동차단장치

③ 가스안전

TiP

1. 다기능 가스안전계량기는 차단밸브가 작동 후 복원조작을 하지 않는 한 열리지 않는 구조이어야 한다.
2. 사용자가 쉽게 조작할 수 없는 테스트 차단기능이 있는 것으로 한다.

10. 정전기 제거설비

문제 01 동영상의 정전기 제거설비에 관한 내용에 대하여 (   )에 적당한 단어 또는 숫자를 기입하시오.

(1) 정전기 제거설비 설치에 대한 설명으로 (   )를 채우시오.

> 저장설비와 가스설비에는 그 설비에서 발생한 정전기가 점화원으로 되는 것을 방지할 수 있도록 다음 기준에 따라 정전기 제거조치를 하고. 저장설비와 가스설비 주위가 콘크리트, 아스팔트 등으로 포장되어 있어 접지저항 측정이 곤란한 경우에는 그 설비로부터 (   ) 이내에 접지저항 측정을 위한 내식성 봉을 설치한다.

(2) 저장설비 및 충전설비 정전기 제거조치에 대한 설명으로 (   )를 채우시오.

> 저장설비 및 충전설비에 규정된 것 및 접지저항치의 총합이 (   ) 피뢰설비를 설치한 것은 총합 10Ω 이하의 것을 제외한다.

(3) 탑류, 저장탱크, 열교환기, 회전기계, 벤트스택 등은 (①)으로 되어 있도록 한다. 다만, 기계가 복잡하게 연결되어 있는 경우 및 배관 등으로 연속되어 있는 경우에는 (②)으로 접속하여 접지한다.

(4) 본딩용 접속선 및 접지접속선은 단면적 (   ) 이상의 것(단선은 제외한다)을 사용하고 경납붙임, 용접, 접속금구 등을 사용하여 확실히 접속한다.

(5) 이·충전설비 정전기 제거조치에 대한 설명으로 (   )를 채우시오.

> 저장설비 및 충전설비에 이·충전하거나 가연성 가스를 용기 등으로부터 충전할 때에는 해당 설비 등에 대하여 정전기를 제거하는 조치는 다음과 같이 한다. 이 경우 접지저항치의 총합이 100Ω(피뢰설비를 설치한 것은 총합 (   )) 이하의 것은 정전기 제거조치를 하지 아니할 수 있다.

(6) 충전용으로 사용하는 저장탱크 및 충전설비는 접지한다. 이 경우 접지접속선은 단면적 5.5mm^2 이상의 것(단선은 제외한다)을 사용하고, (①), (②), (③) 등을 사용하여 확실히 접속한다.

(7) 차량에 고정된 탱크 및 충전에 사용하는 배관은 반드시 충전하기 전에 다음 기준에 따라 확실하게 접지한다.

> • 접속금구 등 접지시설은 차량에 고정된 탱크, 저장탱크, 가스설비, 기계실 개구부 등의 외면(차량에 고정된 탱크의 경우에는 지면에 표시된 정차위치의 중심)으로부터 수평거리 (①) 이상 거리를 두고 설치한다. 다만, 방폭형 접속금구의 경우에는 (②) 이내에 설치할 수 있다.
> • 접지선은 절연전선(비닐절연전선은 제외한다)·캡타이어케이블 또는 케이블(통신케이블은 제외한다)로서 단면적 5.5mm² 이상의 것(단선은 제외한다)을 사용하고 접속금구를 사용하여 확실하게 접속한다.

해답 (1) 10m
(2) 100Ω
(3) ① 단독   ② 본딩용 접속선
(4) 5.5mm²
(5) 10Ω
(6) ① 경납붙임   ② 용접   ③ 접속금구
(7) ① 8m   ② 8m

TiP

정전기 제거설비를 정상상태로 유지하기 위하여 갖추어야 하는 기능
1. 지상에서 접지저항치
2. 지상에서 접속부의 접속상태
3. 지상에서의 질선 그 밖에 손상여부

11. BLEVE(블래브)와 증기운

문제 01 동영상은 LPG 충전소에서 화재가 발생하여 탱크가 가열폭발이 생겨 버섯모양의 화염을 생성하였다. 이러한 폭발을 무엇이라 하는지 ① 폭발의 용어와 ② 그 정의를 쓰시오.

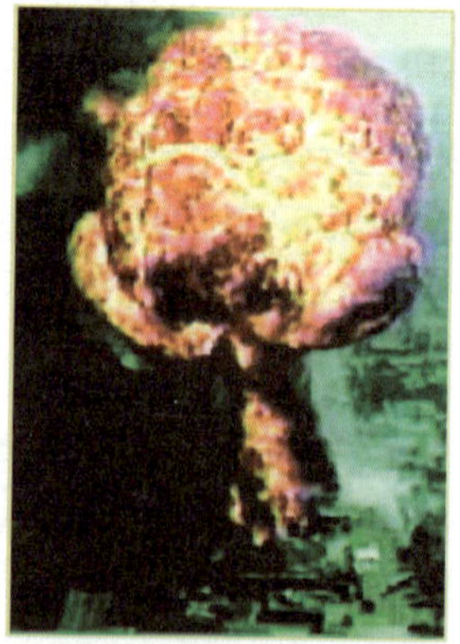

해답 ① BLEVE(블래브)(비등액체팽창증기폭발)
② 비점 이상으로 유지되는 액체가 충전되어 있는 탱크가 파열되면서 일어나는 폭발로 화구(Fire Ball)을 형성하면서 주위 시설물의 연쇄폭발로 이어지는 비등액체팽창증기 폭발이라고 한다.

문제 02 동영상은 가연성 증기가 증발하고 있다. 이것이 폭발로 이어진다면 ① 이 폭발의 명칭과 ② 정의를 기술하시오.

해답 ① UNCV(증기운폭발)
② 대기 중 다량의 가연성 가스 액체가 유출되어 발생한 증기가 공기와 혼합, 가연성 혼합기체를 형성 발화원에 의해 발생한 폭발

증기운폭발의 특성	증기운폭발의 영향인자
• 증기운의 크기가 클수록 점화우려가 높다. • 증기와 공기의 난류혼합은 폭발력을 증대시킨다. • 증기운의 위험은 폭발보다 화재가 대부분이다. • 폭발효율은 낮다. • 증기의 누출점에서 멀수록 착화하면 폭발력이 증가한다.	• 방출물질의 양 • 증발된 물질의 분율 • 점화원의 위치
	증기운폭발이 일어날 수 있는 가스
	LNG, LPG L–NH$_3$, L–Cl$_2$

문제 03 동영상의 화재는 가연물의 모든 노출 표면에서 빠르게 열분해가 일어나 가연성 가스가 충만해져 이 가연성 가스가 빠르게 발화하여 격렬하게 타버리는 화재이다. 이러한 화재를 무엇이라 부르는가?

해답 전실화재(Flash Over)

12. 도시가스 압력조정기

문제 01 동영상은 도시가스 사용시설의 압력조정기이다. 다음 물음에 답하여라.

(1) 조정기의 안전점검주기는?
(2) 필터 스트레나 설치 후 안전점검주기는?
(3) 압력조정기 점검항목 2가지를 기술하여라.

 (1) 1년에 1회 이상
(2) 3년에 1회 이상
(3) ① 압력조정기의 정상작동 유무
    ② 필터 스트레나의 청소 및 손상 유무

도시가스 압력조정기의 기준, 공동주택 설치세대수
1. 점검 및 설치기준

구분		안전점검주기	점검항목	설치기준
사용 시설	조정기	1년에 1회 이상	① 압력조정기의 정상작동 유무 ② 필터 또는 스트레나의 청소 및 손상유무 ③ 압력조정기 몸체 및 연결부의 가스누출유무 ④ 격납상자 내부에 설치된 경우 격납상자의 견고한 고정여부 ⑤ 건축물 내부에 설치시 가스방출구의 실외 안전한 장소 설치유무	① 압력조정기는 실외 설치, 실내일 경우 환기가 양호한 장소에 설치 ② 빗물, 직사광선의 영향을 받지 않는 장소에 설치(격납상자에 설치하는 경우는 제외) ③ 배관 내의 스케일, 먼지 등을 제거한 후 설치 ④ 지면으로부터 1.6m 이상 2m 이내에 설치(격납상자에 설치 시는 제외) ⑤ 릴리프식 안전장치가 내장된 조정기를 건축물 내에 설치하는 경우에는 가스방출구를 실외에 안전한 장소에 설치한다.
	필터 스트레나	① 설치 후 3년 1회 이상 ② 그 이후 4년 1회 이상		
공급 시설	조정기	6월 1회 이상		
	필터 스트레나	2년 1회 이상		
	구역압력 조정기	설치 후 3년 1회 분해점검 3개월 1회 정상작동여부	① 구역 압력조정기의 몸체와 연결부의 가스누출유무 확인 ② 출구압력을 측정하고 출구압력이 명판에 표시된 출구압력 범위 이내로 공급되는지 여부 확인 ③ 외함의 손상여부 확인	
	필터	공급개시 후 1월 이내 및 매년 1회 이상		

2. 공동주택에 공급 시 압력에 따른 설치세대수

구분	세대수 기준	설치가능 세대수
저압	250세대 미만	249세대까지
중압	150세대 미만	149세대까지

작업형(동영상) 과년도 출제문제

2010년 가스산업기사 작업형(동영상) 출제문제

[제1회 출제문제 (2010. 4. 18.)]

Question 1

동영상 ①에서 매설배관과 다른 통신 케이블 또는 상수도관과 이격거리(m)는? 또, 동영상 ②와 같이 매설배관에 보호판을 덮는 경우 3가지를 답하여라.

① 

② 

정답

(1) 이격거리 : 0.3m 이상
(2) 보호판을 덮는 경우
　　① 규정된 매설깊이를 확보하지 못했을 때
　　② 중압관 이상을 매설할 때
　　③ 배관을 도로 밑에 매설 시 배관 보호를 위하여

Question 2

동영상에서 가스 연소기를 이용하여 가스가 연소되고 있다. 다음 물음에 답하시오.

① 

② 

(1) 정상연소의 경우는?
(2) 불완전연소의 원인 3가지를 쓰시오.

정답
(1) ①
(2) ① 공기량 부족, ② 환기 불량
③ 배기 불량, ④ 가스조성 불량
⑤ 가스기구 불량

Question 3

다음 동영상이 보여주는 압축기의 종류를 쓰시오.

정답 나사압축기

Question 4

동영상의 액화산소 저장탱크에 방류둑을 설치
시 다음 물음에 답하시오.

(1) 몇 ton 이상일 때 방류둑을 설치하는가?
(2) 방류둑의 용량 기준을 쓰시오.

정답
(1) 1000ton
(2) 저장능력 상당용적의 60% 이상

Question 5

동영상은 가스 누출 시 화재폭발장치 발화원이
되는 것을 방지하기 위하여 접지하고 있다. 정
전기 방지대책에 대하여 4가지 기술하시오.

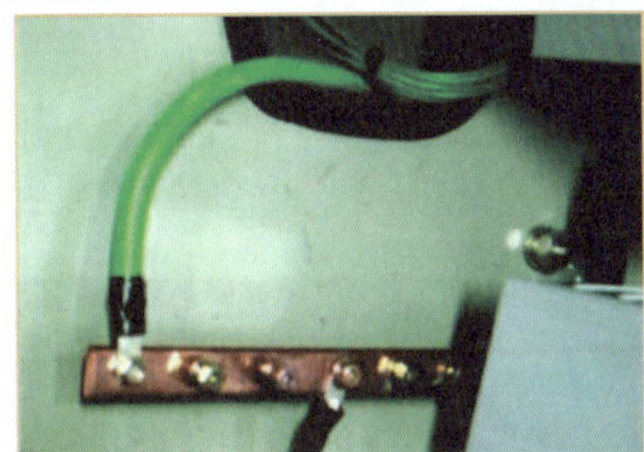

정답
① 공기를 이온화시킬 것
② 상대습도를 70% 이상 유지할 것
③ 접촉전위가 적은 물질을 사용할 것
④ 접지할 것

Question 6

동영상이 보여주는 (1) LPG 용기의 안전밸브의 형식과 (2) 밸브구조에 따른 충전용기밸브 종류로 구분 시의 형식을 쓰시오.

정답 ▸ (1) 스프링식 안전밸브
(2) O링식

해설 ▸ **밸브구조에 따른 분류**
- O링식
- 패킹식
- 백시트식
- 다이어프램식

Question 7

동영상에서 지시하는 ①, ②의 의미를 쓰시오.

정답 ▸ ① 시간당 최대유량이 10.0m^3/h
(MAX 10.0m^3/h)
② 계량실 1주기 체적이 2.4dm^3/Rev

Question 8

동영상에서 보여주는 방폭구조의 종류를 쓰시오.

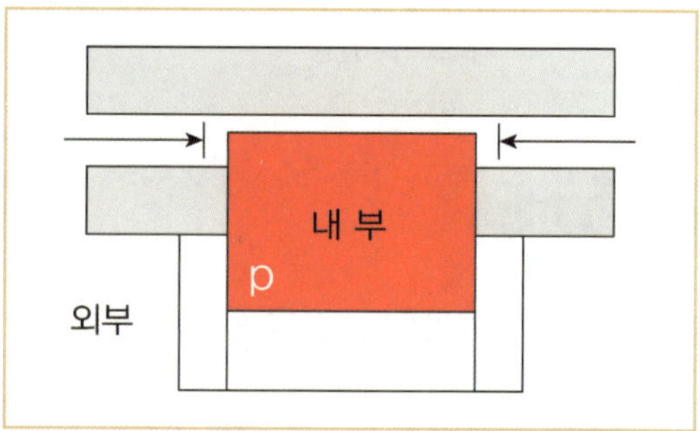

정답 ▸ 압력방폭구조

Question 9

동영상은 비파괴검사법의 종류이다. 동영상의 검사방법을 포함한 비파괴검사방법의 종류 3가지를 기술하시오.

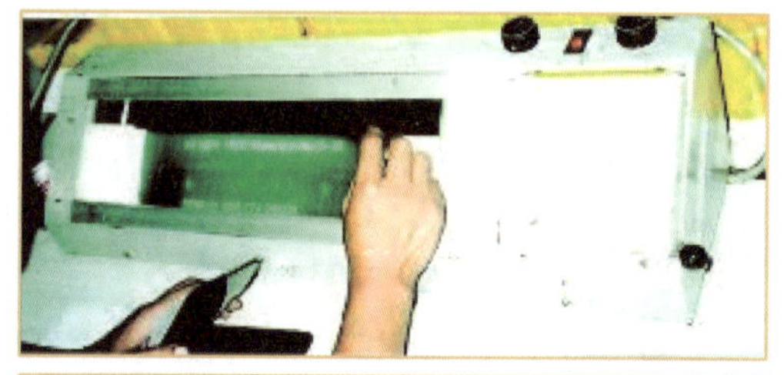

정답 ▸ ① 방사선투과검사
② 초음파탐상시험
③ 침투탐상시험

Question 10

동영상의 CNG 충전소에 대하여 다음 물음에 답하시오.

(1) 고압전선과의 이격거리를 쓰시오.
(2) 화기와의 우회거리를 쓰시오.

정답
  (1) 5m 이상
  (2) 8m 이상

[제 2 회 출제문제 (2010. 7. 4.)]

Question 1

동영상의 가스보일러는 전용 보일러실(보일러실 안의 가스가 거실로 들어가지 않는 구조로서 보일러실과 거실 사이의 경계벽에서 출입구를 제외하고 내화구조의 벽을 말함)에 설치하여야 한다. 전용 보일러실에 설치하지 않아도 되는 경우 3가지를 기술하시오.

①

②

정답
  ① 밀폐식 보일러인 경우
  ② 가스보일러를 옥외로 설치하는 경우
  ③ 전용 급기통을 부착시키는 구조로 검사에 합격한 강제배기식 보일러인 경우

Question 2

동영상의 용기 명칭을 쓰시오.

① 

② 

③ 

④ 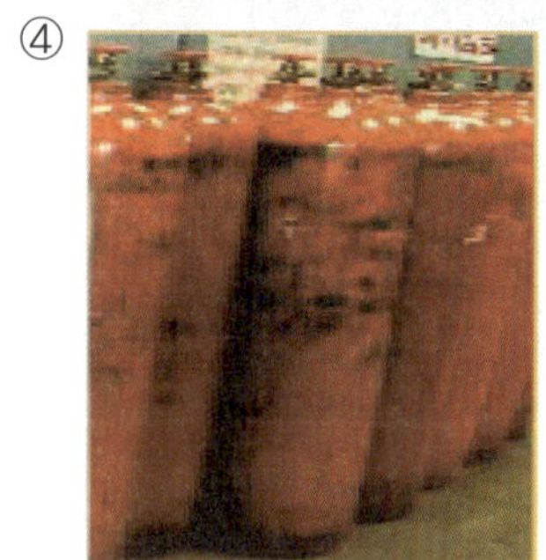

정답
① 아세틸렌용기
② 산소용기
③ 이산화탄소용기
④ 수소용기

Question 3

다음 동영상은 도시가스 정압기실이다. 해당 설비의 명칭을 쓰시오.

① 

② 

③ 

④ 

정답
① 출입문 개폐통보장치
② 가스누설검지기
③ 이상압력 통보설비
④ RTU 박스

동영상은 LPG 가스탱크에 정전기 발생을 방지하기 위하여 접지하였다. 다음 물음에 답하시오.

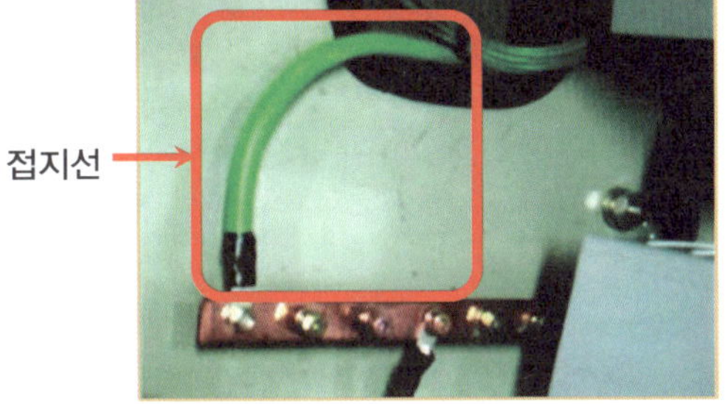

접지선 →

(1) 정전기와 같은 점화원의 종류 5가지를 쓰시오.
(2) 정전기 방지대책 4가지를 쓰시오.

정답 (1) 타격, 마찰, 충격, 화염, 단열압축 등
(2) ① 공기를 이온화시킬 것
② 상대습도를 70% 이상 유지할 것
③ 접촉전위가 적은 물질을 사용할 것
④ 접지할 것

동영상이 보여주는 정압기의 명칭을 쓰시오.

정답 AFV 정압기

동영상의 벤트스택에서 가연성 가스 방출 시 지면의 착지농도는?

정답 폭발하한계 미만

해설 독성 가스의 경우 착지농도는 TLV-TWA 기준농도 미만

Question 7

동영상의 도시가스 공급시설의 배관에서 (　)를 채우시오.

배관의 이음매(용접이음매 제외)와 전기계량기·전기개폐기와의 거리는 (①)cm 이상, 단열조치를 하지 않은 굴뚝, 전기점멸기·전기접속기와의 거리는 (②)cm 이상, 절연전선과의 거리는 (③)cm 이상, 절연조치를 하지 않은 전선과의 거리는 (④)cm 이상의 거리를 유지할 것

 정답
① 60
② 30
③ 10
④ 15

 해설
- 도시가스 사용시설도 도시가스 공급시설과 이격거리 동일
- LPG 집단공급시설에서 배관이음매 : 절연전선 10cm 이상, 절연조치를 하지 않은 전선 30cm 이상
- LPG 사용시설에서 배관이음매 : 절연전선 규정 없음, 절연조치를 하지 않은 전선 15cm 이상

Question 8

동영상 가스보일러에 대하여 지시하는 부분의 설명을 보고, (　)를 채우시오.

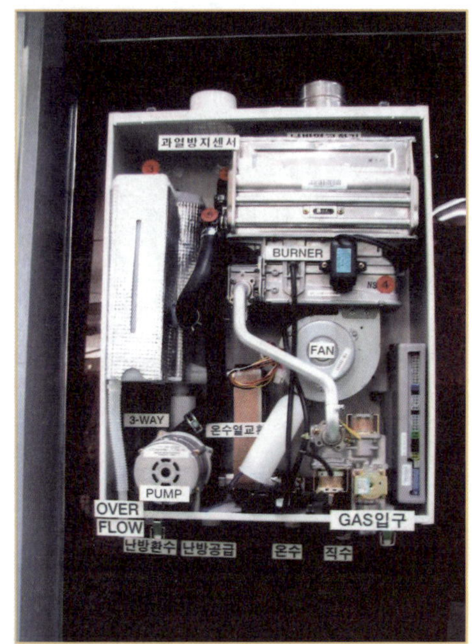

가스보일러의 가스접속 배관은 (①) 또는 가스용품 검사에 합격한 (②)를 사용하고, 가스의 누출이 없도록 확실히 접속한다.

정답
① 금속관
② 가스용 금속플렉시블 호스

Question 9

동영상은 공기액화분리장치 중 액화산소, 질소 탱크이다. 공기액화분리장치의 폭발원인 4가지를 기술하시오.

정답
① 공기취입구로부터 C_2H_2의 혼입
② 압축기용 윤활유 분해에 따른 탄화수소의 생성
③ 액체 공기 중 O_3의 혼입
④ 공기 중 NO, NO_2의 혼입

Question 10

동영상의 ① LNG 설비의 −161℃의 의미와 ② 동영상의 장미는 LNG에 접촉 시 쉽게 부러진다. 이때 CH_4, Cl_2와 반응 시 HCl과 함께 생성되는 냉매로 사용하는 물질은?

정답
① CH_4의 비등점
② 염화메틸(CH_3Cl)

[제 4 회 출제문제 (2010. 10. 31.)]

Question 1

동영상에서 지시하는 장치의 작동원은 탱크에서 몇 m 이상 이격되어야 하는가?

정답 ▸ 5m 이상

Question 2

동영상에서 보여주는 이음매 없는 용기의 수시 품질검사 항목을 3가지 이상 쓰시오.

정답 ▸ ① 외관검사 ② 내압검사 ③ 기밀검사

해설 ▸ 이음매 없는 용기의 제품확인검사에는 외관검사, 내압검사, 기밀검사, 파열검사, 재료검사 등이 있으며 재료검사의 종류에는 인장시험, 충격시험, 압궤시험, 굽힘시험 등이 있다.

Question 3

동영상의 다기능 가스계량기의 기능을 4가지 쓰시오.

정답 ▸ ① 압력저하 차단기능
② 연속사용 차단기능
③ 합계유량 차단기능
④ 미소유량 검지기능

Question 4

동영상의 FID 검출기에서 검출을 위해 사용되는 가스의 종류는?

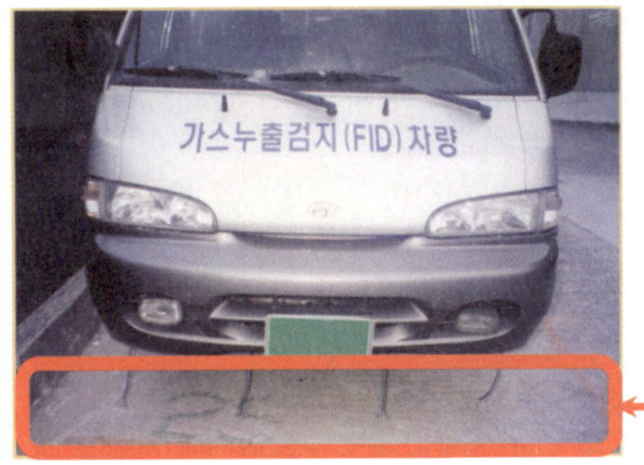

정답 ● 수소

Question 5

동영상을 보고, 가스용 폴리에틸렌 열융착이음의 종류를 3가지 쓰시오.

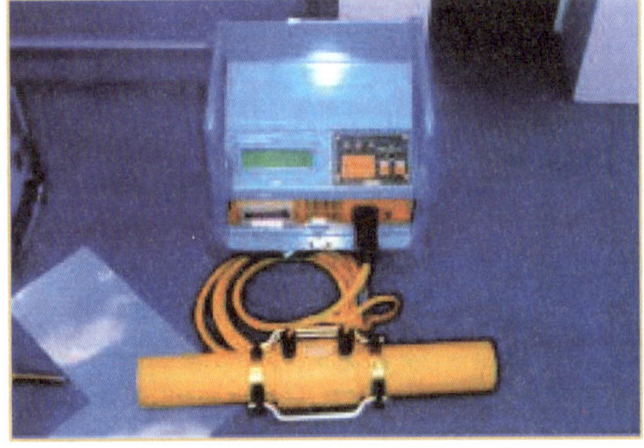

정답 ●
① 맞대기융착
② 소켓융착
③ 새들융착

Question 6

다음 동영상을 보고, 연소기구의 형태를 쓰시오.
(단, 개방형, 밀폐형, 반밀폐형 등)

① 

② 

③ 

정답 ● ① 반밀폐형　② 밀폐형　③ 개방형

해설 ●
- FE(강제배기식 반밀폐형)
- FF(강제급배기식 밀폐형)
- 가스레인지(개방형)

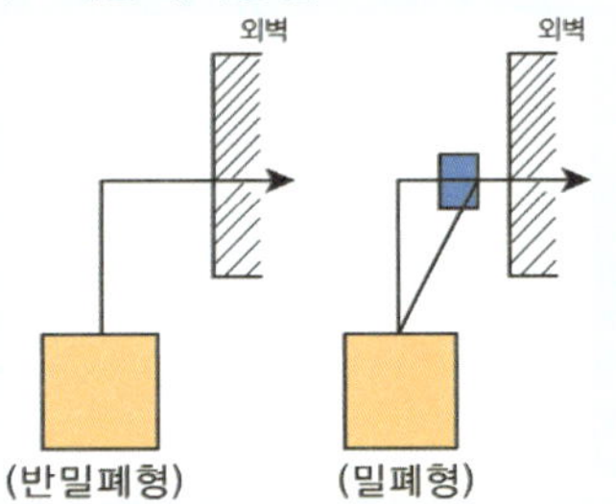

Question 7

동영상이 보여주는 방류둑의 내면과 그 외면으로부터 몇 m 이내에는 그 저장탱크의 부속시설 및 배관 외의 것을 설치하지 않는가? (단, 저장능력 1000t 이상의 경우이다.)

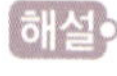 **정답** 10m

해설 방류둑의 내면과 그 외면으로부터 10m(저장능력이 1000톤 미만인 액화가스의 경우는 8m) 이내에서는 그 저장탱크의 부속설비 및 배관 외의 것을 설치하지 아니 한다.

방류둑

1. 방류둑의 기능 : 저장탱크 내의 액화가스가 액체상태로 누설된 경우 저장탱크의 한정된 범위를 벗어나 다른 데로 유출되는 것을 방지하기 위하여 설치한다.
2. 적용시설
   ㉠ 고압가스 일반제조시설
   - 가연성 가스 및 산소의 액화가스 합산 저장능력이 1000톤 이상일 때
   - 독성 가스의 액화가스 저장능력 5톤 이상일 때
   ㉡ 고압가스 특정제조시설
   - 가연성 가스 : 저장능력이 500톤 이상
   - 독성 가스 : 저장능력이 5톤 이상
   - 산소가스 : 저장능력이 1000톤 이상
   ㉢ 냉동제조시설 : 독성 가스를 냉매로 하는 수액기의 내용적이 10000L 이상인 것
   ㉣ 액화석유가스 충전사업의 시설 : 저장탱크의 저장능력이 1000톤 이상일 때
3. 방류둑의 용량
   ㉠ 방류둑의 용량 : 저장탱크의 저장능력에 상당하는 용적
   ㉡ 액화산소의 저장탱크 : 저장능력 상당 용적의 60%
   ㉢ 2기 이상의 저장탱크를 집합 방류둑 내에 설치한 저장탱크(저장탱크마다 칸막이를 설치한 경우에 한한다) : 저장탱크 중 최대저장탱크의 저장능력 상당용적에 잔여 저장탱크 총 저장능력 상당용적의 10% 용적을 가산할 것
4. 방류둑의 재료 및 구조
   ㉠ 재료 : 철근콘크리트, 철골, 금속, 흙 또는 이들을 혼합한 것
   ㉡ 구조
   - 성토는 수평에 대하여 45° 이하의 구배일 것
   - 흙은 표면을 철근콘크리트 등으로 보호하고 성토부분의 정상부폭은 30cm 이상일 것
   - 방류둑 둘레 50m마다 1개 이상씩 계단이나 사다리 등의 출입구를 설치. 다만, 그 둘레가 50m 미만일 경우에는 2개 이상 분산 설치
5. 방류둑의 구비조건
   ㉠ 액밀한 구조일 것
   ㉡ 방류둑 내의 체류한 액의 표면적은 가능한 적게 할 것
   ㉢ 금속은 방식 방청조치를 할 것
   ㉣ 높이에 상당하는 액두압에 견딜 수 있을 것
   ㉤ 배관 관통부는 누설방지 및 방식 조치를 취할 것
   ㉥ 가연성 가스와 조연성 가스, 가연성 가스와 독성 가스는 혼합배치하지 않을 것

동영상과 같이 연소기에서 불완전연소가 발생 시 다음 물음에 답하시오.

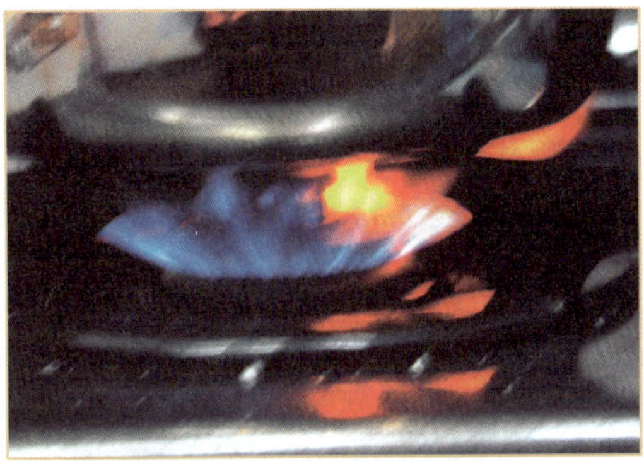

(1) 1차적으로 조치해야 할 사항을 쓰시오.
(2) 불완전연소의 원인을 4가지 이상 기술하시오.

정답

  (1) 공기조절장치(댐퍼) 조정
  (2) 불완전연소의 원인
    ① 공기량 부족
    ② 가스조성 불량
    ③ 가스기구, 연소기구 불량
    ④ 연소속도 불량
    ⑤ 프레임의 냉각

다음 용기의 명칭을 쓰시오.

①
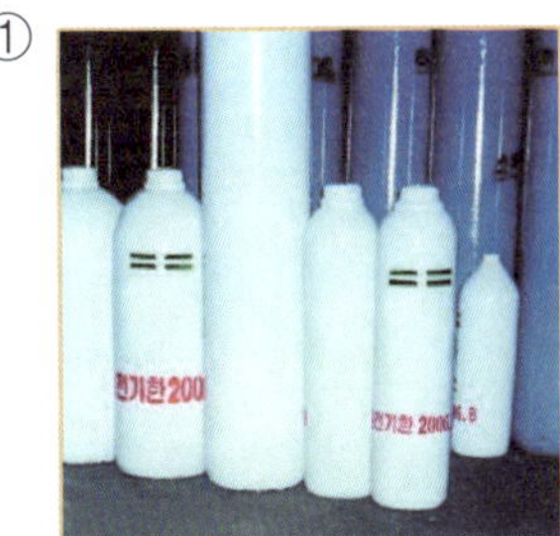

②

정답

  ① 의료용 산소
  ② 의료용 아산화질소

동영상 전기방폭구조의 표시부분 Ex, d, ⅡB, T_4 의 의미를 쓰시오.

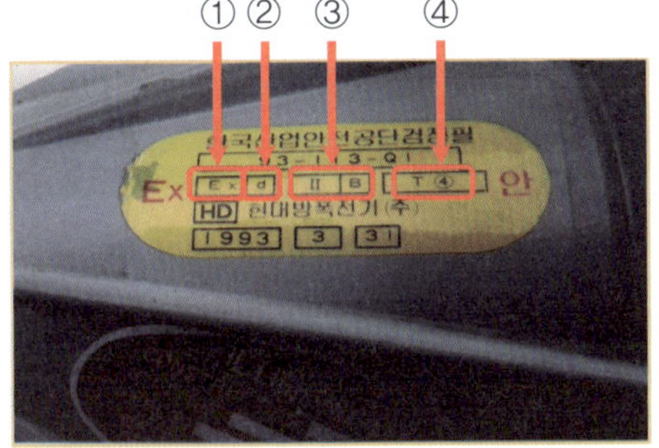

정답

  ① Ex : 방폭
  ② d : 내압방폭구조
  ③ ⅡB : 방폭전기기기의 폭발등급
  ④ T_4 : 방폭전기기기의 온도등급

2011년 가스산업기사 작업형(동영상) 출제문제

[제1회 출제문제 (2011. 5. 1.)]

Question 1

동영상은 지하에 설치된 도시가스(LNG) 정압기실의 배기관이다. 다음 물음에 답하시오.

(1) 이 배기관의 관경은 몇 mm인가?
(2) 배기관의 배기가스 방출구 높이는 지면에서 몇 m 이상인가?

 (1) 100mm 이상
(2) 지면에서 3m 이상

 배기가스 방출구의 높이

구분	높이
공기보다 무거운 경우	5m 이상
공기보다 무거운 경우에서 전기시설물 접촉 우려가 있는 경우	3m 이상
공기보다 가벼운 경우	3m 이상

Question 2

동영상에서의 비파괴시험 방법은?

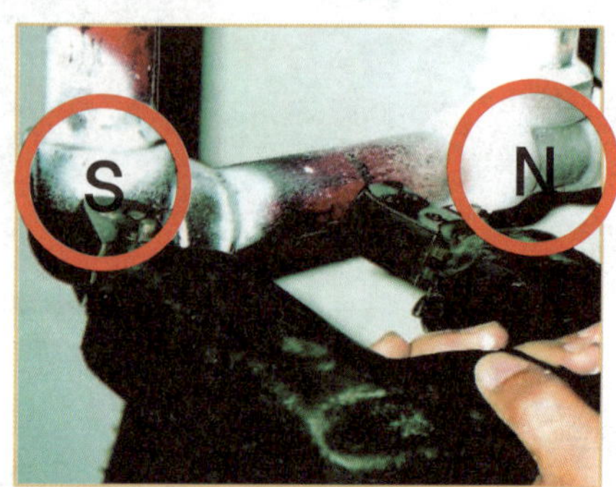

정답◦ 자분탐상시험

Question 3

동영상은 전기기기의 불꽃 또는 아크가 발생하는 부분을 절연유에 격납함으로 폭발가스에 점화되지 않도록 한 방폭구조이다. 다음 물음에 답하시오.

(1) 이러한 방폭구조를 무엇이라 하는가?
(2) 이 방폭구조의 기호를 쓰시오.

정답◦ (1) 유입방폭구조
(2) o

Question 4

동영상 ①, ②를 보고, 동영상 ①에는 호스가 파손되는 것 등에 의해 가스누출 시 이상과다 유량을 감지하여 가스를 차단하는 안전장치가 설치되어 있을 때 다음 물음에 답하시오.

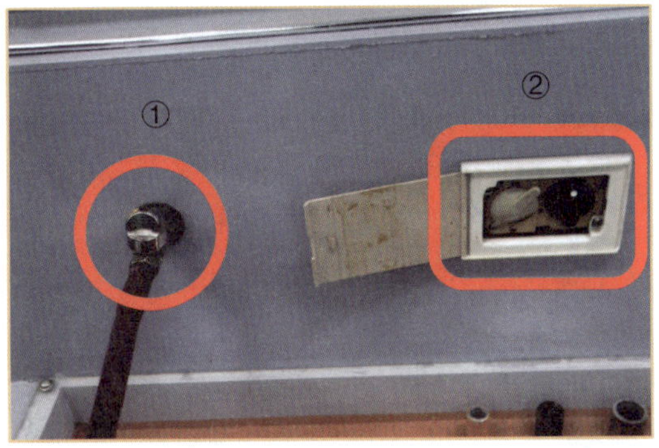

(1) 동영상에서 ①, ②의 가스기구의 명칭을 쓰시오.
(2) 설치된 안전장치의 명칭을 쓰시오.

정답
(1) ① 퓨즈콕
　　② 상자콕
(2) 과류차단장치

Question 5

동영상을 보고, 다음 물음에 답하시오.

①

②

(1) ①용기의 품질검사 시 순도(%)를 쓰시오.
(2) ②용기의 15℃에서의 Fp(최고충전압력)값을 쓰시오.

정답
(1) 98.5%
(2) 1.5MPa

Question 6

동영상은 LP가스가 점화원에 의해 화구 형태로 폭발되고 있는 BLEVE(블래브)가 형성되고 있는 장면이다. 이와 같이 가스사고가 일어났을 때 보고해야 하는 사항 4가지를 기술하시오.

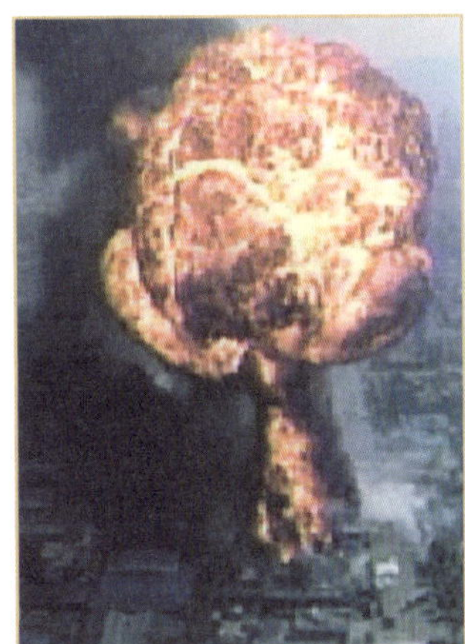

정답
① 사고발생 일시
② 사고발생 장소
③ 인명피해
④ 재산피해

Question 7

동영상의 LPG 용기에 부착된 안전밸브의 스프링을 지지할 수 있는 방법 2가지를 쓰시오.

정답 ① 플러그형
② 캡형

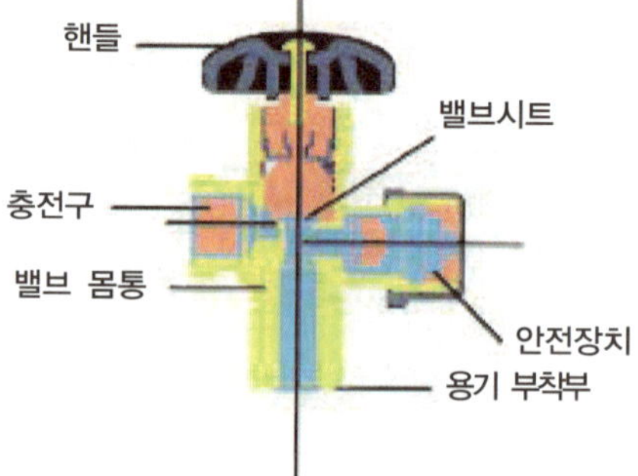

Question 8

동영상에서 보여주는 ① 가스설비의 명칭과 ② 호스 끝에 설치되어 있는 장치의 명칭을 쓰시오.

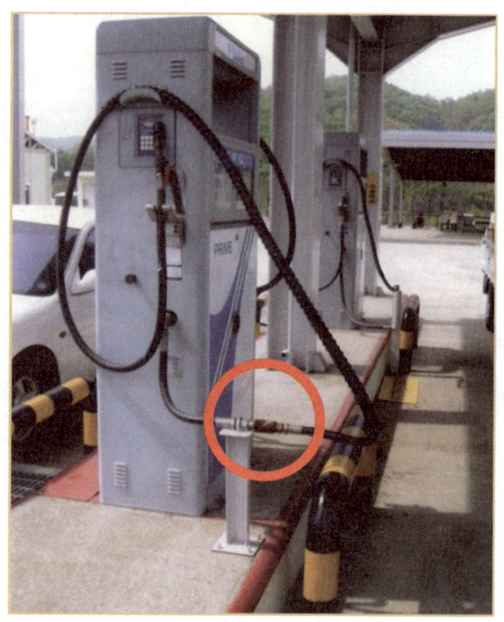

정답 ① 세이프티커플링
② 정전기제거장치

Question 9

동영상에서 사용되는 누출검지기의 종류는?

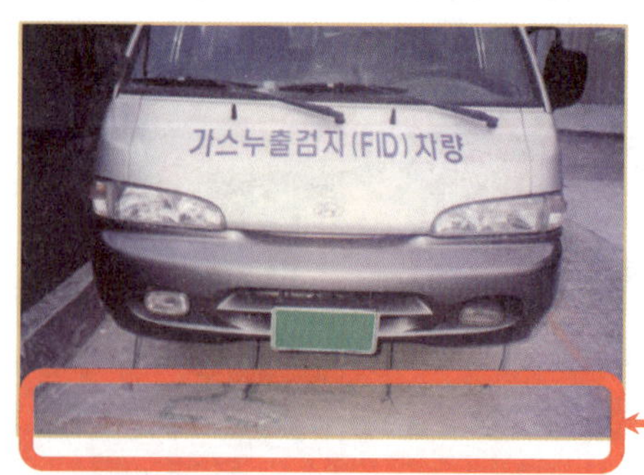

정답 FID(수소포획이온화검출기)

Question 10

동영상이 보여주는 가스의 임계온도를 쓰시오.

① 

② 

정답 ① −239.9℃
② −118.4℃

[제 2 회 출제문제 (2011. 7. 24.)]

Question 1

동영상에서 가용전식 안전밸브가 사용되는 가스의 종류를 번호로 답하시오.

① 

② 

③ 

④ 

정답 ②, ③

Question 2

동영상 LNG의 주성분인 ① CH_4 가스의 비등점(℃)과 ② 분자량(g/mol), ③ 표준상태의 밀도(kg/m^3)를 쓰시오.

 ① −161.5℃ ② 16g/mol ③ $0.71kg/m^3$

해설

$$밀도 = \frac{분자량}{22.4} = \frac{16kg}{22.4m^3} = 0.71kg/m^3$$

Question 3

동영상은 도시가스 배관을 지하에 매설하고 있다. 다음 물음에 답하시오.

(1) 도시가스 배관과 통신케이블 및 상수도 배관과의 이격거리(m)는?

(2) 도시가스 배관매설 시 보호판을 설치해야 하는 이유 3가지를 기술하시오.

정답 (1) 0.3m 이상

(2) ① 중압 이상의 배관을 매설 시
② 규정된 매설깊이를 확보하지 못하였을 때
③ 배관을 도로 밑에 매설 시 배관을 보호하기 위해

Question 4

동영상에서 이 시설물의 (1) 명칭과 (2) 설치목적을 쓰시오.

정답 (1) 라인마크
(2) 매설된 배관을 표시하기 위하여

Question 5

동영상의 기화기에서 액체가 넘쳐흐르는 것을 방지하기 위하여 다음 물음에 답하시오.

(1) 설치된 기기의 명칭을 쓰시오.
(2) 액가스가 유출 시 일어날 수 있는 현상을 2가지 이상 쓰시오.

정답 (1) 액유출방지장치
(2) ① 기화설비 동결
② 기화능력 불량

Question 6

동영상에서 지시하는 ① 호스의 길이(m)와 ② 충전호스 끝에 설치해야 할 장치를 쓰시오.

정답 ① 5m 이내
② 정전기제거장치

Question 7

밀폐식 자연급배기식 보일러 외벽에 설치 시 급배기통은 전방 몇 mm 이내 장애물이 없어야 하는가?

정답 150mm 이내
도시가스 code(2714.1) 밀폐식 자연급배기식

Question 8

다음 물음에 답하시오.

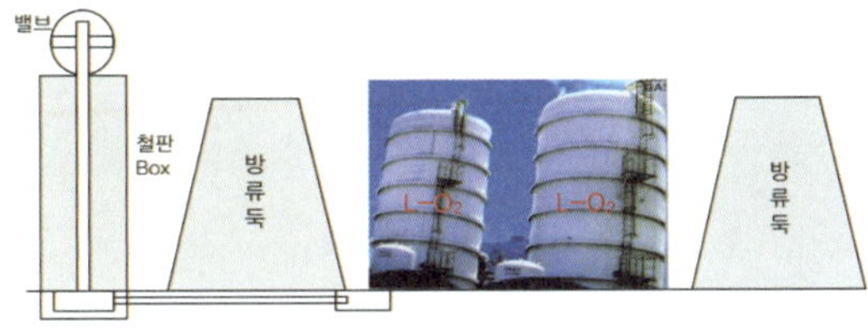

(1) 액화산소의 경우 방류둑 적용시설 용량(톤)은?
(2) 방류둑의 용량은? (단, 저장능력을 기준)

정답 (1) 1000ton
(2) 저장능력 상당용적의 60%

Question 9

동영상의 정압기실에서 지시하는 (1) ①, ②의 명칭과 (2) 정압기 전·후단에 설치되는 안전장치의 명칭을 쓰시오.

정답
(1) ① 긴급차단장치
② 안전밸브
(2) 전단 : SSV(긴급차단장치), 후단 : 안전밸브

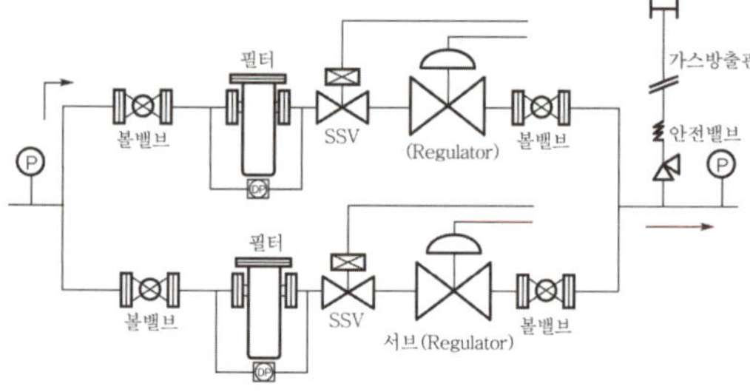

Question 10

동영상의 방폭등은 방폭성능을 손상시킬 우려가 있는 드라이버, 스패너 등의 일반 공구로 쉽게 조작할 수 없도록 하여야 한다. 이와 같은 구조를 무엇이라 하는가?

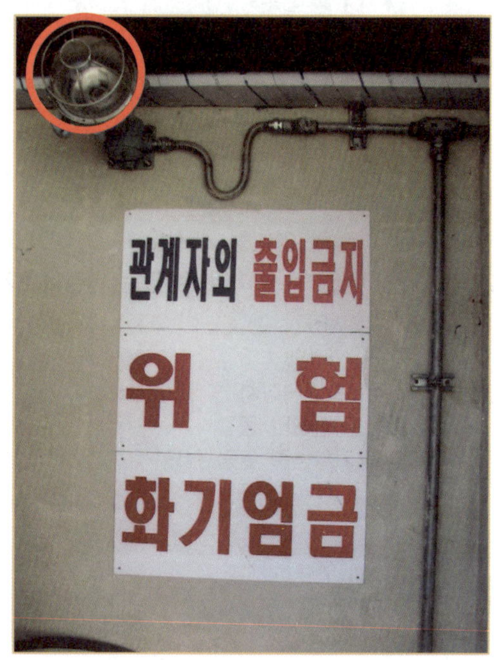

정답 자물쇠식 죄임구조

[제4회 출제문제 (2011. 11. 13.)]

Question 1

동영상은 공정안전관리 중 독성 가스가 누출되어 응급장비를 이용하여 가스누출을 차단하고 있는 장면이다. 공정안전관리의 위험성 평가기법 중 정량적 평가기법 3가지를 쓰시오.

정답▶
① 결함수분석(FTA)
② 사건수분석(ETA)
③ 원인결과분석(CCA)
④ 작업자실수분석(HEA)

해설▶
정성적 평가기법
- 체크리스트
- 상대위험순위결정
- 예비위험분석
- 위험과 운전분석(HAZOP)
- 사고예상질문분석

Question 2

다음 동영상 LP가스를 사용하는 용기 내장형 가스난방기이다. 이 난방기의 안전장치 5가지를 쓰시오.

정답▶
① 정전안전장치
② 소화안전장치
③ 전도안전장치
④ 저온차단장치(촉매식 용기 내장형 난방기에 한함)
⑤ 거버너(세라믹 버너를 사용하는 난방기만을 말한다.)

Question 3

동영상은 가스용 PE관과 금속관을 연결할 때 사용하는 이음관이다. 이 이음관의 명칭을 쓰시오.

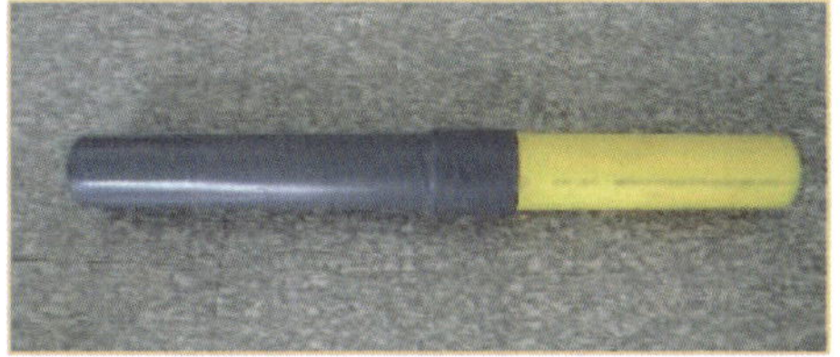

정답▶
TF(이형질이음관)

Question 4

다음 동영상의 ① 지시된 기기 명칭을 쓰고, 이 구조는 일반공구(몽키, 스패너) 등으로 쉽게 분해, 조립이 불가능하도록 된 구조이다. ② 이러한 구조의 명칭을 쓰시오.

정답
① 방폭등
② 자물쇠식 죄임구조

Question 5

동영상은 에어졸 용기이다. 이 용기의 누설시험 온도는 몇 ℃인가?

정답 46℃ 이상 50℃ 미만

Question 6

동영상에서 보여주는 ①～⑤ 안전밸브의 형식을 쓰시오. (단, ① 수소, ② 산소, ③ 아세틸렌, ④ LPG, ⑤ Cl₂ 용기밸브이다.)

① 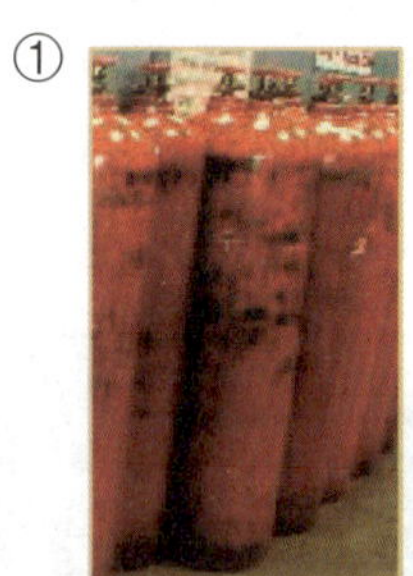

② 

③ 

④ 

⑤ 

정답
① 파열판식   ② 파열판식
③ 가용전식   ④ 스프링식
⑤ 가용전식

Question 7

동영상은 도시가스 사용시설의 배관을 자기압력 기록계로 기밀을 하고 있다. 배관 내용적이 50L 일 때 기밀시험 유지시간은 얼마인가?

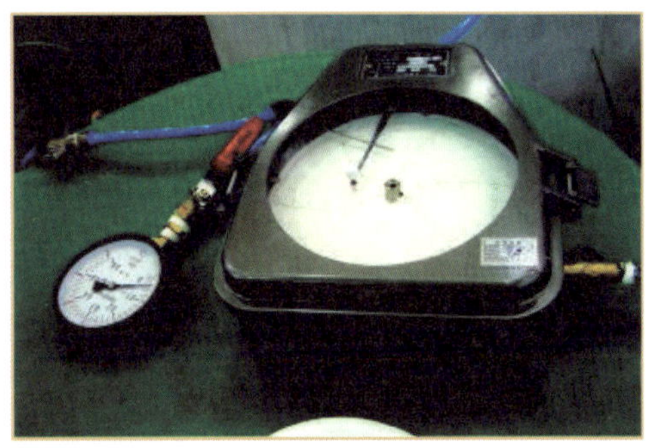

정답 10분

해설 사용시설 배관 내용적에 따른 기밀시험 유지시간

내용적	기밀시험 유지시간 (분)
10L 이하	5분
10L 초과 50L 이하	10분
50L 초과	24분

Question 8

동영상에서 표시되는 기호의 의미를 설명하시오.

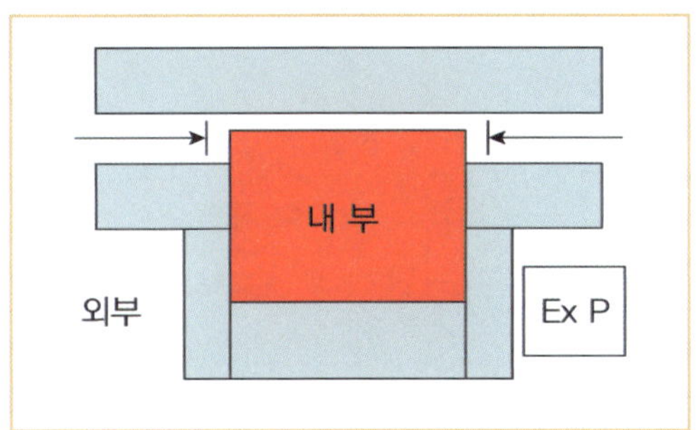

정답
① 방폭
② 압력방폭구조

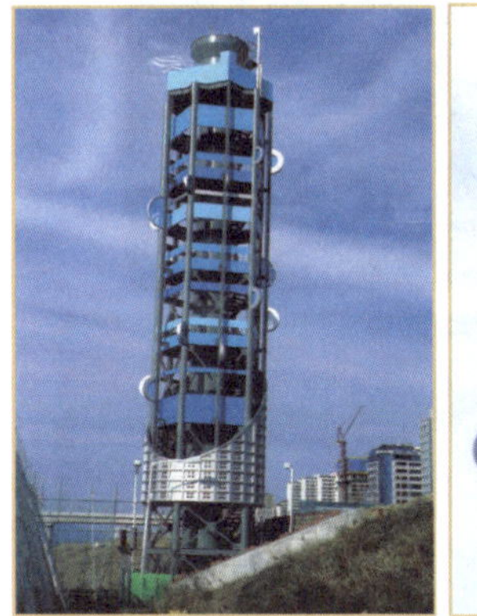

Question 9

동영상은 가연성·독성 가스의 설비에서 이상 사태가 발생한 경우 설비의 내용물을 설비 밖으로 긴급 안전하게 이송하는 설비이다. 다음 물음에 답하시오.

(1) 이 설비의 명칭을 쓰시오.
(2) 이 설비의 방출구 위치는 보행자 이동통로까지 몇 m 떨어져 있어야 하는지 거리기준을 쓰시오.

정답
(1) 벤트스택
(2) ① 긴급용 벤트스택, 공급시설의 벤트스택 : 10m 이상
② 그 밖의 벤트스택 : 5m 이상

Question 10

동영상에서 표시되는 녹색 전선은 정전기 발생을 억제하기 위하여 설치된 것이다. 이것은 정전기 제거의 방법 중의 하나인데 어떠한 방법으로 정전기 발생을 방지하는 것인지 쓰시오.

접지선

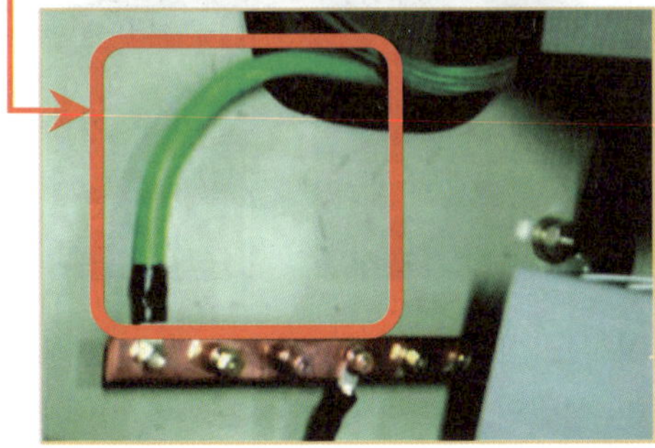

정답 대상물을 접지하는 방법

2012년 가스산업기사 작업형(동영상) 출제문제

[제1회 출제문제 (2012. 4. 22.)]

Question 1

다음 동영상을 보고 물음에 답하시오.

(1) 동영상에서 보여주는 압력계의 최고눈금범위는?

(2) 압축, 액화 그 밖의 방법으로 처리할 수 있는 가스용적 100m³ 이상 사업소는 국가 표준기본법에 따라 제품인정을 받은 압력계를 몇 개 이상 비치하여야 하는가?

정답 (1) 상용압력의 1.5배 이상 2배 이하
(2) 2개

Question 2

동영상은 고정식 압축천연가스 충전소이다. 다음 물음에 답하시오.

(1) 저장설비, 처리설비, 압축가스설비는 그 외면으로부터 사업소 경계까지 몇 m의 안전거리를 유지하여야 하는가?

(2) (1)의 경우에 처리설비 및 압축가스설비 주위에 방호벽 설치 시 몇 m 이상 유지하여야 하는가?

정답 (1) 10m 이상
(2) 5m 이상

해설 처리설비, 압축가스설비로부터 30m 이내 보호시설이 있는 경우 방호벽을 설치(Fp 651)

Question 3

동영상이 보여주는 전기방식 방법에 있어서 T/B는 몇 m마다 설치하는가?

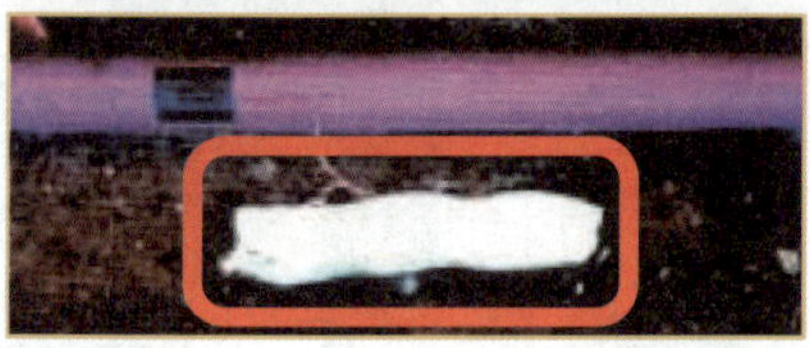

정답 300m마다(사진 : 희생양극법)

Question 4

다음 동영상은 가스공급시설에 설치된 벤트스택이다. 벤트스택의 방출구 위치는 작업원이 정상작업을 하는데 필요장소 및 작업원이 항시 통행하는 장소로부터 몇 m 떨어진 곳에 설치하는가?

정답 10m 이상

해설 **벤트스택의 방출구 위치**
- 도시가스 공급시설의 벤트스택 및 긴급용 벤트스택은 작업원이 정상작업에 필요장소 및 작업원이 항상 통행하는 장소로부터 10m 이상 떨어진 위치
- 그 밖의 벤트스택
  작업원이 정상작업에 필요장소 및 작업원이 항상 통행하는 장소로부터 5m 이상 떨어진 위치

Question 5

동영상의 ① 가스기구 명칭과 ② 표시된 부분 F1.2의 의미를 쓰시오.

①

②

정답 ① 명칭 : 퓨즈콕
② F : 퓨즈콕, 1.2 : 과류차단 안전기구가 부착된 콕의 경우 작동유량 $1.2m^3/h$

동영상은 지하에 설치된 도시가스(LNG) 정압기실 배기관이다. 다음 물음에 답하시오.

(1) 배기관의 관경(mm)은?
(2) 배기관의 배기가스 방출구 높이는 지면에서 몇 m 이상인가?

정답
(1) 100mm 이상
(2) 지면에서 3m 이상

동영상의 방폭전기기기에 대한 표시방법을 설명하시오.

(1) d
(2) p
(3) Ⅱc(최대안전틈새 범위 0.5mm 이하)
(4) T_4

정답
(1) 내압방폭구조
(2) 압력방폭구조
(3) 내압방폭전기기기의 폭발등급
(4) 방폭전기기기의 온도등급(135℃ 초과 200℃ 이하)

해설
Ⅱc(최대안전틈새 범위 0.45mm 미만) : 본질안전 방폭전기기기의 폭발등급

Question 8

동영상에 대하여 물음에 답하시오.

(1) 이 장치의 명칭은?
(2) 이 장치의 조작위치는 저장탱크로부터 몇 m
이상 떨어진 장소에 설치하는가?
(3) 저장탱크 표면적 $1m^2$당 분무능력(L/min)은?

정답
(1) 냉각살수장치
(2) 5m 이상
(3) 5L/min

해설
참고로 저장탱크 표면적 $10m^2$이라고 가정
시 확보하여야 할 수원의 양(ton)
$$10m^2 \times 5L/min \cdot m^2 \times 30min = 1500L$$
$$= 1.5m^3$$
$$= 1.5ton$$

Question 9

동영상의 고압가스 용기의 제품검사 중 재료검
사 종류를 3가지 쓰시오.

정답
① 인장시험
② 충격시험
③ 압궤시험

해설
고압가스 용기의 용접 및 무이음 용기 재료
검사 종류
인장시험, 충격시험, 압궤시험

Question 10

동영상의 연소기구에서 표시된 부분의 명칭은?

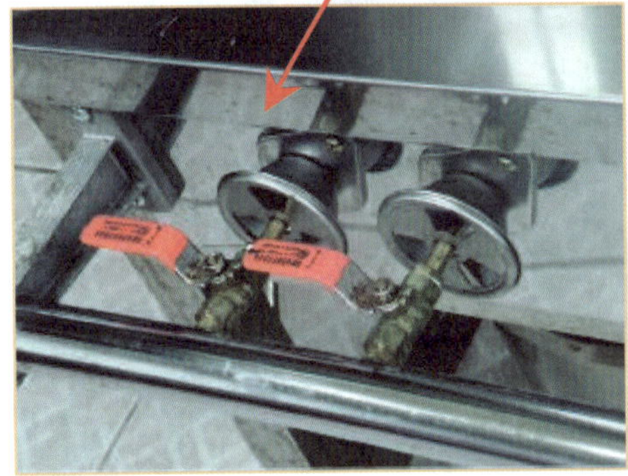

정답 공기조절장치

[제 2 회 출제문제 (2012. 7. 8.)]

Question 1

다음 동영상의 용기 명칭을 쓰시오.

① 

② 

③ 

④ 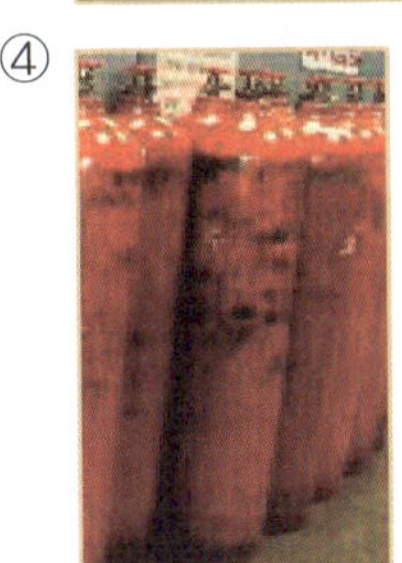

정답
① 아세틸렌용기
② 산소용기
③ 이산화탄소용기
④ 수소용기

Question 2

동영상은 매설 도시가스 배관의 부식방지를 위해 설치하는 전기방식의 전위측정용 터미널(T/B)이다. 다음 물음에 답하시오.

(1) 희생양극법, 배류법은 몇 m 간격으로 설치하는가?
(2) 외부전원법은 몇 m 간격으로 설치하여야 하는가?
(3) 방식전류가 흐르는 상태에서 토양 중에 있는 고압가스 시설의 방식 전위는 황산염 환원박테리아가 번식하는 토양에서 몇 V 이하인가?

정답
  (1) 300m
  (2) 500m
  (3) −0.95V

Question 3

동영상은 LP가스가 폭발한 장면이다. 버섯 구름 모양이나 fire ball처럼 형성되는 폭발 형태를 무엇이라 하는가?

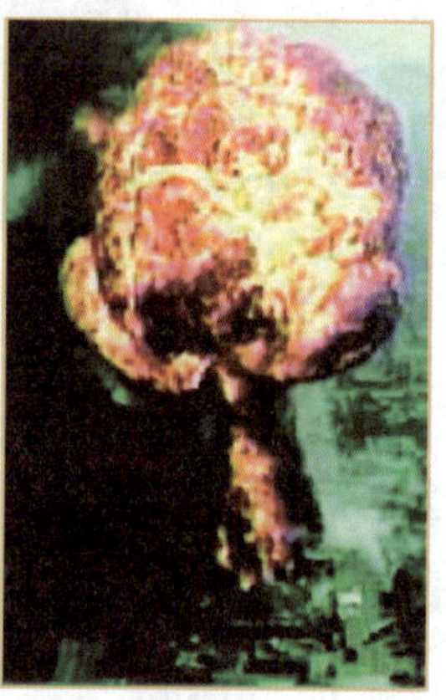

정답 블래브(BLEVE)

Question 4

동영상에서 보여주는 정압기 시설에서 정압기 전단과 후단에 설치되는 밸브의 명칭은?

정답
  ① 전단 : 긴급차단밸브
  ② 후단 : 안전밸브

Question 5

동영상에서 보여주는 ① 금속재료 시험종류와 ② 무엇을 측정하는 시험인지를 쓰시오. (단, 동영상 장면 : 강을 충격시험기로 충격을 가하여 파손하는 장면)

정답 ① 시험의 종류 : 충격시험
② 측정 : 인성과 취성

Question 6

동영상을 보고, 다음 물음에 답하시오.

(1) 이 장치의 명칭은 무엇인가?
(2) 이 장치의 표면적당 분무량(L/min)은?

정답 (1) 냉각살수장치
(2) 5L/min

Question 7

동영상에서 표시하는 의미를 설명하시오.

정답 LG : 액화석유가스를 제외한 액화가스를 충전하는 용기의 부속품

Question 8

동영상에서 보여주는 밸브의 명칭은?

정답 가스용 PE밸브(매몰형)

Question 9

동영상에서 보여주는 가스누설 검지경보장치의 검지부 설치 제외장소를 2가지 쓰시오.

정답
① 증기, 물방울, 기름 섞인 연기 등이 직접 접촉될 우려가 있는 곳
② 주위온도 또는 복사열에 의한 온도가 40℃ 이상되는 곳
③ 설비 등에 가려져 누출가스 유통이 원활 하지 못한 곳
④ 차량 그 밖의 작업 등으로 인하여 경보기 가 파손될 우려가 있는 곳

Question 10

동영상에서 보여주는 가스시설의 명칭은?

정답 라인마크

[제 4 회 출제문제 (2012. 11. 3.)]

Question 1

연소기 가동 시 점화가 되지 않거나 가스가 떨어지는 원인 등으로 불꽃이 꺼졌을 때 동작하여 가스통로를 폐쇄하고 불이 붙지 않는 가스의 누출을 방지하는 안전장치의 명칭은?

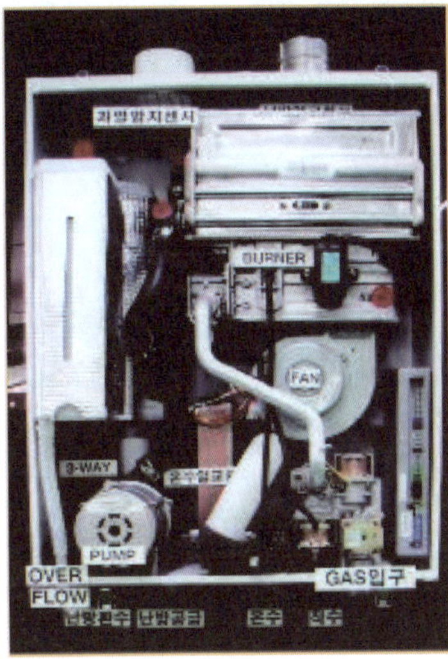

정답 소화안전장치

Question 2

동영상은 현재 우리나라에서 주로 지하에 매몰하여 설치되는 배관이다. 배관 ①, ②의 명칭을 쓰시오.

정답 ① 가스용 폴리에틸렌관
② 폴리에틸렌 피복강관(PLP강관)

Question 3

동영상에서 보여주는 아세틸렌가스의 15℃에서의 최고충전압력(MPa)은?

정답 1.5MPa

Question 4

동영상이 보여주는 비파괴검사방법을 포함하는 비파괴검사 종류 3가지는?

정답 ① 방사선투과검사
② 초음파탐상검사
③ 자분탐상검사

Question **5**

동영상에서 관경 20A이면 도시가스 배관길이가 300m일 때 배관을 고정하는 브래킷의 개수는 몇 개 이상인가?

정답 300÷2＝150개

해설 관경 13~33mm는 2m마다 고정하므로

Question **6**

동영상에서 보여주는 가스용 폴리에틸렌관의 열융착이음에서 이음부 연결오차는 배관두께의 몇 % 이하인가?

정답 10% 이하

Question **7**

동영상에서 보여주는 가스기구의 명칭은?

① 

② 

정답 ① 퓨즈콕
② 상자콕

Question **8**

동영상의 용기보관실에서 바닥면적이 $5m^2$라면 자연환기구의 면적(cm^2)을 계산하여라.

정답 $5 \times 10^4 \times 0.03 = 1500cm^2$

동영상을 보고 다음 물음에 답하시오.

(1) LPG 충전호스 길이를 쓰시오.
(2) 표시된 부분의 명칭을 쓰시오.

정답
(1) 5m 이내
(2) 세이프티커플링

동영상에서 지시하는 부분의 의미를 쓰시오.

① Ex   ② d   ③ ⅡB   ④ T₄   ⑤ IP54

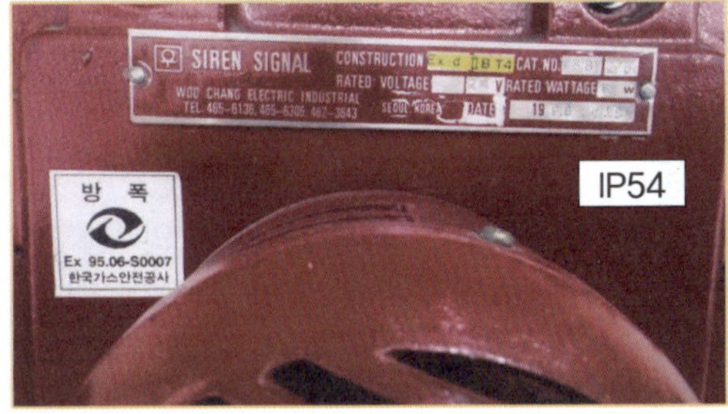

정답
① Ex : 방폭구조
② d : 내압방폭구조
③ ⅡB : 방폭전기기기의 폭발등급
④ T_4 : 방폭전기기기의 온도등급
⑤ IP54 : 보호등급

2013년 가스산업기사 작업형(동영상) 출제문제

[제1회 출제문제 (2013. 4. 21.)]

Question 1

동영상에서 화살표가 지시하는 밸브의 (1) 명칭은? (2) 이 밸브의 평소에 개방, 폐쇄에 대하여 설명하시오.

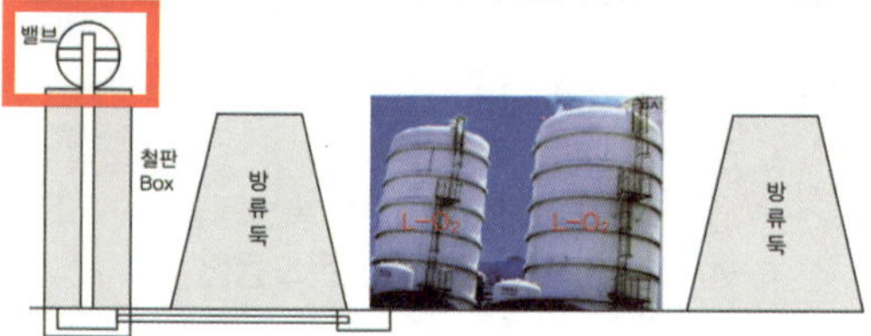

정답
(1) 명칭 : 방류둑의 배수용 밸브
(2) 평소에는 폐쇄, 액화가스 누설 시 누설가스가 방류둑 외부로 유출되지 않게 하고 우수 등으로 빗물이 넘칠 경우 개방하여 빗물 등을 밖으로 배출시킨다.

Question 2

동영상의 PE 배관에서 (외경/최소두께)의 비를 나타내는 영어 약자를 쓰시오.

정답 SDR

Question 3

동영상의 안전밸브 명칭을 쓰시오.

① 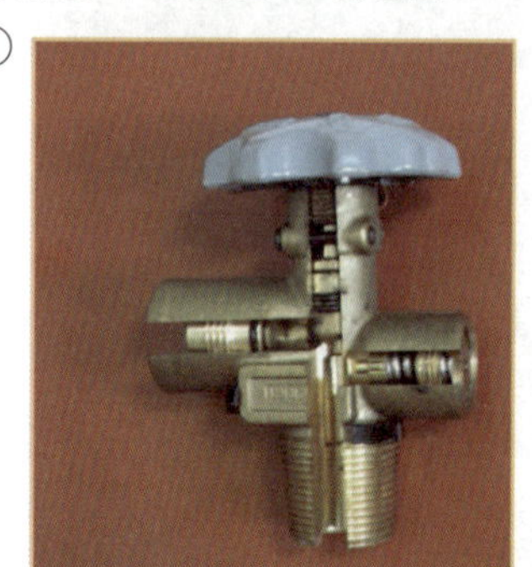

② 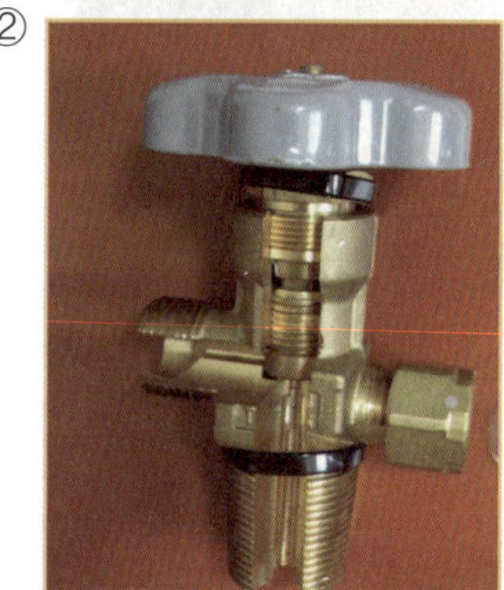

③ 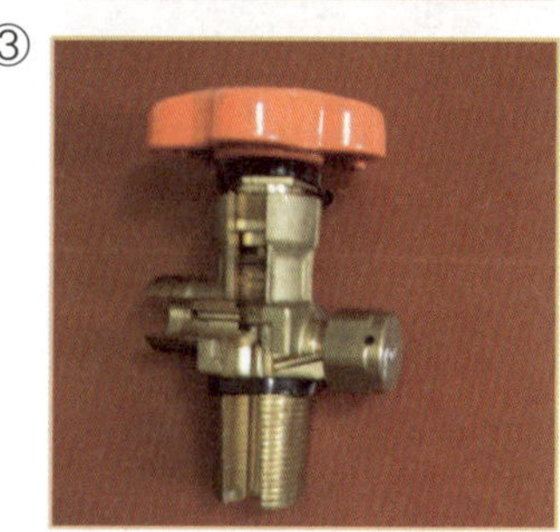

정답
① 스프링식
② 가용전식
③ 파열판식

동영상의 가스용기 명칭을 쓰시오.

① 

② 

③ 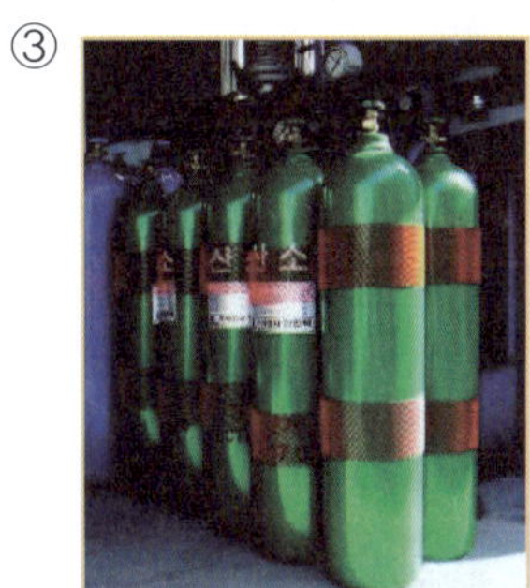

④ 

정답
① 아세틸렌
② 수소
③ 산소
④ 이산화탄소

동영상의 방폭구조 종류는?

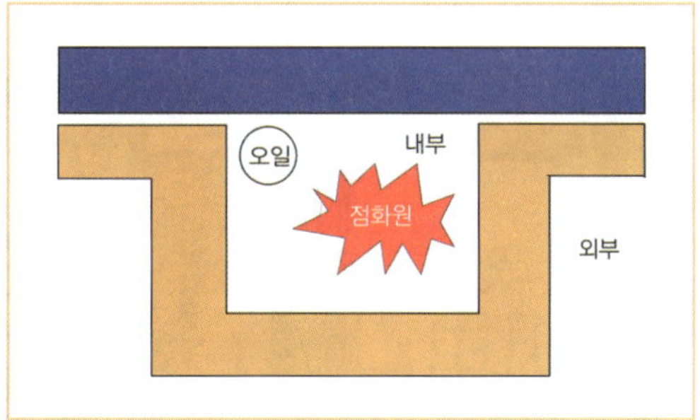

정답 유입방폭구조

동영상은 가연성 가스 저장실에 설치되어 있는 방폭등이다. 이와 같은 방폭전기기기는 결합부의 나사류를 외부에서 조작 스패너 등의 일반공구로 쉽게 조작할 수 없도록 해야 하는데 이러한 구조를 무엇이라 하는가?

정답 자물쇠식 죄임구조

Question 7

동영상의 고정식 압축도시가스 충전시설에서 다음 물음에 답하시오.

①

②

(1) 저장처리 압축가스설비 및 충전설비의 고압전선과 수평거리는 몇 m 이격되어야 하는가?
(2) 화기와의 우회거리(m)는?

정답 (1) 5m 이상
(2) 8m 이상

해설
• 저압전선과 수평거리 : 1m 이상
• 인화성, 가연성 물질 저장소와 이격거리 : 8m 이상
• 사업소 경계와 안전거리 : 10m 이상

Question 8

동영상의 방폭구조에서 ⅡB, Exd, T_6 중 ⅡB의 의미를 쓰시오.

정답 내압방폭구조의 폭발등급

Question 9

동영상에서 액화메탄(비등점 −161℃) 가스가 염소와 반응 시 HCl과 함께 생성되는 냉매로 사용되는 가스는?

정답 염화메틸(CH_3Cl)

Question 10

동영상은 LPG 충전시설에서 폭발사고(BLEVE)가 발생하였다. 이때 한국가스안전공사에 보고하여야 하는 사항을 4가지 쓰시오.

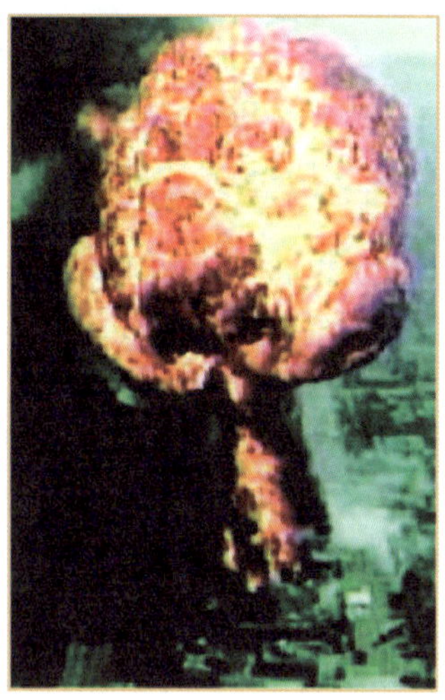

정답
① 통보자의 소속, 지위, 성명, 연락처
② 사고발생 일시
③ 사고발생 장소
④ 사고내용
⑤ 시설현황
⑥ 인명 및 재산피해 현황

참고 고법 시행규칙 별표 34

[제 2 회 출제문제 (2013. 7. 14.)]

Question 1

동영상이 보여주는 가스장치의 ① 명칭과 ② 표면적 $1m^2$당 분무량(L/min)은?

정답
① 냉각살수장치
② 5L/min

Question 2

동영상에서 보여주는 비파괴검사의 종류는?

정답 침투탐상시험(PT)

동영상은 정전기를 제거하기 위하여 설치한 시설물이다. 정전기를 제거하기 위한 4가지 방법을 쓰시오.

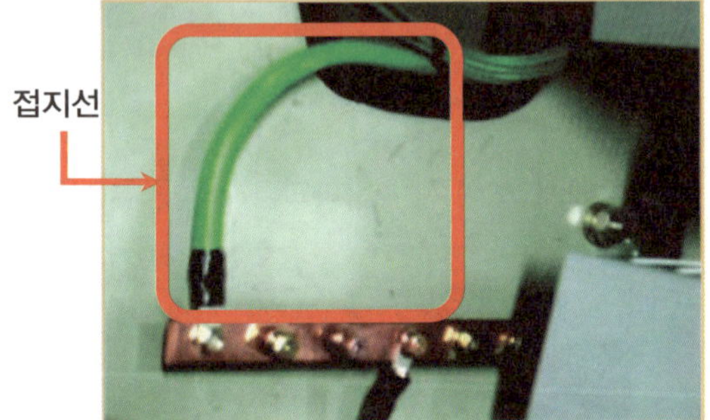

정답 ① 공기를 이온화한다.
② 상대습도를 70% 이상 유지한다.
③ 접촉전위가 적은 물질을 사용한다.
④ 접지한다.

동영상은 관경이 25mm인 도시가스 배관이다. 이 배관을 작업 시 작업자가 주의하여야 할 주의사항을 쓰시오.

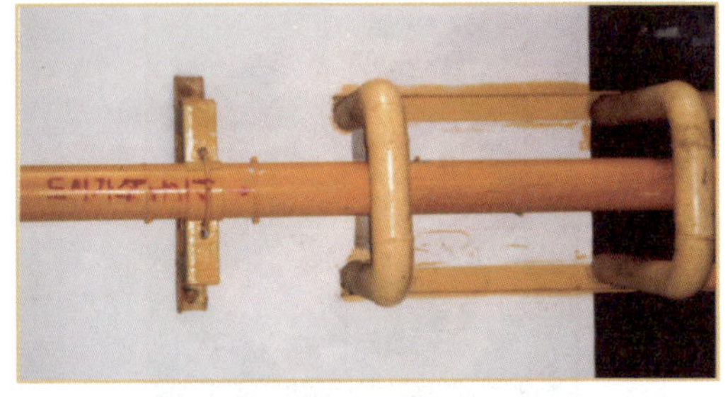

(1) 이 배관에 고정장치는 몇 m마다 하여야 하는가?
(2) 이 배관에 표시하여야 하는 사항 3가지는?

정답 (1) 2m마다
(2) 사용가스명, 최고사용압력, 가스의 흐름방향

동영상은 도로폭이 20m인 번화가이다. 이 도로에 도시가스 배관을 매설 시 매설깊이(m)는?

정답 1.2m 이상

Question 6

동영상은 LPG 저장실이다. 다음 물음에 답하시오.

(1) 동영상과 같이 환기구가 아래에 있는 이유를 쓰시오.
(2) 바닥면적이 $200m^2$일 때 환기구의 개수는?

정답
  (1) 공기보다 무거우므로
  (2) $200 \times 300 \div 2400 = 25$개

해설
  자연통풍구의 면적은 바닥면적 $1m^2$당 $300cm^2$
  이며, 환기구 1개당의 면적은 $2400cm^2$ 이하
  ∴ $200m^2 \times 300cm^2/m^2 \div 2400cm^2 = 25$개

Question 7

동영상의 LPG 충전시설에서 ①, ②, ③이 지시하는 밸브의 명칭은?

정답
  ① 긴급차단밸브
  ② 역지밸브
  ③ 릴리프밸브

Question 8

동영상의 도시가스 공급시설의 정압기실에서 다음 물음에 답하시오.

(1) 1년 1회 분해점검을 하여야 하는 시설을 쓰시오.
(2) 2년 1회 분해점검을 하여야 하는 시설의 명칭을 쓰시오.

정답
  (1) 필터
  (2) 정압기

Question 9

동영상과 같이 가스난방기에 설치하여야 하는 안전장치를 3가지 이상 쓰시오.

정답
① 정전안전장치
② 역풍방지장치
③ 소화안전장치

해설
그 밖의 장치
- 거버너(세라믹버너를 사용하는 난방기만을 말한다.
- 불완전연소 방지장치나 산소결핍안전장치 (가스소비량이 11.6kW 이하인 가정용 및 업무용의 개방형 가스난방기만을 말한다.)
- 전도안전장치(고정설치형은 제외한다.)
- 배기폐쇄식 안전장치(FE식 난방기에 한한다.)
- 과대풍압안전장치(FE식 난방기에 한한다.)
- 과열방지안전장치(강제대류식 난방기에 한한다.)
- 저온차단장치(촉매식 난방기에 한함)

Question 10

동영상이 보여주는 방폭구조 ①, ②, ③, ④를 쓰시오.

정답
① 내압방폭구조(d)
② 안전증방폭구조(e)
③ 압력방폭구조(p)
④ 유입방폭구조(o)

[제 4 회 출제문제 (2013. 11. 9.)]

Question 1

동영상의 에어졸 용기에서 누설시험 온도(℃)는?

정답 46℃ 이상 50℃ 미만

Question 2

동영상은 일반도시가스 공급시설에 설치되어 있는 정압기이다. 다음 물음에 답하시오.

(1) 분해점검 주기는?
(2) 필터는 공급개시 후 몇 달 이내 점검하여야 하는가?
(3) 이 정압기의 작동상황 점검주기는?

정답
(1) 2년 1회
(2) 한달(1개월) 이내
(3) 일주일 이내

해설 도시가스 정압기·예비정압기·필터 분해 점검 주기

법규 구분 / 항목		가스도매 사업법	일반도시가스 사업법	사용자 시설
정압기		2년 1회	2년 1회	3년 1회
예비 정압기		3년 1회	3년 1회	
필터	최초	1개월 이내	1개월 이내	1개월 이내
필터	향후	1년 1회	1년 1회	공급개시 다음 첫 번째 3년 1회 그 이후는 4년 1회
정압기 작동상황 점검		지속적	1주일 1회 이상	1주일 1회 이상
정압기 가스누출 경보기	육안 점검	1주일 1회 이상	1주일 1회 이상	1주일 1회 이상
정압기 가스누출 경보기	표준 가스 사용 시	6개월 1회 이상		

참고 가스도매사업 정압기의 작동상황 점검주기는 지속적으로 한다.

Question 3

동영상에서 지시하는 ①, ②, ③, ④ 장치의 명칭은?

①

②

③

④

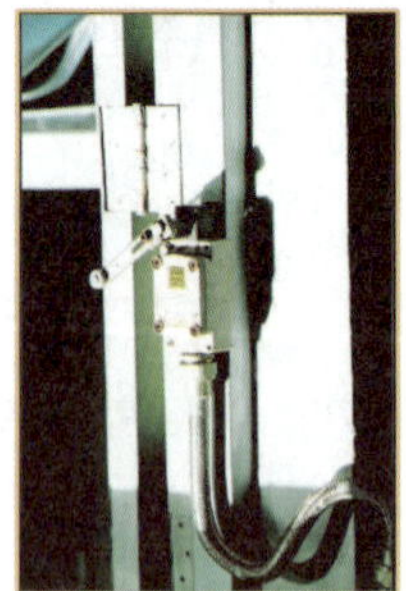

정답
① RTU
② 이상압력통보설비
③ 가스누설검지기
④ 출입문 개폐통보장치

Question 4

동영상이 보여주는 방폭구조의 종류 및 기호를 쓰시오.

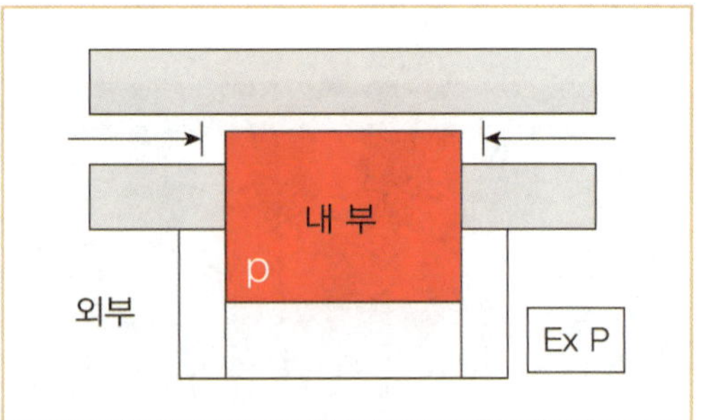

정답 압력방폭구조(p)

Question 5

동영상의 기화장치에서 다음 물음에 답하시오.

(1) 액화가스가 넘쳐흐름을 방지하는 장치의 명칭은?

(2) 액화가스 유출 시 일어나는 현상은?

정답
(1) 액유출방지장치
(2) ① 기화설비 동결
② 기화능력 불량
③ 조정기 폐쇄
④ 산소결핍에 의한 질식
⑤ 가스폭발

Question 6

동영상이 보여주는 용기 ①, ②, ③, ④의 명칭을 쓰시오.

①

②

③

④

정답 ① C_2H_2
② O_2
③ CO_2
④ H_2

Question 7

동영상의 냉각살수장치에서 $1m^2$당 분무량(L/min)은?

정답 5L/min

Question 8

동영상이 보여주는 안전밸브의 형식은?

정답 파열판식

Question 9

고정식 압축천연가스 자동차 충전시설에서 사업소 경계와의 안전거리(m)를 쓰시오.

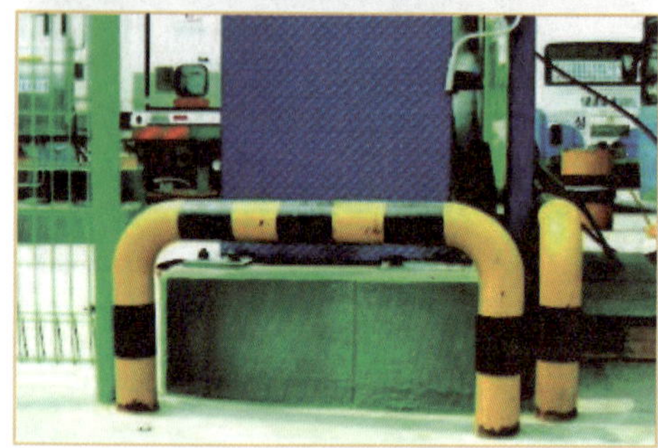

(1) 방호벽이 없는 경우
(2) 방호벽이 있는 경우

정답
(1) 10m 이상
(2) 5m 이상

Question 10

아세틸렌용기에서 Tw의 의미를 쓰시오.

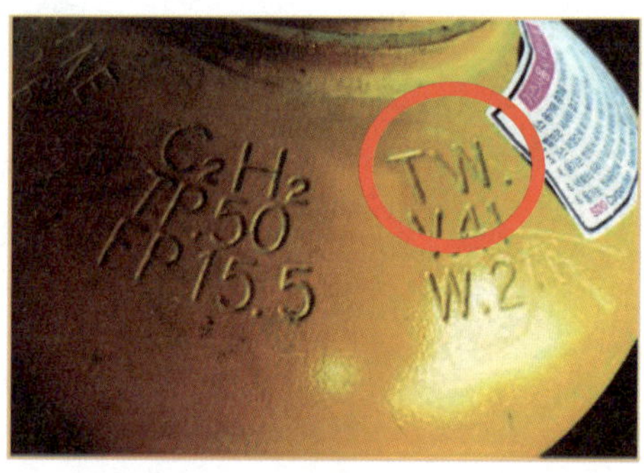

정답
아세틸렌용기의 용기질량＋다공물질＋용제 및 밸브의 질량을 포함한 질량(kg)

2014년 가스산업기사 작업형(동영상) 출제문제

[제1회 출제문제 (2014. 4. 20.)]

Question 1

동영상에 탑재되어 있는 누출검지기의 종류는?

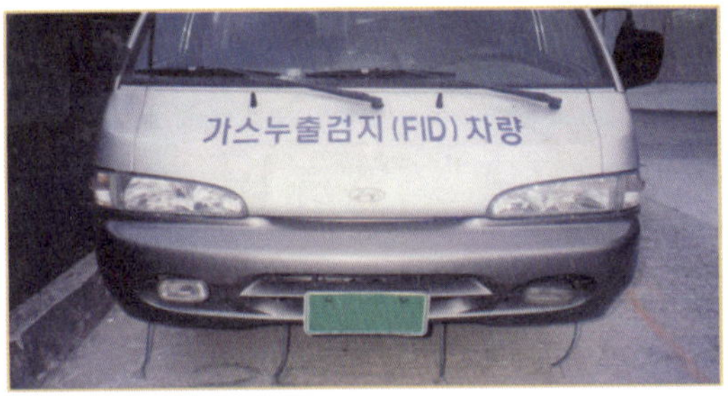

정답 FID(수소포획이온화검출기)

Question 2

동영상을 보고 다음 물음에 답하시오.

(1) 충전호스의 길이는?
(2) 이 호스 끝에 설치되어 있는 장치는?

정답 (1) 5m 이내
(2) 정전기 제거장치

Question 3

동영상의 밸브의 명칭은?

①

②

정답 매몰용 PE밸브(가스용)

Question **4**

다음은 공기액화분리장치의 복정류탑과 액화가
스 탱크이다. 공기액화분리장치의 폭발원인 4가
지를 기술하시오.

①

②

정답 ▶ ① 공기취입구로부터 아세틸렌의 혼입
② 압축기용 윤활유 분해에 따른 탄화수소의
생성
③ 액체 공기 중 오존의 혼입
④ 공기 중 질소산화물의 혼입

Question **5**

동영상은 LP가스를 사용하고 있는 사용시설이
다. 동영상에서 보여주는 ①, ②, ③은 가스누설
차단장치의 3대 요소이다. 각각의 명칭을 쓰고,
기능을 서술하시오.

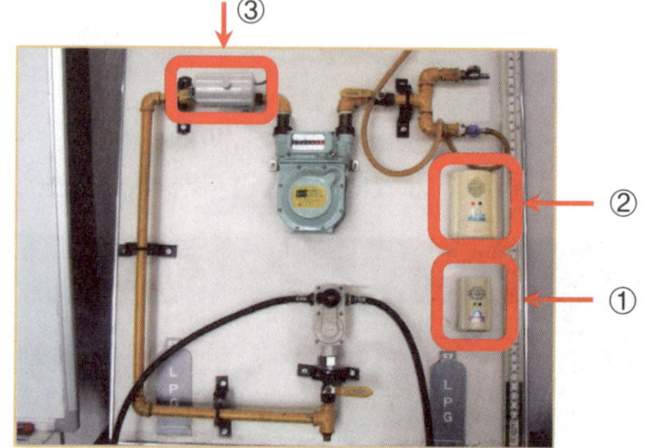

정답 ▶ ① 검지부 : 누설가스를 검지제어부로 신호를
보냄
② 제어부 : 차단부에서 자동차단 신호 전달
③ 차단부 : 제어부의 신호에 따라 가스를 개
폐하는 기능

Question **6**

동영상의 정압기실에서 지시하는 ①, ②의 명칭
을 쓰시오.

정답 ▶ ① 긴급차단장치
② 안전밸브

Question 7

동영상과 같이 가스누출 자동차단장치를 설치하여야 할 장소의 영업장 면적(m^2)은?

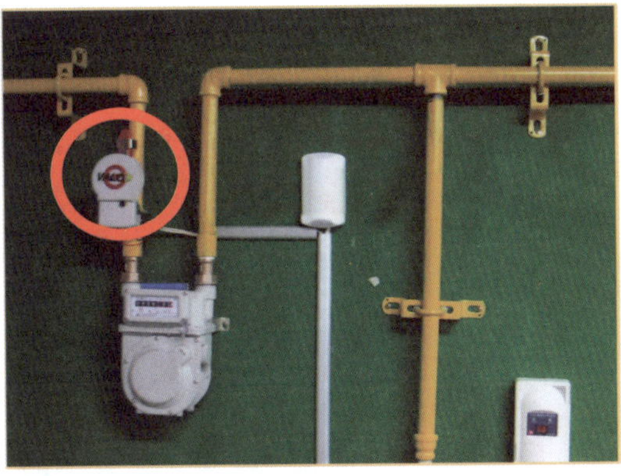

정답 100m^2 이상

Question 8

동영상에 표시된 다음 기호를 설명하시오.

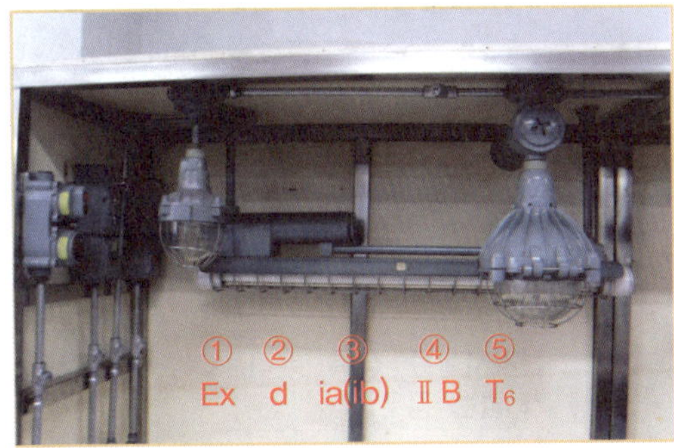

정답
① 방폭구조
② 내압방폭구조
③ 본질안전방폭구조
④ 내압방폭전기기기의 폭발등급(최대안전틈새 범위 0.5mm 초과 0.9mm 미만)
⑤ 방폭전기기기의 온도등급(가연성 가스의 발화도 범위 85℃ 초과 100℃ 이하)

Question 9

동영상을 보고 다음 물음에 답하시오.

(1) 가스 시설물의 명칭은?
(2) 이 시설물의 처리 가스가 가연성인 경우 방출가스의 착지농도 기준은?

정답
(1) 벤트스택
(2) 폭발하한계 미만이 되는 높이

Question 10

동영상이 보여주는 다기능 가스안전계량기를 보고, 다음 물음에 답하시오.

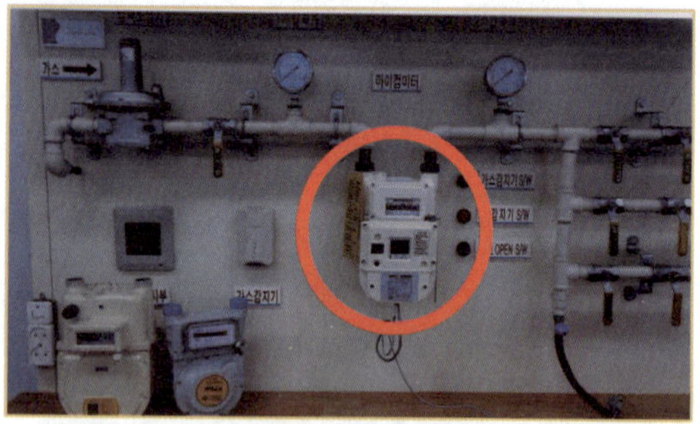

(1) 합계 유량차단성능에서 합계 유량차단값을 초과하는 가스가 흐르는 경우 몇 초 이내에 차단되어야 하는가?
(2) 압력 저하 차단성능에서 계량기 출구쪽 압력이 몇 kPa일 때 차단되어야 하는가?

정답
(1) 75초 이내
(2) 0.6±0.1kPa

[제 2 회 출제문제 (2014. 7. 6.)]

Question 1

동영상은 정압기실의 안전밸브 방출관이다. 전기시설물의 접촉 우려가 없을 경우 방출관의 높이는?

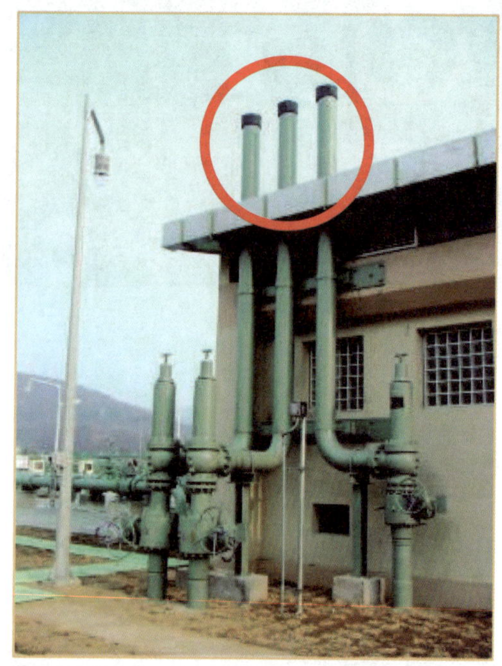

정답 5m 이상

해설 정압기의 안전밸브 방출관의 높이

구분	방출관의 높이
전기시설물 접촉 우려가 없는 경우	5m 이상
5m 이상 설치 시 전기시설물 접촉 우려가 있는 경우	3m 이상

(1) 동영상이 보여주는 기기의 명칭을 쓰고, (2) 이 기기가 하는 기능을 쓰시오.

정답
(1) 명칭 : 충격시험기
(2) 기능 : 재료에 충격을 가하여 재료가 견디는 강도를 시험하는 기능

동영상에서 LNG 주성분인 ① CH_4의 비등점, ② 분자량(g/mol) 값은?

정답
① −161.5℃
② 16g/mol

다기능 가스안전계량기의 기능 4가지는?

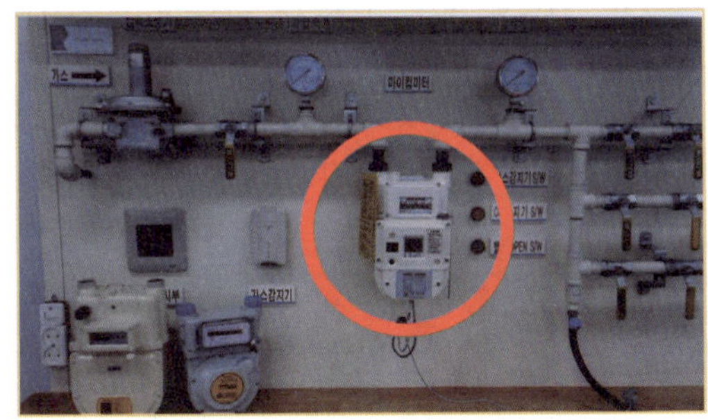

정답
① 압력저하 차단기능
② 연속사용 차단기능
③ 합계유량 차단기능
④ 미소유량 검지기능

동영상에서 표시되어 있는 LG의 의미를 기술하시오.

정답
액화석유가스를 제외한 액화가스를 충전하는 용기의 부속품

Question 6

동영상은 가스누출 시 응급조치를 하고 있는 장면이다. 위험성 평가기법 중 공정에 존재하는 위험요소들과 공정의 효율을 떨어뜨릴 수 있는 운전상의 문제점을 찾아내어 정성적으로 원인을 제거하는 위험성 평가기법은?

정답 위험과 운전분석기법(HAZOP)

Question 7

동영상은 방폭구조이다. 방폭구조의 종류, 기호를 5가지 쓰시오.

정답
① 내압방폭구조(d)
② 압력방폭구조(p)
③ 유입방폭구조(o)
④ 안전증방폭구조(e)
⑤ 본질안전방폭구조(ia)(ib)

Question 8

동영상의 고정식 자동차 충전소에서 압축가스설비를 지상에 설치 시 물음에 답하시오.

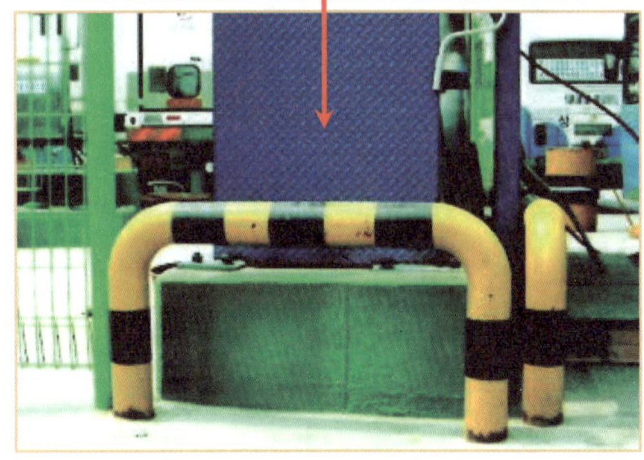

(1) 그 설비 외면과 고압전선(직류 750V, 교류 600V를 초과하는 전선을 말한다)까지 수평거리는 몇 m 이상인가?
(2) 화기를 취급하는 장소까지 우회거리는 몇 m 이상인가?

정답
(1) 고압전선 : 5m 이상
(2) 화기 : 8m 이상 우회거리

Question 9

동영상의 도시가스 정압기실에서 경계책의 높이 (m)는?

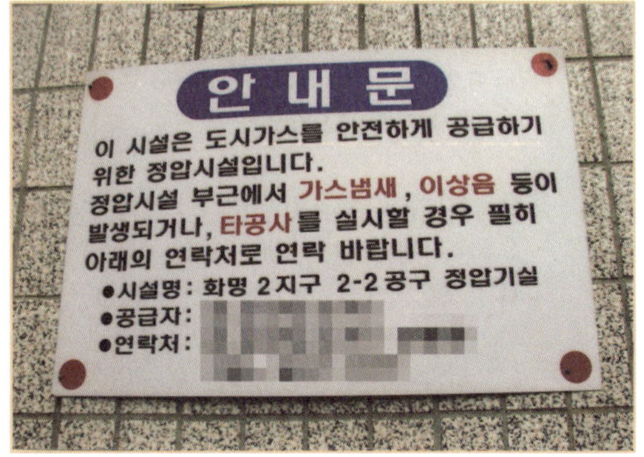

정답 1.5m 이상

Question 10

저장량 20만ton인 저압지하식 LNG 저장탱크에서 이 탱크와 사업소 경계까지의 유지거리(m)는?

정답

$$L = C \sqrt[3]{143000 \sqrt{W}}$$
$$= 0.240 \sqrt[3]{143000 \times \sqrt{200000}}$$
$$= 95.975 ≒ 95.98\text{m}$$

해설

상기의 값이 50m 미만인 경우 거리유지
L : 유지해야 할 거리(m)
W : 저장탱크의 저장능력(ton) 제곱근. 그 외는 시설 내의 액화천연가스의 질량
C : 저압지하식 저장탱크는 0.240(그 밖의 가스저장 처리설비 : 0.576)

Question 1

동영상은 가스탱크 내 LNG를 채취해 LNG의 순도를 시험하는 장면이다. 표시된 −161의 숫자가 의미하는 것은?

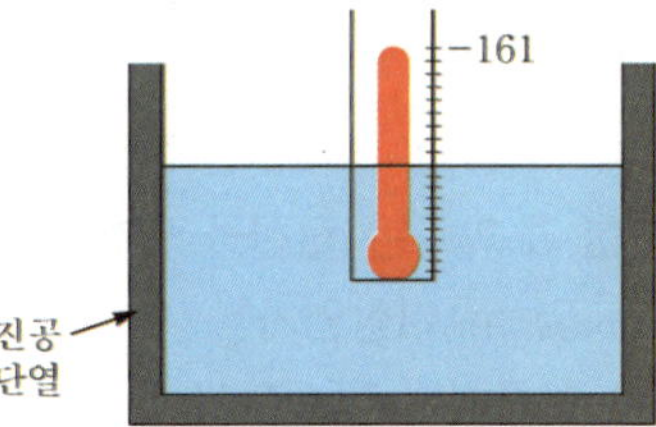

정답 CH_4의 비등점

Question 2

동영상 가스보일러의 배기방식을 쓰시오.

정답 
① FF(강제급배기식 밀폐형)
② FE(강제배기식 반밀폐형)

해설 **보일러 형식별 설치장치**

구분	연소용 공기	폐가스	설치장치
밀폐형	옥외에 공기 사용	옥외에 배출	배기통
반밀폐형	실내 공기 사용	옥외에 배출	급기구 배기통
개방형	실내 공기 사용	실내 배출	환기구 환풍기

Question 3

동영상은 CNG 충전시설이다. 표시된 부분의 가스기구의 명칭은?

정답 안전밸브

Question 4

동영상은 C_2H_2을 2.5MPa 이상 충전하고 있는 충전시설이다. 이때 첨가하는 희석제의 종류 4가지를 쓰시오.

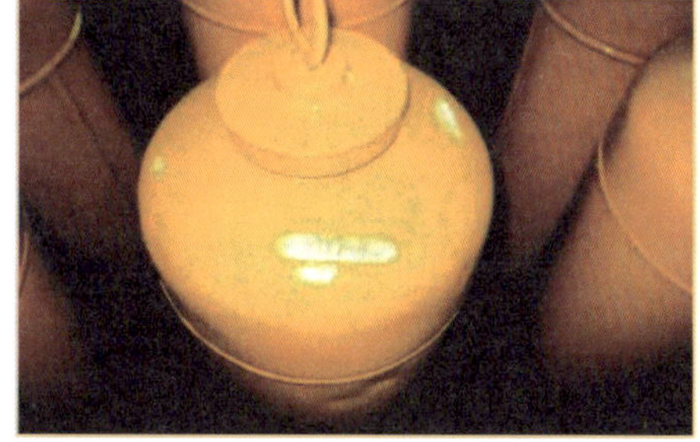

정답 N_2, CH_4, CO, C_2H_4

Question 5

동영상에서 표시되는 기호에 대하여 설명하시오.

① Ex d   ② ⅡB   ③ T₄

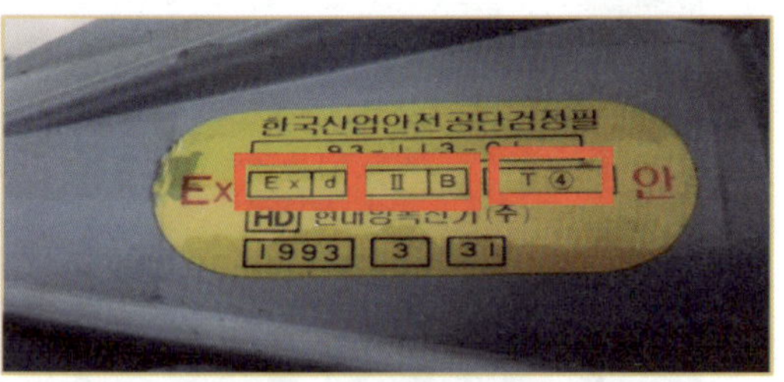

정답
① Ex : 방폭구조, d : 내압방폭구조
② ⅡB : 방폭전기기기의 폭발등급(최대안전 틈새 범위 0.5mm 초과 0.9mm 미만)
③ T₄ : 방폭전기기기의 온도등급(135℃ 초과 200℃ 이하)

Question 6

동영상의 ①, ② 가스기구의 명칭은?

①

②

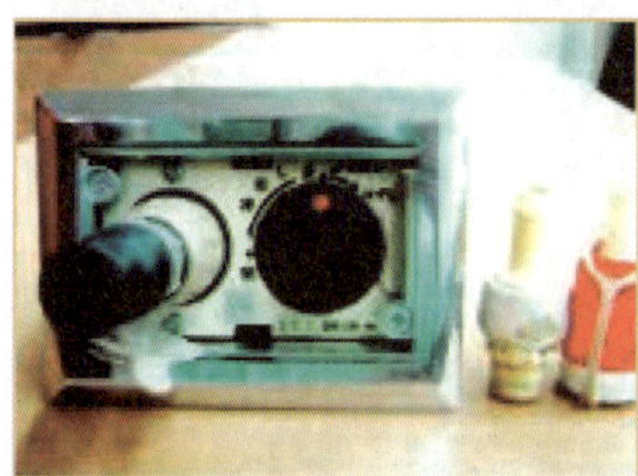

정답
① 퓨즈콕
② 상자콕

Question 7

동영상의 아세틸렌용기에 대하여 다음의 각인 기호에 대하여 설명하여라. (단, 단위도 명시)

① Tw   ② Fp   ③ Tp   ④ Ap

정답
① Tw : 용기의 질량에 다공물질, 용제 및 밸브의 질량을 합한 질량(kg)
② Fp : 15℃에서 1.5MPa
③ Tp : Fp×3＝1.5×3＝4.5MPa
④ Ap : Fp×1.8＝1.5×1.8＝2.7MPa

Question 8

동영상에서 도시가스 누설을 검지하는 차량에 적재되어 있는 검출기의 종류는?

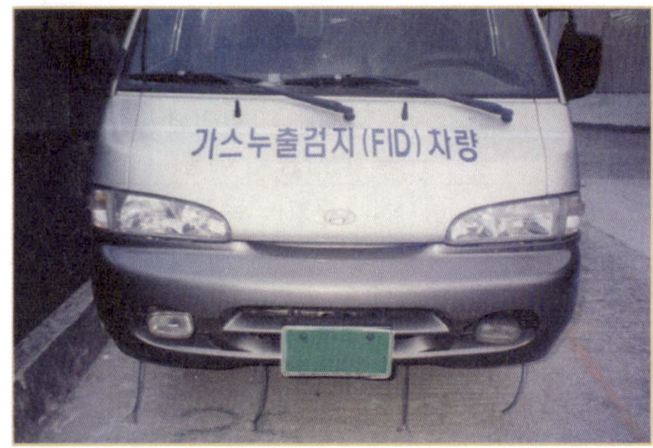

정답 수소염이온화검출기

Question 9

동영상의 ①, ②의 보호포를 매설되어 있는 압력별로 구분하시오.

정답 ① 저압배관에 사용되는 보호포
② 중압배관에 사용되는 보호포

Question 10

동영상을 보고 다음 물음에 답하시오.

①

②

(1) 비파괴검사의 종류를 쓰시오.
(2) 신규로 설치하는 도시가스의 제조소, 공급소 안의 배관기밀시험에서 가스 농도가 몇 % 이하에서 작동하는 가스검지기를 사용하여 해당 검지기가 작동하지 않는 것으로 누설되지 않음을 판정하는가?

정답 (1) 방사선투과검사
(2) 0.2% 이하

동영상에서 고압가스 용기를 운반할 때 주의사항 4가지를 쓰시오.

정답
① 염소(아세틸렌, 암모니아, 수소)와는 동일 차량에 적재하여 운반하지 말 것
② 가연성 산소를 동일차량에 운반 시 충전 용기 밸브가 마주보지 않게 할 것
③ 충전용기와 소방법이 정하는 위험물과 혼합 적재하지 말 것
④ 독성 가스 중 가연성, 조연성을 동일차량에 적재 운반하지 말 것
⑤ 용기의 상하차 시 충격을 완화하기 위하여 완충판을 사용할 것

동영상의 배관 부속품의 명칭은?

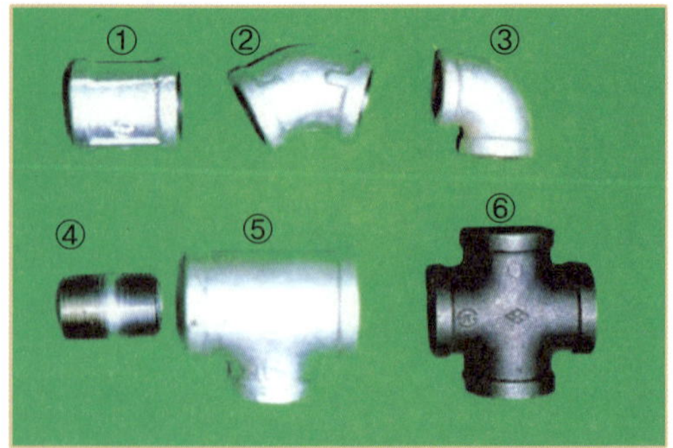

정답
① 소켓   ② 45° 엘보   ③ 90° 엘보
④ 니플   ⑤ 이경 티   ⑥ 크로스

동영상의 원심 펌프에서 일어날 수 있는 캐비테이션의 발생원인 3가지를 쓰시오.

정답
① 회전수가 빠를 때
② 펌프 설치위치가 지나치게 높을 때
③ 흡입관경이 좁을 때

해설

캐비테이션

정의	유수 중 그 수온의 증기압보다 낮은 부분이 생기면 물이 증발을 일으키고, 기포를 발생하는 현상
방지법	• 회전수를 낮춘다. • 펌프 설치위치를 낮춘다. • 두 대 이상의 펌프를 사용한다. • 양흡입 펌프를 사용한다.

2015년 가스산업기사 작업형(동영상) 출제문제

[제1회 출제문제 (2015. 4. 20.)]

Question 1

동영상은 LPG 충전소에서 LP가스 탱크가 폭발하여 버섯모양의 화염이 형성되는 사고가 발생하였다. 이때, 충전사업자가 한국가스안전공사에 제출하는 사고 보고서에 보고하여야 할 내용을 기술하여라.

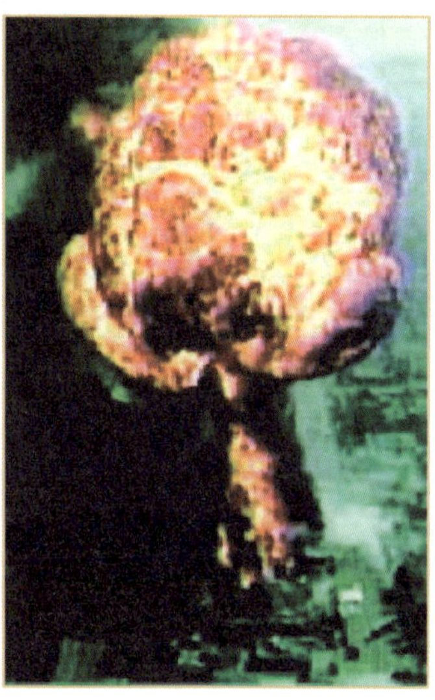

정답
① 사고발생 일시
② 통보자의 소속, 직위, 성명, 연락처
③ 사고발생 장소
④ 사고내용
⑤ 시설현황
⑥ 피해현황(인명 및 재산)

Question 2

동영상의 ① LNG설비의 비등점 $-162℃$ 의미와 ② 동영상의 장비는 LNG 접촉 시 저온으로 동결되어 쉽게 부러진다. 이때 CH_4, Cl_2과 반응 시 HCl과 함께 생성 냉매로 사용되는 물질은?

①

②

정답
① CH_4의 비등점
② 염화메탄(CH_3Cl)

해설
1. CH_4의 비등점($-160 \sim -162℃$까지 가능)
2. CH_4과 Cl_2의 반응식 4가지
   - $CH_4 + Cl_2 \rightarrow HCl + CH_3Cl$
     (염화메틸 : 냉동제)
   - $CH_3Cl + Cl_2 \rightarrow HCl + CH_2Cl_2$
     (염화메틸렌 : 소독제)
   - $CH_4Cl_2 + Cl_2 \rightarrow HCl + CHCl_3$
     (클로로포름 : 마취제)
   - $CHCl_3 + Cl_2 \rightarrow HCl + CCl_4$
     (사염화탄소 : 소화제)

Question 3

동영상의 용기밸브에 표시된 ① W 0.71, ② Tp 2.5, ③ LG 기호의 의미와 단위를 쓰시오.

정답 ① W 0.71 : 질량(0.71kg)
② Tp 2.5 : 내압시험압력(2.5MPa)
③ LG : 액화석유가스를 제외한 액화가스를 충전하는 용기의 부속품

Question 4

동영상의 방폭구조의 명칭과 기호를 쓰시오.

방폭전기기기의 용기 내부에서 가연성 가스의 폭발발생 시 그 용기가 폭발압력을 견디고 접합면 개구부 등을 통해 외부의 가연성 가스에 인화될 우려가 없도록 한 구조

정답 내압방폭구조(d)

Question 5

동영상에서 지시하는 부분에 대해 다음 물음에 답하시오.

① 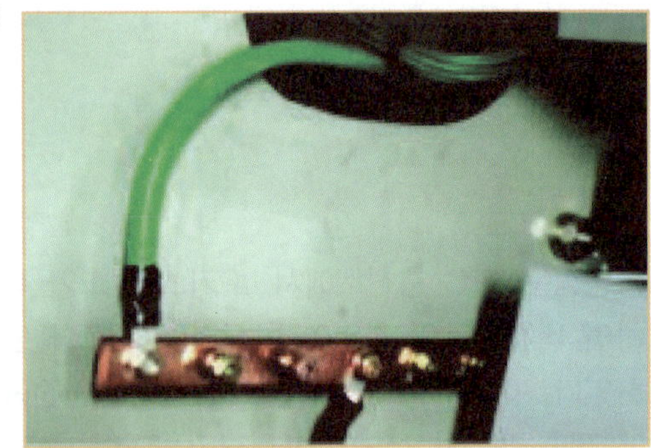

② 

(1) 전선의 명칭은?
(2) 전선의 설치목적은?
(3) 가연성의 제조공장에서 폭발을 일으킬 수 있는 점화원의 종류를 4가지 쓰시오.

정답 (1) 정전기 제거를 위한 접지선
(2) 가연성의 공장 등에서 정전기 발생으로 인한 폭발을 방지하기 위하여
(3) ① 타격
② 마찰
③ 충격
④ 전기불꽃
⑤ 단열압축

Question 6

동영상은 지하설치된 LNG 저장탱크의 상부 모습이다. 다음 물음에 답하시오.

(1) 지시된 부분의 명칭을 쓰시오.
(2) 역할을 기술하시오.

정답
(1) 스프링식 안전밸브
(2) 탱크 내부에 압력이 상승 시 $Tp \times \dfrac{8}{10}$ 이하에서 작동하면 내부 가스가 방출관을 통하여 일부 가스를 분출시켜 탱크 자체의 폭발을 방지함.

Question 7

동영상은 도로폭이 6m인 도시가스 지하매설 배관의 장면이다. 다음 물음에 답하시오.

(1) 이때의 매설길이(m)는?
(2) (1)의 경우 최고사용압력이 저압인 배관에서 횡으로 분기하여 수요자에게 직접 연결되는 경우의 매설깊이는?

정답
(1) 1m 이상
(2) 0.8m 이상

Question 8

동영상은 LNG를 연료로 사용하는 도시가스 지하정압기실이다. 다음 물음에 답하시오.

(1) 배기구의 설치높이(m)는?
(2) 배기구의 관경(m)은?

정답
(1) 지면에서 3m 이상
(2) 100mm 이상

Question 9

동영상의 ① 가스시설물 명칭과 ② 설치간격은
배관길이 몇 m마다 설치하여야 하는지 쓰시오.

정답 ① 라인마크
② 50m마다

Question 10

동영상을 보고 물음에 답하시오.

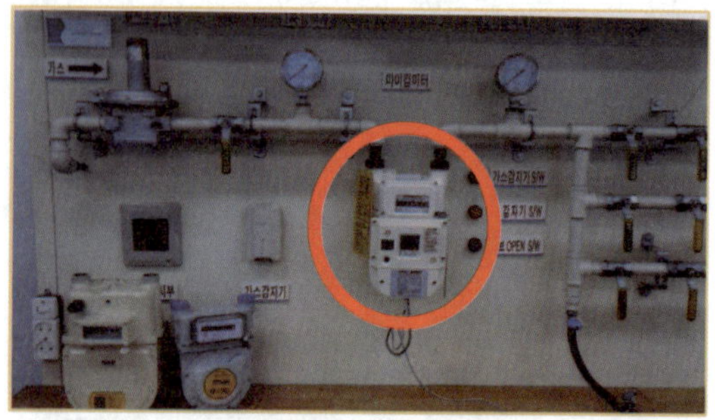

(1) 계량기의 명칭을 쓰시오.
(2) 기능 4가지를 기술하시오.

정답 (1) 다기능 가스안전계량기
(2) ① 압력저하 차단기능
② 연속사용 차단기능
③ 합계유량 차단기능
④ 미소유량 검지기능

해설 다기능 가스안전계량기의 차단밸브가 작동
후 복원조작을 하지 않는 한 열리지 않는 구
조이어야 하며, 사용자가 쉽게 조작을 할 수
없는 테스트 차단기능이 있는 것으로 한다.

동영상은 도시가스 배관을 지하매설 시 설치기준이다. 해당되는 항목의 빈칸을 채우시오.

구분	내용
중압 이하 배관 고압배관 매설 시	매설간격 (①)m 이상 (단, 철근콘크리트 방호구조물 내 설치 시 1m 이상의 매설간격 유지, 관리주체가 같은 경우 3m 이상 유지)
본관 공급관	기초 밑에 설치하지 않는다.
천장 내부 바닥 벽 속	공급관은 설치하지 않는다.
공동주택부지 안의 배관의 매설깊이	(②) 이상 깊이 유지
폭 8m 이상 도로	(③) 이상 깊이 유지
폭 8m 이상 도로에서 매설된 최고사용압력이 저압으로 횡으로 분기하여 수요가에게 연결된 경우	1m 이상 깊이 유지
폭 4m 이상 8m 미만 도로	(④) 이상 깊이 유지
폭 4m 이상 8m 미만 도로에서 최고사용압력이 저압으로 횡으로 분기 수요가에게 직접 연결된 배관	(⑤) 이상 깊이 유지
도로가 평탄한 경우 배관 기울기	1/500~1/1000

 정답
- ① 2m
- ② 0.6m
- ③ 1.2m
- ④ 1m
- ⑤ 0.8m

[제 2 회 출제문제 (2015. 7. 12.)]

Question 1

동영상이 보여주는 용기에서 Tw의 의미를 쓰시오.

정답 용기질량에 용기의 다공물질, 용제 및 밸브의 질량을 합한 질량(단위 : kg)

Question 2

동영상의 방폭구조 명칭과 구호를 쓰시오.

전폐구조로서 용기 내부에서 폭발성 가스가 폭발했을 때 그 압력에 견디고 또한 내부의 폭발화염이 외부의 폭발성 가스로 전해지지 않는 구조

정답 내압방폭구조 : d

Question 3

동영상을 보고 다음 물음에 답하시오.

① 

② 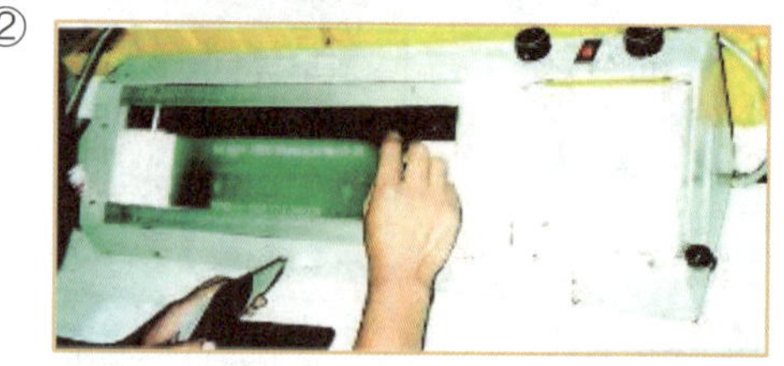

(1) 비파괴검사방법을 쓰시오.
(2) 이 방법 이외의 비파괴검사법을 3가지 쓰시오.

정답 (1) RT(방사선투과시험)
(2) ① 초음파탐상시험(UT)
② 자분탐상시험(MT)
③ 침투탐상시험(PT)

Question 4

동영상이 보여주는 차량에 탑재되어 있는 가스검지기의 명칭을 쓰시오.

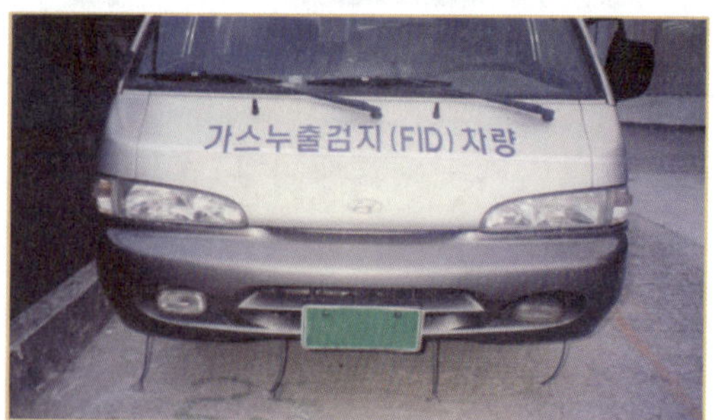

정답 수소염이온화검출기(FID)
(＝불꽃이온화검출기)

Question 5

동영상 ①은 25층의 아파트 가스배관이다. 다음 물음에 답하시오.

①  ② 

(1) 동영상과 같은 신축이음의 설치수는 몇 개 인가?
(2) 동영상과 같이 분기관이 2회 이상 굴곡이 있고(엘보 2개 이상) 분기관의 길이를 제한하지 않을 경우 보호관의 내경은 분기관 외경의 몇 배 이상으로 하는가?

정답
(1) 2개
(2) 1.5배 이상

해설
 배관의 신축흡수 조치(KGS Fs 551)(2.5.6)

항목	간추린 세부 핵심내용
신축이음 대상 배관	노출배관
신축이음 제외 배관	• 매설배관 • 옥외 공동구 내에 설치된 배관 • 유리창, 섀시 등이 설치된 공동주택 등의 복도 지하주차장에 설치된 배관 • 굴착으로 주위가 노출된 배관
신축방법 (상용압력 2MPa 초과 배관)	곡관(bent pipe) 사용
신축방법 (상용압력 2MPa 이하 배관)	곡관 사용(단, 곡관 사용이 곤란 시 벨로즈형, 슬라이드형 사용)

항목		간추린 세부 핵심내용
신축 개수	건축물 내 설치된 수직 배관길이 60m 초과 시	60m마다 1개 이상 설치
노출배관 신축흡수 방법	분기관	1회 이상 굴곡(90° 엘보 2개 이상)이 있어야 함
	외벽관통 시 사용하는 보호관 내경	분기관 외경의 1.2배 이상
노출배관 연장	10층 이하로 설치	분기관 길이는 50cm 이상
	11층 이상 20층 이하로 설치	분기관 길이 50cm 이상 곡관은 1개 이상 설치
	21층 이상 30층 이하로 설치	분기관 길이 50cm 이상 곡관은 11층 이상 20층 이하로 설치되는 곡관 속에 10층마다 1개 이상 더한 수
	분기관 길이를 제한하지 않는 경우	분기관이 2회 이상의 굴곡(90° 엘보 2개 이상)이 있고 건축물 외벽을 관통 시 사용하는 보호관의 내경을 분기관의 경우 1.5배 이상으로 할 경우
입상관에 설치하는 곡관 개수에 따른 설치위치	곡관 1개	건물의 중앙층
	곡관 2개	건물 하부에서 1/3, 2/3 지점
	곡관 3개	건물 하부에서 1/4, 2/4, 3/4 지점
	곡관 4개 이상	곡관 1개, 2개, 3개 설치하는 방법으로 설치지점을 정함

Question **6**

동영상의 가스도매사업의 LNG 저장탱크이다. 이 탱크의 용량에 따라 액상의 가스누출 시 설치하여야 할 ① 구조물의 명칭과 ② 용량 기준을 쓰시오.

정답 ① 방류둑
② 500톤 이상

Question **7**

동영상이 보여주는 밸브의 명칭을 쓰시오.

①

②

정답 가스용 폴리에틸렌(PE)밸브

Question **8**

동영상의 살수장치의 수원에 접속 시 몇 분간 연속분무가 가능한 수원에 접속되어야 하는가?

정답 30분

Question 9

동영상은 LPG 자동차 충전시설의 충전기이다. 다음 물음에 답하시오.

(1) 충전호스의 길이는?
(2) 표시부분의 명칭과 역할을 기술하여라.

정답
(1) 5m 이내
(2) ① 명칭 : 세이프티커플링
② 역할 : 충전호스에 과도한 인장력이 걸렸을 때 충전호스와 주입기가 분리되는 장치

Question 10

동영상은 강제급배기의 밀폐식 가스보일러를 사람이 상주하는 곳에 부득이 설치하였다. 이때는 환기장치 설치 시 바닥면적 $1m^2$당 통풍구의 면적(cm^2)은 얼마인가?

정답 $300cm^2$ 이상

해설 바닥면적이 $5m^2$이면 통풍구 면적은
$5m^2 \times 300cm^2/m^2 = 1500cm^2$가 된다.

[제 4 회 출제문제 (2015. 11. 8.)]

Question 1

동영상은 LPG 충전소에 버섯 구름모양이나 Fire Ball(화구)처럼 형성되는 폭발이다. 이러한 폭발을 무엇이라 부르는지 영어 약자로 답하여라.

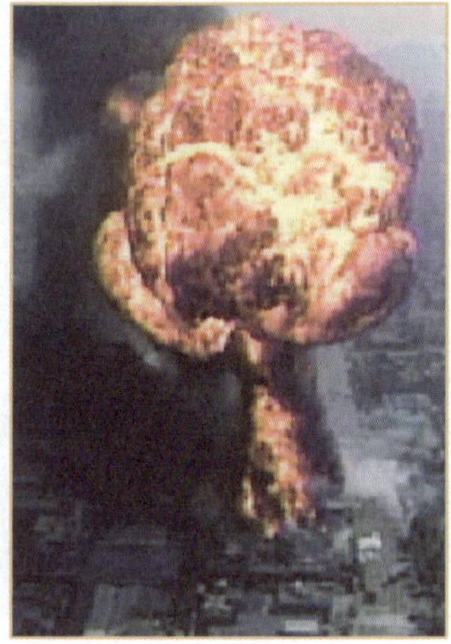

정답 BLEVE

Question 2

동영상을 융착 시 융착이음의 명칭을 쓰고, 그때의 공칭 외경은 몇 mm 이상이어야 하는가?

정답 ① 명칭 : 맞대기 융착
② 90mm 이상

Question 3

동영상의 가스의 비등점은?

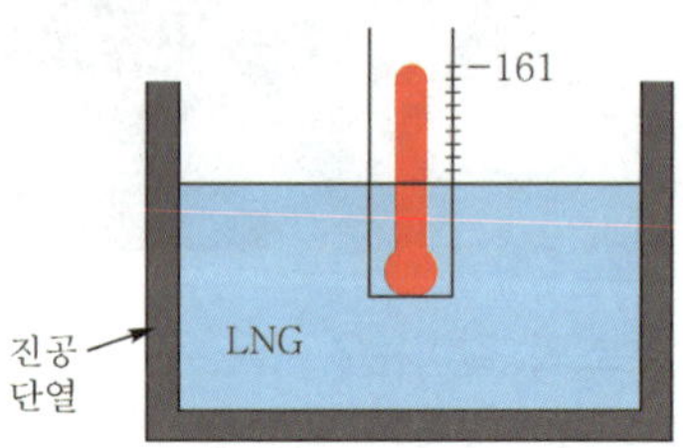

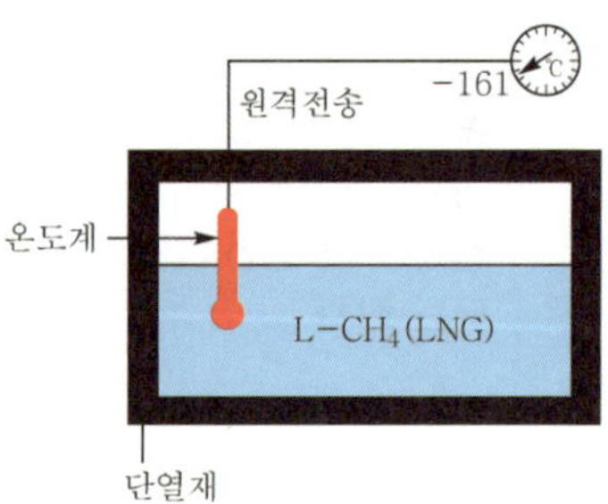

정답 −161℃

Question 4

동영상의 정압기실에서 지시하는 방출구의 높이를 다음 조건으로 쓰시오.

(1) 방출구의 통상적인 높이(m)는?
(2) 전기시설물의 접촉 우려가 있을 때의 높이(m)는?

정답
(1) 5m 이상
(2) 3m 이상

Question 5

동영상의 LPG가스 충전소, 충전기(디스펜스)에 대한 물음에 답하시오.

(1) 충전기 호스 끝에 설치되는 장치는?
(2) 충전호스에 과도한 인장력이 작용 시 충전기와 호스가 분리될 수 있는 안전장치는?

정답
(1) 정전기 제거장치
(2) 세이프티커플링

Question 6

동영상에서 보여주는 용기의 명칭 ①, ②, ③, ④를 쓰시오.

①

②

③

④

정답　① 아세틸렌용기　② 이산화탄소용기
　　　　③ 산소용기　　　④ 수소용기

Question 7

동영상은 관경 20mm 배관이다. 이 배관길이가 300m라고 하면 배관의 고정장치(브래킷)의 설치 수는 몇 개인가?

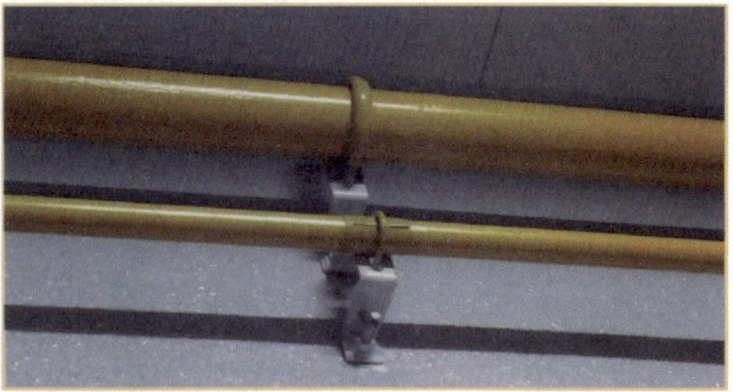

정답　300÷2＝150개

해설　관경 13mm 이상 33mm 미만인 경우 2m 마다 고정장치

Question 8

동영상은 금속재료에 충격을 가해 재료를 시험하는 장치이다. 다음 물음에 답하시오.

(1) 이 장치의 명칭은?
(2) 시험의 목적은?

정답　(1) 충격시험기
　　　　(2) 재료의 인성, 취성을 확인

동영상은 고압가스설비에서 이상사태 발생 시 그 설비 내의 내용물을 설비 밖으로 긴급하고 안전하게 이송하는 설비이다. 이 설비의 명칭은?

정답 벤트스택

동영상은 정전기 제거를 위하여 설치한 시설물이다. 이 동영상이 시행하고 있는 접지방법은 무엇인가?

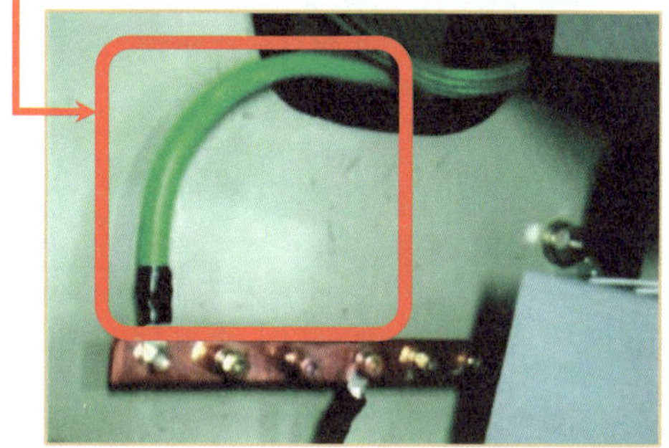

정답 대상물을 접지하고 있음.

2016년 가스산업기사 작업형(동영상) 출제문제

[제1회 출제문제 (2016. 4. 20.)]

Question 1

동영상에서 보여주는 가스기구의 명칭 ①, ②를 쓰시오.

정답 ① 퓨즈콕 ② 상자콕

Question 2

동영상에서 보여주는 ①, ②, ③, ④의 의미를 쓰시오.

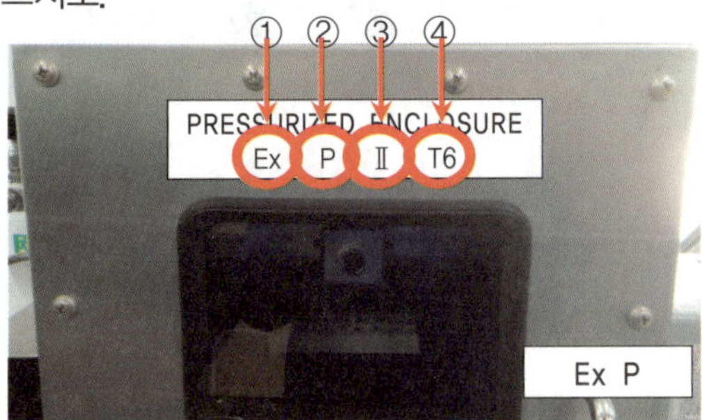

정답
① 방폭구조
② 압력방폭구조
③ 방폭구조의 전기기기의 폭발등급
④ 방폭전기기기의 온도등급 85℃ 초과 100℃ 이하

Question 3

동영상의 냉각살수장치 분무량(L/min)의 값은?

정답 5L/min

Question 4

배관의 두께가 20mm의 PE관을 맞대기이음 시 비드폭의 최대($B_{\max}$), 최소($B_{\min}$)값은 얼마인가?

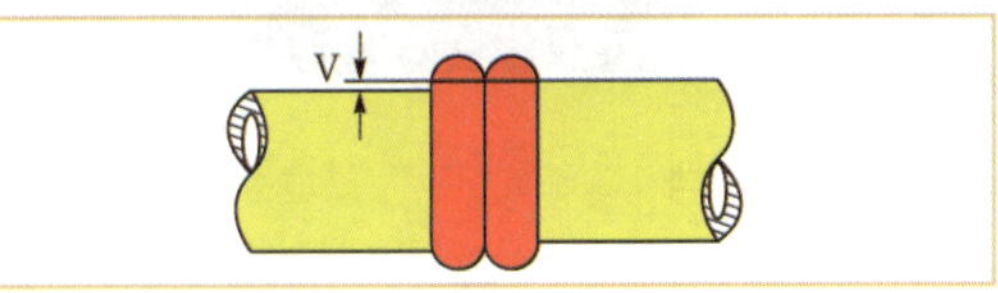

정답
① $B_{\max} = 5 + 0.75t = 5 + 0.75 \times 20 = 20\,\text{mm}$
② $B_{\min} = 3 + 0.5t = 3 + 0.5 \times 20 = 13\,\text{mm}$

Question 5

동영상의 보일러의 형식을 쓰시오.

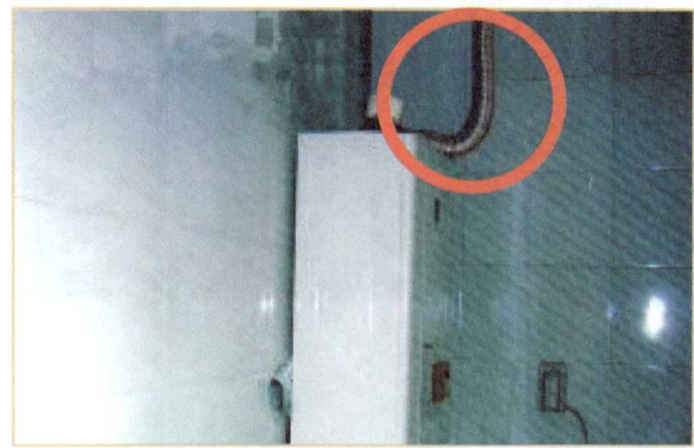

정답 FE식(강제배기식반밀폐형)

Question 6

동영상에서의 메탄의 비등점은?

정답 −161.5℃

Question 7

전기방식법에서 다음 방식법에 해당하는 전위측
정용 터미널의 설치간격(m)은?

(1)

(2)

(3)

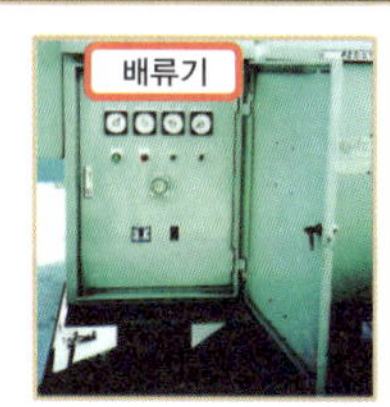

정답
(1) 500m 이내(외부전원법)
(2) 300m 이내(희생양극법)
(3) 300m 이내(배류법)

Question 8

동영상은 터보형 펌프이다. 이 펌프에서 발생될 수 있는 이상 현상 4가지를 기술하여라.

정답 캐비테이션, 수격작용, 서징 현상, 베이퍼록 현상

Question 9

동영상의 메탄계열의 가스를 검지하는 검지차량 내부이다. 가스검지를 위한 시험용 가스의 종류는 무엇인가?

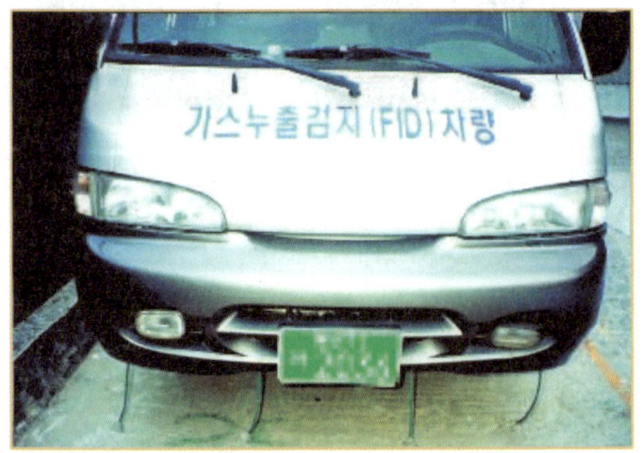

정답 수소

Question 10

동영상의 가스도매사업 1일 처리능력이 25만m^3인 압축기와 액화천연가스 저장탱크 외면과 유지하여야 하는 거리는?

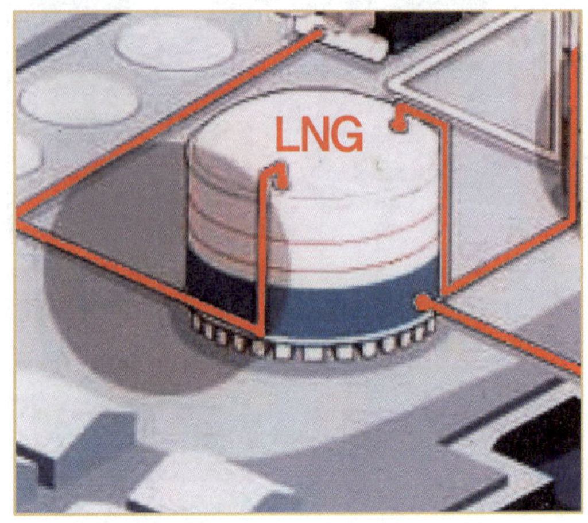

정답 30m 이상

해설 **가스도매사업 시행규칙**
- 안전구역 안의 고압인 가스공급시설(배관은 제외, 고압인 가스공급시설과 같은 제조시설에 속하는 가스설비는 포함) 그 외면으로부터 다른 안전구역에 있는 고압인 가스공급시설의 외면까지 30m 이상의 거리를 유지할 것
- 두 개 이상의 제조소와 인접하여 있는 경우의 가스공급시설은 그 외면으로부터 다른 제조소 경계까지 20m 이상 유지
- 액화천연가스 저장탱크는 그 외면으로부터 처리능력 20만m^3 이상 압축기까지 30m 이상 유지

[제 2 회 출제문제 (2016. 6. 26.)]

Question 1

동영상이 보여주는 비파괴검사의 명칭은?

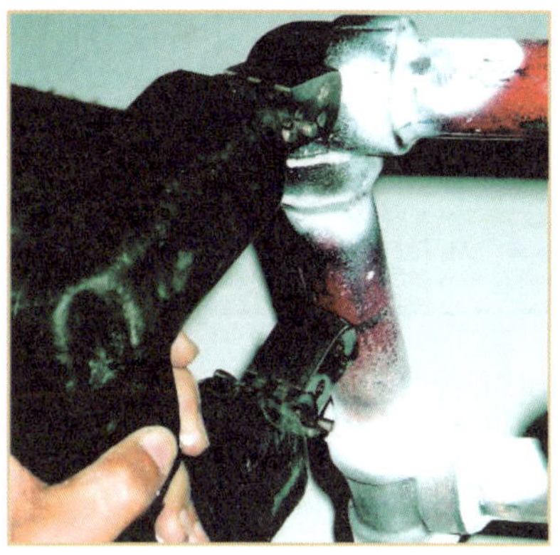

정답▶ 자분검사

Question 2

동영상의 LPG 탱크의 직경이 각각 30m, 50m
일 때 이격거리를 계산하여라. (단, 물분무장치
가 없는 것으로 한다.)

정답▶ $(30+50) \times \dfrac{1}{4} = 20m$

Question 3

동영상의 방폭구조에서 표시된 ①, ②, ③, ④의
의미를 쓰시오.

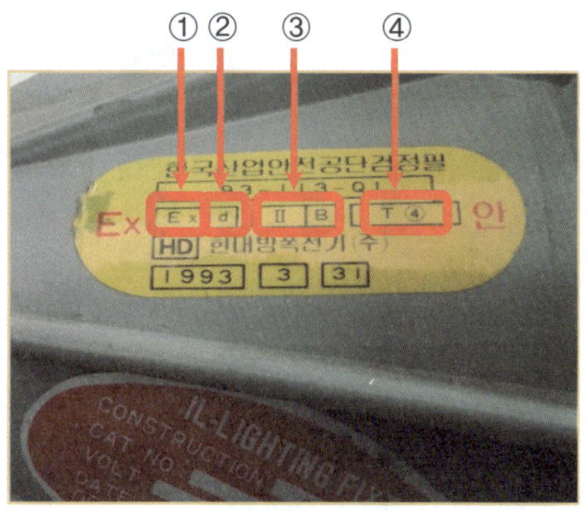

정답▶
① Ex : 방폭구조
② d : 내압방폭구조
③ ⅡB : 내압방폭전기기기의 폭발등급(최대
　　안전틈새 범위 0.5mm 초과 0.9mm 미만)
④ T4 : 방폭전기기기의 온도등급(135℃ 초
　　과 200℃ 이하)

Question 4

동영상은 LPG 저장소이다. 보여주는 통풍구의
면적은 바닥면적의 몇 %가 되어야 하는가?

정답▶ 3%

Question 5

다음 용기 ①, ②, ③, ④의 명칭을 쓰시오.

①

②

③

④

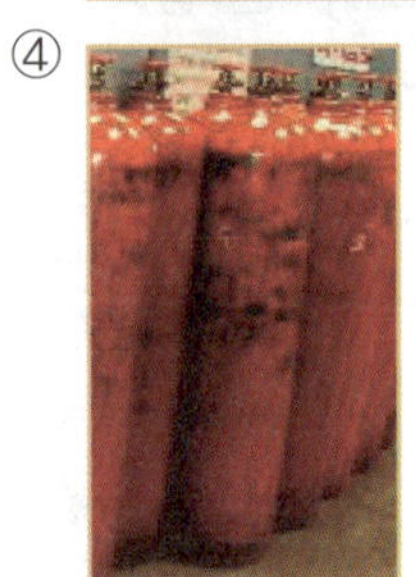

정답
① C_2H_2
② O_2
③ CO_2
④ H_2

Question 6

동영상에 대하여 다음 물음에 답하시오.

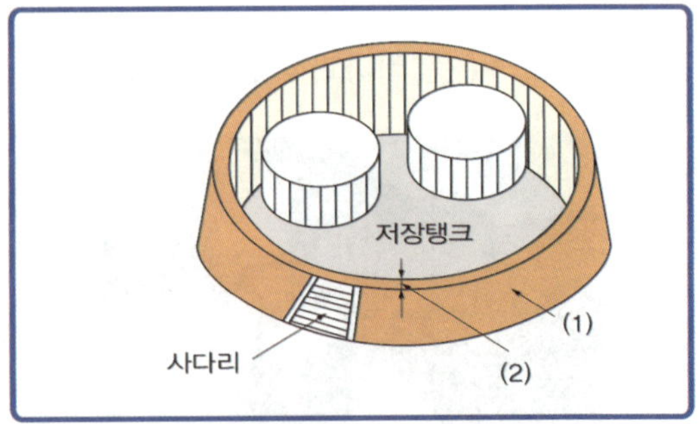

(1) 설비의 명칭은?
(2) 이 설비의 성토의 각도는?
(3) 이 설비의 정상부의 폭은?

정답
(1) 방류둑
(2) $45°$
(3) 30cm 이상

Question 7

동영상 배관의 관경이 100A일 때 고정설치 간격(m)은?

정답 8m

Question 8

동영상은 LPG 충전소에서 블래브(BLEVE)가 발생하였다. 이 현상의 예방을 위하여 공정에 존재하는 위험요소들과 공정의 효율을 떨어뜨릴 수 있는 운전상의 문제점을 찾아내어 그 원인을 제거하는 정성적인 안전성 평가기법은 무엇인가?

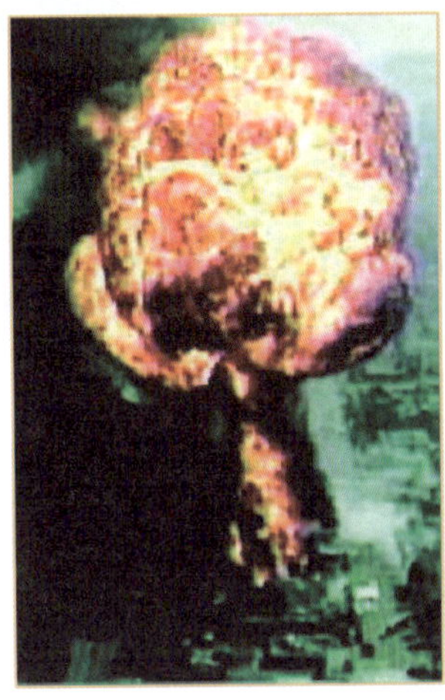

정답 위험과 운전분석기법(HAZOP)

Question 9

동영상에서 안전밸브 형식을 쓰시오.

정답 파열판식

Question 10

동영상에서 장미는 CH_4(비점 −161.5℃)에 넣었다 빼낸 것으로 쉽게 부러진다. CH_4과 Cl_2를 반응 시 HCl과 냉매로 사용되는 물질이 생기는데 이 물질의 명칭은?

① 

② 

정답 염화메틸(CH_3Cl)

Question 1

동영상은 LPG 자동차용 충전기(dispenser)이다. 충전기의 충전호스 설치기준에 대하여 3가지 쓰시오.

정답
① 충전기의 충전호스 길이는 5m 이내로 하고 그 끝에 축적되는 정전기를 유효하게 제거할 수 있는 정전기 제거장치를 설치할 것
② 충전호스에 과도한 인장력이 가해졌을 때 충전기와 가스주입기가 분리될 수 있는 안전장치를 설치할 것
③ 충전호스에 부착하는 가스주입기는 원터치형으로 한다.

Question 2

동영상에서 보여주는 방식정류기를 이용한 (1) 정기방식법의 명칭과 (2) 정의를 기술하시오.

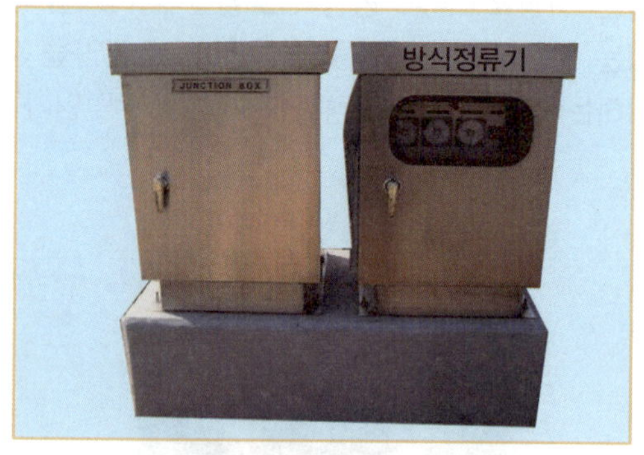

정답
(1) 외부전원법
(2) 지중 및 수중에 설치하는 강제배관 및 저장탱크 외면에 전류를 유입시켜 양극반응을 제거함으로써 배관의 전기적 부식을 방지하는 방법

Question 3

동영상의 충전용기를 적재운반 시 산소와 가연성 가스 충전용기 적재 시 주의사항을 쓰시오.

정답 충전용기 밸브가 서로 마주보지 않게 한다.

Question 4

동영상의 용기 ①, ②, ③, ④의 명칭을 쓰시오.

①

②

③

④

정답 ① C_2H_2
② CO_2
③ O_2
④ H_2

Question 5

동영상은 퓨즈콕, 상자콕이다. (   )에 알맞은 단어를 기술하시오.

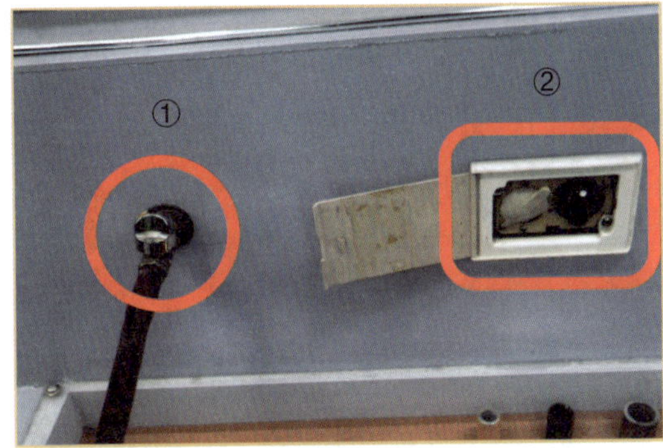

퓨즈콕은 가스유로를 (①)로 개폐하고 (②)가 부착된 것으로서 배관과 호스, 호스와 호스, 배관과 배관 또는 배관과 카플러를 연결하는 구조로 한다. 콕은 완전이 열었을 때 핸들의 방향은 유로와 (③)인 것으로 하고 닫힌 상태에서 (④) 없이 열리지 않는 구조로 한다.

정답 ① 볼
② 과류차단안전기구
③ 평행
④ 예비적 동작

참고 1. 상자콕은 가스유로를 핸들 누름, 당김 등의 조작으로 개폐하고 과류차단 안전기구가 부착된 것으로서 밸브 핸들이 반 개방상태에서도 가스가 차단되어야 하며, 배관과 카플러를 연결하는 구조로 한다.
2. 가스누출 확인 퓨즈콕 : 퓨즈콕 몸통에 점검통을 장착, 사용자가 가스누출 여부를 확인할 수 있도록 저압(30kPa) 이하 전용으로 제조된 것으로 몸통과 덮개, 점검통 핸들, 점검버튼, 점검홀로 이루어진다.

동영상의 도시가스 압력조정기에서 압력이 중압인 경우 이 조정기를 설치하여야 하는 세대수는?

정답 150세대 미만

동영상에서 가스불꽃이 불완전하거나 바람에 꺼졌을 때 열전대가 식어 기전력을 잃고 전자밸브가 닫아져 모든 통로를 차단시켜 생가스의 유출을 방지하는 안전장치이며, 종류로는 UY-Cell, 프레임 로드 열전대 등이 있는 안전장치를 무엇이라 하는가?

정답 소화안전장치

동영상의 가연성 가스 저장실에 설치되어 있는 방폭등이다. 이와같은 방폭전기기기는 결합부의 나사류를 쉽게 외부에서 조작함으로써 방폭성능을 손상시킬 우려가 있는 드라이버, 스패너, 플라이어 등 일반 공구로 조작할 수 없도록 하여야 하는데 이러한 구조를 무엇이라 하는가?

정답 자물쇠식 죄임구조

Question 9

동영상은 LPG 사용시설의 저장탱크 저장능력이 50ton일 경우 사업소 경계까지 유지하여야 할 거리는 몇 m인가? (단, 이 탱크를 지하에 설치하는 경우이다.)

정답 $30m \times \dfrac{1}{2} = 15m$

해설 LPG 사용시설 저장탱크와 사업소 경계까지 유지하여야 할 거리(단, 지하에 저장설비 설치 시는 규정거리의 1/2로 할 수 있다.) (KGS Fu 433)

저장능력	사업소 경계와의 거리
10톤 이하	17m
10톤 초과 20톤 이하	21m
20톤 초과 30톤 이하	24m
30톤 초과 40톤 이하	27m
40톤 초과	30m

Question 10

동영상의 PE 배관에서 다음 물음에 답하시오.

(1) SDR의 의미를 쓰시오.
(2) 계산식을 쓰시오.

정답
(1) 가스용 폴리에틸렌관에서 압력범위에 따른 배관두께를 구하는 식
(2) $\text{SDR} = \dfrac{D}{T}$
 • T : 배관의 최소두께
 • D : 배관의 외경

2017년 가스산업기사 작업형(동영상) 출제문제

[제1회 출제문제 (2017. 4. 15.)]

Question 1

동영상의 무이음 용기의 신규검사 항목 중 재료 검사 항목 3가지를 쓰시오.

정답
① 인장시험
② 충격시험
③ 압궤시험

해설
(KGS. AC 212) 제품확인검사(2-3)재료검사
- 인장시험 : 용기에서 채취한 시험편에 대하여 실시
- 압궤시험 : 압궤시험 부적당시 용기에서 채취한 시험편에 대한 굽힘시험으로 이를 대신할 수 있다.

Question 2

동영상의 방폭구조의 종류를 쓰시오.

①

②
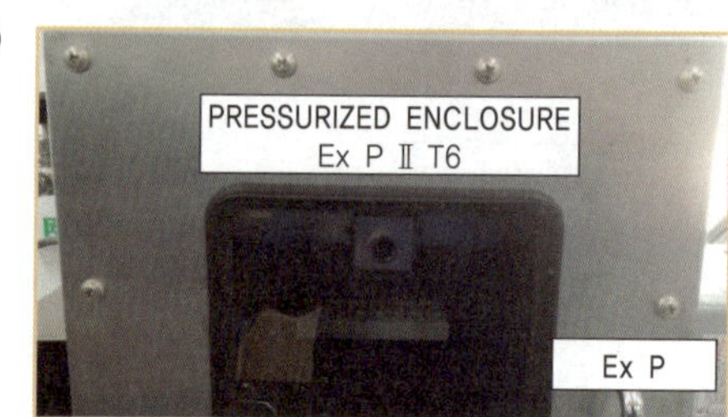

정답
① 안전증방폭구조
② 압력방폭구조

Question 3

동영상의 융착이음의 (1) 명칭을 쓰고, (2) 이 융착이음의 기준을 4가지 쓰시오.

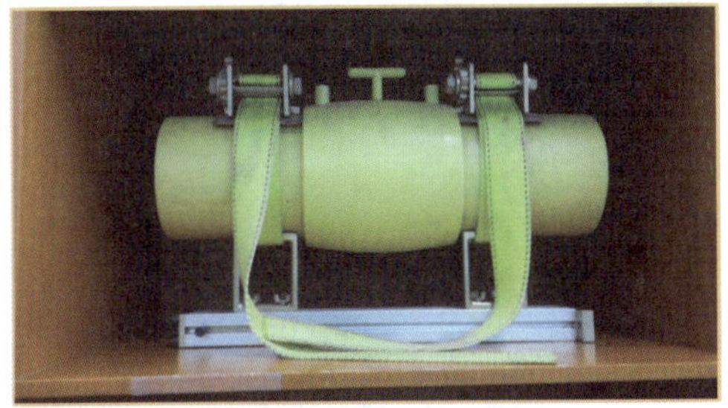

정답 (1) 명칭 : 소켓융착
(2) 융착이음의 기준
　① 용융된 비드는 접합부 전면에 고르게 형성되고 관내부로 밀려나오지 않게 한다.
　② 배관 및 이음관의 접합은 일직선을 유지한다.
　③ 융착작업은 홀더 등을 사용하고 용융부위는 소켓내부 경계턱까지 완전히 삽입 되도록 한다.
　④ 시공이 불량한 융착이음부는 절단하여 제거, 재시공 한다.

Question 4

동영상은 LPG 충전소에서 LP가스 탱크가 폭발 버섯모양의 화염이 형성되는 사고가 발생하였다. 이 사고의 보고사항을 4가지 쓰시오.

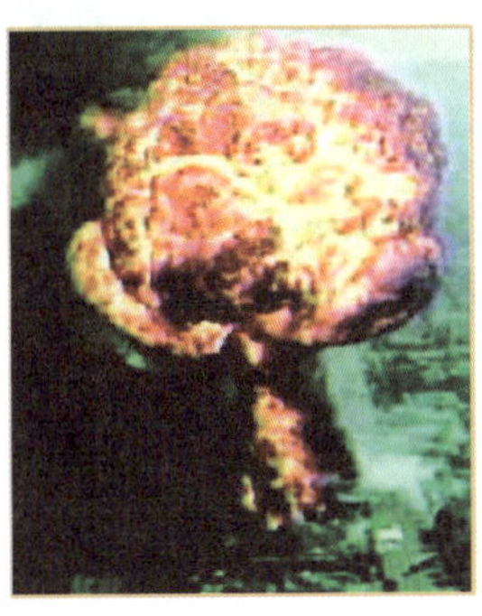

정답 ① 통보자의 소속, 직위, 성명 및 연락처
② 사고발생 일시　　③ 사고발생 장소
④ 시설현황　　　　⑤ 사고내용
⑥ 피해현황(인명 및 재산)

Question 5

동영상은 열융착 이음이다. 열융착 이음의 종류 3가지를 쓰시오.

① 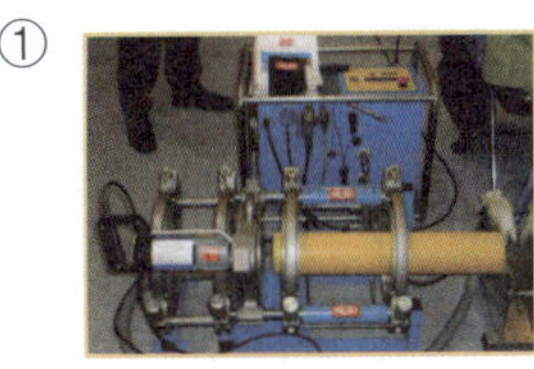 
②  
③ 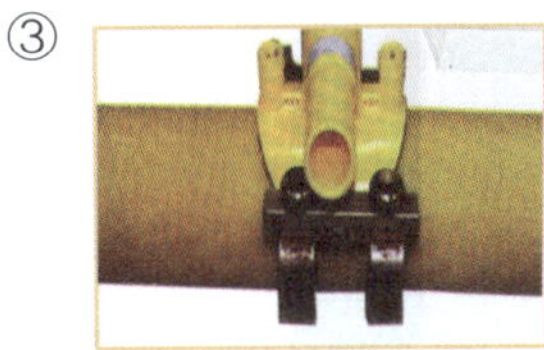 

정답 ① 맞대기융착　② 소켓융착　③ 새들융착

Question 6

동영상의 장미를 LNG 접촉 시 장미가 부러졌다. 다음 물음에 답하여라.

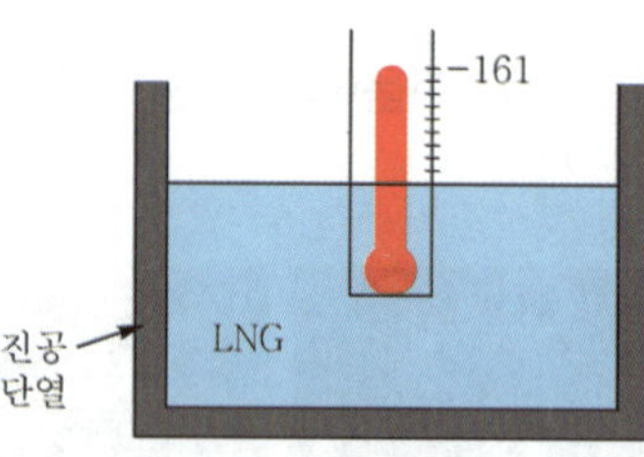

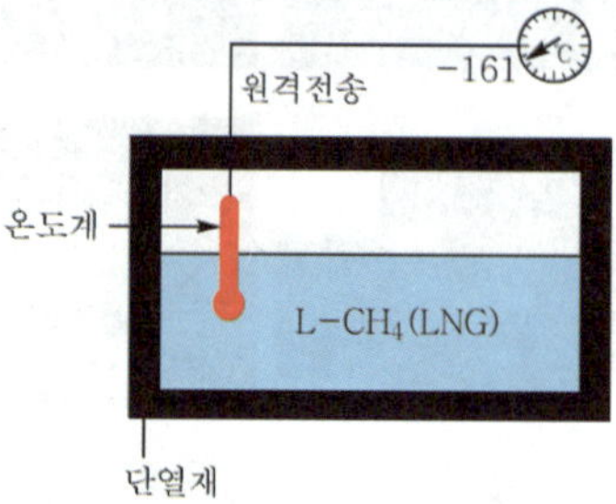

(1) 부러진 이유

(2) LNG 비점 분자량을 쓰시오.

 (1) 초저온(비점 −161℃)에 접촉 시 장미의
   줄기 꽃잎 등이 단단해지는 취성이 생겨
   쉽게 부러진다.
(2) ① 비점 : −161℃
   ② 분자량 : 16g/mol

Question 7

동영상에서 도시가스 배관의 누설 검사 차량이
다. 이 차량에 탑재되어 있는 검출기는?

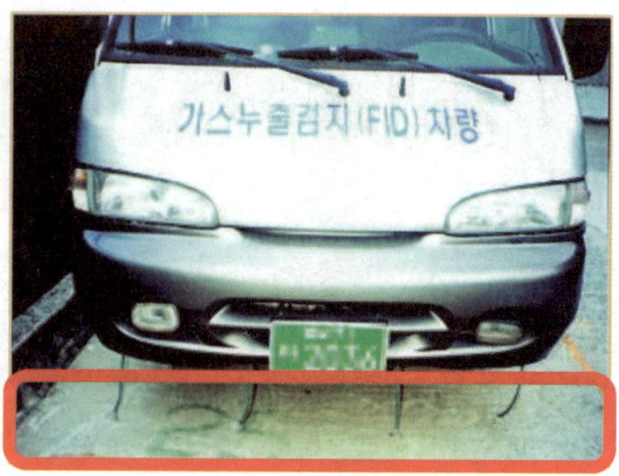

정답 FID 검출기

Question 8

가스배관의 전기 방식법 중 누출전류의 영향을
받지 않는 도시가스 매설배관에 부식을 방지하
는 방법 2가지를 쓰시오.

정답 ① 외부전원법
② 희생양극법

Question 9

동영상의 고정식 압축도시가스 자동차 충전시설의 압축가스 설비의 배관 및 밸브 주위에 안전작업을 위하여 확보하여야 할 공간은 몇 m 이상 되어야 하는가?

정답 1m 이상

Question 10

동영상의 LPG 자동차 충전소의 충전호스에 부착된 기구의 아래 설명에 해당하는 명칭과 해당번호 ①, ②를 쓰시오.

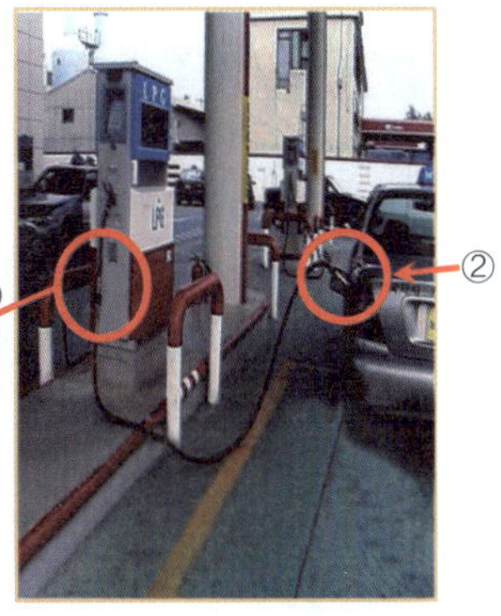

(1) 가스호스를 원터치로 탈착 가능하도록 하는 기구로서 압력이 3.3kPa 이하인 도시가스 또는 액화 석유가스용 연소기와 콕을 안지름 9.5mm인 호스로 실내에 접속시 사용되는 기구
(2) 충전호스에 과도한 인장력이 가해졌을 때 충전기와 충전호스가 분리되는 역할

정답
(1) ② 퀵카플러
(2) ① 세이프티카플러

참고 수험자 분들의 의견이 달라 설명하게 되었다. 충전구 부분에 표시만 되어 명칭 쓰기로 출제되었다는 의견도 있어, 독자적으로 문제를 구성하였으나 출제문제와 거의 같은 문제로 생각되어 진다.

[제 2 회 출제문제 (2017. 6. 25.)]

Question 1

동영상의 용기에서 안전밸브의 형식을 쓰시오.

① 

② 

정답 가용전식

Question 2

동영상에서 지시하는 부분의 ① 밸브명칭과 ② 개폐여부를 상황에 따라 설명하시오.

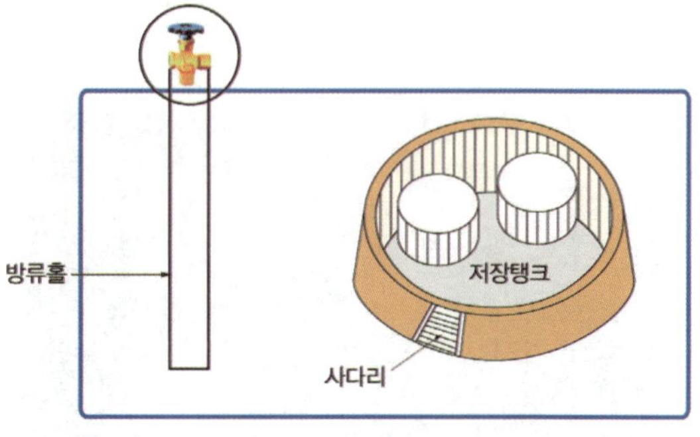

정답
① 방류둑 배수밸브
② 평상시는 폐쇄 빗물이나 불순물 등을 배출시 개방하여 외부로 분출시키는 밸브

Question 3

동영상은 공동주택에 공급되는 압력조정기이다. 가스압력이 저압인 경우 압력조정기를 설치할 수 있는 세대수는?

정답 249세대

Question 4

동영상은 가연성·독성 가스의 설비에서 이상 사태 발생 시 설비내용물을 설비 밖으로 긴급안전하게 이송하는 설비이다.

(1) 이 설비의 명칭은?
(2) 이 설비의 방출구 위치는 보행자 이동통로까지 몇 m 이상 떨어져 있어야 하는지 거리 기준을 쓰시오.

정답
  (1) 벤트스택
  (2) ① 긴급용 벤트스택 및 공급시설의 벤트스택 : 10m 이상
      ② 그 밖의 벤트스택 : 5m 이상

Question 5

동영상의 배관길이가 200m 관경이 20m/m일 때 고정장치(브래킷)의 개수는 몇 개인가?

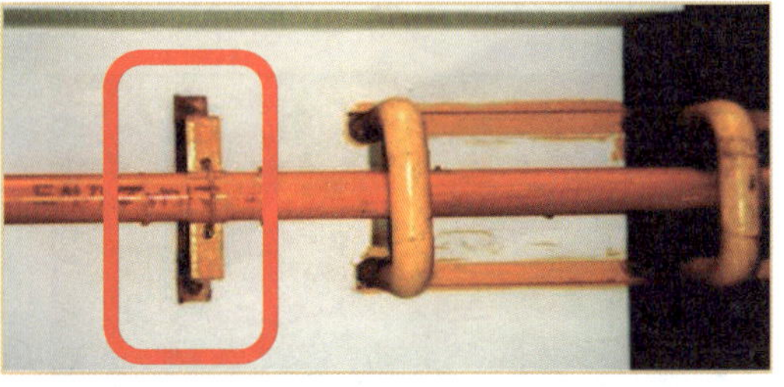

정답 200÷2=100개

해설 13mm 이상 33mm 미만의 경우 2m마다 고정장치

Question 6

동영상의 냉각살수장치에서 $1m^2$당 분무량(L/min)은 얼마인가?

정답 5L/min

Question 7

동영상은 정전기를 제거하기 위하여 설치한 시설물이다. 정전기를 제거하기 위한 어떠한 방법을 사용하였는가?

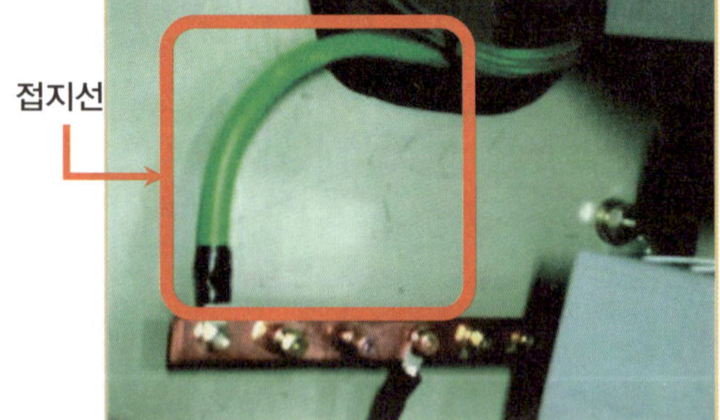
접지선

정답▶ 대상물을 접지하였음

참고▶ 정전기를 제거하기 위한 방법
1. 공기를 이온화한다.
2. 상대습도를 70% 이상 유지한다.
3. 접촉전위가 작은 물질을 사용한다.
4. 접지한다.

Question 8

동영상의 방폭구조에 표시된 ①, ②, ③, ④의 의미를 쓰시오.

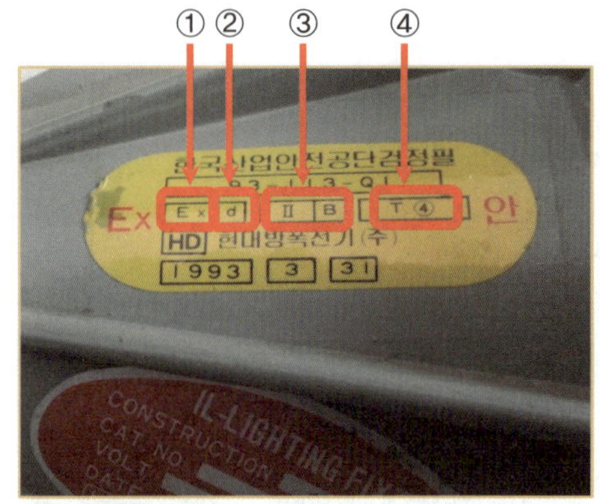

정답▶
① Ex : 방폭구조
② d : 내압방폭구조
③ ⅡB : 내압방폭전기기기의 폭발등급(최대안전틈새 범위 0.5mm 초과 0.9mm 미만)
④ T_4 : 방폭전기기기의 온도등급(135℃ 초과 200℃ 이하)

Question 9

동영상의 ① 가스시설물 명칭과 ② 설치 간격은 배관길이 몇 m마다 설치하여야 하는지를 쓰시오.

정답▶
① 라인마크
② 50m마다

Question 10

동영상은 메탄계열의 가스를 검출하는 FID검출기가 탑재된 차량이다. FID검출기는 어떠한 가스와의 반응을 이용한 검출기인가?

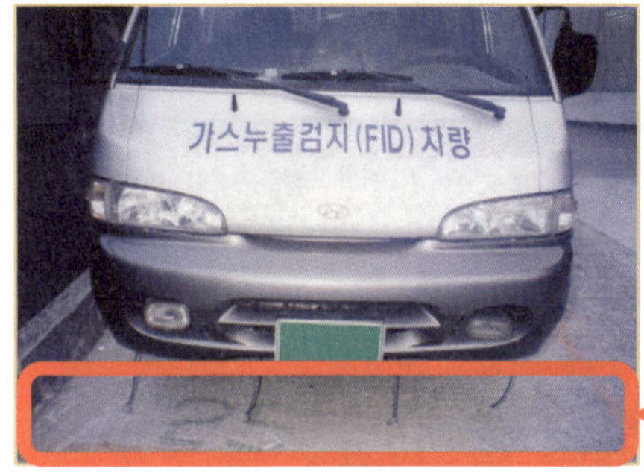

정답 수소

[제 4 회 출제문제 (2017. 10. 14.)]

Question 1

동영상은 도시가스 공급시설의 정압기실에서 물음에 답하시오.

(1) 1년 1회 분해 점검을 하여야 하는 장치는?
(2) 2년 1회 분해 점검을 하여야 하는 장치는?

 **정답** (1) 정압기 필터
(2) 정압기

Question 2

동영상에 대하여 물음에 답하시오.

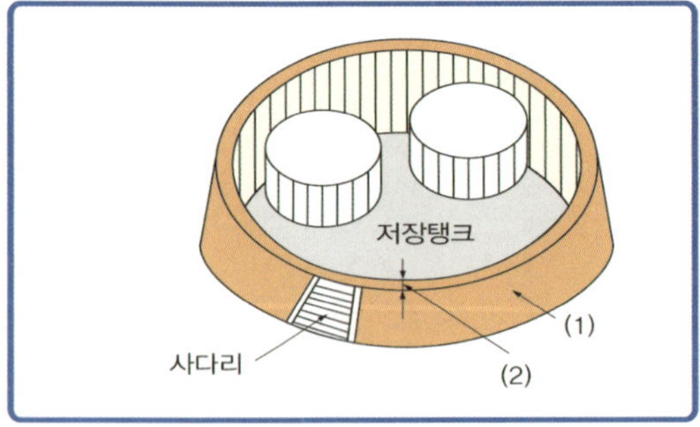

(1) 이 설비의 명칭은?
(2) 이 설비의 성토의 각도는?
(3) 이 설비의 정상부의 폭은?

정답 (1) 방류둑
(2) 45°
(3) 30cm 이상

Question 3

동영상에서 장미는 LNG(주성분 CH_4, 비등점 −161.5℃)에 넣었다 뺀 것으로 쉽게 부러진다. CH_4과 Cl_2를 반응 시 HCl과 냉매로 사용되는 물질이 생기는데 이 물질의 명칭을 화학식으로 쓰시오.

① 

② 

정답 CH_3Cl(염화메탄)

Question 4

다음 동영상의 ① 지시된 기기 명칭을 쓰고 이 구조는 일반공구(몽키스패너) 등으로 쉽게 분해 조립이 불가능 하도록 된 구조이다. ② 이러한 구조의 명칭을 쓰시오.

정답 ① 방폭등
② 자물쇠식 죄임구조

Question 5

동영상과 같이 연소 시 (1) 황색염이 생기는 것을 무엇이라 하며 (2) 이것의 원인을 쓰시오.

① 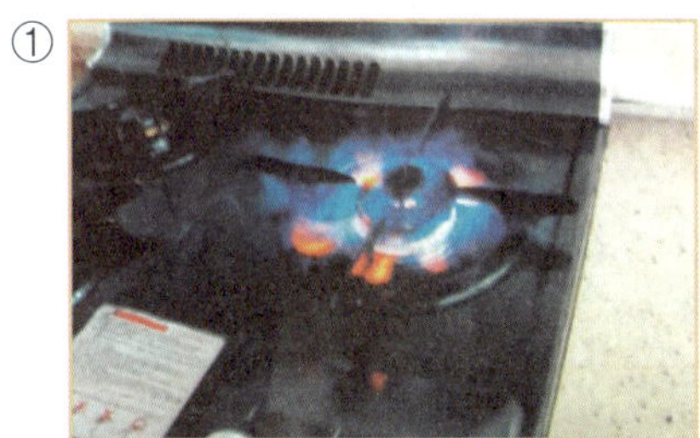

② 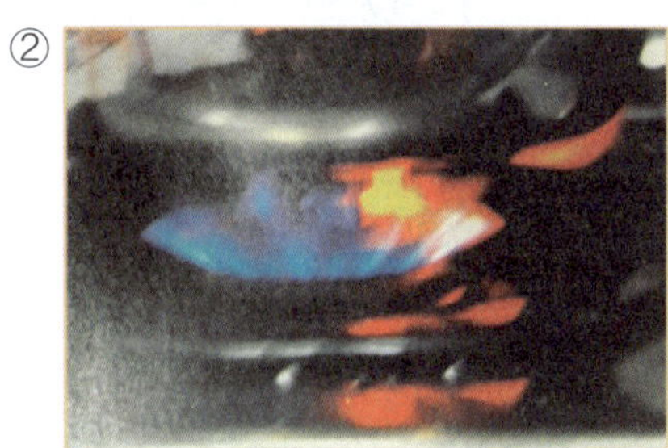

정답 (1) 옐로팁
(2) ① 1차 공기의 부족
② 주물 밑부분에 철가루 등이 존재

Question 6

동영상의 용기 ①, ②, ③, ④의 명칭을 쓰시오.

① 

② 

③ 

④ 

정답 ① 아세틸렌 ② 이산화탄소 ③ 산소 ④ 수소

Question 7

동영상의 방폭구조의 기호 명칭을 쓰시오.

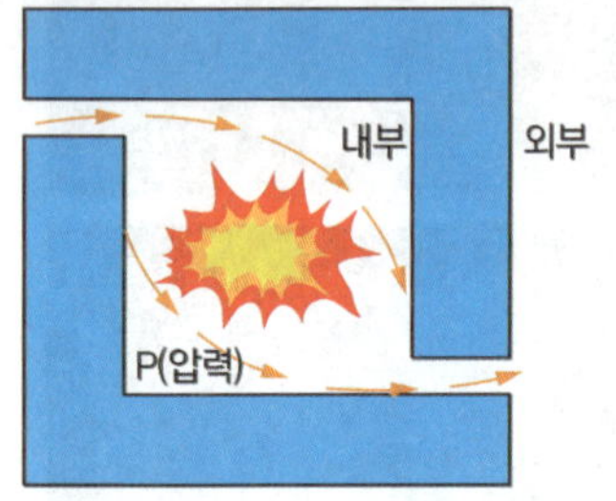

정답 P(압력 방폭구조)

Question 8

동영상에서 (   ) 안에 알맞은 내용을 쓰시오.

최고 사용압력이 고압 또는 중압인 배관에서 (①)에 합격된 배관은 통과하는 가스를 시험가스로 사용 시 가스농도가 (②)% 이하에서 작동하는 가스 검지기를 사용한다.

정답 ① 방사선투과시험
② 0.2

Question 9

동영상의 도시가스 공급시설의 배관에 대한 내압시험 압력에 대하여 물음에 답하시오.

(1) 고압 배관으로서 공기 질소 등으로 내압 시험 시 그때의 압력값은 최고사용압력의 몇 배인가?
(2) 일상적인 내압시험의 시험 매체는?
(3) 중압이상의 배관을 공기 등의 기체의 압력에서 내압시험 시 용접부 전길이에 대하여 하는 비파괴 시험방법과 그때의 등급은?
(4) 공기로 내압시험시 상용압력의 50%까지 승압 후 몇 %씩 단계적으로 승압하여 내압시험을 실시하는가?

정답 
   (1) 최고 사용압력의 1.25배
   (2) 물
   (3) 방사선투과시험, 등급분류 2급 이상
   (4) 10%

해설
   (1) 중앙 이상의 배관은 물로써 내압시험 시는 최고사용압력의 1.5배
   (2) 중압 이하 배관길이 50m 이하로 설치되는 고압 배관과 물을 채우기 부적당시는 공기 위험성 없는 불활성 기체로 시험 가능
   (3) 중압 이하의 배관에는 등급분류 3급 이상

도시가스용 반밀폐 강제배기식 보일러에 대하여 물음에 답하시오.

(1) 배기통의 전방 측변 상하주위 몇 cm 이내 가연물이 없도록 하여야 하는가?
(2) 배기통톱 개구부로부터 몇 cm 이내에 배기가스가 실내로 유입할 우려가 있는 개구부가 없도록 하여야 하는가?

정답
   (1) 60cm
   (2) 60cm

2018년 가스산업기사 동영상 출제문제

Question 1

동영상에서 보여주는 전기방폭구조에서 ①, ②, ③, ④의 의미를 쓰시오.

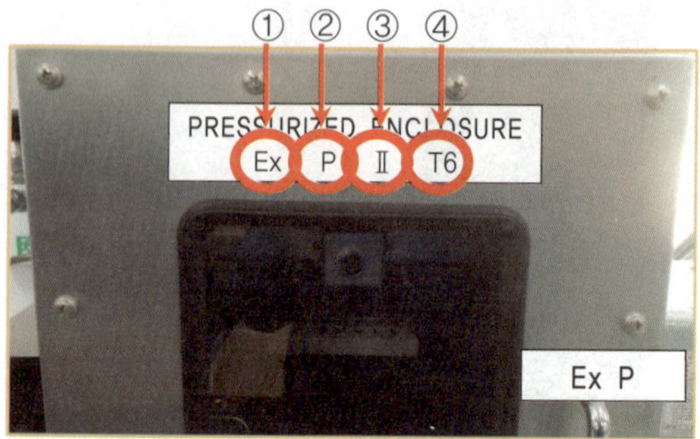

정답
① 방폭구조
② 압력방폭구조
③ 방폭전기기기의 폭발등급
④ 방폭전기기기의 온도등급(가연성 가스의 발화온도범위 85℃ 초과 100℃ 이하)

Question 2

동영상은 LPG 충전소에 버섯 구름모양이나 Fire Ball(화구)처럼 형성되는 폭발이다. 이러한 폭발을 무엇이라 부르는지 영어 약자로 답하여라.

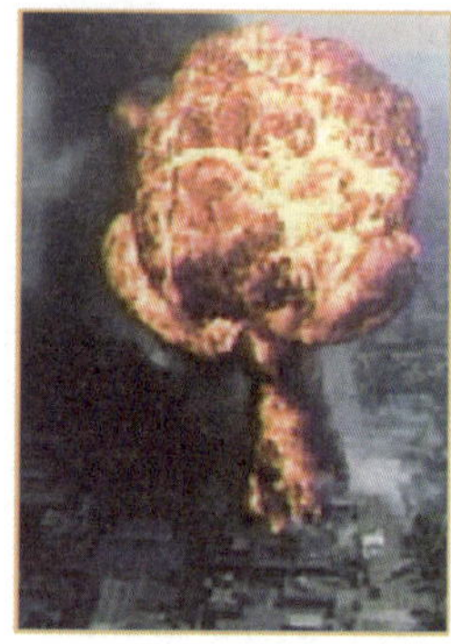

정답 BLEVE

Question 3

동영상의 다기능 가스안전계량기의 기능을 4가지 쓰시오.

정답
① 압력저하 차단기능
② 연속사용 차단기능
③ 합계유량 차단기능
④ 미소유량 검지기능

Question 4

도면은 조리개 전후 압력의 차이를 이용하여 유량을 측정하는 차압식 유량계이다. 차압식 유량계의 측정원리를 쓰시오.

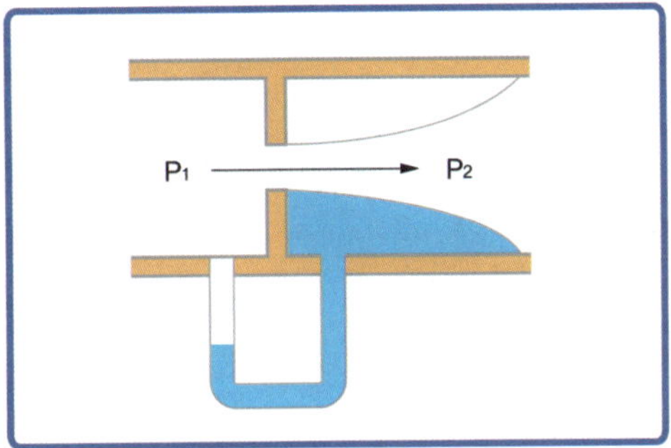

정답 베르누이 정리

Question 5

동영상은 정압기실 외부에 설치되어 있는 가스설비의 장치이다. 다음 물음에 답하시오.

(1) 이 설비의 명칭을 쓰시오.
(2) 이 설비의 기능 3가지를 서술하시오.

정답 (1) RTU 박스
(2) ① 가스누설 시 경보기능
　　 ② 정압기실의 운전상황을 계측
　　 ③ 정전 시 전원공급(UPS)

Question 6

동영상의 밸브에 설치된 안전밸브의 명칭을 쓰시오.

①
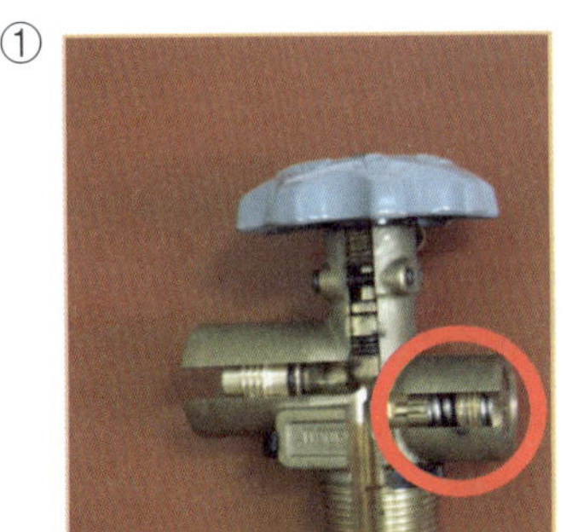

②
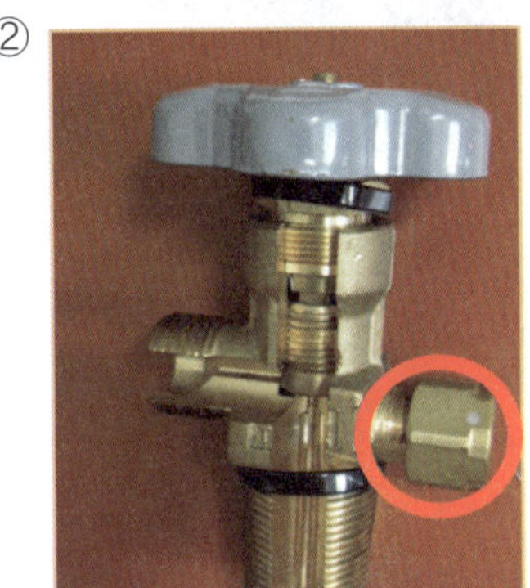

③
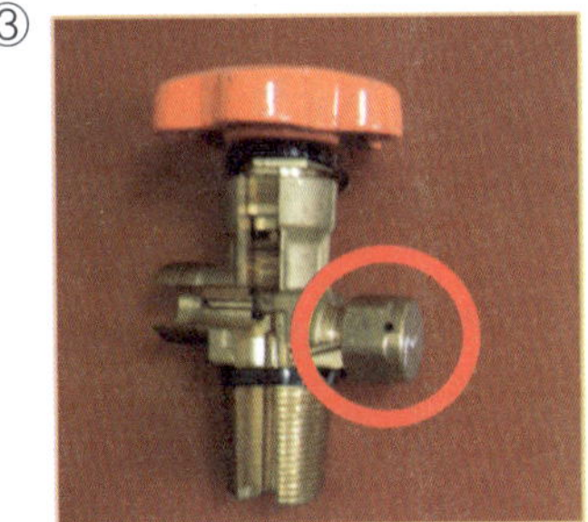

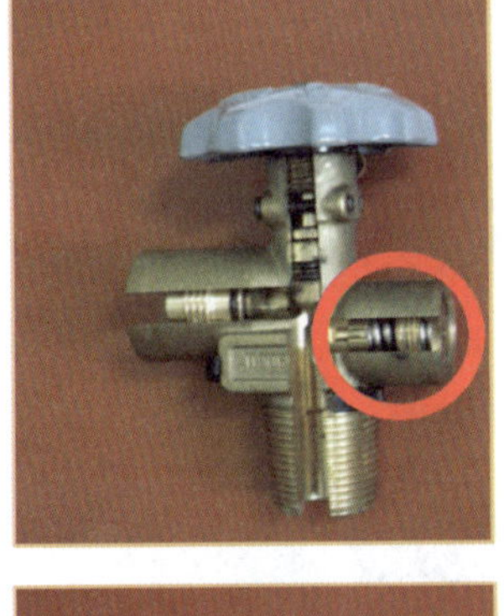

정답 ① 스프링식
② 가용전식
③ 파열판식

Question 7

동영상의 밸브에 각인된 ① W와 ② Tp의 의미, 단위를 쓰시오.

정답 ① W : 질량(kg)
② Tp : 내압시험압력(MPa)

Question 8

동영상에서 가스도매사업의 1일 처리능력이 25만m^3인 압축기와 액화천연가스 저장탱크 외면과의 유지거리는 몇 m 이상인가?

정답 30m 이상

동영상의 도시가스 배관에서 건축물에 고정설치 시 관경 30m/m, 배관길이 500m, 교량에 설치 시 150m/m, 배관길이 300m일 때의 배관의 고정장치인 브래킷의 설치 수를 계산하여라.

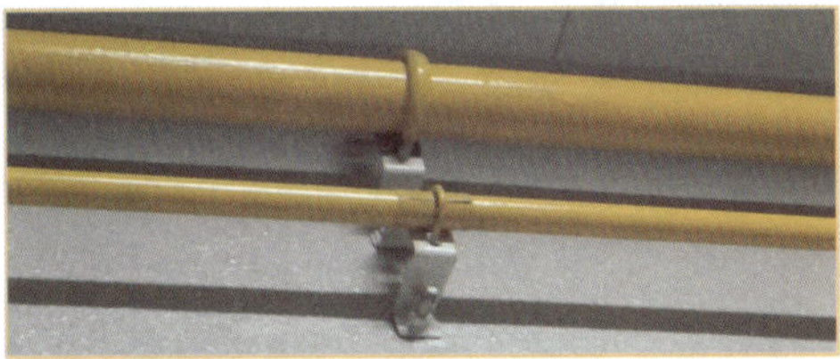

[정답] ① 건축물에 설치 시 30mm 고정장치 수
  $500 \div 2 = 250$
② 교량에 설치 시 150mm 고정장치 수
  $3000 \div 10 = 300$
∴ $250 + 300 = 550$개

[해설] 관경별 지지간격(KGS FS 551)
1. 건축물에 설치 시 고정장치 수
  • 관경 13mm 미만 : 1m마다
  • 관경 13mm 이상 33mm 미만 : 2m마다
  • 관경 33mm 이상 : 3m마다
2. 교량에 설치 시 고정장치 수

호칭지름(A)	지지간격(m)
100	8
150	10
200	12
300	16
400	19
500	22
600	25

동영상은 도시가스 정압기실의 안전밸브에 연결된 가스방출관이다. 정압기 입구압력이 0.5MPa일 때 다음 물음에 답하시오.

(1) 정압기 설계유량이 900Nm^3/hr일 때 안전밸브 방출관의 크기는 얼마인가?
(2) 상용압력이 2.5kPa일 때 안전밸브 설정압력(kPa)은 얼마인가?

[정답] (1) 50A 이상
(2) 4.0kPa 이하

[해설] 1. 도시가스 정압기실 안전밸브 방출관의 크기

입구측 압력	안전밸브 방출관 크기	
0.5MPa 이상	유량과 무관	50A 이상
0.5MPa 미만	유량 1000Nm^3/hr 이상	50A 이상
	유량 1000Nm^3/hr 미만	25A 이상

2. 상용압력이 2.5kPa인 경우
  • 안전밸브 설정압력 : 4.0kPa 이하
  • 주정압기에 설치하는 긴급차단장치(설정압력) : 3.6kPa 이하
  • 예비정압기에 설치하는 긴급차단장치 설정압력 : 4.4kPa 이하

[제 2 회 출제문제 (2018. 6. 30.)]

Question 1

동영상은 도시가스 지하매설 배관의 누출을 검지하는 차량이다. 이 차량에 장착되어 있는 누출검지 장비의 명칭을 약자 영문과 함께 한글로 쓰시오.

정답 ▶ FID(수소염이온화검출기)

Question 2

동영상의 밀폐식 보일러를 통풍이 필요한 장소에 설치 시 바닥면적이 $3m^2$일 때 통풍면적(cm^2)을 계산하여라.

정답 ▶ $3 \times 10^4 \times 0.03 = 900cm^2$

Question 3

동영상의 도시가스 사용시설을 보고 다음 물음에 답하시오.

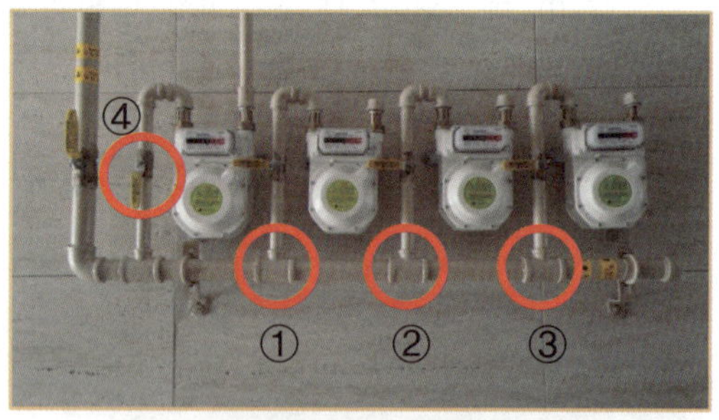

(1) 배관이음매와 절연조치를 하지 않은 전선과의 이격거리는 몇 cm인지 쓰시오.

(2) 가스계량기와 절연조치를 하지 않는 전선과의 이격거리는 몇 cm인지 쓰시오.

정답 ▶ (1) 15cm 이상
(2) 15cm 이상

Question 4

동영상은 LPG 자동차용 충전기(디스펜서)이다.

(1) 충전호스 길이(m)를 쓰시오.
(2) 표시된 부분의 명칭을 쓰시오.
(3) 충전호스에 부착되는 가스주입기의 형식을
    쓰시오.

 **정답**
  (1) 5m 이내
  (2) 세이프티커플링
  (3) 원터치형

Question 5

동영상에서 보여주는 용기에 충전하는 가스명칭
을 각각 쓰시오.

①  ② 

③  ④ 

정답 ① 아세틸렌 ② 산소 ③ 이산화탄소 ④ 수소

Question 6

동영상의 방폭전기기기에 표시된 ①, ②, ③, ④
의 의미를 쓰시오.

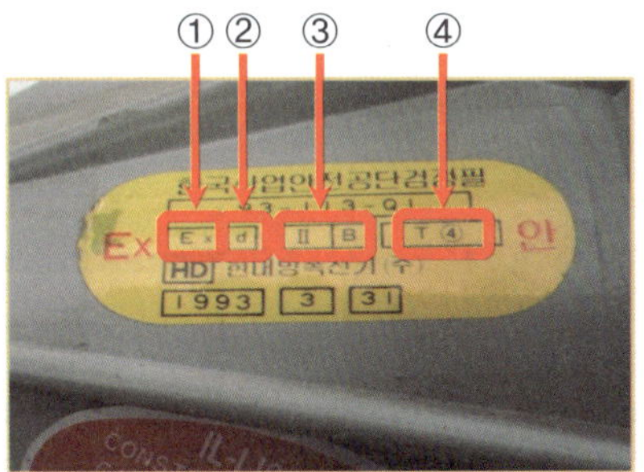

정답
  ① Ex : 방폭구조
  ② d : 내압방폭구조
  ③ ⅡB : 내압방폭전기기기의 폭발등급(최대
      안전틈새 범위 0.5mm 초과 0.9mm 미만)
  ④ T4 : 방폭전기기기의 온도등급(135℃ 초과
      200℃ 이하)

동영상은 열융착 이음이다. 열융착 이음의 종류 3가지를 쓰시오.

①  

②  

③ 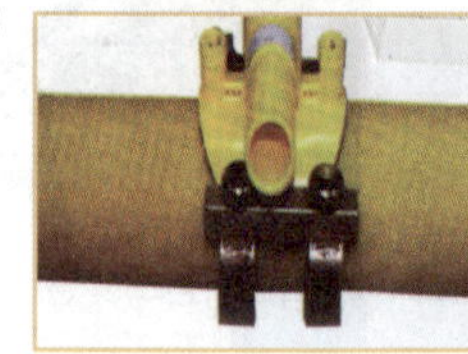 

정답 ① 맞대기융착 ② 소켓융착 ③ 새들융착

동영상은 LNG를 이용한 가스실험의 한 공정이다. 다음 물음에 답하시오.

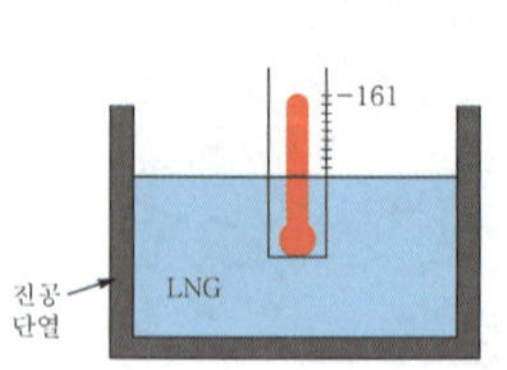 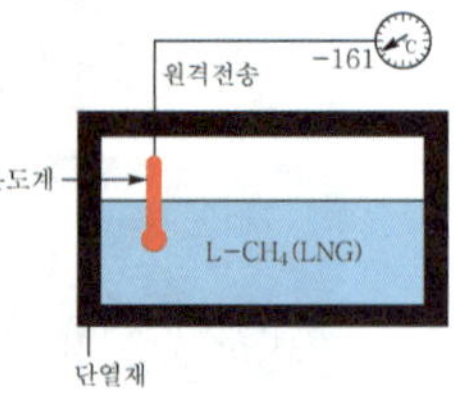

(1) LNG의 주성분을 쓰시오.
(2) −161이 의미하는 뜻을 쓰시오.

정답 (1) CH_4
(2) CH_4의 비등점이 −161℃

동영상의 전기방폭구조의 종류를 4가지 이상 쓰시오.

정답 ① 내압방폭구조(d)
② 압력방폭구조(p)
③ 유입방폭구조(o)
④ 안전증방폭구조(e)

동영상의 LNG 저장탱크는 처리능력이 25만m^3 이상의 압축기와 몇 m 이상의 거리를 유지하여야 하는가?

정답 30m 이상

해설 액화천연가스 저장탱크는 그 외면으로부터 처리능력 20만m^3 이상인 압축기와 30m 이상의 거리 유지

[제 4 회 출제문제 (2018. 11. 11.)]

Question 1

동영상은 도시가스 정압기실이다. 다음 물음에 답하시오.

① 

② 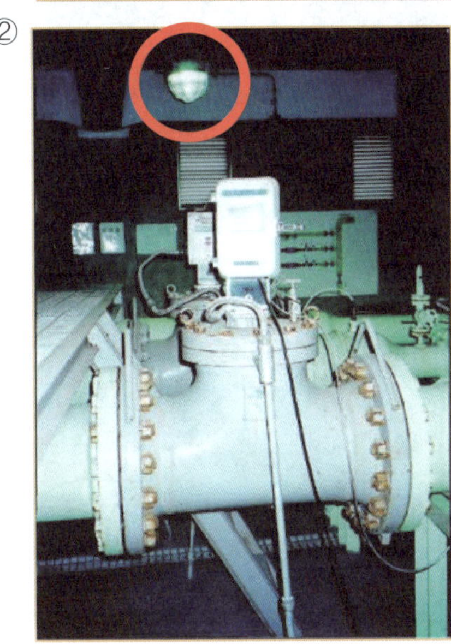

(1) 동영상 ①이 지시하는 부분의 기기 명칭을 쓰시오.
(2) 동영상 ②의 정압기실 내부 조명도는 얼마 인지 쓰시오.

정답
(1) 명칭 : 자기압력기록계
(2) 조명도 : 150Lux

Question 2

동영상의 용기에서 Tw의 의미는 무엇인지 쓰시오.

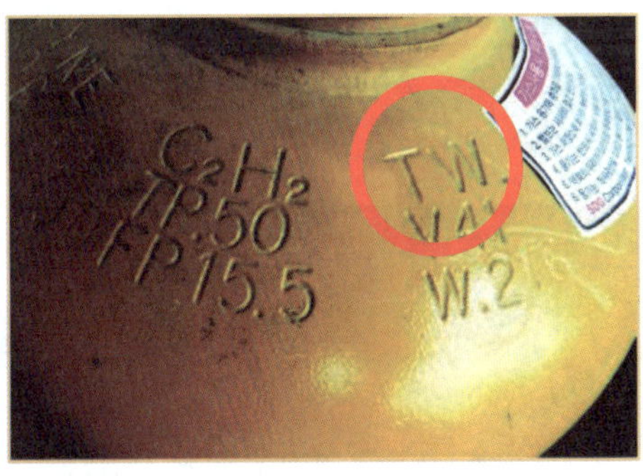

정답 아세틸렌용기에 있어 용기질량+다공물질+ 용제 및 밸브의 질량을 포함한 질량(kg)이다.

Question 3

동영상이 보여주는 LPG 자동차용 충전소의 고 정식 충전설비(디스펜서)에서 표시부분의 명칭 을 쓰시오.

정답 세이프티커플링

Question 4

동영상은 전기기기의 불꽃 또는 아크가 발생하는 부분을 절연유에 격납함으로써 폭발가스에 점화되지 않도록 한 방폭구조이다. 다음 물음에 답하시오.

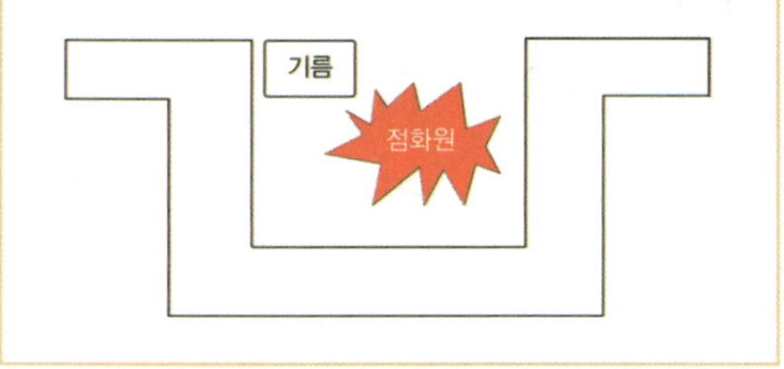

(1) 이러한 방폭구조를 무엇이라 하는가?
(2) 이 방폭구조의 기호를 쓰시오.

정답
(1) 유입방폭구조
(2) o

Question 5

동영상의 안전밸브는 얇은 박판으로, 급격히 압력이 상승할 우려가 있는 곳에 주로 설치되는 형식이다. 구조가 간단하고, 취급 및 점검이 용이하며, 한 번 작동 시 교체하여야 하는 특징을 가지고 있는 이 안전밸브의 형식은 무엇인가?

정답 파열판식 안전밸브

동영상은 고압설비의 이상 사태 발생 시 그 설비 내용물을 설비 밖으로 긴급·안전하게 이송하는 설비이다. 빈칸에 알맞은 단어 또는 숫자를 ①, ②, ③, ④에 채우시오.

- 벤트스택의 높이는 가연성인 경우 방출가스의 착지농도가 (①)값 미만이어야 한다.
- 독성인 경우 (②) 기준농도값 미만이 되는 높이이어야 한다.
- 방출구 위치는 작업원이 정상작업, 항상 통행하는 장소로부터 긴급용 (③)m 이상 그 밖의 벤트스택은 (④)m 이상으로 한다.

정답
① 폭발하한계
② TLV-TWA
③ 10
④ 5

동영상에서 표시된 녹색 전선은 정전기 발생을 억제하기 위하여 설치된 것이다. 이것은 정전기 제거방법 중의 하나이다. 다음 물음에 답하시오.

접지선

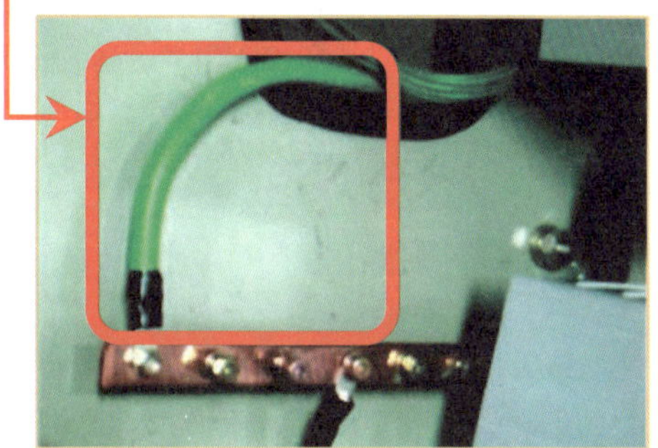

(1) 어떠한 방법으로 정전기 발생을 방지하는 것인지 쓰시오.
(2) (1)의 방법 이외에 정전기 발생을 방지하는 방법 3가지를 쓰시오.

정답
(1) 대상물을 접지하는 방법
(2) ① 상대습도를 70% 이상 유지한다.
② 공기를 이온화시킨다.
③ 접촉전위가 작은 물질을 사용한다.

Question 8

동영상의 도시가스 공급시설의 배관에 대하여 다음 물음에 답하여라.

(1) 황색관, 적색관의 압력을 구별하여라.
(2) 지하매설 배관을 색으로 구별하는 이유를 기술하여라.

정답
(1) ① 황색관 : 저압관
　　② 적색관 : 중압 이상
(2) 저압배관과 중압 이상의 배관을 구분하여, 배관을 효율적, 체계적으로 운영함으로써 안전관리를 도모하기 위함이다.

Question 9

동영상은 LNG를 연료로 사용하는 도시가스 지하정압기실이다. 다음 물음에 답하시오.

(1) 굵은 관, 가는 관의 각각의 명칭을 쓰시오.
(2) 굵은 관의 설치위치와 가는 관의 설치위치를 기술하시오. (단, 전기시설물의 접촉우려가 없는 것으로 한다.)

정답
(1) 굵은 관 : 배기관
　　가는 관 : 안전밸브의 가스방출관
(2) 배기관의 설치위치 : 지면에서 3m 이상
　　안전밸브 가스방출관 설치위치 : 지면에서 5m 이상

해설
1. 도시가스 지하정압기실 안전밸브 가스방출관의 설치위치
　지면에서 5m 이상 (단, 전기시설물의 접촉우려 시 3m 이상)
2. 도시가스 지하정압기실 배기관의 설치위치
　• 공기보다 무거운 경우
　　지면에서 5m 이상(전기시설물 접촉우려 시 3m 이상)
　• 공기보다 가벼운 경우
　　지면에서 3m 이상

Question 10

동영상의 막식계량기와 가스배관에 표시되어 있
는 ①, ②, ③의 의미를 쓰시오.

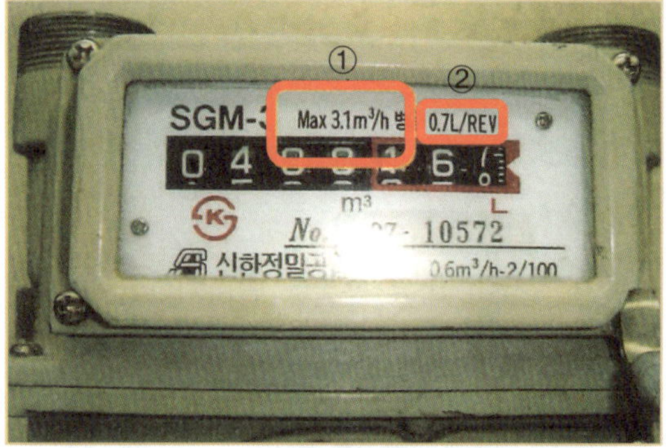

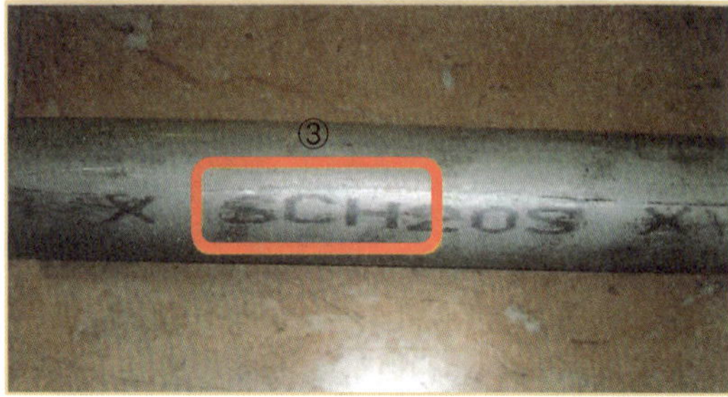

정답

① 사용최대유량이 시간당 $3.1m^3$
② 계량실 1주기 체적이 0.7L
③ 스케줄 번호로서 배관의 두께를 나타내는
   기호

2019년 가스산업기사 작업형(동영상) 출제문제

[제1회 출제문제 (2019. 4. 17.)]

Question 1

동영상의 용기명칭 ①, ②, ③, ④를 쓰시오.

①

②

③

④

Question 2

동영상을 보고 다음 물음에 답하시오.

(1) 동영상 방폭등에서 일반공구로 조작할 수 없는 구조의 명칭을 쓰시오.
(2) ① ⅡB, ② Ex, ③ d를 설명하시오.

정답
(1) 자물쇠식 죄임구조
(2) ① ⅡB : 내압 방폭전기기기의 폭발등급
　　(최대안전틈새범위 0.5mm 초과 0.9mm
　　미만)
② Ex : 방폭기기
③ d : 내압방폭구조

Question 3

동영상의 가스검지차량 검출기는 어떤 가스와의 반응을 이용하는 것인지 쓰시오.

정답 수소

Question 4

동영상은 전위측정용 터미널(T/B)이다. 다음 물음에 답하시오.

(1) 희생양극법, 배류법일 때의 설치간격은 몇 m인지 쓰시오.
(2) 외부전원법일 때의 설치간격은 몇 m인지 쓰시오.

정답
(1) 희생양극법, 배류법 : 300m 이내
(2) 외부전원법 : 500m 이내

Question 5

동영상의 가스시설물은 도시가스배관이 직선으로 매설 시 몇 m마다 설치되어야 하는지 쓰시오.

정답 50m

Question 6

동영상이 보여주는 가스장치에서 저장탱크 표면적 $1m^2$당 물분무능력(L/min)을 쓰시오.

정답 ▶ 5L/min 이상

Question 7

동영상의 LPG가스 저장실 통풍구의 크기는 바닥면적 $1m^2$당 얼마 이상으로 하여야 하는지 쓰시오.

정답 ▶ $300cm^2$ 이상

Question 8

동영상의 PE관-맞대기 융착이음은 공칭외경 몇 mm 이상의 직관이음관 연결에 사용하여야 하는지 쓰시오.

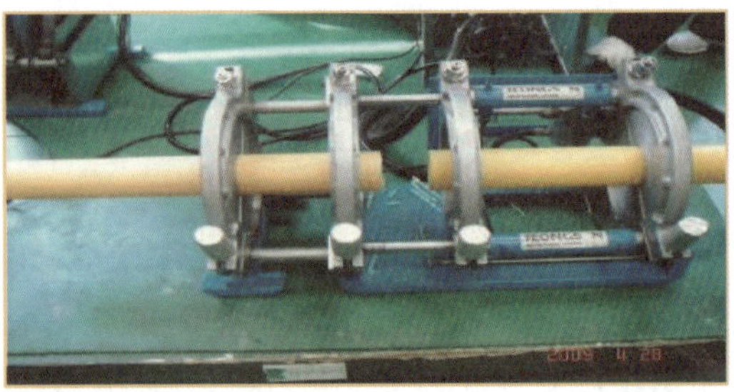

정답 ▶ 90mm 이상

Question 9

동영상과 같이 공정에 존재하는 위험요소들과 공정의 효율을 떨어뜨릴 수 있는 운전상의 문제점을 찾아내어 그 원인을 제거하는 위험성 평가기법의 명칭을 쓰시오.

정답 ▶ 위험과 운전분석(HAZOP)기법

Question 10

동영상에서 보여주는 가스기구에 설치되어 있는 안전장치의 명칭을 쓰시오.

정답 과류차단안전장치

[제 2 회 출제문제 (2019. 6. 29.)]

Question 1

동영상의 도시가스 배관이 교량에 설치되어 있다. 관경이 110A일 경우 지지간격은 몇 m인가?

정답 10m

Question 2

동영상의 벤트스택에 대하여 다음 물음에 답하시오.

(1) 작업원이 정상작업에 필요한 장소 또는 항상
통행하는 장소로부터 이격거리를 쓰시오.
　① 긴급용인 경우
　② 그 밖의 벤트스택인 경우
(2) 가스별 착지농도를 쓰시오.
　① 가연성인 경우
　② 독성가스인 경우

정답　(1) ① 10m 이상
　　　　　② 5m 이상
　　　(2) ① 폭발하한계 미만의 값
　　　　　② TLV－TWA의 기준농도 미만의 값

Question 3

동영상 용기의 안전밸브 형식을 쓰시오.

①

②

정답　가용전식

Question 4

동영상은 LNG이다. 주성분인 CH_4의 ① 임계온
도(℃), ② 임계압력(atm)을 쓰시오.

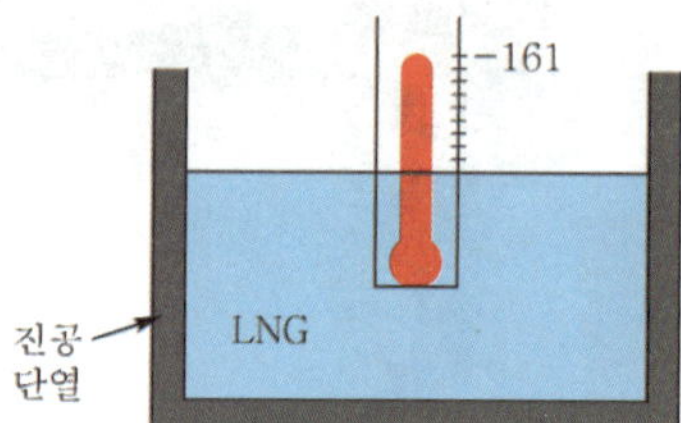

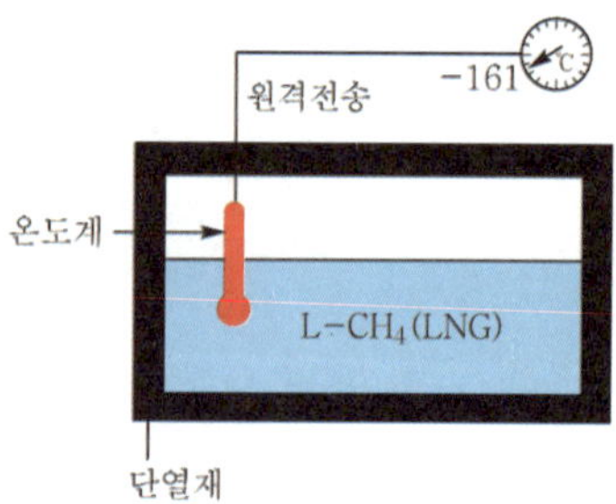

정답　① 임계온도 : −82.1℃
　　　② 임계압력 : 45.8atm

Question 5

동영상의 냉각살수장치에서 분무량(L/min)은 얼마인지 쓰시오.

정답▶ 5L/min

Question 6

동영상의 표지판은 제조소 공급소 밖에 설치되어 있는 일반도시가스 사업자의 표지판이다. ① 표지판의 설치간격, ② 표지판의 재질을 쓰시오.

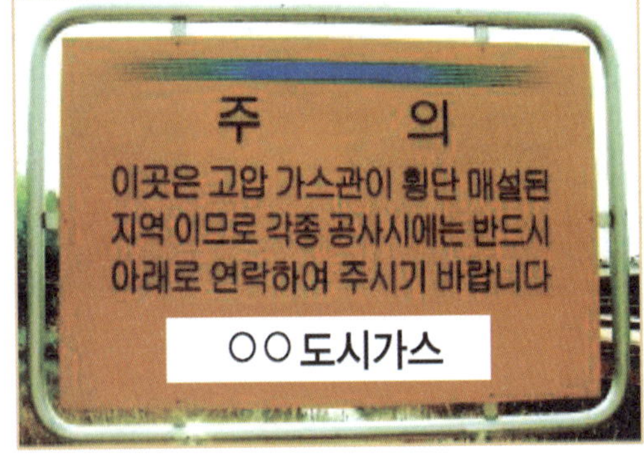

정답▶ ① 200m마다
② KSD 3053 일반구조용 압연강재

해설▶ 제조소 공급소 내인 경우 500m마다 설치

Question 7

가스불꽃이 불완전하거나 바람에 꺼졌을 때 열전대가 식어 기전력을 잃고 전자밸브가 닫혀 모든 통로를 차단하여 생가스의 유출을 방지하는 안전장치로서 종류로는 UY−Cell 프레임로드, 열전대 등이 있는 안전장치를 무엇이라 하는지 쓰시오.

정답▶ 소화안전장치

Question 8

동영상의 전기방식법 중 외부전원법의 장점을 4가지 쓰시오.

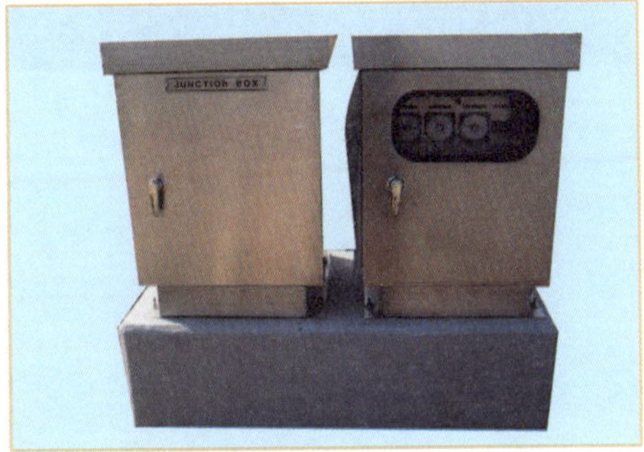

정답▶ ① 방식효과 범위가 넓다.
② 장거리 배관에 경제적이다.
③ 전압, 전류 조절이 가능하다.
④ 전식에 대한 방식이 가능하다.

Question 9

동영상은 전폐구조로서 용기 내부에 폭발성 가스
가 폭발 시 그 압력에 견디며 폭발화염이 외부로
전해지지 않는 방폭구조이다. 이 구조의 명칭을
쓰시오.

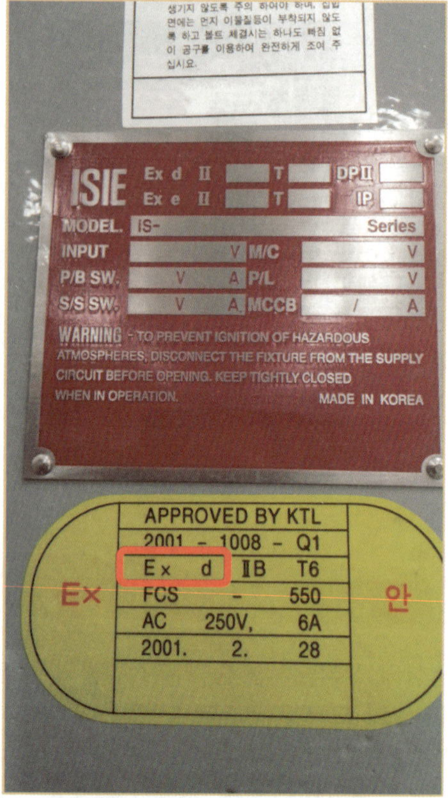

정답 내압방폭구조

Question 10

동영상의 저압지하식 LNG저장탱크에서 사업소
경계까지 거리는 몇 m이어야 하는지 쓰시오.
(단, 저장능력이 100t인 저장탱크이다.)

정답

$$L = C\sqrt[3]{143000\,W}$$
$$= 0.240 \times \sqrt[3]{143000 \times \sqrt{100}}$$
$$= 27.038\text{m}$$

∴ 50m 미만이므로, 유지하여야 할 거리는
50m 이상

해설 액화천연가스탱크와 사업소 경계까지 이격거리

$$L = C\sqrt[3]{143000\,W}$$

여기서, L : 유지거리(m)

C : 저압지하식 저장탱크는 0.240
그 밖의 가스저장설비, 처리설
비는 0.576

W : 저장탱크는 저장능력(톤)의 제
곱근, 그 밖의 것은 그 시설 안의
액화천연가스 질량(톤)

상기 식에서 계산값이 50m 미만인 경우 50m
이상을 유지, 50m 이상일 경우 계산식에서
얻은 그 거리를 유지한다.

[제 4 회 출제문제 (2019. 11. 09.)]

Question 1

동영상이 보여주는 용기에 부착된 안전밸브 형식을 쓰시오.

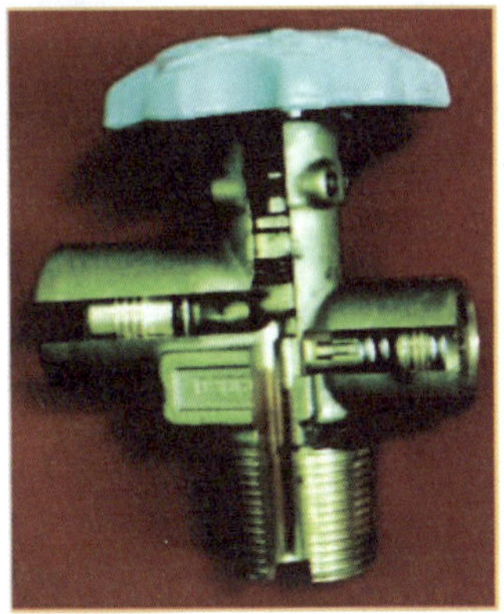

정답 스프링식

Question 2

배관의 두께가 20mm의 PE관을 맞대기이음 시 비드폭의 ① 최대(B_{max}), ② 최소(B_{min}) 값은 얼마인지 쓰시오.

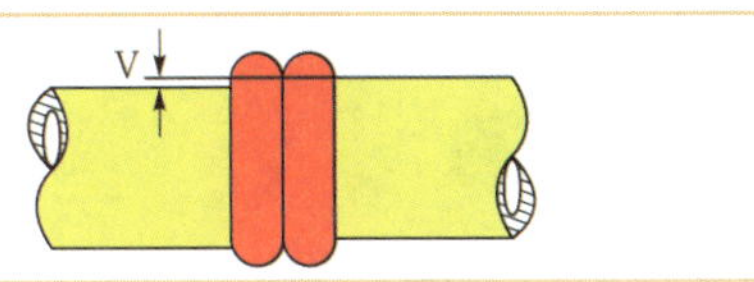

정답
① 최대 $B_{max} = 5 + 0.75t$
$\quad\quad = 5 + 0.75 \times 20 = 20\text{mm}$
② 최소 $B_{min} = 3 + 0.5t$
$\quad\quad = 3 + 0.5 \times 20 = 13\text{mm}$

Question 3

LNG가스의 ① 증기밀도와 ② 증기비중을 구하시오. (단, 답은 셋째자리까지 구하시오.)

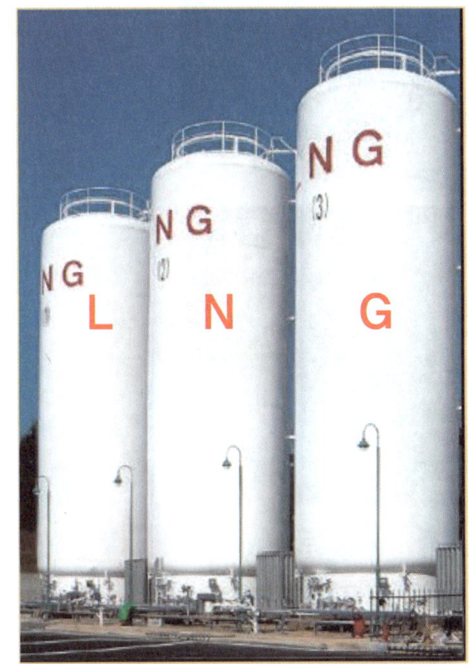

정답
① 증기밀도＝16kg/22.4m³＝0.714kg/m³
② 증기비중＝16/29＝0.552

Question 4

동영상에서 보여주는 용기에 충전하는 가스명칭을 각각 쓰시오.

① 

② 

③ 

④ 

정답
① 아세틸렌
② 산소
③ 이산화탄소
④ 수소

Question 5

다음 동영상에서 도시가스 정압기실 내에 설치되어 있는 가스기기의 명칭 ①, ②를 쓰시오.

정답
① 긴급차단밸브
② 안전밸브

Question 6

동영상의 ① 방폭구조와 ② 기호를 쓰시오.

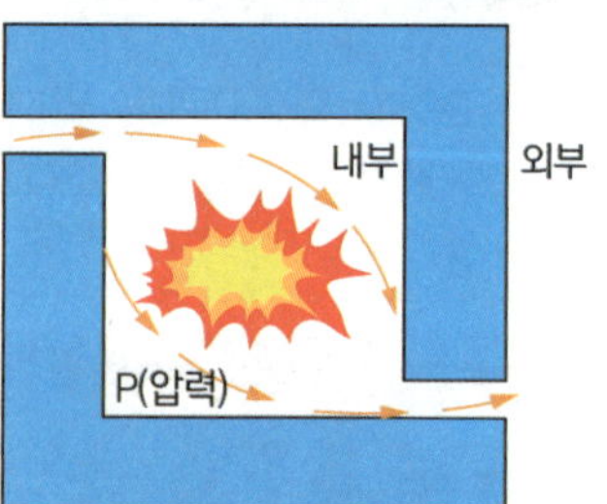

정답
① 압력방폭구조
② P

Question 7

동영상과 같이 연소 시 (1) 황색염이 생기는 것을 무엇이라 하며 (2) 이것의 원인을 쓰시오.

① 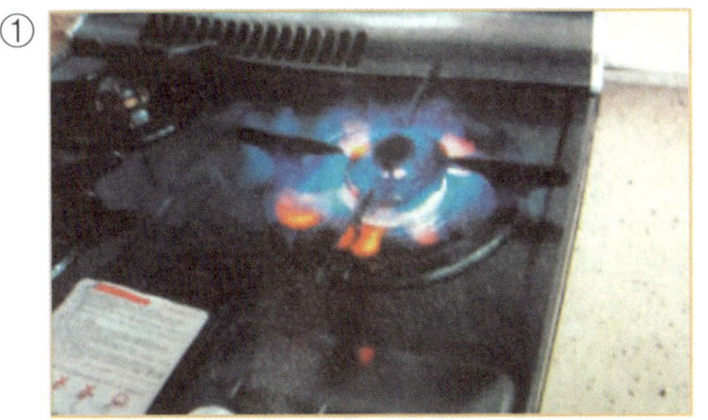

② 

정답 (1) 옐로팁
(2) ① 1차 공기 부족
② 주물 밑부분에 철가루 등이 존재

Question 8

도시가스 매설배관과 상수도관의 이격거리는 얼마인지 쓰시오.

정답 0.3m

Question 9

동영상이 보여주는 전기방식방법에 있어서 T/B는 몇 m마다 설치하는지 쓰시오.

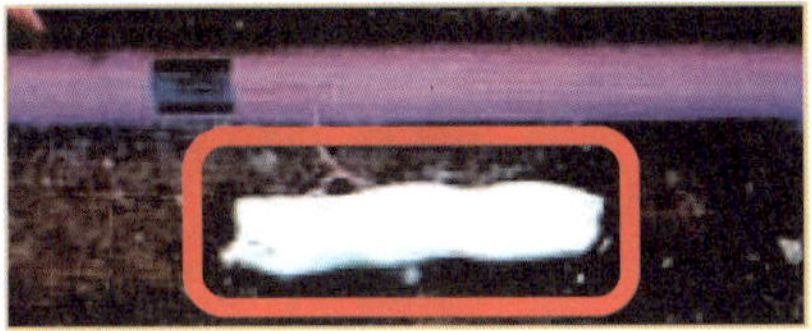

정답 300m

Question 10

동영상은 부천 충전소에서 발생된 사고이다. 이러한 폭발을 무엇이라 부르는지 영어 약자로 답하시오.

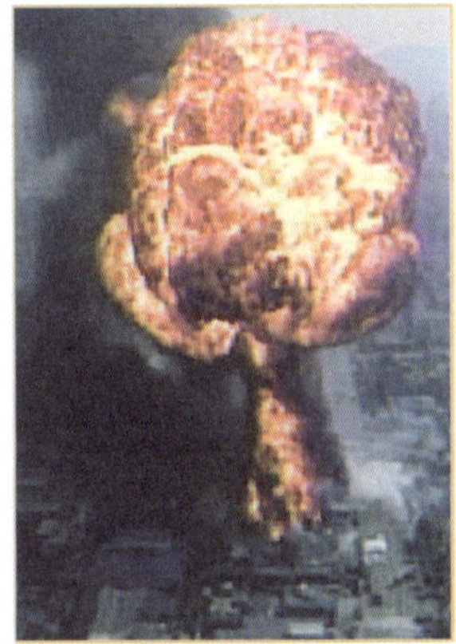

정답 BLEVE

MEMO

PART 3
최신
기출문제

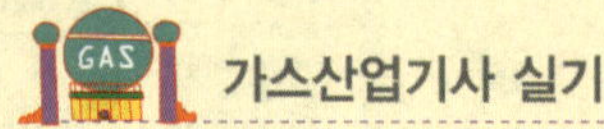

PART 3　최신 기출문제

이 편의 학습 Point

1. 최신 기출문제를 풀어봄으로써 최신 출제경향 파악하기
2. 실제 시험에 임하는 자세로 풀어보며 부족한 부분을 파악,
　 보완하여 시험대비 최종 마무리하기

최신 기출문제

2020년 가스산업기사 필답형 출제문제

제1 · 2회 통합 출제문제(2020. 7. 25. 시행)

01 조정압력이 3.3kPa 이하인 안전장치의 ① 작동표준압력(kPa), ② 작동개시압력(kPa), ③ 작동정지압력(kPa)을 쓰시오.

> **정답** ① 7.0kPa ② 5.60~8.40kPa ③ 5.04~8.40kPa

02 다음에서 설명하는 가스액화사이클의 종류를 쓰시오.

공기의 압축압력을 7atm 정도로 열교환에 축냉기를 사용해 원료공기를 냉각하여 수분과 탄산가스를 제거함으로써 액화하는 사이클

> **정답** 캐피자식 액화사이클

03 천연가스와 석탄 바이오메스 등을 열분해해서 제조하고 영하 25℃ 상태에서 액화되는 성질을 가지고 있으며, 운송과 저장이 용이하여 LPG와 혼합사용도 가능하고, 차세대 연료로 유망하며, 디젤엔진 연료로도 사용될 수 있는 차세대 기체상태의 연료로 사용될 수 있는 연료의 명칭을 쓰시오.

> **정답** DME

04 정압기의 특성 4가지를 쓰시오.

> **정답** ① 정특성 ② 동특성
> ③ 유량특성 ④ 사용최대차압 및 작동최소차압

05 냉동설비의 종류에 따른 냉동능력 산정기준을 2가지 쓰시오.

> **정답** ① 흡수식 냉동설비는 6640kcal/hr를 1일 냉동능력 1톤으로 한다.
> ② 원심식 압축기를 사용 시 원동기 정격출력 1.2kW를 1일 냉동능력 1톤으로 한다.

06 LPG/Air 플랜트 설비 중 벤투리식(믹서)의 작동원리를 쓰시오.

> **정답** 기화한 가스를 일정압력으로 노즐에서 분출시켜 노즐 실내를 감압함으로써 공기를 혼합하는 방식

> **참고** 벤투리 믹서의 특징(장점)
> ① 동력원을 필요로 하지 않는다.
> ② 폭발범위 내 가스를 제조할 염려가 없다.
> ③ 공기혼합비를 자유롭게 바꿀 수 있으므로 가장 많이 사용되고 있다.

07 관경 1B, 관 길이 30m인 저압배관에 C_3H_8 $5m^3/h$ 공급 시 압력손실이 $14mmH_2O$이다. 이 배관에 C_4H_{10} $6m^3/h$ 공급 시 압력손실을 구하시오. (단, C_3H_8, C_4H_{10}의 비중은 각각 1.5, 2.0이다.)

> **정답**
> $$H = \frac{Q^2 \cdot S \cdot L}{K^2 \cdot D^5} \text{ 에서 } (L_1 = L_2),\ (K_1 = K_2),\ (D_1 = D_2) \text{이므로}$$
> $$H = Q^2 \times S \text{에 비례하므로 } 14 : 5^2 \times 1.5 = H_2 : 6^2 \times 2.0$$
> $$\therefore\ H_2 = \frac{14 \times 6^2 \times 2.0}{5^2 \times 1.5} = 26.88 mmH_2O$$

08 다음 ( )에 적합한 숫자를 쓰시오.

공기압축기의 윤활유는 재생유 이외의 것으로서 잔류탄소의 질량이 1% 이하인 경우 인화점은 (①)℃ 이상으로서 170℃에서 (②)시간 이상 교반하여 분해되지 않아야 하며, 잔류탄소의 질량에 1% 초과 1.5% 이하인 것은 인화점이 (③)℃ 이상으로서 170℃에서 (④)시간 이상 교반하여도 분해되지 않아야 한다.

> **정답** ① 200   ② 8
> ③ 230   ④ 12

09 LPG조정기의 감압방식 중 2단감압방식의 장점을 4가지 쓰시오.

> **정답** ① 공급압력이 안정하다.
> ② 중간배관이 가늘어도 된다.
> ③ 관의 입상에 의한 압력손실이 보정된다.
> ④ 각 연소기구에 알맞은 압력으로 공급할 수 있다.

10 액체산소 1L 기화 시 부피를 계산하시오. (단, 기체비중은 1.125, 액체비중은 1.14, 표준상태의 밀도는 1.429g/L이다.)

> **정답** 1L×1.14kg/L=1.14kg=1140g
> ∴ 1140÷1.429=797.76L

11 다음에서 설명하는 수소의 제조방법의 명칭을 쓰시오.

> 탄화수소로서 메탄에서 나프타 유분(비점 250℃ 이하)까지 원료로 사용하며, 탈황된 나프타를 수증기와 혼합하여 니켈상 촉매를 통하여 반응을 한다.

> **정답** 석유 분해법의 수증기개질법

12 50L의 물을 5℃에서 17분간 가열하여 42℃ 상승시키는 데 온수량이 150L가 되었다. 이때 온수기의 열효율을 구하시오. (단, 가스의 발열량은 5000kcal/m^3, 온수 가스 소비량은 5m^3/h, 물의 비열은 1kcal/kg · ℃, 수조 및 욕조의 온도는 5℃이다.)

> **정답** $100 \times t + 50 \times 5 = 42 \times 150$
> 온수 투입 후 150L이므로 온수 투입량은 100L, 온수 투입 후 혼합온도는 42℃이므로 투입될 때
> 온수 온도 $t = \dfrac{42 \times 150 - 50 \times 5}{100} = 60.5℃$이다.
>
> $$\therefore \ \eta = \frac{100 \times 1 \times (60.5 - 5)}{5m^3/h \times 5000kcal/m^3 \times \dfrac{17}{60}} \times 100 = 78.35\%$$

13 철관과 구리관을 지하에 매몰 시 다음 물음에 답하시오.
(1) 어떤 관이 부식이 더 잘 되는지를 쓰시오.
(2) (1)의 그 이유를 설명하시오.
(3) 통기성이 좋은 점토와 나쁜 점토는 나쁜 점토가 부식이 잘 되는데 그때의 극성을 양극, 음극으로 구별하시오.

> **정답** (1) 철관
> (2) 철은 구리에 비해 이온화가 더 잘 되며, 이온화경향이 빠른 금속은 느린 금속에 비하여 부식에 약하다.
> (3) 통기성이 나쁜 점토 : 양극
>   통기성이 좋은 점토 : 음극

14 파일럿식 정압기에서 로딩형과 언로딩형의 특징을 각각 기술하시오.

정답 ① 로딩형 : 직동식의 본체 및 파일럿으로 구성되어 있고, 파일럿은 1차 측에 가깝에 설치되어 있으며, 2차 압력이 설정압력보다 높으면 파일럿 다이어프램을 밀어올리는 힘이 파일럿 스프링힘을 견디고 파일럿 밸브를 상부로 움직여 파일럿계로 공급되는 가스량을 감소시켜 구동밸브가 저하되어 본체 스프링힘이 본체 다이어프램힘을 이기고 본체 밸브를 하부로 내려 가스유량을 제한하게 하여 2차 압력을 설정압력으로 회복시킨다. 본체의 조절밸브는 스프링힘이 구동압력보다 강할 경우 아래로 내려가 가스흐름을 제한하고, 구동압력이 강할 경우 상부로 향하여 가스유량을 증가시킨다.
② 언로딩형 : 직동식의 본체 파일럿으로 구성되어 있으며, 본체의 조절밸브는 스프링힘이 구동압압력보다 강한 경우 하부로 향할 때 가스유량을 증가시키고, 구동압력이 강할 경우 조절밸브가 상부로 향하여 가스유량을 제한하는 구조로 되어 있다.

참고 **파일럿 정압기의 2차 압력이 설정압력보다 높을 경우**
1. 언로딩형 : 2차 측 사용량이 감소하면 2차 압력이 설정압력 이상으로 상승하여 파일럿 다이어프램을 누르는 힘이 파일럿 스프링힘을 이기고 파일럿 밸브를 상부로 움직여서 파일럿계로 흐르는 가스유량을 제한하며 구동압력이 상승하여 본체 다이어프램을 누르는 힘이 본체 스프링힘을 이기고 밸브를 상부로 움직여 가스유량을 제한하여 2차 압력을 설정압력으로 회복시킨다.

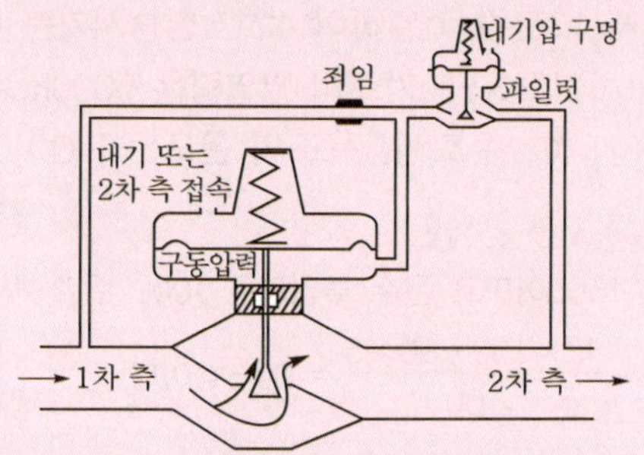

2. 로딩형 : 2차 측 사용량이 감소하면 2차 압력이 설정압력 이상으로 상승하여 파일럿 다이어프램을 밀어올리는 힘이 파일럿 스프링힘을 견디어 파일럿 밸브를 상부로 움직여 파일럿계에 공급하는 가스량을 감소시켜 구동압력이 저하되며 스프링힘이 본체 다이어프램을 밀어올리는 힘에 견디어 밸브를 하부로 향하게 함으로 가스유량을 제한하여 2차 압력을 설정압력으로 회복시킨다.

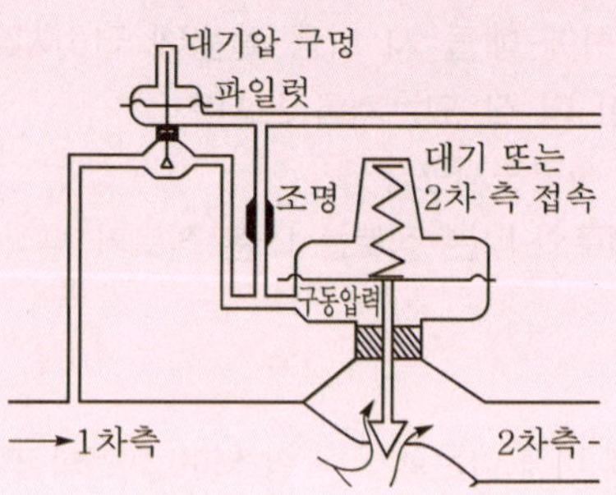

15 초음파 탐상시험에 대해 다음 물음에 답하시오.
(1) 정의
(2) 종류 3가지

정답 (1) 초음파를 피검사물의 내부에 침입시켜 반사파를 이용하여 내부의 결함과 불균일층의 존재여부
를 검사하는 비파괴검사 방법이다.
(2) ① 투과법
② 펄스반복법
③ 공진법

참고 1. 초음파 검사의 장점
• 검사비용이 저렴하다.
• 내부결함 불균일층의 검사가 가능하다.
• 용입부결함의 검출이 가능하다.
2. 초음파 검사의 단점
• 결함의 형태가 부적당하다.
• 결과물의 보존이 곤란하다.

2020년 가스산업기사 동영상 출제문제

저장탱크에 표시된 안전장치의 명칭을 쓰시오.

정답 ① 긴급차단밸브
② 역지밸브
③ 릴리프밸브

동영상을 보고 다음 물음에 답하시오.

(1) 시설물의 명칭을 쓰시오.
(2) 설치기준을 2가지 쓰시오.

정답 (1) 라인마크
(2) ① 배관길이 50m마다 1개씩 설치
② 주요 분기점에 설치

동영상 배관의 명칭을 쓰시오.

정답 가스용 폴리에틸렌관

Question 4

동영상 ①, ②, ③, ④ 용기의 명칭을 쓰시오.

① 

② 

③ 

④ 

정답
① 아세틸렌
② 이산화탄소
③ 산소
④ 수소

Question 5

동영상을 보고 다음 물음에 답하시오.
(1) 최고충전압력 기준은?

(2) 품질검사 시의 순도는 몇 %인가?

정답 (1) 15℃에서 1.5MPa
(2) 98.5% 이상

Question 6

동영상은 열융착 이음이다. 각 열융착 이음 명칭을 쓰시오.

① 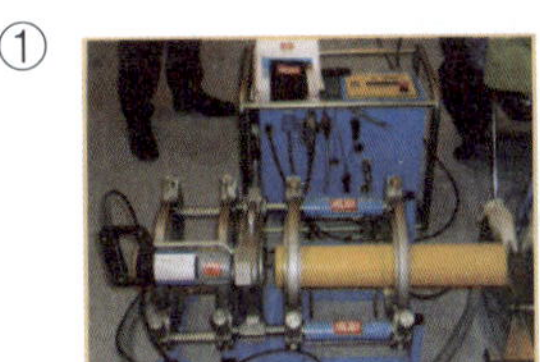 

②  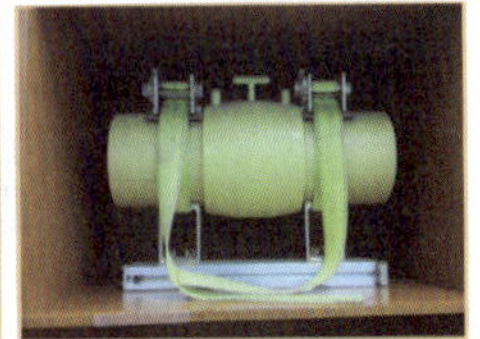

③

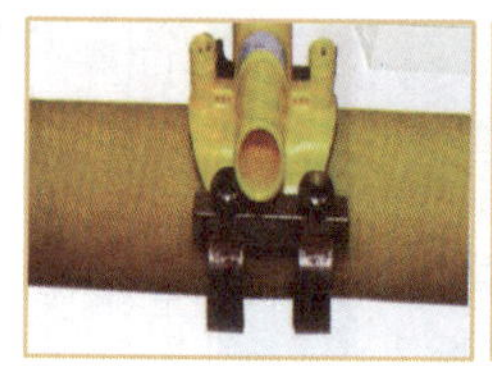

정답 ① 맞대기융착
② 소켓융착
③ 새들융착

Question 7

동영상에 표시된 부분은 정전기 발생을 방지하기 위하여 설치된 것이다. 어떠한 방법으로 정전기 발생을 방지하는 방법인가를 쓰시오.

접지선

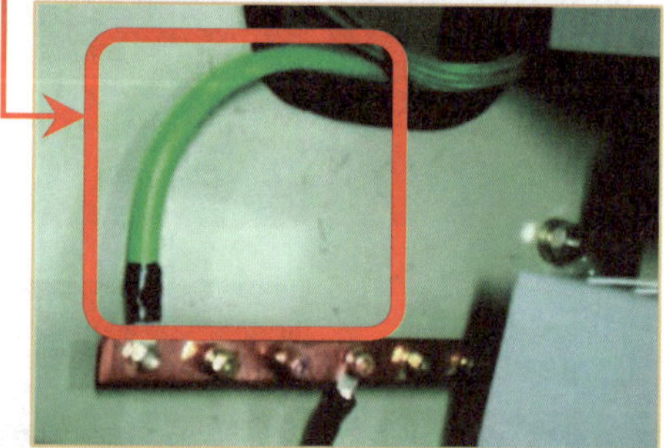

정답 대상물을 접지하는 방법

Question 8

동영상의 액화산소저장탱크에 방류둑을 설치할 경우 다음 물음에 답하시오.

(1) 방류둑의 차단능력을 쓰시오
(2) 방류둑을 설치할 때 저장탱크의 용량은 몇 t 이상인지 쓰시오.

정답 (1) 저장능력 상당용적의 60% 이상
(2) 1000t 이상

Question 9

동영상의 가스보일러를 설치할 때 보일러의 접합방식 2가지를 쓰시오.

정답 ① 나사식   ② 플랜지식

Question 10

동영상 ①, ②, ③, ④의 비파괴검사의 명칭을 쓰시오.

①
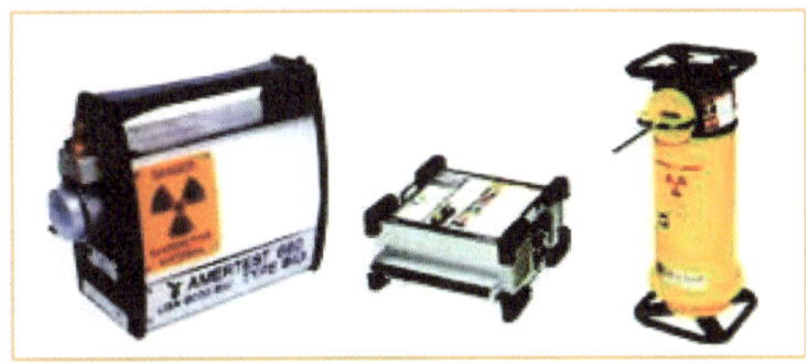

②
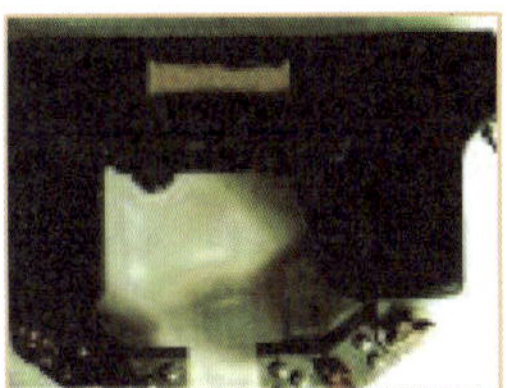

③

④
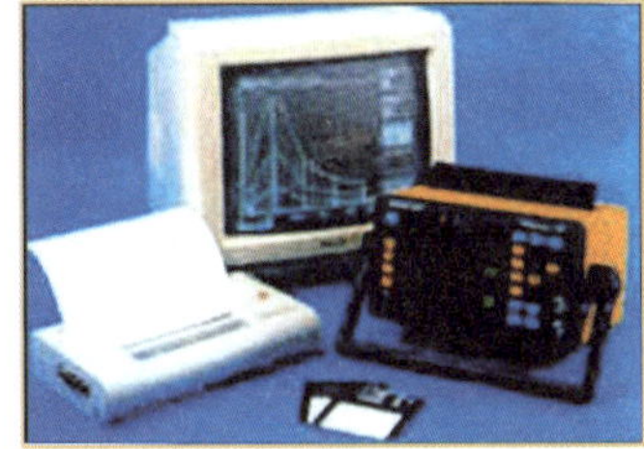

정답
① 방사선투과시험
② 자분탐상시험
③ 침투탐상시험
④ 초음파탐상시험

2020년 가스산업기사 필답형 출제문제

제3회 출제문제(2020. 10. 18. 시행)

01 대기압이 100kPa, 진공도가 30%일 때 절대압력을 구하시오.

정답 절대압＝대기압력－진공압력
100kPa－100×0.3＝70kPa(a)

02 밀폐식 보일러에 대해 설명하시오.

정답 밀폐식 보일러는 BF(자연급배기식)과 FF(강제급배기식)이 있다. BF는 급배기통을 외기와 접하는 벽을 관통하여 옥외로 설치하고 자연통기력에 의해 급배기를 하는 방식이며, FF는 급배기통을 외기와 접하는 벽을 관통하여 옥외로 설치하고 급배기용 송풍기에 의해 강제로 급배기하는 방식이다.

03 다음 빈칸에 알맞은 말을 쓰시오.

"연결압력실"이란 기화통의 동체 또는 경판과 교차하여 기화통에 종속된 압력실로 (①), (②), (③) 등을 말한다.

정답 ① 섬프(Sump)
② 돔(Dome)
③ 맨홀(Manhole)

04 베이퍼록의 발생원인 2가지를 쓰시오.

정답 ① 흡입관경이 작을 때
② 펌프의 설치위치가 높을 때
③ 펌프에 냉각기가 없거나 정상작동하지 않았을 때
④ 흡입관 외부의 온도가 상승할 때

05 발열량 12100kcal/sm³, 공기 28.8g/mm², 가스 34g/mm²일 때 웨버지수를 구하시오.

정답 비중 $d = \dfrac{34}{28.8} = 1.18055$

$$WI = \frac{H}{\sqrt{d}} = \frac{12100}{\sqrt{1.18055}} = 11136.33$$

06 접촉분해공정의 정의를 쓰시오.

> **정답** 촉매를 사용해 반응온도 400~800℃로 반응하여 CH_4, H_2, CO, CO_2로 변환시키는 공정

07 감도유량이란 무엇인지 쓰시오.

> **정답** 가스미터가 작동하는 최소유량으로 LP가스미터는 15L/h 이하, 막식 가스미터는 3L/h 정도이다.

08 저압배관에서 지름 100mm, 길이 2km, 점성계수 $0.2NS/m^2$, 비중 0.86, 유량 120m^3/hr일 때 압력손실을 구하시오.

> **정답**
> $$H = \frac{Q^2 \cdot S \cdot L}{K^2 \cdot D^5} = \frac{120^2 \times 2000 \times 0.86}{0.707^2 \times 10^5} = 495.509 = 495.51 mmH_2O$$

09 1단 저압조정기의 장 · 단점을 2가지씩 쓰시오.

> **정답** (1) 장점
> ① 장치가 간단하다.
> ② 조작이 간단하다.
> (2) 단점
> ① 최종압력이 부정확하다.
> ② 중간배관이 굵어진다.

10 가스누출 사전방지방법 4가지를 쓰시오.

> **정답** ① 관련 가스설비 누설유무 점검 철저
> ② 노후설비의 실시간 교체 점검
> ③ 배관의 경우 노후관의 계획적 교체
> ④ 방식설비 유지
> ⑤ 관련 설비의 법령에 의한 분해 점검
> ⑥ 안전관리규정 및 SMS 규정 준수 및 안전관리자 직무 수행

11 안지름 200mm인 저압배관의 길이가 300m이다. 압력손실이 30mmH_2O일 때 가스유량(m^3/h)을 계산하시오. (단, 가스의 비중은 0.5, 폴의 정수는 0.7이다.)

> **정답**
> $$Q = k\sqrt{\frac{D^5 H}{SL}} = 0.7 \times \sqrt{\frac{20^5 \times 30}{0.5 \times 300}} = 560 m^3/h$$

12 1일 1호당 평균 가스소비량이 1.45kg/day, 소비 호수가 50세대, 평균 가스소비율이 20%일 때, 피크 시 가스사용량(kg/h)을 계산하시오.

> **정답** $Q = q \times N \times \eta = 1.45 \times 50 \times 0.2 = 14.5\text{kg/h}$

13 진공단열법 3가지를 쓰시오.

> **정답**
> ① 고진공단열법
> ② 분말진공단열법
> ③ 다층진공단열법

14 정압기의 특성 4가지를 쓰시오.

> **정답**
> ① 정특성
> ② 동특성
> ③ 유량특성
> ④ 사용최대차압 및 작동하는 차압

15 아세틸렌의 용도 4가지를 쓰시오.

> **정답**
> ① 산소, 아세틸렌의 불꽃으로 용접 및 절단
> ② 아세트산, 알코올 제조 원료
> ③ 합성수지의 원료
> ④ 합성고무, 합성섬유에 사용

2020년 가스산업기사 동영상 출제문제

[제3회 출제문제 (2020. 10. 18.)]

Question 1

동영상을 보고 다음 물음에 답하시오.

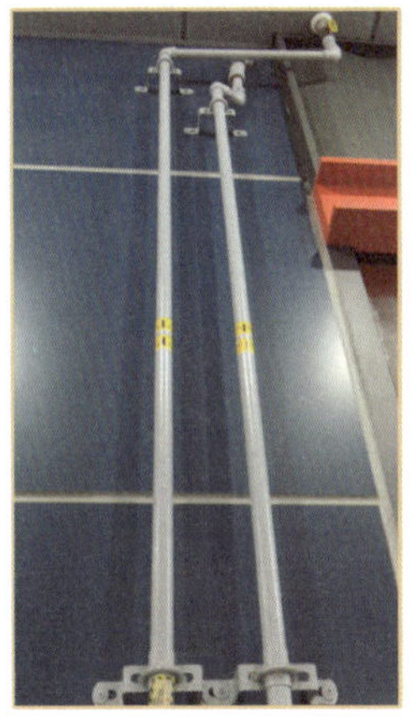

(1) 도시가스 배관의 이음부와 절연조치하지 않은 전선과의 이격거리는 몇 cm인가?
(2) 도시가스 계량기와 절연조치하지 않은 전선과의 이격거리는 몇 cm인가?

정답
   (1) 15cm 이상
   (2) 15cm 이상

Question 2

다음 용기 ①, ②, ③, ④를 보고 다음 물음에 답하시오.

① 

② 

③ 

④ 

(1) 가연성 가스의 용기는?
(2) 수취기가 필요한 용기는?
(3) ④의 가스 임계압력은?
(4) 대기 중 누설 시 바닥에 체류하는 가스는?

정답
   (1) ①, ④   (2) ③
   (3) 12.8atm   (4) ②, ③

Question 3

다음 용기의 안전밸브 형식을 쓰시오.

정답 가용전식 안전밸브

Question 4

동영상의 냉각용 살수장치의 물분무량은 몇 L/min 인지 쓰시오.

정답 5L/min

Question 5

동영상의 AFV식 정압기의 2차 압력의 상승 원인을 2가지 쓰시오.

정답
① 메인밸브류에 먼지가 끼어 cut-off 불량
② 바이패스 밸브류 누설
③ 가스 중 수분 동결
④ 센트스템과 메인밸브 접속 불량

Question 6

다음 전기방식법의 전위측정용 터미널의 설치간격을 각각 쓰시오.

(1)

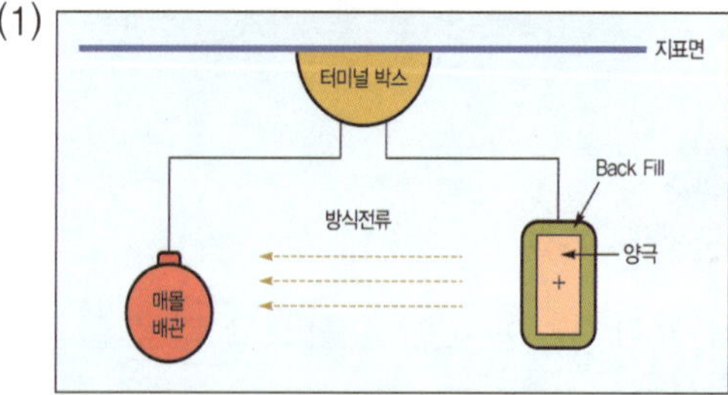

(2)

정답 (1) 300m마다　(2) 500m마다

동영상에서 보여주는 가스에 대해 다음 물음에 답하시오.

(1) 희석제의 종류 2가지를 쓰시오.
(2) 용제의 종류 2가지를 쓰시오.

정답 (1) 메탄, 질소
　　　 (2) 아세톤, DMF

동영상의 자연환기구에 대해 다음 물음에 답하시오.

(1) 면적은 바닥면적 $1m^2$당 얼마인가?
(2) 환기구 1개의 면적은 몇 cm^2 이하로 하여야 하는가?

정답 (1) $300cm^2$
　　　 (2) $2400cm^2$

동영상에서 보여주는 온도계의 눈금 $-161℃$는 어떤 가스의 비등점을 말한다. 어떠한 가스인지를 분자식으로 쓰시오.

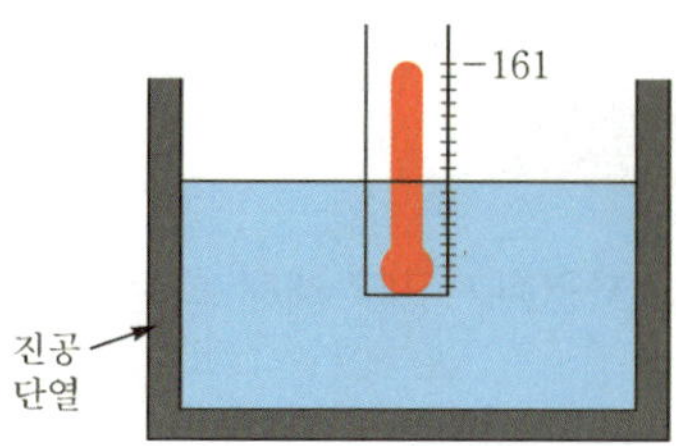

정답 CH₄

Question 10

다음 방폭구조에 표시된 그 의미를 쓰시오.

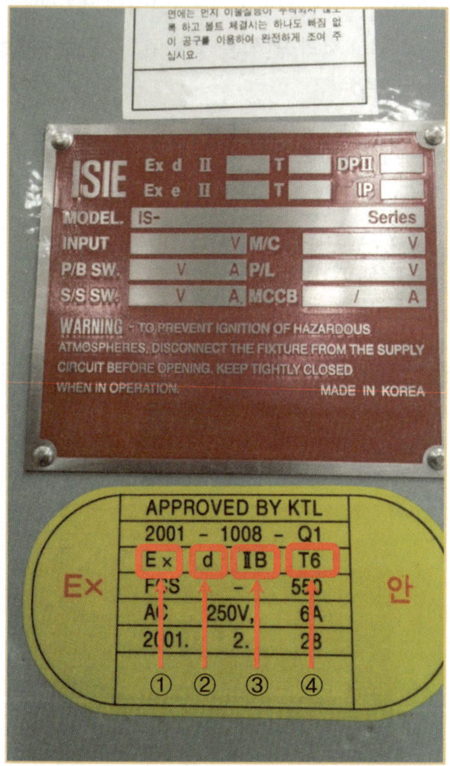

정답
① 방폭구조
② 내압방폭구조
③ 방폭전기기기의 폭발등급(최대안전틈새범
   위 0.5mm 초과 0.9mm 미만)
④ 방폭전기기기의 온도 등급(발화도 85℃
   초과 100℃ 이하)

2020년 가스산업기사 필답형 출제문제

제4회 출제문제(2020. 11. 15. 시행)

01 다음의 조건으로 저압배관의 관경을 계산하시오.

- 비중 : 0.64
- 관 길이 : 200m
- 폴의 정수 : 0.7055
- 압력손실 : 20mmH₂O
- 가스유량 : 200m³/h

정답

$$Q = k\sqrt{\dfrac{D^5 H}{SL}}$$

$$D = \sqrt[5]{\dfrac{Q^2 \cdot S \cdot L}{K^2 \cdot H}} = \sqrt[5]{\dfrac{200^2 \times 0.64 \times 200}{0.7055^2 \times 20}} = 13.875 = 13.88\text{cm}$$

02 연료 주성분의 원소 중 원자량이 가장 큰 가연성 원소의 기호를 쓰시오.

정답 S(황)

해설
- 연료의 주성분 : C, H, O
- 연료의 가연성분 : C, H, S

03 연소 시 공기 중의 산소의 농도가 높아졌을 때 변화되는 사항(연소속도, 발화온도, 폭발범위, 최소착화에너지) 4가지를 쓰시오.

정답
① 연소속도는 빨라진다.
② 발화온도는 낮아진다.
③ 연소범위는 넓어진다.
④ 최소착화에너지는 작아진다.

04 이상기체의 법칙 중 아보가드로의 법칙을 설명하시오.

정답 같은 온도, 같은 압력하에서 모든 기체는 같은 분자수를 갖는다. 즉, 모든 기체 1mol은 22.4L의 체적을 가지며, 그때의 분자수는 6.02×10^{23}개이다.

05 가연성 가스이면서 독성 가스인 가스의 종류를 5가지 쓰시오.

> **정답** 벤젠, 시안화수소, 일산화탄소, 산화에틸렌, 황화수소

> **참고** 그 외에 암모니아, 브롬화메탄

06 프로판 22g 연소 시 이산화탄소는 몇 g이 생성되는지 구하시오.

> **정답** $C_3H_8 + 5O_2 \rightarrow 3CO_2 + 4H_2O$
>
> 44g : 3×44g
>
> 22g : x(g)
>
> $\therefore\ x = \dfrac{22 \times 3 \times 44}{44} = 66g$

07 염소와 수소 폭명기의 반응식을 쓰시오.

> **정답** ① $H_2 + Cl_2 \rightarrow 2HCl$
> ② $2H_2 + O_2 \rightarrow 2H_2O$

08 가스의 배관에 도복장 시공을 하는 목적을 쓰시오.

> **정답** 배관의 부식을 방지하고 배관의 사용 수명을 연장시키기 위함

> **해설** 도복장 : 배관의 외부에 방식 고무시트 등을 감아 붙이는 작업

09 직동식 정압기의 유량 특성 중 응답의 신속성을 파일럿 정압기와 비교하여 설명하시오.

> **정답** 부하 변동에 대하여 직접적으로 반응해서 2차 측의 압력을 설정압력으로 유지하도록 작동하기 때문에 파일럿 정압기보다 응답성이 신속하다.

> **참고** 파일럿 정압기 : 용량이나 비례한도에 문제점을 보완하고 양호한 정압 성능을 유지하기 위해 센싱라인에 소형의 정압기를 설치압력을 증가시켜줌으로 메인밸브의 개폐가 원활하게 하는 정압기

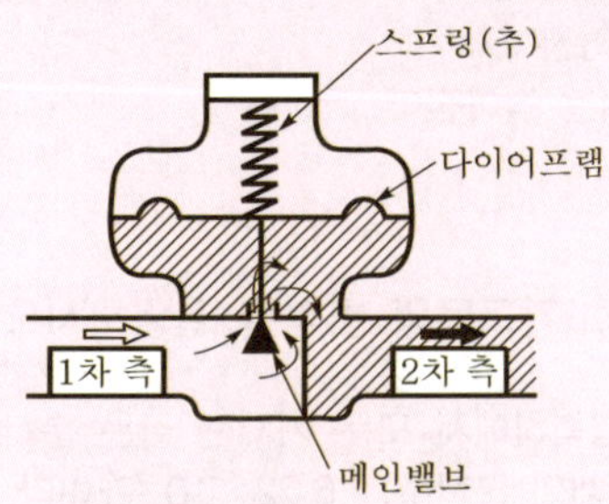

10 가스홀더의 기능 4가지를 쓰시오.

> **정답** ① 공급설비의 지장 시 어느 정도 공급을 확보한다.
> ② 피크 시 도관의 수송량을 감소시킨다.
> ③ 제조가 수요를 따르지 못할 때 공급량을 확보한다.
> ④ 가스의 성분, 열량, 연소성을 균일화한다.

11 접촉개질공정에서 고온수증기 개질의 ICI 방식 4단계를 쓰시오.

> **정답** 1단계 : 원료의 탈황
> 2단계 : 가스의 제조
> 3단계 : CO의 변경
> 4단계 : 열회수

12 도시가스의 원료 선정기준을 4가지 쓰시오.

> **정답** ① 제조설비의 건설비가 저렴할 것
> ② 이동, 변동이 용이할 것
> ③ 공해문제가 적을 것
> ④ 원료의 취급이 간편할 것

> **참고** 그 외에 경제적일 것, 화학적으로 안정할 것, 인체에 무해할 것, 발열량이 클 것

13 폭연과 폭굉의 차이점을 설명하시오.

> **정답** ① 폭연 : 발열반응으로 음속보다 느린 폭발
> ② 폭굉 : 충격파로 연소의 전파속도가 음속보다 빠른 폭발

14 스프링식 안전밸브에 비해 파열판식 안전밸브의 특징을 4가지 쓰시오.

> **정답** ① 한번 작동 시 다른 박판으로 교체하여야 한다.
> ② 부식성 유체에 적합하다.
> ③ 구조가 간단하며, 취급과 점검이 용이하다.
> ④ 주로 압축가스(O_2, H_2) 등에 사용된다.

15 원통형 고압설비 동체 외경과 내경의 비가 1.2 이상일 때 두께는 $t = \dfrac{D}{2}\left(\sqrt{\dfrac{0.25f\eta + P}{0.25f\eta - P}} - 1\right) + C$ 이다. 여기서 f와 C의 기호를 단위와 함께 설명하시오.

정답▶ f : 재료의 항복점(N/mm^2)
C : 부식여유의 두께(mm)

해설▶ 원통형 고압가스설비의 두께 계산식

고압가스의 부분	동체 외경과 내경의 비가 1.2 미만인 것	동체 외경과 내경의 비가 1.2 이상인 것
동판	$t = \dfrac{PD}{0.5f\eta - P} + C$	$t = \dfrac{D}{2}\left(\sqrt{\dfrac{0.25f\eta + P}{0.25f\eta - P}} - 1\right) + C$

여기서, t : 설비 두께(mm), P : 상용압력의 수치(MPa), f : 항복점(N/mm^2)
C : 부식여유의 두께(mm), η : 동체 이음매 효율

2020년 가스산업기사 동영상 출제문제

[제 4 회 출제문제 (2020. 11. 15.)]

Question 1

동영상에서 보여주는 용기를 보고 다음 물음에 답하시오.

(1) 용기의 명칭을 쓰시오.

(2) 어떤 때에 사용이 되는지 이 용기의 특징을 쓰시오.

정답
(1) 사이펀 용기
(2) 용기에서 액체로 유출되므로 기화장치가 설치된 시설에서 사용되는 용기이다.

Question 2

명판의 표시가 Ex d, ia ⅡB T_6의 기호가 있다. 이 기호 중 방폭구조의 명칭을 뜻하는 기호를 2가지 쓰고, 어떤 방폭구조인지 명칭을 쓰시오.

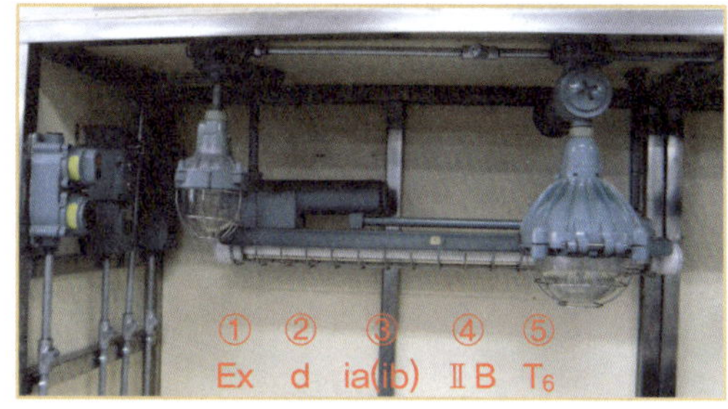

정답
② d : 내압방폭구조
③ ia : 본질안전방폭구조

Question 3

동영상의 정압기실에서 바닥면 둘레가 55m이면 검지기의 설치 수는 몇 개 정도인지 쓰시오.

정답
$55 \div 20 = 2.75 = 3$개

다음 빈칸에 알맞은 숫자를 쓰시오.

동영상의 압력계 최고 눈금범위는 상용압력의 (①)배 이상 (②)배 이하에 최고 눈금범위가 있어야 한다.

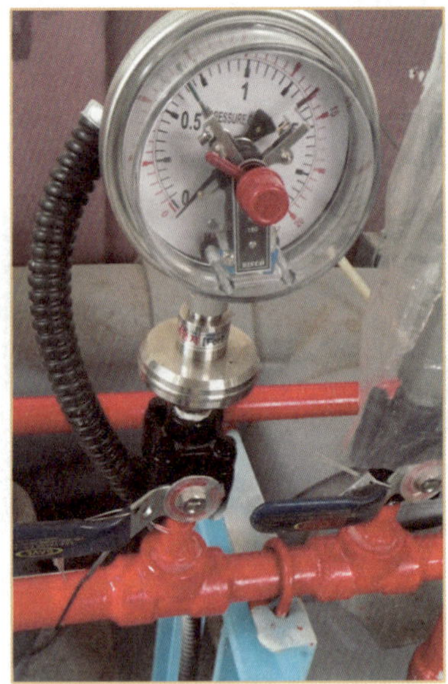

정답 ① 1.5 ② 2

동영상의 가스계량기에서 표시된 내용에 대한 다음 물음에 답하시오.

(1) Q_{max} 3.1m³/hr의 의미는?

(2) 0.7L/REV의 의미는?

정답 (1) 사용최대유량이 시간당 3.1m³
(2) 계량실 1주기의 체적이 0.7L

동영상의 LPG 충전소에 설치된 장치에 대한 다음 물음에 답하시오.

(1) 호스 끝에 설치되어 있는 안전장치의 명칭을 쓰시오.

(2) 충전 중 충전호스에 과도한 인장력이 가해졌을 때 충전기와 호스가 분리되는 장치의 명칭을 쓰시오.

정답 (1) 정전기 제거장치
(2) 세이프티커플링

Question 7

동영상의 액화산소탱크에 대한 다음 물음에 답하시오.

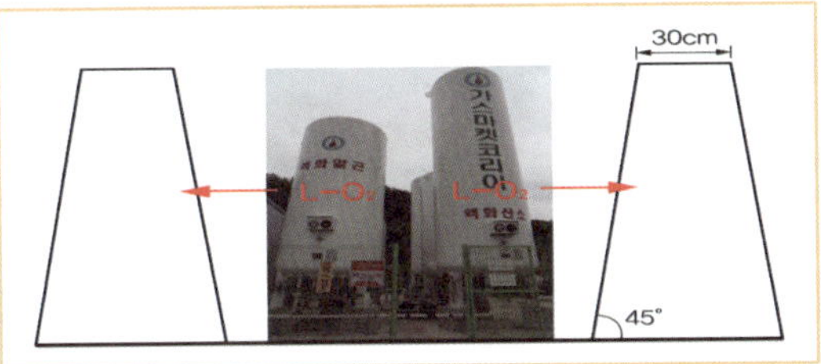

(1) 방류둑을 설치하여야 하는 탱크의 저장능력은 몇 t 이상인가?
(2) 방류둑의 용량은 저장능력 사용용적의 몇 % 이상이어야 하는가?

 정답
   (1) 1000t 이상
   (2) 60% 이상

Question 8

동영상의 LPG 충전소의 보호대 재질은 탄소강관이다. 이 탄소강관 대신에 사용할 수 있는 재질은 무엇이며, 이때 이 보호대의 높이를 쓰시오.

정답 철근콘크리트, 80cm 이상

Question 9

동영상에 설치된 부분은 정전기 발생 방지대책 중 무엇에 해당하는가?

접지선

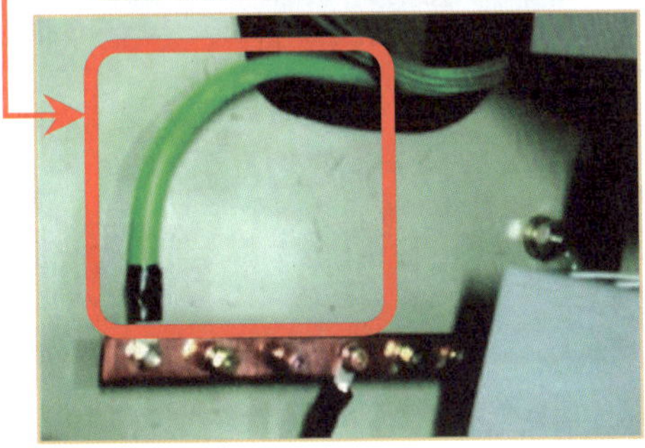

정답 대상물을 접지한다.

Question 10

다음 빈칸에 알맞은 수치를 쓰시오.

동영상의 LPG 충전시설에서 저장설비, 처리설비, 압축가스설비 및 충전설비는 그 외면으로부터 사업소 경계까지 (①)m 이상의 안전거리를 유지하여야 한다. 단, 처리설비 및 압축가스설비 주위에 방호벽을 설치 시 (②)m 이상의 안전거리를 유지할 수 있다. 충전소와 도로까지의 거리는 (③)m 이상 유지하고, 충전소와 철도까지의 거리는 (④)m 이상을 유지하여야 한다.

정답 ① 10
② 5
③ 20
④ 30

2021년 가스산업기사 필답형 출제문제

제1회 출제문제(2021. 4. 24. 시행)

01 자동절체식 일체형 조정기의 입구압력(MPa)과 조정압력(kPa)을 쓰시오.

> **정답** ① 입구압력 : 0.1~1.56MPa
> ② 조정압력 : 2.55~3.3kPa

02 접촉분해공정에서 생성가스 4가지를 쓰시오.

> **정답** H_2, CO, CO_2, CH_4

> **해설** 접촉분해공정 : 사용온도 400~800℃에서 탄화수소와 수증기를 반응시켜 수소, 일산화탄소, 이산화탄소, 메탄 등의 저급탄화수소로 변화시키는 반응

03 저압배관 공식 $\left(Q = k\sqrt{\dfrac{D^5 H}{SL}} \right)$ 에서 D와 H의 의미와 단위를 쓰시오.

> **정답** D : 관 내경(cm)
> H : 압력손실(mmH_2O)

04 공기액화장치를 구성하고 있는 3대 장치를 쓰시오.

> **정답** ① 한랭발생장치
> ② 정류장치
> ③ 불순물제거장치

05 이륜차로 용기를 운반 시 운반이 가능한 용기의 질량(kg)과 그 수량을 쓰시오.

> **정답** ① 용기의 질량 : 20kg 이하
> ② 수량(적재수량) : 2개 초과 금지

06 축동력 50PS, 높이 27m, 유량 2m³/min일 때 펌프의 효율은 몇 %인지 계산하시오.

정답

$$L_{PS} = \frac{\gamma \cdot Q \cdot H}{75\eta} \qquad \therefore \ \eta = \frac{\gamma \cdot Q \cdot H}{L_{PS} \times 75} = \frac{1000 \times \left(\frac{2}{60}\right) \times 27}{50 \times 75} = 0.24 = 24\%$$

07 지하매설관의 토양부식 원인 4가지를 쓰시오.

정답
① 통기성 차이에 의한 부식(산소농담 전지부식)
② 콘크리트 영향에 의한 부식
③ 관의 재질(신관과 기존 관)에 의한 부식
④ 이종금속(다른 종류 금속)의 접촉에 의한 부식

참고 매설배관의 전기화학적 부식 원인
1. 이종금속 접촉에 의한 부식　　　2. 국부전지에 의한 부식
3. 농염전지 작용에 의한 부식　　　4. 미주전류에 의한 부식
5. 박테리아에 의한 부식
습식에서 발생하는 전지부식의 발생원인
1. 이종금속의 접촉에 의한 부식　　　2. 부식액의 조성 불균일
3. 금속재료 표면상태의 불균일　　　4. 금속재료 조직의 불균일

해설 지하매설관 부식의 종류
1. 전식(전기부식) : 전철의 미주전류에 의한 부식
2. 토양에 의한 부식(macro cell 부식)

08 초음파탐상검사의 단점 4가지를 쓰시오.

정답
① 결함의 형태가 불명확하다.　　　② 결과의 보존성이 없다.
③ 유지관리 비용이 많이 든다.　　　④ 주변 환경, 온도에 영향을 많이 받는다.

참고 초음파탐상검사의 장점
1. 내부결함 불균일층의 검사를 할 수 있다.
2. 용입 부족 및 용입부의 결함을 검출할 수 있다.
3. 검사비용이 싸다.

09 시안화수소 제조법 중 앤드류소우법의 반응식을 쓰시오.

정답
$$CH_4 + NH_3 + \frac{3}{2}O_2 \rightarrow HCN + 3H_2O$$

참고 시안화수소 제법 중 폼아미드법
1. $CO + NH_3 \rightarrow HCONH_2$
2. $HCONH_2 \rightarrow HCN + H_2O$

10 초저온 액화가스의 종류 4가지를 비등점과 함께 쓰시오.

정답 ① 액화질소($-196℃$)
② 액화아르곤($-186℃$)
③ 액화산소($-183℃$)
④ 액화메탄($-162℃$)

11 절대압력 1atm, $1m^3$의 공기를 5L 용기에 담을 경우 게이지압력(atm)을 구하시오. (단, 온도변화는 없음.)

정답
$$P_1 V_1 = P_2 V_2 \qquad P_2 = \frac{P_1 V_1}{V_2} = \frac{1 \times 1000}{5} = 200\text{atm}$$
$$\therefore \ 200 - 1 = 199\text{atm(g)}$$

12 아세틸렌 충전 시 다공물질을 이용하여 충전하는 이유를 쓰시오.

정답 용기 내부를 미세한 간격으로 구분하여 아세틸렌의 분해 및 연소의 기회를 만들지 않기 위해

13 가스 내 수분 제거방법 3가지를 쓰시오.

정답 ① 비등점 차이를 이용한 증발
② 흡착제를 이용한 수분 제거
③ 액분리기, 건조기 등의 장치를 이용한 수분 제거

14 200A 강관(D) 내경 216mm, 두께(t) 5.8mm의 내압이 $10kg/cm^2$일 때 원주방향(kg/mm^2) 응력을 구하시오.

정답
$$\sigma_t = \frac{PD}{200t} = \frac{10 \times 216}{200 \times 5.8} = 1.86\text{kg/mm}^2$$

15 BLEVE 현상을 설명하시오.

정답 가연성 액화가스에서 외부 화재로 탱크 내 액체가 비등하여 증기가 팽창하면서 폭발을 일으키는 현상으로 비등액체증기폭발이라고 한다.

참고 방지대책
1. 탱크를 2중탱크로 한다.
2. 단열재로 외부를 보호한다.
3. 위험 시 물분무 또는 살수 장치로 액화가스비등을 차단한다.

2021년 가스산업기사 동영상 출제문제

[제1회 출제문제 (2021. 4. 24.)]

Question 1

동영상과 같이 교량에 설치된 배관의 관경이 150A라고 하면 배관 설치 시 지지간격은 몇 m 인지 쓰시오.

정답 10m

해설

교량 배관 설치 시 지지간격

호칭경	지지간격	호칭경	지지간격
100A	8m	400A	19m
150A	10m	500A	22m
200A	12m	600A	25m
300A	16m	–	–

Question 2

동영상의 방폭구조 명칭을 쓰시오.

정답 유입방폭구조

Question 3

동영상에 표시되어 있는 부분의 명칭과 평상시의 개폐 여부를 설명하시오.

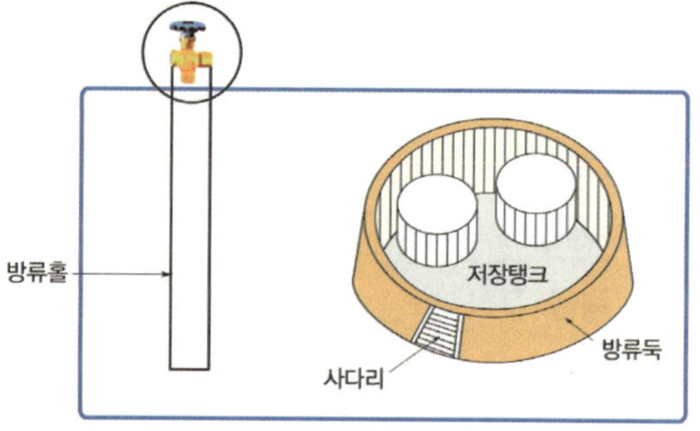

정답
① 명칭 : 방류둑 배수밸브
② 평상시 개폐 여부 : 닫힘

해설 평상시에는 닫혀 있으며, 빗물 및 먼지 등을 배출 시 개방하여 외부로 배출시킨다.

Question 4

두 저장탱크의 직경이 30m, 34m인 경우 물분무장치가 없을 때 두 저장탱크의 이격거리는 몇 m인지 쓰시오.

정답 $(30+34) \times \dfrac{1}{4} = 16m$ 이상

Question 5

가스보일러에 대하여 다음 물음에 답하시오.

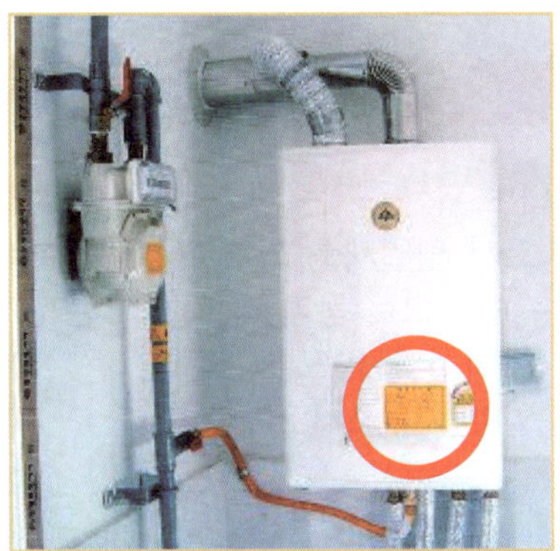

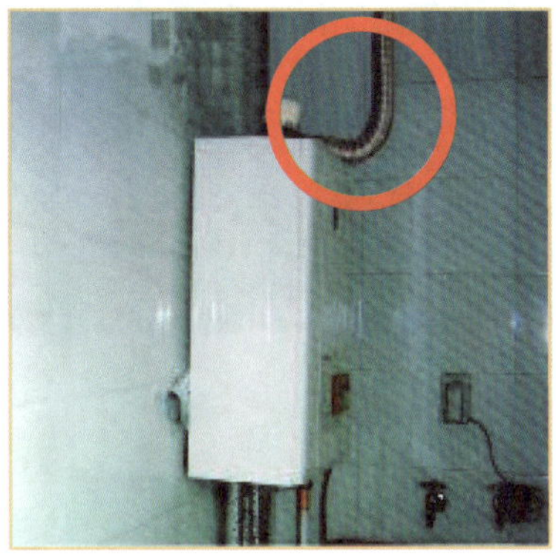

(1) 동영상은 새, 쥐 등이 들어가지 않도록 조치한 방조망이다. 이것의 직경은 몇 mm 이상이 되어야 하는가?
(2) 전용보일러실에는 부압형성의 원인이 되는 것을 설치하지 않아야 하는데 그것의 명칭은 무엇인가?
(3) 반밀폐식 보일러를 설치하면 안 되는 장소는?
(4) 전용보일러실에 설치하지 않아도 되는 경우 3가지는?

정답
(1) 16mm 이상
(2) 환기팬
(3) 방, 거실, 목욕탕, 샤워장 등 환기불량으로 인하여 질식 우려가 있는 장소
(4) ① 밀폐식 보일러
② 가스보일러를 옥외에 설치 시
③ 전용급기통을 부착시키는 구조로서 검사에 합격한 강제식 보일러

Question 6

동영상의 초저온용기는 액화가스를 충전하기 위한 용기로서 단열재를 씌우거나 냉동설비로 냉각시키는 방법으로 용기 내 가스의 온도가 상용온도를 초과하지 않도록 조치한 용기이다. 그 온도는 얼마인지 쓰시오.

정답 ‑50℃ 이하

Question 7

동영상 용기에서 T_p : 250, F_p : 150의 의미를 쓰시오.

정답 T_p : 250 ‑ 내압시험압력이 250kg/cm^2
F_p : 150 ‑ 최고충전압력이 150kg/cm^2

Question 8

동영상의 도로폭이 20m인 경우 배관의 매설깊이를 쓰시오.

정답 1.2m 이상

Question 9

LPG 충전소의 충전시설 중 저장설비의 저장탱크 30t을 지하에 설치 시 사업소 경계까지의 거리는 몇 m 이상인지 쓰시오.

정답 21m 이상

해설

KGS F_p 331

1. LPG 충전시설 중 충전설비와 사업소 경계까지의 거리 : 24m 이상
2. LPG 충전시설 중 저장설비와 사업소 경계까지의 거리

저장능력	사업소 경계까지 거리
10톤 이하	24m 이상
10톤 초과 20톤 이하	27m 이상
20톤 초과 30톤 이하	30m 이상
30톤 초과 40톤 이하	33m 이상
40톤 초과 200톤 이하	36m 이상
200톤 초과	39m 이상

※ 단, 저장탱크를 지하 설치 및 액중펌프가 설치되어 있을 경우 경계거리의 0.7배로 할 수 있다.

∴ 30×0.7=21m 이상

참고

안전거리
LPG 저장설비 및 충전설비 외면에서 사업소 경계까지 유지거리

저장능력	사업소 경계와의 거리
10톤 이하	17m
10톤 초과 20톤 이하	21m
20톤 초과 30톤 이하	24m
30톤 초과 40톤 이하	27m
40톤 초과	30m

※ 단, 지하에 저장설비를 설치 시 상기 거리의 1/2 이상을 유지할 수 있고, 저장설비가 지상에 설치된 저장능력 30톤 초과 용기 충전설비는 사업소 경계까지 24m 이상 안전거리를 유지할 수 있다.

Question 10

다음 동영상은 열융착이음이다. (1), (2), (3) 각 열융착이음의 종류를 쓰시오.

(1)

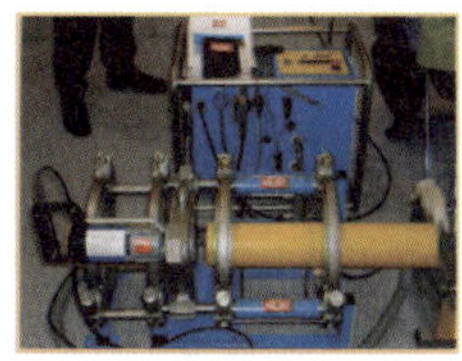

(2)

(3)

정답

(1) 맞대기융착
(2) 소켓융착
(3) 새들융착

2021년 가스산업기사 필답형 출제문제

제2회 출제문제(2021. 7. 10. 시행)

01 고압가스 충전용기 중 용접용기를 제조할 때 용기의 종류에 따른 부식여유 두께를 쓰시오.

가스 종류	내용적	부식여유 두께
NH_3	1000L 이하	(①)
	1000L 초과	(②)
Cl_2	1000L 이하	(③)
	1000L 초과	(④)

정답 ① 1mm　② 2mm　③ 3mm　④ 5mm

02 불소에 관한 다음 물음에 답하시오.
(1) 불소의 분자식을 쓰시오.
(2) 대기 중에 누출 시 불소가스의 색상을 쓰시오.
(3) 연소성(성질)에 따른 분류에 의한 불소가스의 종류를 쓰시오.
(4) 불소와 물이 반응했을 때 발생되는 인체에 유해한 가스를 쓰시오.

정답 (1) F_2
(2) 황갈색
(3) 조연성 가스
(4) HF

참고
$$F_2 + H_2O \rightarrow 2HF + \frac{1}{2}O_2$$
불소는 물에 잘 용해되며 약산인 HF(불화수소산)을 생성한다.

03 C_2H_2에 대하여 다음 물음에 답하시오.
(1) 2.5MPa 이상 충전 시 첨가 희석제 종류 4가지는?
(2) 가스 충전 시 필요한 용제 종류 2가지는?

정답 (1) N_2, CH_4, CO, C_2H_4
(2) 아세톤, DMF

참고 1. 제조 시 불순물의 종류 : H_2S, PH_3, NH_3, SiH_4
2. 불순물 제거 시 청정제의 종류 : 리가솔, 카타리솔, 에퓨렌
3. 압축기를 기준으로 저압 및 고압 측에 설치하는 기구의 종류 : 건조기
4. 압축기 가동 시 냉각수온과 회전수 : 20℃ 이하, 100rpm

04 관 내경 4.16cm, 관 길이 20m인 저압배관에 비중 1.52에서 압력손실 20mmH₂O가 발생되었을 때 유량을 계산하시오.

> **정답** $Q = k\sqrt{\dfrac{D^5 H}{SL}} = 0707 \times \sqrt{\dfrac{4.16^5 \times 20}{1.52 \times 20}} = 20.24\text{m}^3/\text{hr}$

05 액체주입식 부취설비 3가지를 쓰시오.

> **정답** ① 펌프주입방식   ② 적하주입방식   ③ 미터연결바이패스방식

> **참고** 증발식 부취설비의 종류
> 1. 위크증발식
> 2. 바이패스증발식

06 발열량 24000kcal/m³, 비중 1.5, 압력 280mmH₂O의 LPG 연소기구 노즐이 0.75mm인 경우, 발열량 7000kcal/m³, 비중 0.7, 압력 180mmH₂O의 LNG로 교체 시 연소기의 노즐은 몇 mm 정도가 되어야 하는지 계산하시오.

> **정답** $\dfrac{D_2}{D_1} = \sqrt{\dfrac{WI_1\sqrt{P_1}}{WI_2\sqrt{P_2}}}$ 에서
>
> $\therefore\ D_2 = D_1 \times \sqrt{\dfrac{WI_1\sqrt{P_1}}{WI_2\sqrt{P_2}}} = 0.75 \times \sqrt{\dfrac{\dfrac{24000}{\sqrt{1.5}}\sqrt{280}}{\dfrac{7000}{\sqrt{0.7}} \times \sqrt{180}}} = 1.28\text{mm}$

07 1일 1호당 평균 가스소비량이 1.35kg/d, 세대수가 60세대, 소비율이 18%인 집단공급 세대의 피크 시 평균 가스소비량(kg/h)은 얼마인지 구하시오.

> **정답** $Q = q \times N \times \eta = 1.35 \times 60 \times 0.18 = 14.58\text{kg/h}$

08 고압가스의 종류 및 범위에 해당되는 (1), (2)의 가스에 대하여 서술하시오.
(1) 압축가스   (2) 액화가스

> **정답** (1) 압축가스
>   ① 상용온도에서 압력이 1MPa(g) 이상 되는 것으로서 실제 그 압력이 1MPa(g) 이상 되는 것
>   ② 35℃에서 압력이 1MPa(g) 이상 되는 것(C_2H_2은 제외)
> (2) 액화가스
>   ① 상용의 온도에서 압력이 0.2MPa(g) 이상 되는 것으로서 실제로 그 압력이 0.2MPa(g) 이상 되는 것
>   ② 압력이 0.2MPa(g) 이상 되는 경우 온도가 35℃ 이하인 액화가스

참고 (1), (2) 이외에
1. 15℃에서 압력이 0Pa을 초과하는 아세틸렌가스
2. 35℃에서 압력이 0Pa을 초과하는 액화가스 중 액화시안화수소, 액화브롬화메탄 및 액화산화에틸렌
   가스

09 다음 물음에 답하시오.
(1) 다음 연소현상의 정의를 쓰시오.

가스의 유출속도가 연소속도보다 빨라 염공에 접하지 않고 염공을 떠나 연소하는 현상

(2) 고체연료의 연소형태 4가지를 쓰시오.

정답 (1) 선화
    (2) ① 분해연소
        ② 표면연소
        ③ 증발연소
        ④ 연기연소

10 정압기의 특성 중 사용최대차압에 대해 쓰시오.

정답 메인밸브에서 1차와 2차 압력이 작용하여 최대로 되었을 때의 차압

11 다단압축을 하는 목적을 4가지 쓰시오.

정답 ① 일량이 절약된다.
    ② 가스의 온도상승을 피한다.
    ③ 힘의 평형이 양호하다.
    ④ 이용효율이 증대된다.

12 내용적 40L 용기에 아세틸렌가스 6kg(액비중 0.613)을 충전 시 다공물질의 다공도가 90%일
때 표준상태에서 안전공간(%)을 계산하시오. (단, 아세톤 13.9kg 충전 시 아세톤의 비중은 0.8
이다.)

정답 C_2H_2의 부피 $= 6/0.613$L,
아세톤의 부피 $13.9/0.8$L
다공물질의 부피 $40 \times 0.1 = 4$L
$$\therefore \ 안전공간(\%) = \frac{40 - \{(6/0.613) + (13.9/0.8) + 4\}}{40} \times 100 = 22.09\%$$

13 액화가스 저장탱크 주위에 액상의 가스가 누출된 경우에 그 가스의 유출을 방지할 수 있는 기능을 갖는 시설은 무엇인지 쓰시오.

정답 ▶ 방류둑

14 비열의 SI단위를 쓰시오.

정답 ▶ kcal/kg · ℃

15 안전밸브에 대하여 (　)에 적당한 단어를 쓰시오.
(1) 가연성 또는 독성 가스용의 안전밸브에는 (　)을 사용하지 않는다.
(2) 안전밸브의 기밀성능에서 분출개시압력의 측정을 시행한 후 안전밸브 입구를 설정압력의 (　)% 이상 가했을 때 누출이 없어야 하며 밀폐형에 대하여 출구를 밸브 내부에 (　)MPa 이상의 압력을 가해서 입구 쪽 및 출구 쪽을 밀폐시켰을 때 몸체, 기타의 각 부에 누출이 없는 것으로 한다.
(3) 분출관을 부착하는 안전밸브의 몸통 출구 쪽에는 밸브시트면보다 아래쪽에 개방된 (　)빼기를 설치한 것으로 한다. 단, 호칭경 50mm 이하인 것은 (　)빼기를 공동으로 사용할 수 있다.
(4) 안전밸브의 재료성능은 시험편을 채취한 밸브에 따르는 적절한 (　) 또는 항복점 및 연신율을 갖는 것으로 한다.

정답 ▶ (1) 개방형
　　　(2) 90, 0.6
　　　(3) 드레인, 드레인
　　　(4) 인장강도

참고 ▶ 1. 안전밸브는 그 일부가 파손되어도 충분한 분출량을 얻어야 하며, 밸브시트는 이탈되지 않도록 밸브 몸통에 부착된 것으로 한다.
　　　2. 스프링의 조정나사는 자유로이 헐거워지지 않는 구조이고 스프링이 파손되어도 밸브디스크 등이 외부로 빠져 나가지 않는 구조여야 한다.

2021년 가스산업기사 동영상 출제문제

[제 2 회 출제문제 (2021. 7. 10.)]

Question 1

다음 동영상의 방폭구조 명칭과 정의를 쓰시오.

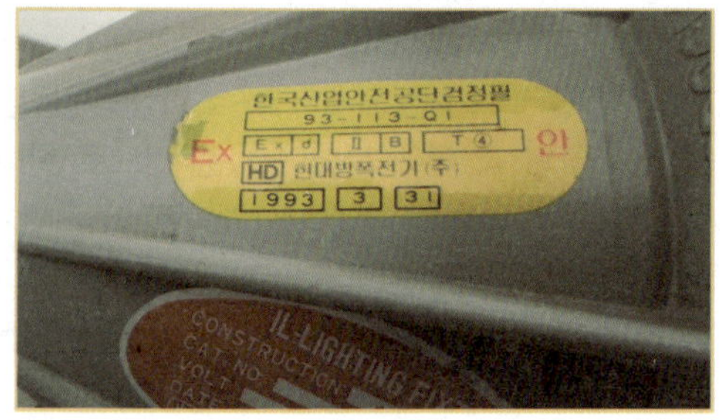

정답
(1) 명칭 : 내압방폭구조
(2) 정의 : 용기 내부에서 가연성 가스의 폭발이 발생할 경우 그 용기가 폭발압력에 견디고 접합면 개구부 등을 통해 외부의 가연성 가스에 인화되지 않도록 한 구조

Question 2

전기방식법 중 외부전원법의 정의를 쓰시오.

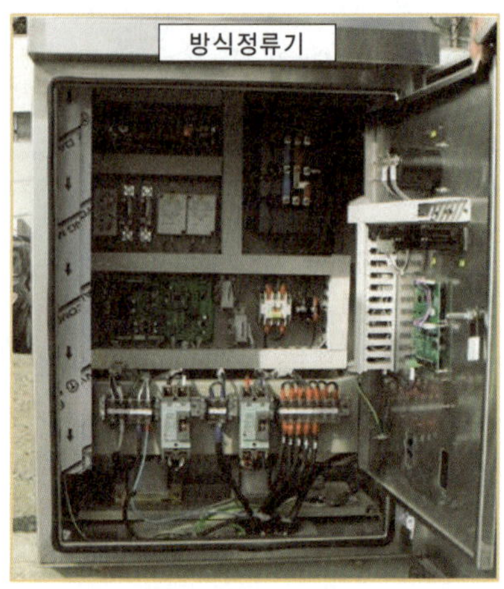

정답 방식정류기를 이용하여 외부 직류전원장치의 양극(+)은 매설배관이 설치되어 있는 토양이나 수중에 설치한 외부전원용 전극에 접속하고 음극(−)은 매설배관에 접속시켜 부식을 방지하는 방법

Question 3

동영상의 LPG 3t 이상의 저장탱크는 내진설계로 시공하여야 한다. 내진설계를 하지 않아도 되는 경우 3가지를 쓰시오.

정답 ① 고법 적용대상 시설로서 5t, 500m^3 미만
의 독성, 가연성의 지상 저장탱크
② 액법 적용대상 시설로서 3t 미만의 지상
저장탱크
③ 도법 적용대상 시설로서 제조시설인 경우
3t, 300m^3 미만 지상 저장탱크 및 가스홀더

참고 그 밖의 내진설계 제외대상 시설물
1. 도시가스 충전시설의 경우 5t, 500m^3 미만의
지상 저장탱크 및 가스홀더
2. 지하 저장탱크

Question 4

동영상의 정압기실의 입구압력이 0.5MPa 이상
일 때 다음 물음에 답하시오.

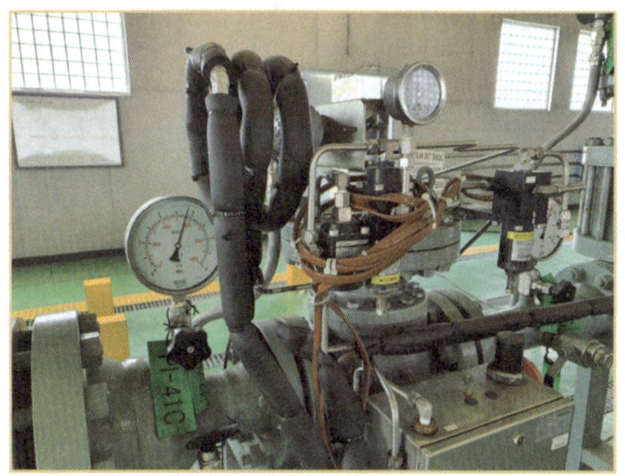

(1) 정압기의 설계유량이 900Nm^3/h인 경우 안
전밸브 방출관의 크기는 얼마인가?
(2) 상용압력이 2.5MPa인 경우 안전밸브의 설
정압력은 얼마인가?

정답 (1) 50A 이상
(2) 4.0kPa 이하

참고 안전밸브 분출부의 크기
1. 정압기 입구압력 0.5MPa 이상 : 50A 이상
2. 정압기 입구압력 0.5MPa 미만
① 설계유량 1000Nm^3/h 이상 : 50A 이상
② 설계유량 1000Nm^3/h 미만 : 25A 이상

Question 5

동영상의 금속재료에 대하여 시행하고 있는 시
험의 명칭을 쓰시오.

정답 충격시험

Question 6

동영상의 정압기실에 설치되는 가스누설검지 통
보장치의 검지부에 대한 다음 물음에 답하시오.

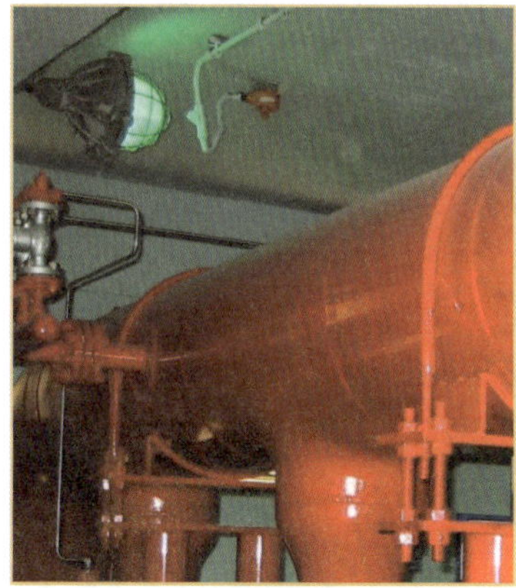

(1) 검지부 설치 수 기준을 쓰시오.
(2) 가스누설검지경보장치의 작동상황 점검주기
는 얼마인지 쓰시오.

정답 (1) 정압기실 바닥면 둘레 20m에 대하여 1개
이상
(2) 1주일에 1회 이상

Question 7

동영상의 가스용 폴리에틸렌관을 맞대기 융착이음 할 때 이음부 연결오차는 배관 두께의 얼마인지 쓰시오.

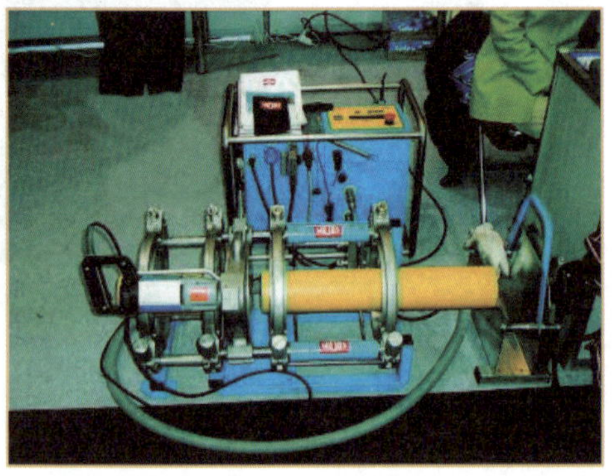

정답 10% 이하

Question 8

다음 동영상에 있는 압력계의 최고눈금범위는 얼마인지 쓰시오.

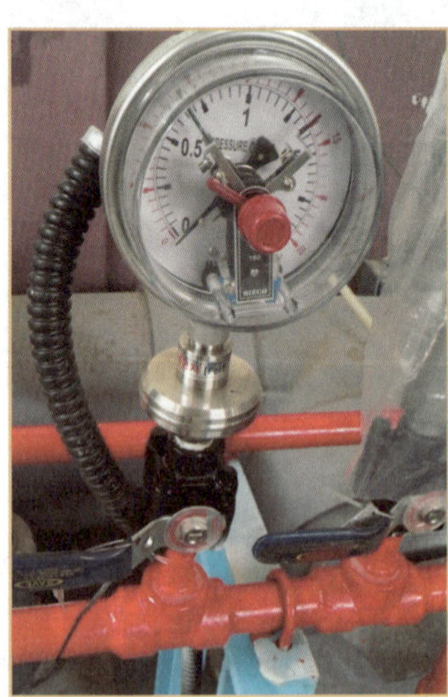

정답 상용압력의 1.5배 이상 2배 이하

Question 9

다음 동영상에 있는 LNG 저장탱크 방류둑에 대하여 물음에 답하시오.

(1) 방류둑의 내측 및 외측으로부터 몇 m 이내에는 그 저장탱크의 부속설비 및 배관 이외의 것은 설치하지 않아야 하는가?

(2) 방류둑을 설치하여야 하는 저장탱크 및 가스홀더의 용량은 몇 톤 이상이어야 하는가?

(3) 방류둑의 용량은 얼마인가?

정답
(1) 10m 이내
(2) 500t 이상
(3) 저장능력 상당용적 이상

참고 방류둑의 내측 및 외측으로부터 10m 이내에는 그 저장탱크 및 배관 부속설비 이외의 것은 설치하지 아니한다. (단, 1000t 미만의 탱크에는 8m 이내)

Question 10

초저온용기는 용기 내 가스의 온도가 몇 ℃ 이하
인 것을 말하는지 쓰시오.

정답 −50℃ 이하

2021년 가스산업기사 필답형 출제문제

제4회 출제문제(2021. 11. 15. 시행)

01 C_2H_4(에틸렌)의 위험도를 계산하시오. (단, 연소범위는 3.2~32%이다.)

정답 $H = \dfrac{U-L}{L} = \dfrac{32-3.2}{3.2} = 9$

02 가스의 성분이 H_2 : 49.8%, CO_2 : 16.2%, CO : 4.1%, C_3H_8 : 29.9%, 발열량이 7,000Kcal/Nm^3 일 때, WI 지수는 얼마인가? (단, 공기의 분자량은 28.8이다.)

정답 혼합분자량$(M) = 2 \times 0.498 + 44 \times 0.162 + 28 \times 0.041 + 44 \times 0.299$
$\qquad\qquad\qquad = 22.428$

비중$(d) = \dfrac{22.428}{28.8}$

$\therefore WI = \dfrac{Hg}{\sqrt{d}} = \dfrac{7,000}{\sqrt{\dfrac{22.428}{28.8}}} = 7932.29$

03 연소기 1대가 1.06kg/hr를 사용하는 식당가에서 테이블 수가 8대일 때, 1일 5시간 사용한다면 20kg 용기의 설치 수를 계산하시오. (단, 자동교체 조정기를 사용하며 20kg 용기 1대의 가스 발생량은 외기온도 5℃에서 0.85kg/hr이다.)

정답 용기수 $= \dfrac{\text{피크시 사용량}}{\text{용기 1대당 가스발생량}}$

$\qquad\quad = \dfrac{1.06 \times 8}{0.85} = 9.97$

$\qquad\quad ≒ 10개$

$\therefore$ 자동교체 조정기 사용시
$\qquad 10 \times 2 = 20개$

04 고온고압하에서 수소용기를 탄소강으로 사용 시 문제점을 기술하시오.

정답 수소는 고온고압하에서 탄소강을 사용 시
$\qquad Fe_3C + 2H_2 \rightarrow CH_4 + 3Fe$
강중의 탄소가 탈락하는 탈탄작용(수소취성)이 일어나 강을 약화시킨다.

05 도시가스의 제조공정 중 열분해공정에 대하여 기술하시오.

> **정답** 원유, 중유, 나프타 등 분자량이 큰 탄화수소를 800∼900℃로 분해, 10,000Kcal/Nm³의 고열량을 제조하는 공정이다.

06 산소아세틸렌의 충전시설에서 충전용기와 압력조정기 사이에 설치역화를 방지하는 기구의 명칭을 쓰시오.

> **정답** 역화방지장치

> **참고** (1) 역류방지장치 설치
> 긴급 시 가스가 역류되는 것을 효과적으로 차단하기 위하여 가연성가스를 압축하는 압축기와 충전용 주관과의 사이, 아세틸렌을 압축하는 압축기의 유분리기와 고압건조기와의 사이, 암모니아 또는 메탄올의 합성탑 및 정제탑과 압축기와의 사이의 배관에는 역류방지밸브를 설치한다.
> (2) 역화방지장치 설치
> 긴급 시 가스가 역화되는 것을 효과적으로 차단하기 위하여 가연성가스를 압축하는 압축기와 오토크레이브와의 사이의 배관, 아세틸렌의 고압건조기와 충전용 교체밸브 사이의 배관 및 아세틸렌충전용 지관에는 역화방지장치를 설치한다.

07 아보가드로 법칙의 정의를 쓰시오.

> **정답** 같은 온도 같은 압력하에서 모든 기체는 같은 분자수를 갖는다. 즉, 모든 기체 1mol은 22.4L의 체적을 가지며 그때의 분자수는 6.02×10^{23}개이다.

08 NH_3의 제조법 중 하버보시법의 반응식을 쓰시오.

> **정답** $N_2 + 3H_2 \rightarrow 2NH_3$

09 고압가스 배관을 용접하였다. 용접 시 결함의 종류를 4가지 이상 쓰시오.

> **정답** ① 언더컷
> ② 슬래그
> ③ 오버랩
> ④ 블로우홀
> ⑤ 용입불량

10 부취제의 종류 2가지를 영어 약자로 쓰시오.

> 정답 ① THT
> ② TBM
> ③ DMS

11 독성가스 배관중 이중관으로 설치하여야 할 가스의 종류를 4가지 이상 쓰시오

> 정답 아황산, 암모니아, 염소, 염화메탄

12 액화가스 저장탱크 주변에 설치하는 방류둑의 역할을 설명하시오.

> 정답 저장탱크의 액화가스가 액체 상태로 누설 시 한정된 범위를 벗어나 다른 곳으로 유출하는 것을 방지하는 기능

13 2종 보호시설의 종류를 2가지 쓰시오.

> 정답 ① 주택
> ② 사람을 수용하는 건축물로서(가설건축물 제외) 사실상 독립된 부분의 연면적이 $100m^2$ 이상 $1000m^2$ 미만

> 참고 위험장소 2종의 종류
> ① 밀폐된 용기 또는 설비 내에서 밀봉된 가연성가스가 그 용기설비 등의 사고로 인해 파손, 오조작의 경우에만 누출위험이 있는 장소
> ② 확실한 기계적 환기조치에 의해 가연성가스가 체류하지 않도록 되어 있으나, 환기장치에 이상이나 사고가 발생한 경우에는 가연성가스가 체류하여 위험하게 될 우려가 있는 장소
> ③ 1종 장소의 주변 또는 인접한 실내에서 위험한 농도의 가연성가스가 종종 침입할 우려가 있는 장소

14 보일오프가스(Boil off gas)의 정의와 발생원인을 2가지 이상 쓰시오.

> 정답 (1) 정의 : LNG 저장시설에서 자연입열에 의해 기화된 가스
> (2) 원인
> ① 탱크 또는 배관 드럼류 등의 입열에 의한 발생
> ② 펌프의 최소유량에 의한 발생
> ③ 탱커의 입열에 의한 발생
> ④ 탱커의 언로딩 펌프일에 의한 발생
> ⑤ 탱크의 액면상승에 따라 내벽을 냉각시킬 때 발생하는 경우
> ⑥ 롤오버에 의한 발생

참고◦ (1) 보일오프 발생 방지대책
　　① 탱크의 조작압력을 상승시킴으로써 탱크의 언로딩펌프의 작업에 의한 발생가스를 줄인다.
　　② 완벽한 단열로서 외부열침입을 방지한다.
　　③ LNG 수입시 탱크액면 기상부의 내벽을 냉각시킨다.
　　④ 혼합배관으로 탱크 저부액을 탱크 기상부에 살포시킨다.
(2) 보일오프가스 처리방법
　　① 가스를 압축기로 방출시켜 캐스캐이드 냉각기 등으로 재액화 후 탱크로 되돌린다.
　　② 가스를 압축기로 방출후 사용처로 공급한다.
　　③ 보일오프가스가 다량일 때 플레어스택 및 압력조절밸브로 방출시킨다.

15 고압가스 제조시설의 안전확보를 위하여 주기적으로 작동 상황을 점검하여야 한다. 다음에 해당하는 점검 주기를 쓰시오.
(1) 가스설비 배관설비
(2) 물분무 장치

정답◦ (1) 1일 1회 이상
　　(2) 1월 1회 이상

참고◦ ① 제조시설의 충전용 주관의 압력계는 매월 1회 이상, 그밖의 압력계는 1년 1회 이상 표준이 되는 압력계로 기능을 검사
② 저장시설의 경우 3월에 1회 이상 표준이 되는 압력계로 기능을 검사
③ 안전밸브 : 압축기 최종단 안전밸브는 1년 1회 이상, 그밖의 안전밸브는 2년 1회 이상 기능을 검사할 것
④ 보호구의 장착훈련은 3개월 1회 이상

2021년 가스산업기사 동영상 출제문제

Question 1

동영상의 방폭구조는 내부에서 가연성가스의 폭발이 발생 시 그 용기가 폭발압력에 견디고 접합면 개구부 등을 통해 외부의 가연성가스에 인화되지 않도록 한 구조이다. 이 구조의 명칭을 쓰시오.

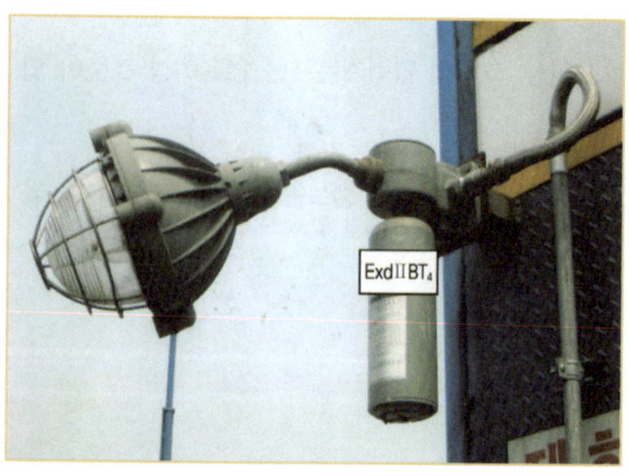

정답 내압 방폭구조(d)

Question 2

동영상 PE관의 융착이음의 (1) 명칭과 (2) 공칭외경이 몇 mm 이상일 때 이러한 융착이음으로 시공할 수 있는지를 쓰시오.

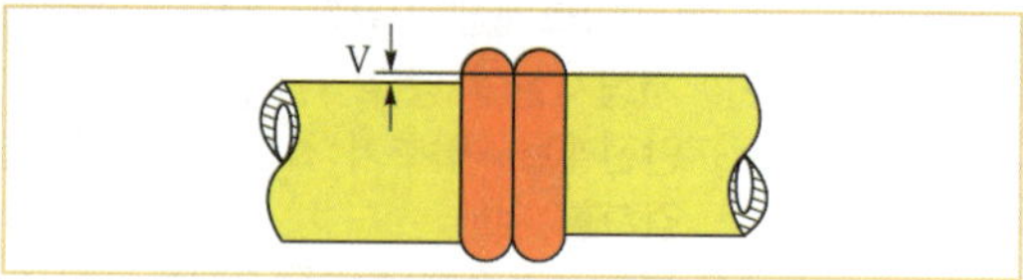

정답 (1) 맞대기 융착
(2) 90mm

Question 3

동영상의 도시가스 배관을 지하에 매설 시 그 매설 깊이는 몇 m 이상으로 하는지 쓰시오.

정답 1m 이상

Question 4

동영상의 가스도매사업소의 LNG탱크는 몇 ton 이상일 때, 방류둑을 설치하여야 하는가?

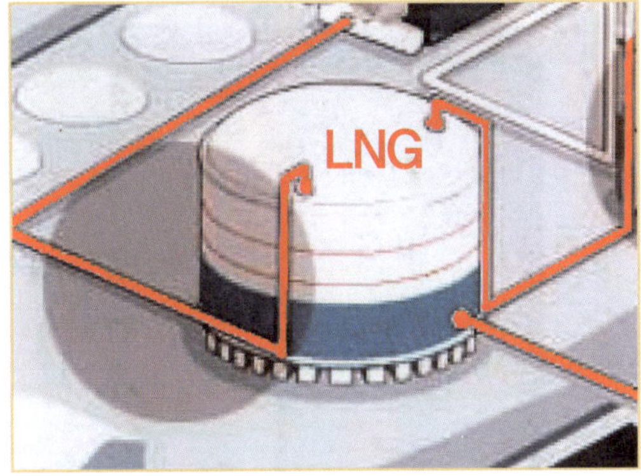

정답 500t

Question 5

고압가스용기를 보관할 때, 그 기준 4가지를 쓰시오.

정답
① 충전용기와 잔가스용기는 구분하여 보관할 것
② 가연성 독성 산소의 용기는 구분하여 보관할 것
③ 용기보관장소에는 계량기 등 작업에 필요한 물건이외는 두지 않을 것
④ 충전용기는 40℃ 이하를 유지하고 직사광선을 받지않도록 할 것

Question 6

동영상의 배관에서 관경이 43mm일 때, (1) 고정지지대를 설치하여야 하는 간격은 몇 m마다인가? (2) 배관에 표시해야 하는 사항 3가지를 쓰시오.

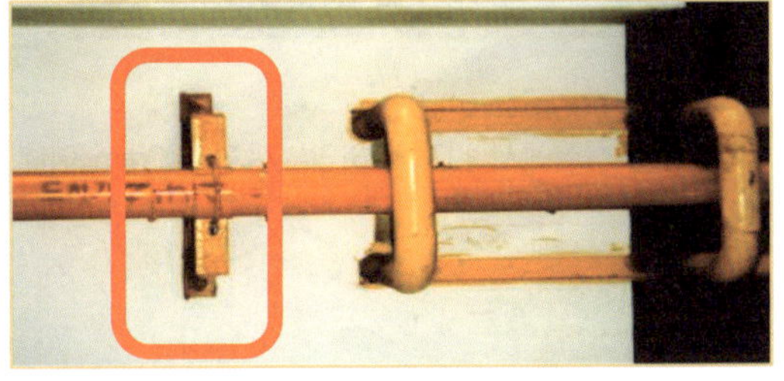

정답
(1) 3m마다
(2) ① 사용가스명
② 최고사용 압력
③ 가스흐름 방향

Question 7

동영상의 공기보다 가벼운 도시가스 사용시설 (1) 배기구의 최소관경(mm), (2) 가스누설 검지경보장치 검지부의 설치위치의 기준(mm)을 쓰시오.

정답 (1) 100mm 이상
(2) 천장에서 검지기 하단부까지 300mm 이내

동영상과 같은 용기의 종류는 어떠한 용기에 해당되는지 쓰시오.

정답 무이음용기

다음 동영상은 LNG의 탱크이다. 주성분인 CH_4에 대하여 물음에 답하시오

(1) CH_4의 완전연소 반응식을 쓰시오.
(2) CH_4이 Cl_2 반응 시 무색의 단향기를 발생하는 가스의 명칭과 용도를 쓰시오.

정답 (1) $CH_4 + 2O_2 \rightarrow CO_2 + 2H_2O$
(2) CH_3Cl(염화메탄) 냉동제

해설
CH_4과 Cl_2의 탈수소 반응
① $CH_4 + Cl_2 \rightarrow HCl + CH_3Cl$
　　　　　　　　　(염화메탄) 냉동제
② $CH_3Cl + Cl_2 \rightarrow HCl + CH_2Cl_2$
　　　　　　　　　(염화메틸렌) 소독제
③ $CH_2Cl_2 + Cl_2 \rightarrow HCl + CHCl_3$
　　　　　　　　　(클로로포름) 마취제
④ $CHCl_3 + Cl_2 \rightarrow HCl + CCl_4$
　　　　　　　　　(사염화탄소)소화제

Question 10

동영상의 도시가스 배관의 신축흡수 기준에 대하여 아래 물음에 답하시오.

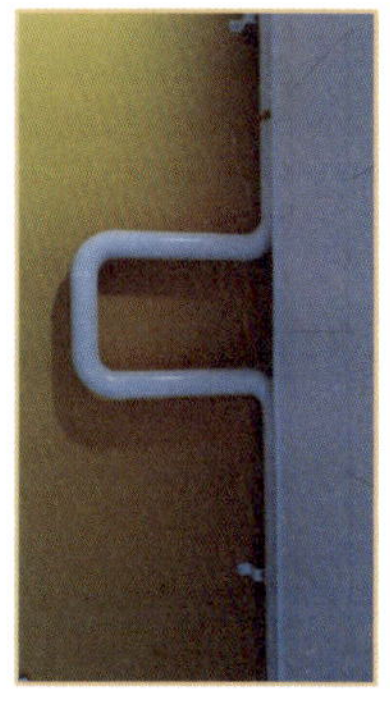 

(1) 지시된 신축관의 명칭은?
(2) 관의 압력이 20MPa이다. 배관인 경우 대처 가능한 신축이음관의 종류 2가지를 쓰시오.
(3) 횡지관 설치 시 연장이 30m 초과 60m 이하로 설치되는 경우, 곡관을 몇 개 이상 설치하여야 하는가?

정답 (1) 루우프이음(신축곡관)
(2) 벨로우즈이음, 슬라이드이음
(3) 1개 이상

참고 횡지관 : 수요자에게 도시가스를 공급하기 위하여 수평으로 노출된 배관
횡지관의 연장이 60m를 초과하는 경우 60m 이하로 설치되는 곡관의 수에 30m마다 1개 이상 더한 수의 곡관을 설치

2022년 가스산업기사 필답형 출제문제

제1회 출제문제(2022. 5. 8. 시행)

01 LPG 충전기에 대하여 다음 물음에 답하시오.
(1) LPG 자동차의 충전호스 길이는 몇 m 이내인지 쓰시오.
(2) 이때 가스주입기 형태를 쓰시오.

정답 (1) 5m 이내
　　　(2) 원터치형

02 아세틸렌에 대하여 다음 물음에 답하시오.
(1) 희석제 4가지를 쓰시오.
(2) 발생기의 표면온도는 몇 ℃ 이하인지 쓰시오.
(3) 충전 후 압력(MPa)을 쓰시오.
(4) 상하통으로 구성된 아세틸렌 발생장치로부터 아세틸렌을 제조하는 때에는 사용 후 그 통을 분리하거나, (　　)가 없도록 조치하여야 한다. 빈칸에 알맞은 답을 쓰시오.

정답 (1) 질소(N_2), 메탄(CH_4), 일산화탄소(CO), 에틸렌(C_2H_4)
　　　(2) 70℃ 이하
　　　(3) 1.5MPa 이하
　　　(4) 잔류가스

03 CH_4 10%, C_4H_{10} 30%, C_2H_6 60%인 혼합가스의 공기 중 폭발범위를 구하시오.

정답 2.59~11.06%

해설
(1) 하한값 : $\dfrac{100}{L} = \dfrac{10}{5} + \dfrac{30}{1.8} + \dfrac{60}{3}$

$\therefore L = 100 \div \left(\dfrac{10}{5} + \dfrac{30}{1.8} + \dfrac{60}{3} \right) = 2.59\%$

(2) 상한값 : $\dfrac{100}{L} = \dfrac{10}{15} + \dfrac{30}{8.4} + \dfrac{60}{12.5}$

$\therefore L = 100 \div \left(\dfrac{10}{15} + \dfrac{30}{8.4} + \dfrac{60}{12.5} \right) = 11.06\%$

04 히트펌프의 4대 요소를 쓰시오.

> **정답** ① 압축기
> ② 응축기
> ③ 팽창밸브
> ④ 증발기

> **참고** 히트펌프 : 물펌프와 같이 낮은 곳의 물을 빨아들여 높은 곳으로 밀어올리는 것과 비슷하여 열펌프라고 하며, 빨아들인 열량에 냉동기가 일한 만큼의 열량을 가산한 양이 토출된다.

05 부취제의 구비조건 4가지를 쓰시오.

> **정답** ① 경제적일 것
> ② 화학적으로 안정할 것
> ③ 물에 녹지 않을 것
> ④ 보통존재 냄새와 구별될 것.

06 누설 시 대기 중에 유색을 띄는 독성가스 4가지를 쓰시오.

> **정답** ① 염소
> ② 불소
> ③ 이산화질소
> ④ 오존

> **참고** 염소 : 황록색, 불소 : 담황색, 이산화질소 : 적갈색, 오존 : 청색

07 관길이 500m, 초압 1.5kg/cm^{2}g, 종압 1.3kg/cm^{2}g, 유량 200m^3/h, 비중이 1.52 콕의 정수 52.32일 때 관경(cm)을 구하시오.

> **정답** 6.48cm

> **해설**
> $$Q = K\sqrt{\frac{D^5(P_1^2 - P_2^2)}{SL}}\ \text{이므로}$$
> $$D = \left\{\frac{Q^2 \cdot S \cdot L}{(P_1^2 - P_2^2)\,K^2}\right\}^{\frac{1}{5}} = \left\{\frac{200^2 \times 1.52 \times 500}{((1.5+1.033)^2 - (1.3+1.033)^2) \times 52.32^2}\right\}^{\frac{1}{5}} = 6.478 = 6.48\text{cm}$$

08 금속재료의 저온취성의 정의를 서술하시오.

> **정답** 일반적으로 강재는 온도가 낮아지면 인장강도, 경도 등은 온도저하에 따라 증대하고, 연성, 충격치 등은 감소하며, 어느 온도 이하에서는 소성변형 능력이 거의 0으로 상실되는 성질을 말한다.

09 직류전압구배법에서 피어슨법은 무엇을 판정하는 방법인지 쓰시오.

> **정답** 피복손상부의 결함부분이 있을 때, 전기적 신호가 변화되는 것을 이용하여 피복손상부를 탐지하는 방법이다.

10 강제기화방식 중 변성가스 공급방식을 설명하시오.

> **정답** 부탄을 고온의 촉매로써 분해하여 메탄, 수소, 일산화탄소 등의 연질가스로 변성시켜 공급하는 방법으로, 재액화 방지 외에 특수한 용도에 사용하기 위하여 변성한다.

11 다음은 가스누출검지기의 기능과 구조에 대한 내용이다. 빈칸에 알맞은 답을 쓰시오.

> 가스누출을 검지하여 그 농도를 지시하고, 미리 설정된 가스농도 폭발 (①)값의 (②) 이하에서 농도를 지시함과 동시에 (③)초 이내에 경보가 울리는 기능을 한다. 구조는 탐지부와 수신부가 분리된 형태의 (④)형 공업용으로 취급과 정비가 용이해야 하는데, 특히 (⑤)의 교체가 쉬워야 한다.

> **정답** ① 하한
> ② 1/4
> ③ 60
> ④ 분리
> ⑤ 엘리먼트

12 어떤 공장에서 17~20시의 공급이 40%로 가스홀더 활동량이 1일 공급량의 20%일 때, 하루 최대공급량이 500m³이면 필요제조능력(m³/hr)을 구하시오.

> **정답** 3.33m³/hr

> **해설**
> $$M = (S \times a - H) \times \frac{24}{t}$$
> $$= (0.4 \times 500 - 500 \times 0.2) \times \frac{24}{3} = 800\,\mathrm{m^3/d}$$
> $$= 800\,\mathrm{m^3/24hr} = 33.33\,\mathrm{m^3/hr}$$

> **참고** M : 필요제조능력/일
> S : 공급량/일(500m³/day)
> a : 17~20시의 공급률(500×0.4)
> H : 가스홀더 활동량(500×0.2)

13 내용적 30L 이상 50L 이하의 액화석유가스 용기에서 압력조정기의 체결을 해체할 경우, 가스 공급이 자동적으로 차단되는 기구가 충전구에 내장된 용기밸브의 명칭을 쓰시오.

정답 차단기능형 액화석유 가스용 용기밸브

14 피셔식 정압기에 대하여 사용량이 감소하여 2차압력이 설정압력보다 높을 때, 다음 (1), (2), (3), (4)에 맞는 작동상태의 번호로 쓰시오.
(1) 2차압력이 상승하여 파일로트 공급밸브가 (① 닫힘, ② 열림)
(2) 정압기 상태의 압력은 (① 상승, ② 저하)
(3) 메인밸브는 (① 닫힘, ② 열림)
(4) 다이어프램은 (① 올라감, ② 내려감)

정답 (1) ①
　　　 (2) ①
　　　 (3) ①
　　　 (4) ②

해설 **피셔식 정압기**
(1) 2차측의 부하가 없을 때 2차압력이 상승하여 파일로트의 공급밸브가 닫히고, 배출밸브는 열려 주다이어프램의 구동압력이 저하되기 때문에, 메인밸브는 아래로 내려가며 닫혀 2차압력이 설정압력으로 되돌아가게 한다.
(2) 2차측에 부하가 발생하여 2차압력이 저하하면, 파일로트 상부압력이 내려가면서 파일로트 하부스프링이 작동하여 파일로트 다이어프램을 밀어 올리고, 메인밸브가 올라감에 의해 밸브가 열려 구동압력이 상승된다.

15 아황산가스의 제독제 3가지를 쓰시오.

정답 ① 가성소다 수용액
　　　 ② 탄산소다 수용액
　　　 ③ 물

2022년 가스산업기사 동영상 출제문제

[제1회 출제문제 (2022. 5. 8.)]

Question 1

동영상에서 보여주는 용기를 보고 다음 물음에 답하시오.

(1) LP 가스용기의 정확한 기능적 명칭을 쓰시오.
(2) 일반가정용으로 사용되는 용기와 차이점을 설명하시오.

정답
(1) 사이펀용기
(2) 사이펀용기는 상부에 2개의 밸브가 설치되어 있어서, 적색밸브를 열면 가스를 액체상태로 분출시켜 기화기를 통해 다량의 가스를 사용할 수 있고, 기화장치 고장 시 회색밸브를 열어 자연기화로 기체 가스를 사용할 수 있는 용기이다.

Question 2

동영상의 비파괴검사방법에 대한 다음 물음에 답하시오.

(1) 비파괴검사방법의 명칭을 영문약자로 쓰시오.
(2) 이 검사방법의 원리를 설명하시오.

정답
(1) PT
(2) 침투탐상검사(PT)는 시험체 표면에 침투액을 뿌리고 충분한 시간이 경과 후 과잉침투액을 제거한 다음, 그 위에 현상액을 도포하여 결함부에 스며들었던 침투액이 밖으로 새어 나오는 것을 보고 결함의 위치, 모양 등을 검출하는 방법이다.

Question 3

동영상의 LNG 저장설비 외면으로부터 사업소 경계까지 유지하여야 할 계산식은 다음과 같다. 여기서 W의 의미를 단위까지 포함하여 쓰시오.

$$L = C\sqrt[3]{143000\,W}$$

정답 저장탱크는 저장능력(ton)의 제곱근, 그 외는 해당 시설 내 액화천연가스의 질량(ton)

참고
L : 유지해야 할 거리(m)
C : 저압지하식 저장탱크는 0.240, 그 외의 가스 저장 처리설비는 0.576

Question 5

동영상에서 지시하는 장치에 대한 다음 물음에 답하시오.

(1) 명칭을 쓰시오.
(2) 작동시키는 동력원을 한가지 쓰시오.

정답 (1) 긴급차단장치
(2) 공기압

참고 작동동력원의 종류 : 액압, 공기압, 전기압, 스프링압

Question 4

동영상에서 보여주는 압축기의 명칭을 쓰시오.

정답 나사압축기

Question 8

충전기의 보호대에 대하여 다음 물음에 답하시오.

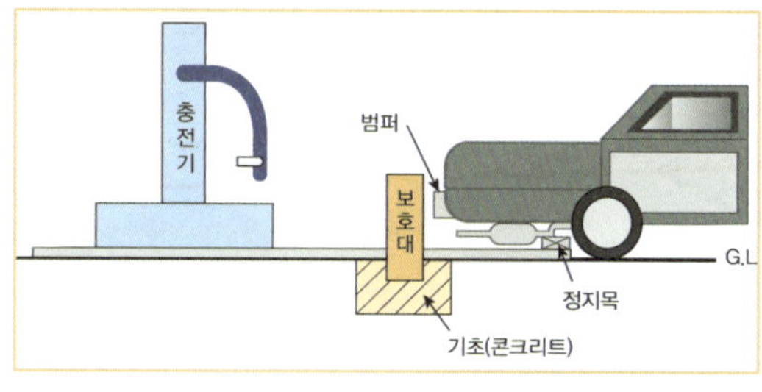

(1) 탄소강 대신 설치할 수 있는 보호대의 재질과 두께를 쓰시오.
(2) 보호대의 높이 기준을 쓰시오.

정답 (1) 두께 12cm 이상의 철근 콘크리트제
(2) 80cm 이상

Question 6

동영상의 보일러는 밀폐(FF)식 보일러이다. 부득이하게 사람이 상주하는 장소에 설치 시 바닥의 면적이 $5m^2$일 때 통풍구의 면적(cm^2)을 구하시오.

정답 1500cm² 이상

해설 통풍구의 면적은 바닥면적의 3% 이상이므로,
$5m^2 \times 0.03 = 0.15m^2 = 1500cm^2$

Question 7

도시가스 제조시설에서 액화천연가스 저장탱크의 내진설계를 하지 않아도 되는 기준은 저장능력의 몇 톤(t) 미만인지 쓰시오.

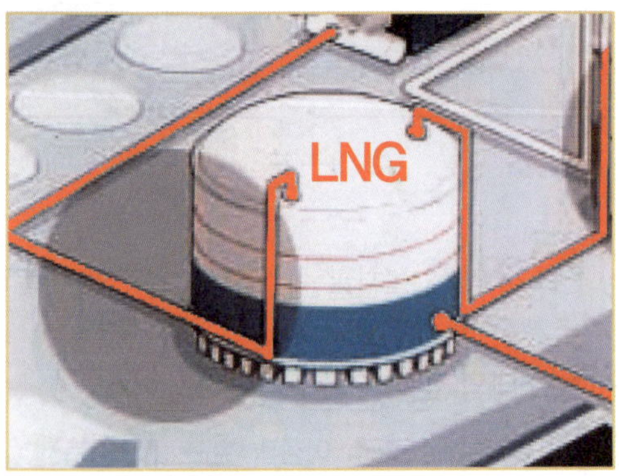

정답 3t 미만

참고
(1) 내진설계 해당 도시가스 제조시설 : 3t 이상의 저장탱크, 300m³ 이상의 가스홀더
(2) 내진설계 해당 도시가스 충전시설 : 5t 이상의 저장탱크, 500m³ 이상의 가스홀더

Question 9

동영상의 방폭구조에서 다음 표시방법의 의미를 쓰시오.

Ex	d	IIB	T₅
①	②	③	④

(1) CH_4의 완전연소 반응식을 쓰시오.
(2) CH_4이 Cl_2 반응 시 무색의 단향기를 발생하는 가스의 명칭과 용도를 쓰시오.

정답
① 방폭구조
② 내압방폭구조
③ 내압방폭전기기기의 폭발등급으로서, 최대안전틈새의 범위가 0.5mm 초과 0.9 mm 미만
④ 내압방폭전기기기의 온도등급으로서, 가연성 발화도의 범위가 100℃ 초과 135℃ 이하

Question 10

동영상의 퓨즈콕은 표시유량 이상의 가스량이 통과되었을 경우 가스유로를 차단하는 장치가 내부에 설치되어 있다. 다음의 물음에 답하시오.

(1) 상기에서 설명하는 기구의 명칭을 쓰시오.
(2) 핸들 등이 반개방 상태에서도 가스유로가 열리지 않게 하는 장치의 명칭을 쓰시오.

정답
(1) 과류차단안전장치
(2) 온오프장치

2022년 가스산업기사 **필답형 출제문제**

제2회 출제문제(2022. 7. 24. 시행)

01 CH_4의 입상높이 20m 지점에서의 압력손실(mmH$_2$O)을 구하시오. (단, 가스의 비중은 0.55이다.)

정답 -11.64mmH$_2$O

해설
$$h = 1.293(S-1)H$$
$$= 1.293(0.55-1) \times 20$$
$$= -11.637$$
$$= -11.64\text{mmH}_2\text{O}$$
여기서, S : 가스 비중
H : 입상높이(m)

02 가스 크라마토그래피 분석장치의 원리를 서술하시오.

정답 흡착제(활성탄, 실리카겔 등)를 충전한 칼럼(분리관)의 한쪽에 시료를 공급하고 캐리어가스(N$_2$, H$_2$, He 등)로 시료를 이동시키면, 가스마다 친화력과 흡착력이 다른 점을 이용하여 이동속도 차이로 분리가 일어나고 시료의 각 성분이 검출기에서 측정된다.

03 LP가스의 압력조정기에서 2단 감압방식의 장점을 4가지 쓰시오.

정답
① 공급압력이 안정하다.
② 중간배관이 가늘어도 된다.
③ 관의 입상에 의한 압력손실이 보정된다.
④ 각 연소기구에 알맞은 압력으로 공급할 수 있다.

참고 단점
① 설비가 복잡하다.
② 재액화에 문제가 있다.
③ 조정기가 많이 든다.
④ 검사방법이 복잡하다.

04 다음 설명하는 가스미터의 명칭을 쓰시오.

- 2개의 눈썹형 회전자와 외부케이스의 구조이며, 고속회전이 가능하다.
- 형태는 비원형이며, 외부모양은 8자, 누에고치, 땅콩 모양으로 이루어져 있다.
- 소형으로 대용량 계량이 가능하며, 중압의 가스도 계량이 가능하다.
- 스트레이너 설치가 반드시 필요하다.

정답 루트미터(루트식 가스미터)

05 위험성 평가기법 중 ETA(사건수분석기법)의 정의를 쓰시오.

정답 초기사건으로 알려진 특정한 장치의 이상이나 운전자 실수로부터 발생하는 잠재적 사고결과를 평가하는 기법이다.

06 고압가스설비 중 방류둑의 재료 및 구조에 대하여 다음 물음에 답하시오.
(1) 방류둑의 재료로 사용되는 콘크리트 재료의 종류를 쓰시오.
(2) 방류둑의 성토 각도는 몇 도 이하의 기울기로 하는지 쓰시오.
(3) 성토 윗부분의 폭은 몇 m 이상인지 쓰시오.
(4) '방류둑은 (   )한 것으로 한다.'에서 빈칸에 알맞은 단어를 쓰시오.

정답 (1) 수밀성 콘크리트
(2) 45° 이하
(3) 0.3m 이상
(4) 액밀

참고 그 밖의 방류둑 재료 및 구조의 기준
㉠ 독성가스 저장탱크 등의 방류둑 높이는 방류둑 안의 저장탱크 등의 안전관리 및 방재활동에 지장이 없는 범위에서 방류둑 안에 체류한 액의 표면적이 될 수 있는 한 적게 되도록 한다.
㉡ 방류둑은 그 높이에 상당하는 해당 액화가스의 액두압에 견딜 수 있는 것으로 한다.
㉢ 방류둑에는 계단, 사다리 또는 토사를 높이 쌓아 올린 형태 등으로 된 출입구를 둘레 50m마다 1개 이상씩 설치하되, 그 둘레가 50m 미만일 경우에는 2개 이상을 분산하여 설치한다.
㉣ 배관관통부는 내진성을 고려하여 틈새를 통한 누출방지 및 부식방지를 위한 조치를 한다.
㉤ 방류둑 안에는 고인 물을 외부로 배출할 수 있는 조치를 한다. 이 경우 배수조치는 방류둑 밖에서 배수 및 차단조작을 할 수 있도록 하고, 배수할 때 이외에는 반드시 닫아둔다.
㉥ 집합 방류둑 안에는 가연성가스와 조연성가스 또는 가연성가스와 독성가스의 저장탱크를 혼합하여 배치하지 않는다. 다만, 가스가 가연성가스 또는 독성가스로서 집합방류둑 안에 같은 가스의 저장탱크가 있는 경우에는 같이 배치할 수 있다.
㉦ 저장탱크를 건축물 안에 설치한 경우에는 그 건축물이 방류둑의 기능 및 구조를 갖도록 하여 유출된 가스가 건축물 외부로 흘러나가지 않은 구조로 한다.

07 고압설비나 장치 내에서 기밀시험용으로 사용되는 가스 종류 2가지를 쓰시오.

정답 공기, 질소

08 긴급이송설비에서 이송되는 가스를 연소시켜 대기로 안전하게 방출시키는 장치인 플레어스택에 설치하여야 할 시설 종류 4가지를 쓰시오.

정답
① Liquid seal(리퀴드 실)
② Flame arrestor(플레임 어레스터)
③ Vapor seal(베이퍼 실)
④ Molecular seal(몰레큘러 실)

09 C_2H_2의 폭발 종류 3가지를 반응식과 함께 쓰시오.

정답
① 분해폭발 : $C_2H_2 \rightarrow 2C + H_2$
② 화합폭발 : $2Cu + C_2H_2 \rightarrow Cu_2C_2 + H_2$
③ 산화폭발 : $C_2H_2 + 2.5O_2 \rightarrow 2CO_2 + H_2O$

10 양정 15m, 유량 5.25m³/min, 축동력 20PS인 물 펌프의 효율(%)을 구하시오. (단, 물의 비중은 1로 계산한다.)

정답 87.5(%)

해설

$$Lps = \frac{\gamma \cdot Q \cdot H}{75 \times 60 \times \eta} \ \text{에서}$$

$$\eta = \frac{\gamma \cdot Q \cdot H}{Lps \times 75 \times 60} = \frac{1000 \times 5.25 \times 15}{20 \times 75 \times 60} = \frac{78750}{90000} = 0.875 = 87.5\%$$

여기서, γ : 비중량(kgf/m^3)
Q : 유량(m^3/min)
H : 양정(m)
η : 효율

11 메탄올의 생성반응식을 쓰시오.

정답 $CO + 2H_2 \rightarrow CH_3OH$

12 지하 매설배관에 생기는 부식의 원인 4가지를 쓰시오.

> **정답** ① 이종 금속접촉에 의한 부식
> ② 국부전지에 의한 부식
> ③ 미주전류에 의한 부식
> ④ 박테리아에 의한 부식

13 다음의 반응식에 대해 카본생성이 어렵게 되는 온도와 압력의 조건을 각각 쓰시오.
(1) $2CO \rightarrow CO_2 + C$
(2) $CH_4 \rightarrow 2H_2 + C$

> **정답** (1) 반응온도를 높게, 반응압력을 낮게
> (2) 반응온도를 낮게, 반응압력을 높게

14 특정고압가스의 종류를 5가지 쓰시오.

> **정답** ① 포스핀
> ② 셀렌화수소
> ③ 게르만
> ④ 디실란
> ⑤ 오불화인

15 증기압축 냉동장치의 순환주기를 쓰시오.

> **정답** 압축기 → 응축기 → 팽창변 → 증발기

2022년 가스산업기사 동영상 출제문제

Question 1

동영상에서 보여주는 가스기구의 명칭을 쓰시오.

정답 퓨즈콕

Question 2

동영상의 방폭구조는 방폭전기기기 내부에서 가연성가스의 폭발이 발생 시 그 용기가 폭발압력에 견디고, 접합면, 개구부 등을 통하여 외부의 가연성가스에 인화되지 않도록 한 구조이다. 이 방폭구조의 명칭을 쓰시오.

정답 내압방폭구조

Question 3

동영상은 도시가스 배관의 지하매설 시 설치기준이다. 다음 물음에 답하시오.

(1) 도로폭이 8m 이상인 도로에 지하매설 시 몇 m 이상으로 매설해야 하는지 쓰시오.
(2) 매설배관이 중압배관일 때 배관의 보호를 위하여 배관 정상부에 몇 cm 이상의 무엇을 설치하여야 하는지 쓰시오.

정답
  (1) 1.2m 이상
  (2) 30cm 이상의 보호판 설치

Question 4

동영상은 LPG 저장탱크의 상부 모습이다. 다음 물음에 답하시오.

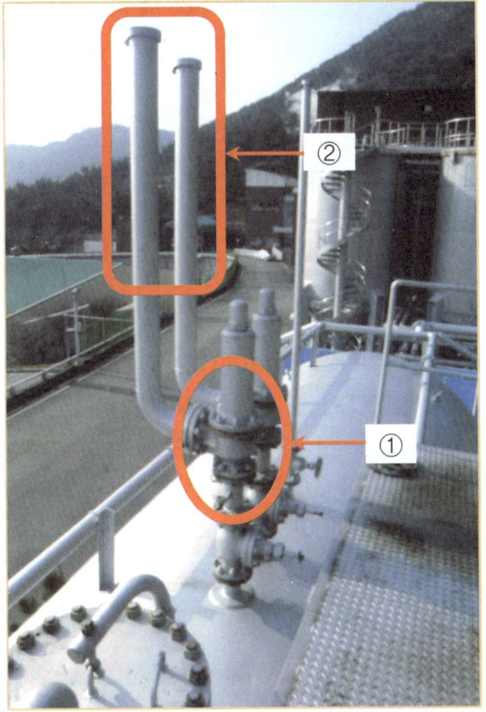

(1) ①의 명칭을 쓰시오.
(2) ②의 설치 위치를 쓰시오.

정답
  (1) 스프링식 안전밸브
  (2) 지면에서 5m 이상과 탱크 정상부에서 2m 이상 중 높은 위치

Question 5

동영상의 도시가스 정압기실 안전밸브 분출부에 대하여 다음 물음에 답하시오.

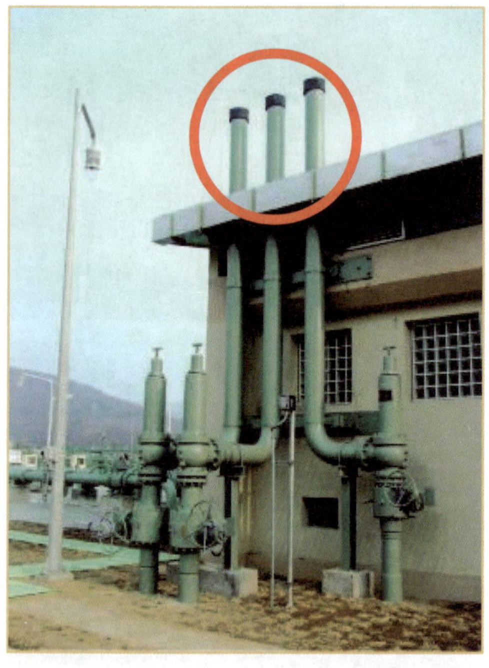

(1) 정압기 입구측 압력이 0.5MPa 미만, 설계유량이 1000Nm^3/hr 이상일 때, 분출부의 크기는 얼마 이상인지 쓰시오.
(2) 상용압력이 2.5kPa인 경우 안전밸브의 설정압력은 얼마 이하인지 쓰시오.

정답　(1) 50A 이상
　　　　(2) 2.0kPa 이하

Question 6

동영상의 PE관에 대하여 다음 물음에 답하시오.

(1) 이음방법의 명칭을 쓰시오.
(2) 이 이음방법이 적용되는 조건을 쓰시오.

정답　(1) 맞대기융착
　　　　(2) 공칭외경 90mm 이상의 관에 적용

Question 7

동영상의 가스시설물은 배관길이 몇 m마다 1개씩 설치하여야 하는지 쓰시오.

정답　50m마다

참고　가스시설물의 명칭 : 라인마크

동영상의 LPG 자동차 충전소에 대하여 다음 물음에 답하시오.

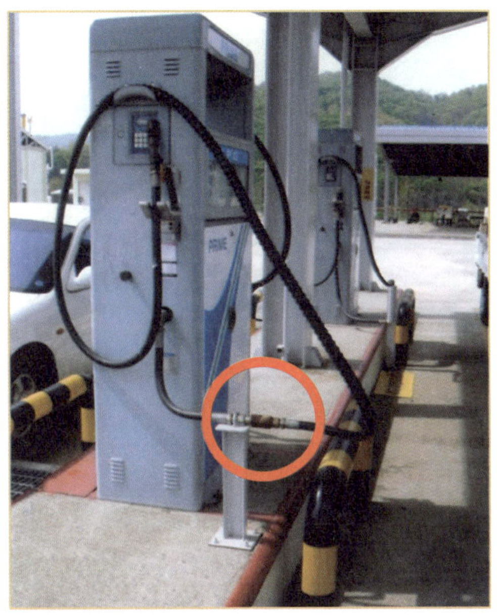

(1) 충전호스에 원터치형으로 부착시키는 장치의 명칭을 쓰시오.

(2) 표시된 부분의 명칭과 기능을 쓰시오.

정답 (1) 가스주입기
(2) ① 명칭 : 세이프티커플링
② 기능 : 충전호스에 과도한 인장력이 가해졌을 때 충전기와 가스 주입기가 분리되어 유로를 폐쇄시키는 안전장치이다.

동영상의 LPG 충전시설에 자동차에 고정된 탱크에서 가스를 이입할 수 있도록 건축물 외부에 설치하여야 하는 것은 무엇인지 쓰시오.

정답 로딩암

참고 로딩암을 건축물 내부에 설치 시 건축물의 바닥면에 접하여 환기구를 2방향 이상 설치하고, 환기구 면적의 합계는 바닥 면적의 6% 이상으로 한다.

Question 10

동영상에서 보여주는 용기의 명칭을 쓰시오.

정답 수소

2022년 가스산업기사 필답형 출제문제

제4회 출제문제(2022. 11. 16. 시행)

01 펌프의 비교회전도(Ns)에 대하여 빈칸에 적합한 단어를 쓰시오.

일반적으로 펌프의 회전수를 일정하게 하고 비교회전도 값이 크면 (①), (②) 특성을 가지고, 비교회전도 값이 작으면 (③), (④) 특성을 갖는다.

정답 ① 대유량 ② 저양정 ③ 소유량 ④ 고양정

02 이음매 없는 용기의 검사방법 중 압궤시험이란 무엇인지 쓰시오.

정답 2개의 강제 쐐기를 사용하여 시험용기의 중앙부에서 원통축에 대하여 직각으로 서서히 누르는 시험방법

참고 용기의 제품검사 종류
① 재료검사 : 인장시험, 충격시험, 압궤시험, 굽힘시험 등
② 제품확인검사 : 외관검사, 내압검사, 기밀검사, 파열검사, 재료검사 등

03 1atm에서 20℃인 가스의 압력을 2.5배로 올리면 온도는 몇 ℃가 되는지 구하시오.

정답 459.5℃

해설 $\dfrac{P_1 V_1}{T_1} = \dfrac{P_2 V_2}{T_2}$ 에서($V_1 = V_2$)

$$T_2 = \frac{T_1 P_2}{P_1} = \frac{(273+20) \times 2.5}{1} = 732.5K$$

여기서, P_1, T_1 : 처음 상태의 절대압력, 절대온도
P_2, T_2 : 변한 후 상태의 절대압력, 절대온도
$\therefore 732.5 - 273 = 459.5℃$

참고 보일─샤를의 공식에는 절대압력, 절대온도로 대입하므로 ℃는 K로 환산하여 대입한다.

04 내용적 50m^{3}인 C_3H_8 저장탱크에 1MPa 압력으로 20t이 충전되어 있다. 액비중이 0.56일 때 다음 물음에 답하시오.

(1) 이 탱크의 저장능력(t)을 구하시오.

(2) 이 탱크의 충전량은 몇 % 충전되어 있는지 구하시오.

정답 (1) 25.2t

(2) 71.43%

해설 (1) 저장능력 $W = 0.9dV = 0.9 \times 0.56 \times 50 = 25.2$

여기서, d : 액비중

V : 내용적

(2) 충전(%) $= \dfrac{20t \div 0.56\,t/m^3}{50} \times 100 = \dfrac{35.71428}{50} \times 100 = 71.428$

05 아세틸렌의 충전방법을 순서대로 쓰시오.

정답 ① 충전 중의 압력을 온도에 관계없이 2.5MPa 이하로 할 것

② 충전 후의 압력은 15℃에서 1.5MPa 이하로 할 것

③ 충전은 서서히 해야 하며, 2~3회에 걸쳐 충전할 것

④ 충전 전 용기는 음향검사를 할 것

⑤ 2.5MPa 이상으로 압축할 때는 질소, 메탄, 일산화탄소, 에틸렌 등의 희석제를 첨가할 것

⑥ 아세틸렌을 용기에 충전할 때는 용기에 다공물질을 채워 다공도가 75% 이상 92% 미만이 되도록 아세톤 DMF를 고루 침윤시킨 후 충전할 것

해설 다음과 같이 법규상 아세틸렌 충전작업으로 서술해도 정답으로 인정됩니다.

① 아세틸렌을 2.5MPa 압력으로 압축하는 때는 질소, 메탄, 일산화탄소 또는 에틸렌 등의 희석제를 첨가한다.

② 습식 아세틸렌발생기의 표면은 70℃ 이하의 온도로 유지하고, 그 부근에서는 불꽃이 튀는 작업을 하지 아니한다.

③ 아세틸렌을 용기에 충전하는 때에는 미리 용기에 다공물질을 고루 채워 다공도가 75% 이상 92% 미만이 되도록 한 후 아세톤 또는 디메틸포름아미드를 고루 침윤시키고 충전한다.

④ 아세틸렌을 용기에 충전하는 때의 충전 중의 압력은 2.5MPa 이하로 하고, 충전 후에는 압력이 15℃에서 1.5MPa 이하로 될 때까지 정치하여 둔다.

참고 (1) 시안화수소 충전작업

① 용기에 충전하는 시안화수소는 순도가 98% 이상이고 아황산가스 또는 황산 등의 안정제를 첨가한 것으로 한다.

② 시안화수소를 충전한 용기는 충전 후 24시간 정치하고, 그 후 1일 1회 이상 질산구리벤젠 등의 시험지로 가스의 누출검사를 하며, 용기에 충전 연월일을 명기한 표지를 붙이고, 충전한 후 60일이 경과되기 전에 다른 용기에 옮겨 충전한다. 다만, 순도가 98% 이상으로서 착색되지 아니한 것은 다른 용기에 옮겨 충전하지 않을 수 있다.

(2) 산소 충전작업

① 산소를 용기에 충전하는 때에는 미리 용기밸브 및 용기의 외부에 석유류 또는 유지류로 인한 오염 여부를 확인하고, 오염된 경우에는 용기 내 외부를 세척하거나 용기를 폐기한다.

② 용기와 밸브 사이에는 가연성 패킹을 사용하지 아니한다.

③ 산소 또는 천연메탄을 용기에 충전하는 때는 압축기(산소압축기는 물을 내부윤활제로 사용한 것에 한정한다)와 충전용 지관 사이에 수취기를 설치하여 그 가스 중의 수분을 제거한다.

④ 밀폐형의 수전해조에는 액면계와 자동급수장치를 설치한다.

(3) 산화에틸렌 충전

① 산화에틸렌의 저장탱크는 그 내부의 질소가스, 탄산가스 및 산화에틸렌가스의 분위기가스를 질소가스 또는 탄산가스로 치환하고 5℃ 이하로 유지한다.

② 산화에틸렌을 저장탱크 또는 용기에 충전하는 때에는 미리 그 내부가스를 질소가스 또는 탄산가스로 바꾼 후에 산 또는 알칼리를 함유하지 아니하는 상태로 충전한다.

③ 산화에틸렌의 저장탱크 및 충전용기에는 45℃에서 그 내부가스의 압력이 0.4MPa 이상이 되도록 질소가스 또는 탄산가스를 충전한다.

06 아세틸렌의 폭발범위가 2.5 ~ 81%일 때 아세틸렌의 MOC(최소산소농도)를 구하시오.

정답 6.25%

해설 연소반응식 $C_2H_2 + 2.5O_2 \rightarrow 2CO_2 + H_2O$ 에서
MOC＝산소몰수×폭발하한계＝2.5×2.5＝6.25%

07 메탄과 수소가 50%씩 존재할 때 가스누설검지기의 경보농도는 얼마인지 구하시오. (단, CH_4의 폭발범위는 5 ~ 15%, H_2의 폭발범위는 4 ~ 75%이다.)

정답 1.11%

해설 르 샤를리에의 혼합가스 폭발범위 계산식 $\dfrac{100}{L} = \dfrac{V_1}{L_1} + \dfrac{V_2}{L_2} + \cdots\cdots$ 에서

폭발하한 : $\dfrac{100}{L} = \dfrac{50}{5} + \dfrac{50}{4} = 22.5$

$\qquad L = 100 \div 22.5 = 4.44\%$

경보농도는 폭발하한값의 1/4 이하에서 경보하므로, $4.44 \times \dfrac{1}{4} = 1.11\%$

08 아래 가스 설비의 기밀시험압력을 쓰시오

(1) 도시가스 설비 및 배관
(2) 고압가스 설비 및 배관
(3) 아세틸렌 용기
(4) LPG 설비

정답 (1) 최고사용압력의 1.1배 또는 8.4KPa 중 높은 압력 이상
(2) 상용압력 이상 0.7MPa을 초과하는 경우 0.7MPa 이상
(3) 최고충전압력의 1.8배 이상
(4) 상용압력 이상

09 액화가스의 정의를 쓰시오

> **정답** 가압 또는 냉각 등의 방법으로 액체 상태로 되어있는 것으로서, 대기압의 끓는점이 40℃ 이하 또는 상용의 온도 이하인 것

10 도시가스의 제조공정 중 수소화분해공정의 정의(원리)를 쓰시오.

> **정답** 수소 기류 중에 있어서 탄화수소 원료를 열분해 혹은 접촉분해해서 메탄을 주성분으로 하는 고열량의 가스를 제조하는 방법

> **참고** **도시가스의 제조공정**
> 열분해공정, 접촉분해공정, 부분연소공정, 대체천연가스공정, 수소화분해공정

11 전기방식법의 하나인 배류법의 정의를 쓰시오.

> **정답** 매설배관의 전위가 주위의 타 금속 구조물의 전위보다 높은 장소에서 매설배관과 주위의 타 금속 구조물을 전기적으로 접속시켜 매설배관에 유입된 누출전류를 전기회로적으로 복귀시키는 방법

> **참고** **전기방식법의 종류**
> 희생양극법, 외부전원법, 강제배류법, 선택배류법

12 도시가스 연소성을 판단하는 지수로 웨버지수를 사용한다. 웨버지수를 같게 하여 LPG를 LNG로 교체하려고 할 때 고려사항을 서술하시오.

> **정답** LPG는 열량이 높아 노즐의 관경이 적고 LNG는 열량이 낮아 노즐의 구경이 크므로, LPG에서 LNG로 교체 시 노즐의 구경을 크게 하여 최종 사용발열량을 동일하게 해야 한다.

> **참고** **웨버지수**
>
> $$WI = \frac{H_g}{\sqrt{d}}$$
>
> 여기서, H_g : 발열량(kcal/Nm^3), d : 가스의 비중

13 탱크로리에서 저장탱크로 압축기를 이용하여 이송하는 방법을 서술하시오.

> **정답** 저장탱크와 탱크로리 사이 기상부에 연결된 배관에서 압축기를 이용하여 저장탱크의 기체를 고압력으로 탱크로리에 압축하면, 탱크로리의 LP가스가 액라인을 통해 저장탱크로 이송되는 원리이다.

참고 **압축기에 의한 이송의 장·단점**

장점	단점
• 충전시간이 짧다. • 잔가스 회수가 용이하다. • 베이퍼록 우려가 없다.	• 재액화 우려가 있다. • 드레인 우려가 있다.

14 수소는 생산방식에 따라 색상을 붙여 구분한다. 다음 설명에 해당하는 방식으로 불리는 수소 색상을 쓰시오.

(1) 천연가스 등 화석연료의 개질(reforming)에 의한 수소 생산으로, CO_2가 발생하는 방식
(2) 수소 생산 과정에서 발생하는 CO_2를 포집·저장하여 CO_2 배출을 막는 방식
(3) 재생에너지 발전을 통해 생산된 전기의 분해에 의한 수소 생산으로, CO_2를 발생시키지 않는 방식

정답 (1) 회색
    (2) 청색
    (3) 녹색

해설 수소는 생산 과정에서 이산화탄소 배출 등의 환경오염을 발생시킬 수 있다. 이에 수소 생산에서 이산화탄소 배출을 줄이는 방식에 따라 그레이수소, 블루수소, 청록수소, 그린수소 등으로 구분하여 부른다.

15 가스터빈 사이클 중 브레이턴 사이클의 과정 4가지를 쓰시오.

정답 단열압축 → 정압가열(등압가열) → 단열팽창 → 정압방열(등압방열)

해설 브레이턴 사이클(Brayton cycle)은 2개의 단열과정과 2개의 정압(등압)과정으로 이루어진 가스터빈의 이상적인 사이클이다.

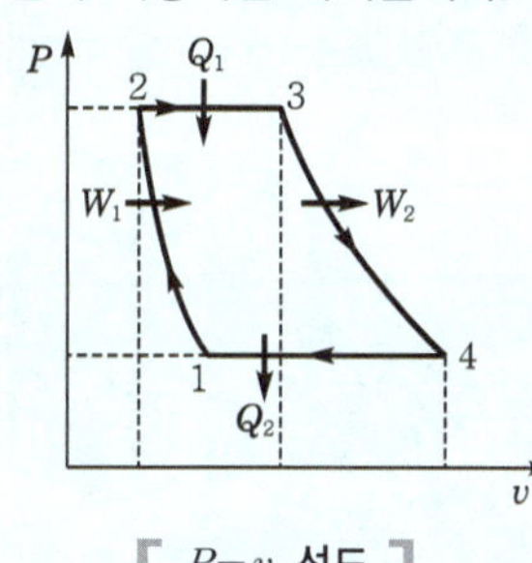

[$P-v$ 선도]

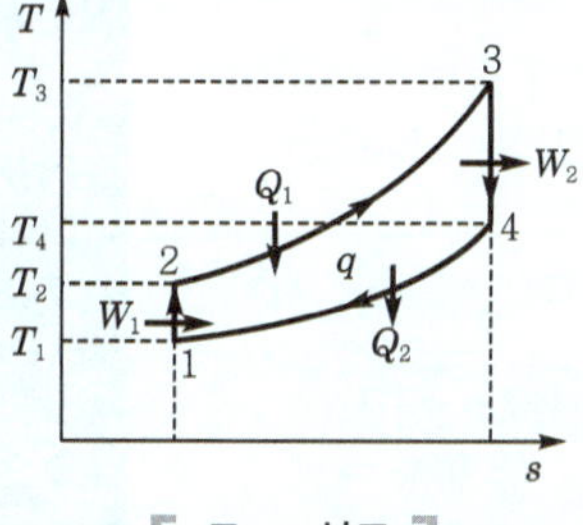

[$T-s$ 선도]

1 → 2 단열압축 : 압축기에서의 압축과정
2 → 3 정압가열 : 연소실 내에서 연소
3 → 4 단열팽창 : 터빈노즐 날개에서 팽창
4 → 1 정압방열 : 배기과정

2022년 가스산업기사 동영상 출제문제

Question 1

동영상은 제조소 공급소 밖의 가스도매사업에서 도시가스 배관을 매설하고 있다. 다음 물음에 답하시오.

(1) 표지판을 설치하는 장소를 쓰시오.

(2) 표지판의 설치 간격을 쓰시오.

(3) 표지판에 기재되어야 할 내용을 3가지 쓰시오.

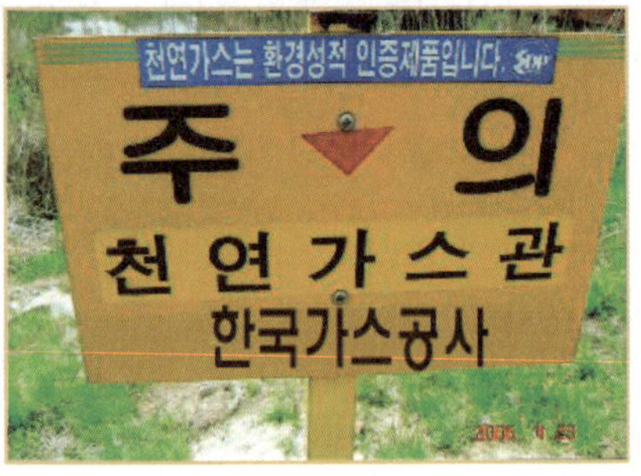

정답 (1) 시가지 외의 도로, 산지, 농지 또는 하천 부지, 철도부지

(2) 500m마다

(3) ① 표지판의 치수 및 표기 방법
② 도시가스 배관임을 알리는 표시
③ 연락처

해설 **도시가스 배관의 표지판**

구분 법류	제조소 및 공급소의 배관시설	제조소·공급소 밖의 배관시설
가스도매사업	500m마다	500m마다
일반도시가스 사업	500m마다	200m마다
고압가스안전 관리법	지상 배관 : 1000m마다 지하 배관 : 500m마다	

Question 2

동영상은 LPG 2.8t의 저장탱크이다. 이때 설치되어있는 경계책의 높이는 몇 m 이상인지 쓰시오.

정답 1m 이상

해설 1,000kg 이상 소형저장탱크에는 1m 이상의 경계책을 설치한다.

Question 3

동영상의 도시가스 계량기(30m³/hr 미만)의 설치 높이를 쓰시오.

정답 1.6m 이상 2m 이내

해설 가스계량기(30m³/hr 미만인 경우)의 설치 높이는 바닥으로부터 1.6 m 이상 2 m 이내에 수직·수평으로 설치하고, 밴드·보호가대 등 고정장치로 고정시킬 것. 다만, 격납상자에 설치하는 경우, 기계실 및 보일러실(가정에 설치된 보일러실은 제외)에 설치하는 경우, 문이 달린 파이프 덕트 안에 설치하는 경우에는 설치 높이를 제한하지 않는다.

참고 **가스계량기 설치 제한 장소**
① 공동주택의 대피 공간, 방·거실 및 주방 등 사람이 거처하는 곳
② 진동의 영향을 받는 장소
③ 석유류 등 위험물을 저장하는 장소
④ 수전실, 변전실 등 고압전기설비가 있는 장소

Question 4

동영상의 매설배관에 대하여 다음 물음에 답하시오.
(1) ①에서 매설배관과 다른 통신 케이블 또는 상수도관과의 이격거리(m)를 쓰시오.
(2) ②와 같이 매설배관에 보호판을 덮는 경우 3가지를 쓰시오.

①

②

정답 (1) 0.3m 이상
(2) ① 규정된 매설깊이를 확보하지 못했을 때
② 중압관 이상을 매설할 때
③ 배관을 도로 밑에 매설 시 배관 보호를 위하여

Question 5

동영상에 설치된 방류둑 성토의 경사도는 몇 도 이하인지 쓰시오.

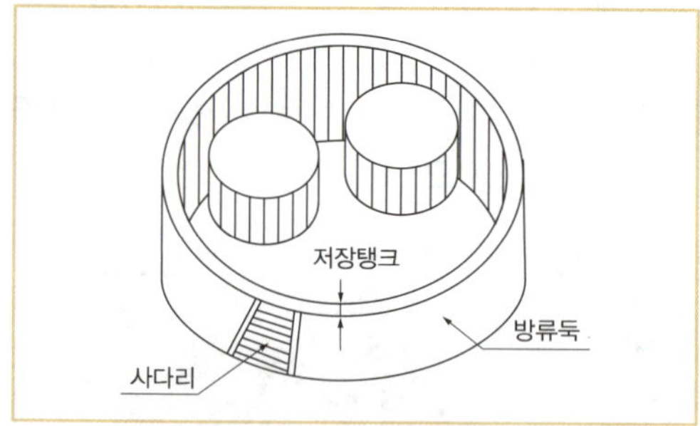

정답 45° 이하

해설 방류둑의 성토는 45° 이하의 기울기로 하여 쉽게 허물어지지 않도록 충분히 다져 쌓고, 강우 등으로 유실되지 않도록 그 표면에 콘크리트 등으로 보호하며, 성토 윗부분의 폭은 0.3m 이상으로 한다.

Question 6

동영상은 폴리에틸렌관(PE관)의 열융착이음이다. 번호에 해당하는 열융착이음의 종류를 쓰시오.

① 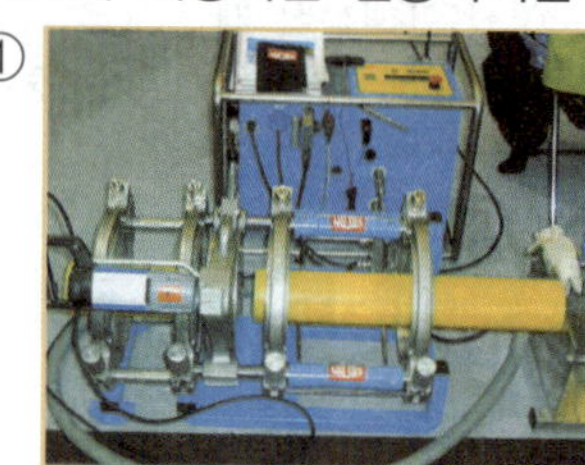

② 

③ 

정답
① 맞대기(바트)융착
② 소켓융착
③ 새들융착

해설 PE관의 융착법에는 열융착(맞대기, 소켓, 새들)과 전기융착(소켓, 새들)이 있다.

Question 7

동영상은 연소의 이상현상으로 황색염이 발생되고 있다. 다음 물음에 답하시오.
(1) 이 현상을 무엇이라 하는지 쓰시오.
(2) 이 현상의 원인을 2가지 쓰시오.

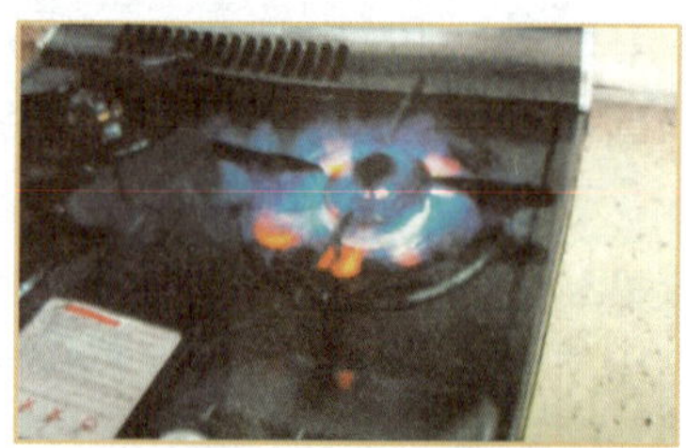

정답
(1) 옐로팁(Yellow Tip)
(2) ① 1차 공기가 부족 시
   ② 주물 밑부분에 철가루 등이 존재 시

해설 연소반응 도중에 탄화수소가 열분해하여 탄소입자가 발생, 미연소된 채 적열되어 염의 선단이 적황색으로 되어 연소하고 있는 현상

Question 8

동영상을 보고 다음 물음에 답하시오.
(1) 전기방식법의 명칭을 쓰시오.
(2) 이때 사용되는 양극금속의 종류 2가지를 쓰시오.
(3) 전위측정용 터미널의 기능을 쓰시오.

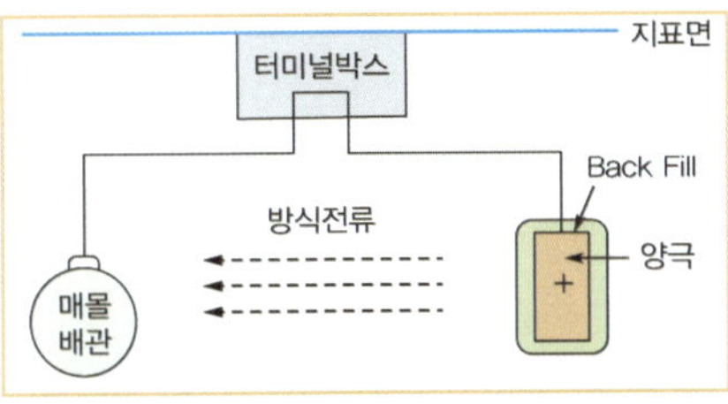

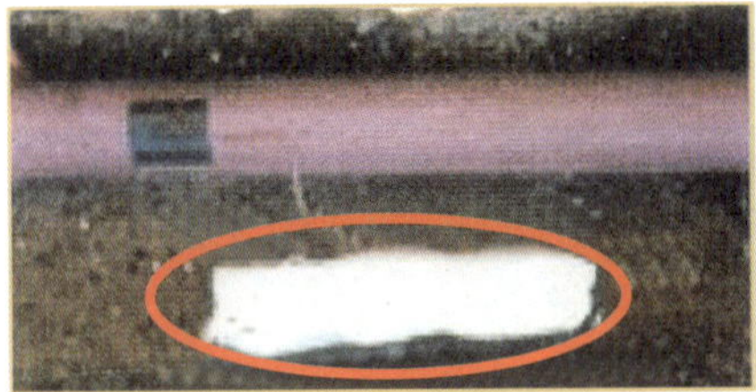

정답
(1) 희생양극법
(2) 아연(Zn), 마그네슘(Mg), 알루미늄(Al)
(3) 전기방식시설의 유지관리를 위함

참고

희생양극법의 장·단점

장점	단점
• 시공이 간단하다. • 타 매설물의 간섭이 없다. • 단거리 배관에 경제적이다. • 과방식의 우려가 없다.	• 효과 범위가 좁다. • 전류 조절이 어렵다. • 강한 전식에는 효과가 없다. • 양극의 보충이 필요하다.

Question 9

동영상의 수소가스 충전소 상부에 표시된 가스 기구의 명칭을 쓰시오.

정답 가스누설검지기

Question 10

동영상은 1,000kg 이상 소형저장탱크이다. 다음 빈칸에 적당한 단어를 쓰시오.

소형저장탱크 부근에는 능력단위 ABC용 (　) 이상의 분말소화기를 2개 이상 비치해야 한다.

정답 B-12

2023년 가스산업기사 필답형 출제문제

제1회 출제문제(2023. 4. 22. 시행)

01 내용적 100L인 용기 안에 아래와 같은 혼합기체를 충전 시 충전압력(atm(g))을 계산하시오.

- 에탄 5atma, 10mol%
- 프로판 3atma, 50mol%
- 부탄 2atma, 40mol%

정답
$$P = \frac{P_1V_1 + P_2V_2 + P_3V_3}{V} = \frac{5 \times 10 + 3 \times 50 + 2 \times 40}{100} = 2.8atm$$
$$\therefore\ 2.8 - 1 = 1.8atm(g)$$

02 수소와 일산화탄소가 각각 50%씩 혼합되어 있는 혼합가스 1kmol을 연소 시 필요한 공기량(Nm^3)은 얼마인지 구하시오.

정답
$H_2 + \dfrac{1}{2}O_2 \rightarrow H_2O$, $CO + \dfrac{1}{2} \rightarrow CO_2$의 반응식에서 각 1kmol의 산소량이 $\dfrac{1}{2}$ kmol이므로
$$\left\{ \left(\frac{1}{2} \times 0.5 \right) + \left(\frac{1}{2} \times 0.5 \right) \right\} \times \frac{1}{0.21} = 2.38kmol$$
$$\therefore\ 2.38 \times 22.4 = 53.33Nm^3$$

03 가스온수기를 목욕탕 실내 등에 설치하면 안 되는 이유를 쓰시오.

정답 실내에 설치하면 가스의 불완전연소 시 CO가 발생하여 중독사고의 우려가 있다.

04 폭굉유도거리가 짧아지는 조건을 4가지 쓰시오.

정답
① 정상연소속도가 큰 혼합가스일수록
② 관 속에 방해물이 있거나 관경이 가늘수록
③ 압력이 높을수록
④ 점화원의 에너지가 클수록

참고 폭굉유도거리(DID)
최초의 완만한 연소가 격렬한 폭굉으로 발전하는 거리

05 친환경의 영향으로 대체에너지 사용 요구가 늘어가고 있다. 이에 수소는 안전하고 사용 후 생성물이 물이라 연료전지로 사용된다. 그러나 가연성으로 폭발의 위험이 있어 누출여부를 파악해야 하는데, 누출 시 수소가스 누출검지기의 검지농도는 몇 % 이하여야 하는지를 설명하시오.

정답 폭발범위 4~75%에서 검지농도는 폭발하한의 1/4 이하이므로 $4 \times \dfrac{1}{4} = 1\%$, 즉 수소가스의 검지농도는 1% 이하여야 한다.

06 게이뤼삭의 법칙을 설명하시오.

정답 기체의 압력이 일정할 때 부피는 온도에 비례한다.

07 NH_3, CH_3Br의 전기설비를 방폭구조로 하지 않아도 되는 이유를 쓰시오.

정답 폭발하한이 높고 폭발범위가 좁아 타가연성에 비하여 위험성이 높지 않기 때문

08 충전용기의 정의를 쓰시오.

정답 고압가스의 충전질량 또는 충전압력의 1/2 이상이 충전되어 있는 상태의 용기

09 가스 사용 시 월사용 예정량의 공식을 쓰고, 기호를 설명하시오.

정답
$$Q = \frac{\{(A \times 240) + (B \times 90)\}}{11000}$$
여기서, Q : 월사용 예정량(m^3)
A : 산업용으로 사용하는 연소기의 명판에 기재된 가스 소비량의 합계(kcal/hr)
B : 산업용이 아닌 연소기의 명판에 기재된 가스 소비량의 합계(kcal/hr)

10 가스저장실의 바닥면적이 33m^2일 때 강제통풍장치의 통풍능력(m^3/min)을 계산하시오.

정답 강제통풍장치의 통풍능력은 바닥면적 1m^2당 0.5m^3/min이므로
$33m^2 \times 0.5m^3/min(m^2) = 16.5m^3/min$

11 가스배관 중 입상관의 정의를 쓰시오.

정답▶ 수용가에 가스를 공급하기 위하여 건축물에 수직으로 부착되어 있는 배관을 말하며, 가스의 흐름 방향과 관계없이 수직배관을 입상관으로 본다.

12 흡수식 냉동방식에는 (1) Li-Br 방식과 (2) NH_3 방식이 있다. 각 방식의 냉매와 흡수액을 쓰시오.

정답▶ (1) 냉매 : 물, 흡수액 : Li-Br
   (2) 냉매 : 암모니아, 흡수액 : 물

참고▶ 냉매가 CH_3Cl(염화메틸)인 것의 흡수제는 사염화에탄 등이 있다.

13 다음은 HCN(시안화수소)에 대한 내용이다. 빈칸에 알맞은 말을 채우시오.
(1) 용기에 충전하는 시안화수소는 순도가 (   )% 이상이고, 아황산, 황산 등의 안정제를 첨가해야 한다.
(2) 시안화수소를 충전한 용기는 충전 후 (   )시간 정치하며, 그후 용기의 충전 연월일을 명기한 표지를 붙이고, 60일이 경과되기 전 다른 용기에 옮겨 충전한다. 다만, 순도가 98% 이상으로 착색되지 않은 것은 다른 용기에 옮겨 충전하지 않을 수 있다.
(3) 1일 1회 이상 (   ) 등의 시험지로 가스누출검사를 한다.
(4) 제독제는 가성소다 수용액 또는 이하 동등 이상의 제독효과가 있는 것으로서 (   )kg 이상 보유한다.

정답▶ (1) 98
   (2) 24
   (3) 질산구리벤젠지
   (4) 250

14 가스누출검지경보장치의 검출부(검지부)를 설치해서는 안 되는 장소 4가지를 쓰시오.

정답▶ ① 증기, 물방울, 기름이 섞인 연기 등이 직접 접촉될 우려가 있는 곳
   ② 온도가 40℃ 이상인 곳
   ③ 누출가스 유동이 원활하지 못한 곳
   ④ 경보기의 파손 우려가 있는 곳

참고▶ 검지부 설치장소
   1. 누출가스가 체류하기 쉬운 부분
   2. 배관의 경우 긴급차단장치 부분, 슬리브관, 이중관 등 밀폐되어 설치된 부분

15 가스 배관은 대부분 아크용접을 한다. 아크 용접 중 직류를 이용한 용접과 교류를 이용한 용접의 성질로 알맞은 것을 다음 둘 중에서 골라 쓰시오.
(1) 아크 안정성 : 직류는 ① (안정 / 불안정)하고, 교류는 ② (안정 / 불안정)하다.
(2) 극성 변화 : 직류는 ① (가능 / 불가능)하고, 교류는 ② (가능 / 불가능)하다.
(3) 전격 위험성 : 직류는 ① (더 위험 / 덜 위험)하고, 교류는 ② (더 위험 / 덜 위험)하다.

정답 (1) ① 안정, ② 불안정
(2) ① 가능, ② 불가능
(3) ① 덜 위험, ② 더 위험

해설 1. 직류(DC)는 정류기로 교류를 직류로 바꾸거나 발전기를 사용하는 방법으로 아크의 안정성이 우수하고, 비피복 사용 및 극성 변화가 가능하며, 전격의 위험이 낮고, 유지보수가 어려우며, 고장이 많고, 구조가 복잡하며, 가격이 비싸다.
2. 교류(AC)는 (+), (−)극이 바뀜으로 인하여 아크의 안정성이 불안정하고, 비피복 사용 및 극성 변화가 불가능하며, 전격의 위험이 높고, 유지보수가 쉬우며, 고장이 적고, 구조가 간단하며, 가격이 저렴하나, 역률은 불량하다.

참고 아크 용접기

구분 항목	아크 안정성	비피복 사용	역률	전격위험	극성 변화	유지 보수
직류(DC)	우수하다.	가능하다.	양호하다.	적다.	가능하다.	어렵다.
교류(AC)	보통이다.	불가능하다.	불량하다.	많다.	불가능하다.	쉽다.

2023년 가스산업기사 동영상 출제문제

[제1회 출제문제 (2023. 4. 22.)]

Question 1

동영상의 전기방식법에서 전위측정용 터미널의 설치간격은 몇 m 이내로 해야 하는지 쓰시오.

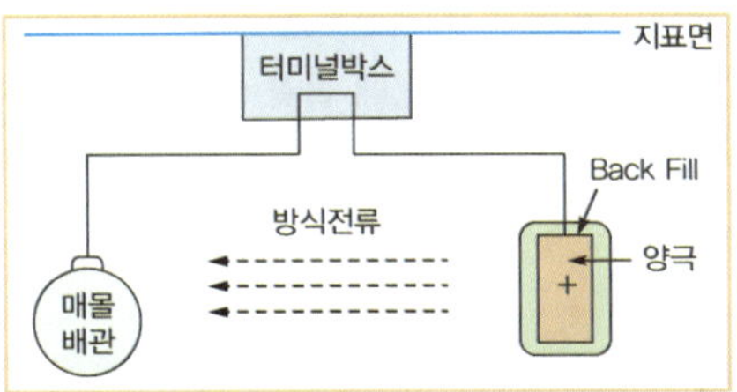

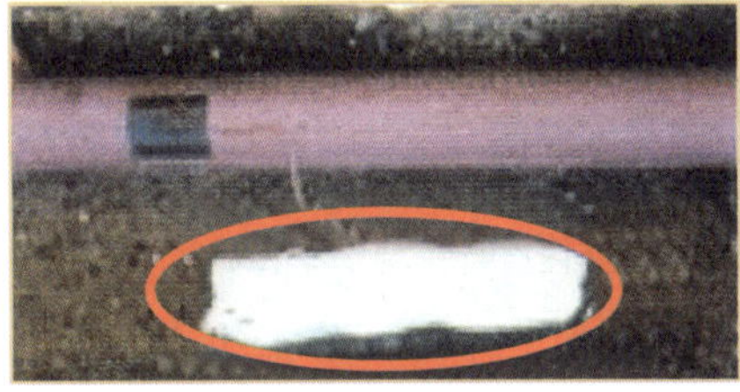

정답 300m

Question 2

동영상에서 보여주는 가스 배관의 관경이 20mm, 관 길이가 200m인 경우 고정장치의 개수를 계산하시오.

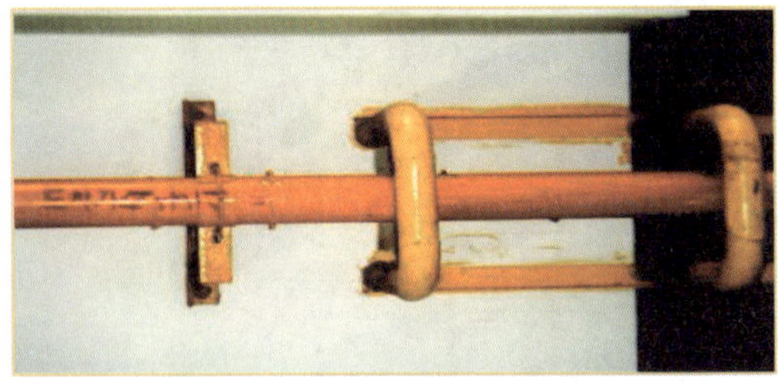

정답 13mm 이상 33mm 미만은 2m마다 고정하므로 200÷2＝100개

Question 3

동영상의 도시가스 정압기실에서 정압기(정압기용 압력조정기)의 (1) 전단에 설치되는 안전장치와 (2) 후단에 설치되는 안전장치의 명칭을 쓰시오.

정답
(1) 긴급차단장치
(2) 안전밸브

Question 4

동영상의 A, B, C, D는 각각 어떤 가스의 용기 인지 쓰시오.

A.

B.

C.

D.

정답
A : 아세틸렌
B : 이산화탄소
C : 산소
D : 수소

Question 5

동영상의 FID검출기의 원리를 기술하시오.

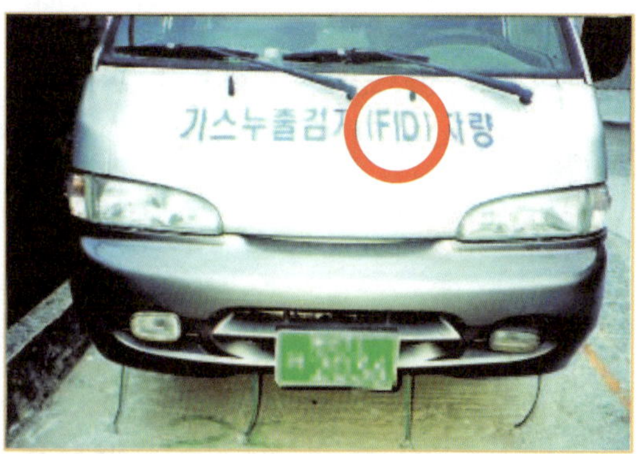

정답 시료가 이온화될 때 불꽃 중의 각 전극 사이에 전기전도도가 증대하는 원리를 이용하여 검 출한다.

Question 6

동영상에서 보여주는 수소충전소의 지붕모양을 V형태로 설치한 이유를 쓰시오.

정답 수소는 분자량이 2g으로 공기보다 가벼워 누 설 시 상부에 체류하므로 상부에서 누설가스 를 분산시켜 폭발위험을 방지하기 위함이다.

동영상은 LP가스 공급계약서이다. 공급계약서에 들어가야 할 사항을 4가지 쓰시오.

액화석유가스 안전공급계약서

※ [ ]에는 해당되는 곳에 ✓표를 합니다.   (앞쪽)

『액화석유가스의 안전관리 및 사업법 시행규칙』 별표 13 제3호가목에 따라 당사(점)[이하 "당사(점)"이라 합니다]는 고객(이하 "고객"이라 합니다)과 액화석유가스의 안전공급에 관하여 다음과 같이 계약을 체결합니다.

당사(점)는 액화석유가스(LPG)가 충전된 용기를 가스사용에 지장이 없도록, 계획된 배달날짜 또는 고객이 주문할 때마다 신속히 배달하겠으며, 사용시설에 직접 연결하여 드립니다. 다만, 체적으로 판매할 경우에는 사용 중인 용기 안에 있는 가스가 떨어지면 자동적으로 다른 용기에서 가스가 공급될 수 있도록 항상 충전된 예비용기를 연결하여 드리겠습니다.

1. 체적(계량기로 계량함)으로 판매할 경우
  가. 매월 가스사용량을 검침하여 별첨의 <체적판매 가스요금표>에 따라 계산된 가스요금을 받으며, 만약 가스계량기의 고장 등으로 계량이 잘 되지 않은 경우에는 최근 3개월간 검침된 양의 평균수치를 기준으로 하여 가스요금을 계산합니다.
  나. 가스요금의 가격구성과 요금체계의 설명은 가스요금표에 적혀 있고, 가스요금을 조정한 경우에는 조정된 가스요금을 적용하기 전에 알려드리겠습니다.
2. 중량으로 판매할 경우
  정량표시를 한 용기로 배달하고, 별첨의 <중량판매 가스요금표>에 따라 가스요금을 받으며, 가스요금을 조정한 경우에는 조정된 가스요금을 적용하기 전에 알려드립니다.
3. 가스요금을 납기 내에 납부하지 않은 경우 당사(점)는 고객에게 납기 경과분에 대해 관할 허가관청이 인정하는 연체료(가산금)를 부과할 수 있고, 사전 연락 후 가스공급을 중지할 수 있습니다.
  ※ 별첨: 체적(중량)판매 가스요금표 1부

1. 공급설비와 소비설비의 설치·변경 등의 비용부담방법은 다음과 같습니다.
  가. 당사(점) 소유의 공급설비(체적판매의 경우 용기 출구에서 계량기 출구까지의 설비를 말합니다)를 사용하여 고객이 당사(점)으로부터 가스를 공급받은 경우 그 설비의 사용에 대해 별도의 사용료를 부과하지 않습니다. 다만, 고객의 요청으로 계약기간을 정하지 않는 경우에는 당사(점)은 그 사용료를 부과할 수 있고, 고객의 사정(건물 보수 등)으로 공급설비의 변경·교환·수리 등이 필요한 경우에는 고객이 부담합니다.
  나. 소비설비(체적판매의 경우 계량기 출구에서 연소기까지의 설비를 말하고, 중량판매의 경우 용기 출구에서 연소기까지의 설비를 말합니다)의 설치·변경 등은 고객이 부담합니다.
2. 고객은 당사(점) 소유의 설비로 다른 가스공급자로부터 가스를 공급받을 수 없습니다.

이 계약의 유효기간은   년 월 일부터   년 월 일까지로 하고, 당사(점)은 계약만료일 15일 전에 고객에게 계약만료를 알리며, 고객이 계약만료일 전에 계약해지를 알리지 않은 경우 계약기간은 6개월씩 연장됩니다.
※ 계약기간: 체적판매방법으로 공급하는 경우 및 중량판매방법(용기집합설비를 설치한 주택에 공급하는 경우에만을 말합니다)으로 공급하는 경우로서 공급설비를 당사(점)의 부담으로 설치한 경우 당사(점)와 체결하는 최초의 안전공급계약은 1년(주택의 경우에는 2년) 이상으로 하고, 공급설비와 소비설비 모두를 당사(점)의 부담으로 설치한 경우 당사(점)와 체결하는 최초의 안전공급계약은 2년(주택의 경우에는 3년) 이상으로 합니다.

고객이 당사(점)와 계약한 안전공급계약의 해지를 요청할 경우 당사(점)는 5일 이내에 고객과 가스요금 등을 정산 및 납부하고 계약을 해지하여야 하여, 다음의 방법에 따라야 합니다.
1. 계약기간이 만료되어 고객이 계약해지를 요구하는 경우 당사(점)는 그 설비를 철거하거나 고객이 원하는 새로운 가스공급자에게 양도·양수합니다.
2. 계약기간 내에 당사(점)이 무단으로 가스공급의 중단, 사전 협의 없는 요금의 인상, 안전점검 미실시, 그 밖에 안전관리 업무를 하지 않은 경우로서 고객이 그 설비의 철거를 원할 경우 당사(점)은 그 설비를 철거합니다.
3. 제2호 외의 사유로 계약기간 내에 고객이 계약해지를 요청하는 경우 고객은 당사(점)가 설치한 설비에 대하여 철거비용을 부담해야 합니다. 다만, 고객이 그 설비의 철거를 원하지 않고 새로운 가스공급자가 있는 경우 당사(점)는 제1호의 방법으로 할 수 있습니다.
4. 공급설비가 고객의 소유인 경우 당사(점)이 구매·철거합니다. 다만, 고객이 공급설비의 철거를 원하지 않는 경우에는 당사(점)은 용기만 구매·철거하고, 새로운 가스공급자는 고객의 공급설비를 구매해야 합니다.
5. 당사(점)의 귀책사유 없이 고객이 계약을 해지하려면 고객은 다음의 방법에 따라 산정한 철거비용 등을 당사(점)에 납부하여야 합니다.
  가. 당사(점)이 설치한 설비의 철거비용: 통계청의 건설임금단가(배관공)를 적용
  나. 소비설비[당사(점)의 부담으로 설치한 경우만 해당합니다]의 시가 상당액: 계약해지 당시의 신규제품가격(기획재정부장관이 정하는 기준에 적합한 전문가격조사기관으로서 기획재정부장관에게 등록한 기관이 조사하여 공표한 가격을 말합니다)에서 1년에 20%씩 뺀 금액
6. 계약기간이 지난 이후 당사(점)의 부담으로 설치한 소비설비는 계약서에 별도로 고객에게 소유권이 이전되는 것으로 명시한 경우에 한정하여 고객의 소유로 합니다.
7. 계약의 해지는 요금의 정산과 공급설비에 대한 보상시 발행한 영수증 등으로 확인할 수 있어야 합니다.

1. 공급설비에 대해서는, 당사(점)가 법규에서 정하는 바에 따라 설비의 유지·관리를 위한 점검을 합니다.
2. 소비설비에 대해서는, 당사(점)가 법규에서 정하는 바에 따라 점검을 실시하나, 일상의 관리는 「가스안전 계도물」 등을 참고하여 관리하여 주시고, 고객은 당사(점)의 점검을 거부해서는 안 되며, 점검 결과 기준에 맞지 않거나 가스누출 등의 우려가 있을 경우 당사(점)는 안전상 가스사용을 일시 중단시킬 수 있으며, 중단조치 후 무단으로 가스를 사용하였을 경우 당사(점)는 그로 인한 책임을 지지 않습니다.
3. 고객은 당사(점)의 시설개선 권고를 받은 경우 당사(점)가 정한 날까지 시설 개선을 해야 합니다. 시설 개선 권고를 이행하지 않는 경우 당사(점)는 그 사실을 관할관청에 알려야 합니다.
4. 고객은 당사(점)와 사전 협의 없이 당사(점) 소유의 설비를 임의로 철거하거나 변경할 수 없습니다. 다만, 협의가 이루어지지 않아 고객이 당사(점) 소유 설비의 철거를 요청한 경우 5일 이내에 철거하겠습니다.
5. 당사(점)는 고객이 관할관청의 수리 또는 개선명령을 이행하기 위하여 당사(점)에게 고객의 소비설비의 수리 또는 개선을 요청한 경우 2일 이내에 고객의 소비설비를 개선하여 드리겠습니다. 다만, 이에 필요한 비용은 고객이 부담합니다.

※ 고객과 관련된 정보는 다른 목적으로 사용하거나 누출할 수 없습니다.

정답 액화석유가스의 전달방법, 액화석유가스의 계량방법과 가스요금, 공급설비와 소비설비에 대한 비용부담, 공급설비와 소비설비의 관리방법, 위해예방조치에 관한사항, 계약의 해지 (택4 기술)

Question 8

동영상은 보호포이다. 각각 어떤 관에 사용되는지를 저압관과 중압관으로 구분하여 쓰시오.

(1)

(2)

정답
(1) 저압관
(2) 중압관

Question 9

동영상에 있는 두께 30mm의 PE관을 맞대기 융착이음을 할 때, 융착이음 비드 폭의 (1) 최소값과 (2) 최대값은 얼매(mm)인지를 계산하시오.

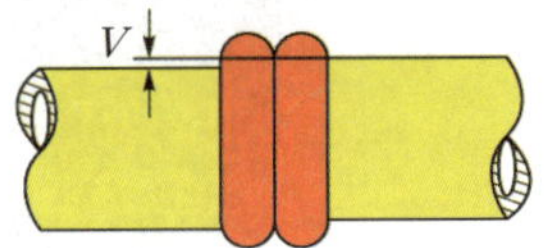

정답
(1) $3 + 0.5 \times 30 = 18mm$
(2) $5 + 0.75 \times 30 = 27.5mm$

Question 10

동영상에서 보여주는 도시가스의 이동식 저장, 압축 충전설비와 화기와의 이격거리를 쓰시오.

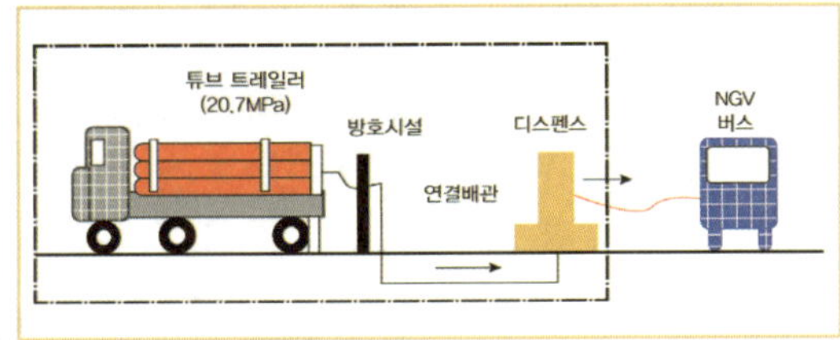

(1) 고압전선일 때
(2) 저압전선일 때

정답
(1) 수평거리 5m 이상
(2) 수평거리 1m 이상

2023년 가스산업기사 필답형 출제문제

제2회 출제문제(2023. 7. 22. 시행)

01 아래의 조건으로 저압배관의 관경을 계산하시오.

- $Q=200\text{m}^3/\text{hr}$　　　- $L=400\text{m}$　　　- $H=25\text{mmH}_2\text{O}$　　　- $K=0.707$　　　- $S=0.6$

정답 $Q=K\sqrt{\dfrac{D^5 H}{SL}}$ 에서

$$D^5=\dfrac{Q^2 \cdot S \cdot L}{K^2 \cdot H}=\dfrac{200^2\times0.6\times400}{0.707^2\times25}=768232$$

$$\therefore\ D=\sqrt[5]{768232}=15.03\text{cm}$$

02 가연성 가스 저온저장탱크의 내부압력이 외부보다 압력이 낮아질 때 그 저장탱크가 파괴되는 것을 방지하기 위해 갖추어야 할 설비 2가지를 쓰시오.

정답 압력계, 압력경보설비, 진공안전밸브 (택2 기술)

03 O_2의 압력이 180kg/cm²a인 용기의 부피가 40L일 때 0℃의 질량은 몇 kg인지 구하시오. (단, 1atm=1.033kg/cm²이다.)

정답 $PV=\dfrac{W}{M}RT$ 에서

$$W=\dfrac{PVM}{RT}=\dfrac{\dfrac{180}{1.033}\times0.04\times32}{0.082\times273}=9.963=9.96\text{kg}$$

04 초저온 탱크의 정의를 쓰시오.

정답 −50℃ 이하의 액화가스를 충전하기 위한 저장탱크로서, 단열재를 씌우거나 냉동설비로 냉각시키는 등의 방법으로 용기 내의 가스 온도가 상용의 온도를 초과하지 아니하도록 한 것

05 아황산가스의 제독제 3가지를 쓰시오.

정답 가성소다 수용액, 탄산소다 수용액, 물

06 조정기 중 1단 감압식 조정기의 장점과 단점을 각각 2가지씩 쓰시오.

정답 (1) 장점
　　　① 장치가 간단하다.
　　　② 조작이 간단하다.
　　(2) 단점
　　　① 배관이 굵어진다.
　　　② 최종압력이 부정확하다.

07 압력계의 눈금이 26kg/cm^{2}일 때 수두압력(mH$_2$O)은 얼마인지 계산하시오.

정답
$$H(\mathrm{mH_2O}) = \frac{P}{\gamma} = \frac{26 \times 10^4 \mathrm{kg/m^2}}{1000 \mathrm{kg/m^3}} = 26\mathrm{mH_2O}$$

08 공기액화분리장치의 폭발원인 3가지를 쓰시오.

정답 ① 공기 취입구로부터 C_2H_2의 혼입
　　② 압축기용 윤활유 분해에 따른 탄화수소의 생성
　　③ 액체공기 중 O_3의 혼입

09 수소, 메탄, 아세틸렌, 프로판의 (1) 위험도를 계산하고, (2) 위험도가 큰 순서대로 나열하시오.

정답 (1) 위험도

$$\text{수소} : H_2 = \frac{75-4}{4} = 17.75$$

$$\text{메탄} : CH_4 = \frac{15-5}{5} = 2$$

$$\text{아세틸렌} : C_2H_2 = \frac{81-2.5}{2.5} = 31.4$$

$$\text{프로판} : C_3H_8 = \frac{9.5-2.1}{2.1} = 3.52$$

　　(2) 아세틸렌 > 수소 > 프로판 > 메탄

10 도시가스 제조 process 중 접촉분해 process에 대해 설명하시오.

> **정답** 촉매를 사용하여 400~800℃에서 탄화수소와 수증기를 반응시켜 메탄, 수소, 일산화탄소, 이산화탄소로 변환시키는 공정

11 사용조건에 적합한 정압기를 선정할 때 고려해야 할 사항 4가지를 쓰시오.

> **정답** ① 정특성
> ② 동특성
> ③ 유량특성
> ④ 작동최소차압 및 사용최대차압

12 가스배관 경로를 선정 시 고려해야 할 사항 4가지를 쓰시오.

> **정답** ① 최단거리로 할 것
> ② 구부러지거나 오르내림이 적을 것
> ③ 은폐매설을 피할 것
> ④ 옥외에 설치할 것

13 독성가스의 기준인 TLV–TWA, TLV–STEL, TLV–C, LC_{50} 중 국내 적용의 독성가스 농도 기준은 어느 것인지 쓰시오.

> **정답** LC_{50}

> **해설** 1. TLV–TWA(시간가중평균농도)
> 　　매일 일하는 근로자가 1일 8시간씩 주 40시간 그 분위기에서 작업 시 건강에 지장이 없는 농도
> 2. TLV–STEL(단시간노출허용농도)
> 　　짧은 시간에 노출될 수 있는 최고허용농도로서 근로자가 15분 동안 계속하여 노출되었을 때 참을 수 없는 자극, 사고를 일으킬 수 있는 혼수상태를 일으키는 농도
> 3. TLV–C(최고허용농도)
> 　　최고허용한도로서 단 한순간이라도 초과하지 않아야 하는 농도
> 4. LC_{50}
> 　　국내 독성가스 농도 기준으로 실험동물의 50%가 치사할 수 있는 농도(허용농도 5000ppm 이하는 독성가스, 200ppm 이하는 맹독성가스)

14 연소기 중 파일럿 버너의 역할을 설명하시오.

> **정답** 주버너의 연소를 위하여 주버너의 착화를 위한 버너이다.

15 피셔식 정압기의 작동상황에 대한 플로차트에 대하여 아래 빈칸을 채우시오.

구분 / 사용량	수용가의 가스사용 상황	2차 압력	파일럿 다이어프램	배출밸브	공급밸브	구동압력	메인밸브
사용량에 따른 변수	사용량 증가 시	저항 (낮아진다.)	①	②	③	④	⑤

정답
① 올라간다.(상승)
② 닫힌다.(폐쇄)
③ 열린다.(개방)
④ 올라간다.(상승)
⑤ 열린다.(개방)

해설 가스의 사용량이 증가하면 가스량이 적어지니 수용가의 2차 압력은 낮아지고 파일럿 다이어프램이 위로 올라가야 메인밸브가 개방되어 1차에서 2차로 가스가 공급되므로 이 과정에서 당연히 공급하는 밸브는 개방되어야 하며 배출밸브는 폐쇄되어야 한다.

참고 1. 사용량 감소 시

2차 압력	파일럿 다이어프램	배출밸브	공급밸브	구동압력	메인밸브
올라간다. (상승)	내려간다. (저하)	열린다. (개방)	닫힌다. (폐쇄)	내려간다. (저하)	닫힌다. (폐쇄)

2. 작동상황 플로차트
① 레이놀즈 정압기

구분 / 사용량	수용가의 가스사용 상황	2차 압력	저압보조 정압기의 열림 정도	중간 압력	보조압력 내의 다이어프램을 밀어올리는 힘	보조압력 내의 다이어프램의 위치	조봉레버 (메인밸브 위치)	메인밸브의 열림 정도
사용량에 따른 변수	사용량 증가 시	저하	증대	저하	약해짐	내려간다.	내려간다.	증대
	사용량 감소 시	상승	감소	상승	강해짐	올라간다.	올라간다.	감소

② AFV식 정압기

구분 / 사용량	수용가의 가스사용 상황	2차 압력	파일럿 밸브의 열림 정도	구동압력	고무슬리브의 열림 정도
사용량에 따른 변수	사용량 증가 시	저하	증대	저하	증대
	사용량 감소 시	상승	감소	상승	감소

2023년 가스산업기사 동영상 출제문제

Question 1

동영상을 보고 다음 물음에 답하시오.

(1) 이 가스 시설물의 명칭을 쓰시오.
(2) 금속제로 사용되는 것 이외에 종류 2가지를 쓰시오.

정답
(1) 라인마크
(2) 네일형 라인마크, 스티커형 라인마크

참고

1. 네일형 라인마트
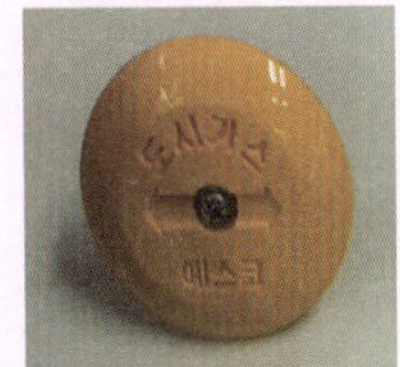

2. 스티커형 라인마크

Question 2

동영상을 보고 다음 물음에 답하시오.

(1) 용기의 명칭을 쓰시오.
(2) (1)의 용기가 일반용기, 특히 수용가에서 사용되는 용기와의 차이점을 쓰시오.

정답
(1) 사이펀 용기
(2) 사이펀 용기는 일반용기와 다르게 용기에 기체, 액체 밸브가 각각 설치되어 있어 사용량이 많은 곳에는 액체로 배출되어 기화기를 통하여 다량의 가스를 공급할 수 있어 대형의 식당가 등에서 주로 사용하며, 기화기 고장 시에는 기체로 공급할 수 있다.

Question 3

동영상을 보고 다음 물음에 답하시오.

(1) 이 시설물의 명칭을 쓰시오.
(2) 독성가스를 사용 시 착지농도의 기준을 쓰시오.
(3) 긴급용(공급용)으로 사용 시 액화가스가 방출되거나 급랭될 우려가 있는 시설에 설치되어야 하는 것은 무엇인지 쓰시오.

정답
(1) 벤트스택
(2) TLV-TWA 기준농도 미만
(3) 기액분리기

Question 4

동영상의 도시가스 사용시설의 가스 보일러실에서 가스검지기를 설치하면 안 되는 장소를 2가지 이상 쓰시오.

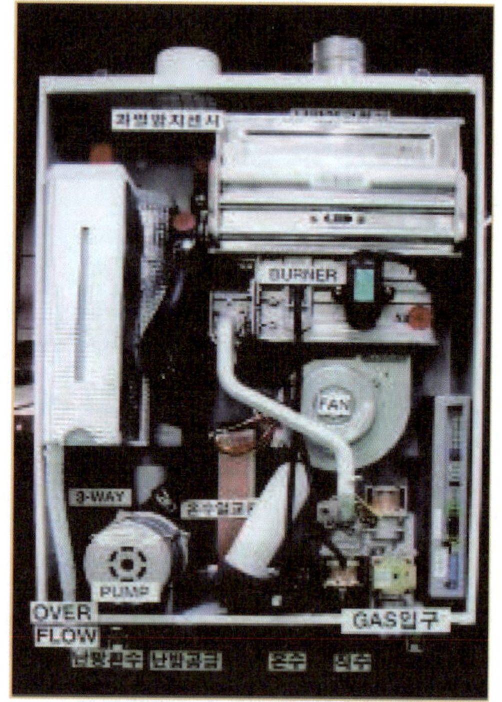

정답
① 출입구 부근 등으로서 외부의 기류가 통하는 곳
② 환기구 등 공기가 들어오는 곳으로부터 1.5m 이내의 곳
③ 연소기의 폐가스에 접촉하기 쉬운 곳
(택 2 이상 기술)

참고
사용시설 이외의 검지부 설치제외 장소
1. 40℃ 이상인 장소
2. 누출가스 유통이 원활하지 않은 장소
3. 경보기 파손의 우려가 있는 장소

Question 5

동영상 ①, ②에 대한 다음 물음에 답하시오.

① 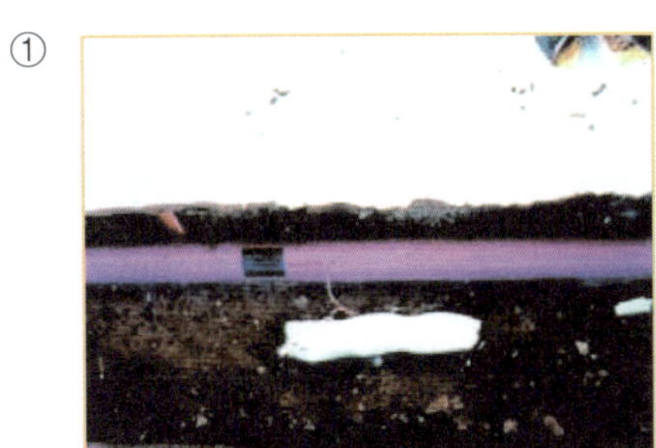

② 

(1) ①의 전기방식법의 종류를 쓰시오.
(2) ①의 전기방식법으로 ②의 설치간격을 쓰시오.

정답 (1) 희생양극법
      (2) 300m마다

Question 6

동영상의 가스 배관을 보고 물음에 답하시오.

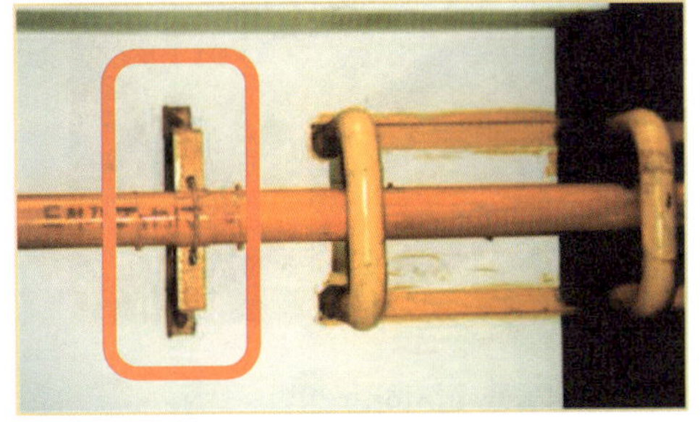

(1) 관경이 25mm일 때 고정장치는 지지간격 몇 m마다 설치해야 하는지 쓰시오.
(2) 지지대의 고정장치와 배관 사이에 해야 하는 조치사항을 쓰시오.

정답 (1) 2m마다
      (2) 고무판, 플라스틱 등의 절연물질을 삽입한다.

Question 7

동영상에 대한 다음 물음에 답하시오.

(1) 표시된 호스의 길이를 쓰시오.
(2) 이 호스 끝에 설치되는 장치의 명칭을 쓰시오.

정답 (1) 5m 이내
      (2) 정전기제거장치

Question 8

동영상에서 보여주는 용기를 보고 다음 물음에
적합한 용기의 번호를 쓰시오.

① 

② 

③ 

④ 

(1) 가연성 용기
(2) 조연성 용기
(3) 불연성 용기

정답 (1) ①
(2) ②, ④
(3) ③

Question 9

동영상은 가스시설물의 정전기를 지면을 이용하
여 제거하고 있다. 이 시설물의 정전기 제거방
법을 쓰시오.

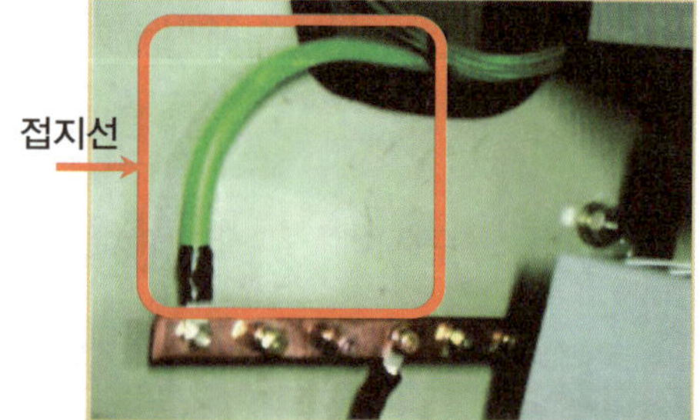

정답 대상물을 접지하는 방법

동영상의 액화천연가스 저장처리설비는 그 외면으로부터 사업소 경계까지 최소 몇 m 이상의 거리를 유지해야 하는지 쓰시오.

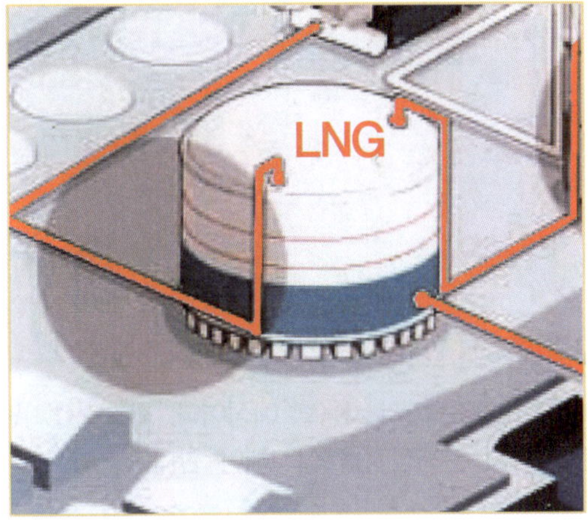

정답 50m 이상

해설 액화천연가스(기화된 것 포함)의 저장처리설비(1일 처리능력 52500m^3 이하인 펌프, 압축기, 응축기 및 기화장치 제외)는 그 외면으로부터 사업소 경계까지 $L = C\sqrt[3]{143000\sqrt{w}}$ 계산식에서 얻는 거리 이상을 유지해야 한다(단, 50m 미만일 경우 50m 이상으로 한다).

2023년 가스산업기사 필답형 출제문제

제4회 출제문제(2023. 11. 4. 시행)

01 LP가스 강제기화방식의 특징 4가지를 쓰시오.

> **정답**
> ① 한랭 시 가스 공급이 가능하다.
> ② 공급가스 조성이 일정하다.
> ③ 기화량을 가감할 수 있다.
> ④ 설치면적이 작아진다.

02 단독 정압기 분해점검주기 관련 다음 내용의 빈칸에 알맞은 것을 쓰시오.
단독 사용자가 2020년도에 정압기를 처음 설치하였고 2030년까지 사용할 예정이다. 최초 (①)년에 분해점검을 실시하고, (②)년 뒤인 (③)년에 다시 분해점검을 실시해야 한다.

> **정답**
> ① 2023
> ② 4
> ③ 2027

> **해설** 사용시설의 정압기 분해점검주기
> • 최초 : 3년에 1회 이상
> • 그 이후 : 4년에 1회 이상

03 C_3H_8 $10Nm^3$를 과잉공기량 20%로 완전연소 시 필요한 공기량(Nm^3)은 얼마인지 구하시오. (단, 공기 중 O_2의 양은 21%이다.)

> **정답** $C_3H_8 + 5O_2 \rightarrow 3CO_2 + 4H_2O$에서 1 : 5이므로
>
> 공기량은 $10 \times 5 \times \dfrac{100}{21} = 238.095$
>
> 과잉공기량은 20%이므로
> 실제공기량 $= 238.095 + 238.095 \times 0.2 = 285.71Nm^3$

04 냉동장치에 사용되는 냉매에 필요한 물리적인 특성을 4가지 쓰시오.

정답 ① 임계온도가 높을 것
② 응고점이 낮을 것
③ 증발열이 크고, 액체비열이 작을 것
④ 비열비가 작을 것

참고 화학적 조건
1. 인화 폭발성이 없을 것
2. 금속을 부식시키지 않을 것
3. 화학적으로 안정하고, 분해되지 않을 것

05 고압설비의 상용압력이 15MPa일 때 다음 물음에 답하시오.
(1) 물로서 내압시험 시 내압시험압력(MPa)은?
(2) 기밀시험압력(MPa)은?
(3) 안전밸브의 작동압력(MPa)은 얼마인가?

정답 (1) $15 \times 1.5 = 22.5$MPa
(2) 15MPa 이상
(3) $22.5 \times \dfrac{8}{10} = 18$MPa

해설 • T_p = 상용압력 × 1.5 이상(물로 시험 시)
= 상용압력 × 1.25 이상(공기, 질소로 시험 시)
• A_p = 상용압력 이상
• 안전밸브 작동압력 = $T_p \times \dfrac{8}{10}$ 이하

06 정압기를 평가하여 선정할 경우, 사용조건에 적합하도록 고려해야 하는 특성을 4가지 쓰시오.

정답 ① 정특성
② 동특성
③ 유량특성
④ 작동최소차압 및 사용최대차압

07 다음은 가스누출 자동차단장치의 설치에 대한 내용이다. 빈칸에 알맞은 용어를 쓰시오.

(1) 액화석유가스 특정사용시설 중 제1종 보호시설이나 (　　)에서 액화석유가스를 사용하려는 자는 가스누출 자동차단장치를 설치하여야 한다. 단, 주거용으로 액화석유가스를 사용하는 경우에는 제외한다.

(2) 특정가스 사용시설 식품위생법에 의한 식품접객업소로서 영업장의 면적이 $100m^2$ 이상인 가스사용시설이나 지하에 있는 가스사용시설(가정용은 제외)의 경우에는 가스누출 경보차단장치나 가스누출 자동차단기를 설치한다. 단, 가스누출경보기 연동차단기능의 (　　)를 설치하는 경우에는 가스누출 경보차단장치나 가스누출 자동차단기를 설치하지 않을 수 있다.

정답 (1) 지하실
(2) 다기능 가스안전계량기

08 도시가스 사용시설의 가스 계량에 대한 다음 물음에 답하시오.

(1) 화기로부터 몇 m 이상 우회거리를 유지하여야 하는가?
(2) 전기계량기의 전기개폐기와 이격거리는 몇 cm 이상인가?
(3) 절연조치를 하지 않은 전선과의 이격거리는 몇 cm 이상인가?
(4) 가스계량기를 공동주택의 대피공간에 설치할 수 있는가?

정답 (1) 2m 이상
(2) 60cm 이상
(3) 15cm 이상
(4) 설치할 수 없다.

09 공기액화분리장치의 구성요소를 3가지 이상 쓰시오.

정답 ① 여과기
② 공기압축기
③ CO_2 흡수탑

해설 그 밖에 유분리기, 복정류탑, 아세틸렌흡착기 등

10 압축기의 운전방법 중 다단압축의 장점을 4가지 쓰시오.

정답 ① 일량이 절약된다.
② 가스의 온도상승을 피한다.
③ 이용효율이 증가된다.
④ 힘의 평형이 양호하다.

11 온도 35℃, F_p=5MPa일 때 내용적 1000m³인 액화석유가스의 저장능력(m³)은 얼마인지 구하시오.

정답 $Q=(10P+1)V=(10\times5+1)\times1000=51000\text{m}^3$

해설
- 압축가스의 저장능력 산정식
  $Q=(10P+1)V$
- 액화가스의 저장능력 산정식
  $G=0.9d_v$에서 문제의 문구는 액화석유가스를 압축가스라 하여야 문제가 성립되며, 주어진 조건들이 압축가스 저장능력으로 계산할 수밖에 없는 경우이다.

12 도시가스 사용시설에 대한 다음 물음에 답하시오.
(1) 도시가스 사용시설 중 배관의 기밀시험압력은 얼마인가?
(2) 도시가스 사용시설 중 최고사용압력이 중압 이상인 배관의 내압시험압력은 얼마인가?

정답 (1) 최고사용압력의 1.1배 이상 또는 8.4kPa 중 높은 압력 이상
(2) 최고사용압력의 1.5배 이상

13 펌프 운전에 대한 다음 물음에 답하시오.
(1) 병렬운전 시 유량과 양정의 변화는?
(2) 직렬운전 시 유량과 양정의 변화는?

정답 (1) 유량 증대, 양정 불변
(2) 유량 불변, 양정 증대

14 신축이음 중 상온스프링(cold spring)에 대해 설명하시오.

정답 배관의 자유팽창량을 미리 계산하며, 관의 길이를 짧게 절단하여 신축량을 흡수하는 방법으로 이때의 절단길이는 자유팽창량의 1/2배이다.

15 내용적 50m³인 저장탱크에 20톤의 액화석유가스 충전 시 충전 비율은 몇 %인지 구하시오. (단, 액비중은 0.55이다.)

정답 $\dfrac{20\div0.55}{50}\times100=72.727=72.73\%$

2023년 가스산업기사 동영상 출제문제

[제 4 회 출제문제 (2023. 11. 4.)]

Question 1

동영상에서 보여주는 압력계의 최고눈금 관련 다음 내용의 (   ) 안에 알맞은 숫자를 쓰시오.

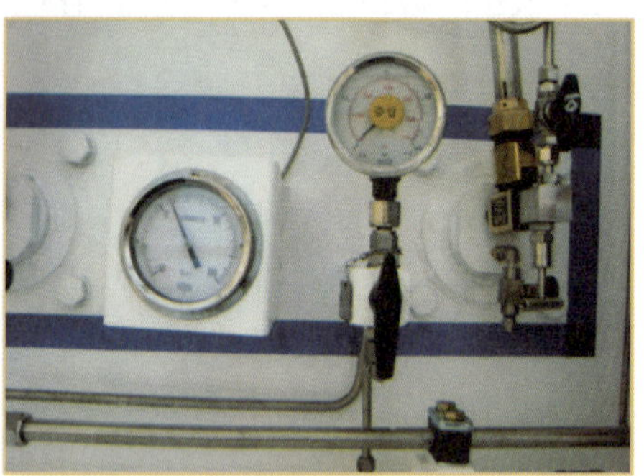

(1) 고압설비에 설치된 압력계는 상용압력의 (   )에 최고눈금이 있는 것이어야 한다.
(2) 충전용 주관의 압력계는 (   ), 그 밖의 압력계는 1년에 1회 이상 점검을 하여야 한다.

정답
(1) 1.5배 이상 2배 이하
(2) 매월 1회 이상

참고
- 고압가스 제조, 액화석유가스법 : 충전용 주관의 압력계는 매월 1회, 그 밖의 압력계는 1년에 1회 기능을 검사할 것
- 고압가스 저장 : 압력계는 3월에 1회 이상 표준압력계로 그 기능을 검사할 것

Question 2

동영상의 공기액화분리장치에 대한 다음 내용의 (   ) 안에 알맞은 숫자를 쓰시오.

공기액화분리기에 설치된 액화산소 (①)L 중 아세틸렌의 질량이 (②)mg이 넘을 때, 또는 탄화수소 중 탄소의 질량이 (③)mg이 넘을 때에는 공기액화분리기의 운전을 중지하고 액화산소를 방출하여야 한다.

정답 ① 5   ② 5   ③ 500

Question 3

동영상의 가스보일러를 보고 다음 물음에 답하시오.

① 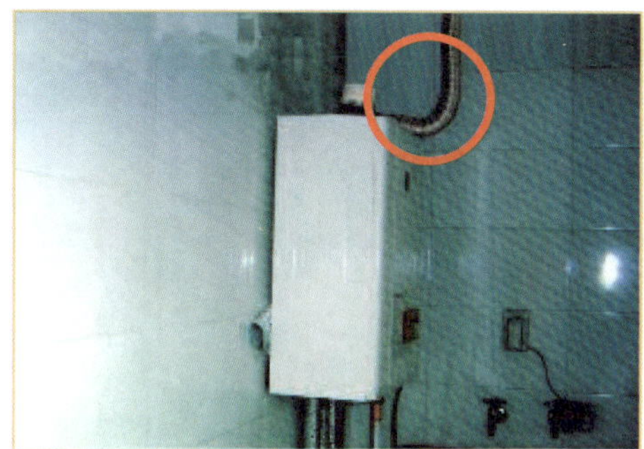

② 

(1) 연소용 공기는 실내에서 취하고 폐가스는 실외로 배출하는 가스보일러(①)의 배기방식을 쓰시오.
(2) 연소용 공기는 실외에서 취하고 연소생성물(폐가스)도 실외로 배출시키는 가스보일러(②)의 배기방식을 쓰시오.

정답
(1) FE(반밀폐식 강제배기식)
(2) FF(밀폐식 강제급배기식)

Question 4

동영상의 LPG 자동차 충전소에 대하여 빈칸을 채우시오.

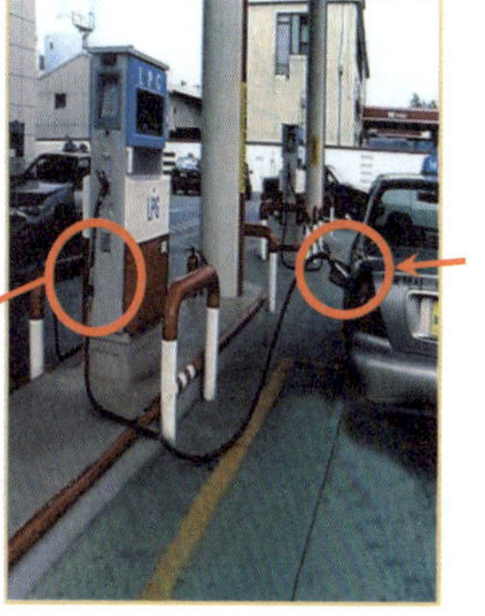

(1) 충전호스(가)의 길이는 (   )m 이내로 해야 한다.
(2) 가스주입기(나)는 (   )형으로 해야 한다.

정답
(1) 5
(2) 원터치

Question 5

동영상의 가스 용기에 각인되어 있는 ①, ②의 의미와 단위를 쓰시오.

정답
① Tp : 내압시험압력(MPa)
② Fp : 최고충전압력(MPa)

Question 6

동영상의 LPG 충전시설에 대한 다음 물음에 답하시오.

(1) 지시된 경계책(가)의 높이는 몇 m 이상으로 해야 하는가?

(2) 화기엄금 표지판(나)의 수량은 몇 개 이상으로 해야 하는가?

정답 (1) 1.5m 이상
(2) 3개소 이상

해설 LPG 충전사업소의 표지판 설치현황
1. 사업장 출입구

LPG 충전사업소	– 규격 : 200cm×50cm 이상 – 색상 : 흰색(바탕), 적색(글자) – 게시 위치 : 사업장 출입구

2. 경계책(외벽)

화기엄금	– 규격 : 90cm×40cm 이상 – 색상 : 흰색(바탕), 적색(글자) – 수량 : 각각 3개소 이상[2개의 경계표지를 병행(교차) 설치] – 게시 위치 : 사업장 주위 담 또는 경계 울타리 등
화기엄금 (통제구역)	– 규격 : 150cm×40cm 이상 – 색상 : 흰색(바탕), 적색(화기엄금), 청색(통제구역) – 수량 : 3개소 이상 – 게시 위치 : 기계실 출입문

3. 경계책(울타리, 담)

용무 외 출입금지

Question 7

동영상의 도시가스 정압기실에 대하여 물음에 답하시오.

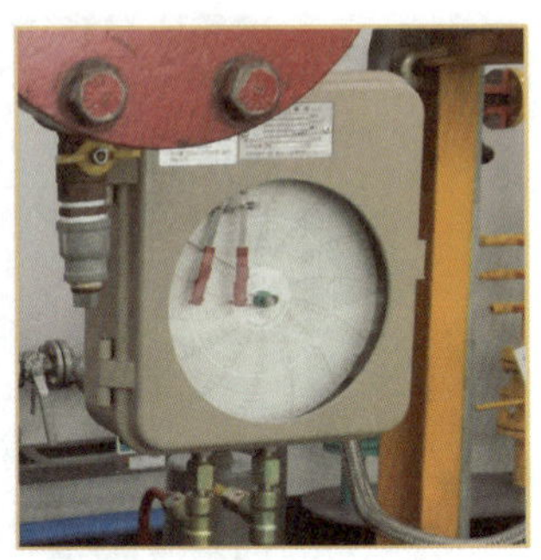

(1) 동영상 부분의 명칭을 쓰시오.
(2) 정압기실에서의 설치위치를 쓰시오.

정답 (1) 자기압력기록계
(2) 정압기 출구

해설 정압기 출구에는 가스의 압력을 측정하여 기록할 수 있는 장치를 설치한다.(KGS FS 552, 293)

Question 8

동영상의 (1), (2), (3) 안전밸브의 명칭을 쓰시오.

(1)
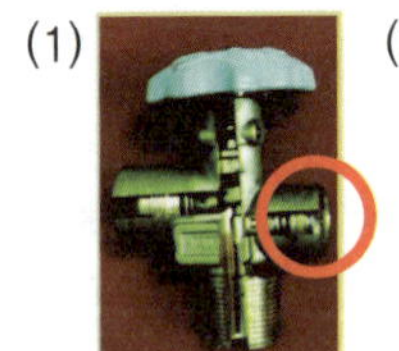
(2)
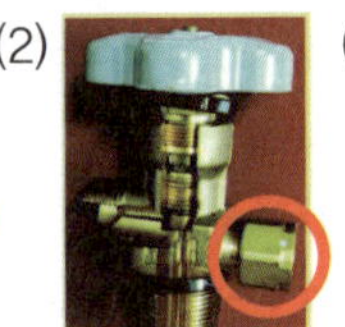
(3)

정답 (1) 스프링식 안전밸브
(2) 가용전식 안전밸브
(3) 파열판식 안전밸브

해설 (2) 가용전식 안전밸브 : 우측 캡부분 납으로 밀봉
(3) 파열판식 안전밸브 : 우측 캡부분 구멍이 뚫려 있음

Question 9

다음 동영상의 도시가스용 매몰형 PE 밸브에 대하여 물음에 답하시오.

(1) 사용압력은 몇 MPa 이하인가?
(2) 사용온도는 몇 ℃ 이하인가?
(3) 개폐용 핸들열림 표시방향은?
(4) SDR이 10 이하인 경우 최고사용압력은?

정답 
(1) 0.4MPa 이하
(2) 38℃
(3) 시계바늘 반대방향
(4) 0.4MPa

해설 
(1)

SDR	압력
11 이하	0.4MPa 이하
17 이하	0.25MPa 이하
21 이하	0.2MPa 이하

(2) 액화석유가스 또는 도시가스용 매몰형 폴리에틸렌 플러그 밸브 및 매몰형 폴리에틸렌 볼밸브(KGSAA333)
① 사용온도 −29℃ 이상 38℃ 이하
② 사용압력 0.4MPa 이하
③ 지하에 매몰하여 사용

Question 10

동영상의 LPG 저장탱크에 대한 다음 물음에 답하시오.

(1) 표시된 장치의 명칭을 쓰시오.
(2) 표시된 장치의 기능을 쓰시오.

정답
(1) 스프링식 안전밸브
(2) 저장탱크 내 이상압력 상승 시 가스를 일부 방출하여 탱크의 파열, 폭발 등의 위해를 예방한다.

2024년 가스산업기사 필답형 출제문제

제1회 출제문제(2024. 4. 27. 시행)

01 정압기의 특성에는 정특성, 동특성, 유량특성 등이 있다. 이 중 정특성과 동특성의 정의를 기술하시오.

정답 ① 정특성 : 정상 상태에 있어서 유량과 2차 압력과의 관계
② 동특성 : 부하 변화가 큰 곳에 사용되는 정압기에 대하여 부하 변동에 대한 응답의 신속성과 안정성

참고 그 외 정압기의 특성
① 유량특성 : 메인밸브의 열림과 유량과의 관계
② 사용 최대차압 : 메인밸브에는 1차 압력과 2차 압력의 차압이 작용, 정압성능에 영향을 주나 이것이 실용적으로 사용할 수 있는 범위에서 최대로 되었을 때 차압
③ 작동 최소차압 : 정압기가 작동할 수 있는 최소차압

02 유량이 $5\text{m}^3/\text{min}$, 펌프의 구경이 20cm일 때 이 펌프에서 발생되는 유속은 몇 m/s인가?

정답 2.65m/s

해설
$$V = \frac{Q}{A} = \frac{5\text{m}^3/60\sec}{\frac{\pi}{4} \times (0.2\text{m})^2} = 2.652 = 2.65\,(\text{m/s})$$

03 다음에서 설명하는 화재의 정의를 설명하시오.
(1) 액면화재(Pool fire)
(2) 제트화재(Jet fire)

정답 (1) 저장탱크나 용기 내와 같은 액면 위에서 연소되는 석유화재
(2) 고압의 액화석유가스가 누출 시 점화원에 의해 불기둥을 이루는 복사열에 의해서 일어나는 화재

04 가스검지기 설치 시 (1) 공기보다 무거운 C_3H_8과 (2) 공기보다 가벼운 CH_4를 구분하여 설치 높이를 기술하시오.

> **정답** (1) 공기보다 무거운 C_3H_8 : 바닥면에서 검지기 상단부까지 30cm 이내
> (2) 공기보다 가벼운 CH_4 : 천정면에서 검지기 하단부까지 30cm 이내

05 500L의 물을 55℃까지 1시간 동안 상승시키는 데 필요한 LP가스의 양(kg/hr)은 얼마인가? (단, 효율은 75%, LP가스의 발열량은 12,000kcal/kg이며, 처음의 온도는 5℃로 한다.)

> **정답** 2.78kg/hr

> **해설**
> $$G = \frac{500\text{kg} \times 1\text{kcal/kg} \times 50℃}{12,000\text{kcal/kg} \times 0.75} = 2.777\text{kg/hr} = 2.78\text{kg/hr}$$

06 다음의 수소에 대하여 물음에 답하시오.
(1) 공업적 제법을 CO의 전화법과 함께 4가지 쓰시오.
(2) CO의 전화법의 제조반응식을 쓰고, 제조되는 과정을 설명하시오.

> **정답** (1) ① 물의 전기분해법
> ② 천연가스 분해법
> ③ 수성 가스법
> ④ CO의 전화법
> (2) $CO + H_2O \rightarrow CO_2 + H_2$
> 일산화탄소에 수증기를 작용시켜 철·크롬계 촉매와 함께 가열하여 수소를 제조

07 다음의 물음에 답하시오.
(1) 아세틸렌 제조 시 아세틸렌의 발생 방법의 3가지는 (①), (②), 투입식이 있다.
(2) 투입식의 원리를 설명하시오..

> **정답** (1) ① 주수식, ② 침지식
> (2) 투입식 : 물에 카바이드를 투입하여 아세틸렌을 발생시키는 형식

> **참고**
> • 주수식 : 카바이드에 물을 넣는 방법
> • 침지식(접촉식) : 물과 카바이드를 소량씩 접촉시키는 방법

08 액화천연가스 저장탱크를 방호형식에 따라 분류할 때 방호형식 3가지를 쓰시오.

 정답
① 단일방호형식
② 이중방호형식
③ 완전방호형식

해설
① 단일방호형식 : 내부탱크는 액상 및 기상의 가스를 모두 저장하며, 내부탱크가 파괴되는 경우 누출된 액상의 가스를 방류둑에서 충분히 담을 수 있는 구조
② 이중방호형식 : 내부탱크는 액상 및 기상의 가스를 모두 저장하며, 내부탱크가 파괴되어 액상의 가스가 누출되는 경우 방류둑 또는 외부탱크에서 누출된 액상의 가스를 담을 수 있는 구조
③ 완전방호형식 : 정상운전 시 내부탱크는 액상의 가스를 저장할 수 있고, 외부탱크는 기상의 가스를 저장할 수 있는 구조로서, 내부탱크가 파괴되어 누출되는 경우 외부탱크가 누출된 액상 및 기상의 가스를 담을 수 있으며, 증발가스(Boil-Off Gas)는 안전밸브를 통해 방출될 수 있는 구조

09 고압가스 저장탱크에 설치하여야 하는 긴급차단장치에 대하여 빈칸에 알맞은 숫자나 단어를 쓰시오.
(1) 저장탱크에 부착된 배관(액상의 가스를 송출 또는 이입하는 것만을 말하며, 저장탱크와 배관과의 접속부분을 포함한다)에는 그 저장탱크의 외면으로부터 (①)m 이상 떨어진 위치에서 조작할 수 있는 긴급차단장치를 설치한다. 다만, 액상의 가연성가스 또는 독성가스를 이입하기 위하여 설치된 배관에 역류방지밸브를 설치한 경우에는 긴급차단장치를 설치한 것으로 볼 수 있다.
(2) 배관에는 긴급차단장치에 딸린 밸브 외에 (②)개 이상의 밸브를 설치하고, 그 중 1개는 그 배관에 속하는 저장탱크의 가장 가까운 부근에 설치한다. 이 경우 그 저장탱크의 가장 가까운 부근에 설치한 밸브를 가스를 송출 또는 이입하는 때 외에는 잠가둔다.
(3) 긴급차단장치의 동력원은 차단밸브의 구조에 따라 (③), (④), 전기 또는 스프링 등으로 한다.

정답
① 5　② 2　③ 액압　④ 기압

10 금속재료에 일어나는 부식의 형태 4가지를 쓰시오.

정답
① 전면부식　② 국부부식　③ 선택부식　④ 입계부식

해설
① 전면부식 : 전면이 균일하게 일어나는 부식
② 국부부식 : 부식이 특정 부분에 집중하여 일어나는 부식
③ 선택부식 : 합금 중 특정 부분만이 선택적으로 용출 또는 전체가 용출한 다음, 특정 부분만 재석출되면서 일어나는 부식
④ 입계부식 : 결정입자가 선택적으로 부식이 되는 양식

11 가스보일러는 CO 등의 가스에 의한 중독의 피해를 예방하기 위해 전용보일러실에 설치하여야 하는데, 전용보일러실에 설치하지 않아도 되는 보일러의 종류 2가지를 쓰시오.

정답 (아래 중 2가지)
① 밀폐식 가스보일러
② 옥외에 설치한 가스보일러
③ 전용급기통을 부착하는 구조로 검사에 합격한 강제배기식 가스보일러

12 도시가스의 원료가 LPG+Air의 혼합가스를 사용하고 있다. 이 가스의 발열량이 12,000kcal/Nm^3 일 때 웨버지수를 계산하시오. (단, 이 가스의 분자량은 34g, 공기의 분자량은 28.8g으로 한다.)

정답 11,044.30

해설

$$\text{가스의 비중} = \frac{34}{28.8} = 1.1805$$

$$WI = \frac{Hg}{\sqrt{d}} = \frac{12,000}{\sqrt{1.1805}} = 11,044.295$$

13 내용적이 500m^{3}인 액화가스 저장탱크의 내부 점검을 위하여 탱크 내 가스를 이송하는 방법을 3가지 쓰시오.

정답
① 펌프에 의한 방법
② 압축기에 의한 방법
③ 차압에 의한 방법

14 고압가스안전관리법에서 정하는 품질유지 대상인 고압가스의 종류를 2가지 쓰시오.

정답
① 냉매로 사용되는 가스
② 연료전지용으로 사용되는 수소가스

참고 냉매로 사용되는 가스 : 프레온 및 4종 프로판, 이소부탄 등

15 아래의 온도계의 측정원리에 관계되는 계측 방법을 〈보기〉에서 찾아 번호로 선택하시오.

〈보기〉
① 서미스트　　② 서모커플　　③ 바이메탈　　④ 피로미터　　⑤ 금속저항

(1) 열저항의 원리
(2) 복사에너지의 원리
(3) 열팽창의 원리
(4) 전기저항의 변화
(5) 열기전력

정답 (1) ①　　(2) ④　　(3) ③　　(4) ⑤　　(5) ②

2024년 가스산업기사 동영상 출제문제

[제1회 출제문제 (2024. 4. 27.)]

Question 1

동영상의 LPG 판매시설에 대하여 물음에 답하시오.

(1) LPG 판매시설의 액화가스 공급사업자의 영업소에 설치하는 용기저장소와 화기를 취급하는 장소까지 몇 m 이상의 우회거리를 유지하여야 하는가?

(2) 용기보관실은 누출가스가 사무실로 유입되지 않는 구조이며, 이때의 용기보관실의 면적(m^2)을 쓰시오.

정답
(1) 2m 이상
(2) 19m^2 이상

참고
용기저장소와 화기와의 우회거리
① 액화석유가스 충전시설 : 8m 이상
② 액화석유가스 판매시설 : 2m 이상

Question 2

동영상에서 지시하는 LP가스 저장탱크에 설치된 가스설비의 명칭을 쓰시오.

정답 자동 또는 수동식 스톱밸브

참고 기능 : 액면계의 파손에 대비

Question 3

동영상은 액화석유가스 충전소이다. 이 충전소에서 안전관리자가 상주하는 장소의 긴급차단장치의 조작 위치는 저장탱크로부터 몇 m 이상 떨어져 있어야 하는가?

[긴급차단장치의 조작밸브]

[긴급차단장치]

정답 5m 이상

참고 긴급차단장치의 차단조작기구는 해당 저장탱크로부터 5m 이상 떨어진 장소에 설치하여야 하는데 그 장소는 다음과 같다.
① 안전관리자가 상주하는 사무실 내부
② 충전기 주변
③ 액화석유가스의 대량유출에 대비하여 충분히 안전이 확보되고 조작이 용이한 곳

Question 4

동영상에서 지시하는 부분의 ①, ②, ③ 명칭을 쓰시오.

①
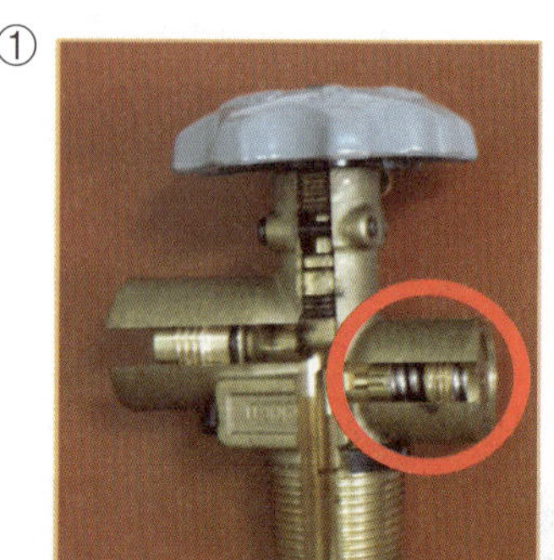

②

③
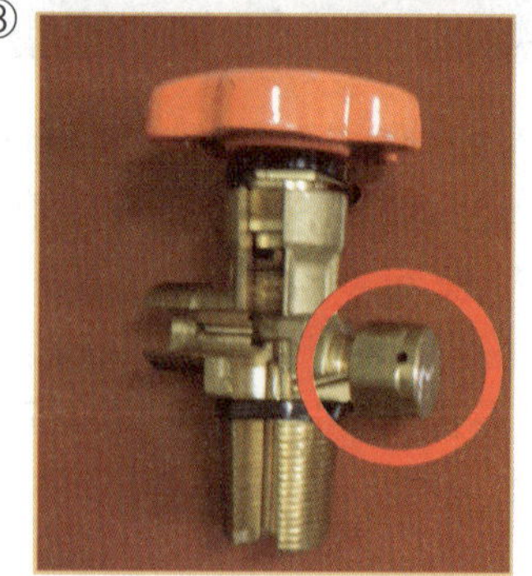

정답
① 스프링식 안전밸브
② 가용전식 안전밸브
③ 파열판식 안전밸브

Question 5

동영상을 보고 도시가스 가스도매사업소의 제조소 공급소의 시설기준에 대한 다음 물음에 답하시오.

(1) 안전구역 내 고압인 가스공급시설은 그 외면으로부터 다른 안전구역 안에 있는 고압인 가스공급시설의 외면까지 유지하여야 하는 거리는?

(2) 고압의 가스공급시설은 안전구획 안에 설치하고, 그 안전구역의 면적은 얼마로 하여야 하는가?

(3) 제조소 및 공급소에 설치하는 도시가스가 통하는 가스공급시설은 그 외면으로부터 화기를 취급하는 장소까지 몇 m 이상의 우회거리를 유지하여야 하는가?

(4) 두 개 이상의 제조소가 인접한 경우 가스공급시설은 그 외면으로부터 제조소 경계까지 몇 m 이상을 유지하여야 하는가?

(5) 제조소 공급소 밖의 배관과 학교까지의 수평거리는 몇 m 이상을 유지하여야 하는가?

정답

(1) 30m 이상
(2) 2만m^2 미만
(3) 8m 이상
(4) 20m 이상
(5) 30m 이상

참고

(1) 그 밖에 액화천연가스 저장탱크는 그 외면으로부터 처리능력 20만m^3 이상 압축기와 30m 이상을 유지하여야 한다.

(2) 제조소 공급소 밖의 배관과 시설별 수평거리
　① 철도, 도로, 학교, 유치원, 새마을 유아원, 사설강습소, 병원, 극장, 교회, 공회당, 주택 : 30m 이상
　② 문화재보호법에 따라 지정문화재로 지정된 건축물 : 70m 이상

Question 6

동영상에서 보여주는 ②, ③ 방폭구조의 명칭을 쓰시오.

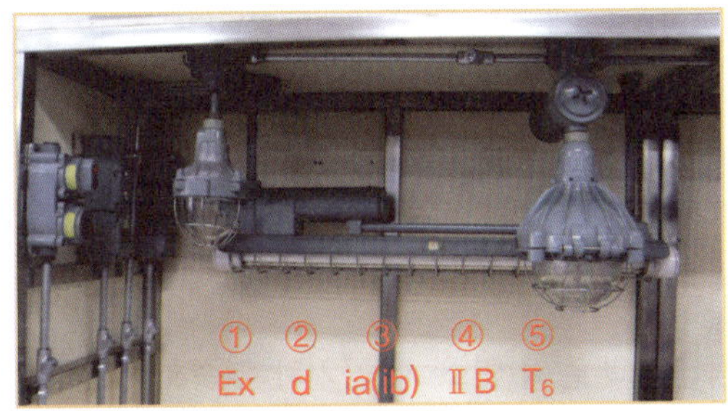

정답

② : 내압방폭구조
③ : 본질안전방폭구조

참고

방폭구조의 기호
내압방폭구조(d), 압력방폭구조(p), 유입방폭구조(o), 안전증방폭구조(e), 본질안전방폭구조(ia, ib), 특수방폭구조(s)

동영상의 액화가스 방류둑에서 지시하는 (1) 밸브의 기능과 (2) 평소에 개방 또는 폐쇄 여부를 쓰시오.

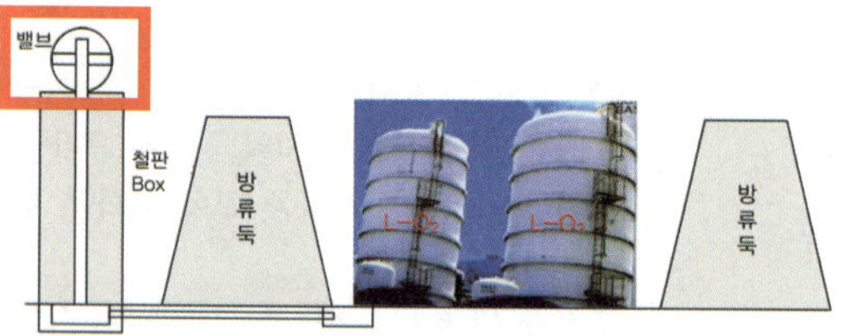

정답 (1) 빗물, 먼지, 이물질 등을 배출 시 개방하여 외부로 방출하기 위해서
(2) 폐쇄

해설 방류둑의 배수용 밸브는 평소에는 폐쇄하며, 액화가스 누설 시 누설가스가 방류둑 외부로 유출되지 않게 하고, 우수 등으로 빗물이 넘칠 경우 개방하여 빗물 등을 밖으로 배출시킨다.

참고 액화가스 방류둑은 방류둑의 높이에 상당하는 액화가스의 액두압에 견딜 수 있는 것으로 해야 한다.

동영상과 같이 연소 시 공기가 부족하여 황색염이 발생되는 현상의 (1) 명칭과 (2) 원인을 1가지 쓰시오.

정답 (1) 옐로팁
(2) (다음 항목 중 하나)
　① 1차 공기 부족 시
　② 주물 밑부분에 철가루 등이 존재 시

해설 연소반응 도중에 탄화수소가 열분해하여 탄소입자가 발생, 미연소된 채 적열되어 염의 선단이 적황색으로 되어 연소하고 있는 현상

도시가스 배관의 지하매설 시 사용 가능한 배관의 재료를 3가지 쓰시오.

정답 ① 폴리에틸렌 피복강관
② 분말용착식 폴리에틸렌 피복강관 및 강관이음
③ 가스용 폴리에틸렌관

Question 10

동영상의 배관에서 표시한 부분의 역할을 쓰시오.

정답 온도 변화에 의한 신축 기능을 흡수한다.

참고 배관이음의 명칭은 '신축곡관(루프이음)'이다.

2024년 가스산업기사 필답형 출제문제

제2회 출제문제(2024. 7. 28. 시행)

01 도시가스 배관 선정 시 배관재료의 구비조건을 4가지 쓰시오.

> **정답** ① 관내가스 유통이 원활할 것
> ② 토양 지하수 등에 내식성이 있을 것
> ③ 절단가공이 용이할 것
> ④ 외부압력 및 충격하중에 견디는 강도를 가질 것

02 이상기체의 상태변화에 따른 압력(P)과 부피(V)의 관계식을 아래 과정에 알맞게 식으로 표현하시오(단열변화 시 K=비열비라 정의한다).
(1) 등온변화
(2) 단열변화

> **정답** (1) 등온변화 : $P_1 V_1 = P_2 V_2$
>
> (2) 단열변화 : $\dfrac{P_2}{P_1} = \left(\dfrac{V_1}{V_2}\right)^K$

03 도시가스 배관의 기밀시험에서 아래 조건에 맞는 기밀시험 유지시간은 몇 분인가?

> (1) 최고사용압력 : 저압 및 중압
> (2) 배관의 용적 : 1m^3 이상 10m^3 미만

> **정답** (1) 240분

> **참고** 배관 내용적에 따른 자기압력기록계 기밀시험 유지시간
>
> | 압력 \ 내관 내용적 | 1m^3 미만 | 1m^3 이상 10m^3 미만 | 10m^3 이상 300m^3 미만 |
> | --- | --- | --- | --- |
> | 저압 · 중압 | 24분 | 240분 | $24분 \times V분$
(단, 1440분 초과 시는 1440분) |
> | 고압 | 48분 | 480분 | $48분 \times V분$
(단, 2880분 초과 시는 2880분) |

04 수소 제조 시 메탄을 원료로 하여 제조하는 천연가스 분해법 중 아래 반응식에 맞는 개질법의 명칭을 쓰시오.
(1) $CH_4 + H_2O \rightarrow CO + 3H_2$
(2) $2CH_4 + O_2 \rightarrow 2CO + 4H_2$

> **정답** (1) 수증기 개질법
> (2) 부분산화법

> **해설** (1) 수증기 개질법 : 메탄과 수증기와의 반응
> (2) 부분산화법 : 메탄 또는 저탄화수소를 원료로 하고 니켈을 촉매로 하여 산소 또는 공기와 고온에서 반응시킴

05 수소경제 육성 및 수소 안전관리에 의한 법률에 따른 수소용품의 3가지를 쓰시오.

> **정답** ① 연료전지 ② 수전해설비 ③ 수소추출설비

> **참고** 수소경제 육성 및 수소 안전관리에 관한 법률 시행규칙 제2조

06 도시가스 공급시설의 용접부는 모재의 종류에 따른 온도 이상에서 두께 25mm마다 1시간으로 계산한 시간(두께 6mm 미만의 것에는 0.24시간) 이상을 유지한다. 아래 표에서 모재의 종류에 따른 온도에 대한 빈칸을 채우시오.

[표] 모재의 종류에 따른 온도

모재의 종류	온도(℃)
탄소강	(①)
크롬함유량이 0.75% 이하이고 전합금성분이 2% 이하인 저합금강	600
크롬함유량이 0.75%를 초과하여 2% 이하이고 전합금 성분이 2.75% 이하인 저합금강	600
전합금성분이 10% 이하인 합금강	680
퍼얼라이트계 스테인리스강	(②)
마르텐사이트계 스테인리스강	(③)
2.5% 니켈강 또는 3.5% 니켈강	(④)

> **정답** ① 600 ② 740 ③ 760 ④ 600

07 다음에 해당하는 액화석유가스 사용시설 압력조정기의 기밀시험 압력을 쓰시오.

(1) 1단감압식 저압조정기의 ① 입구측(MPa), ② 출구측(KPa)

(2) 2단감압식 1차용 조정기의 ① 입구측(MPa), ② 출구측(KPa)

(3) 자동절체식 저압조정기의 ① 입구측(MPa), ② 출구측(KPa)

정답 (1) ① 1.56 이상 ② 5.5 이상
(2) ① 1.8 이상 ② 150 이상
(3) ① 1.8 이상 ② 5.5 이상

참고 KGS AA434

08 도시가스 사용시설에 대한 빈칸에 알맞은 단어 또는 숫자를 쓰시오.

가스사용시설에는 연소기 각각에 (①), (②) 등을 설치한다. 단, 연소기가 배관에 연결된 경우 또는 가스소비량이 (③)kcal/h을 초과하는 연소기가 연결된 배관에는 이와 동등한 성능을 가진 배관용 밸브를 설치할 수 있다.

정답 ① 퓨즈콕 ② 상자콕 ③ 19400

09 원심펌프의 성능곡선에서 ①, ②, ③에 해당되는 명칭을 쓰시오.

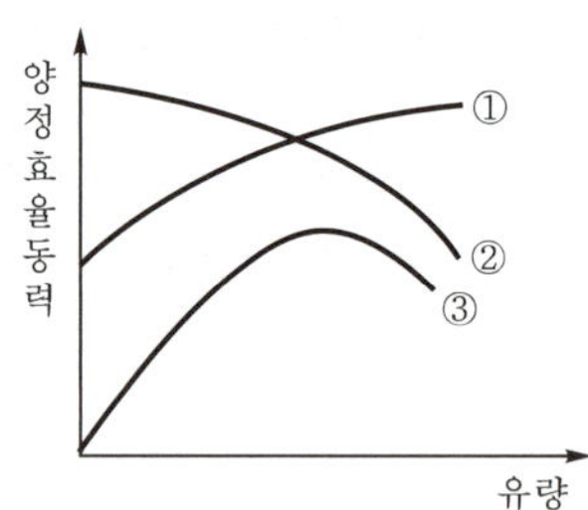

정답 ① 축동력곡선 ② 양정곡선 ③ 효율곡선

10 아래 설명에 해당되는 (1), (2) 압축기의 명칭을 쓰시오

    (1) ① 기체에 맥동이 없고 연속적이다.
       ② 소음방지장치가 필요하다.
       ③ 흡입압축 토출의 3행정이다.
       ④ 입출구의 밸브가 없다.
       ⑤ 무급유식이다.
    (2) ① 설치면적이 적고 연속송출된다.
       ② 내부에 윤활유를 사용하지 않으므로 유체 중 기름이 혼입되지 않는다.
       ③ 고속회전이며 형태가 적고 경량이며 대용량에 적합하다.
       ④ 1단으로 높은 압축비를 얻을 수 없어 압축비가 클 때는 단수가 많아진다.
       ⑤ 서징 발생의 우려가 있다.

정답 (1) 나사압축기
     (2) 원심압축기

11 아래 용어의 정의를 쓰시오.
(1) 정압기의 사용 최대차압
(2) 파일럿 정압기의 작동 최소차압

정답 (1) 메인밸브에는 1차압력과 2차압력의 차압이 작용하여 정압성능에 영향을 주나, 이것이 실용적으로 사용할 수 있는 범위에서 최대로 되었을 때의 차압을 말한다.
     (2) 1차압력과 2차압력의 차압이 어느 정도 이상이 없을 때 파일럿 정압기는 작동할 수 없게 되며, 이 최소값을 작동 최소차압이라 한다.

12 산소의 용기 내부 온도 20℃ 10MPa(g)에서 40℃로 되었을 때, 용기 내부의 절대압력은 몇 MPa인가? (단, 1atm＝0.1MPa로 한다.)

정답 10.79MPa

해설
$$\frac{P_1}{T_1} = \frac{P_2}{T_2}$$
$$\therefore P_2 = \frac{T_2}{T_1} \times P_1 = \frac{(273+40)}{(273+20)} \times (10+0.1) = 10.789 = 10.79$$

13 CH_4의 발열량이 12000kcal/hr일 때 발열량 3600kcal/hr로 희석하여 사용 시 희석이 가능한 지를 계산식으로 답하시오.

> **정답** $\dfrac{12000}{1+x} = 3600$
>
> $\therefore x = \dfrac{12000}{3600} - 1 = 2.333\,\mathrm{m}^3$
>
> $\therefore CH_4(\%) = \dfrac{1}{1+2.333} \times 100 = 30\%$
>
> CH_4의 연소범위는 5~15%이고 연소범위를 벗어났으므로 사용이 가능하다.

14 도시가스 사용 시 압력에 따른 공동주택에 압력조정기의 설치 세대수를 쓰시오.
(1) 중압 이상인 경우
(2) 저압인 경우

> **정답** (1) 150세대 미만
> (2) 250세대 미만

15 LP가스를 기화할 때 자연기화방식의 특징을 2가지 쓰시오.

> **정답** (아래 항목 중 2가지)
> ① 기화능력에 한계가 있어 소량소비처에 사용한다.
> ② 조성 변화가 크다.
> ③ 발열량 변화가 크다.
> ④ 사용량이 많은 곳에는 용기수가 많아야 한다.

> **참고** 강제기화방식의 특징
> ① 기화기를 사용하여 액가스를 기화하여 사용하는 방식이다.
> ② 기화량을 가감할 수 있다.
> ③ 한냉 시 가스공급이 가능하다.
> ④ 설치면적이 적어진다.
> ⑤ 공급가스 조성이 일정하다.

2024년 가스산업기사 동영상 출제문제

[제 2 회 출제문제 (2024. 7. 28.)]

Question 1

도시가스 사용시설의 가스계량기에서 표시된 ①, ②의 의미를 쓰시오.

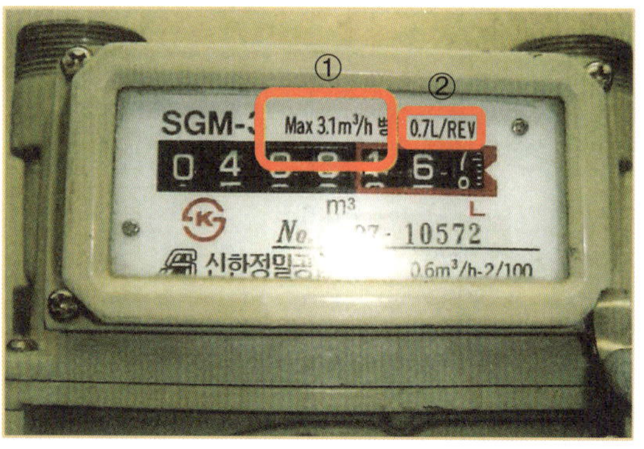

정답 ① Max 3.1m³/hr : 사용최대유량이 시간당 3.1m³
② 0.7L/REV : 계량실 1주기의 체적이 0.7L

Question 2

동영상에서 지시하는 안전장치의 ① 명칭을 쓰고, ② 그 동력원을 쓰시오.

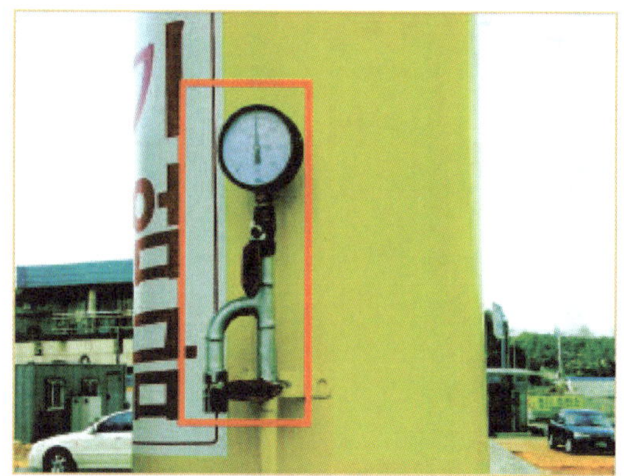

정답 ① 긴급차단장치
② 공기압

Question 3

동영상의 LNG 탱크에 설치하여야 하는 방류둑에 관련된 빈칸에 알맞은 단어 및 숫자를 쓰시오.

(1) 액화가스 저장탱크의 저장능력이 (   )톤 이상인 주위에는 액상의 가스가 누출된 경우 그 유출을 방지할 수 있는 방류둑을 설치하여야 하는가?

(2) 방류둑 내측 및 외면으로부터 (   )m 이내에는 그 저장탱크의 부속시설 및 배관 이외의 것을 설치하지 않는다.

(3) 방류둑의 용량은 저장탱크의 (   ) 이상의 용적으로 한다.

(4) 방류둑을 설치하지 않아도 되는 저장탱크의 유형을 쓰시오.

정답
(1) 500
(2) 10
(3) 저장능력에 상당하는 용적
(4) 완전방호식 저장탱크

Question 4

교량에 설치한 도시가스 배관의 호칭경이 300A 일 때 배관의 고정 및 지지를 위한 지지대의 최대 지지간격은 몇 m인가?

정답 18m

해설

교량 배관 설치 시 지지간격

호칭경	지지간격	호칭경	지지간격
100A	8m	400A	19m
150A	10m	500A	22m
200A	12m	600A	25m
300A	16m		

Question 5

동영상의 공급시설의 정압기실을 보고 물음에 답하시오.

(1) 가스공급 개시 후 1년 1회 이상 분해점검을 하여야 하는 기기의 명칭을 쓰시오.

(2) 2년 1회 이상 분해점검을 하여야 하는 기기의 명칭을 쓰시오.

정답 (1) 정압기 필터
(2) 정압기

해설  도시가스 정압기 · 예비정압기 · 필터 분해 점검주기

항목 \ 법규구분	가스도매 사업법	일반도시 가스사업법	사용자 시설
정압기	2년 1회	2년 1회	3년 1회
예비 정압기	3년 1회	3년 1회	3년 1회
필터 최초	1개월 이내	1개월 이내	1개월 이내
필터 향후	1년 1회	1년 1회	공급개시 다음 첫 번째 3년 1회 그 이후는 4년 1회
정압기 작동상황 점검	지속적	1주일 1회 이상	1주일 1회 이상
정압기 가스누출 경보기 육안점검	1주일 1회 이상	1주일 1회 이상	1주일 1회 이상
정압기 가스누출 경보기 표준가스 사용 시	6개월 1회 이상	1주일 1회 이상	1주일 1회 이상

Question 6

동영상의 융착이음을 보고 다음의 물음에 답하시오.

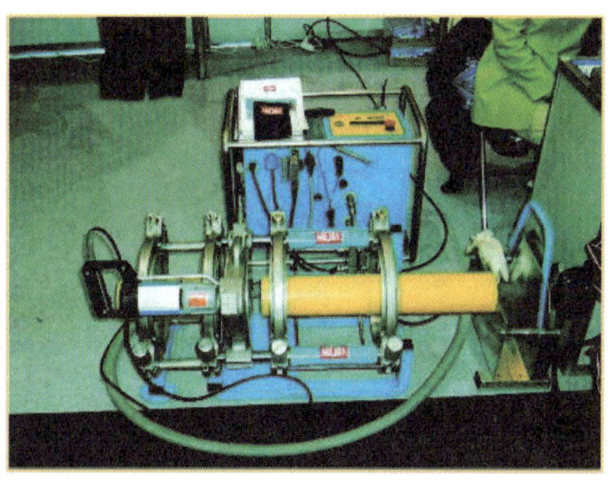

(1) 융착이음의 명칭을 쓰시오.

(2) 이때 공칭 외경은 몇 mm 이상의 직관 이음관 연결에 적용하는지를 쓰시오.

(3) 이음 중 시공이 불량한 융착이음부 처리기준을 쓰시오.

정답 (1) 맞대기 융착
(2) 90mm 이상
(3) 절단하여 불량부분을 제거한 후 재시공을 한다.

Question 7

LPG 충전소에 설치된 디스펜서에 표시된 ① 호스 끝에 설치되는 안전장치와 ② 안전장치의 기능을 설명하시오.

정답 ① 정전기를 제거
② 충전호스에 과도한 인장력이 가해졌을 때 충전호스와 가스주입기를 분리하여 안전을 도모함.

해설 ① 정전기 제거장치
② 세이프티 커플러

Question 8

동영상에서 표시된 방폭구조의 종류 2가지를 쓰시오.

정답 ① 내압방폭구조
② 본질안전방폭구조

해설 **방폭구조의 기호**
내압방폭구조(d), 압력방폭구조(p), 유입방폭구조(o), 안전증방폭구조(e), 본질안전방폭구조(ia, ib), 특수방폭구조(s)

Question 9

동영상의 자동차용 LPG 용기에서 표시된 B 부분의 명칭을 쓰시오.

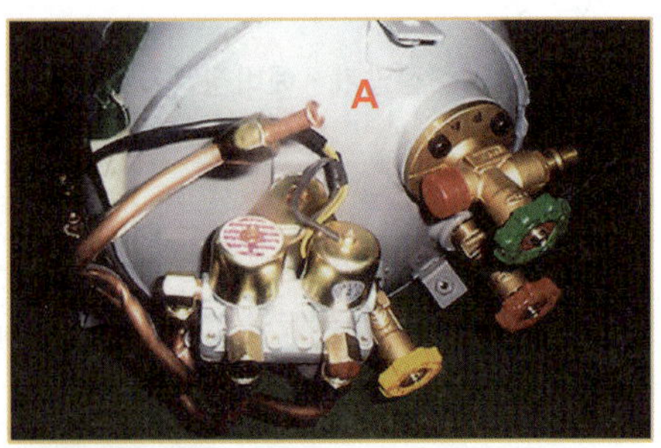

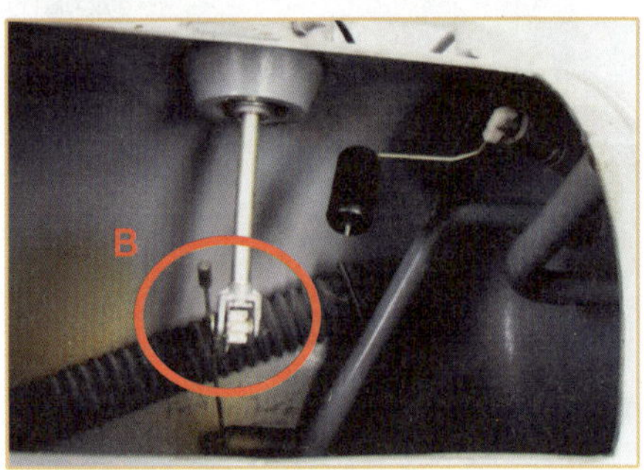

정답 과충전 방지장치

Question 10

동영상은 도시가스 연소기와 연결된 장치이다.
표시한 부분 안전장치의 (1) 명칭과 (2) 용도를
쓰시오.

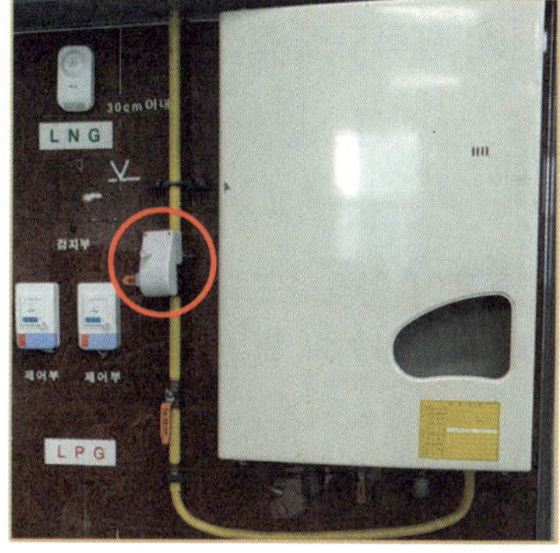

정답 (1) 가스누출 자동차단장치
(2) 가스 사용 중 누출 등의 이상 발생 시 공
급 가스를 자동으로 차단한다.

2024년 가스산업기사 필답형 출제문제

제3회 출제문제(2024. 10. 19. 시행)

01 공기보다 가벼운 도시가스 공급시설을 지하에 설치하는 경우 통풍구조 조건과 관련하여 빈칸에 들어갈 숫자를 쓰시오.
(1) 통풍구조는 환기구를 (   ) 방향 이상 분산하여 설치한다.
(2) 배기구는 천장면으로부터 (   )cm 이내에 설치한다.
(3) 흡입구 및 배기구의 관경은 (   )mm 이상으로 하되, 통풍이 양호하도록 한다.
(4) 배기가스 방출구는 지면에서 (   )m 이상의 높이에 설치하되, 화기가 없는 안전한 장소에 설치한다.

정답 (1) 2 (2) 30 (3) 100 (4) 3

02 도시가스의 긴급이송설비인 벤트스택에 대한 물음에 답하시오.
(1) 벤트스택의 높이는 방출된 가스의 착지 농도의 높이 기준을 쓰시오.
(2) 액화가스가 함께 방출되거나 급랭될 우려가 있는 벤트스택에는 그 벤트스택과 연결된 가스공급시설의 가장 가까운 곳에 어떠한 장치를 설치하여야 하는가?

정답 (1) 폭발하한계값 미만이 되는 높이
(2) 기액분리기

03 도시가스 사용시설에 가스계량기를 설치하여서는 안 되는 설치제한 기준 장소를 3가지 쓰시오.

정답 ① 진동의 영향을 받는 장소
② 석유류 등 위험물을 저장하는 장소
③ 수전실, 변전실 등 고압전기설비가 있는 장소

04 다음 빈칸에 알맞은 단어를 쓰시오.

> 정압기의 특성에는 정특성, (①), (②), 사용 최대차압, 작동 최소차압 등이 있다.

정답 ① 동특성
② 유량특성

해설 정압기의 특성
① 정특성 : 정상상태에 있어서 유량과 2차 압력과의 관계
② 동특성 : 부하변화가 큰 곳에 사용되며, 부하변동에 대한 응답의 신속성과 안정성
③ 유량특성 : 메인밸브의 열림과 유량과의 관계
④ 사용 최대차압 : 메인밸브에는 1차 압력과 2차 압력의 차압이 작용, 정압성능에 영향을 주나 이것이 실용적으로 사용할 수 있는 범위에서 최대로 되었을 때 차압
⑤ 작동 최소차압 : 정압기가 작동할 수 있는 최소차압

05 액체산소, 질소 등을 초저온 용기에 보관 시 용기취급 관련 주의사항을 4가지 쓰시오.

정답 ① 용기는 세워서 보관할 것
② 넘어짐을 방지하기 위하여 체인 등으로 고정할 것
③ 누설 시 피부에 접촉되지 않도록 보호구를 착용할 것
④ 용기는 소중히 다룰 것

06 아세틸렌을 2.5MPa 압력 이상으로 압축할 때, 첨가해야 하는 희석제의 종류 2가지를 쓰시오.

정답 ① 질소 ② 메탄

07 액화석유가스 차단기능형 용기밸브는 내용적 30L 이상 50L 이하의 액화석유가스 용기에 부착되는 것으로서, 가스충전구에서 압력조정기의 체결을 해체할 경우 가스공급을 자동적으로 차단하는 차단기구가 내장된 용기밸브이다. 이러한 차단기능형 용기밸브는 어떤 사고를 방지하기 위해 설치하는지 쓰시오.

정답 가스누출 시 가스를 차단하여 사고를 방지

08 액화석유저장소에서 5kg이 유출되었다. 창고의 체적은 가로×세로×높이가 $5 \times 6 \times 3 (m^3)$일 때 폭발 가능성을 판정하시오. (단, 액화석유가스 주성분은 프로판이고, 0℃ 1atm 상태이다.)

> **정답**
> ① C_3H_8의 누출량$(m^3) = \dfrac{5}{44} \times 22.4 = 2.54545 m^3$
> ② 공기량 $= 5 \times 6 \times 3 = 90 m^3$
> ③ 공기 중 C_3H_8의 부피$(\%) = \dfrac{2.54545}{90 + 2.54545} \times 100 = 2.75\%$
> ④ C_3H_8의 폭발범위인 2.1~9.5 사이에 있으므로 폭발이 일어난다.

09 동일 배관에 같은 압력으로 아래의 가스가 흐를 때, 질량(kg/s)이 가장 많이 흐르는 순서대로 쓰시오.

> 가스의 종류 : C_4H_{10}, CH_4, H_2, H_2S

> **정답** C_4H_{10}, H_2S, CH_4, H_2

> **해설**
> $PV = \dfrac{w}{M} RT$ 에서 $w = \dfrac{PVM}{RT}$
> 온도, 부피도 동일하다고 가정 시 분자량이 큰 가스의 질량이 크므로, C_4H_{10}, H_2S, CH_4, H_2 순서이다.

10 이상기체란 수소, 산소와 같이 고압, 저온에서도 잘 액화가 되지 않으며, 이상기체 방정식을 잘 따르는 기체이다. 이상기체가 될 수 있는 특징을 4가지 쓰시오.

> **정답** ① 냉각압축하여도 액화하지 않는다.
> ② 기체분자 간 인력이나 반발력은 없다.
> ③ 보일–샤를의 법칙을 만족한다.
> ④ 내부에너지는 온도만의 함수이다.

11 펌프운전 중 입구측과 출구측의 압력계가 심하게 떨리면서 출구측 최소유량이 작을 때 발생하는 서징현상은 3가지가 동시에 발생할 때 발생한다. 발생조건을 2가지 쓰시오.

> **정답** (아래 항목 중 2가지)
> ① 토출배관 중 물탱크나 공기탱크가 있을 때
> ② 유량조절밸브가 탱크 뒤쪽에 있을 때
> ③ 펌프의 양정곡선이 산고곡선이고 곡선의 산고상승부에서 운전했을 때

12 용량 500L 미만의 용접용기 재검사 주기 관련하여 아래 표에 해당하는 검사주기를 쓰시오.

제조 후 경과년수 용기 종류	15년 미만	15년 이상 20년 미만	20년 이상
LPG 제외 용접용기	3년마다	①	②
LPG 용기	③		④

 **정답**
  ① 2년마다
  ② 1년마다
  ③ 5년마다
  ④ 2년마다

13 액비중이 0.55일 때 내용적이 20,000L인 액화가스 탱크의 저장능력(kg)은 얼마인가?

정답 9900kg

해설 $G = 0.9dv = 0.9 \times 0.55 \times 20,000 = 9900\text{kg}$

14 35℃ 온도에서 압력이 0Pa를 초과하는 고압가스인 액화가스 2가지만 쓰시오.

정답
  ① 액화시안화수소
  ② 액화브롬화메탄
  ③ 액화산화에틸렌가스

15 도시가스시설에서 정압기의 기능 3가지를 쓰시오.

정답 ① 감압기능 ② 정압기능 ③ 폐쇄기능

해설 정압기의 기능
  ① 감압기능 : 사용처에 맞는 압력으로 감압
  ② 정압기능 : 2차압력을 허용 범위 내 압력으로 유지
  ③ 폐쇄기능 : 가스 흐름이 없을 때 밸브를 폐쇄

2024년 가스산업기사 동영상 출제문제

Question 1

동영상의 용기에 대하여 물음에 답하시오.

(1) Fp(최고충전압력)의 정의를 쓰시오.

(2) Ap(기밀시험압력)의 정의를 쓰시오.

(3) Tp(내압시험압력)의 정의를 쓰시오.

(4) 내력비란 무엇인지 설명하시오.

정답
(1) 15℃에서 용기에 충전할 수 있는 최고의 압력으로서 1.5MPa다.
(2) 용기의 누설시험을 하는 압력으로서 최고 충전압력의 1.8배의 압력이다.
(3) 용기의 내부압력을 가하여 견딜 수 있는 압력으로 최고충전압력의 3배이다.
(4) 내력과 인장강도의 비

Question 2

동영상의 매몰용접형 가스용 볼밸브에 대하여 다음 물음에 답하여라.

①

②

(1) 동영상 밸브의 개폐 형식을 쓰시오.

(2) 이 밸브의 종류에는 짧은 몸통형과 긴 몸통형으로 구분되는데, 이렇게 구분되는 것은 무엇의 부착 여부에 따라 구분이 되는가?

정답 (1) 가스의 유로를 볼로 개폐
(2) 퍼지관의 부착 여부

해설
볼밸브의 구분
① 짧은 몸통형 : 볼밸브에 퍼지관을 부착
하지 않은 것
② 긴 몸통형 : 볼밸브에 퍼지관을 부착한
것으로서 일체형과 용접형이 있음.

동영상에 나오는 안전장치의 명칭을 쓰시오.

정답 스프링식 안전밸브

동영상의 가스설비를 보고 빈칸에 알맞은 내용
을 쓰시오.

(1) 퓨즈콕은 가스 유로를 볼로 개폐 (   )가 부
착된 것으로 한다.
(2) 콕의 핸들 등을 회전하여 조작하는 것은 핸
들의 회전 각도를 (   )나 (   )로 규제하는
스토퍼를 갖추어야 한다.
(3) 콕을 완전히 열었을 때 핸들의 방향은 유로
의 방향과 (   )인 것으로 한다.
(4) 핸들 등이 회전하는 구조의 것은 회전각도
가 90°인 것을 원칙으로 열림 방향은 (   )
방향인 것으로 한다.
(5) 콕은 닫힌 상태에서 (   ) 동작 없이는 열리
지 아니하는 구조로 한다.

정답 (1) 과류차단안전기구
(2) 90°, 180°
(3) 평행
(4) 시계바늘 반대
(5) 예비적

Question 5

동영상의 PE관을 보고 물음에 답하시오.

(1) SDR의 정의를 쓰시오.
(2) SDR 값에 따른 사용압력(MPa)을 3가지 쓰시오.

정답 (1) PE 배관의 최소두께에 대한 외경의 비

$$SDR = \frac{D}{t}$$

여기서, D : 외경, t : 최소두께
(2) ① 11 이하 : 0.4MPa 이하
② 17 이하 : 0.25MPa 이하
③ 21 이하 : 0.2 MPa 이하

Question 6

동영상에 표시된 가스기구에 대한 물음에 답하시오.

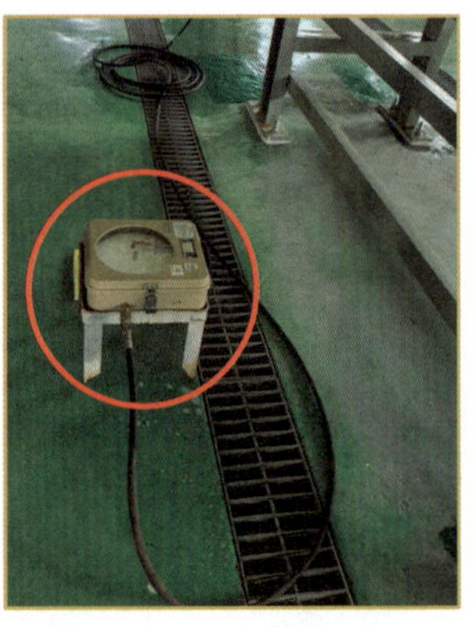

(1) 이 장치의 명칭은 무엇인가?
(2) 이 장치를 정압기실에 설치 시 설치하여야 할 장소를 쓰시오.

정답 (1) 자기압력기록계
(2) 정압기 출구

해설 정압기 출구에는 가스의 압력을 측정 기록(또는 출구압력을 원격으로 감시 기록하는 장치로 대체가능)할 수 있는 장치를 설치한다.

Question 7

동영상에서 보여주는 방폭구조의 (1) 종류와 (2) 이 방폭구조의 정의를 쓰시오.

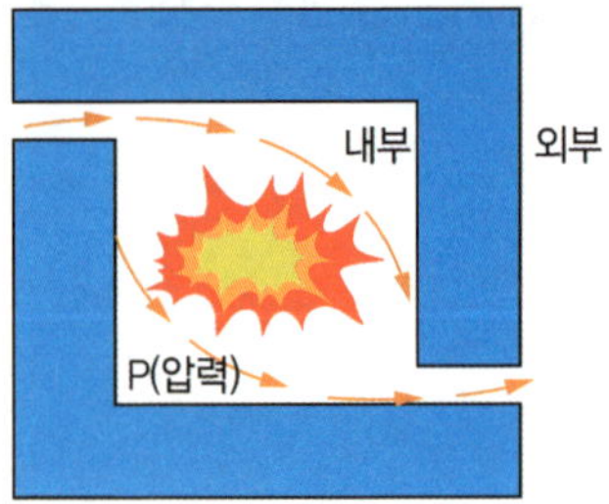

정답 (1) 압력방폭구조
(2) 용기 내부에 보호가스를 압입, 내부압력을 유지함으로써 가연성 가스가 용기 내부로 유입되지 않도록 한 구조

Question 8

동영상에서 보여주는 가스용 폴리에틸관의 융착
이음 중 전기융착이음 방법을 2가지 쓰시오.

①

②
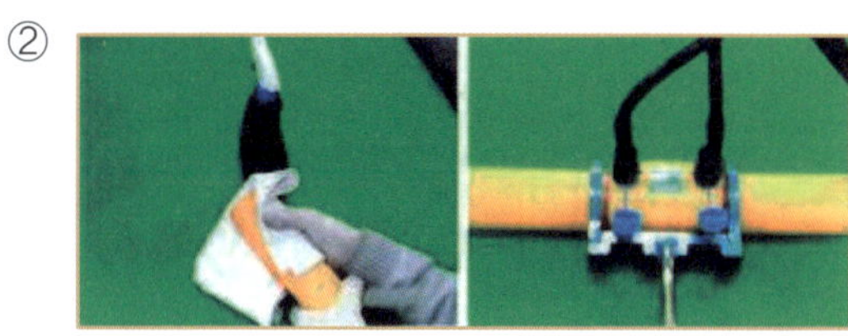

정답 ① 소켓융착　② 새들융착

해설 **융착이음의 종류**
(1) 열융착 : 소켓융착, 맞대기융착, 새들융착
(2) 전기융착 : 소켓융착, 새들융착

Question 9

동영상의 LPG 충전소에 대하여 다음 물음에 답
하시오.

(1) 충전기 충전호스 끝에 설치하는 장치의 기
　　준을 설명하시오.
(2) 영상에서 표시하는 장치의 명칭과 기능을
　　쓰시오.

정답 (1) 호스 끝에 축적되는 정전기를 제거하는
　　　장치를 설치
　　(2) 명칭 : 세이프티 커플러
　　　기능 : 충전호스에 과도한 인장력이 가
　　　해졌을 때 충전기와 가스 주입기를 분리
　　　한다.

Question 10

동영상과 같이 도시가스시설의 전기방식 기준에 대하여 물음에 답하시오.

(1) 방식 전위 하한값은 전기철도 등의 간섭을 영향을 받는 곳을 제외하고 포화황산동 기준 전극으로 얼마 이상이어야 하는가?

(2) 방식전류가 흐르는 상태에서 토양 중에 있는 배관의 방식 전위 상한값은 황산염 환원 박테리아가 번식하는 토양을 기준으로 얼마 이하이어야 하는가?

정답
(1) −2.5V
(2) −0.95V

참고
상기 내용 이외에 방식전류가 흐르는 상태에서 자연전위와 전위변화가 최소한 −300mV 이하로 한다.

2025년 가스산업기사 필답형 출제문제

제1회 출제문제(2025. 4. 19. 시행)

01 도시가스의 막식(다이어프램식) 가스계량기의 아래 용어를 설명하시오.
(1) MAX 3m^3/hr
(2) 0.5L/rev

정답 (1) 시간당 최대유량이 3m^3
(2) 계량실 1주기 체적이 0.5L

02 고압가스 설비의 내압시험 시 (1) 기준압력과 (2) 유지시간을 쓰시오.

정답 (1) 상용압력의 1.5배 이상
(2) 5~20분

03 액화석유가스 사용시설에서 조정기를 2단 감압 방식으로 사용 시 2단 감압 방식의 장점 4가지를 쓰시오.

정답 ① 공급압력이 안정하다.
② 중간배관이 가늘어도 된다.
③ 입상배관에 의한 압력손실이 보정된다.
④ 각 연소기구에 알맞은 압력으로 공급이 가능하다.

참고 • 1단 감압식 : 용기 내 압력을 소요압력까지 한번에 감압하는 방식
• 2단 감압식 : 용기 내 압력을 소요압력보다 높은 압력으로 감압한 다음, 소요압력까지 감압하는 방식

04 LNG의 성분이 메탄 90mol%, 에탄이 10mol%이고, 15℃ 1atm에서 522kg이 모두 기화 시 부피는 몇 m^{3}인지 구하시오.

정답 708.92m^3

해설
$$\frac{522}{16 \times 0.9 + 30 \times 0.1} \times 22.4 \times \frac{288}{273} = 708.92\text{m}^3$$

05 도시가스 제조법의 수증기 개질법의 반응식에서 반응온도 상승 시 H_2와 CO는 많아지고 CH_4와 CO_2는 적어진다. 그 이유를 아래 반응식을 보고 설명하시오.

〈보기〉
① $CO + 3H_2 \leftrightarrow CH_4 + H_2O$ $(Q > 0)$
② $CO + H_2O \rightarrow CO_2 + H_2$ $(Q > 0)$
③ $CH_4 \leftrightarrow 2H_2 + C$ $(Q < 0)$

정답 반응온도 상승 시 ①, ②의 반응식에서 발열반응($+Q$)은 감소되어 반응이 좌측으로 진행하므로 우측의 CH_4, CO_2는 적어지고, ③의 반응식에서 흡열반응은 증가되어 반응이 우측으로 진행되므로 좌측의 CH_4는 적어지고 우측의 H_2는 많아진다.

06 액화석유가스 용기에서 기화량에 영향을 주는 인자 4가지를 쓰시오.

정답 ① 가스의 조성
② 외기온도
③ 용기압력
④ 가스비중

07 LP가스 사용 중 시설이 노후되어 연소기에 연결된 직경 0.5mm 노즐에 구멍이 뚫려 가스가 200mmH$_2$O의 압력으로 10시간 누출되었다. 이때 누출가스량은 몇 L인지 계산하시오. (단, 가스비중은 1.5이다.)

정답 259.81L

해설
$$Q = 0.009D^2 \sqrt{\dfrac{h}{d}}$$
여기서, Q : 노즐에서 가스분출량(m^3/h), D : 노즐직경(mm)
h : 분출압력(mmH$_2$O), d : 가스비중
$$\therefore Q = 0.009 \times (0.5)^2 \sqrt{\dfrac{200}{1.5}} = 0.02598 \, m^3/h$$
$$0.02598 \times 10^3 \times 10 = 259.807 \fallingdotseq 259.81L$$

08 액화가스를 기화하는 기화장치에서 액유출방지장치의 기능을 쓰시오.

정답 기화기 내통에 액가스가 액체로 유입 시 내통의 내용적 한계를 넘어서 액체가 넘쳐흘러 기화되지 않는 액체가 유출되는 것을 방지하는 기능

09 관의 직경이 100mm, 길이가 200m인 원관에 물이 3m/s의 유속으로 흐를 때 관마찰 손실수두 (mmH₂O)를 계산하시오. (단, 관마찰 계수 $\lambda = 0.02$이다.)

정답 18367.35mmH₂O

해설
$$h_f = \lambda \frac{L}{D} \cdot \frac{V^2}{2g}$$

여기서, h_f : 관마찰 손실수두(m), λ : 관마찰 계수
$\quad\quad\quad L$: 관 길이(m), D : 관경(m)
$\quad\quad\quad V$: 유속(m/s), g : 중력가속도(m/s²)

$$\therefore h_f = 0.02 \times \frac{200}{0.1} \times \frac{3^2}{2 \times 9.8} = 18.3673\text{m}$$
$$18367.346 = 18367.35\text{mm H}_2\text{O}$$

10 고압가스 제조설비 중 구형 저장탱크의 동판 두께를 구하는 아래 식에서 P와 D의 의미를 쓰시오.

$$t = \frac{PD}{fn - P} + C$$

정답 P : 상용압력의 수치(MPa)
$\quad\quad D$: 내경에서 부식 여유에 상당하는 부분을 뺀 수치(mm)

참고 여기서, t : 설비의 두께(mm), C : 부식 여유 두께(mm)
$\quad\quad\quad f$: 항복점(N/mm²), η : 동체 이음매 효율

11 액화석유가스 용기의 (1) 내압시험방법 2가지 및 각각의 유지시간과 (2) 내압시험압력을 쓰시오.

정답 (1) 내압시험의 방법 : 내압시험은 용기전수에 대하여 가압검사 및 팽창측정검사를 실시한다.
$\quad\quad$ ① 가압검사 : 용기의 압력을 공기 또는 물로 내압시험압력까지 가압하여 실시. 유지시간은 30초 이상
$\quad\quad$ ② 팽창측정검사 : 용기의 압력을 물로 내압시험 압력까지 가압하여 실시. 유지시간은 30초 이상

$\quad$ (2) 내압시험압력 : 최고충전압력 $\times \dfrac{5}{3}$ 배 이상

12 지하매설배관의 부식을 방지하기 위하여 실시하는 (1) 전기방식의 정의와 (2) 전기방식의 방법 3가지를 쓰시오.

> **정답** (1) 정의 : 지중 또는 수중에 설치된 양극금속과 매설배관을 전선으로 연결하여 양극금속과 매설 배관 사이의 전지작용으로 부식을 방지하는 방법
> (2) 방법 : 희생양극법, 외부전원법, 배류법

> **해설** ① 희생양극법 : 양극의 금속 Mg, Zn 등을 지하매설관에 일정 간격으로 설치하면 Fe보다 (−)방향 전위를 가지고 있어 Fe이 (−)방향으로 전위 변화를 일으켜 양극의 금속이 Fe 대신 소멸되어 관의 부식을 방지함.
> ② 외부전원법 : 방식 전류기를 이용하여 한전의 교류전원을 직류로 전환 매설배관에 전기를 공급하여 부식을 방지함.
> ③ 배류법 : 매설 배관의 전위가 주위 타금속 구조물의 전위보다 높은 장소에서 매설 배관 주위의 타금속 구조물을 전기적으로 접속시켜 매설 배관에 유입된 누출전류를 전기회로적으로 복귀시키는 방법

13 가스누출 검지방식 중 접촉 연소방식의 작동원리를 설명하시오.

> **정답** 가연성과 산소와 반응하여 생긴 반응열로 인하여 백금코일의 온도가 증가하면 전기저항이 증가되어 전류의 변화를 검출하여 검지하는 방식

14 액화석유가스 압력 조정기의 다이어프램 노화시험 2가지를 쓰시오.

> **정답** ① 공기가열노화시험
> ② 오존노화시험

> **참고** 압력조정기의 다이어프램 내압시험
> 최고사용압력 3.5MPa 이하인 경우
> ① 0.3MPa 수압을 30분간 가하였을 때 파열 이상이 없어야 한다.
> ② 최고사용압력이 3.5MPa 초과 0.1MPa 미만일 때 0.8MPa 수압을 30분간 가하였을 때 파열 이상이 없어야 한다.

15 액화석유가스 용기를 실외저장소에 보관 시 기준에 대한 아래 질문에 답하시오.
(1) 충전용기와 잔가스용기의 보관장소의 사이 이격거리는 몇 m 이상인가?
(2) 바닥으로부터 몇 m 이내의 도랑이나 배수시설이 있는 경우 방수재료를 이중으로 덮어야 하는가?
(3) 용기의 단위 집적량은 몇 톤을 초과하지 않아야 하는가?
(4) 팰릿에 넣어 집적된 용기군 사이의 통로는 그 너비를 몇 m 이상으로 하여야 하는가?

> **정답** (1) 1.5m 이상   (2) 3m   (3) 30톤   (4) 2.5m 이상

2025년 가스산업기사 동영상 출제문제

[제1회 출제문제] (2025. 4. 19.)

Question 1

동영상의 방폭구조 명칭을 쓰시오.

정답 유입방폭구조

참고
유입방폭구조
용기 내부에 절연유를 주입하여 불꽃 아크 또는 고온발생 부분이 기름 속에 잠기게 함으로써 기름면 위에 존재하는 가연성 가스에 인화되지 않도록 한 구조

Question 2

동영상의 보호포에 대한 물음에 답하시오.

(1) 최고사용압력이 중압 이상인 배관은 보호판의 상부에서 몇 cm 이상 떨어진 위치에 보호포를 설치해야 하는가?

(2) 공동주택 등의 부지 안에 설치하는 배관의 경우 배관 정상부로부터 얼마 이상 떨어진 곳에 보호포를 설치해야 하는가?

정답
(1) 30cm
(2) 40cm

Question 3

동영상은 가스배관에 비파괴검사를 실시하고 있다. 물음에 답하시오.

(1) 비파괴검사의 명칭을 영문 약자로 쓰시오.
(2) 동영상의 비파괴검사의 원리를 설명하시오.

정답
(1) PT
(2) 시험체 표면에 침투액을 살포하고 결함부에 침투 시 그것을 빨아올려 결함을 검출하는 방법

참고

비파괴검사의 영문 약자
- 침투탐상검사(PT; Penetrant Testing)
- 자분탐상검사(MT; Magnetic Particle Testing)
- 초음파탐상검사(UT; Ultrasonic Testing)
- 방사선투과검사(RT; Radiographic Testing)

Question 4

동영상의 도시가스 정압기실에 가스누출 검지경보기가 설치되어 있으나, 도시가스시설 중 가스누출 검지경보기의 검지부를 설치할 수 없는 장소를 2가지 쓰시오.

정답
① 증기, 물방울, 기름 섞인 연기 등이 직접 접촉될 우려가 있는 곳
② 주변의 온도가 40℃ 이상인 곳
③ 누출가스 유동이 원활하지 못한 곳
④ 경보기의 파손 우려가 있는 곳

참고

경보기의 검지부 설치장소
① 긴급차단장치 부분
② 슬리브관 이중관 밀폐 설치 부분
③ 누출가스가 체류하기 쉬운 부분
④ 방호구조물에 의해 밀폐되어 설치된 배관 부분

Question 5

동영상의 고압가스저장실에서 가스 누출 시 정전기로 인한 폭발장치를 해야 한다. 이러한 정전기를 방지하는 방법 4가지를 쓰시오.

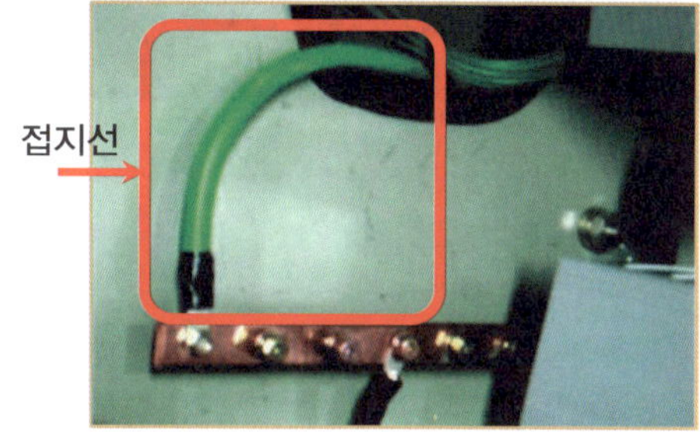

접지선

정답
① 공기를 이온화시킬 것
② 상대습도를 70% 이상 유지할 것
③ 접촉전위가 작은 물질을 사용할 것
④ 접지할 것

Question 6

동영상의 LPG 충전시설에 대한 물음에 답하시오.

(1) LPG 충전시설 중 저장설비 저장능력이 100톤일 경우 저장설비로부터 사업소 경계까지 유지해야 할 거리는 몇 m 이상으로 해야 하는가?
(2) LPG 충전시설 중 충전설비와 사업소 경계까지 유지해야할 거리는 몇 m 이상으로 해야 하는가?

정답
(1) 36m 이상
(2) 24m 이상

참고
① LPG 충전시설 중 저장능력에 따른 저장설비 외면에서 사업소 경계까지의 거리

저장능력	사업소 경계와의 거리
10톤 이하	24m 이상
10톤 초과 20톤 이하	27m 이상
20톤 초과 30톤 이하	30m 이상
30톤 초과 40톤 이하	33m 이상
40톤 초과 200톤 이하	36m 이상
200톤 초과	39m 이상

※ 같은 사업소에 두 개 이상의 저장설비가 있는 경우에는 그 설비별로 각각 안전거리를 유지한다. 이하 2.1에서 같다.
② LPG 충전시설 중 충전설비의 외면으로부터 사업소 경계까지의 거리 : 24m 이상

Question 7

동영상의 배관에는 전기적 부식방지를 위하여 전기방식을 하여야 하는데, 전기방식 효과를 유지하기 위하여 빗물이나 그 밖에 이물질의 접촉으로 인해 절연의 효과가 상쇄되지 않도록 절연이음매 등을 사용해 절연조치를 하는 장소 4가지를 쓰시오.

정답
① 교량 횡단 배관의 양단
② 배관과 철근 콘크리트 구조물 사이
③ 배관과 강제보호관 사이
④ 배관과 지지물 사이

Question 8

동영상은 가스사용시설에서 퓨즈콕을 보여주고 있다. 다음 물음에 답하시오.
(1) 퓨즈콕의 최대 사용 기준압력을 쓰시오.
(2) 표시 부분의 "F1.2"의 의미를 쓰시오.

정답
(1) 3.3kPa 이하
(2) 과류차단 안전기구가 부착된 콕의 경우 작동 유량이 $1.2m^3/h$

해설
퓨즈콕은 사용압력 3.3kPa 이하의 배관에만 사용할 수 있다.

Question 9

동영상은 LP가스 저장소에 대한 물음에 답하시오.

(1) LP가스 저장소에서 환기구를 바닥면에 설치하는 이유를 쓰시오.
(2) LP가스 저장소의 바닥면적이 200m^{2}인 경우 환기구를 몇 개 설치해야 하는지 쓰시오.

정답
(1) LP 가스는 공기보다 무거워 바닥에 체류하기 때문에
(2) $200m^2 \times 300cm^2/m^2 \div 2,400cm^2 = 25$개

해설
환기구의 통풍 가능 면적 바닥면적 1m^{2}당 300cm^{2}이며, 1개당 환기구의 면적은 2,400cm^2 이하이다.

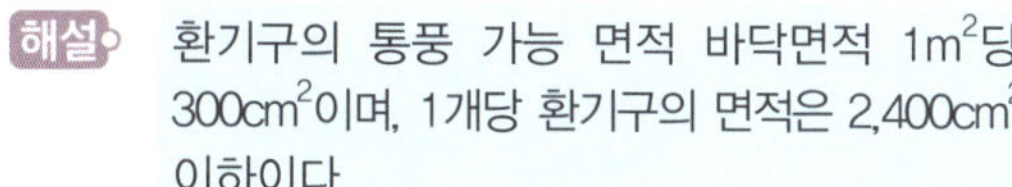

Question 10

동영상은 LPG 자동차 가스저장탱크이다. A와 B의 명칭을 쓰시오.

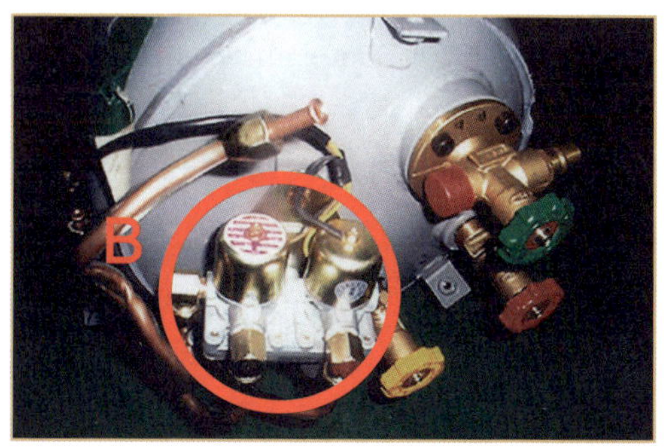

정답
A : 액면계
B : 긴급차단 솔레노이드 밸브

2025년 가스산업기사 필답형 출제문제

제2회 출제문제(2025. 7. 19. 시행)

01 가스법령에 따른 다음의 정의를 설명하시오.
(1) 초저온용기
(2) 저온용기

정답 (1) 초저온용기 : −50℃ 이하 액화가스를 충전하기 위한 용기로서, 단열재를 씌우거나 냉동설비로 냉각시키는 방법으로 용기 내 가스의 온도가 상용온도를 초과하지 아니하도록 조치한 용기
(2) 저온용기 : 액화가스를 충전하기 위한 용기로서, 단열재를 씌우거나 냉동설비로 냉각시키는 방법으로 용기 내 가스의 온도가 상용의 온도를 초과하지 아니하도록 한 용기 중 초저온용기 이외의 용기

02 가스시설 내진설계 기준에 따른 (1) 1종 독성가스와 (2) 2종 독성가스를 각각 2가지 쓰시오.

정답 (1) 1종 독성가스 : 염소, 시안화수소, 이산화질소, 불소, 포스겐
(2) 2종 독성가스 : 염화수소, 삼불화붕소, 이산화유황, 불화수소, 황화수소, 브롬화메틸

03 다음의 조건으로 펌프의 축동력(L_{kW})을 계산하시오.

- 양정 : 24m
- 유량 : 0.56m³/min
- 효율 : 65%

정답 3.38kW

해설
$$L_{kW} = \frac{\gamma \cdot Q \cdot H}{102 \times \eta} = \frac{1,000 \times 0.56 \times 24}{102 \times 60 \times 0.65} = 3.378 = 3.38kW$$
여기서, γ : 비중량
Q : 유량(m³/min)
H : 양정(m)
η : 효율

04 독성가스에 대한 TLV와 관련된 다음 용어를 설명하시오.
(1) TLV – TWA
(2) TLV – STEL

정답 (1) TLV – TWA(시간가중 평균농도) : 매일 일하는 근로자가 1일 8시간씩 주 40시간 그 분위기에 작업 시 건강에 지장이 없는 농도로서, 허용농도 200ppm 이하를 독성가스 라 간주함.
(2) TLV – STEL(단시간 노출허용농도) : 짧은 시간에 노출될 수 있는 최고허용농도로서, 근로자가 15분 동안 계속하여 노출되어도 참을 수 없는 자극, 사고를 일으킬 수 있 는 혼수상태, 만성적 또는 비가역적 조직의 변화, 작업능률의 감소, 최고 60분 노출 시간 사이에 하루에 4번 이상 휴식은 허용되지 않으며, TLV – TWA는 초과하지 않아 야 함.

해설 TLV – C(최고허용농도)
최고허용한도로서 단 한 순간이라도 초과하지 않아야 하는 농도

05 LPG 기화설비에서 지시하는 ①, ②, ③의 안전장치 명칭을 쓰시오.

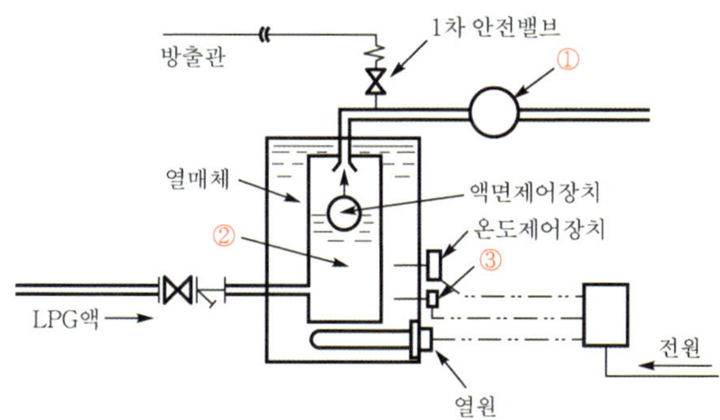

정답 ① 2단 1차조정기
② 열교환기
③ 과열방지장치

06 고압가스 용기 도색에 관하여 다음에 알맞은 도색의 색상을 쓰시오. (단, 의료용이 아닌 일반 공업용 용기이다.)
(1) 산소
(2) 수소
(3) 아세틸렌
(4) 액화염소
(5) 액화탄산가스

정답 (1) 녹색　(2) 주황색　(3) 황색　(4) 갈색　(5) 청색

07 저온장치에 사용되는 진공단열법의 종류 3가지를 쓰시오.

정답 ① 고진공단열법
② 분말진공단열법
③ 다층진공단열법

해설 진공단열법
공기의 열전도율보다 낮은 값을 얻기 위해 단열공간을 진공으로 하여 공기를 이용, 전열을 제거하는 단열법

08 고압가스 용기 중 용접용기를 계속 사용이 가능하게 판정하는 일반적인 재검사항목 3가지를 쓰시오.

정답 (아래 검사 중 3가지)
① 외관검사
② 내압검사
③ 누출검사
④ 다공물질 충전검사
⑤ 단열성능검사

09 일반도시가스 배관의 길이가 79km인 가스회사에 필요한 안전점검원의 인원은 몇 명인지 쓰시오.

정답 6명

해설 $79 \div 15 = 5.26$
(1) 일반도시가스 안전관리원
① 배관 길이 200km 이하는 5명 이상
② 200km 초과 1,000km 이하는 200km까지의 안전관리원 5명에, 200km마다 1명씩 추가한 인원 이상
③ 1,000km 초과는 10명 이상
(2) 배관 길이에 따른 안전점검원 : 배관 길이 15km를 기준으로 1명

참고 배관 길이가 790km인 경우 안전관리원의 수 계산
200km 초과 1,000km 이하이므로 $200km[5명] + 590km\left[\left(\dfrac{590}{200}\right) = 2.95\right]$명
즉, 5명 + 3명 = 8명

10 최대 직경이 3m인 LPG 탱크 두 개가 물분무장치가 없는 경우 다음에 조건에 해당하는 이격거리를 구하시오.
(1) 지상에 설치 시 서로간의 이격거리(m)
(2) 지하에 설치 시 서로간의 이격거리(m)

정답 (1) 1.5m 이상
　　　 (2) 1m 이상

해설 (1) 지상탱크의 이격거리 : A와 B의 직경을 합산하여 1/4을 곱한 후 1m 이상이면 그 길이, 1m 이하이면 1m를 유지

$$(3+3) \times \frac{1}{4} = 1.5\text{m}$$이므로 1.5m 이상

　　　 (2) 지상탱크의 이격거리 : 지하탱크의 상호간의 이격거리는 1m 이상

11 건축물 내 배관에 고정장치를 설치 시 관경에 따른 고정장치의 설치 간격(m)을 쓰시오.
(1) 13mm 미만
(2) 13~33mm 미만
(3) 33mm 이상

정답 (1) 1m마다　　(2) 2m마다　　(3) 3m마다

12 도시가스 공급과 관련하여 빈칸에 알맞은 말을 쓰시오.

LNG가 액체 상태에서 (①)를 지나면서 기체가 되고, 기체가 (②)를 지나면서 압력이 안정적으로 수용가에게 공급된다.

정답 ① 기화기　　② 정압기

13 액화석유가스 사용시설의 배관설비 접합 기준에 관련하여 빈칸에 알맞은 숫자를 쓰시오.

배관의 접합은 용접시공하는 것을 원칙으로 한다. 이 경우 압력 (①)MPa 이상인 액화석유가스가 통하는 배관의 용접부와 압력 (②)MPa 미만인 액화석유가스가 통하는 호칭지름 (③)A 이상의 배관용접부는 비파괴시험을 실시한다.

정답 ① 0.1　　② 0.1　　③ 80

14 비파괴검사중 방사선 투과검사의 원리를 설명하시오.

정답 방사선(X선 감마선)의 필름으로 촬영 투시하는 방법으로 결함 여부를 검출하는 방법

15 액화석유가스의 가스시설에서 배관의 관경이 25mm, 높이가 25m인 입상배관의 압력손실
(mmH₂O)을 구하시오. (단, 가스는 C_3H_8로 한다.)

정답 $16.81mmH_2O$

해설
$$h = 1.293(s-1)H$$
$$= 1.293(1.52-1) \times 25$$
$$= 16.809 = 16.81mmH_2O$$

여기서, 1.293 : 공기의 밀도(kg/m³)

S : 가스비중(C_3H_8의 비중은 $\dfrac{44}{29} = 1.52$)

H : 입상높이(m)

2025년 가스산업기사 동영상 출제문제

[제 2 회 출제문제 (2025. 7. 19.)]

Question 1

동영상에서 보여주는 비파괴검사법의 명칭을 영문 약자로 쓰시오.

정답 RT

해설 방사선투과검사(Radiographic Testing)

Question 2

동영상의 방폭구조에서 지시하는 ①, ②의 의미를 쓰시오.

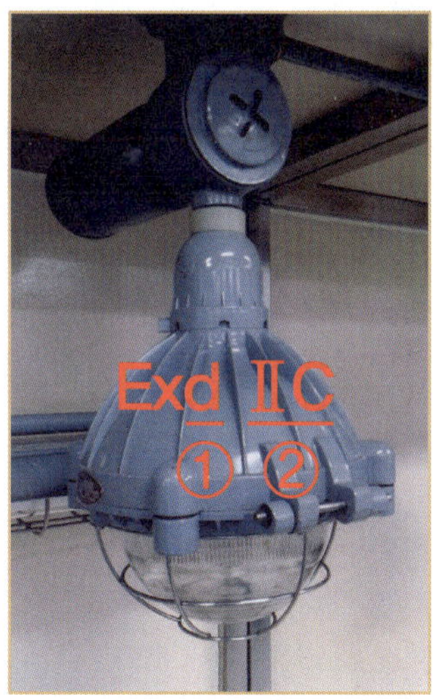

정답
① d : 내압방폭구조
② ⅡC : 내압방폭구조의 폭발등급으로서, 최대 안전틈새 범위가 0.5mm 이하

참고
• 방폭구조의 기호
  내압방폭구조(d), 압력방폭구조(p), 유입방폭구조(o), 안전증방폭구조(e), 본질안전방폭구조(ia, ib), 특수방폭구조(s)
• 내압방폭구조 폭발등급의 최대안전틈새 범위 (mm)

ⅡA	ⅡB	ⅡC
0.9 이상	0.5 초과 0.9 미만	0.5 이하

Question 3

동영상의 다기능 가스안전계량기에서 성능으로서는 제품성능, 재료성능, 작동성능이 있다. 작동성능에 해당되는 성능을 4가지 쓰시오.

정답
① 유량 차단성능
② 미소사용유량 등록성능
③ 미소누출 검지성능
④ 압력저하 차단성능

Question 4

동영상은 CNG 충전소이다. 다음 물음에 답하시오.

(1) 빈칸에 들어갈 알맞은 숫자를 쓰시오.
저장설비, 처리설비, 압축가스설비는 그 외면으로부터 사업소 경계까지 (①)m 이상의 안전거리를 유지해야 한다. 단, 처리설비 및 압축가스설비의 주위에 철근콘크리트 방호벽을 설치하는 경우에는 (②)m 이상의 안전거리를 유지할 수 있다.

(2) 충전설비는 도로법에 따른 도로 경계까지 얼마의 거리를 유지해야 하는지 쓰시오.

정답
(1) ① 10, ② 5
(2) 30m

Question 5

동영상의 가스레인지에서 발생된 옐로팁(황염) 현상이 발생되는 원인을 쓰시오.

정답
1차 공기 부족 및 주물 밑부분에 철가루 등이 존재

Question 6

동영상의 CNG 충전소에 관하여 다음 물음에 답하시오.

(1) 처리설비 및 압축가스 설비는 충분한 환기의 환기 가능 면적의 합계가 바닥면적 $1m^2$마다 몇 cm^2 이상을 유지하여야 하는가?

(2) 충분한 환기를 유지할 수 없을 경우에는 기계 환기설비의 환기 능력이 바닥면적 $1m^2$마다 몇 m^3/min 이상을 갖도록 하여야 하는가?

정답
(1) 300
(2) 0.5

Question 7

동영상의 도시가스 정압기실에 관하여 다음 물음에 답하시오.

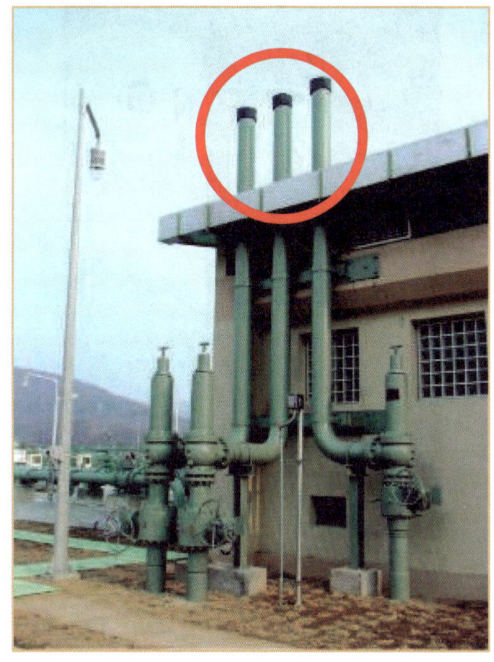

(1) 도시가스 정압기 입구 압력이 0.5MPa 미만이고, 설계유량이 $1,000Nm^3/hr$ 미만일 때, 안전밸브 분출구의 크기는 몇 A 이상인가?

(2) 상용압력이 2.5kPa인 경우 주정압기에 설치하는 긴급차단장치의 설정압력은 몇 kPa인가?

정답
(1) 25A 이상
(2) 3.6kPa 이하

Question 8

동영상의 LNG 시설에 대하여 물음에 답하시오.

(1) 외관 및 구조해석 평가기법의 명칭을 쓰시오
   (종합적 상태 등급).
(2) 내진설계 평가기법의 명칭을 쓰시오.

 **정답** (1) 정밀안전진단
        (2) 내진성능평가기법

Question 9

동영상의 (1) 설비의 명칭과 (2) 그 역할을 쓰시오.

정답 (1) 벤트스택
        (2) 가연성 독성 고압설비 중 특수반응설비
            긴급차단장치를 설치한 고압가스설비에
            이상사태 발생 시 설비 내용물을 긴급하
            고 안전하게 이송시킬 수 있는 설비

동영상의 LNG 해수 관련 설비에 대하여 물음에
답하시오.

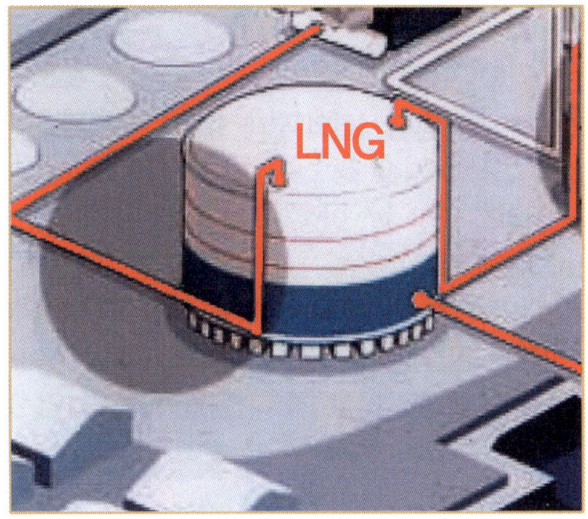

(1) LNG 제조소 및 저장소에서 설치된 해저배관
   의 간격은 몇 m 이상인가?
(2) 해저배관 입상관에 설치하여야 하는 시설물은
   무엇인가?

 정답
   (1) 30m 이상
   (2) 방호시설물

2025년 가스산업기사 필답형 출제문제

제3회 출제문제(2025. 11. 1. 시행)

01 일반도시가스 사업의 가스공급시설에 관하여 빈칸에 알맞은 숫자를 쓰시오.

(1) 가스 혼합기, 가스정제설비, 배송기, 압송기 그 밖에 가스공급시설의 부대설비(배관은 제외)는 그 외면으로부터 사업장의 경계까지의 거리를 3m 이상 유지할 것. 다만, 최고사용압력이 고압인 것은 그 외면으로부터 사업장의 경계까지의 거리를 (①)m 이상, 제1종 보호시설(사업소 안에 있는 시설은 제외)까지의 거리를 (②)m 이상으로 할 것

(2) 가스발생기와 가스홀더는 그 외면으로부터 사업장의 경계(사업장의 경계가 바다, 하천, 호수, 연못 등으로 인접되어 있는 경우에는 이들의 반대편 끝을 경계로 본다)까지 최고사용압력이 고압인 것은 20m 이상, 최고사용압력이 중압인 것은 (①)m 이상, 최고사용압력이 저압인 것은 (②)m 이상의 거리를 각각 유지할 것

정답 (1) ① 20　　② 30
　　　 (2) ① 10　　② 5

참고 도시가스사업법 시행규칙 [별표 6]

02 아래의 조건으로 저압배관의 관경(cm)을 계산하시오.

- 유량 : 15m³/hr
- 관 길이 80m
- 압력손실 : 15mmH₂O
- 가스비중 : 1.52
- Pole 상수 : 0.7055

정답 5.16cm

해설 

$$Q = K\sqrt{\dfrac{D^5 H}{SL}}$$

여기서, Q : 가스유량(m³/h), k : 폴의 상수
　　　　D : 관경(cm), H : 압력손실(mmH₂O)
　　　　S : 가스비중, L : 관 길이(m)

$$D^5 = \dfrac{Q^2 \cdot S \cdot L}{k^2 \cdot H} = \dfrac{15^2 \times 1.52 \times 80}{0.7055^2 \times 15} = 3664.6356$$

$$\therefore D = (3664.6356)^{\frac{1}{5}} = 5.16\text{cm}$$

03 도시가스 배관은 본관, 공급관, 내관 또는 그 밖의 관을 말한다. 이중 내관의 정의를 다음의 경우로 구분하여 설명하시오.
(1) 공동주택 등으로 가스 사용자가 구분하여 소유하거나 점유하는 건축물의 외벽에 계량기가 설치된 경우
(2) 상가 건물의 경우

정답▸ (1) 그 계량기의 전단밸브에서 연소기까지 이르는 배관
　　　　(2) 건축물의 외벽에서 연소기까지 이르는 배관

해설▸ • 본관의 정의
　　① 가스도매사업의 경우 : 도시가스 제조사업소(액화천연가스 인수기지 포함)의 부지 경계에서 정압기지 경계까지 이르는 배관(다만, 밸브기지 안의 배관은 제외)
　　② 일반도시가스사업의 경우 : 도시가스 제조사업소의 부지 경계 또는 가스도매사업자의 가스시설 경계에서 정압기까지 이르는 배관
　　③ 나프타부생가스, 바이오가스 제조사업의 경우 : 해당 제조사업소의 부지 경계에서 가스도매사업자 또는 일반도시가스사업자의 가스시설 경계 또는 사업소 경계까지 이르는 배관
　　④ 합성천연가스 제조사업의 경우 : 해당 제조사업소의 부지 경계에서 가스도매 사업자의 가스시설 경계 또는 사업소 경계까지 이르는 배관

　　• 사용자 공급관의 정의
　　공급관 중 가스 사용자가 소유하거나 정유하고 있는 토지의 경계에서 가스 사용자가 구분하여 소유하거나 점유하는 건축물 외벽에 설치된 계량기의 전단밸브(계량기가 건축물 내부에 설치된 경우에는 그 건축물의 외벽)까지 이르는 배관

참고▸ 도시가스사업법 시행규칙 제2조

04 내용적 47L인 용기에 내압시험 압력을 3MPa 가한 결과 내용적이 47.125L이 되었고, 압력을 제거하니 내용적이 47.002L이 되었다. 이때의 (1) 항구증가율(%)을 계산하고, (2) 내압시험의 합격 여부를 판별하시오.

정답▸

(1) 항구증가율 $= \dfrac{\text{항구증가량}}{\text{전 증가량}} = \dfrac{47.002 - 47}{47.125 - 47} \times 100 = 1.6\%$

(2) 10% 이하이므로 합격

05 액화석유가스 소형저장탱크 사용시설에서 설치할 수 없는 압력조정기의 종류를 쓰시오.

정답▸ 1단 감압식 저압/준저압 조정기

해설▸ 1단 감압식 조정기는 2단 감압식 조정기에 비해 안전성 및 내구성이 떨어지며, 액상가스 유입 시 파손 우려가 있어 소형저장탱크 사용시설에는 2단 감압식(일체형 포함)을 사용하는 것이 원칙이다.

06 정확도가 높아서 실험실용, 연구실용으로 사용되는 가스미터의 종류를 쓰시오.

정답 습식가스미터

해설 습식가스미터는 계량값이 정확하고, 사용 중 기차(오차) 변동이 매우 작아 기준기로 사용된다.

07 오스테나이트계 스테인리스강은 고온, 고압에서 내부식성이 탁월하여 많이 사용되고 있으나, 고온의 용접 과정, 부적절한 열처리, 특정의 환경 조건에서 입계부식이 발생한다. 입계부식이 발생하는 특정의 환경 조건을 설명하시오.

정답 450℃~900℃에서 발생

해설 입계부식 : 결정입자가 선택적으로 부식이 되는 양식

08 이상기체의 법칙 중 게이뤼삭의 법칙(Gay-Lussac's law)을 설명하시오.

정답 같은 온도와 압력하에서 반응하는 두 기체의 부피는 간단한 정수비로 되어 있으며, 각 생성물의 부피와 반응기체 중 어느 하나의 부피와의 비율도 간단한 정수비이다.

09 고체 탄산가스(드라이아이스)는 융해되어도 대기압하에서 액체가 되지 않는다. 다음 압력 엔탈피 그래프에서 해당 부분 A, B, C, D의 상태를 다음 보기 중에서 선택하여 구분하시오.

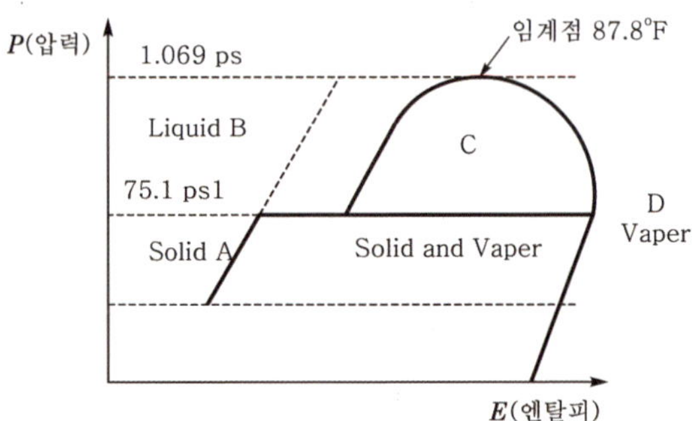

〈보기〉
고체, 액체, 기체, 액체와 기체 공존

정답 A : 고체
B : 액체(압축액, 액상 단독영역)
C : 액체와 기체 공존(포화 혼합상태, 습증기 영역)
D : 기체(과열 기체, 증기 영역)

10 도시가스 제조시설 중 배관에 설치하는 수취기의 기능(역할)을 설명하시오.

정답 ▸ 배관 내 수분을 제거

11 가스기기 방폭구조에서 다음 설명에 맞는 방폭구조 이름을 쓰시오.
(1) 방폭 전기기기의 용기 내부에서 가연성 가스의 폭발이 발생할 경우 그 용기가 폭발압력에 견디고 접합면, 개구부 등을 통하여 외부의 가연성 가스에 인화되지 않도록 한 구조
(2) 방폭 전기기기 용기 내부에 절연유를 주입하여 불꽃, 아크 또는 고온 발생 부분이 기름 속에 잠기게 함으로써 기름면 위에 존재하는 가연성 가스에 인화되지 않도록 한 구조
(3) 정상운전 중에 가연성 가스의 점화원이 될 전기불꽃, 아크 또는 고온 부분 등의 발생을 방지하기 위하여 기계적, 전기적 구조상 또는 온도상승에 대하여 특히 안전도를 증가시킨 구조
(4) 정상 시 및 사고(단선, 단락, 지락 등) 시에 발생하는 전기불꽃, 아크 또는 고온부에 의하여 가연성 가스가 점화되지 않는 것이 점화시험, 기타 방법에 의하여 확인된 구조

정답 ▸ (1) 내압방폭구조
(2) 유입방폭구조
(3) 안전증방폭구조
(4) 본질안전방폭구조

12 액화석유가스를 탱크로리에서 저장탱크로 이송하는 방법 3가지를 쓰시오.

정답 ▸ ① 차압에 의한 방법
② 펌프에 의한 방법
③ 압축기에 의한 방법

13 발열량이 10,800kcal/Nm^3, 공기와 비교한 비중이 0.64인 가스의 웨버지수를 구하시오.

정답 ▸ 13,500kcal/Nm^3

 해설 ▸

$$WI = \frac{H}{\sqrt{d}} = \frac{10,800}{\sqrt{0.64}} = 13,500\text{kcal/Nm}^3$$

여기서, WI : 웨버지수
H : 발열량(kcal/Nm^3)
d : 가스의 비중

2025년 가스산업기사 동영상 출제문제

[제 3 회 출제문제 (2025. 11. 1.)]

Question 1

동영상은 LPG 자동차 저장탱크이다. 저장탱크에 과충전 방지장치 A는 내용적 얼마까지 충전할 수 있는지 쓰시오.

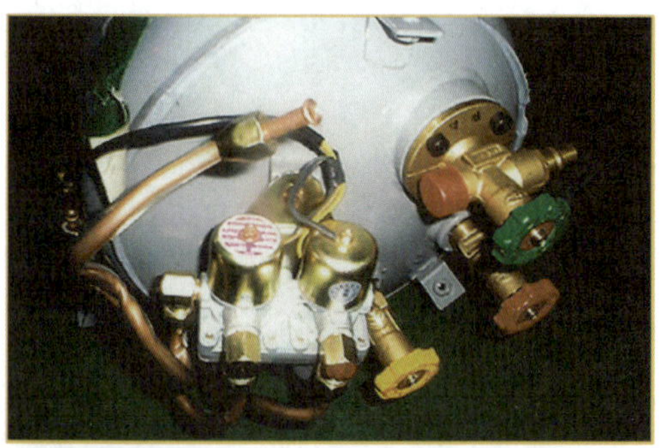

정답 85% 이하

Question 2

동영상은 공기액화분리설비이다. 이 공기액화분리기에서 불순물과 관련하여 아래 빈칸에 알맞은 숫자를 쓰시오.

액화산소통 안의 액화산소 (①)L 중 아세틸렌의 질량이 (②)mg 또는 탄화수소의 탄소의 질량이 (③)mg을 넘을 때에는 그 공기액화분리기의 운전을 중지하고 액화산소를 방출한다.

정답
① 5
② 5
③ 500

Question 3

동영상은 가스도매사업자의 공급시설 중 긴급이
송설비인 벤트스택이다. 벤트스택에 대하여 다
음 물음에 답하시오.

(1) 착지농도 기준을 쓰시오.
(2) 액화가스가 함께 방출되거나 급랭될 우려가
   있는 벤트스택에 그 벤트스택과 연결된 가스
   공급시설의 가장 가까운 곳에 설치하여야 하
   는 장치의 명칭을 쓰시오.

정답 (1) 폭발하한계 미만
   (2) 기액분리기

Question 4

동영상의 액화석유가스 자동차 충전설비의 보호
대는 배관용 탄소강관으로 되어있다. 다음 물음
에 답하시오.

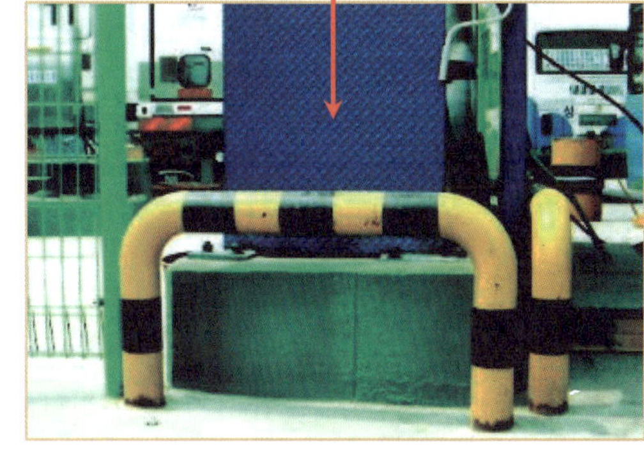

(1) 배관용 탄소강관 대신 보호대로 사용할 수
   있는 재질과 그 기준을 쓰시오.
(2) 보호대를 신규 설치할 경우, 그 높이는 얼마
   이상으로 해야 하는지 쓰시오.

정답 (1) 두께 12cm 이상의 철근콘크리트
   (2) 80cm 이상

Question **5**

동영상은 도시가스 지하 정압기실에 설치된 이상압력 통보설비이다. 이상압력 통보장치의 역할을 쓰시오.

정답 정압기 출구 측의 압력이 설정 압력보다 상승하거나 낮아지는 경우에 이상 유무를 상황실에서 알 수 있도록 경보음으로 알려주는 설비

Question **6**

동영상은 가스용 PE관의 맞대기 융착 작업이다. 맞대기 융착은 공칭 외경 몇 mm 이상의 직관과 이음관 연결에 적용이 가능한지 쓰시오.

정답 90mm 이상

Question **7**

동영상은 액화석유가스 저장탱크이다. 다음 물음에 답하시오.

(1) LPG 저장탱크에서 송출하는 배관에 설치하는 ① 장치의 명칭을 쓰시오.
(2) 탱크로리로부터 LPG를 이입하는 곳에 설치하는 ② 장치의 명칭을 쓰시오.
(3) ③ 장치의 명칭을 쓰시오.

정답 (1) 긴급차단장치
(2) 역류방지밸브
(3) 릴리프밸브

Question 8

동영상은 LPG 저장탱크이다. 다음 빈칸에 알맞은 말을 쓰시오.

저장설비 및 가스설비에 설치하는 압력계는 상용압력의 (①)배 이상 (②)배 이하의 최고눈금이 있는 것으로 한다.

정답
① 1.5
② 2

Question 9

동영상은 LNG 충전설비이다. 압축가스설비의 모든 밸브와 배관 부속품의 주위에는 안전한 작업을 위하여 몇 m 이상의 공간을 확보해야 하는지 쓰시오.

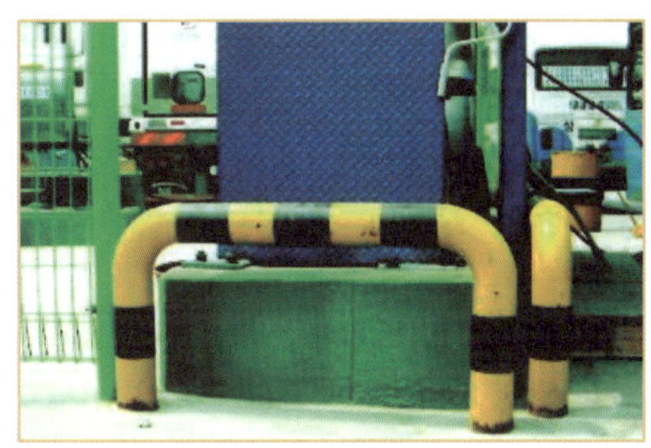

정답 1m 이상

Question 10

동영상은 LNG 저장탱크와 저장탱크의 내부 영상이다. 이 저장탱크 내부의 재질을 쓰시오.

정답 멤브레인

MEMO

부록

변경법규 및 신규법규 이론과 관련 문제

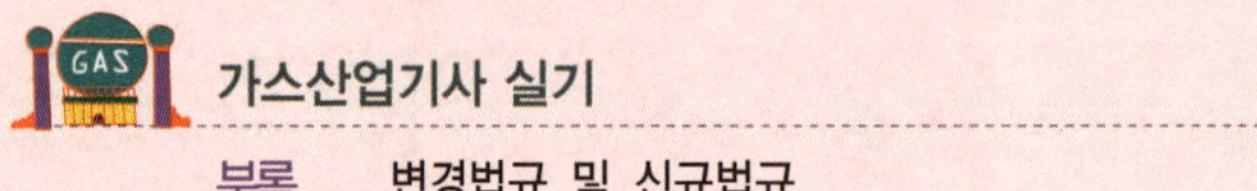

부록   변경법규 및 신규법규

부록의 학습 Point

1. 최근 변경된 법규 및 신규법규 핵심이론 파악하기
2. 그에 따른 관련문제 숙지하기

변경법규 및 신규법규

01 LPG판매시설의 LPG충전사업자의 영업소에 설치된 용기저장소(KGS FS232 관련)

(1) 사업소경계와의 거리

저장능력	사업소경계와의 거리
10톤 이하	17m
10톤 초과 20톤 이하	21m
20톤 초과 30톤 이하	24m
30톤 초과 40톤 이하	27m
40톤 초과	30m

(2) 저장능력 산정식

$$\text{저장능력}=\left\{\frac{\text{용기보관실 바닥면적}-(\text{잔가스 용기 보관면적}+\text{작업공간})}{\text{용기 1개의 바닥면적}}\right\}\times\text{용기 1개의 저장능력}$$

- 용기보관실 바닥면적 : 용기를 보관할 수 있는 바닥을 기준으로 한 면적(m^2)
- 잔가스 보관면적 : 용기보관실 바닥면적×0.3
- 작업공간 : 용기보관실 바닥면적×0.4
- 용기 1개 바닥면적 : 용기질량 20kg 기준 직경 310mm 적용
- ※ 용기 1개의 저장능력 20kg

02 LPG 시설별 저장설비 외면에서 사업소 경계와의 거리 구분

구분	저장능력	사업소 경계거리	구분	저장능력	사업소 경계거리
판매시설의 충전사업자 영업소의 용기저장소, 집단공급, 저장시설, 사용시설의 저장탱크	10톤 이하	17m	충전시설	10톤 이하	24m
	10톤 초과 20톤 이하	21m		10톤 초과 20톤 이하	27m
	20톤 초과 30톤 이하	24m		20톤 초과 30톤 이하	30m
	30톤 초과 40톤 이하	27m		30톤 초과 40톤 이하	33m
	40톤 초과	30m		40톤 초과 200톤 이하	36m

비고
① 충전시설 중 충전설비 외면에서 사업소 경계까지는 24m 이상
② 충전시설 중 탱크로리 이입 충전장소(지면에 표시하는 정차위치 크기는 길이 13m 이상, 폭 3m 이상)의 중심에서 사업소 경계까지 24m 이상 유지

관련문제 동영상은 LPG 판매시설 중 액화석유가스 충전사업자와 영업소에 설치한 용기 저장소이다.

[LPG용기 저장실]

(1) 저장능력이 50t인 경우 사업소와 경계와의 거리(m)는?
(2) 용기보관실 바닥면적이 19㎡일 때 잔가스를 보관하는 면적(㎡)은?
(3) 용기보관실 바닥면적이 19㎡일 때 작업공간의 면적(㎡)은?
(4) 용기 1개의 저장능력의 기준이 되는 용기의 질량(kg)은?
(5) 이 영업소의 저장능력을 계산하여라.

해답 (1) 30m

(2) $19 \times 0.3 = 5.7 \text{m}^2$

(3) $19 \times 0.4 = 7.6 \text{m}^2$

(4) 20kg

(5) $\text{저장능력} = \left\{ \dfrac{A-(B+C)}{D} \right\} \times 20\text{kg(용기 1개의 저장능력)}$

$= \left\{ \dfrac{19-(5.7+7.6)}{\dfrac{\pi}{4} \times (0.31\text{m})^2} \right\} \times 20 = 1510.398 = 1510.40\text{(kg)}$

여기서, A : 용기보관실 바닥면적
B : 잔가스용기 보관면적($A \times 0.3$)
C : 작업공간($A \times 0.4$)
D : 용기 1개의 바닥면적(20kg 기준 직경 310mm 적용)

관련문제 동영상의 C_3H_8 저장탱크 길이 2000mm 외경 1000mm의 탱크가 잔액이 50% 남아 있을 때의 자연기화능력(kg/hr)은? (단, 외기온도 5℃이며, 상수(K) 외부온도 보정값(T)은 표를 참고하여라.)

[프로판탱크]

[충전량에 대한 상수(K)]

남아 있는 액화가스의 양(%)	상수(K)	남아 있는 액화가스의 양(%)	상수(K)
60%	0.03906	30%	0.02734
50%	0.03515	20%	0.02344
40%	0.03125	10%	0.01758

【 외부온도에 대한 보정계수(T) 】

외부온도	보정계수(T)	외부온도	보정계수(T)
$-25℃$	0.35	$-5℃$	2.15
$-20℃$	0.80	$0℃$	2.60
$-15℃$	1.25	$5℃$	3.05
$-10℃$	1.70	$10℃$	3.50

[해답] $PVC = \dfrac{DLKT}{12000} = \dfrac{1000 \times 2000 \times 0.03515 \times 3.05}{12000} = 17.867 = 17.87(\text{kg/hr})$

[해설] PVC : 프로판의 자연기화량(kg/h), D : 탱크외경(mm), L : 탱크길이(mm)
K : 충전량에 대한 상수, T : 외부온도에 대한 보정계수

03 LP가스 용기 저장설비의 저장능력산정(KGS FU431 관련)

구분		내용
자연 기화 방식	용기의 설치수	$= \dfrac{\text{필요 가스량(kg/h)}}{\text{용기 1개당 가스 발생능력(k/h)}} \times 2(\text{예비 용기})$
	최대 가스 소비량	단독, 공동주택 숙박시설의 공동사용시설 : 최대가스소비량＝개별가구의 연소기환산소비량(kg/h)×가구수×동시사용율(%)
		업무용 시설 : (1) 사용자가 하나인 경우 최대가스소비량(kg/h) ＝연소기의 가스소비량 합계(kg/h)×피크 시의 최대가스소비율(%) (2) 사용자가 2 이상인 경우 최대가스소비량(kg/h) ＝사용자별 가스소비량 합계(kg/h)×피크 시의 최대가스소비율(%)
강제 기화 방식	용기 설치수	용기 설치수량＝$\dfrac{\text{필요가스량(kg/h)×1일 평균 사용시간(h)}}{\text{용기 1개당 저장능력(kg/h)}} \times 2(\text{예비 용기})$ [비고] 필요가스량은 단독주택, 공동주택 및 숙박시설의 경우에는 최대가스소비량으로 하고 이외의 시설은 최대가스소비량×1.1로 한다.
	최대 가스 소비량	단독, 공동주택 숙박시설의 공동사용시설 : 최대가스소비량＝개별가구의 연소기합산소비량(kg/h)×가구수×동시사용률(%)
		업무용 시설 : (1) 사용자가 하나인 경우 최대가스소비량(kg/h) ＝연소기의 가스소비량 합계(kg/h)×피크 시의 최대가스소비율(%) (2) 사용자가 2 이상인 경우 최대가스소비량(kg/h) ＝사용자별 가스소비량 합계(kg/h)×피크 시의 최대가스소비율(%)

관련문제 LPG 용기저장실이다. 아래 조건으로 20kg 용기의 자연기화와 강제기화방식의 각각의 용기설치수를 계산하여라.

- 필요가스량 : 4kg/hr
- 용기 1개당 가스발생량 : 1.35(kg/hr)
- 1일 평균 8시간 사용

해답 (1) 자연기화

$$용기설치수 = \frac{필요\ 가스량}{용기\ 1개당\ 가스발생량} \times 2 = \frac{4}{1.35} \times 2 = 5.9 = 6개$$

(2) 강제기화

$$용기설치수 = \frac{필요\ 가스량 \times 1일\ 평균\ 사용시간}{용기\ 1개당\ 저장능력} \times 2$$

$$= \frac{4 \times (kg/hr) \times 8hr/d}{20} \times 2 = 3.2 = 4개$$

04 LPG 소형 저장탱크의 가스량 산정(KGS FS331 관련)

구분			내용
자연 기화 방식		월간 가스사용량	월간 가스사용량(kg/월)=필요가스량(kg/h)×1일 평균사용시간(h/일)×30(일/월) 필요가스량 : 최대가스소비량×1.1 단독주택, 다가구 공동주택 : 최대가스소비량
		충전주기(회/월)	$\text{충전주기} = \dfrac{\text{월간가스사용량(kg/월)}}{\text{소형 저장탱크용량} - (\text{소형 저장탱크용량} \times \text{잔액율})}$
	최대 가스 소비량	단독, 공동주택 및 숙박시설	최대가스소비량=개별가구의 연소기 합산 소비량(kg/h)×가구수×동시사용율
		업무용 시설 — 사용자가 하나 있을 때	최대가스소비량=연소기의 가스소비량합계(kg/h)×피크 시 최대가스소비율(%)
		업무용 시설 — 사용자가 둘 이상 있을 때	최대가스소비량=사용자별 가스소비량합계(kg/h)×피크 시 최대가스소비율(%)
강제 기화 방식		필요저장능력(kg)	필요 저장능력(kg)=필요가스량(kg/h)×1일 평균 사용기간(h)×2(최소 이충전주기)

관련문제 동영상의 LPG 소형 저장탱크를 음식점에서 자연기화방식으로 사용 시 아래의 조건으로 (1) 월간 가스사용량(kg/hr)과 (2) 충전주기(회/월)을 계산하여라.

- 최대가스소비량(100k/hr)
- 탱크저장능력 2.9ton
- 1月은 31日이다.
- 1일 평균사용시간 5hr/d
- 잔액 10%일 때 C_3H_8 충전

해답 (1) 월간 가스사용량=필요가스량(kg/hr)×1일 평균사용시간×31
　　　　　=100×1.1(kg/h)×5hr/d×31d/월=17050kg/hr
(2) 충전주기=월간 사용량÷{(소형 저장탱크용량)−(소형 저장탱크용량×잔액율)}
　　　　　=17050÷{(2900)−(2900×0.1)}=6.53회/월

05 가스누출경보기, 소화설비 설치 시 소형 저장탱크의 저장능력 합산 방법(KGS FS331)

설치장소	내용
옥내	설치된 소형 저장탱크 저장능력 모두 합산
옥외	• 저장설비군 바닥면 둘레 20m 이내 설치 • 소형 저장탱크 모두 합산

관련문제 다음과 같이 가스설비가 옥외에 설치되어 있는 경우 경보기의 검지부 설치 개수를 구하여라.

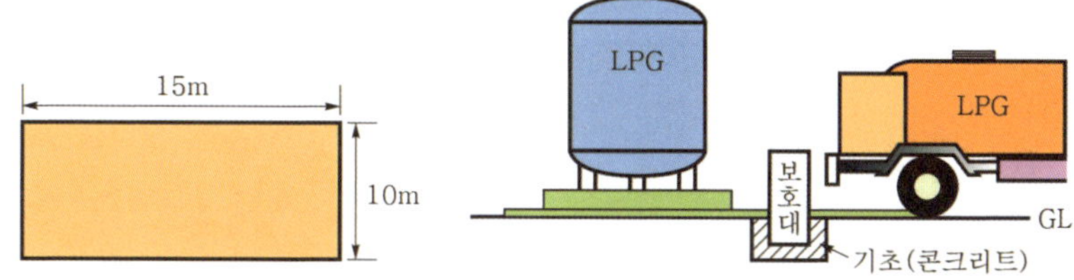

해답 15×2+10×2=50m
∴ 50÷20=2.5=3개

해설 가스설비가 옥외에 설치 시 설비군 바닥면 둘레 20m마다 경보기의 검지부 1개 이상 설치, 옥내에 설치 시 설비군 바닥면 둘레 10m마다 경보기의 검지부 1개씩 설치

참고 경보기의 경보부 설치장소는 관계자가 상주하거나 경보를 식별할 수 있는 장소로써 경보가 울린 후 각종 조치를 취하기 적절한 곳

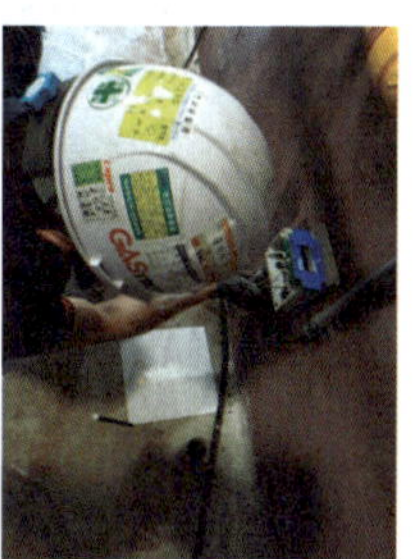

관련문제 LP가스 충전시설 중 가스누출경보기의 검지부는 저장, 가스설비 중 가스누출 시 체류하기 쉬운 장소에 설치하여야 하는데 누출 시 체류하기 쉬운 장소를 4가지 쓰시오.

해답
① 저장탱크 설치장소
② 충전설비가 있는 곳
③ 로딩암 설치장소
④ 압력용기 등 가스설비가 있는 곳

참고 경보기의 검지부를 설치하지 말아야 하는 장소(KGS FP 332 관련)
• 증기, 물방울, 기름기 섞인 연기 등이 직접 접촉될 우려가 있는 곳
• 주위온도 또는 복사열에 의한 온도가 40℃ 이상이 되는 곳
• 설비 등에 가려져 누출가스의 유동이 원활하지 못한 곳
• 차량, 그 밖의 작업 등으로 경보기가 파손될 우려가 있는 곳

관련문제 동영상의 LPG 충전시설에서 긴급차단장치의 차단조작기구이다. 이 조작기구는 해당 저장탱크로부터 5m 이상 떨어진 장소에 설치하여야 하는데 그 해당 장소를 3가지 이상 쓰시오.

해답
① 안전관리자가 상주하는 사무실 내부
② 충전기 주변
③ 액화석유가스의 대량유출에 대비하여 충분히 안전이 확보되고 조작이 용이한 곳

06 충전기와 가스설비실 사이에 로딩암을 설치할 경우의 안전조치(KGS FP332 관련)

관련문제 동영상과 같이 충전기와 가스설비실 사이 로딩암 설치 시에 대한 (   )를 채우시오.

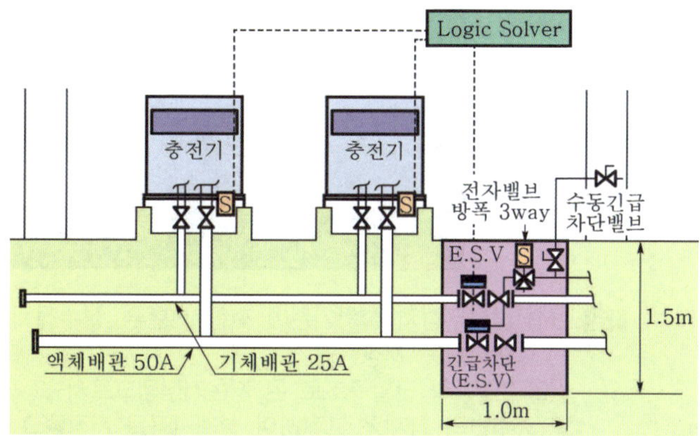

자동차에 고정된 탱크 주·정차 시 안전점검 공간을 확보하기 위하여 충전기 외면에서 가스설비실의 외면까지 (①)m 이상의 거리를 유지하다. 자동차에 고정된 탱크에 의한 충돌 등으로 발생할 수 있는 충전기 파손을 방지하기 위하여 충전기 하부 (②) 배관에 (③)를 설치하고, 충전기 하부 및 피트 내에 설치된 경보기와 긴급차단장치를 연동 설치한다. 다만, 오작동으로 인한 충전중단을 방지하기 위하여 (④) 신호 중 (⑤) 신호 동시 논리회로를 구성할 수 있다. 이때, 가스누출경보기 검지부 3개 중 1개의 검지농도가 폭발하한계의 20% 이상이면 (⑥) 경보이고 2개의 검지농도 폭발하한계의 20% 이상이면 (⑦)가 자동작동하는 경우이다.

해답 ① 5, ② 액상, ③ 긴급차단장치, ④ 3, ⑤ 2, ⑥ 단순, ⑦ 긴급차단장치

[로딩암]

[탱크로리]

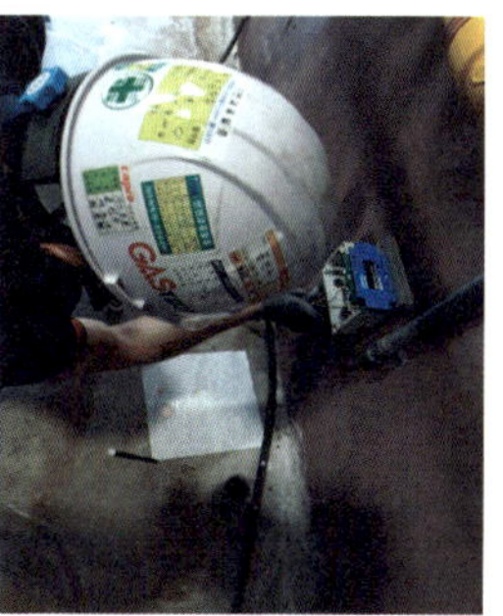

[검지부]

관련문제 동영상의 탱크로리에 폭발방지장치가 설치되어 있다. 이러한 폭발방지장치를 설치하지 않아도 되는 안전조치를 한 저장탱크의 종류를 2가지 쓰시오.

해답 (1) 물분무장치 설치기준에 적합한 분무, 살수장치 및 소화전을 적합하게 설치·관리하는 저장탱크
(2) 2중각의 단열구조로 된 저온저장탱크로서 그 단열재의 두께가 해당 저장탱크 주변의 화재를 고려하여 설계시공된 저장탱크

관련문제 동영상의 태양광 발전설비에 대하여 아래 물음에 답하시오.

집광판의 설치장소는 건축물의 옥상, 충전소 운영에 지장을 주지 아니하는 장소에 설치한다. 이 경우 충전소 내 지상에 집광판을 설치하는 경우에 충전설비, 저장설비, 가스설비 배관 자동차에 고정된 탱크 이입 충전장소의 외면으로부터 ① 몇 m 떨어진 장소에 설치하며 ② 집광판의 설치높이는 지면에서 몇 m 이상되어야 하는가?

해답 (1) 8m 이상
(2) 1.5m 이상

관련문제 태양광 발전설비의 관련 전기설비는 방폭성능을 가진 것으로 설치하거나 폭발위험장소가 아닌 곳으로 가스시설과 면하지 않는 방향에 설치하는데 이때 폭발위험장소란 무엇인가?

해답 위험장소로서 0종 장소, 1종 장소, 2종 장소

관련문제 다음은 LP가스 용기 검사 시 잔가스 배출관의 방출량에 따라 유기하여야 할 안전거리이다. (   ) 안에 적당한 거리를 쓰시오.

방출량	유지해야 할 거리	방출량	유지해야 할 거리
30g/min 이상	8m 이상	120g/min 이상	14m 이상
60g/min 이상	10m 이상	150g/min 이상	(②)m 이상
90g/min 이상	(①)m 이상	—	—

해답 ① 12   ② 16

참고 이때 배출관의 높이는 지상 5m 이상 주변건물의 높이보다 높고 항상 개구되어 있어야 한다. 잔가스 연소장치는 잔가스를 회수 배출하는 설비로부터 8m 이상의 거리를 유지하는 장소에 설치하여야 한다.

관련문제 소형 저장탱크의 보호대에 대하여 아래 물음에 답하시오.

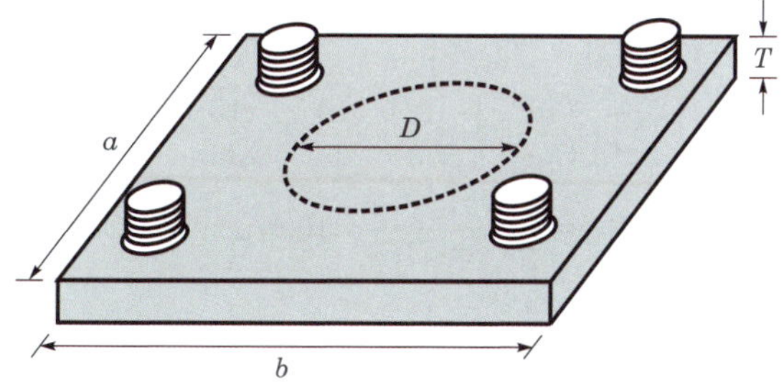

(1) 철근콘크리트제 보호대 기초의 깊이는 몇 cm인가?
(2) 강관제 보호대를 앵커볼터로 사용 시 관지름의 규격은 몇 A 이상인가?
(3) 관지름이 150A라고 가정 시 받침대의 치수
　　① a와 b는 몇 mm 이상인가?
　　② 이때 받침대의 두께는 몇 mm 정도인가?

해답
(1) 25cm 이상
(2) 100A 이상
(3) ① a, b : 250mm 이상　② T : 5.5~6.5mm

해설 강관제 보호대 받침대 치수

보호대 관지름	받침대 치수(mm)	
D	a, b	T
100A 이상	D+100 이상	6±0.5 이상

관련문제 동영상과 같이 염소, 암모니아 등 몇 가지의 가스가 혼합되어 있을 때 혼합 독성가스의 허용농도 LC_{50}을 계산하여라.

$Cl_2(1m^3)$　$COCl_2(3m^3)$　$NH_3(3m^3)$　$F_2(1m^3)$　$C_3H_8(1m^3)$　$N_2(1m^3)$
단, LC_{50}의 허용농도 : Cl_2(293ppm), $COCl_2$(5ppm), NH_3(7338ppm), F_2(185ppm)

해답
$$LC_{50} = \dfrac{1}{\displaystyle\sum_{i=1}^{n} \dfrac{C_i}{LC_{50i}}}$$

$$\sum_{i=1}^{n} \frac{C_i}{LC_{50i}} = \left(\frac{\frac{1}{10}}{293} + \frac{\frac{3}{10}}{5} + \frac{\frac{3}{10}}{7338} + \frac{\frac{1}{10}}{185} \right) = 0.06092272$$

$$LC_{50} = \frac{1}{0.06092272} = 16.41 \text{ppm}, \quad LC_{50} = \frac{1}{\displaystyle\sum_{i=1}^{n} \dfrac{C_i}{LC_{50i}}}$$

해설 여기서, LC_{50} : 독성가스의 허용농도
　　　　n : 혼합가스를 구성하는 가스 종류의 수
　　　　C_i : 혼합가스에서 i번째 독성 성분의 몰분율
　　　　LC_{50i} : 부피 ppm으로 표현되는 i번째 가스의 허용농도
　　　　C_i : 몰분율 $= \dfrac{\text{성분몰}}{\text{전몰}} = \dfrac{\text{성분부피}}{\text{전부피}}$ (전부피 : $10m^3$)

관련문제 아래의 혼합 독성 가스의 허용농도(TLV−TWA)를 계산하시오. (단, 혼합가스의 농도의 계산식은 $LC_{50} = \dfrac{1}{\sum\limits_{i=1}^{n} \dfrac{C_i}{LC_{50i}}}$ 의 공식으로 LC_{50}의 농도 대신 TLV−TWA 농도를 대입하여 계산한다.)

혼합가스 종류 및 혼합부피

$Cl_2(5m^3)$ $HCN(2m^3)$ $O_3(1m^3)$

$COCl_2 : 2m^3$이며 TLV−TWA의 허용농도는 $Cl_2(1ppm)$, $HCN(10ppm)$, $O_3(0.1ppm)$, $COCl_2(0.1ppm)$이다.

해답 C_i 몰분율 $Cl_2 : \dfrac{5}{10}$, $HCN : \dfrac{2}{10}$, $O_3 : \dfrac{1}{10}$, $COCl_2 : \dfrac{2}{10}$

$$\therefore \sum_{i=1}^{n} \frac{C_i}{LC_{50i}} = \left(\frac{\frac{5}{10}}{1} + \frac{\frac{2}{10}}{10} + \frac{\frac{1}{10}}{0.1} + \frac{\frac{2}{10}}{0.1} \right) = (0.5 + 0.02 + 1 + 2) = 3.52$$

$$\therefore \frac{1}{3.52} = 0.284 = 0.28ppm$$

07 도시가스 정압기, 예비정압기 필터 분해 점검 주기

항목 \ 법규 구분		가스도매사업법		일반도시가스사업법	도시가스사용시설	
정압기	설치 후	2년 1회		2년 1회	3년 1회	
	향후	2년 1회		2년 1회	4년 1회	
필터		규정없음		가스공급 개시 후 1월 이내 그 이후 매년 1회	설치 후	3년 1회
					그 이후	4년 1회
정압기 작동상황 점검		지속적		1주일 1회 이상	1주일 1회 이상	
정압기 가스누출 경보기 점검	육안점검	1주일 1회 이상		1주일 1회 이상	1주일 1회 이상	
	표준가스를 사용하여	6개월 1회 이상 점검				
예비정압기	개요	① 정압기의 기능 상실 시에만 사용하는 정압기 ② 월 1회 이상 작동점검 실시 정압기				
	분해점검	3년 1회 이상				

08 도시가스의 압력조정기

항목 \ 법규 구분	공급시설	사용시설
안전점검주기	6월 1회	1년 1회
압력조정기의 필터 · 스트레나 청소주기	2년 1회	3년 1회 그 이후는 4년 1회

[공급시설의 구역 압력조정기 점검주기]

분해점검	정상작동여부	필터	점검항목
설치 후 3년 1회	3개월 1회	공급개시 후 1월 이내 및 공급개시 후 1년 1회	① 구역 압력 조정기의 몸체와 연결부의 가스누출 유무 ② 출구압력측정 명판에 표시된 출구압력 범위 이내로 공급 여부 확인 ③ 외함 손상 여부 확인

관련문제 동영상의 도시가스 정압기 시설을 보고 물음에 답하시오.

[정압기지 내 정압기실 내부]

[도시가스 압력조정기]

(1) 도시가스 사용시설의 정압기의 분해점검 주기는?

(2) 월 1회 이상 작동점검 주정압기의 기능 상실에만 사용되는 정압기의 ① 명칭 ② 분해점검주기는?

(3) 공급시설의 구역정압기의 ① 정상작동 여부의 주기와 ② 필터의 공급개시 후 및 그 이후의 분해점검주기는?

해답 (1) 3년 1회 이상
　　　(2) ① 명칭 : 예비정압기
　　　　　② 분해점검주기 : 3년 1회 이상
　　　(3) ① 3개월에 1회 이상
　　　　　② 공급개시 후 1개월 이내, 그 이후 1년 1회 이상

09 정압기지에 설치된 지진감지장치 점검 과압안전장치 설정압력작동(KGS FS452)

구분	세부내용
지진감지장치	① 주기적으로 점검 ② 지진발생 시 빠른 시간 내 점검 지진응답 계측기록 회수
과압안전장치	① 작동여부 2년 1회 이상 확인 기록을 유지 ② 작동불량 시 교체, 수리 등 설정압력에서 정상작동을 하도록 하여야 한다.

관련문제 동영상은 정압기지 근처 설치된 지진감지장치이다.

(1) 점검 방법 2가지를 쓰시오.
(2) 정압기지 근처에 설치된 과압안전장치의 작동 여부 주기를 쓰시오.

해답 (1) ① 주기적으로 점검한다.
　　　 ② 지진 발생 시 빠른 시간 내 점검하고 지진응답계측기록을 회수한다.
　　 (2) 2년 1회 이상

10 가스계량기 설치기준(KGS FU551)

구분		세부내용
설치개요	설치장소기준	검침, 교체 유지관리 및 계량이 용이하고 환기가 양호하도록 조치를 한 장소
	검침 교체 유지관리 및 계량이 용이하고 환기가 양호하도록 조치한 장소의 종류	① 실내 상부(공기보다 무거운 경우 하부) $50cm^2$ 이상 환기구 등을 설치한 장소 ② 실내에 기계환기 설치를 설치한 장소 ③ 가스누출 자동차단 장치를 설치하여 누출시 경보하고 계량기 전단에서 가스가 차단될 수 있도록 조치한 장소 ④ 환기 면적 $100cm^2$ 이상 환기 가능 창문
	직사광선, 빗물을 받을 우려가 있는 장소에 설치	보호상자 안에 설치
설치높이 (용량 $30m^3/h$ 미만)	바닥에서 1.6m 이상 2m 이내	① 수직·수평으로 설치 ② 밴드 보호가대 등으로 고정장치(→ 변경부분)
	바닥에서 2m 이내	① 보호상자 내 설치 ② 기계실 가정용 제외 보일러실 설치 ③ 문이 달린 파이프 덕트 내 설치
기타사항		가스계량기와 전기계량기 및 전기개폐기와의 거리는 60cm 이상, 굴뚝(단열조치를 하지 않은 경우에 한하며, 밀폐형 강제급배기식 보일러(FF식 보일러)의 2중구조의 배기통은 '단열조치가 된 굴뚝'으로 보아 제외한다.) · 전기점멸기 및 전기접속기와의 거리는 30cm 이상, 절연조치를 하지 않은 전선과의 거리는 15cm 이상의 거리를 유지한다.

관련문제 동영상의 보호상자 내에 있는 가스계량기에 대한 다음 물음에 답하시오.

(1) 가스계량기의 설치높이(m)는?

(2) (1)과 같은 설치높이를 유지할 수 있는 경우를 2가지 더 쓰시오.

해답 (1) 바닥에서 2.0m 이내
　　　(2) ① 가스계량기를 기계실 내에 설치한 경우
　　　　　② 가정용을 제외한 보일러실에 설치한 경우
　　　　　③ 문이 달린 파이프 덕트 내에 설치한 경우

11 건축물 내 배관의 확인사항(KGS FU551)

(1) 배관의 설치 위치 확인

(2) 배관의 이음부와 전기설비와의 이격거리가 적정하게 유지되고 있는지 확인

(3) 배관의 고정간격 및 유지상태 벽관통부의 보호관 및 부식방지 피복상태 확인

관련문제 동영상의 건축물 내에 설치된 배관에서의 확인사항 3가지를 기술하시오.

해답 ① 배관의 설치 위치 확인
　　　② 배관의 이음부와 전기설비와의 이격거리가 적정하게 유지되어 있는지 확인
　　　③ 배관의 고정간격 및 유지상태 벽관통부의 보호관 및 부식방지 피복상태 확인

12 입상관 설치기준(KGS FU551)

항목		세부내용
확인사항		① 입상관과 화기와의 거리 유지 여부 ② 입상관 밸브설치 높이
입상관 밸브설치	기준	바닥에서 1.6m 이상 2.0m 이내
	1.6m ~ 2m 이내 설치 불가능시 기준 — 1.6m 미만으로 설치 시	보호상자 내 설치
	2.0m 초과 설치 시 기준	① 입상관 밸브 차단을 위한 전용계단을 견고하게 고정설치 ② 원격으로 차단이 가능한 전동밸브설치 ※ 이 경우 차단장치의 제어부는 바닥에서 1.6m 이상 2.0m 이내 　　설치, 전동밸브 및 제어부는 빗물을 받을 우려가 없도록 설치 　　(→ 변경사항)

관련문제 동영상의 입상관 밸브에 대하여 아래 물음에 답하시오.

(1) 밸브의 설치기준 높이(m)는?
(2) 보호상자 내에 설치 시 설치높이(m)는?
(3) 2.0m 초과 설치 시 설치기준 1가지 이상 기술하여라.

해답 (1) 바닥에서 1.6m 이상 2m 이내
　　 (2) 바닥에서 1.6m 미만 설치 가능
　　 (3) 입상관 밸브차단을 위한 전용계단을 견고하게 고정설치한 경우

13 다기능 가스안전계량기 설치(KGS FU551)

도시가스 배관을 실내의 벽, 바닥, 천정 등에 매립 시 상시 안전점검이 불가능한 배관 내부의 가스누출을 감지하여 자동으로 가스공급을 차단하는 안전장치나 다기능 가스안전계량기를 설치하여야 한다.

[관련문제] 도시가스 배관을 실내, 벽, 바닥, 천정 등에 매립 시 상시 안전점검이 불가능한 배관의 내부의 가스누출을 감지 또는 자동으로 가스공급을 차단하는 장치 또는 동영상과 같은 가스기기를 설치하여야 하는데 이 가스기기의 명칭은 무엇인가?

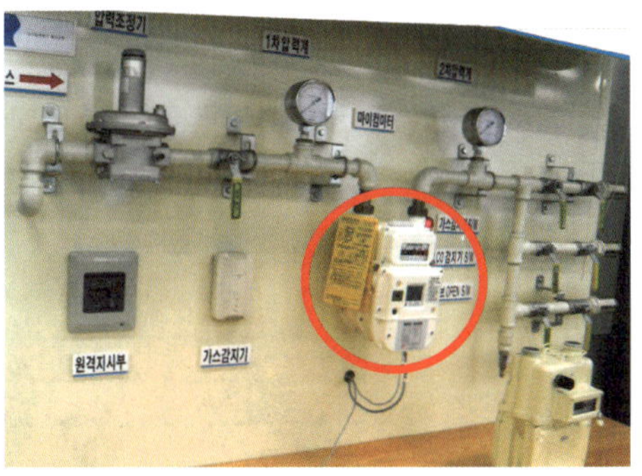

[해답] 다기능 가스안전계량기

14 스티커형 라인마크 규격(KGS FU551)

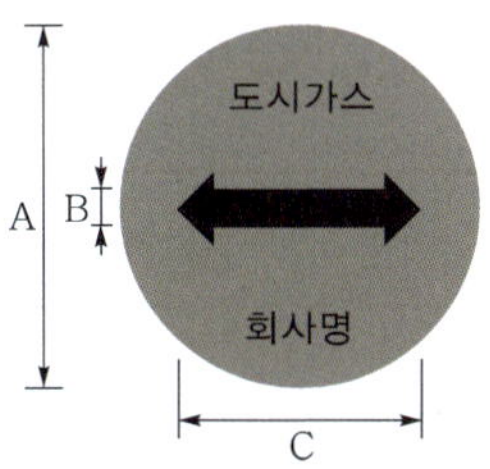

- A : 100mm
- B : 10mm
- C : 70mm
- 두께(t) : 1.5±0.2
- ※ 글씨 : 8~12mm 장방형

[스티커형 라인마크의 모양·크기 및 표시방법]

15 네일형 라인마크(KGS FU551)

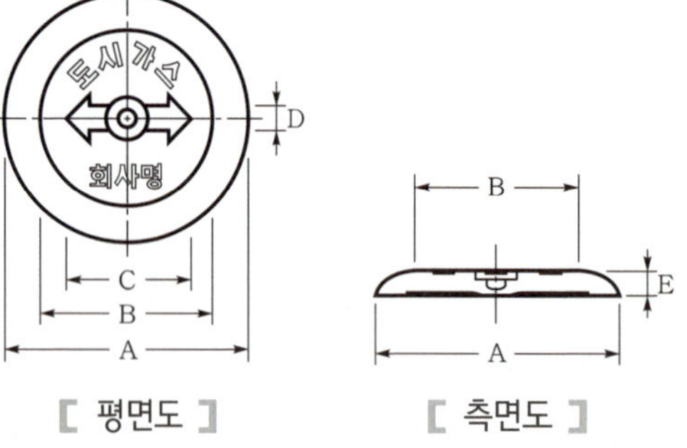

[평면도]　　[측면도]

- A : 60mm
- B : 40mm
- C : 30mm
- D : 6mm
- E : 7mm
- 글씨 : 6~10mm 장방형에 음각

관련문제 동영상에서 보여주는 가스기기의 (1)의 명칭과 두께, (2)의 명칭과 A의 규격(mm)을 쓰시오.

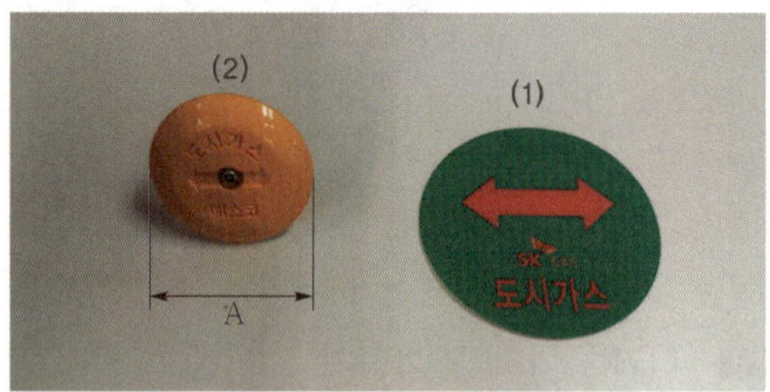

해답 (1) 명칭 : 스티커형 라인마크, 두께 : 1.5±0.2(mm)
(2) 명칭 : 네일형 라인마크, A의 규격 : 60mm

16 가스종류별 청소 점검 수리 시 가스 치환작업 순서(KGS FP112)

(1) 독성 가스

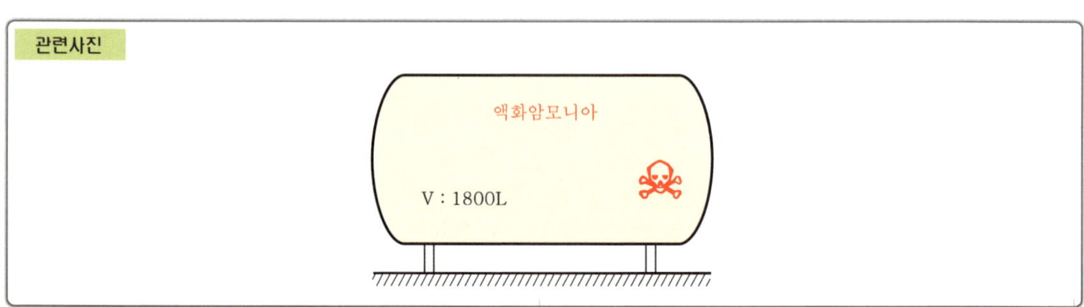

① 가스설비의 내부가스를 그 압력이 대기압 가까이 될 때까지 다른 저장탱크 등에 회수한 후 잔류가스를 대기압이 될 때까지 재해설비로 유도하여 재해시킨다.

② ①의 처리를 한 후에는 해당 가스와 반응하지 아니하는 불활성 가스 또는 물 그 밖의 액체 등으로 서서히 치환한다. 이 경우 방출하는 가스는 재해설비에 유도하여 재해시킨다.

③ 치환결과를 가스검지기 등으로 측정하고 해당 독성가스의 농도가 TLV-TWA 기준 농도 이하로 될 때까지 치환을 계속한다.

(2) 가연성 가스

① 가스설비의 내부가스를 그 압력이 대기압 가까이 될 때까지 다른 저장탱크 등에 회수한 후 잔류가스를 서서히 안전하게 방출하거나 연소장치에 연소시키는 방법으로 대기압이 될 때까지 방출한다.

② 잔류가스를 불활성가스 또는 물이나 스팀 등 해당 가스와 반응하지 아니하는 가스 또는 액체로 서서히 치환한다.

③ ① 및 ②의 잔류가스를 대기 중에 방출할 경우에는 방출한 가스의 착지농도가 해당 가연성 가스의 폭발하한계의 1/4 이하가 되도록 방출관으로부터 서서히 방출시킨다. 이 농도확인은 가스검지기 그 밖에 해당 가스농도 식별에 적합한 분석방법(이하 "가스검지기 등"이라 한다)으로 한다. 이때 방출가스의 착지농도가 폭발하한의 1/4 이하가 되도록 서서히 방출시킨다.

④ 치환 결과를 가스검지기 등으로 측정하고 해당 가연성 가스의 농도가 그 가스의 폭발하한계의 1/4 이하가 될 때까지 치환을 계속한다.

(3) 산소가스

① 가스설비의 내부가스를 실외까지 유도하여 다른 용기에 회수하거나 산소가 체류하지 아니하는 조치를 강구하여 대기 중에 서서히 방출한다.

② ①의 처리를 한 후 내부가스를 공기 또는 불활성 가스 등으로 치환한다. 이 경우 가스 치환에 사용하는 공기는 기름이 혼입될 우려가 없는 것을 선택한다.

③ 산소측정기 등으로 치환결과를 수시 측정하여 산소의 농도가 22% 이하로 될 때까지 치환을 계속하여야 한다.

④ 공기로 재치환의 결과를 산소측정기 등으로 측정하고 산소의 농도가 18%에서 22%로 유지되도록 공기를 반복하여 치환 후 작업자가 내부에 들어가 작업을 한다.

(4) 그 밖의 가스 설비

가스의 성질에 따라 사업자가 확립한 작업절차서에 따라 가스를 치환한다. 다만, 불연성 가스 설비에 대하여는 치환작업을 생략할 수 있다.

〈가스치환작업을 생략할 수 있는 경우〉

수리 등의 작업 대상 및 작업내용이 다음 기준에 해당하는 것은 가스치환 작업을 하지 아니할 수 있다.

① 가스설비의 내용적이 $1m^3$ 이하인 것

② 출입구의 밸브가 확실히 폐지되고 있고 내용적이 $5m^3$ 이상의 가스설비에 이르는 사이에 2개 이상의 밸브를 설치한 것

③ 사람이 그 설비의 밖에서 작업하는 것

④ 화기를 사용하지 아니하는 작업인 것

⑤ 설비의 간단한 청소 또는 가스켓의 교환, 그 밖에 이에 준하는 경미한 작업인 것

관련문제 동영상은 독성가스 탱크의 청소점검 시 가스치환하는 작업순서이다. (   ) 안에 알맞은 단어를 쓰시오.

(1) 가스설비의 내부가스를 (①) 가까이 될 때까지 다른 저장탱크에 회수한 후 잔류 가스를 (②)이 될 때까지 재해설비로 유도하여 재해시킨다.

(2) 상기 처리를 한 후 해당가스와 반응하지 않는 (   ) 또는 물, 액체 등으로 치환한다.

(3) 치환의 결과를 가스검지기로 측정, 해당 독성가스의 농도가 (   ) 농도 이하로 될 때까지 치환을 계속해야 한다.

해답 (1) ① 대기압 ② 대기압
　　　 (2) 불활성 가스
　　　 (3) TLV-TWA 기준

17 보호대

구분	높이	재질
• LPG 자동차충전기 • LPG 소형저장탱크 • 이동식 압축도시가스 　충전의 충전기	80cm 이상	철근콘크리트(두께 12cm 이상) 배관용 탄소강관(두께 100A 이상)

MEMO

권말부록

필답형 및
작업형(동영상)
핵심요점 정리집

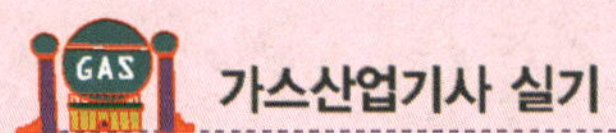

가스산업기사 실기

권말부록 **필답형 및 작업형(동영상) 핵심요점 정리집**

고법 · 액법 · 도법(공통 분야) 설비시공 실무편

01-1　위험장소 분류, 가스시설 전기방폭 기준(KGS Gc 201)

(1) 위험장소 분류

가연성 가스가 폭발할 위험이 있는 농도에 도달할 우려가 있는 장소(이하 "위험장소"라 한다)의 등급은 다음과 같이 분류한다.

0종 장소	상용의 상태에서 가연성 가스의 농도가 <u>연속해서 폭발하한계 이상으로 되는 장소</u>(폭발상한계를 넘는 경우에는 폭발한계 이내로 들어갈 우려가 있는 경우를 포함한다)	[해당 사용 방폭구조] 0종 : 본질안전방폭구조 1종 : 본질안전방폭구조 　　　유입방폭구조(o) 　　　압력방폭구조(p) 　　　내압방폭구조(d)
1종 장소	상용의 상태에서 가연성 가스가 체류해 위험하게 될 우려가 있는 장소, 정비, 보수 또는 누출 등으로 인하여 종종 가연성 가스가 체류하여 위험하게 될 우려가 있는 장소	2종 : 본질안전방폭구조 　　　유입방폭구조(o) 　　　내압방폭구조(d) 　　　압력방폭구조(p) 　　　안전증방폭구조(e)
2종 장소	① 밀폐된 용기 또는 설비 안에 밀봉된 가연성 가스가 그 용기 또는 설비의 사고로 인하여 <u>파손되거나 오조작의 경우에만 누출할</u> 위험이 있는 장소 ② 확실한 기계적 환기조치에 따라 가연성 가스가 체류하지 아니하도록 되어 있으나 <u>환기장치에 이상이나 사고가 발생한 경우에는 가연성 가스가 체류해 위험하게 될 우려가 있는 장소</u> ③ 1종 장소의 주변 또는 인접한 실내에서 <u>위험한 농도의 가연성 가스가 종종 침입할 우려가 있는 장소</u>	

(2) 가스시설 전기방폭 기준

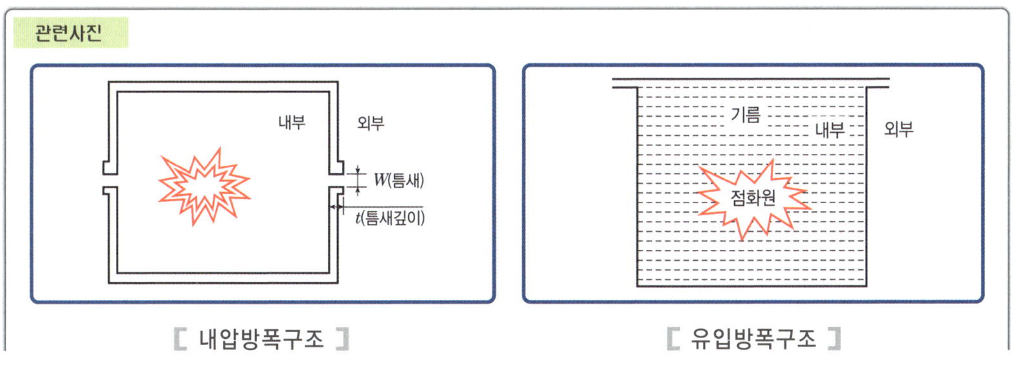

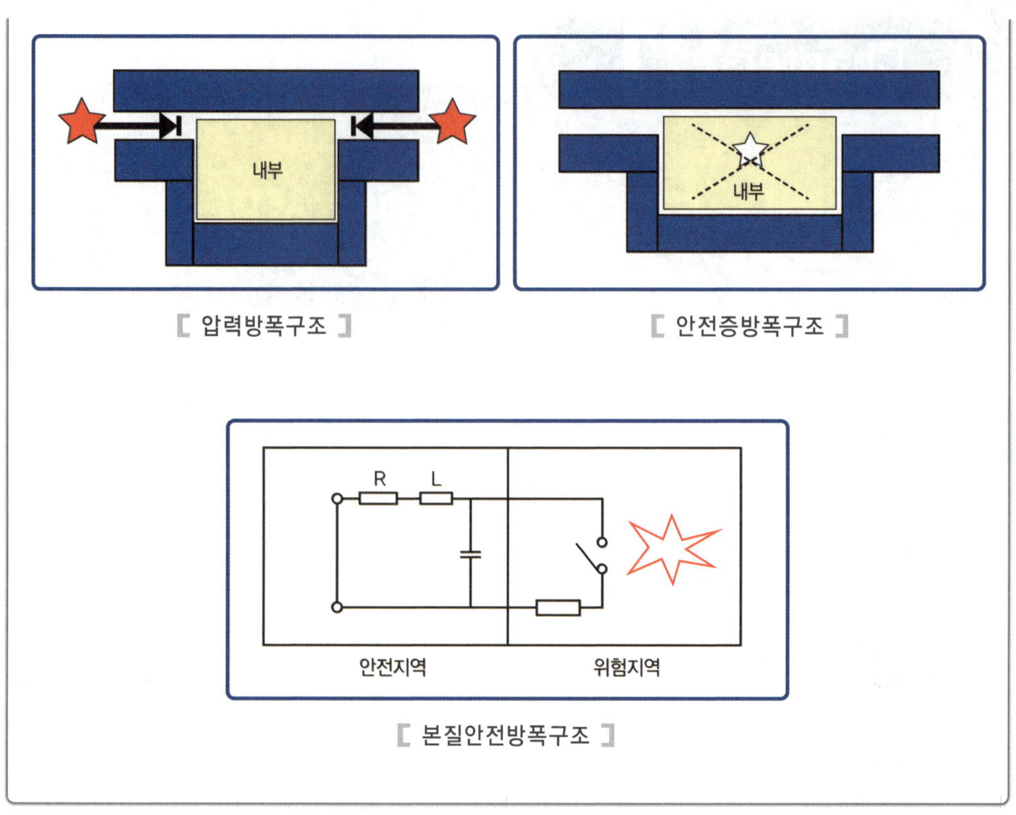

종류	표시방법	정의
내압방폭구조	d	방폭전기기기(이하 "용기") 내부에서 가연성 가스의 폭발이 발생할 경우 그 용기가 폭발압력에 견디고, 접합면, 개구부 등을 통해 외부의 가연성 가스에 인화되지 않도록 한 구조를 말한다.
유입방폭구조	o	용기 내부에 절연유를 주입하여 불꽃·아크 또는 고온발생부분이 기름 속에 잠기게 함으로써 기름면 위에 존재하는 가연성 가스에 인화되지 않도록 한 구조를 말한다.
압력방폭구조	p	용기 내부에 보호가스(신선한 공기 또는 불활성 가스)를 압입하여 내부압력을 유지함으로써 가연성 가스가 용기 내부로 유입되지 않도록 한 구조를 말한다.
안전증 방폭구조	e	정상운전 중에 가연성 가스의 점화원이 될 전기불꽃·아크 또는 고온부분 등의 발생을 방지하기 위해 기계적, 전기적 구조상 또는 온도상승에 대해 특히 안전도를 증가시킨 구조를 말한다.
본질안전 방폭구조	ia, ib	정상 시 및 사고(단선, 단락, 지락 등) 시에 발생하는 전기불꽃·아크 또는 고온부로 인하여 가연성 가스가 점화되지 않는 것이 점화시험, 그 밖의 방법에 의해 확인된 구조를 말한다.
특수방폭구조	s	상기 구조 이외의 방폭구조로서 가연성 가스에 점화를 방지할 수 있다는 것이 시험, 그 밖의 방법으로 확인된 구조를 말한다.

(3) 방폭기기 선정

[내압방폭구조의 폭발 등급]

최대안전틈새 범위(mm)	0.9 이상	0.5 초과 0.9 미만	0.5 이하
가연성 가스의 폭발 등급	A	B	C
방폭전기기기의 폭발 등급	IIA	IIB	IIC

[비고] 최대안전틈새는 내용적이 8리터이고, 틈새깊이가 25mm인 표준용기 안에서 가스가 폭발할 때 발생한 화염이 용기 밖으로 전파하여 가연성 가스에 점화되지 않는 최대값

[본질안전구조의 폭발 등급]

최소점화전류비의 범위(mm)	0.8 초과	0.45 이상 0.8 이하	0.45 미만
가연성 가스의 폭발 등급	A	B	C
방폭전기기기의 폭발 등급	IIA	IIB	IIC

[비고] 최소점화전류비는 메탄가스의 최소점화전류를 기준으로 나타낸다.

[가연성 가스 발화도 범위에 따른 방폭전기기기의 온도 등급]

가연성 가스의 발화도(℃) 범위	방폭전기기기의 온도 등급
450 초과	T1
300 초과 450 이하	T2
200 초과 300 이하	T3
135 초과 200 이하	T4
100 초과 135 이하	T5
85 초과 100 이하	T6

(4) 기타 방폭전기기기 설치에 관한 사항

기기 분류	간추린 핵심내용
용기	방폭성능을 손상시킬 우려가 있는 유해한 홈부식, 균열, 기름 등 누출부위가 없도록 할 것
방폭전기기기 결합부의 나사류를 외부에서 조작 시 방폭성능 손상우려가 있는 것	드라이버, 스패너, 플라이어 등의 일반 공구로 조작할 수 없도록 한 자물쇠식 죄임구조로 할 것
방폭전기기기 설치에 사용되는 정션박스, 풀박스 접속함	내압방폭구조 또는 안전증방폭구조(d · e)
조명기구 천장, 벽에 매어 달 경우	바람 및 진동에 견디도록 하고 관의 길이를 짧게 한다.

(5) 안전간격에 따른 폭발 등급

폭발 등급	안전간격	해당 가스
1등급	0.6mm 이상	메탄, 에탄, 프로판, 부탄, 암모니아, 일산화탄소, 아세톤, 벤젠
2등급	0.4mm 이상 0.6mm 미만	에틸렌, 석탄가스
3등급	0.4mm 미만	이황화탄소, 수소, 아세틸렌, 수성가스

01 내진설계(가스시설 내진설계기준(KGS 203))

(1) 내진설계 시설용량

법규 구분		시설 구분	
		지상저장탱크 및 가스홀더	그 밖의 시설
고압가스 안전관리법	독성, 가연성	5톤, 500m³ 이상	① 반응·분리·정제·증류 등을 행하는 탑류로서 동체부 5m 이상 압력용기 ② 세로방향으로 설치한 동체길이 5m 이상 원통형 응축기 ③ 내용적 5000L 이상 수액기 ④ 지상설치 사업소 밖 고압가스배관 ⑤ 상기 시설의 지지구조물 및 기초연결부
	비독성, 비가연성	10톤, 1000m³ 이상	
액화석유가스의 안전관리 및 사업법		3톤 이상	3톤 이상 지상저장탱크의 지지구조물 및 기초와 이들 연결부
도시가스 사업법	제조시설	3톤(300m³) 이상	–
	충전시설	5톤(500m³) 이상	① 반응·분리·정제·증류 등을 행하는 탑류로서 동체부 높이가 5m 이상인 압력용기 ② 지상에 설치되는 사업소 밖의 배관(사용자 공급관 배관 제외) ③ 도시가스법에 따라 설치된 시설 및 압축기, 펌프, 기화기, 열교환기, 냉동설비, 정제설비, 부취제 주입설비, 지지구조물 및 기초와 이들 연결부
	가스도매업자, 가스공급시설 설치자의 시설	① 정압기지 및 밸브기지 내(정압설비, 계량설비, 가열설비, 배관의 지지구조물 및 기초, 방산탑, 건축물) ② 사업소 밖 배관에 긴급차단장치를 설치 또는 관리하는 건축물	
	일반도시가스 사업자	철근콘크리트 구조의 정압기실(캐비닛, 매몰형 제외)	

(2) 내진 등급 분류

중요도 등급	영향도 등급	관리 등급	내진 등급
특	A	핵심시설	내진 특A
	B	–	내진 특
1	A	중요시설	
	B	–	내진 Ⅰ
2	A	일반시설	
	B	–	내진 Ⅱ

(3) 내진설계에 따른 독성가스 종류

구분	허용농도(TLV-TWA)	종류
제1종 독성가스	1ppm 이하	염소, 시안화수소, 이산화질소, 불소 및 포스겐
제2종 독성가스	1ppm 초과 10ppm 이하	염화수소, 삼불화붕소, 이산화유황, 불화수소, 브롬화메틸, 황화수소
제3종 독성가스	–	제1종, 제2종 독성가스 이외의 것

(4) 내진설계 등급의 용어

구분		핵심내용
내진 특등급	시설	그 설비의 손상이나 기능 상실이 사업소 경계 밖에 있는 공공의 생명·재산에 막대한 피해를 초래 및 사회의 정상적인 기능 유지에 심각한 지장을 가져올 수 있는 것
	배관	배관의 손상이나 기능 상실이 사업소 경계 밖에 있는 공공의 생명·재산에 막대한 피해를 초래 및 사회의 정상적인 기능 유지에 심각한 지장을 가져올 수 있는 것(독성 가스를 수송하는 고압가스 배관의 중요도)
내진 1등급	시설	그 설비의 손상이나 기능 상실이 사업소 경계 밖에 있는 공공의 생명과 재산에 상당한 피해를 가져올 수 있는 것
	배관	배관의 손상이나 기능 상실이 사업소 경계 밖에 있는 공공의 생명과 재산에 상당한 피해를 가져올 수 있는 것(가연성 가스를 수송하는 고압가스 배관의 중요도)
내진 2등급	시설	그 설비의 손상이나 기능 상실이 사업소 경계 밖에 있는 공공의 생명·재산에 경미한 피해를 가져 올 수 있는 것
	배관	배관의 손상이나 기능 상실이 사업소 경계 밖에 있는 공공의 생명·재산에 경미한 피해를 가져 올 수 있는 것(독성, 가연성 이외의 가스를 수송하는 배관의 중요도)

※ 내진 등급을 4가지로 분류 시는 내진 특A등급, 내진 특등급, 내진 1등급, 내진 2등급으로 분류

(5) 도시가스 배관의 내진 등급

내진 등급	사업자 구분		관리 등급
	가스도매사업자	일반도시가스사업자	
내진 특등급	모든 배관	–	중요시설
내진 1등급	–	0.5MPa 이상 배관	–
내진 2등급	–	0.5MPa 미만 배관	–

01-2　방호벽(KGS Fp 111)(2.7.2 관련)

관련사진

적용시설				
법규	시설 구분		설치장소	
고압가스	일반제조	C_2H_2 가스 또는 압력 9.8MPa 이상 압축가스 충전 시의 압축기	압축기	① 당해 충전장소 사이 ② 당해 충전용기 보관장소 사이
			당해 충전장소	① 당해 가스 충전용기 보관장소 ② 당해 충전용 주관 밸브
	고압가스 판매시설		용기보관실의 벽	
	충전시설		저장탱크	가스 충전장소, 사업소 내 보호시설
	특정고압가스 사용시설		압축가스	저장량 $60m^3$ 이상 용기보관실의 벽
			액화가스	저장량 300kg 이상 용기보관실의 벽
LPG	판매시설		용기보관실의 벽	
도시가스	지하 포함		정압기실	

방호벽의 종류				
종류 구조	철근콘크리트	콘크리트블록	강판제	
			후강판	박강판
높이	2000mm 이상	2000mm 이상	2000mm 이상	2000mm 이상
두께	120mm 이상	150mm 이상	6mm 이상	3.2mm 이상
규격	① 직경 9mm 이상 ② 가로, 세로 400mm 이하 간격으로 배근결속 (기준) ㉠ 일체로 된 철근콘크리트 기초 ㉡ 기초높이 350mm 이상, 깊이 300mm 이상 ㉢ 기초두께는 방호벽 최하부 두께의 120% 이상	① 직경 9mm 이상 ② 가로, 세로 400mm 이하 간격으로 배근결속 블록 공동부에 콘크리트 몰탈을 채움.	1800mm 이하의 간격으로 지주를 세움.	30mm×30mm 앵글강을 가로, 세로 400mm 이하로 용접보강한 강판을 1800mm 이하 간격으로 지주를 세움.

01-3　비파괴검사

관련사진

[자분(탐상)검사(MT)]

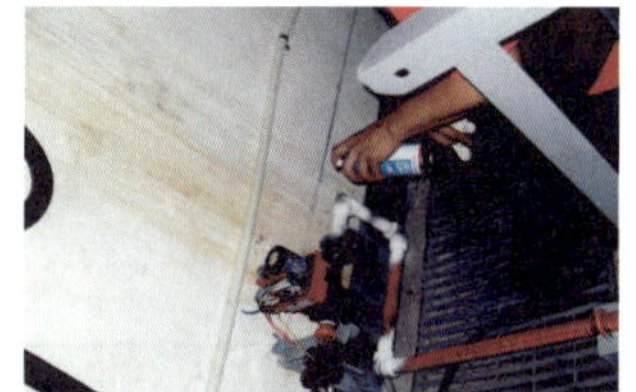

[침투(탐상)검사(PT)]

[초음파(탐상)검사(UT)]

[방사선(투과)검사(RT)]

종류	정의	특징	
		장점	단점
음향검사 (AC)	검사하는 물체에 망치 등으로 두드려 보고 들리는 소리를 들어 결함 유무를 판별	① 검사비용이 발생치 않아 경제성이 있다. ② 시험방법이 간단하다.	검사자의 숙련을 요하며, 숙련도에 따라 오차가 생길 수 있다.
자분 (탐상)검사 (MT)	시험체의 표면결함을 검출하기 위해 누설자장으로 결함의 크기 위치를 알아내는 검사법	① 검사방법이 간단하다. ② 미세표면결함 검출 가능	결함의 길이는 알아내기 어렵다.
침투 (탐상)검사 (PT)	시험체 표면에 침투액을 뿌려 결함부에 침투 시 그것을 빨아올려 결함의 위치, 모양을 검출하는 방법으로 형광침투, 염색침투법이 있다.	① 시험방법이 간단하다. ② 시험체의 크기, 형상의 영향이 없다.	① 시험체 표면에 가까이 가서 침투액을 살포하여야 한다. ② 주위온도의 영향이 있다. ③ 시험체 표면이 열려 있어야 한다.
초음파 (탐상)검사 (UT)	초음파를 시험체에 보내 내부결함으로 반사된 초음파의 분석으로 결함의 크기 위치를 알아내는 검사법(종류 : 공진법, 투과법, 펄스반사법)	① 위치결함 판별이 양호하고 건강에 위해가 없다. ② 면상의 결함도 알 수 있다. ③ 시험의 결과를 빨리 알 수 있다. ④ 내부결함 검출이 가능하다.	① 결함의 종류를 알 수 없다. ② 개인차가 발생한다.
방사선 (투과)검사 (RT)	방사선(X선, 감마선)의 필름으로 촬영이나 투시하는 방법으로 결함여부를 검출하는 방법	① 내부결함 능력이 우수하다. ② 신뢰성이 있다. ③ 보존성이 양호하다.	① 비경계적이다. ② 방사선으로 인한 위해가 있다. ③ 표면결함 검출능력이 떨어진다.

01-4 비파괴시험대상 및 생략대상 배관(KGS Fs 331, p30)(KGS Fs 551, p21)

법규 구분	비파괴시험대상	비파괴시험 생략대상
고법	① 중압(0.1MPa) 이상 배관 용접부 ② 저압 배관으로 호칭경 80A 이상 용접부	① 지하 매설배관 ② 저압으로 80A 미만으로 배관 용접부
LPG	① 0.1MPa 이상 액화석유가스가 통하는 배관 용접부 ② 0.1MPa 미만 액화석유가스가 통하는 호칭지름 80mm 이상 배관의 용접부	건축물 외부에 노출된 0.01MPa 미만 배관의 용접부
도시가스	① 지하 매설배관(PE관 제외) ② 최고사용압력 중압 이상인 노출 배관 ③ 최고사용압력 저압으로서 50A 이상 노출 배관	① PE 배관 ② 저압으로 노출된 사용자 공급관 ③ 호칭지름 80mm 미만인 저압의 배관
참고사항	LPG, 도시가스 배관의 용접부는 100% 비파괴시험을 실시할 경우 ① 50A 초과 배관은 맞대기 용접을 하고 맞대기 용접부는 방사선투과시험을 실시 ② 그 이외의 용접부는 방사선투과, 초음파탐상, 자분탐상, 침투탐상시험을 실시	

(1) 긴급이송설비(벤트스택과 플레어스택)

관련사진

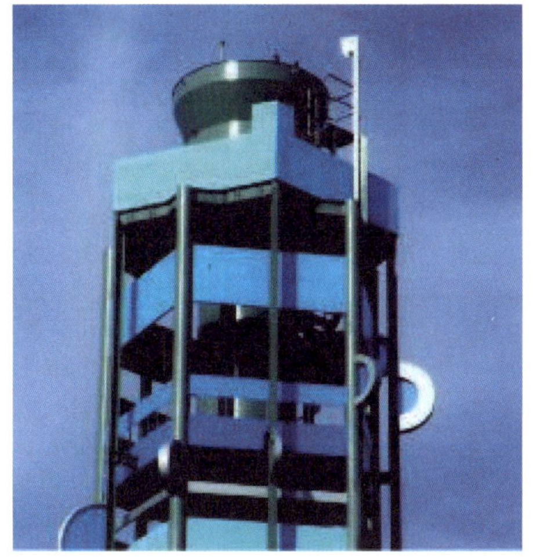

[벤트스택]

[플레어스택]

항목	벤트스택		항목	플레어스택
	긴급용(공급시설) 벤트스택	그 밖의 벤트스택		
개요	가연성 또는 독성 가스의 고압가스 설비 중 특수 반응설비와 긴급차단장치를 설치한 고압가스 설비에 이상사태 발생 시 설비 안 내용물을 설비 밖으로 긴급 안전하게 이송하는 설비로서 독성, 가연성 가스를 방출시키는 탑		개요	가연성 또는 독성 가스의 고압가스 설비 중 특수반응 설비와 긴급 차단장치를 설치한 고압가스 설비에 이상사태 발생 시 설비 안 내용물을 설비 밖으로 긴급 안전하게 이송하는 설비로서 가연성 가스를 연소시켜 방출시키는 탑
착지농도	가연성 : 폭발하한계값 미만의 높이		발생 복사열	제조시설에 나쁜 영향을 미치지 아니하도록 안전한 높이 및 위치에 설치
	독성 : TLV-TWA 기준농도값 미만이 되는 높이			
독성가스 방출 시	제독조치 후 방출		재료 및 구조	발생 최대 열량에 장시간 견딜 수 있는 것
정전기 낙뢰의 영향	착화방지조치를 강구, 착화 시 즉시 소화조치 강구		파일럿 버너	항상 점화하여 폭발을 방지하기 위한 조치가 되어 있는 것

항목	벤트스택		항목	플레어스택
	긴급용(공급시설) 벤트스택	그 밖의 벤트스택		
벤트스택 및 연결배관의 조치	응축액의 고임을 제거 및 방지조치		지표면에 미치는 복사열	4000kcal/m^2·hr 이하
액화가스가 함께 방출되거나 급랭 우려가 있는 곳	연결된 가스공급 시 설과 가장 가까운 곳 에 기액분리기 설치	액화가스가 함께 방출 되지 아니하는 조치	긴급이송설비로 부터 연소하여 안전하게 방출시키기 위하여 행하는 조치사항	① 파일럿 버너를 항상 작동할 수 있는 자동점화장치 설치 및 파일럿 버너가 꺼지지 않도록 자동점화장치 기능이 완전히 유지되도록 설치 ② 역화 및 공기혼합 폭발방지를 위하여 갖추는 시설 ㉠ Liquid Seal 시설 (리퀴드 실) ㉡ Flame Arrestor 설치 (프레임 아레스토) ㉢ Vapor Seal 설치 (베이퍼 실) ㉣ Purge Gas의 지속적 주입 (퍼지 가스) ㉤ Molecular 설치 (몰큘러)
방출구 위치 (작업원이 정상작업의 필요장소 및 항상 통행장소로부터 이격거리)	10m 이상	5m 이상		

(2) 저장탱크의 내부압력이 외부압력보다 낮아져 저장탱크가 파괴되는 것을 방지하기 위한 조치의 설비(부압을 방지하는 조치)

① 압력계

② 압력경보설비

③ 그 밖의 것(다음 중 어느 한 개의 설비)

　㉠ 진공안전밸브

　㉡ 다른 저장탱크 또는 시설로부터의 가스도입 배관(균압관)

　㉢ 압력과 연동하는 긴급차단장치를 설치한 냉동제어설비

　㉣ 압력과 연동하는 긴급차단장치를 설치한 송액설비

(3) 가스누출경보기 및 자동차단장치 설치(KGS Fu 2.8.2) (KGS Fp 211)

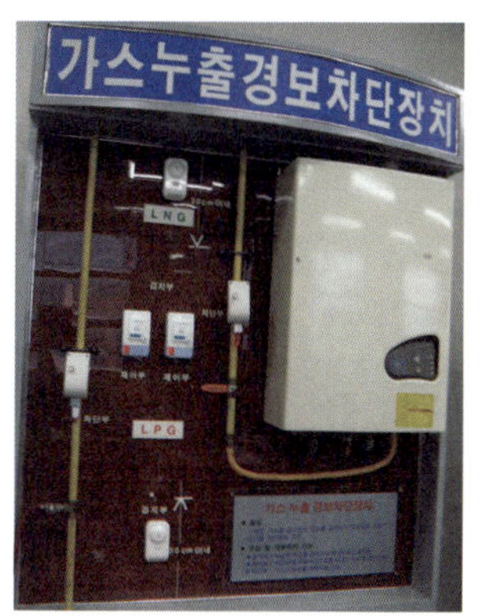

항목		간추린 세부 핵심내용	
설치대상 가스		독성 가스 공기보다 무거운 가연성 가스 저장설비	
설치 목적		가스누출 시 신속히 검지하여 대응조치하기 위함	
검지경보장치	기능	가스누출의 검지농도를 지시함과 동시에 경보하되 담배연기, 잡가스에는 경보하지 않을 것	
	종류	접촉연소방식, 격막갈바니 전지방식, 반도체방식	
가스별 경보농도	가연성	폭발하한계의 1/4 이하에서 경보	
	독성	TLV-TWA 기준농도 이하	
	NH_3	실내에서 사용 시 TLV-TWA 50ppm 이하	
경보기 정밀도	가연성	±25% 이하	
	독성	±30% 이하	
검지에서 발신까지 걸리는 시간	NH_3, CO	경보농도의 1.6배 농도에서	60초 이내
	그 밖의 가스		30초 이내
지시계 눈금	가연성	0 ~ 폭발하한계값	
	독성	TLV-TWA 기준농도의 3배값	
	NH_3	실내에서 사용 시 150ppm	

TiP

1. 가스누출 시 경보를 발신 후 그 농도가 변화하여도 계속 경보하고 대책강구 후 경보가 정지되게 한다.
2. 검지에서 발신까지 걸리는 시간에서 CO, NH_3가 타 가스와 달리 60초 이내 경보하는 이유는 폭발 하한이 CO(12.5%), NH_3(15%)로 너무 높아 그 농도 검지에 시간이 타 가스에 비해 많이 소요되기 때문이다.

01-5 가스누출경보 및 차단장치 설치장소 및 검지부의 설치개수(KGS Fp 111) (2.6.2.3.1 관련)

법규에 따른 항목			설치 세부내용		
			장소	설치간격	개수
고압가스 (KGS Fp 111) (p66)	제조 시설	건축물 내	바닥면 둘레	10m	1개
		건축물 밖		20m	1개
		가열로 발화원의 제조설비 주위		20m	1개
		특수반응 설비		10m	1개
		그 밖의 사항	계기실 내부	1개 이상	
			방류둑 내 탱크	1개 이상	
			독성 가스 충전용 접속군	1개 이상	
		배관	경보장치의 검출부 설치장소		
			① 긴급차단장치부분 ② 슬리브관, 이중관 밀폐 설치부분 ③ 누출가스 체류 쉬운 부분 ④ 방호구조물 등에 의하여 밀폐되어 설치된 배관부분		
LPG (KGS Fp 331) (p153)		경보기의 검지부 설치장소	① 저장탱크, 소형 저장탱크 용기 ② 충전설비 로딩 암 압력용기 등 가스설비		
		설치해서는 안 되는 장소	① 증기, 물방울, 기름기 섞인 연기 등이 직접 접촉 우려가 있는 곳 ② 온도 40℃ 이상인 곳 ③ 누출가스 유동이 원활치 못한 곳 ④ 경보기 파손 우려가 있는 곳		
도시가스 사업법 (KGS Fp 451)		건축물 안	바닥면 둘레 및 설치 개수	10m마다 1개 이상	
		지하의 전용탱크 처리설비실		20m마다 1개 이상	
		정압기(지하 포함)실		20m마다 1개 이상	
가스누출 검지경보장치의 연소기 버너 중심에서 검지부 설치 수		공기보다 가벼운 경우	8m마다 1개		
		공기보다 무거운 경우	4m마다 1개		

01-6   가스누출 자동차단장치 설치대상(KGS Fu 551) 및 제외대상

설치대상	세부 내용	설치제외대상	세부 내용
특정 가스사용시설 (식품위생법)	영업장 면적 100m^2 이상	연소기가 연결된 퓨즈 콕, 상자 콕 및 소화안전장치 부착 시	월 사용예정량 2000m^3 미만 시
지하의 가스사용시설	가정용은 제외	공급이 불시에 중지 시	막대한 손실 재해 우려 시
		다기능 안전계량기 설치 시	누출경보기 연동차단 기능이 탑재

01   고압가스 운반 등의 기준(KGS Gc 206)

(1) 운반 등의 기준 적용 제외

① 운반하는 고압가스 양이 13kg(압축의 경우 1.3m^3) 이하인 경우

② 소방자동차, 구급자동차, 구조차량 등이 긴급 시에 사용하기 위한 경우

③ 스킨스쿠버 등 여가목적으로 공기 충전용기를 2개 이하로 운반하는 경우

④ 산업통상자원부장관이 필요하다고 인정하는 경우

(2) 고압가스 충전용기 운반기준

① 충전용기 적재 시 적재함에 세워서 적재한다.

② 차량의 최대 적재량 및 적재함을 초과하여 적재하지 아니 한다.

③ 납붙임 및 접합 용기를 차량에 적재 시 용기 이탈을 막을 수 있도록 보호망을 적재함
   에 씌운다.

④ 충전용기를 차량에 적재 시 고무링을 씌우거나 적재함에 세워서 적재한다. 단, 압축
   가스의 경우 세우기 곤란 시 적재함 높이 이내로 눕혀서 적재가능하다.

⑤ 독성 가스 중 가연성, 조연성 가스는 동일차량 적재함에 운반하지 아니 한다.

⑥ 밸브 돌출 충전용기는 고정식 프로텍터, 캡을 부착하여 밸브 손상방지 조치를 한 후
   운반한다.

⑦ 충전용기를 차에 실을 때 충격방지를 위해 완충판을 차량에 갖추고 사용한다.

⑧ 충전용기는 이륜차(자전거 포함)에 적재하여 운반하지 아니 한다.

⑨ 염소와 아세틸렌, 암모니아, 수소는 동일차량에 적재하여 운반하지 아니 한다.

⑩ 가연성과 산소를 동일차량에 적재운반 시 충전용기 밸브를 마주보지 않도록 한다.

⑪ 충전용기와 위험물안전관리법에 따른 위험물과 동일차량에 적재하여 운반하지 아니한다.

(3) 독성 가스 용기운반

① 충전용기는 세워서 적재

② 차량의 최대 적재량을 초과하지 않도록 적재

③ 충전용기는 단단히 묶을 것

④ 밸브 돌출용기는 고정식 프로텍터 캡을 부착할 것

⑤ 충전용기의 충격방지를 위하여 상하차 시 완충판을 사용할 것

⑥ 독성 중 가연성, 조연성은 동일차량에 적재하여 운반하지 아니할 것

⑦ 충전용기는 자전거, 오토바이로 운반하지 아니할 것

(4) 경계표시(KGS Gc 206 2.1.1.2)

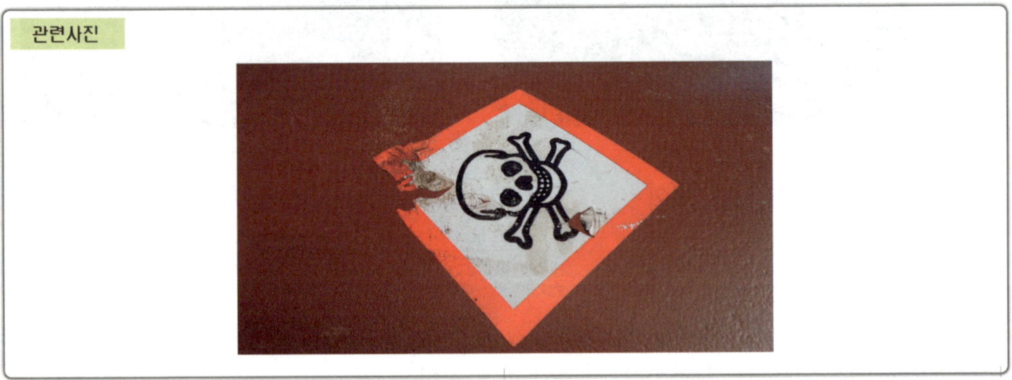

구분		내용
설치위치		차량 앞뒤 명확하게 볼 수 있도록(RTC 차량은 좌우에서 볼 수 있도록)
표시사항		위험고압가스, 독성 가스 등 삼각기를 외부 운전석 등에 게시
규격	직사각형	가로 치수 : 차폭의 30% 이상, 세로 치수 : 가로의 20% 이상
	정사각형	면적 : $600cm^2$ 이상
	삼각기	① 가로 : 40cm, 세로 : 30cm ② 바탕색 : 적색, 글자색 : 황색
그 밖의 사항		① 상호, 전화번호 ② 운반기준 위반행위를 신고할 수 있는 허가관청, 등록관청의 전화번호 등이 표시된 안내문을 부착

구분	내용
경계표시 도형	위험 고압가스 독성가스 (30cm × 40cm 직각삼각형)
독성 가스 충전용기 운반	① 붉은 글씨의 위험 고압가스, 독성 가스 ② 위험을 알리는 도형, 상호, 사업자 전화번호, 운반기준 위반행위를 신고할 수 있는 등록관청 전화번호 안내문
독성 가스 이외 충전용기 운반	상기 항목의 독성 가스 표시를 제외한 나머지는 모두 동일하게 표시

(5) 운반책임자 동승 기준

용기에 의한 운반			
가스 종류		허용농도(ppm)	적재용량(m^3, kg)
독성 가스	압축가스(m^3)	200 초과	$100m^3$ 이상
		200 이하	$10m^3$ 이상
	액화가스(kg)	200 초과	1000kg 이상
		200 이하	100kg 이상
비독성 가스	압축가스	가연성	$300m^3$ 이상
		조연성	$600m^3$ 이상
	액화가스	가연성	3000kg 이상(납붙임 접합용기는 2000kg 이상)
		조연성	6000kg 이상

차량에 고정된 탱크에 의한 운반(운행거리 200km 초과 시에만 운반책임자 동승)					
압축가스(m^3)			액화가스(kg)		
독성	가연성	조연성	독성	가연성	조연성
$100m^3$ 이상	$300m^3$ 이상	$600m^3$ 이상	1000kg 이상	3000kg 이상	6000kg 이상

(6) 운반하는 용기 및 차량에 고정된 탱크에 비치하는 소화설비

독성 가스 중 가연성 가스를 운반 시 비치하는 소화설비(5kg 운반 시는 제외)			
운반하는 가스량에 따른 구분	소화기 종류		비치 개수
	소화제 종류	능력단위	
압축 $100m^3$ 이상 액화 1000kg 이상의 경우	분말소화제	BC용 또는 ABC용 B-6(약제 중량 4.5kg) 이상	2개 이상
압축 $15m^3$ 초과 $100m^3$ 미만 액화 150kg 초과 1000kg 미만의 경우	분말소화제	상동	1개 이상
압축 $15m^3$ 액화 150kg 이하의 경우	분말소화제 B-3 이상		1개 이상

차량에 고정된 탱크 운반 시 소화설비			
가스의 구분	소화기 종류		비치 개수
	소화제 종류	능력단위	
가연성 가스	분말소화제	BC용 B-10 이상 또는 ABC용 B-12 이상	차량 좌우 각각 1개 이상
산소	분말소화제	BC용 B-8 이상 또는 ABC용 B-10 이상	
보호장비			
독성 가스 종류에 따른 방독면, 고무장갑, 고무장화 그 밖의 보호구 재해발생 방지를 위한 응급조치에 필요한 제독제, 자재, 공구 등을 비치하고 매월 1회 점검하여 항상 정상적인 상태로 유지			

(7) 운반 독성 가스 양에 따른 소석회 보유량(KGS Gc 206)

품명	운반하는 독성 가스 양, 액화가스 질량 1000kg		적용 독성 가스
	미만의 경우	이상의 경우	
소석회	20kg 이상	40kg 이상	염소, 염화수소, 포스겐, 아황산가스 등 효과가 있는 액화가스에 적용

(8) 차량 고정탱크에 휴대해야 하는 안전운행 서류

① 고압가스 이동계획서
② 관련 자격증
③ 운전면허증
④ 탱크테이블(용량 환산표)
⑤ 차량 운행일지
⑥ 차량 등록증

(9) 차량 고정탱크(탱크로리) 운반기준

항목	내용
두 개 이상의 탱크를 동일 차량에 운반 시	① 탱크마다 주밸브 설치 ② 탱크 상호 탱크와 차량 고정부착 조치 ③ 충전관에 안전밸브, 압력계 긴급탈압밸브 설치
LPG를 제외한 가연성 산소	18000L 이상 운반금지
NH_3를 제외한 독성	12000L 이상 운반금지
액면요동부하 방지를 위해 하는 조치	방파판 설치
차량의 뒷범퍼와 이격거리	① 후부취출식 탱크(주밸브가 탱크 뒤쪽에 있는 것) : 40cm 이상 이격 ② 후부취출식 이외의 탱크 : 30cm 이상 이격 ③ 조작상자(공구 등 기타 필요한 것을 넣는 상자) : 20cm 이상 이격
기타	돌출 부속품에 대한 보호장치를 하고 밸브 콕 등에 개폐표시방향을 할 것
참고사항	LPG 차량 고정탱크(탱크로리)에 가스를 이입할 수 있도록 설치되는 로딩암을 건축물 내부에 설치 시 통풍을 양호하게 하기 위하여 환기구를 설치, 이때 환기구 면적의 합계는 바닥면적의 6% 이상

(10) 차량 고정탱크 및 용기에 의한 운반 시 주차 시의 기준(KGS Gc 206)

구분	내용
주차 장소	① 1종 보호시설에서 15m 이상 떨어진 곳 ② 2종 보호시설이 밀집되어 있는 지역으로 육교 및 고가차도 아래는 피할 것 ③ 교통량이 적고 부근에 화기가 없는 안전하고 지반이 좋은 장소
비탈길 주차 시	주차 Break를 확실하게 걸고 차바퀴에 차바퀴 고정목으로 고정
차량운전자, 운반책임자가 차량에서 이탈한 경우	항상 눈에 띄는 장소에 있도록 한다.
기타 사항	① 장시간 운행으로 가스온도가 상승되지 않도록 한다. ② 40℃ 초과 우려 시 급유소를 이용, 탱크에 물을 뿌려 냉각한다. ③ 노상주차 시 직사광선을 피하고 그늘에 주차하거나 탱크에 덮개를 씌운다 (단, 초저온, 저온탱크는 그러하지 아니 하다). ④ 고속도로 운행 시 규정속도를 준수, 커브길에서는 신중하게 운전한다. ⑤ 200km 이상 운행 시 중간에 충분한 휴식을 한다. ⑥ 운반책임자의 자격을 가진 운전자는 운반도중 응급조치에 대한 긴급지원 요청을 위하여 주변의 제조·저장 판매 수입업자, 경찰서, 소방서의 위치를 파악한다. ⑦ 차량 고정탱크로 고압가스 운반 시 고압가스에 대한 주의사항을 기재한 서면을 운반책임자 운전자에게 교부하고 운반 중 휴대시킨다.

01-7 가스 제조설비의 정전기 제거설비 설치(KGS Fp 111) (2.6.11)

관련사진

항목		간추린 세부 핵심내용
설치목적		가연성 제조설비에 발생한 정전기가 점화원으로 되는 것을 방지하기 위함
접지 저항치	총합	100Ω 이하
	피뢰설비가 있는 것	10Ω 이하
본딩용 접속선 접지접속선 단면적		$5.5mm^2$ 이상(단선은 제외)을 사용 경납붙임 용접, 접속금구 등으로 확실하게 접지
단독접지설비		탑류, 저장탱크 열교환기, 회전기계, 벤트스택
충전 전 접지대상설비		① 가연성 가스를 용기·저장탱크·제조설비 이충전 및 용기 등으로부터 충전 ② 충전용으로 사용하는 저장탱크 제조설비 ③ 차량에 고정된 탱크

01-8 고압·LPG·도시가스의 냄새나는 물질의 첨가(KGS Fp 331) (3.2.1.1) 관련

항목	간추린 세부 핵심내용
공기 중 혼합비율 용량(%)	1/1000(0.1%)
냄새농도 측정방법	① 오더미터법(냄새측정기법) ② 주사기법 ③ 냄새주머니법 ④ 무취실법
시료기체 희석배수 (시료기체 양÷시험가스 양)	① 500배 ② 1000배 ③ 2000배 ④ 4000배
용어설명 / 패널(panel)	미리 선정한 정상적인 후각을 가진 사람으로서 냄새를 판정하는 자
용어설명 / 시험자	냄새농도 측정에 있어서 희석조작을 하여 냄새농도를 측정하는 자
용어설명 / 시험가스	냄새를 측정할 수 있도록 기화시킨 가스
용어설명 / 시료기체	시험가스를 청정한 공기로 희석한 판정용 기체
기타 사항	① 패널은 잡담을 금지한다. ② 희석배수의 순서는 랜덤하게 한다. ③ 연속측정 시 30분마다 30분간 휴식한다.
부취제 구비조건	① 경제적일 것 ② 화학적으로 안정할 것 ③ 보통 존재 냄새와 구별될 것 ④ 물에 녹지 않을 것 ⑤ 독성이 없을 것

(1) 부취제(부취설비)

특성 \ 종류	TBM (터시어리부틸메르카부탄)	THT (테트라하이드로티오페)	DMS (디메틸설파이드)
냄새 종류	양파 썩는 냄새	석탄가스 냄새	마늘 냄새
강도	강함	보통	약간 약함
혼합 사용 여부	혼합 사용	단독 사용	혼합 사용
부취제 주입설비			
액체주입식	펌프주입방식, 적하주입방식, 미터연결 바이패스방식		
증발식	위크 증발식, 바이패스방식		
부취제 주입농도	$\dfrac{1}{1000}=0.1\%$ 정도		
토양의 투과성 순서	DMS > TBM > THT		

01-9   방류둑 설치기준

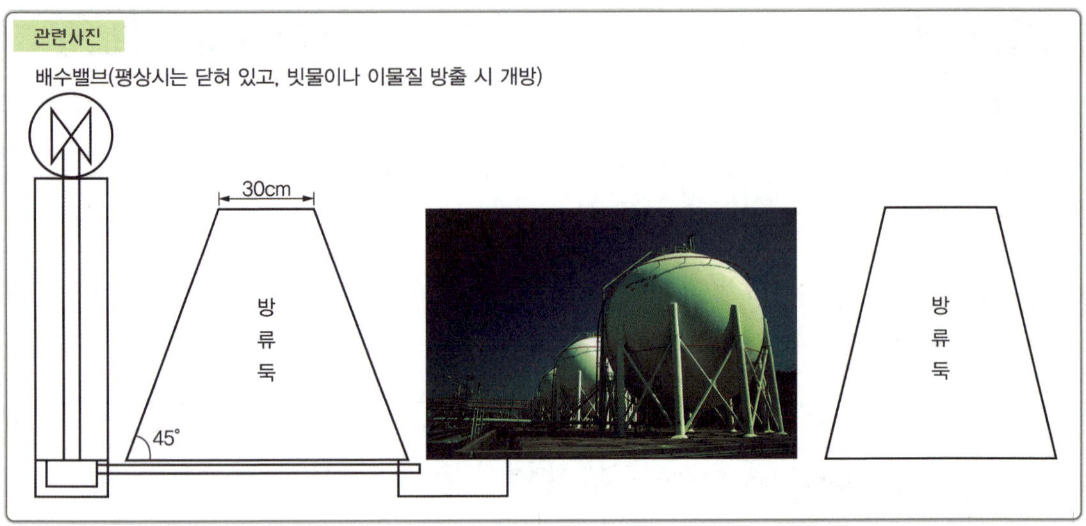

방류둑 : 액화가스가 누설 시 한정된 범위를 벗어나지 않도록 탱크 주위를 둘러쌓은 제방

법령에 따른 기준		설치기준 저장탱크 가스홀더 및 설비의 용량	항목		세부 핵심내용
고압가스 안전관리법 (KGS 111, 112)	독성	5t 이상	방류둑 용량(액 화가스 누설 시 방 류둑에서 차단 할 수 있는 양)	독성 가연성	저장능력 상당용적
	산소	1000t 이상			
	가연성 · 일반 제조	1000t 이상		산소	저장능력 상당용적의 60% 이상
	가연성 · 특정 제조	500t 이상			
	냉동제조	수액기용량 10000L 이상	재료		철근콘크리트 · 철골 · 금속 · 흙 또는 이의 조합
LPG 안전관리법	1000t 이상 (LPG는 가연성 가스임)		성토 각도		45°
도시가스 안전관리법	가스도매 사업법	500t 이상	성토 윗부분 폭		30cm 이상
	일반도시가스 사업법	1000t 이상	출입구 설치 수		50m마다 1개(전 둘레 50m 미만 시 2곳을 분산 설치)
	(도시가스는 가연성 가스임)		집합 방류둑		가연성과 조연성, 가연성, 독성 가스 의 저장탱크를 혼합 배치하지 않음
참고사항	① 방류둑 안에는 고인물을 외부로 배출할 수 있는 조치를 한다. ② 배수조치는 방류둑 밖에서 배수차단 조작을 하고 배수할 때 이외는 반드시 닫아둔다.				

01-10 단열성능시험

시험용 가스	
종류	비점
액화질소	−196℃
액화산소	−183℃
액화아르곤	−186℃

침입열량에 따른 합격기준		
내용적(L)	열량(kcal/hr · ℃ · L)	열량(J/hr · ℃ · L)
1000L 이상	0.002 이하	2.09 이하
1000L 미만	0.0005 이하	8.37 이하

침입열량 계산식	
$$Q = \dfrac{W \cdot q}{H \cdot \Delta t \cdot V}$$	Q : 침입열량(kcal/hr · ℃ · L 또는 J/hr · ℃ · L) W : 기화 가스량(kg) q : 시험가스의 기화잠열(kcal/kg 또는 J/kg) H : 측정시간(hr) Δt : 가스비점과 대기온도차(℃) V : 내용적(L)

01-11 보호시설과 안전거리(KGS Fp 112 관련)

구분	처리 및 저장능력	제1종 보호시설(m)	제2종 보호시설(m)
산소의 저장설비	1만 이하	12	8
	1만 초과 2만 이하	14	9
	2만 초과 3만 이하	16	11
	3만 초과 4만 이하	18	13
	4만 초과	20	14
독성 가스 또는 가연성 가스의 저장설비	1만 이하	17	12
	1만 초과 2만 이하	21	14
	2만 초과 3만 이하	24	16
	3만 초과 4만 이하	27	18
	4만 초과 5만 이하	30	20
	5만 초과 99만 이하	30 (가연성 가스 저온 저장탱크는 $\frac{3}{25}\sqrt{X+10000}$)	20 (가연성 가스 저온 저장탱크는 $\frac{2}{25}\sqrt{X+10000}$)

구분	처리 및 저장능력	제1종 보호시설(m)	제2종 보호시설(m)
	99만 초과	30 (가연성 가스 저온 저장탱크는 120)	20 (가연성 가스 저온 저장탱크는 80)

① 고압가스 처리 저장설비가 그 외면으로부터 보호시설(사업소 내와 전용공업 지역 내의 것 제외)까지의 안전 거리이며, 지하설치 시는 상기 안전거리의 $\frac{1}{2}$ 이상 유지

② 처리 저장능력(압축가스 : m^3, 액화가스 : kg)

01-12 배관의 표지판 간격

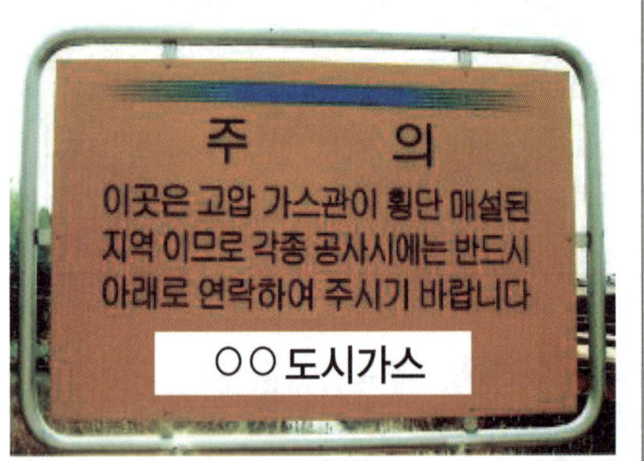

법규 구분		설치간격(m)
고압가스 안전관리법 (일반 도시가스사업법의 고정식 압축 도시가스 충전시설, 고정식 압축 도시가스 자동차 충전시설, 이동식 압축 도시가스 자동차 충전시설, 액화 도시가스 자동차 충전시설)	지상배관	1000m마다
	지하배관	500m마다
가스도매사업법		500m마다
일반 도시가스사업법	제조 공급소 내	500m마다
	제조 공급소 밖	200m마다

01-13　용기의 도색 표시(고법 시행규칙 별표 24)

관련사진

가연성 독성		의료용		그 밖의 가스	
종류	도색	종류	도색	종류	도색
LPG	회색	O_2	백색	O_2	녹색
H_2	주황색	액화탄산	회색	액화탄산	청색
C_2H_2	황색	He	갈색	N_2	회색
NH_3	백색	C_2H_4	자색	소방용 용기	소방법의 도색
Cl_2	갈색	N_2	흑색	그 밖의 가스	회색

[비고] 의료용의 사이크로프로판 : 주황색 용기에 가연성은 화기, 독성은 해골 그림 표시

(1) 용기의 각인 사항

기호	내용	단위
V	내용적	L
W	초저온 용기 이외의 용기에 밸브 부속품을 포함하지 아니한 용기 질량	kg
T_W	아세틸렌 용기에 있어 용기 질량에 다공물질 용제 및 밸브의 질량을 합한 질량	kg
T_P	내압시험압력	MPa
F_P	최고충전압력	MPa
t	500L 초과 용기 동판 두께	mm
그 외의 표시사항		

- 용기 제조업자의 명칭 또는 약호
- 충전하는 명칭
- 용기의 번호

(2) 용기 종류별 부속품의 기호

관련사진

충전구나사 숫나사

충전구나사 암나사

기호	내용
AG	C_2H_2 가스를 충전하는 용기의 부속품
PG	압축가스를 충전하는 용기의 부속품
LG	LPG 이외의 액화가스를 충전하는 용기의 부속품
LPG	액화석유가스를 충전하는 용기의 부속품
LT	초저온 저온용기의 부속품

(3) 항구증가율(%)

항목		세부 핵심내용
공식		$\dfrac{항구증가량}{전증가량} \times 100$
합격기준	신규검사	10% 이하
	재검사	10% 이하(질량검사 95% 이상 시)
		6% 이하(질량검사 90% 이상 95% 미만 시)

01 고압가스 용기

(1) 용기 안전점검 유지관리(고법 시행규칙 별표 18)

① 내·외면을 점검하여 위험한 부식, 금, 주름 등이 있는지 여부 확인

② 도색 및 표시가 되어 있는지 여부 확인

③ 스커트에 찌그러짐이 있는지, 사용할 때 위험하지 않도록 적정간격을 유지하고 있는지 확인

④ 유통 중 열영향을 받았는지 점검하고, 열영향을 받은 용기는 재검사 실시

⑤ 캡이 씌워져 있거나 프로텍터가 부착되어 있는지 여부 확인

⑥ 재검사 도래 여부 확인

⑦ 아랫부분 부식상태 확인

⑧ 밸브의 몸통 충전구나사, 안전밸브에 지장을 주는 흠, 주름, 스프링 부식 등이 있는지 확인

⑨ 밸브의 그랜드너트가 고정핀에 의하여 이탈방지 조치가 되어 있는지 여부 확인

⑩ 밸브의 개폐조작이 쉬운 핸들이 부착되어 있는지 여부 확인

⑪ 충전가스 종류에 맞는 용기 부속품이 부착되어 있는지 여부 확인

(2) 용기의 C, P, S 함유량(%)

용기 종류 \ 성분	C(%)	P(%)	S(%)
무이음용기	0.55 이하	0.04 이하	0.05 이하
용접용기	0.33 이하	0.04 이하	0.05 이하

01-14 고압가스 용기의 보관(시행규칙 별표 9)

항목	간추린 핵심내용
구분보관	① 충전용기 잔가스 용기 ② 가연성 독성 산소 용기
충전용기	① 40℃ 이하 유지 ② 직사광선을 받지 않도록 ③ 넘어짐 및 충격 밸브손상 방지조치 난폭한 취급금지(5L 이하 제외) ④ 밸브 돌출용기 가스충전 후 넘어짐 및 밸브손상 방지조치(5L 이하 제외)
용기보관장소	2m 이내 화기인화성, 발화성 물질을 두지 않을 것
가연성 보관장소	① 방폭형 휴대용 손전등 이외 등화를 휴대하지 않을 것 ② 보관장소는 양호한 통풍구조로 할 것
가연성, 독성 용기보관장소	충전용기 인도 시 가스누출 여부를 인수자가 보는데서 확인

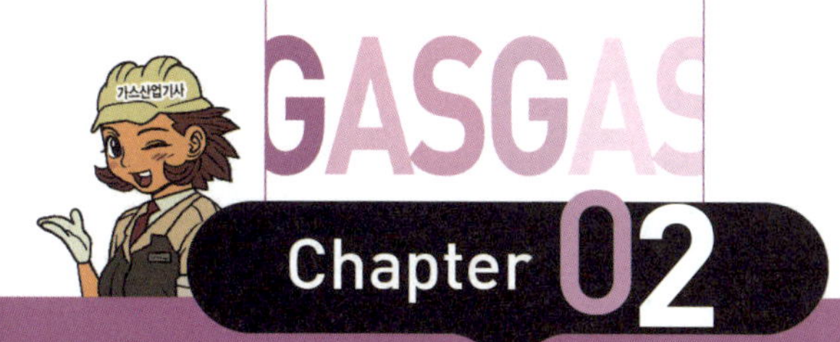

고압가스 설비시공 실무편

01 공기액화분리장치

항목	핵심내용		
개요	원료공기를 압축하여 액화산소, 액화아르곤, 액화질소를 비등점 차이로 분리 제조하는 공정		
액화 순서(비등점)	$O_2(-183℃)$	$Ar(-186℃)$	$N_2(-196℃)$
불순물	CO_2		H_2O
불순물의 영향	고형의 드라이아이스로 동결하여 장치 내 폐쇄		얼음이 되어 장치 내 폐쇄
불순물 제거방법	가성소다로 제거 $2NaOH + CO_2 \rightarrow Na_2CO_3 + H_2O$		건조제(실리카겔, 알루미나, 소바비드 가성소다)로 제거
분리장치의 폭발원인	① 공기 중 C_2H_2의 혼입 ② 액체공기 중 O_3의 혼입 ③ 공기 중 질소화합물의 혼입 ④ 압축기용 윤활유 분해에 따른 탄화수소 생성		

항목	핵심내용
폭발원인에 대한 대책	① 장치 내 여과기를 설치 ② 공기취입구를 맑은 곳에 설치 ③ 부근에 카바이드 작업을 피함 ④ 연 1회 CCl_4로 세척 ⑤ 윤활유는 양질의 광유를 사용
참고사항	① 고압식 공기액화분리장치 압축기 종류 : 왕복피스톤식 다단압축기 ② 압력 150~200atm 정도 ③ 저압식 공기액화분리장치 압축기 종류 : 원심압축기 ④ 압력 5atm 정도
적용범위	시간당 압축량 $1000Nm^3/hr$ 초과 시 해당
즉시 운전을 중지하고 방출하여야 하는 경우	① 액화산소 5L 중 C_2H_2이 5mg 이상 시 ② 액화산소 5L 중 탄화수소 중 C의 질량이 500mg 이상 시

(1) 법령에서 사용되는 압력의 종류

구분	세부 핵심내용
T_P (내압시험압력)	용기 및 탱크 배관 등에 내압력을 가하여 견디는 정도의 압력
F_P (최고충전압력)	① 압축가스의 경우 35℃에서 용기에 충전할 수 있는 최고의 압력 ② 압축가스는 최고충전압력 이하로 충전 ③ 액화가스의 경우 내용적의 90% 이하 또는 85% 이하로 충전
A_P (기밀시험압력)	누설 유무를 측정하는 압력
상용압력	내압시험압력 및 기밀시험압력의 기준이 되는 압력으로 사용상태에서 해당 설비 각부에 작용하는 최고사용압력
안전밸브 작동압력	설비, 용기 내 압력이 급상승 시 작동 일부 또는 전부의 가스를 분출시킴으로 설비 용기 자체가 폭발 파열되는 것을 방지하도록 안전밸브를 작동시키는 압력

용기별	용기 분야			
압력별 (용기 구분)	압축가스 용기	저온, 초저온 용기	액화가스 용기	C_2H_2 용기
F_P	$T_P \times \dfrac{3}{5}$ (35℃의 용기충전 최고압력)	상용압력 중 최고의 압력	$T_P \times \dfrac{3}{5}$	15℃에서 1.5MPa
A_P	F_P	$F_P \times 1.1$	F_P	$F_P \times 1.8 = 1.5 \times 1.8$ $= 2.7MPa$
T_P	$F_P \times \dfrac{5}{3}$	$F_P \times \dfrac{5}{3}$	법규에서 정한 A, B로 구분된 압력	$F_P \times 3 = 1.5 \times 3$ $= 4.5MPa$
안전밸브 작동압력	$T_P \times \dfrac{8}{10}$ 이하			

설비별	저장탱크 및 배관 용기 이외의 설비 분야			
법규구분 압력별	고압가스 액화석유가스	냉동장치	도시가스	
상용압력	T_P, A_P의 기준이 되는 사용상태에서 해당 설비 각부 최고사용압력	설계압력	최고사용압력	
A_P	상용압력	설계압력 이상	공급시설	사용시설 및 정압기 시설
			최고사용압력 $\times 1.1$배 이상	8.4kPa 이상 또는 최고사용압력$\times$1.1배 중 높은 압력
T_P	사용(상용)압력$\times 1.5$(물, 공기로 시험 시 상용압력 $\times 1.25$배)	설계압력$\times 1.5$배(단, 공기, 질소로 시험 시 설계압력$\times 1.25$배 이상)	최고사용압력$\times 1.5$배 이상(공기, 질소로 시험 시 최고사용압력$\times 1.25$배 이상)	
안전밸브 작동압력	$T_P \times \dfrac{8}{10}$ 이하(단, 액화산소탱크의 안전밸브 작동압력은 상용압력$\times 1.5$배 이하)			

(상호관계)

(2) 독성 가스 누설검지 시험지와 변색상태

검지가스	시험지	변색
NH_3	적색 리트머스지	청변
Cl_2	KI 전분지	청변
HCN	초산(질산구리)벤젠지	청변
C_2H_2	염화제1동 착염지	적변
H_2S	연당지	흑변
CO	염화파라듐지	흑변
$COCl_2$	하리슨 시험지	심등색

(3) 용기밸브 충전구나사

[숫나사]　　　　　[암나사]

구분		해당 가스
왼나사	해당 가스	가연성 가스(NH_3, CH_3Br 제외)
	전기설비	방폭구조로 시공
오른나사	해당 가스	NH_3, CH_3Br 및 가연성 이외의 모든 가스
	전기설비	방폭구조로 시공할 필요 없음
A형		충전구나사 숫나사
B형		충전구나사 암나사
C형		충전구에 나사가 없음

02-1 설치장소에 따른 안전밸브 작동검사주기(고법 시행규칙 별표 8 저장자동시설 검사기준)

설치장소	검사주기
압축기 최종단	1년 1회 조정
그 밖의 안전밸브	2년 1회 조정
특정제조 허가받은 시설에 설치	4년의 범위에서 연장 가능

(1) 배관설계 시 고려사항

① 가능한 옥외에 설치할 것(옥외)

② 은폐 매설을 피할 것=노출하여 시공할 것(노출)

③ 최단거리로 할 것(최단)

④ 구부러지거나 오르내림이 적을 것=굴곡을 적게 할 것

　　　　　　　　　　　　=직선배관으로 할 것(직선)

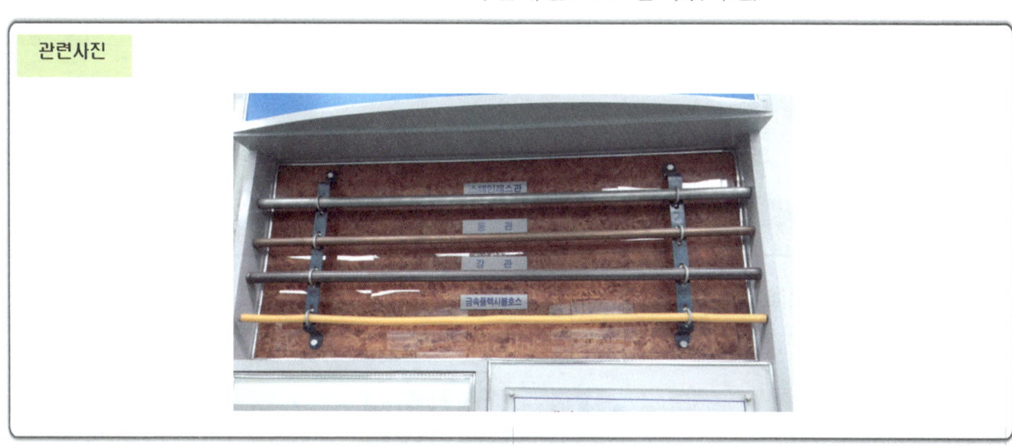

(2) 배관의 SCH(스케줄 번호)

개요	SCH가 클수록 배관의 두께가 두껍다는 것을 의미함	
공식의 종류	단위 구분	
	S(허용응력)	P(사용압력)
$SCH = 10 \times \dfrac{P}{S}$	kg/mm^2	kg/cm^2
$SCH = 100 \times \dfrac{P}{S}$	kg/mm^2	MPa
$SCH = 1000 \times \dfrac{P}{S}$	kg/mm^2	kg/mm^2

$$S \text{는 허용응력} \left(\text{인장강도} \times \frac{1}{4} = \text{허용응력} \right)$$

(3) 배관의 이음

종류		도시기호	관련 사항
영구이음	용접	─✕─	※ 배관재료의 구비조건
	납땜	─○─	① 관내 가스 유통이 원활할 것
일시이음	나사	─┼─	② 토양, 지하수 등에 대하여 내식성이 있을 것
	플랜지	─┤├─	③ 절단가공이 용이할 것
	소켓	─⊂─	④ 내부 가스압 및 외부의 충격하중에 견디는 강도를 가질 것
	유니언	─┤├─	⑤ 누설이 방지될 것

02-2 상용압력에 따른 배관 공지의 폭(KGS Fp 111) (2.5.7.3.2 사업소 밖 배관 노출 설치 관련)

상용압력(MPa)	공지의 폭(m)
0.2 미만	5
0.2 이상 1 미만	9
1 이상	15
규정 공지 폭의 $\frac{1}{3}$ 정도 유지하는 경우	① 전용 공업 지역 및 일반 공업 지역 ② 산업통상자원부 장관이 지원하는 지역

(1) 열응력 제거 이음(신축 이음) 종류

관련사진

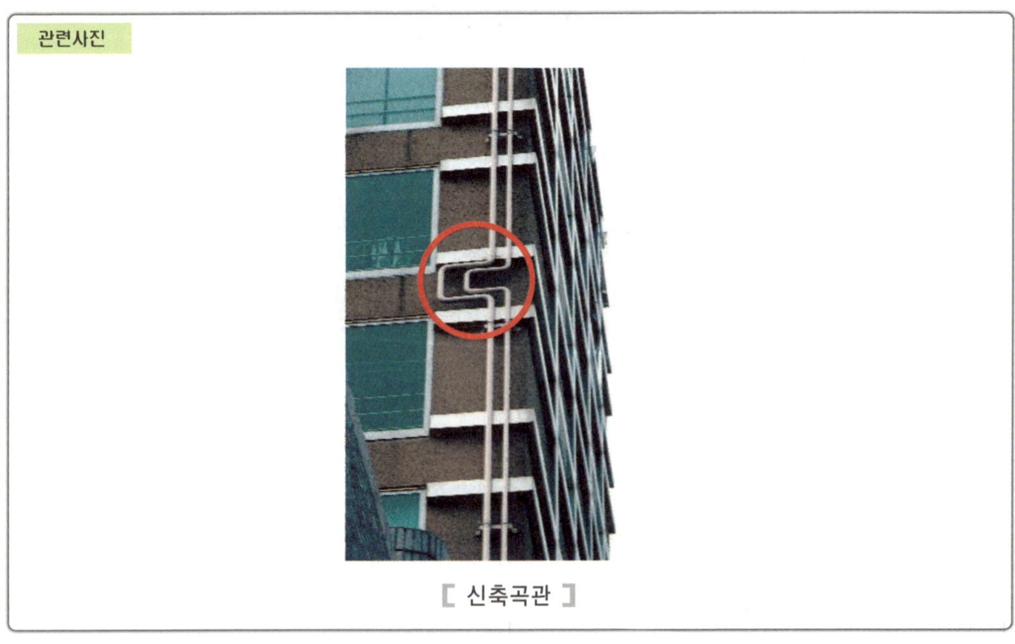

[신축곡관]

이음 종류	설명
상온 스프링, (콜드)스프링	배관의 자유팽창량을 미리 계산, 관을 짧게 절단하는 방법(절단 길이는 자유팽창량의 1/2)이다.
루프 이음	신축곡관이라고 하며, 관을 루프 모양으로 구부려 구부림을 이용하여 신축을 흡수하는 이음방법으로 가장 큰 신축을 흡수하는 이음방법이다.
벨로스 이음	펙레스 신축조인트라고 하며, 관의 신축에 따라 슬리브와 함께 신축하는 방법이다.
스위블 이음	두 개 이상의 엘보를 이용, 엘보의 공간 내에서 신축을 흡수하는 방법이다.
슬리브 이음 (슬립온형, 슬리드형)	조인트 본체와 슬리브 파이프로 되어 있으며, 관의 팽창·수축은 본체 속을 슬라이드하는 슬리브 파이프에 의하여 흡수된다.
신축량 계산식	$\lambda = l\alpha\Delta t$ 여기서, λ : 신축량, l : 관의 길이, α : 선팽창계수, Δt : 온도차

※ 가스배관의 신축흡수

신축에 의한 파손 우려가 있는 곳(Bent pipe 사용)

(2MPa 이하 배관으로써 곡관 사용이 곤란 시 벨로스 슬라이드 신축 이음 사용)

01 밸브

관련사진

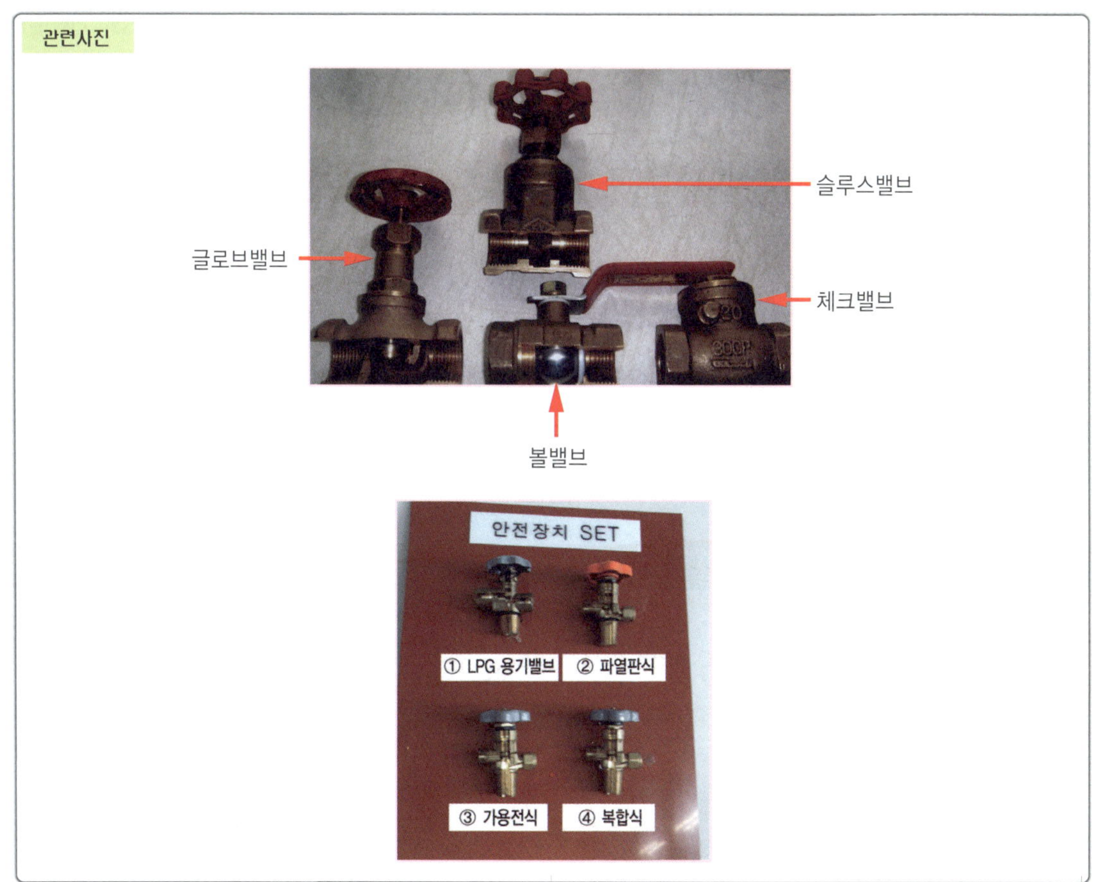

항목		세부 핵심내용
종류	글로브(스톱)밸브	개폐가 용이, 유량조절용
	슬루스(게이트)밸브	대형 관로의 유로 개폐용
	볼밸브	① 배관 내경과 동일, 관내 흐름이 양호 ② 압력손실이 적으나 기밀유지가 곤란
	체크밸브	① 유체의 역류방지 ② 스윙형(수직, 수평 배관에 사용), 리프트형(수평배관에 사용)
고압용 밸브 특징		① 주조품보다 단조품을 가공하여 제조한다. ② 밸브 시트는 내식성과 경도 높은 재료를 사용한다. ③ 밸브 시트는 교체할 수 있도록 한다. ④ 기밀유지를 위해 스핀들에 패킹이 사용된다.
안전밸브		
설치목적		① 용기나 탱크 설비(기화장치) 등에 설치 ② 내부압력이 급상승 시 안전밸브를 통하여 일부 가스를 분출시켜 용기, 탱크 설비 자체의 폭발을 방지하기 위함
종류	스프링식	가장 많이 사용(스프링의 힘으로 내부 가스를 분출)
	가용전식	① 내부 가스압 상승 시 온도가 상승, 가용전이 녹아 내부 가스를 분출 ② 가용합금으로 구리, 주석, 납 등이 사용되며 주로 Cl_2(용융온도 65~68℃), C_2H_2(용융온도 105±5℃)에 적용
	파열판(박판)식	주로 압축가스에 사용되며 압력이 급상승 시 파열판이 파괴되어 내부 가스를 분출
	중추식	거의 사용하지 않음
파열판식 안전밸브의 특징		① 구조 간단, 취급 점검이 용이하다. ② 부식성 유체에 적합하다. ③ 한번 작동하면 다시 교체하여야 한다(1회용이다).

02-3 역류방지밸브, 역화방지장치 설치기준(KGS Fp 211 관련)

역류방지밸브(액가스가 역으로 가는 것을 방지)	역화방지장치(기체가 역으로 가는 것을 방지)
① 가연성 가스를 압축 시(압축기와 충전용 주관 사이) ② C_2H_2을 압축 시(압축기의 유분리기와 고압건조기 사이) ③ 암모니아 또는 메탄올(합성 정제탑 및 정제탑과 압축기 사이 배관) ④ 특정고압가스 사용시설의 독성 가스 감압설비와 그 반응설비 간의 배관	① 가연성 가스를 압축 시(압축기와 오토클레이브 사이 배관) ② 아세틸렌의 고압건조기와 충전용 교체밸브 사이 배관 및 충전용 지관 ③ 특정고압가스 사용시설의 산소, 수소, 아세틸렌의 화염 사용시설

02-4 독성 가스 표지 종류(KGS Fu 111)

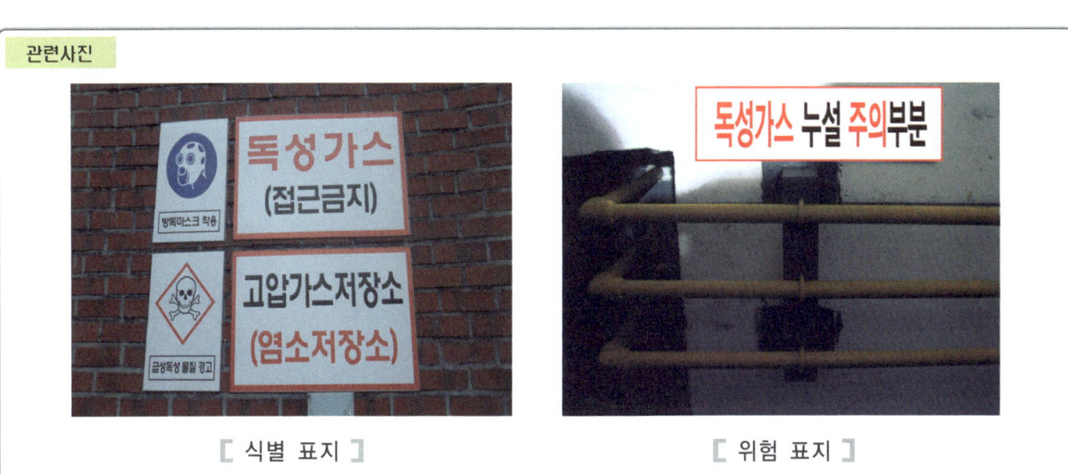

[식별 표지]　　　　　[위험 표지]

표지판의 설치목적	독성 가스 시설에 일반인의 출입을 제한하여 안전을 확보하기 위함.	
항목 ＼ 표지 종류	식별	위험
보기	독성 가스(○○) 저장소	독성 가스 누설주의 부분
문자 크기(가로×세로)	10cm×10cm	5cm×5cm
식별거리	30m 이상에서 식별 가능	10m 이상에서 식별 가능
바탕색	백색	백색
글자색	흑색	흑색
적색표시 글자	가스 명칭(○○)	주의

02-5 독성 가스와 제독제, 보유량(단위 : kg) (KGS Fp 112 관련)

가스별	제독제	보유량
염소(Cl_2)	가성소다수용액	670
	탄산소다수용액	870
	소석회	620
포스겐($COCl_2$)	가성소다수용액	390
	소석회	360
황화수소(H_2S)	가성소다수용액	1140
	탄산소다수용액	1500
시안화수소(HCN)	가성소다수용액	250
아황산가스(SO_2)	가성소다수용액	530
	탄산소다수용액	700
	물	다량
암모니아(NH_3), 산화에틸렌(C_2H_4O), 염화메탄(CH_3Cl)	물	다량

(1) 배관의 감시장치에서 경보하는 경우와 이상사태가 발생한 경우

변동사항 / 구분	경보하는 경우	이상사태가 발생한 경우
배관 내 압력	상용압력의 1.05배 초과 시(단상용 압력이 4MPa 이상 시 상용압력에 0.2MPa를 더한 압력)	상용압력의 1.1배 초과 시
압력변동	정상압력보다 15% 이상 강하 시	정상압력보다 30% 이상 강하 시
유량변동	정상유량보다 7% 이상 변동 시	정상유량보다 15% 이상 증가 시
고장밸브 및 작동장치	긴급차단밸브 고장 시	가스누설 검지경보장치 작동 시

(2) 긴급차단장치

[긴급차단밸브]

구분	내용
기능	이상사태 발생 시 작동하여 가스 유동을 차단하여 피해 확대를 막는 장치(밸브)
적용시설	내용적 5000L 이상 저장탱크
원격조작온도	110℃
동력원(밸브를 작동하게 하는 힘)	유압, 공기압, 전기압, 스프링압
설치위치	① 탱크 내부 ② 탱크와 주밸브 사이 ③ 주밸브의 외측 ※ 단, 주밸브와 겸용으로 사용해서는 안 된다.
긴급차단장치를 작동하게 하는 조작원의 설치위치	
고압가스, 일반 제조시설, LPG법 일반 도시가스사업법	고압가스 특정제조시설법 가스도매사업법
탱크 외면 5m 이상	탱크 외면 10m 이상
수압시험 방법	① 연 1회 이상 ② KS B 2304의 방법으로 누설검사

(3) 과압안전장치(KGS Fu 211, KGS Fp 211)

항목		간추린 세부 핵심내용
설치 개요(2.8.1)		설비 내 압력이 상용압력 초과 시 즉시 상용압력 이하로 되돌릴 수 있도록 설치
종류(2.8.1.1)	안전밸브	기체 증기의 압력상승 방지를 위하여
	파열판	급격한 압력의 상승, 독성 가스 누출, 유체의 부식성 또는 반응생성물의 성상에 따라 안전밸브 설치 부적당 시
	릴리프밸브 또는 안전밸브	펌프 배관에서 액체의 압력상승 방지를 위하여
	자동압력제어장치	상기 항목의 안전밸브, 파열판, 릴리프밸브와 병행 설치 시

항목		간추린 세부 핵심 내용
설치 장소(2.8.1.2) 최고허용압력 설계압력 초과 우려 장소	액화가스 고압설비	저장능력 300kg 이상 용기집합장치 설치 장소
	압력용기 압축기 (각단) 펌프 출구	압력 상승이 설계압력을 초과할 우려가 있는 곳
	배관	배관 내 액체가 2개 이상 밸브에 의해 차단되어 외부 열원에 의해 열팽창의 우려가 있는 곳
	고압설비 및 배관	이상반응 밸브 막힘으로 설계압력 초과 우려 장소

(4) 물분무장치

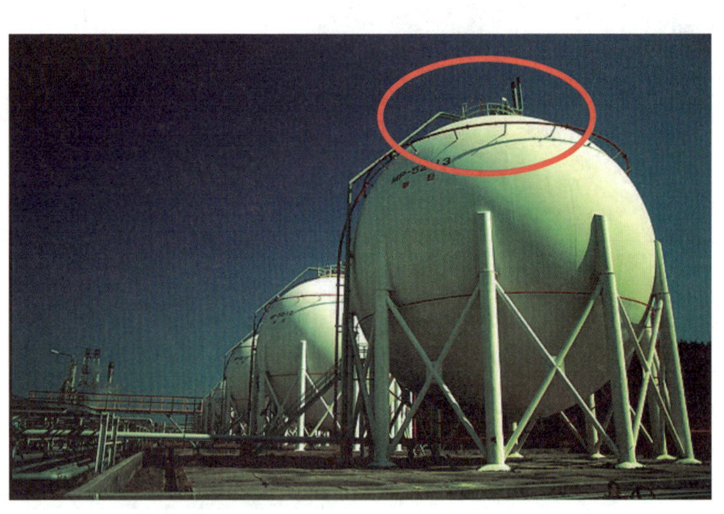

[물분무장치의 분무량]

시설별 \ 구분	저장탱크 전 표면	준내화구조	내화구조
탱크 상호 1m 또는 최대직경 1/4 길이 중 큰 쪽과 거리를 유지하지 않은 경우	8L/min	6.5L/min	4L/min
저장탱크 최대직경의 1/4보다 적은 경우	7L/min	4.5L/min	2L/min

① 조작위치 : 15m(탱크 외면 15m 이상 떨어진 위치) ② 연속분무 가능시간 : 30분
③ 소화전의 호스 끝 수압 : 0.35MPa ④ 방수능력 : 400L/min

물분무장치가 없을 경우 탱크의 이격거리	탱크의 직경을 각각 D_1, D_2라고 했을 때	
	$(D_1 + D_2) \times \dfrac{1}{4} > 1m$ 일 때	그 길이 유지
	$(D_1 + D_2) \times \dfrac{1}{4} < 1m$ 일 때	1m 유지
저장탱크를 지하에 설치 시	상호간 1m 이상 유지	

02-6 에어졸 제조시설(KGS Fp 112)

관련사진

구조	내용	기타 항목
내용적	1L 미만	
용기 재료	강, 경금속	
금속제 용기 두께	0.125mm 이상	① 정량을 충전할 수 있는 자동충전기 설치
내압시험압력	0.8MPa	② 인체, 가정 사용
가압시험압력	1.3MPa	제조시설에는 불꽃길이 시험장치 설치
파열시험압력	1.5MPa	③ 분사제는 독성이 아닐 것
누설시험온도	46~50℃ 미만	④ 인체에 사용 시 20cm 이상 떨어져 사용
화기와 우회거리	8m 이상	⑤ 특정부위에 장시간 사용하지 말 것
불꽃길이 시험온도	24℃ 이상 26℃ 이하	
시료	충전용기 1조에서 3개 채취	
버너와 시료 간격	15cm	
버너 불꽃길이	4.5cm 이상 5.5cm 이하	
가연성	① 40℃ 이상 장소에 보관하지 말 것 ② 불 속에 버리지 말 것 ③ 사용 후 잔가스 제거 후 버릴 것 ④ 밀폐장소에 보관하지 말 것	
가연성 이외의 것	상기 항목 이외에 ① 불꽃을 향해 사용하지 말 것 ② 화기부근에서 사용하지 말 것 ③ 밀폐실 내에서 사용 후 환기시킬 것	

02-7 다공도

정의	C_2H_2 충전 시 미세한 공간으로 확산하여 폭발하려는 것을 방지하기 위해 충전하는 안정성 물질로서 다공물질이 빈 공간으로부터 차지하는 %를 말함
법규상 규정	아세톤 또는 DMF를 고루 채운 후 75% 이상 92% 미만을 유지
다공물질의 종류	① 석면 ② 석회 ③ 규조토 ④ 다공성 플라스틱 ⑤ 목탄
구비조건	① 경제적일 것 ② 고다공도일 것 ③ 안정성이 있을 것 ④ 기계적 강도가 있을 것 ⑤ 가스충전이 쉬울 것
계산식과 예제문제	V : 다공물질의 용적(170m^3) E : 침윤 잔용적(100m^3) $$다공도(\%) = \frac{V-E}{V} \times 100 = \frac{170-100}{170} \times 100 = 41.18\%$$

02-8 산소, 수소, 아세틸렌 품질검사(고법 시행규칙 별표 4. KGS Fp 112) (3.2.2.9)

항목	간추린 핵심내용		
검사장소	1일 1회 이상 가스제조장		
검사자	안전관리책임자가 실시 부총괄자와 책임자가 함께 확인 후 서명		
해당 가스 및 판정기준			
해당 가스	순도	시약 및 방법	합격 온도·압력
산소	99.5% 이상	동암모니아 시약, 오르자트법	35℃, 11.8MPa 이상
수소	98.5% 이상	피로카롤, 하이드로설파이드, 오르자트	35℃, 11.8MPa 이상
아세틸렌	① 발연황산 시약을 사용한 오르자트법, 브롬 시약을 사용한 뷰렛법에서 순도가 98% 이상 ② 질산은 시약을 사용한 정성시험에서 합격한 것		

02-9 저온장치

(1) 냉동장치

항목		핵심정리 사항
개요		차가운 냉매를 사용하여 피목적물과 열교환에 의해 온도를 낮게 하여 냉동의 목적을 달성시키는 저온장치
종류	증기압축기 냉동장치	압축기 – 응축기 – 팽창밸브 – 증발기
	흡수식 냉동장치	증발기 – 흡수기 – 재생기 – 응축기
기타 사항		
한국 1냉동통(IRT) : 0℃ 물을 0℃ 얼음으로 만드는 데 하루 동안 제거하여야 하는 열량으로 $IRT = 3320kcal/hr$		
흡수식 냉동장치 냉매와 흡수제		냉매가 NH_3이면 흡수제 : 물 냉매가 물이면 흡수제 : 리튬브로마이드(LiBr)

(2) 냉동톤 · 냉매가스 구비조건

① 냉동톤

종류	IRT값
한국 1냉동톤	3320kcal/hr
흡수식 냉동설비	6640kcal/hr
원심식 압축기	1.2kW

② 냉매가스 구비조건

　　㉠ 임계온도가 낮을 것

　　㉡ 응고점이 낮을 것

　　㉢ 증발열이 크고, 액체비열이 적을 것

　　㉣ 윤활유와 작용하여 영향이 없을 것

　　㉤ 수분과 혼합 시 영향이 적을 것

　　㉥ 비열비가 적을 것

　　㉦ 점도가 적을 것

　　㉧ 냉매가스의 비중이 클 것

(3) 가스액화분리장치

항목		핵심 세부내용
개요		저온에서 정류, 분축, 흡수 등의 조작으로 기체를 분리하는 장치
액화분리장치 구분	한냉발생장치	가스액화분리장치의 열손실을 도우며, 액화가스 채취 시 필요한 한냉을 보급하는 장치
	정류(분축, 흡수)장치	원료가스를 저온에서 분리 정제하는 장치
	불순물 제거장치	저온으로 동결되는 수분 CO_2 등을 제거하는 장치

02-10 　용기 및 특정설비의 재검사 기간(고법 시행규칙 별표 22 관련)

관련사진

용기 종류		신규검사 후 경과연수		
		15년 미만	15년 이상 20년 미만	20년 이상
		재검사 주기		
용접 용기 (액화석유가스는 제외)	500L 이상	5년마다	2년마다	1년마다
	500L 미만	3년마다	2년마다	1년마다
액화석유가스용 용접 용기	500L 이상	5년마다	2년마다	1년마다
	500L 미만	5년마다		2년마다
이음매 없는 용기 및 복합재료 용기	500L 이상	5년마다		
	500L 미만	신규검사 후 10년 이하 신규검사 후 10년 초과		5년마다 3년마다
LPG 복합재료 용기		5년마다		

특정설비 종류	신규검사 후 경과연수		
	1년마다	15년 이상 20년 미만	20년 이상
	재검사 주기		
차량에 고정탱크	5년마다	2년마다	1년마다
저장탱크	5년마다(재검사 불합격 수리 시 3년 음향방출시험으로 안전한 것은 5년마다) 이동 설치 시 이동할 때 마다		
안전밸브 및 긴급차단장치	검사 후 2년 경과 시 설치되어 있는 저장탱크의 재검사 때마다		
기화장치 — 저장탱크와 함께 설치	검사 후 2년 경과 해당 탱크의 재검사 때마다		
기화장치 — 저장탱크 없는 곳에 설치	3년마다		
기화장치 — 설치되지 아니한 것	설치 되기 전(검사 후 2년이 지난 것에 해당한다.)		
압력용기	4년마다		

02-11 용기 동판(동체)의 최대두께와 최소두께의 차

용기 구분	평균 두께
용접	10% 이하
무이음 용기	20% 이하

02-12 초저온용 재료

① 18-8 STS(오스테나이트계 스테인리스강)

② 9% Ni

③ Cu 및 Cu 합금

④ Al 및 Al 합금

02-13　독성 가스의 누출가스 확산방지 조치(KGS Fp 112) (2.5.8.41)

구분	간추린 핵심내용	
개요	시가지, 하천, 터널, 도로, 수로 및 사질토 등의 특수성 지반(해저 제외) 중에 배관 설치할 경우 고압가스 종류에 따라 누출가스의 확산방지 조치를 하여야 한다.	
확산조치 방법	이중관 및 가스누출 검지경보장치 설치	
이중관의 가스 종류 및 설치 장소		
가스 종류	주위상황	
	지상설치(하천, 수로 위 포함)	지하설치
염소, 포스겐, 불소, 아크릴알데히드	주택 및 배관설치 시 정한 수평거리의 2배(500m 초과 시는 500m로 함) 미만의 거리에 배관설치 구간	사업소 밖 배관 매몰설치에서 정한 수평거리 미만인 거리에 배관을 설치하는 구간
아황산, 시안화수소, 황화수소	주택 및 배관설치 시 수평거리의 1.5배 미만의 거리에 배관설치 구간	
독성 가스 제조설비에서 누출 시 확산방지 조치하는 독성 가스		
아황산, 암모니아, 염소, 염화메탄, 산화에틸렌, 시안화수소, 포스겐		

02-14　독성 가스 배관 중 이중관의 설치 규정(KGS Fp 112)

항목	이중관 대상가스
이중관 설치 개요	독성 가스 배관이 가스 종류, 성질, 압력, 주위 상황에 따라 안전한 구조를 갖기 위함
독성 가스 중 이중관 대상가스 (2.5.2.3.1 관련) 제조시설에서 누출 시 확산을 방지해야 하는 독성 가스	아황산, 암모니아, 염소, 염화메탄, 산화에틸렌, 시안화수소, 포스겐, 황화수소(아 암 염 염 산 시 포 황)
하천수로 횡단하여 배관 매설 시 이중관	아황산, 염소, 시안화수소, 포스겐, 황화수소, 불소, 아크릴알데히드 (아 염 시 포 황 불 아) ※ 독성 가스 중 이중관 가스에서 암모니아, 염화메탄, 산화에틸렌을 제외하고 불소와 아크릴알데히드 추가(제외 이유 : 암모니아, 염화메탄, 산화에틸렌은 물로서 중화가 가능하므로)
하천수로 횡단하여 배관매설 시 방호구조물에 설치하는 가스	하천수로 횡단 시 2중관으로 설치되는 독성 가스를 제외한 그 밖의 독성, 가연성 가스의 배관
이중관의 규격	외층관 내경=내층관 외경×1.2배 이상 ※ 내층관과 외층관 사이에 가스누출 검지경보설비의 검지부를 설치하여 누출을 검지하는 조치 강구

관련사진

[압축기에 사용되는 윤활유 종류]

각종 가스 윤활유	O_2(산소)	물 또는 10% 이하 글리세린수
	Cl_2(염소)	진한 황산
	LP가스	식물성유
	H_2(수소), C_2H_2(아세틸렌), 공기	양질의 광유
구비조건	① 경제적일 것 ③ 점도가 적당할 것 ⑤ 불순물이 적을 것	② 화학적으로 안정할 것 ④ 인화점이 높을 것 ⑥ 항유화성이 높고, 응고점이 낮을 것

02-15 다단압축의 목적

관련사진

[다단압축기]

개요	1단 압축 시 기계의 과부하 또는 고장 시 운전중지되는 폐단을 없애기 위해 실시하는 압축 방법
목적	① 1단 압축에 비하여 일량이 절약된다. ② 압축되는 가스의 온도 상승을 피한다. ③ 힘의 평형이 양호하다. ④ 상호간의 이용효율이 증대된다.

01 펌프

(1) 분류 방법

구분			세부 핵심내용	
개요			낮은 곳의 액체를 높은 곳으로 끌어올리는 동력장치	
분류	터보형	원심	벌류트	안내깃이 없는 펌프
			터빈	안내깃이 있는 펌프
		축류	임펠러에서 나오는 액의 흐름이 축방향으로 토출	
		사류	임펠러에서 나오는 액의 흐름이 축에 대하여 경사지게 토출	
	용적식	왕복	피스톤, 플런저, 다이어프램	
		회전	기어, 나사, 베인	
	특수펌프		재생(마찰, 웨스크), 제트, 기포, 수격	

02-16 판매시설 용기보관실 면적(m^2) (KGS Fs 111) (2.3.1)

(1) 판매시설 용기보관실 면적(m^2)

법규 구분	용기보관실	사무실 면적	용기보관실 주위 부지 확보 면적 및 주차장 면적
고압가스 안전관리법 (산소, 독성, 가연성)	$10m^2$ 이상	$9m^2$ 이상	$11.5m^2$ 이상
액화석유가스 안전관리법	$19m^2$ 이상	$9m^2$ 이상	$11.5m^2$ 이상

(2) 저장설비 재료 및 설치기준

항목	간추린 핵심내용
충전용기보관실	불연재료 사용
충전용기보관실 지붕	불연성, 난연성 재료의 가벼운 것
용기보관실 사무실	동일 부지에 설치
가연성, 독성, 산소 저장실	구분하여 설치
누출가스가 혼합 후 폭발성 가스나 독성 가스 생성 우려가 있는 경우	가스의 용기보관실을 분리하여 설치

(3) 고압가스 저장시설

구분		이격거리 및 설치기준
화기와 우회거리	가연성 산소설비	8m 이상
	그 밖의 가스설비	2m 이상
유동방지시설	높이	2m 이상 내화성의 벽
	가스설비 및 화기와 우회 수평거리	8m 이상
불연성 건축물 안에서 화기 사용 시	수평거리 8m 이내에 있는 건축물 개구부	방화문 또는 망입유리로 폐쇄
	사람이 출입하는 출입문	2중문의 시공

02-17 액면계

관련사진

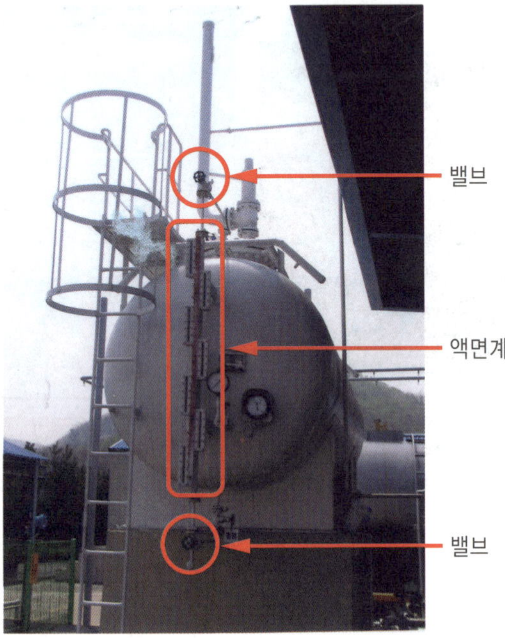

[클린커식 액면계]    [차압식 액면계]

※ 1. 클린커식 액면계 상하 배관에 자동 및 수동식 스톱밸브 설치
   2. 초저온 저장탱크에는 차압식 액면계 설치

용도		종류
인화 중독 우려가 없는 곳에 사용		슬립튜브식, 회전튜브식, 고정튜브식
LP가스 저장탱크	지상	클린커식
	지하	슬립튜브식
초저온 · 산소 · 불활성에만 사용 가능		환형 유리제 액면계
직접식		직관식, 검척식, 플로트식, 편위식
간접식		차압식, 기포식, 방사선식, 초음파식, 정전용량식
액면계 구비조건		① 고온 · 고압에 견딜 것 ② 연속, 원격 측정이 가능할 것 ③ 부식에 강할 것 ④ 자동제어장치에 적용 가능 ⑤ 경제성이 있고, 수리가 쉬울 것

02-18 유량계

(1) 종류

분류		종류
측정원리	직접법	루트, 로터리피스톤, 습식 가스미터, 회전원판, 왕복피스톤
	간접법	오리피스, 벤투리, 로터미터, 피토관
측정방법	차압식	오리피스, 플로노즐, 벤투리
	면적식	로터미터
	유속식	피토관, 열선식
	전자유도 법칙	전자식 유량계
	유체와류 이용	와류식 유량계

(2) 차압식 유량계

구분	세부 내용
측정원리	압력차로 베르누이 원리를 이용
종류	오리피스, 플로노즐, 벤투리
압력손실이 큰 순서	오리피스＞플로노즐＞벤투리

(3) 압력계 기능 검사주기, 최고눈금의 범위

압력계 종류	기능 검사주기
충전용 주관 압력계	매월 1회 이상
그 밖의 압력계	3월 1회 이상
최고눈금 범위	상용압력의 1.5배 이상 2배 이하

02-19 가스계량기

(1) 분류

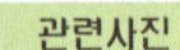관련사진

[막식 가스계량기]

	추량식(추측식)		벤투리형, 와류형, 오리피스형, 델타형
실측식	건식형	회전자식	루트형, 로터리피스톤형, 오벌형
		막식	클로버식, 독립내기식
	습식형		습식 가스미터

(2) 가스계량기의 검정 유효기간

계량기의 종류	검정 유효기간
기준 계량기	2년
LPG 계량기	3년
최대유량 $10m^3/hr$ 이하	5년
기타 계량기	8년

(3) 가스계량기 설치기준(KGS Fu 551)

구분		세부내용
설치 개요	설치장소 기준	검침, 교체 유지관리 및 계량이 용이하고 환기가 양호하도록 조치를 한 장소
	검침 교체 유지관리 및 계량이 용이하고 환기가 양호하도록 조치한 장소의 종류	① 실내 상부(공기보다 무거운 경우 하부) $50cm^2$ 이상 환기구 등을 설치한 장소 ② 실내에 기계환기 설치를 설치한 장소 ③ 가스누출 자동차단 장치를 설치하여 누출시 경보하고 계량기 전단에서 가스가 차단될 수 있도록 조치한 장소 ④ 환기 면적 $100cm^2$ 이상 환기 가능 창문
	직사광선, 빗물을 받을 우려가 있는 장소에 설치	보호상자 안에 설치

구분		세부내용
설치 높이 (용량 30m³/h 미만)	바닥에서 1.6m 이상 2m 이내	① 수직·수평으로 설치 ② 밴드 보호가대 등으로 고정장치(→ 변경부분)
	바닥에서 2m 이내	① 보호상자 내 설치 ② 기계실 가정용 제외 보일러실 설치 ③ 문이 달린 파이프 덕트 내 설치
기타사항		가스계량기와 전기계량기 및 전기개폐기와의 거리는 60cm 이상, 굴뚝(단열조치를 하지 않은 경우에 한하며, 밀폐형 강제급배기식 보일러(FF식 보일러)의 2중구조의 배기통은 '단열조치가 된 굴뚝'으로 보아 제외한다.)·전기점멸기 및 전기접속기와의 거리는 30cm 이상, 절연조치를 하지 않은 전선과의 거리는 15cm 이상의 거리를 유지한다.

02-20 설비 내 청소 및 수리작업 시 가스 치환을 생략하여도 되는 경우(KGS Fp 112) (3.4.1.2.5)

① 설비 내용적 $1m^3$ 이하일 때
② 출입구 밸브가 확실히 폐지되어 있고, 내용적 $5m^3$ 이상의 설비에 2개 이상의 밸브가 설치되어 있을 때
③ 설비 밖에서 작업을 할 때
④ 화기를 사용하지 않고, 경미한 작업을 할 때

02-21 가연성 제조공장에서 사용하는 불꽃이 발생되지 않는 안전용 공구 재료

나무, 고무, 가죽 플라스틱, 베릴륨, 베아론합금

02-22 단열재의 구비조건

① 경제적일 것
② 화학적으로 안정할 것
③ 밀도가 적을 것
④ 시공이 편리할 것
⑤ 열전도율이 적을 것
⑥ 안전사용 온도범위가 넓을 것

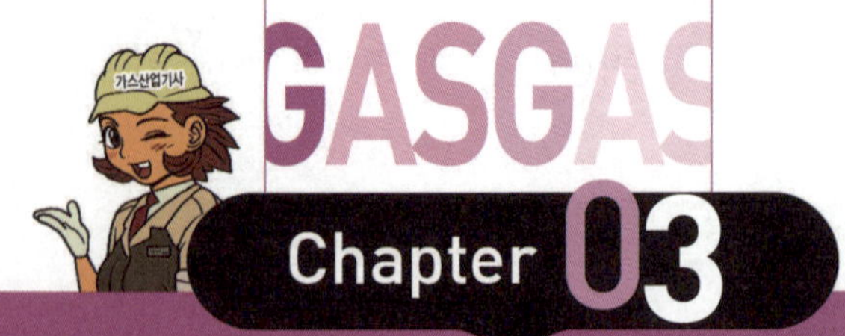

Chapter 03

LPG 설비시공 실무편

03-1 LPG 저장탱크 지하설치 소형 저장탱크 설치 기준(KGS Fu 331 관련)

관련사진

[저장탱크]

[모래 도포]

[소형 저장탱크]

설치 기준 항목		설치 세부내용
저장 탱크실	재료	레드믹스콘크리트(설계강도 21MPa 이상, 고압가스저장탱크는 20.6~23.5MPa)
	시공	수밀성 콘크리트 시공
	천장, 벽, 바닥의 재료와 두께	30cm 이상 방수조치를 한 철근콘크리트
	저장탱크와 저장탱크실의 빈 공간	세립분을 함유하지 않은 모래를 채움 ※ 고압가스 안전관리법의 저장탱크 지하설치 시는 그냥 마른 모래를 채움
	집수관	직경 : 80A 이상(바닥에 고정)
	검지관	① 직경 : 40A 이상 ② 개수 : 4개소 이상

설치 기준 항목			설치 세부 내용

저장
탱크
	상부 윗면과 탱크실 상부와
	탱크실 바닥과 탱크 하부까지
			60cm 이상 유지
			※ 비교사항
			  1. 탱크 지상 실내 설치 시 : 탱크 정상부 탱크실 천장까지 60cm 유지
			  2. 고압가스 안전관리법 기준 : 지면에서 탱크 정상부까지 60cm 이상
			    유지

	2개 이상 인접설치 시		상호간 1m 이상 유지
			※ 비교사항
			  지상설치 시에는 물분무장치가 없을 때 두 탱크 직경의 1/4을 곱하
			  여 1m 보다 크면 그 길이를, 1m 보다 작으면 1m를 유지

	탱크 묻은 곳의 지상		경계표지 설치
	점검구	설치 수	20t 이하 : 1개소
			20t 초과 : 2개소
		규격	사각형 : 0.8m×1m
			원형 : 직경 0.8m 이상
	가스방출관 설치위치		지면에서 5m 이상 가스 방출관 설치
	참고사항		지하저장탱크는 반드시 저장탱크실 내에 설치(단, 소형 저장탱크는 지 하에 설치하지 않는다.)

소형 저장탱크			
시설 기준	지상 설치, 옥외 설치, 습기가 적은 장소, 통풍이 양호한 장소, 사업소 경계는 바다, 호수, 하천, 도로의 경우 토지 경계와 탱크 외면간 0.5m 이상 안전공지 유지		
전용 탱크실에 설치하는 경우	① 옥외 설치할 필요 없음 ② 환기구 설치(바닥면적 $1m^2$당 $300cm^2$의 비율로 2방향 분산 설치) ③ 전용 탱크실 외부(LPG 저장소, 화기엄금, 관계자 외 출입금지 등을 표시)		
살수장치	저장탱크 외면 5m 떨어진 장소에서 조작할 수 있도록 설치		
설치 기준	① 동일 장소 설치 수 : 6기 이하 ② 바닥에서 5cm 이상 콘크리트 바닥에 설치 ③ 충전질량 합계 : 5000kg 미만 ④ 충전질량 1000kg 이상은 높이 1m 이상 경계책 설치 ⑤ 화기와 거리 5m 이상 이격		
기초	지면 5cm 이상 높게 설치된 콘크리트 위에 설치		
보호대		재질	철근콘크리트, 강관재
		높이	80cm 이상
	두께	배관용 탄소강관	100A 이상
		철근콘크리트	12cm 이상
기화기	① 3m 이상 우회거리 유지 ② 자동안전장치 부착	소화설비	① 충전질량 1000kg 이상의 경우 ABC용 분말 소화기 B-12 이상의 것 2개 이상 보유 ② 충전호스 길이 10m 이상

03-2   LPG 충전시설의 사업소 경계와 거리(KGS Fp 331) (2.1.4)

관련사진

[충전소 표지판]

시설별		사업소 경계거리
충전설비		24m
	저장능력	사업소 경계거리
저장설비	10톤 이하	24m
	10톤 초과 20톤 이하	27m
	20톤 초과 30톤 이하	30m
	30톤 초과 40톤 이하	33m
	40톤 초과 200톤 이하	36m
	200톤 초과	39m

03-3   LPG 충전시설의 표지

관련사진

충전 중 엔진정지   (황색바탕에 흑색글씨)

화기엄금   (백색바탕에 적색글씨)

01 폭발방지장치와 방파판(KGS Ac 113) (p13)

관련사진

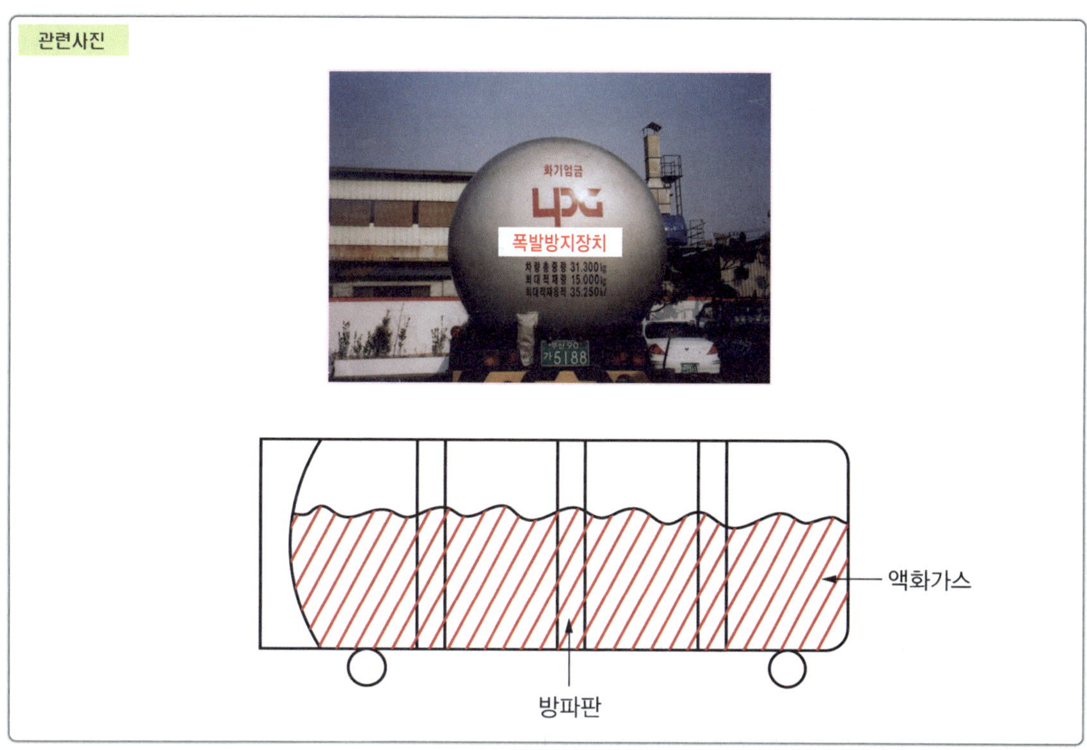

구분		세부 핵심내용
방파판	정의	액화가스 충전탱크 및 차량 고정탱크에 액면요동을 방지하기 위하여 설치되는 판
	면적	탱크 횡단면적의 40% 이상
	부착위치	원호부 면적이 탱크 횡단면적의 20% 이하가 되는 위치
	재료 및 두께	3.2mm 이상의 SS 41 또는 이와 동등 이상의 강도(단, 초저온탱크는 2mm 이상 오스테나이트계 스테인리스강 또는 4mm 이상 알루미늄합금판)
	설치 수	내용적 $5m^3$마다 1개씩
폭발방지 장치	설치장소와 설치탱크	주거·상업지역, 저장능력 10t 이상 저장탱크(지하설치 시는 제외), 차량에 고정된 LPG 탱크
	재료	알루미늄 합금박판
	형태	다공성 벌집형

03-4　액화석유가스 자동차에 고정된 충전시설 가스설비 설치 기준(KGS Fp 332) (2.4)

관련사진

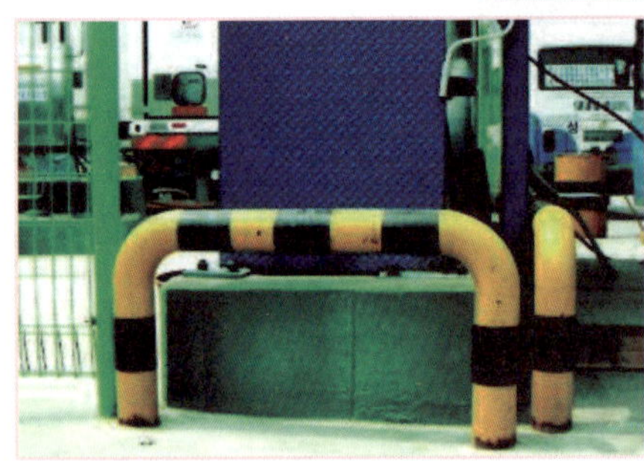

구분		간추린 핵심내용
로딩암 설치		충전시설 건축물 외부
로딩암을 내부 설치 시		① 환기구 2방향 설치 ② 환기구 면적은 바닥면적 6% 이상
충전기 보호대	높이	80cm 이상
	두께	① 철근콘크리트재 : 12cm 이상 ② 배관용 탄소강관 : 100A 이상
캐노피		충전기 상부 공지면적의 1/2 이상으로 설치
충전기 호스길이		① 5m 이내 정전기 제거장치 설치 ② 자동차 제조공정 중에 설치 시는 5m 이상 가능
가스 주입기		원터치형으로 할 것
세이프티커플링 설치		충전호스에 과도한 인장력이 가해졌을 때 충전기와 가스 주입기가 분리될 수 있는 안전장치
소형 저장탱크의 보호대	재질	철근콘크리트 및 배관용 탄소강관
	높이	80cm 이상
	두께	① 철근콘크리트 12cm 이상 ② 강관재 100A 이상

(1) LPG 자동차 충전시설의 충전기 보호대

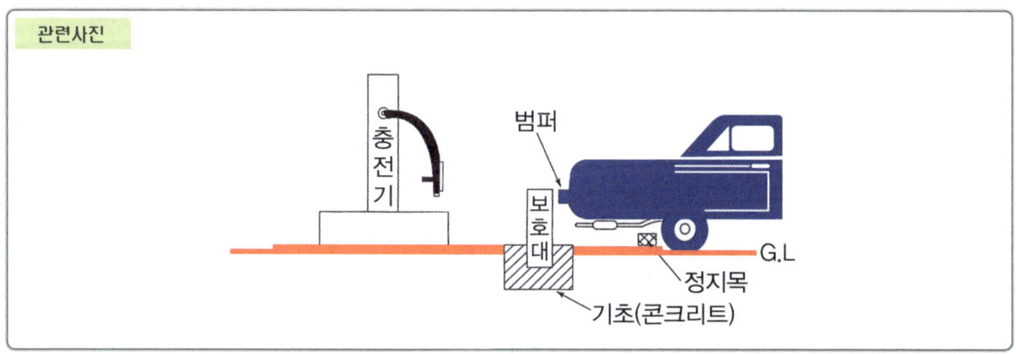

(2) 액화석유가스 판매 용기저장소 시설기준

배치 기준	① 사업소 부지는 그 한 면이 폭 4m 이상 도로와 접할 것 ② 용기보관실은 화기를 취급하는 장소까지 2m 이상 우회거리를 두거나 용기를 보관하는 장소와 화기를 취급하는 장소 사이에 누출가스가 유동하는 것을 방지하는 시설을 할 것
저장설비 기준	① 용기보관실은 불연재료를 사용하고 그 지붕은 불연성 재료를 사용한 가벼운 지붕을 설치할 것 ② 용기보관실의 벽은 방호벽으로 할 것 ③ 용기보관실의 면적은 $19m^2$ 이상으로 할 것
사고설비 예방 기준	① 용기보관실은 분리형 가스 누설경보기를 설치할 것 ② 용기보관실의 전기설비는 방폭구조일 것 ③ 용기보관실은 환기구를 갖추고 환기 불량 시 강제통풍시설을 갖출 것
부대설비 기준	① 용기보관실 사무실은 동일 부지 안에 설치하고 사무실 면적은 $9m^2$ 이상일 것 ② 용기운반자동차의 원활한 통행과 용기의 원활한 하역작업을 위하여 보관실 주위 $11.5m^2$ 이상의 부지를 확보할 것

01 저장탱크 및 용기에 충전

설비 \ 가스	액화가스	압축가스
저장탱크	90% 이하	상용압력 이하
용기	90% 이하	최고충전압력 이하
85% 이하로 충전하는 경우	① 소형 저장탱크 ② LPG 차량용 용기 ③ LPG 가정용 용기	

02 저장능력에 따른 액화석유가스 사용시설과 화기와 우회거리

저장능력	화기와 우회거리(m)
1톤 미만	2m
1톤 이상 3톤 미만	5m
3톤 이상	8m

03-5 조정기

관련사진

사용 목적	유출 압력을 조정, 안정된 연소를 기함.	
고정 시 영향	누설, 불완전 연소	
종류	장점	단점
1단 감압식	① 장치가 간단하다. ② 조작이 간단하다.	① 최종압력이 부정확하다. ② 배관이 굵어진다.
2단 감압식	① 공급압력이 안정하다. ② 중간배관이 가늘어도 된다. ③ 관의 입상에 의한 압력손실이 보정된다. ④ 각 연소기구에 알맞은 압력으로 공급할 수 있다.	① 조정기가 많이 든다. ② 검사방법이 복잡하다. ③ 재액화에 문제가 있다.
자동교체 조정기 사용 시 장점	① 전체 용기 수량이 수동보다 적어도 된다. ② 분리형 사용 시 압력손실이 커도 된다. ③ 잔액을 거의 소비시킬 수 있다. ④ 용기 교환주기가 넓다.	

03-6 압력조정기

(1) 종류에 따른 입구·조정 압력 범위

종류	입구압력(MPa)		조정압력(kPa)
1단 감압식 저압조정기	0.07 ~ 1.56		2.3 ~ 3.3
1단 감압식 준저압조정기	0.1 ~ 1.56		5.0 ~ 30.0 이내에서 제조자가 설정한 기준압력의 ±20%
2단 감압식 1차용조정기	용량 100kg/h 이하	0.1 ~ 1.56	57.0 ~ 83.0
	용량 100kg/h 초과	0.3 ~ 1.56	
2단 감압식 2차용 저압조정기	0.01 ~ 0.1 또는 0.025 ~ 0.1		2.30 ~ 3.30
2단 감압식 2차용 준저압조정기	조정압력 이상 ~ 0.1		5.0 ~ 30.0 이내에서 제조자가 설정한 기준압력의 ±20%
자동절체식 일체형 저압조정기	0.1 ~ 1.56		2.55 ~ 3.3
자동절체식 일체형 준저압조정기	0.1 ~ 1.56		5.0 ~ 30.0 이내에서 제조자가 설정한 기준압력의 ±20%
그 밖의 압력조정기	조정압력 이상 ~ 1.56		5kPa를 초과하는 압력 범위에서 상기 압력조정기 종류에 따른 조정압력에 해당하지 않는 것에 한하며, 제조자가 설정한 기준압력의 ±20%일 것

(2) 종류별 기밀시험압력

구분 \ 종류	1단 감압식 저압	1단 감압식 준저압	2단 감압식 1차용	2단 감압식 2차용		자동절체식		그 밖의 조정기
				저압	준저압	저압	준저압	
입구측 (MPa)	1.56 이상	1.56 이상	1.8 이상	0.5 이상		1.8 이상		최대입구압력 1.1배 이상
출구측 (KPa)	5.5	조정압력의 2배 이상	150 이상	5.5	조정압력의 2배 이상	5.5	조정압력의 2배 이상	조정압력의 1.5배

(3) 조정압력이 3.30kPa 이하인 안전장치 작동압력

항목	압력(kPa)
작동표준	7.0
작동개시	5.60 ~ 8.40
작동정지	5.04 ~ 8.40

01 용기보관실 및 용기집합설비 설치(KGS Fu 431)

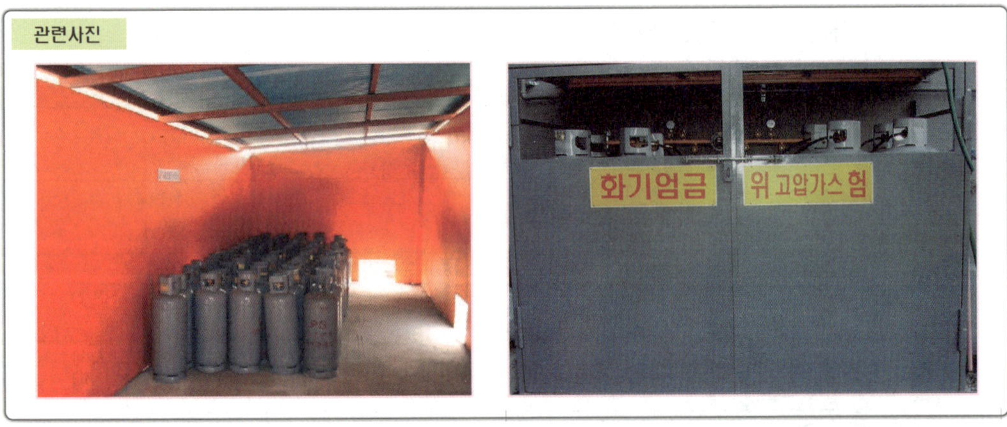

용기저장능력에 따른 구분	세부 핵심내용
100kg 이하	직사광선 및 빗물을 받지 않도록 조치
100kg 초과	① 용기보관실 설치, 용기보관실 벽과 문은 불연재료, 지붕은 가벼운 불연재료로 설치, 구조는 단층구조 ② 용기집합설비의 양단 마감조치에는 캡 또는 플랜지 설치 ③ 용기를 3개 이상 집합하여 사용 시 용기집합장치 설치 ④ 용기와 연결된 측도관 트윈호스 조정기 연결부는 조정기 이외의 설비와는 연결하지 않는다. ⑤ 용기보관실 설치곤란 시 외부인 출입방지용 출입문을 설치하고 경계표시
500kg 초과	소형 저장탱크를 설치

03-7 LP가스 환기설비(KGS Fu 332) (2.8.9)

관련사진

항목		세부 핵심내용
자연환기	환기구	바닥면에 접하고 외기에 면하게 설치
	통풍면적	바닥면적 $1m^2$당 $300cm^2$ 이상
	1개소 환기구 면적	① $2400cm^2$ 이하(철망 환기구 틀통의 면적은 뺀 것으로 계산) ② 강판 갤러리 부착 시 환기구 면적의 50%로 계산
	한방향 환기구	전체 환기구 필요, 통풍가능 면적의 70%까지만 계산
	사방이 방호벽으로 설치 시	환기구 방향은 2방향 분산 설치
강제환기	개요	자연환기설비 설치 불가능 시 설치
	통풍능력	바다면적 $1m^2$당 $0.5m^3$/min 이상
	흡입구	바닥면 가까이 설치
	배기가스 방출구	지면에서 5m 이상 높이에 설치

01 액화석유가스 사용 시 중량판매하는 사항

① 내용적 30L 미만 용기로 사용 시

② 옥외 이동하면서 사용 시

③ 6개월 기간 동안 사용 시

④ 산업용, 선박용, 농축산용으로 사용 또는 그 부대시설에서 사용 시

⑤ 재건축, 재개발 도시계획대상으로 예정된 건축물 및 허가권자가 증개축 또는 도시가스 예정 건축물로 인정하는 건축물에서 사용 시

⑥ 주택 이외 건축물 중 그 영업장의 면적이 $40m^2$ 이하인 곳에서 사용 시

⑦ 노인복지법에 따른 경로당 또는 영유아복지법에 따른 가정보육시설에서 사용 시

⑧ 단독주택에서 사용 시
⑨ 그 밖에 체적판매 방법으로 판매가 곤란하다고 인정 시

03-8   LP가스 이송 방법

(1) 이송 방법의 종류
① 차압에 의한 방법
② 압축기에 의한 방법
③ 균압관이 있는 펌프 방법
④ 균압관이 없는 펌프 방법

(2) 이송 방법의 장·단점

관련사진

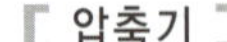
[압축기]

[펌프]

구분 \ 장·단점	장점	단점
압축기	① 충전시간이 짧다. ② 잔가스 회수가 용이하다. ③ 베이퍼록의 우려가 없다.	① 재액화 우려가 있다. ② 드레인 우려가 있다.
펌프	① 재액화 우려가 없다. ② 드레인 우려가 없다.	① 충전시간이 길다. ② 잔가스 회수가 불가능하다. ③ 베이퍼록의 우려가 있다.

03-9 　기화장치(Vaporizer)

(1) 분류 방법

장치 구성 형식	증발 형식
단관식, 다관식, 사관식, 열판식	순간증발식, 유입증발식

작동원리에 따른 분류	
가온감압식	열교환기에 의해 액상의 LP가스를 보내 온도를 가하고 기화된 가스를 조정기로 감압하는 방식
감압가열(온)식	액상의 LP가스를 조정기 감압밸브로 감압 열교환기로 보내 온수 등으로 가열하는 방식
작동유체에 따른 분류	① 온수가열식(온수온도 80℃ 이하) ② 증기가열식(증기온도 120℃ 이하)

(2) 기화기 사용 시 장점(강제기화방식의 장점)

① 한냉 시 연속적 가스공급이 가능하다.

② 기화량을 가감할 수 있다.

③ 공급가스 조성이 일정하다.

④ 설비비, 인건비가 절감된다.

03-10 콕의 종류 및 기능(KGS AA 334)

관련사진

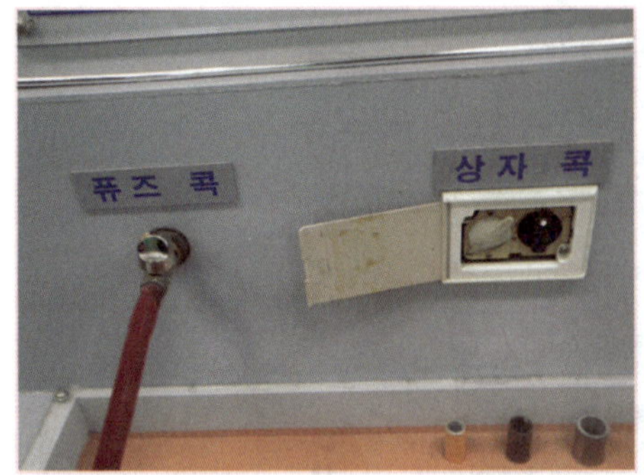

종류	기능
퓨즈 콕	가스유로를 볼로 개폐 과류차단 안전기구가 부착된 것으로 배관과 호스, 호스와 호스, 배관과 배관, 배관과 카플러를 연결하는 구조
상자 콕	가스유로를 핸들, 누름, 당김 등의 조작으로 개폐하고 과류차단 안전기구가 부착된 것으로서 밸브, 핸들이 반개방 상태에서도 가스가 차단되어야 하며 배관과 카플러를 연결하는 구조
주물연소기용 노즐 콕	① 주물연소기용 부품으로 사용 ② 볼로 개폐하는 구조
업무용 대형 연소기용 노즐 콕	

콕의 열림방향은 시계바늘 반대방향이며, 주물연소기용 노즐 콕은 시계바늘 방향이 열림방향으로 한다.

03-11   사고의 통보 방법(고압가스 안전관리법 시행규칙 별표 34) (법 제54조 ①항 관련)

관련사진

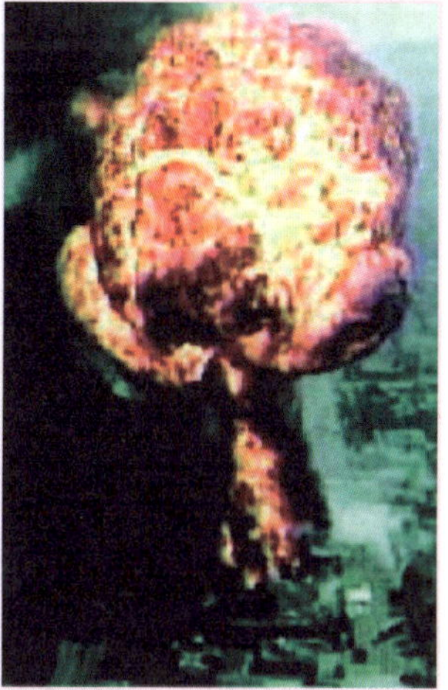

[부천 LPG 충전소 폭발 시 일어난 BLEVE(블레브) 발생]

사고 종류별 통보 방법 및 기한(통보 내용에 포함사항)

사고 종류	통보 방법	통보 기한	
		속보	상보
① 사람이 사망한 사고	속보와 상보	즉시	사고발생 후 20일 이내
② 부상 및 중독사고	속보와 상보	즉시	사고발생 후 10일 이내
③ 위의 ①, ②를 제외한 누출 및 폭발과 화재사고	속보	즉시	
④ 시설 파손되거나 누출로 인한 인명 대피 공급 중단사고 (①, ②는 제외)	속보	즉시	
저장탱크에서 가스누출사고 (①, ②, ③, ④는 제외)	속보	즉시	
사고의 통보 내용에 포함되어야 하는 사항	① 통보자의 소속, 직위, 성명, 연락처 ② 사고발생 일시 ③ 사고발생 장소 ④ 사고내용(가스의 종류, 양, 확산거리 포함) ⑤ 시설 현황(시설의 종류, 위치 포함) ⑥ 피해 현황(인명, 재산)		

Chapter 04

도시가스 설비시공 실무편

04-1 가스시설 전기방식 기준(KGS Gc 202)

(1) 전기방식 조치대상시설 및 제외대상시설

관련사진

조치대상시설	제외대상시설
고압가스의 특정ㆍ일반 제조사업자, 충전사업자, 저장소 설치자 및 특정고압가스 사용자의 시설 중 지중, 수중에서 설치하는 강제 배관 및 저장탱크(액화석유가스 도시가스시설 동일)	① 가정용 시설 ② 기간을 임시 정하여 임시로 사용하기 위한 가스시설 ③ PE(폴리에틸렌관)

(2) 전기방식 측정 · 점검주기

측정 및 점검주기			
전기방식시설의 관대지전위	외부전원법에 따른 외부전원점, 관대지전위, 정류기 출력, 전압, 전류, 배선 접속, 계기류 확인	배류법에 따른 배류점, 관대지전위, 배류기출력, 전압, 전류, 배선 접속 계기류 확인	절연부속품, 역전류 방지장치, 결선 및 보호 절연체 효과
1년 1회 이상	3개월 1회 이상	3개월 1회 이상	6개월 1회 이상

전기방식조치를 한 전체 배관망에 대하여 2년 1회 이상 관대지 등의 전위를 측정

전위 측정용(터미널(T/B)) 시공 방법	
외부전원법	희생양극법, 배류법
500m 간격	300m 간격

전기방식 기준(자연전위와의 변화값 : −300mV)		
고압가스	액화석유가스	도시가스
포화황산동 기준 전극(방식전위상한값)		
−5V 이상 −0.85V 이하	−0.85V 이하	−0.85V 이하
황산염 환원 박테리아가 번식하는 토양(방식전위상한값)		
−0.95V 이하	−0.95V 이하	−0.95V 이하

※ 방위전위하한값은 포화황산동 기준 −2.5V 이상(단, 전기철도의 간섭을 받는 곳은 제외)

(3) 전기방식 효과를 유지하기 위하여 절연조치를 하는 장소

① 교량 횡단 배관의 양단

② 배관 등과 철근콘크리트 구조물 사이

③ 배관과 강제 보호관 사이

④ 배관과 지지물 사이

⑤ 타 시설물과 접근 교차지점

⑥ 지하에 매설된 부분과 지상에 설치된 부분의 경계

⑦ 저장탱크와 배관 사이

⑧ 고압가스 · 액화석유가스 시설과 철근콘크리트 구조물 사이

(4) 전위측정용 터미널의 설치장소

① 직류전철 횡단부 주위

② 지중에 매설되어 있는 배관절연부의 양측

③ 다른 금속구조물의 근접 교차부분

④ 밸브스테이션

⑤ 희생양극법, 배류법에 따른 배관에는 300m 이내 간격

⑥ 외부전원법에 따른 배관에는 500m 이내 간격으로 설치

04-2 전기방식법

01 종류

(1) 희생(유전) 양극법

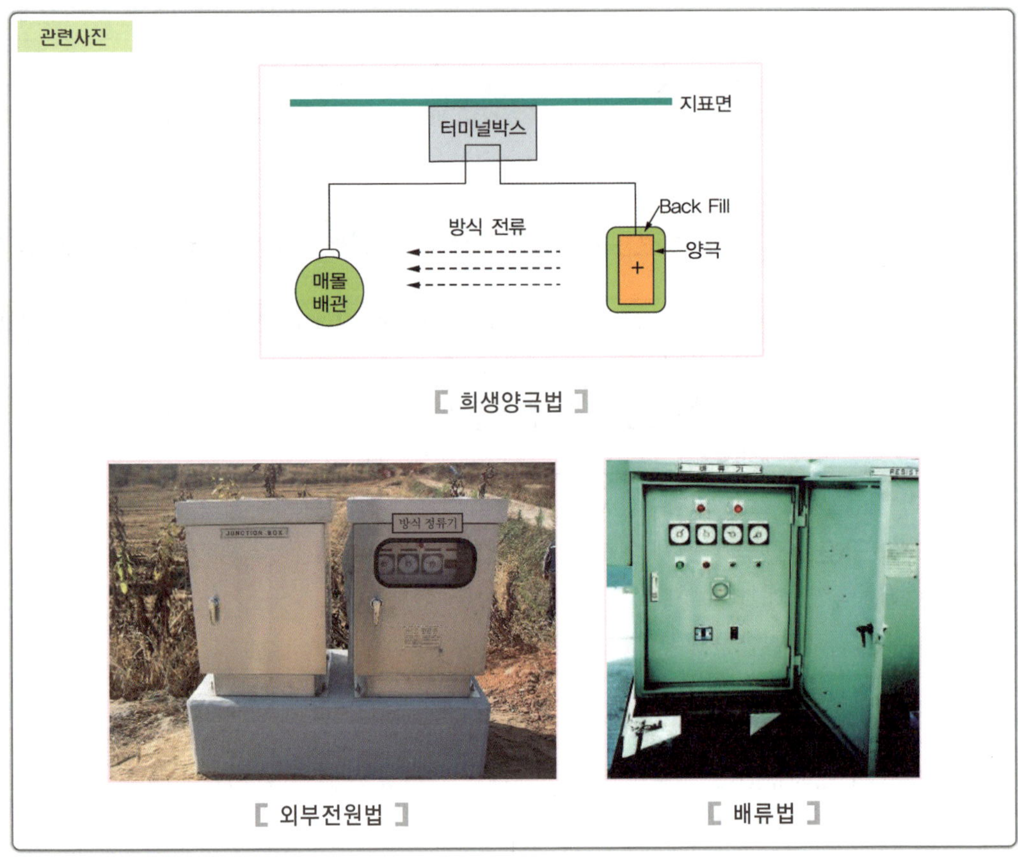

정의	특징	
	장점	단점
양극의 금속 Mg, Zn 등을 지하매설관에 일정간격으로 설치하면 Fe보다 (−)방향 전위를 가지고 있어 Fe이 (−)방향으로 전위변화를 일으켜 양극의 금속이 Fe 대신 소멸되어 관의 부식을 방지함	① 타 매설물의 간섭이 없다. ② 시공이 간단하다. ③ 단거리 배관에 경제적이다. ④ 과방식의 우려가 없다.	① 전류 조절이 어렵다. ② 강한 전식에는 효과가 없고, 효과 범위가 좁다. ③ 양극의 보충이 필요하다.

(2) 외부전원법

정의	특징	
	장점	단점
방식 전류기를 이용하여 한전의 교류전원을 직류로 전환 매설배관에 전기를 공급하여 부식을 방지함.	① 전압전류 조절이 쉽다. ② 방식효과 범위가 넓다. ③ 전식에 대한 방식이 가능하다. ④ 장거리 배관에 경제적이다.	① 과방식의 우려가 있다. ② 비경제적이다. ③ 타 매설물의 간섭이 있다. ④ 교류전원이 필요하다.

(3) 배류법

매설 배관의 전위가 주위 타금속 구조물의 전위보다 높은 장소에서 매설 배관 주위의 타금속 구조물을 전기적으로 접속시켜 매설 배관에 유입된 누출전류를 전기회로적으로 복귀시키는 방법

(4) 강제배류법

정의	특징	
	장점	단점
선택과 외부전원법을 합성한 형태로 선택배류가 가능 시 선택배류기가 작동 불가능 시 레일을 전극으로 하는 외부전원법의 직류전원장치로서 작동할 수 있도록 두 가지 성능을 가진 전기방식법	① 전압전류 조정이 가능하다. ② 전기방식의 효과범위가 넓다. ③ 전철이 운행중지에도 방식이 가능하다.	① 과방식의 우려가 있다. ② 전원이 필요하다. ③ 타 매설물의 장애가 있다. ④ 전철의 신호장애를 고려해야 한다.

(5) 선택배류법

정의	특징	
	장점	단점
직류 전철에서 누설되는 전류에 의한 전식을 방지하기 위해 배관의 직류 전원(−)선을 레일에 연결 부식을 방지함.	① 전철의 위치에 따라 효과범위가 넓다. ② 시공비가 저렴하다. ③ 전철의 전류를 사용 비용절감의 효과가 있다.	① 과방식의 우려가 있다. ② 전철의 운행중지 시에는 효과가 없다. ③ 타 매설물의 간섭에 유의해야 한다.

(6) 전기방식의 선택

구분	방식법의 종류
직류 전철 등에 의한 누출전류의 우려가 없는 경우	외부전원법, 희생양극법
직류 전철 등에 의한 누출전류의 우려가 있는 경우	배류법(단, 방식효과가 충분하지 않을 때 외부전원법, 희생양극법을 병용)

04-3 도시가스 배관 손상 방지기준(KGS 253. (3) 공통부분)

관련사진

구분			간추린 핵심내용
굴착공사			
매설배관 위치 확인	확인 방법		지하 매설배관 탐지장치(Pipe Locator) 등으로 확인
	시험굴착 지점		확인이 곤란한 분기점, 곡선부, 장애물 우회 지점
	인력굴착 지점		가스 배관 주위 1m 이내
	준비사항		위치표시용 페인트, 표지판, 황색 깃발
매설배관 위치 표시	굴착예정지역 표시 방법		흰색 페인트로 표시(표시 곤란 시는 말뚝, 표시 깃발 표지판으로 표시)
	포장도로 표시 방법		페인트 — 도시가스관 매설지점
	표시 말뚝		전체 수직거리는 50cm
	깃발	도시가스관 매설지점	바탕색 : 황색 글자색 : 적색
	표지판	도시가스관 매설지점 심도, 관경, 압력 등 표시	가로 : 80cm 세로 : 40cm 바탕색 : 황색 글자색 : 흑색 위험글씨 : 적색

구분		간추린 핵심내용
	굴착공사	
파일박기 또는 빼기 작업	시험굴착으로 가스배관의 위치를 정확히 파악하여야 하는 경우	배관 수평거리 2m 이내에서 파일박기를 할 경우(위치파악 후는 표지판 설치), 가스배관 수평거리 30cm 이내는 파일박기 금지, 항타기는 배관 수평거리 2m 이상 되는 곳에 설치
줄파기 작업	줄파기 심도	1.5m 이상
	줄파기 공사 후 배관 1m 이내 파일박기를 할 경우	유도관(Guide Pipe)을 먼저 설치 후 되메우기 실시

04-4 도시가스 공급시설 배관의 내압·기밀 시험(KGS Fs 551)

(1) 내압시험(4.2.2.10)

관련사진

항목		간추린 핵심내용
수압으로 시행하는 경우	시험압력	최고사용압력×1.5배
공기 등의 기체로 시행하는 경우	시험압력	최고사용압력×1.25배
	공기·기체 시행 요건	① 중압 이하 배관 ② 50m 이하 고압배관에 물을 채우기가 부적당한 경우 공기 또는 불활성 기체로 실시
	시험 전 안전상 확인사항	강관용접부 전체 길이에 방사선 투과시험 실시, 고압배관은 2급 이상 중압 이하 배관은 3급 이상을 확인
	시행 절차	일시에 승압하지 않고 ① 상용압력 50%까지 승압 ② 향후 상용압력 10%씩 단계적으로 승압
공통사항		① 중압 이상 강관 양 끝부에 엔드캡, 막음 플런지 용접 부착 후 비파괴 시험 후 실시한다. ② 규정압력 유지시간은 5~20분까지를 표준으로 한다. ③ 시험 감독자는 시험시간 동안 시험구간을 순회점검하고 이상 유무를 확인한다. ④ 시험에 필요한 준비는 검사 신청인이 한다.

(2) 기밀시험(4.2.2.9.3)

항목	간추린 핵심내용
시험 매체	공기불활성 기체
배관을 통과하는 가스로 하는 경우	① 최고사용압력 고압 중압으로 길이가 15m 미만 배관 ② 부대설비가 이음부와 동일재를 동일시공 방법으로 최고사용압력×1.1배에서 누출이 없는 것을 확인하고 신규로 설치되는 본관 공급관의 기밀시험 방법으로 시험한 경우 ③ 최고사용압력이 저압인 부대설비로서 신규설치되는 본관 공급관의 기밀시험 방법으로 시험한 경우
시험압력	최고사용압력×1.1배 또는 8.4kPa 중 높은 압력
신규로 설치되는 본관 공급관의 기밀시험 방법	① 발포액을 도포, 거품의 발생 여부로 판단 ② 가스 농도가 0.2% 이하에서 작동하는 검지기를 사용 검지기가 작동되지 않는 것으로 판정(이 경우 매몰배관은 12시간 경과 후 판정) ③ 최고사용압력 고압·중압 배관으로 용접부 방사선 투과 합격된 것은 통과가스를 사용 0.2% 이하에서 작동되는 가스 검지기 사용 검지기가 작동되지 않는 것으로 판정(매몰배관은 24시간 이후 판정)

04-5 도시가스 배관

(1) 도시가스 배관설치 기준

항목	세부 내용
중압 이하 배관 고압배관 매설 시	매설 간격 2m 이상 (철근콘크리트 방호구조물 내 설치 시 1m 이상 배관의 관리주체가 같은 경우 3m 이상)
본관 공급관	기초 밑에 설치하지 말 것
천장 내부 바닥 벽 속에	공급관 설치하지 않음
공동주택 부지 안	0.6m 이상 깊이 유지
폭 8m 이상 도로	1.2m 이상 깊이 유지
폭 4m 이상 8m 미만 도로	1m 이상
배관의 기울기(도로가 평탄한 경우)	$\dfrac{1}{500} \sim \dfrac{1}{1000}$

(2) 교량에 배관설치 시

매설심도	2.5m 이상 유지
배관손상으로 위급사항 발생 시	가스를 신속하게 차단할 수 있는 차단장치 설치(단, 고압배관으로 매설구간 내 30분 내 안전한 장소로 방출할 수 있는 장치가 있을 때는 제외)
배관의 재료	강재 사용 접합은 용접
배관의 설계 설치	온도변화에 의한 열응력과 수직·수평 하중을 고려하여 설계
지지대 U볼트 등의 고정장치 배관	플라스틱 및 절연물질 삽입

(3) 교량 배관설치 시 지지간격

호칭경(A)	지지간격(m)
100	8
150	10
200	12
300	16
400	19
500	22
600	25

04-6 가스배관 및 일반배관의 사용용도 및 특징

압력별 가스배관의 사용 재료(KGS code에 규정된 부분)		
최고사용압력	배관 종류	KS D 번호
고압용 10MPa 이상에서 (액화가스는 0.2MPa 이상) 사용하는 배관	압력배관용 탄소강관	KS D 3562
	보일러 및 열교환기용 탄소강관	KS D 3563
	고압배관용 탄소강관	KS D 3564
	저온배관용 탄소강관	KS D 3569
	고온배관용 탄소강관	KS D 3570
	보일러 및 열교환기용 합금강관	KS D 3572
	배관용 합금강관	KS D 3573
	배관용 스테인리스강관	KS D 3576
	보일러 및 열교환기용 스테인리스강관	KS D 3577
저압용 0.1MPa 미만 (액화가스는 0.01MPa 미만)	이음매 없는 동 및 동합금관	KS D 5301
	이음매 있는 니켈합금관	KS D 5539
중압용 0.1MPa 이상 10MPa 미만 (액화가스는 0.01MPa 이상 0.2MPa 미만)	연료가스 배관용 탄소강관	KS D 3631
	배관용 아크용접 탄소강관	KS D 3583

압력별 가스배관의 사용 재료(KGS code에 규정된 부분)		
최고사용압력	**배관 종류**	**KS D 번호**
지하매몰배관	폴리에틸렌 피복강관	KS D 3589
	분말 용착식 폴리에틸렌 피복강관	KS D 3607
	가스용 폴리에틸렌관	KS M 3514

일반배관 재료의 사용온도 압력		
기호	**관의 명칭**	**사용압력**
SPP	배관용 탄소강관	사용압력 1MPa 미만
SPPS	압력배관용 탄소강관	사용압력 1MPa 이상 10MPa 미만
SPPH	고압배관용 탄소강관	사용압력 10MPa 이상
SPW	배관용 아크용접 탄소강관	사용압력 1MPa 미만
SPPW	수도용 아연도금강관	급수배관에 사용

04-7 일반 도시가스 공급시설의 배관에 설치되는 긴급차단장치 및 가스공급차단장치(KGS Fs 551) (2.8.6)

긴급차단장치 설치		
항목		**핵심내용**
긴급차단장치 설치 개요		공급권역에 설치하는 배관에는 지진, 대형 가스누출로 인한 긴급사태에 대비하여 구역별로 가스공급을 차단할 수 있는 원격조작에 의한 긴급차단장치 및 동등 효과의 가스차단장치 설치
설치사항	긴급차단장치가 설치된 가스도매사업자의 배관	일반 도시가스 사업자에게 전용으로 공급하기 위한 것으로서 긴급차단장치로 차단되는 구역의 수요자 수가 20만 이하일 것
	가스누출 등으로 인한 긴급 차단 시	사업자 상호간 공용으로 긴급차단장치를 사용할 수 있도록 사용계약과 상호 협의체계가 문서로 구축되어 있을 것
	연락 가능사항	양사간 유·무선으로 2개 이상의 통신망 사용
	비상, 훈련 합동 점검사항	6월 1회 이상 실시
	가스공급을 차단할 수 있는 구역	수요자가구 20만 이하(단, 구역 설정 후 수요가구 증가 시는 25만 미만으로 할 수 있다.)

가스공급차단장치		
항목		**핵심내용**
고압·중압 배관에서 분기되는 배관		분기점 부근 및 필요 장소에 위급 시 신속히 차단할 수 있는 장치 설치(단, 관길이 50m 이하인 것으로 도로와 평행 매몰되어 있는 규정에 따라 차단장치가 있는 경우는 제외)
도로와 평행하여 매설되어 있는 배관으로부터 가스사용자가 소유하거나 점유한 토지에 이르는 배관		호칭지름 65mm(가스용 폴리에틸렌관은 공칭외경 75mm) 초과하는 배관에 가스차단장치 설치

04-8   가스배관 압력측정 기구별 기밀유지시간(KGS Fs 551) (4.2.2.9.4)

(1) 압력측정 기구별 기밀유지시간

압력측정 기구	최고사용압력	용적	기밀유지시간
수은주게이지	0.3MPa 미만	$1m^3$ 미만	2분
		$1m^3$ 이상 $10m^3$ 미만	10분
		$10m^3$ 이상 $300m^3$ 미만	V분 (다만, 120분을 초과할 경우는 120분으로 할 수 있다)
수주게이지	저압	$1m^3$ 미만	1분
		$1m^3$ 이상 $10m^3$ 미만	5분
		$10m^3$ 이상 $300m^3$ 미만	$0.5 \times V$분 (다만, 60분을 초과한 경우는 60분으로 할 수 있다)
전기식 다이어프램형 압력계	저압	$1m^3$ 미만	4분
		$1m^3$ 이상 $10m^3$ 미만	40분
		$10m^3$ 이상 $300m^3$ 미만	$4 \times V$분 (다만, 240분을 초과한 경우는 240분으로 할 수 있다)
압력계 또는 자기압력 기록계	저압 중압	$1m^3$ 미만	24분
		$1m^3$ 이상 $10m^3$ 미만	240분
		$10m^3$ 이상 $300m^3$ 미만	$24 \times V$분 (다만, 1440분을 초과한 경우는 1440분으로 할 수 있다)
	고압	$1m^3$ 미만	48분
		$1m^3$ 이상 $10m^3$ 미만	480분
		$10m^3$ 이상 $300m^3$ 미만	$48 \times V$ (다만, 2880분을 초과한 경우는 2880분으로 할 수 있다)

※ 1. V는 피시험부분의 용적(단위 : m^3)이다.
2. 최소기밀시험 유지시간 ① 자기압력기록계 30분, ② 전기다이어프램형 압력계 4분

04-9 PE관 SDR(압력에 따른 배관의 두께) (KGS Fp 551) (2.5.4.1.2)

SDR	압력
11 이하(1호관)	0.4MPa 이하
17 이하(2호관)	0.25MPa 이하
21 이하(3호관)	0.2MPa 이하

※ SDR= D(외경)/t(최소두께)

04-10 가스용 폴리에틸렌(PE 배관)의 접합(KGS Fs 451) (2.5.5.3)

관련사진

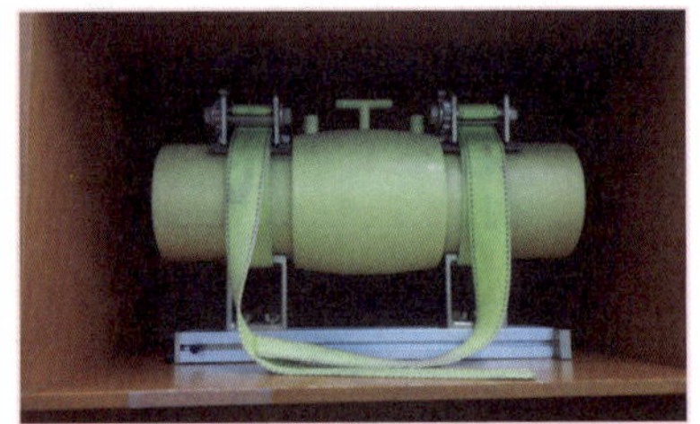

항목			접합 방법
일반적 사항			① 눈, 우천 시 천막 등의 보호조치를 하고 융착 ② 수분, 먼지, 이물질 제거 후 접합
금속관과 접합			이형질 이음관(T/F)을 사용
공칭 외경이 상이한 경우			관이음매(피팅)를 사용
접합	열융착	맞대기	① 공칭 외경 90mm 이상 직관 연결 시 사용 ② 이음부 연결오차는 배관두께의 10% 이하
		소켓	배관 및 이음관의 접합은 일직선
		새들	새들 중심선과 배관의 중심선은 직각 유지

항목			접합 방법
접합	전기융착	소켓	이음부는 배관과 일직선 유지
		새들	이음매 중심선과 배관 중심선 직각 유지
시공 방법		일반적 시공	매몰시공
		보호조치가 있는 경우	30cm 이하로 노출시공 가능
		굴곡 허용반경	외경의 20배 이상(단, 20배 미만 시 엘보 사용)
지상에서 탐지 방법		매몰형 보호포	–
		로케팅 와이어	굵기 $6mm^2$ 이상

04-11 도시가스 배관의 보호판 및 보호포 설치기준(KGS, Fs 451)

(1) 보호판(KGS Fs)

규격			설치기준
두께	중압 이하 배관	4mm 이상	① 배관 정상부에서 30cm 이상(보호판에서 보호포까지 30cm 이상)
	고압 배관	6mm 이상	② 직경 30mm 이상 50mm 이하 구멍을 3m 간격으로 뚫어 누출가스가 지면으로 확산되도록 한다.
곡률반경	5~10mm		
길이	1500mm 이상		
보호판으로 보호 곤란 시, 보호관으로 보호 조치 후, 보호관에 하는 표시문구			도시가스 배관 보호관, 최고사용압력(○○)MPa(kPa)
보호판 설치가 필요한 경우			① 중압 이상 배관 설치 시 ② 배관의 매설심도를 확보할 수 없는 경우 ③ 타 시설물과 이격거리를 유지하지 못했을 때

(2) 보호포(KGS Fs 551)

관련사진

항목		핵심정리 내용	
종류		일반형, 탐지형	
재질, 두께		폴리에틸렌수지, 폴리프로필렌수지, 0.2mm 이상	
폭	공급시설	제조소 공급소 내	15~30cm 이상
		제조소 공급소 밖	15cm 이상
	사용시설	15cm 이상	
색상	저압관	황색	
	중압 이상	적색	
표시사항		가스명, 사용압력, 공급자명 등을 표시	
설치위치	중압	보호판 상부 30cm 이상	
	저압	① 매설깊이 1m 이상 : 배관 정상부 60cm 이상 ② 매설깊이 1m 미만 : 배관 정상부 40cm 이상	
	공급시설의 제조소, 공급소 밖의 공동주택 부지 안 및 사용시설	배관 정상부에서 40cm 이상	
	설치기준, 폭	① 호칭경에 10cm 더한 폭 ② 2열 설치 시 보호포 간격은 보호폭 이내	

표시사항 칸 그림 내용:

도시가스(주) 도시가스.중.압, ○○ 도시가스(주), 도시가스

←— 20cm 간격

| 액화석유가스
0.1MPa 미만 | 액화석유가스
0.1MPa 미만 |

|← 20cm →|

04-12   가스배관의 도색

구분		도색
지상배관		황색
매몰배관	저압	황색
	중압 이상	적색

※ 가스배관을 황색으로 하지 않아도 되는 경우 — 지면으로부터 1m 이상의 높이에 폭 3cm 이상의 황색띠를 두 줄로 표시한 경우

(1) 노출가스 배관에 대한 시설 설치기준(KSG Fs 551)

구분		세부 내용
노출 배관길이 15m 이상 점검통로 조명시설	가드레일	0.9m 이상 높이
	점검통로 폭	80cm 이상
	발판	통행상 지장이 없는 각목
	점검통로 조명	가스배관 수평거리 1m 이내 설치 70lux 이상
노출 배관길이 20m 이상 시 가스누출 경보장치 설치기준	설치간격	20m 마다 설치 근무자가 상주하는 곳에 경보음이 전달
	작업장	경광등 설치(현장상황에 맞추어)

04-13 도로 굴착공사에 의한 배관손상 방지기준(KGS Fs 551)

구분	세부내용
착공 전 조사사항	도면확인(가스 배관 기타 매설물 조사)
점검통로 조명시설을 하여야 하는 노출 배관길이	15m 이상
안전관리전담자 입회 시 하는 공사	배관이 있는 2m 이내에 줄파기공사 시
인력으로 굴착하여야 하는 공사	가스 배관주위 1m 이내
배관이 하천 횡단 시 주위 흙이 사질토일 때 방호구조물 비중	물의 비중 이상의 값

04-14 도시가스 배관 매설 시 포설하는 재료(KGS Fs 551) (2.5.8.2.1) 배관의 지하매설 관련

G.L

④ 되메움 재료
③ 침상재료
② //////// (배관)
① 기초재료

재료의 종류	배관으로부터 설치장소
되메움	침상재료 상부
침상재료	배관 상부 30cm
배관	–
기초재료	배관 하부 10cm

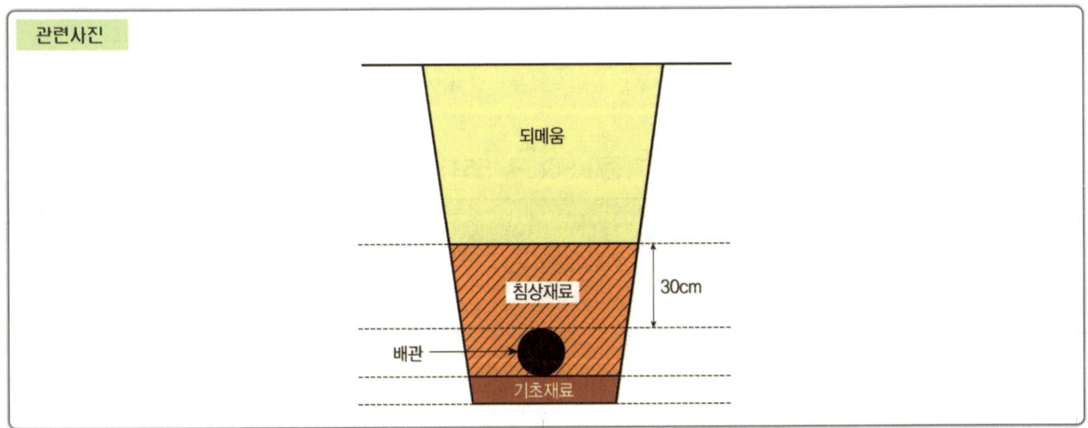

04-15 도시가스 사업자의 안전점검원 선임기준 배관(KGS Fs 551) (3.1.4.3.3)

구분	간추린 핵심내용
선임대상 배관	공공도로 내의 공급관(단, 사용자 공급관, 사용자 소유 본관, 내관은 제외)
선임 시 고려사항	① 배관 매설지역(도심 시외곽 지역 등) ② 시설의 특성 ③ 배관의 노출 유무, 굴착공사 빈도 등 ④ 안전장치 설치 유무(원격 차단밸브, 전기방식 등)
선임기준이 되는 배관길이	60km 이하 범위, 15km를 기준으로 1명씩 선임된 자를 배관 안전점검원이라 함.

04-16 도시가스 배관망의 전산화 및 가스설비 유지관리(KGS Fs 551) 관련

(1) 가스설비 유지관리(3.1.3)

개요	도시가스 사업자는 구역압력 조정기의 가스누출경보, 차량추돌 비상발생 시 상황실로 전달하기 위함
안전조치사항 (①, ② 중 하나만 조치하면 된다)	① 인근주민(2~3세대)을 모니터 요원으로 지정, 가스안전관리 업무협약서를 작성 보존 ② 조정기 출구배관 가스압력의 비정상적인 상승, 출입문 개폐 여부 가스누출 여부 등을 도시가스 사업자의 안전관리자가 상주하는 곳에 통보할 수 있는 경보설비를 갖춤.

(2) 배관망의 전산화(3.1.4.1)

개요	가스공급시설의 효율적 관리
전산화 항목	(배관, 정압기) ① 설치도면 ② 시방서(호칭경, 재질 관련사항) ③ 시공자, 시공 연월일

(3) 도시가스 배관 중 긴급차단밸브의 설치거리

지역 구분	지역분류 기준	긴급차단밸브 설치거리
(가)	지상 4층의 건축물 밀집지역 또는 교통량이 많은 지역으로서 지하에 여러 종류의 공익시설물(전기, 가스, 수도 시설물 등)이 있는 지역	8km
(나)	(가)에 해당하지 아니하는 지역으로서 밀도지수가 46 이상인 지역	16km
(다)	(가)에 해당하지 아니하는 지역으로서 밀도지수가 46 미만인 지역	24km

01 정압기

(1) 정압기(Governor) (KGS Fs 552)

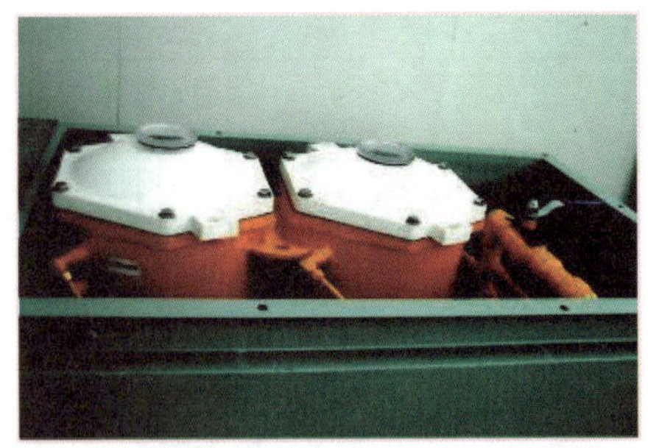

구분	세부 내용	
정의	도시가스 압력을 사용처에 맞게 낮추는 감압 기능, 2차측 압력을 허용범위 내의 압력으로 유지하는 정압 기능, 가스흐름이 없을 때 밸브를 완전히 폐쇄하여 압력상승을 방지하는 폐쇄기능을 가진 기기로서 정압기용 압력조정기와 그 부속설비	
정압기용 부속설비	1차측 최초 밸브로부터 2차측 말단 밸브 사이에 설치된 배관, 가스차단장치, 정압기용 필터, 긴급차단장치(slamshut valve), 안전밸브(safety valve), 압력기록장치(pressure recorder), 각종 통보설비, 연결배관 및 전선	
종류		
지구정압기	일반 도시가스사업자의 소유시설로 가스도매사업자로부터 공급받은 도시가스의 압력을 1차적으로 낮추기 위해 설치하는 정압기	
지역정압기	일반 도시가스사업자의 소유시설로서 지구정압기 또는 가스도매사업자로부터 공급받은 도시가스의 압력을 낮추어 다수의 사용자에게 가스를 공급하기 위해 설치하는 정압기	
캐비닛형 구조의 정압기	정압기 배관 및 안전장치 등이 일체로 구성된 정압기에 한하여 사용할 수 있는 정압기실로 내식성 재료의 캐비닛과 철근콘크리트 기초로 구성된 정압기실	

(2) 정압기와 필터(여과기)의 분해점검 주기

시설 구분	정압기, 필터		분해점검 주기
공급시설	정압기		2년 1회
	예비정압기		3년 1회
	필터	공급 개시 직후	1월 이내
		1월 이내 점검한 다음	1년 1회
사용시설	정압기	처음	3년 1회
		향후(두번째부터)	4년 1회
	필터	공급 개시 직후	1월 이내
		1월 이내 점검 후	3년 1회
		3년 1회 점검한 그 이후	4년 1회

예비정압기 종류와 그 밖에 정압기실 점검사항	
예비정압기 종류	정압기실 점검사항
① 주정압기의 기능상실에만 사용하는 것	① 정압기실 전체는 1주 1회 작동상황 점검
② 월 1회 작동점검을 실시하는 것	② 정압기실 가스누출 경보기는 1주 1회 이상 점검

(3) 지하의 정압기실 가스공급시설 설치규정

관련사진

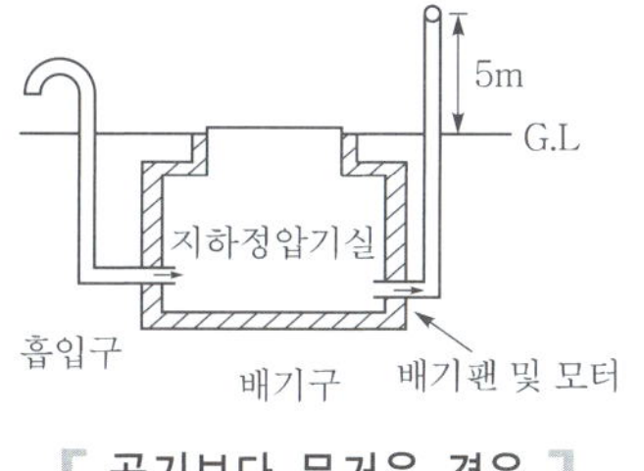

[공기보다 무거운 경우]

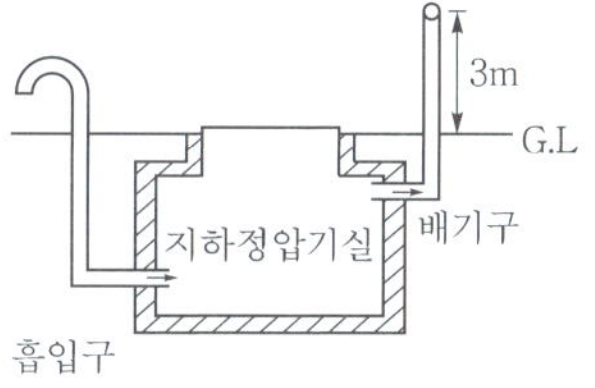

[공기보다 가벼운 경우]

구분 항목	공기보다 비중이 가벼운 경우	공기보다 비중이 무거운 경우
흡입구, 배기구 관경	100mm 이상	100mm 이상
흡입구	지면에서 30cm 이상	지면에서 30cm 이상
배기구	천장면에서 30cm 이상	지면에서 30cm 이상
배기가스 방출구	지면에서 3m 이상	지면에서 5m 이상 (전기시설물 접촉 우려가 있는 경우 3m 이상)

(4) 도시가스 정압기실 안전밸브 분출부의 크기

입구측 압력		안전밸브 분출부 구경
0.5MPa 이상	유량과 무관	50A 이상
0.5MPa 미만	유량 1000Nm^3/h 이상	50A 이상
	유량 1000Nm^3/h 미만	25A 이상

04-17 LPG 저장탱크, 도시가스 정압기실 안전밸브 가스 방출관의 방출구 설치 위치

LPG 저장탱크			도시가스 정압기실		고압가스 저장탱크
지상설치탱크		지하설치탱크	지상설치	지하설치	
3t 이상 일반탱크	3t 미만 소형 저장탱크		지면에서 5m 이상 (단, 전기시설물과 접촉 등으로 사고 우려 시 3m 이상		설치능력
					5m^3 이상 탱크
지면에서 5m 이상, 탱크 저상부에서 2m 중 높은 위치	지면에서 2.5m 이상, 탱크 정상부에서 1m 중 높은 위치	지면에서 5m 이상	지하정압기실 배기관의 배기가스 방출구		설치 위치
			공기보다 무거운 도시가스	공기보다 가벼운 도시가스	지면에서 5m 이상, 탱크 정상부에서 2m 이상 중 높은 위치
			① 지면에서 5m 이상 ② 전기시설물 접촉 우려 시 3m 이상	지면에서 3m 이상	

04-18 정압기의 종류별 특성과 이상

관련사진

[피셔식 정압기]

[AFV 정압기]

종류			이상감압에 대처 할 수 있는 방법
피셔식	엑셀 – 플로식	레이놀드식	
① 정특성, 동특성 양호 ② 비교적 콤팩트하다. ③ 로딩형이다.	① 정특성, 동특성 양호 ② 극히 콤팩트하다. ③ 변칙 언로딩형이다.	① 언로딩형이다. ② 크기가 대형이다. ③ 정득성이 좋다. ④ 안정성이 부족하다.	① 저압 배관의 loop화 ② 2차측 압력감시장치 설치 ③ 정압기 2계열 설치

04-19 정압기의 특성(정압기를 평가 선정 시 고려하여야 할 사항)

특성 종류		개요
정특성		정상상태에 있어서 유량과 2차 압력과의 관계
관련 동작	오프셋	정특성에서 기준유량 Q일 때 2차 압력 P에 설정했다고 하여 유량이 변하였을 때 2차 압력 P로부터 어긋난 것
	로크업	유량이 0으로 되었을 때 끝맺음 압력과 P의 차이
	시프트	1차 압력의 변화 등에 의하여 정압곡선이 전체적으로 어긋난 것
동특성		부하변화가 큰 곳에 사용되는 정압기에 대하여 부하변동에 대한 응답의 신속성과 안정성
유량 특성		메인밸브의 열림(스트로크－리프트)과 유량과의 관계
관련 동작	직선형	(유량)$= K \times$(열림) 관계에 있는 것(메인밸브 개구부 모양이 장방형)
	2차형	(유량)$= K \times$(열림)^2 관계에 있는 것(메인밸브 개구부 모양이 삼각형)
	평방근형	(유량)$= K \times$(열림)$^{\frac{1}{2}}$ 관계에 있는 것(메인밸브가 접시형인 경우)
사용 최대차압		메인밸브에는 1차 압력과 2차 압력의 차압이 정압성능에 영향을 주나 이것이 실용적으로 사용할 수 있는 범위에서 최대로 되었을 때 차압
작동 최소차압		1차 압력과 2차 압력의 차압이 어느 정도 이상이 없을 때 파일럿 정압기는 작동할 수 없게 되며, 이 최소값을 말함

**[도시가스 공급시설에 설치하는 정압기실 및 구역압력 조정기실 개구부와
RTU(Remote Terminal Unit) box와 유지거리]**

지구정압기 건축물 내 지역정압기 및 공기보다 무거운 가스를 사용하는 지역정압기	4.5m 이상
공기보다 가벼운 가스를 사용하는 지역정압기 및 구역압력 조정기	1m 이상

04-20 도시가스 공동주택에 압력조정기 설치 기준(KGS Fs 551) (2.4.4.1.1)

관련사진

공동주택 공급압력	전체 세대 수
중압 이상	150세대 미만인 경우
저압	250세대 미만인 경우

(1) 정압기실에 설치되는 설비의 설정압력

구분		상용압력 2.5kPa	기타
주정압기의 긴급차단장치		3.6kPa	상용압력 1.2배 이하
예비정압기에 설치하는 긴급차단장치		4.4kPa	상용압력 1.5배 이하
안전밸브		4.0kPa	상용압력 1.4배 이하
이상압력 통보설비	상한값	3.2kPa	상용압력 1.1배 이하
	하한값	1.2kPa	상용압력 0.7배 이하

04-21 고정식 압축도시가스 자동차 충전시설 기술 기준(KGS Fp 651) (2)

관련사진

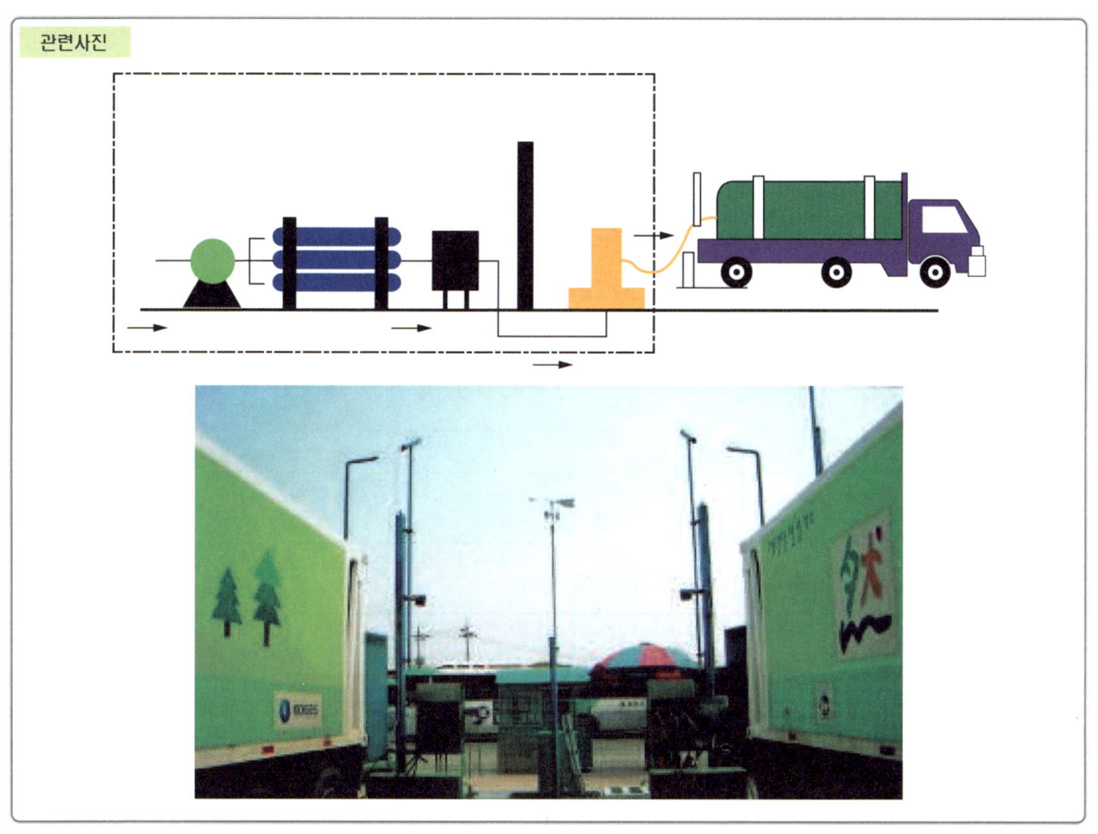

항목		이격거리 및 세부 내용
(저장, 처리, 충전, 압축가스) 설비	고압전선 (직류 1500V 초과 교류 1000V 초과)	수평거리 5m 이상 이격
	저압전선 (직류 1500V 이하 교류 1000V 이하)	수평거리 1m 이상 이격
	화기취급장소 우회거리, 인화성 가연성 물질 저장소 수평거리	8m 이상
	철도	30m 이상 유지
처리설비 압축가스설비	30m 이내 보호시설이 있는 경우	방호벽 설치(단, 처리설비 주위 방류둑 설치 경우 방호벽을 설치하지 않아도 된다)
유동방지시설	내화성 벽	높이 2m 이상으로 설치
	화기취급장소 우회거리	8m 이상
사업소 경계와	압축, 충전설비 외면	10m 이상 유지(단, 처리 압축가스설비 주위 방호벽 설치 시 5m 이상 유지)

항목		이격거리 및 세부 내용
도로 경계	충전설비	5m 이상 유지
충전설비 주위	충전기 주위 보호구조물	높이 30cm 이상 두께 12cm 이상 철근콘크리트 구조물 설치
방류둑	수용용량	최대저장용량 110% 이상의 용량
긴급분리장치	분리되는 힘	수평방향으로 당길 때 666.4N(68kgf) 미만
수동긴급 분리장치	충전설비 근처 및 충전설비로부터	5m 이상 떨어진 장소에 설치
역류방지밸브	설치장소	압축장치 입구측 배관
내진설계 기준 저장능력	압축	$500m^3$ 이상
	액화	5톤 이상 저장탱크 및 압력용기에 적용
압축가스설비	밸브와 배관부속품 주위	1m 이상 공간확보 (단, 밀폐형 구조물 내에 설치 시는 제외)
펌프 및 압축장치	직렬로 설치	차단밸브 설치
	병렬로 설치	토출 배관에 역류방지밸브 설치
강제기화장치	열원차단장치 설치	열원차단장치는 15m 이상 위치에 원격조작이 가능할 것
대기식 및 강제기화장치	저장탱크로부터 15m 이내 설치 시	기화장치에서 3m 이상 떨어진 위치에 액배관에 자동차단밸브 설치

항목			세부 핵심내용
가스누출 경보장치	설치장소		① 압축설비 주변 ② 압축가스설비 주변 ③ 개별충전설비 본체 내부 ④ 밀폐형 피트 내부에 설치된 배관접속부(용접부 제외) 주위 ⑤ 펌프 주변
	설치개수	1개 이상	① 압축설비 주변 ② 충전설비 내부 ③ 펌프 주변 ④ 배관접속부 10m마다
		2개	압축가스설비 주변
긴급분리장치	설치개요		충전호스에는 충전 중 자동차의 오발진으로 인한 충전기 및 충전호스의 파손 방지를 위하여
	설치장소		각 충전설비마다
	분리되는 힘		수평방향으로 당길 때 666.4N(68kgf) 미만의 힘
방호벽	설치장소		① 저장설비와 사업소 안 보호시설 사이 ② 압축장치와 충전설비 사이 및 압축가스 설비와 충전설비 사이
자동차 충전기	충전호스 길이		8m 이하

04-22　이동식 압축도시가스 자동차 충전시설 기술 기준(KGS Fp 652) (2)

항목			규정 이격거리
처리설비, 이동충전 차량과 충전설비	화기와의 수평거리	고압전선 (직류 1500V 초과 교류 1000V 초과)	5m 이상
	화기와 우회거리		8m 이상
	가연성 물질 저장소		8m 이상
이동충전차량 방호벽 설치 경우			이동충전차량 및 충전설비로부터 30m 이내 보호시설이 있을 때
설비와 이격거리	가스배관구와 가스배관구 사이 이동충전차량과 충전설비 사이		8m 이상(방호벽 설치 시는 제외)
사업소 경계와 거리	이동충전차량, 충전설비 외면과 사업소 경계 안전거리		10m 이상(단, 외부에 방화판 충전설비 주위 방호벽이 있는 경우 5m 이상)
도로 경계와 거리	충전설비		5m 이상(방호벽 설치 시 2.5m 이상 유지)
철도와 거리	이동충전차량 충전설비		15m 이상 유지
이동충전차량	가스배관구 연결호스		5m 이내
충전설비 주위 및 가스배관구 주위	충전기 보호의 구조물 및 가스배관구 보호구조물 규격 및 재질		높이 30cm 이상 두께 12cm 이상 철근콘크리트 구조물 설치
수동 긴급차단장치	충전설비 근처 충전설비로부터 이격거리		5m 이상(쉽게 식별할 수 있는 조치할 것)
충전작업 이동충전 차량 설치대수	충전소 내 주정차 가능 및 주차공간 확보를 위함		3대 이하

04-23　경계책(KGS Fp 112) (2.9.3)

관련사진

항목	세부 내용
설치높이	1.5m 이상 철책, 철망 등으로 일반인의 출입 통제
경계책을 설치한 것으로 보는 경우	① 철근콘크리트 및 콘크리트 블록재로 지상에 설치된 고압가스 저장실 및 도시가스 정압기실 ② 도로의 지하 또는 도로와 인접설치되어 사람과 차량의 통행에 영향을 주는 장소로서 경계책 설치가 부적당한 고압가스 저장실 및 도시가스 정압기실 ③ 건축물 내에 설치되어 설치공간이 없는 도시가스 정압기실, 고압가스 저장실 ④ 차량통행 등 조업시행이 곤란하여 위해요인 가중 우려 시 ⑤ 상부 덮개에 시건조치를 한 매몰형 정압기 ⑥ 공원지역, 녹지지역에 설치된 정압기실
경계표지	경계책 주위에는 외부 사람의 무단출입을 금하는 내용의 경계표지를 보기 쉬운 장소에 부착
발화 인화물질 휴대사항	경계책 안에는 누구도 발화, 인화 우려물질을 휴대하고 들어가지 아니 한다(단, 당해 설비의 수리, 정비 불가피한 사유 발생 시 안전관리책임자 감독하에 휴대 가능).

04-24 도시가스 저장설비 물분무장치(KGS Fp 451) (2.3.3.3) 관련

항목	내용
저장탱크	물분무장치 설치
시설부근에 화기 대량취급 가스공급시설	수막 또는 동등 이상 능력의 시설을 설치
전표면 살수량	탱크면적 $1m^2$당 5L/min 분무할 수 있는 고정장치 설치
준내화구조 탱크	탱크면적 $1m^2$당 2.5L/min 분무할 수 있는 고정장치 설치
소화전	① 탱크 외면 40m 이내에서 방사 가능 ② 호스 끝 수압 0.35MPa 이상 ③ 방수능력 400L/min 이상

01 기타 항목

(1) 도시가스의 연소성을 판단하는 지수

구분	핵심내용
웨버지수(WI)	$$WI = \frac{H_g}{\sqrt{d}}$$ 여기서, WI : 웨버지수 H_g : 도시가스 총 발열량($kcal/m^3$) $\sqrt{d}$: 도시가스의 공기에 대한 비중

04-25 가스보일러 설치(KGS Fu 551)

관련사진

 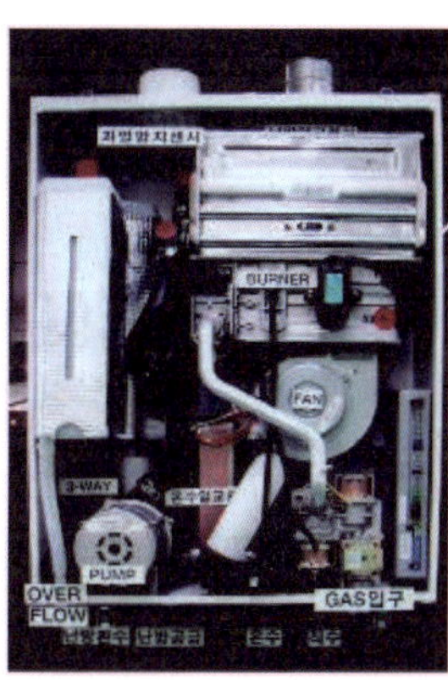

구분		간추린 핵심내용
공동 설치기준		① 가스보일러는 전용보일러실에 설치 ② 전용보일러실에 설치하지 않아도 되는 종류 　　㉠ 밀폐식 보일러 　　㉡ 보일러를 옥외 설치 시 　　㉢ 전용급기통을 부착시키는 구조로 검사에 합격한 강제식 보일러 ③ 전용보일러실에는 환기팬을 설치하지 않는다. ④ 보일러는 지하실, 반지하실에 설치하지 않는다.
반밀폐식	자연배기식	① 배기통 굴곡수는 4개 이하 ② 배기통 입상높이는 10m 이하, 10m 초과 시는 보온조치 ③ 배기통 가로길이는 5m 이하 ④ 급기구 상부 환기구 유효 단면적 : 배기통 단면적 이상 ⑤ 배기통 끝 : 옥외로 뽑아냄
	공동배기식	① 공동배기구 정상부에서 최상층 보일러 : 역풍방지장치 개구부 하단까지 거리가 4m 이상 시 공동배기구에 연결하고 그 이하는 단독배기통 방식으로 한다. ② 공동배기구 유효단면적 $$A = Q \times 0.6 \times K \times F + P$$ 여기서,　A : 공동배기구 유효단면적(mm^2) 　　　　　Q : 보일러 가스소비량 합계(kcal/h) 　　　　　K : 형상계수 　　　　　F : 보일러의 동시 사용률 　　　　　P : 배기통의 수평투영면적(mm^2) ③ 동일층에서 공동배기구로 연결되는 보일러 수는 2대 이하 ④ 공동배기구 최하부에는 청소구와 수취기 설치 ⑤ 공동배기구 배기통에는 방화댐퍼를 설치하지 아니 한다.

04-26 연소기별 설치기구

관련사진

연소기 종류	설치기구
개방형 연소기	환풍기, 환기구
반밀폐형 연소기	급기구, 배기통

04-27 가스계량기, 호스이음부, 배관의 이음부 유지거리(단, 용접이음부 제외)

항목		해당법규 및 항목구분에 따른 이격거리
전기계량기, 전기계폐기		법령 및 사용, 공급 관계없이 무조건 60cm 이상
전기점멸기, 전기접속기	30cm 이상	공급시설의 배관이음부, 사용시설 가스계량기
	15cm 이상	LPG, 도시사용시설(배관이음부, 호스이음부)
단열조치하지 않은 굴뚝	30cm 이상	① LPG공급시설(배관이음부) ② LPG, 도시사용시설의 가스계량기
	15cm 이상	① 도시가스공급시설(배관이음부) ② LPG, 도시사용시설(배관이음부)
절연조치하지 않은 전선	30cm 이상	LPG공급시설(배관이음부)
	15cm 이상	도시가스공급, LPG, 도시가스사용시설(배관이음부, 가스계량기)
절연조치한 전선		항목, 법규 구분없이 10cm 이상
공급시설		배관이음부
사용시설		배관이음부, 호스이음부, 가스계량기

04-28 막식, 습식, 루트식 가스미터 장·단점

관련사진

[막식 가스미터]

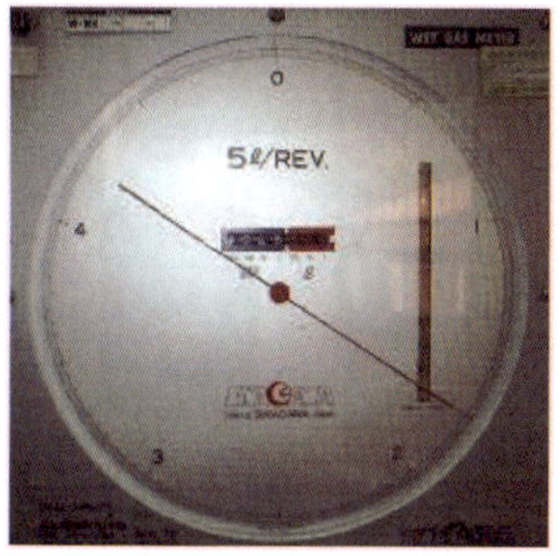

[습식 가스미터]

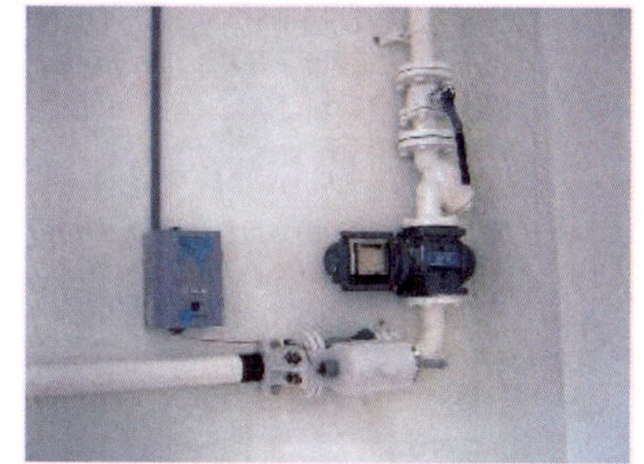

[루트식 가스미터]

종류 \ 항목	장점	단점	일반적 용도	용량범위 (m³/h)
막식 가스미터	① 미터 가격이 저렴하다. ② 설치 후 유지관리에 시간을 요하지 않는다.	대용량의 경우 설치면적이 크다.	일반수용가	1.5~ 200
습식 가스미터	① 계량값이 정확하다. ② 사용 중에 기차변동이 없다. ③ 드럼 타입으로 계량된다.	① 설치면적이 크다. ② 사용 중 수위조정이 필요하다.	① 기준 가스미터용 ② 실험실용	0.2~ 3000
루트식 가스미터	① 설치면적이 작다. ② 중압의 계량이 가능하다. ③ 대유량의 가스측정에 적합하다.	① 스트레나 설치 및 설치 후의 유지관리가 필요하다. ② 0.5m³/h 이하의 소유량에서는 부동의 우려가 있다.	대수용가	100~ 5000

가스산업기사 실기

2022. 3. 8. 초 판 1쇄 발행
2026. 4. 8. 개정 4판 1쇄(통산 5쇄) 발행

지은이 | 양용석
펴낸이 | 이종춘
펴낸곳 | **BM** (주)도서출판 **성안당**

주소 | 04032 서울시 마포구 양화로 127 첨단빌딩 3층(출판기획 R&D 센터)
10881 경기도 파주시 문발로 112 파주 출판 문화도시(제작 및 물류)
전화 | 02) 3142-0036
031) 950-6300
팩스 | 031) 955-0510
등록 | 1973. 2. 1. 제406-2005-000046호
출판사 홈페이지 | www.cyber.co.kr
ISBN | 978-89-315-8570-4 (13530)
정가 | 48,000원

이 책을 만든 사람들

책임 | 최옥현
진행 | 박현수
전산편집 | 이다혜
표지 디자인 | 박현정
홍보 | 김계향, 임진성, 김주승, 김도희
국제부 | 이선민, 조혜란
마케팅 | 구본철, 차정욱, 오영일, 나진호, 강호묵
마케팅 지원 | 장상범
제작 | 김유석

※ 잘못된 책은 바꾸어 드립니다.